# 中国国家标准汇编

## 484

GB 25843～25884

(2010年制定)

中国标准出版社　编

中国质检出版社
中国标准出版社
北　京

**图书在版编目（CIP）数据**

中国国家标准汇编：2010年制定．484：GB 25843～25884/中国标准出版社编．—北京：中国标准出版社，2012
ISBN 978-7-5066-6502-5

Ⅰ．①中… Ⅱ．①中… Ⅲ．①国家标准-汇编-中国-2010 Ⅳ．①T-652.1

中国版本图书馆CIP数据核字(2011)第187751号

中国质检出版社
中国标准出版社 出版发行
北京市朝阳区和平里西街甲2号(100013)
北京市西城区三里河北街16号(100045)
网址：www.spc.net.cn
总编室：(010)64275323 发行中心：(010)51780235
读者服务部：(010)68523946
中国标准出版社秦皇岛印刷厂印刷
各地新华书店经销

*

开本 880×1230 1/16 印张 36.5 字数 943 千字
2012年1月第一版 2012年1月第一次印刷

*

定价 220.00 元

**如有印装差错 由本社发行中心调换**

# 出 版 说 明

1.《中国国家标准汇编》是一部大型综合性国家标准全集。自1983年起,按国家标准顺序号以精装本、平装本两种装帧形式陆续分册汇编出版。它在一定程度上反映了我国建国以来标准化事业发展的基本情况和主要成就,是各级标准化管理机构,工矿企事业单位,农林牧副渔系统,科研、设计、教学等部门必不可少的工具书。

2.《中国国家标准汇编》收入我国每年正式发布的全部国家标准,分为"制定"卷和"修订"卷两种编辑版本。

"制定"卷收入上一年度我国发布的、新制定的国家标准,顺延前年度标准编号分成若干分册,封面和书脊上注明"20××年制定"字样及分册号,分册号一直连续。各分册中的标准是按照标准编号顺序连续排列的,如有标准顺序号缺号的,除特殊情况注明外,暂为空号。

"修订"卷收入上一年度我国发布的、修订的国家标准,视篇幅分设若干分册,但与"制定"卷分册号无关联,仅在封面和书脊上注明"20××年修订-1,-2,-3,……"字样。"修订"卷各分册中的标准,仍按标准编号顺序排列(但不连续);如有遗漏的,均在当年最后一分册中补齐。需提请读者注意的是,个别非顺延前年度标准编号的新制定的国家标准没有收入在"制定"卷中,而是收入在"修订"卷中。

读者配套购买《中国国家标准汇编》"制定"卷和"修订"卷则可收齐上一年度我国制定和修订的全部国家标准。

3.由于读者需求的变化,自1996年起,《中国国家标准汇编》仅出版精装本。

4.2010年我国制修订国家标准共2846项。本分册为"2010年制定"卷第484分册,收入国家标准GB 25843～25884的最新版本。

中国标准出版社

2011年8月

# 目　　录

ICS 29.240.01
K 45

# 中华人民共和国国家标准化指导性技术文件

GB/Z 25843—2010

# ±800 kV 特高压直流输电控制与保护设备技术导则

Specifications for control and protection equipment of ±800 kV ultra high voltage direct current transmission

2010-12-23 发布　　2011-05-01 实施

中华人民共和国国家质量监督检验检疫总局
中国国家标准化管理委员会　发布

# 前　言

本指导性技术文件按 GB/T 1.1—2009 给定的规则起草。

本指导性技术文件由中国电器工业协会提出。

本指导性技术文件由全国量度继电器和保护设备标准化技术委员会(SAC/TC 154)归口。

本指导性技术文件起草单位：中国南方电网有限责任公司、许继集团有限公司、南京南瑞继保电气有限公司、北京网联直流工程技术有限公司、中国电力科学研究院、中南电力设计院、许昌继电器研究所。

本指导性技术文件主要起草人：黎小林、张望、郭宏光、叶周、张爱玲、李海英、黄利军、姚致清、赵曼勇、石岩、王明新、张巧玲、李岩、傅闯、李志勇。

# ±800 kV 特高压直流输电控制与保护设备技术导则

## 1 范围

本指导性技术文件规定了±800 kV 特高压直流输电系统中控制保护设备在科研、设计、制造、试验和换流站二次回路设计等方面的基本准则，供有关部门共同遵守，也可供施工及运行部门参考。

本指导性技术文件适用于±800 kV 特高压直流输电控制与保护设备。±800 kV 电压等级以下采用每极两个 12 脉动换流器串联结构的直流输电系统控制与保护设备也可参照执行。

## 2 规范性引用文件

下列文件对于本文件的应用是必不可少的。凡是注日期的引用文件，仅注日期的版本适用于本文件。凡是不注日期的引用文件，其最新版本(包括所有的修改单)适用于本文件。

GB/T 13498 高压直流输电术语

GB/T 13729 远动终端设备

GB/T 13730—2002 地区电网调度自动化系统

GB/T 14285—2006 继电保护和安全自动装置技术规程

GB/T 14598.300 微机变压器保护装置通用技术要求

GB/T 15145 输电线路保护装置通用技术条件

GB/T 22390.1—2008 高压直流输电系统控制与保护设备 第 1 部分：运行人员控制系统

GB/T 22390.2—2008 高压直流输电系统控制与保护设备 第 2 部分：交直流系统站控设备

GB/T 22390.3—2008 高压直流输电系统控制与保护设备 第 3 部分：直流系统极控设备

GB/T 22390.4—2008 高压直流输电系统控制与保护设备 第 4 部分：直流系统保护设备

GB/T 22390.5 高压直流输电系统控制与保护设备 第 5 部分：直流线路故障定位装置

GB/T 22390.6 高压直流输电系统控制与保护设备 第 6 部分：换流站暂态故障录波装置

DL/T 634.5101 远动设备及系统 第 5-101 部分：传输规约 基本远动任务配套标准

DL/T 634.5104 远动设备及系统 第 5-104 部分：传输规约 采用标准传输协议子集的 IEC 60870-5-101网络访问

DL/T 667 远动设备及系统 第 5 部分：传输规约 第 103 篇：继电保护设备信息接口配套标准

DL/T 670 微机母线保护装置通用技术条件

DL/T 719 远动设备及系统 第 5 部分：传输规约 第 102 篇：电力系统电能累计量传输配套标准

DL/T 1087 ±800 kV 特高压直流换流站二次设备抗扰度要求

DL/T 5136—2001 火电厂、变电所二次接线设计技术规程

IEEE 802.3 信息技术标准 系统间的远方通信和信息交换 局域网和城域网 特殊要求 第 3 部分：载波监听多路访问/冲突检测(CSMA/CD)(Standard for information technology—Telecommunications and information exchange between systems—Local and metropolitan area networks—Specific requirements—Part 3: Carrier sense multiple access with collision detection (CSMA/CD) access method and physical laye)

IEEE 1003.1 信息技术 可移植的操作系统接口(POSIX) 第1卷:基本定义(Information technology—Portable operating system interface (POSIX)—Volume 1: Base definitions)

## 3 术语和定义

GB/T 13498 界定的术语和定义适用于本文件。

## 4 控制与保护设备

### 4.1 总则

#### 4.1.1 一般要求

±800 kV 特高压直流输电工程采用每极两个12脉动换流器串联的主回路结构、具备巨大的功率输送能力、存在多达数十种可能的双极和单极运行方式,对控制保护系统的功能和性能提出了更高的要求。特高压直流输电控制保护系统的体系结构、功能配置和总体性能应与工程的主回路结构和运行方式相适应,保证特高压直流系统的安全稳定运行,并满足系统可用率的要求。

#### 4.1.2 可靠性、安全性要求

设备应采用可靠的冗余结构,确保任何的单一元件故障不会引起设备的不正确动作。冗余控制保护的任意一重设备因故障或其他原因退出运行及检修时,不应影响整个直流系统的正常运行。

设备应具备全面的自诊断功能,自诊断功能应覆盖设备的主机、电源、测量回路,输入输出回路,通信回路等所有硬件和软件模块、并提供足够的信息使故障定位到最小可更换单元。

控制保护设备的机箱、机柜、以及电缆屏蔽层均应可靠接地。控制保护设备各子系统之间和不同接地点的设备之间的接口和通信连接应具有电气隔离措施。

应采用纵向加密和横向隔离等措施,阻止外部非法信号和指令的侵入,确保控制保护设备网络的安全,并具备高度的保密性。

#### 4.1.3 电磁兼容要求

控制与保护设备应具有完备的、良好的抗干扰性能,应满足标准 DL/T 1087 规定的抗扰度要求。

控制与保护设备应能但不限于抵御来自诸如以下干扰源的干扰:

a) 因换流站内的接地故障引发的流过母线和接地网的异常工频电流;
b) 由操作交直流开关场中的隔离刀闸或断路器,包括投切大的容性及感性负荷而产生的,辐射频率高达数十万赫兹的电压及电流瞬变过程;
c) 由于阀厅换流单元中的晶闸管元件的开通与关断引起的暂态过程;
d) 由与感性负荷相连的触点或继电器开闭所引起的,辐射频率高达兆赫兹范围的电压及电流瞬变过程;
e) 来自多路传输通信设备及微波通信设备的辐射信号;
f) 来自用于站内话音通信,发射功率高达5 W的步话机的辐射信号;
g) 来自换流站控制楼外面的汽车或飞机上的无线电辐射信号,其输出功率高达100 W、工作在特高频(VHF)或超高频(UHF)频带范围;
h) 由于电源的投切和电源之间的转换引起的干扰。

4.1.4 可扩展性要求

特高压直流控制保护设备的软硬件宜采用模块化设计，具备开放式的结构和良好的可扩展性能。

4.2 特高压直流控制保护系统的设备构成和总体结构

4.2.1 特高压直流控制保护系统的设备构成

特高压直流控制保护系统由核心控制保护和换流站辅助二次设备两大类设备构成。核心控制保护设备主要包括运行人员控制系统、远动通信系统、交直流站控系统、直流极控系统以及交直流系统保护等。换流站辅助二次设备主要包括站主时钟系统、交直流故障录波设备、能量计费系统、直流线路故障定位装置、接地极引线监视系统等。

4.2.2 特高压直流控制保护系统的分层结构

4.2.2.1 分层配置要求

从总体结构上讲，特高压换流站控制保护系统采用与超高压直流工程相同的分层结构，按照各自的功能，分为远方监控通信层、运行人员控制层、控制保护设备层、现场I/O设备层等4层设备。各分层之间以及同一分层的不同设备之间通过标准接口及网络总线相连，构成完整的控制保护系统。

4.2.2.2 远方监控通信层设备

远方监控通信层设备主要由远动工作站、远动LAN网、保护及故障录波信息子站、能量计费系统工作站等组成，其作用是将直流系统的运行参数和换流站控制保护系统的相关信息通过通信通道接入远方监控中心，同时将监控中心的操作指令传送到换流站控制保护系统。

4.2.2.3 运行人员控制层设备

运行人员控制层设备包括系统服务器、运行人员工作站、工程师工作站、培训系统、站局域网设备、硬件防火墙和网络打印机等。其功能是对直流输电系统及一次二次设备的的运行状态信息进行采集和存储，并为换流站运行人员提供运行监视和控制操作的界面。通过运行人员控制层设备，运行人员完成包括运行监视、控制操作、故障或异常工况处理、控制保护参数调整等在内的全部运行人员控制任务。运行人员控制层设备还应具备全站的顺序事件记录、报警、换流站文档管理、网络同步对时信号的接收和下发、以及运行人员培训等功能。

4.2.2.4 控制保护层设备

控制保护层设备包括极控、交直流站控、直流系统保护(直流保护、换流变压器保护、交直流滤波器保护)、交流保护(线路保护、母线保护、断路器保护、站用辅助电源的保护)等。

与特高压直流系统的主回路结构相对应，控制保护层设备中的极控、直流站控、直流保护、换流变压器保护等，其设备配置和控制保护功能的分配应以12脉动换流器为基本单元，具备双极层、极层以及换流器层等明确的分层结构，各分层一般配置独立的控制和保护设备，以满足每个12脉动换流器和每个直流极运行的相对独立性需要。

双极、极和换流器等分层控制保护的设计应使得处于较高层次的设备的功能失效或异常不会对较低层次设备的运行产生不利的影响，较低层次设备的功能失效或异常也不应影响系统中健全设备以及整个直流系统的正常运行。

控制保护层中的控制设备和保护设备宜各自独立配置。

#### 4.2.2.5 现场 I/O 层设备

现场 I/O 层设备主要由分布式 I/O 单元(测控装置)构成。作为控制保护层设备与交直流一次系统和换流站辅助系统的接口，现场 I/O 层设备完成对一次设备状态和系统运行信息的采集处理、顺序事件记录、信息上传、控制命令的输出以及就地连锁控制等功能。

### 4.2.3 控制与保护设备的冗余结构

#### 4.2.3.1 控制设备的冗余结构

控制保护设备层中的控制设备一般采用双重化冗余，由两套功能完全相同且相互独立的控制设备和切换与跟随逻辑构成。运行过程中其中的一套设备作为运行系统控制直流系统的运行，另外一套作为热备用系统跟随运行系统的运行状态和控制输出。当运行系统通过自诊断检测出自身故障时，系统自动地平滑切换至并列的热备用系统运行。

运行系统的选择和切换也应能够手动进行。

备用系统退出检修时，不应对运行系统和整个直流系统的运行产生任何不利的影响。

远方监控通信层和运行人员控制层设备的冗余分别在 4.3 和 4.4 中规定。

#### 4.2.3.2 直流系统保护设备的冗余结构

直流系统保护设备可以采用双重化冗余也可采用三重化冗余。冗余结构中的每一重保护设备均应具备自己独立的测量回路、电源回路、输入输出回路和网络接口等，构成完整的冗余系统。冗余保护设备之间不切换，完全并列运行。冗余设计应保证直流系统保护设备既可防止误动又可防止拒动。

冗余系统中任意一重保护设备的退出和检修，不应对其他各重保护和直流系统的运行产生任何不利的影响。

#### 4.2.3.3 辅助设备的冗余结构

辅助二次设备的冗余结构可根据工程的实际情况进行配置。

### 4.2.4 直流控制保护系统的接口和通信

#### 4.2.4.1 一般要求

特高压直流控制保护系统的接口和通信包括换流站与远方监控中心的通信、换流站的内部接口和通信以及站间通信等。所有的接口和通信均应采用标准的接口和规约，其中的网络通信可参照 DL/T 860和 IEEE 802.3 中的相关规定。

#### 4.2.4.2 换流站与远方监控中心通信

换流站与远方监控中心的通信包括远动工作站与远方监控中心的通信、保护及故障录波系统信息管理子站和计费系统与调度中心的通信等。其中远动工作站与远方监控中心的通信采用数据网通信和点对点通信(专线通信)两种方式，以数据网通信方式作为主方式，点对点通信作为备用方式。保护及故障录波信息子站和计费系统与调度中心之间一般仅配置数据网通信。

#### 4.2.4.3 站内通信和接口

##### 4.2.4.3.1 分层控制保护系统之间的通信和接口

远方监控通信层设备、运行人员控制层设备与控制保护层设备之间采用站级局域网(站 LAN 网)

通信。无论采用单重化或多重化结构，远方监控通信层、运行人员控制层和控制保护层的每个单重设备均应配置两路网络接口分别与双重化的站 LAN 网连接。

控制保护层设备与现场 I/O 层设备之间采用标准现场总线通信。

交流保护装置、故障录波终端设备与保护及故障录波信息子站之间采用局域网通信。交流保护和故障录波终端设备宜各自单独组网，分别接入单重化配置的故障录波信息子站。

计费表计与计费工作站之间采用单重化配置的局域网通信，单独组网。

#### 4.2.4.3.2 控制保护设备与其测量系统之间的通信

交直流站控、双极控制、极控制、12 脉动换流器控制和直流保护等控制保护设备的主机，与各自的测量系统之间应具备标准的数字通信接口，以便测量系统将采集到的交直流场开关量和模拟量信息上传到控制保护主机。

#### 4.2.4.3.3 冗余控制设备之间的接口和通信

对于交直流站控、双极控制、极控制和 12 脉动换流器控制等设备，每种设备的双重化控制主机之间应通过标准的网络总线进行通信，以实现热备用系统对运行系统控制状态和控制输出的实时跟随。同时，双重化控制主机之间应具备与切换逻辑的接口，以实现系统切换功能。

#### 4.2.4.3.4 控制保护层设备之间的接口和通信

控制保护层设备之间的接口和通信包括：极控和站控等不同的控制设备之间、控制与保护设备之间、以及独立的双极层、极层和换流器层的控制保护设备之间的接口和通信。

不同控制设备之间、控制设备与保护设备之间的接口可根据实时性要求同时具备快速和慢速两种通信通道。用于设备之间实时配合的信息可采用高速控制总线或并行硬件接口，一般的状态信息交换可通过站 LAN 网或现场总线进行。当采用并行接口时，应采取电气隔离措施。

双极层、极层和换流器层等独立的控制保护设备之间应采用高速控制总线或实时网络通信，以满足控制保护的实时性要求。

#### 4.2.4.3.5 辅助二次设备、换流站辅助设备与控制保护设备之间的接口和通信

辅助二次设备、换流站辅助设备与控制保护设备之间的接口和通信，可根据工程要求和具体设备的情况采用网络或串行接口通信。

#### 4.2.4.3.6 控制保护与交直流一次系统的接口

换流站控制保护系统通过现场 I/O 层设备、直流控制保护设备的测量单元以及交流保护装置自身的输入输出回路等实现与交直流一次系统的接口。直流控制保护系统与换流阀的接口通过阀底部电子设备实现。

直流控制保护设备的模拟量输入回路应包括数字式或模拟式互感器接口，按照工程成套设计要求的测点位置、互感器的类型和数量配置。接口的抗干扰能力和测量精度应满足系统设计的要求。

开关量输入输出接口应保证控制保护与一次设备之间的电气隔离。输入接口应具备抗干扰能力和信号的去抖动功能，正确反映一次设备的状态。输出接口应考虑其初始输出电平的影响，避免初始化期间错误的电平输出对一次回路的误操作。

直流控制保护系统应按照系统设计的要求，配置与交流系统安全稳定控制装置及其他系统控制设备的接口。

冗余控制保护的各重设备与交直流一次系统的接口应互相独立。

4.2.4.4 换流站站间通信

站间通信用于在两侧换流站控制保护设备之间传送控制和保护信息，实现两站控制保护的配合。可分别为站控、极控和直流保护配置独立的站间通信通道。站控设备的站间通信通道按站配置，极层控制和直流保护的通信通道按极配置。换流器层的控制保护之间一般不设独立的站间通信。按站配置和按极配置的站间通信通道均应双重化设计。

对于两条以上直流线路共用接地极的情况，相关线路的换流站之间可配置站间通信通道，用于实现多条直流线路运行的协调控制。

站间通信系统的设计应满足信号传输可靠性的要求，并具备信号残余误码率的信息显示功能。

4.3 远方监控通信层设备

4.3.1 配置要求

4.3.1.1 一般要求

远方监控通信层设备主要包括远动工作站、保护及故障录波信息子站和能量计费系统工作站等。其中远动工作站双重化冗余配置，保护及故障录波信息子站和能量计费系统工作站一般为单重化配置。远方监控通信层设备通过远动 LAN 网、交换机、路由器及网络安全装置等，接入与远方监控中心相连的电力数据网，经通道切换装置、调制解调器等接入点对点远动通道。

4.3.1.2 远动工作站

远动工作站的硬件可采用 UNIX 工作站、无盘工作站或嵌入式系统等构成。远动工作站的系统软件可采用 UNIX、LINUX 或其他实时多任务操作系统。应用软件的设计应能适应冗余切换的需要，对备用系统的修改和维护应可在线完成，且不应对运行系统产生任何影响。

4.3.1.3 保护及故障录波信息管理子站

保护及故障录波信息管理子站的功能是实现保护及故障录波信息的采集、存储、分析和数据远传等。其硬件一般由通用的计算机工作站构成，数据库、数据采集和分析等应用软件应采用标准的软件系统。

4.3.2 远动 LAN 网

远动 LAN 网一般应分为实时远动 LAN1 和非实时远动 LAN2，两者经路由器接入电力数据网。远动 LAN1 用作与远动工作站相连，实现站监控信息的实时远传和接收；远动 LAN2 用来与保护及故障录波信息管理子站和能量计量终端系统相连，实现非实时远动信息的远传。

4.3.3 接口要求

4.3.3.1 远动工作站

双重化的每一台远动工作站均应配置两路网络接口分别接入双重化的站 LAN 网，实现与站内控制保护设备的直接通信。

远动工作站配置单重化的远动 LAN 网接口接入电力数据网，并配置串行接口接入远方监控中心的点对点专线通道。串行接口的数量应按照工程要求的监控中心数量配置并预留一定的冗余。

4.3.3.2 保护及故障录波信息子站和计费系统工作站

保护装置与保护及故障录波信息管理子站之间单独组网，通过网络或串行接口进行信息交换。

故障录波终端设备与保护及故障录波信息管理子站之间单独组网，通过网络或串行接口进行信息交换。

计费表计和计费系统工作站之间单独组网，通过网络或串行接口进行信息交换。

保护及故障录波信息子站和计费系统工作站配置单重化的远动 LAN 网接口接入电力数据网。保护及故障录波信息子站和计费系统工作站与远方监控中心之间一般不配置点对点通信接口。

#### 4.3.4 功能和性能

##### 4.3.4.1 一般要求

远方监控通信层设备的总体功能和性能要求可参照 GB/T 18700 的相关规定。

##### 4.3.4.2 远动工作站

远动工作站的功能和性能应符合 GB/T 13729 的有关规定。

##### 4.3.4.3 计费系统工作站

计费工作站的功能和性能要求可参照 DL/T 698.1 的有关规定。

##### 4.3.4.4 保护装置和故障录波信息管理子站

保护及故障录波信息管理子站实现对全站保护运行数据和故障录波终端采集信息的处理、远传及信息归档等，其技术和性能要求可参照 GB/T 22386—2008 和 DL/T 553—1994 的有关规定。特高压换流站保护及故障录波信息管理子站应具有如下主要功能：

a) 数据转换功能：将不同格式的录波数据转换为标准 COMTRADE 格式并建立波形数据库；
b) 波形分析和输出功能：包括录波曲线和谐波分析功能，矢量图、录波波形和录波分析结果的显示和打印输出功能等；
c) 故障测距功能：根据源数据进行故障线路的单端和双端测距；
d) 保护动作行为判断功能：通过故障数据的实时分析和对保护动作特性的比较，判断保护动作行为的正确性；
e) 监视和告警功能：以图形化页面显示保护和交直流录波终端设备的配置、运行状态及其他相关信息，并在保护与故障录波系统出现异常或故障时发出告警信号提醒运行人员注意；
f) 同步对时功能：保护及故障录波信息管理子站应能接收站内运行人员控制系统发来的网络对时报文，并向保护装置和故障录波终端设备转发。

#### 4.3.5 通信方式及规约

##### 4.3.5.1 网络通信方式

网络通信方式如下：

a) 远动工作站：DL/T 634.5104；
b) 保护装置和故障录波信息管理子站：DL/T 667；
c) 能量计费系统工作站：DL/T 719。

##### 4.3.5.2 专线方式

远动工作站专线方式的通信规约采用 DL/T 634.5101。

## 4.4 运行人员控制系统

### 4.4.1 配置要求

运行人员控制系统的硬件主要包括系统服务器、运行人员工作站、工程师工作站、站长工作站、培训工作站、MIS接口工作站、阀冷却控制室工作站等。其中系统服务器应为双重化配置，其他设备可根据工程需要选择单重化或多重化配置。

### 4.4.2 接口要求

运行人员控制系统的工作站和服务器等设备均应配置双重化的网络接口分别接入冗余的站LAN网。网络接口应符合IEEE 802.3的规定，传输速率不低于100 Mbps。

### 4.4.3 软件要求

运行人员控制系统的操作系统软件应符合IEEE 1003.1规定的开放性标准要求。其中系统服务器宜采用UNIX或LINUX操作系统以保证系统安全。其他工作站设备可采用Windows系统，但需配置完善的防病毒软件，杜绝病毒在控制保护系统网络上的传播和扩散。应用软件应支持主要的操作系统平台，采用分层结构、遵循模块化或面向对象的原则设计。应用软件应包括网络管理、数据库管理、人机界面管理等支撑软件。支撑软件应选用专业及成熟的主流技术和产品，并符合GB/T 13730—2002中3.4.3的规定。

### 4.4.4 功能要求

特高压直流工程的运行人员控制系统的基本功能应符合GB/T 22390.1—2008中4.4的规定。同时，功能配置应考虑特高压直流工程的特殊要求，与直流系统的主回路结构以及运行方式相适应。特高压直流工程的运行人员控制系统应具备更高的信息容量和处理能力。

## 4.5 交直流站控设备

### 4.5.1 配置要求

按照控制区域和对象，站控设备包括直流站控、交流站控和站用辅助电源控制等不同的控制功能。其中直流站控用于实现直流场、阀厅、换流变压器、平波电抗器等区域的设备监控，顺序控制和连锁、无功功率控制以及双极功率协调等功能。交流站控用于实现交流场各间隔的开关刀闸的控制、联锁，以及模拟量和开关量的监视等功能。站用电控制系统用于换流站站用电设备的监视、控制及联锁等功能。

特高压直流工程可全站集中配置独立的直流站控、交流站控和站用辅助电源控制等设备。也可采用分层分布式设计，把站控功能分别配置在极控设备和交直流场各设备间隔的控制系统主机中实现。

交直流站控设备应采用合理的软硬件设计方案，以保证设备具有良好的可扩展性能。

### 4.5.2 通信和接口

站控设备应具有站LAN网接口，以便实现与运行人员控制层、远方监控通信层设备，以及控制保护层内其他控制保护设备的通信。

站控设备与其测量系统和I/O层设备之间应具备标准的现场总线接口，用于接收现场采集数据和下发控制命令。

交直流站控设备之间、站控设备与极控和直流保护设备之间应配置高速通信接口，以满足控制保护的实时性要求。

站控设备应配置与交流系统安全稳定装置或其他系统控制元件的接口,用于启动相关的交直流系统协调控制功能。

冗余的站控设备之间应具备通信功能,用于实现冗余系统之间的跟随和切换。

站控设备应具备站间通信的接口和通信通道,用于站间控制信息交换和顺序控制配合。

#### 4.5.3 功能和性能

特高压直流工程站控设备的基本功能应符合 GB/T 22390.2—2008 中 4.3 的规定。同时,还应针对特高压直流工程的特点配置专门的控制逻辑和功能,并满足下述要求。

a) 通过站控顺序控制功能的设计及其与极控控制功能的配合,使得特高压直流系统的每一个单极以及每个 12 脉动换流器的运行具有相对的独立性,满足以下运行控制的需要:

正常运行时可以独立而平滑地投入或退出单极或单个 12 脉动换流器的运行;在出现单极或单个换流器故障时,按照正确的时序紧急退出故障部分的运行,并且不对系统健全部分的运行产生影响。

根据运行需要在完整双极、不完整双极,完整单极和不完整单极、大地返回和金属线返回等不同的主回路运行方式之间切换。

根据需要实现单换流器的空载升压试验及双换流器的空载升压试验。

当工程需要具备直流线路融冰功能时,完成相应的融冰运行顺序控制操作。

b) 无功功率控制功能应与极控系统的角度控制相配合,保证在特高压直流系统各种主回路接线和运行方式下,交直流系统无功交换的平衡和基本的滤波特性得到满足。在可能出现的送端孤岛运行工况下,控制系统应具备优化的控制策略,限制过电压造成的危害。

c) 如果全站总功率协调控制功能由站控系统实现,该功能的设计及其与极控系统的配合应保证在系统的各种运行方式下,直流功率在每个单极和换流器中进行正确的分配。在交直流系统扰动、故障,或交流系统安全稳定装置发出控制指令时,总功率协调控制应能对功率进行动态分配,通过紧急功率支援、交直流联合调制等措施,确保系统的稳定运行。

特高压直流工程交直流站控设备的基本技术性能应符合 GB/T 22390.2—2008 中 4.4 的规定。应通过采用高性能的控制保护软硬件平台、优化硬件软件设计等措施提高控制保护系统的总体性能满足特高压直流工程的需要。

### 4.6 极控设备

#### 4.6.1 配置要求

特高压直流工程的极控系统一般以 12 脉动换流器为基本单元,按照双极、极和换流器等 3 个层次的控制功能,分别配置独立的双极和极层控制设备以及换流器层控制设备。极控设备及其功能的配置应使直流系统的每一单极和每个 12 脉动换流器的运行相对独立,实现各种运行方式的切换以及局部故障的切除,以提高整个直流系统运行的灵活性和可用率。双极控制功能可以集成在极层控制设备中,也可在直流站控设备中实现。

#### 4.6.2 通信和接口

极控设备应配置站 LAN 网接口,用于实现与运行人员控制层、远方调度通信层,以及控制保护层内其他控制保护设备的通信。

极控设备与其测量系统和 I/O 层设备之间应具备标准的现场总线接口,用于接收现场采集的数据和下发控制命令。

双极层、极层和换流器层独立的极控设备之间、极控设备与站控设备之间,极控设备与直流保护设备之间应配置高速通信接口，以满足实时通信和控制保护配合的要求。

极控设备应具备与交流系统安全稳定装置或其他控制元件的接口，以便直流控制设备根据交流系统稳定控制的指令启动相关的交直流协调控制功能。

冗余的极控设备之间应具备通信功能，用于实现冗余系统之间的跟随和切换。

极控设备应具备站间通信接口，用于两站极控系统的控制配合。极控系统的站间通信通道按极配置。

### 4.6.3 功能和性能

特高压直流工程极控设备的基本功能应符合 GB/T 22390.3—2008 中 4.3 的规定。同时，应根据特高压直流工程的需要增加相应的控制逻辑和功能，使其与特高压直流工程主回路结构和运行方式相适应。

特高压直流工程极控系统的设计应使特高压直流系统的每个单极以及每个 12 脉动换流器的运行具备相对的独立性。应保证在直流系统的正常运行过程中，可以独立地投入和退出单极或单个 12 脉动换流器的运行。在出现单极或单换流器故障时，能够紧急退出故障部分的运行。需对换流器的投入和退出控制进行优化，使得正常运行时单个换流器的投入和退出对系统的冲击尽量小、持续时间尽量短，故障情况下的紧急退出对系统健全部分运行造成的影响尽量小。

特高压直流工程极控系统应配置串联 12 脉动换流器的平衡控制功能。对于逆变侧以角度控制为主要控制策略的直流工程，稳态运行时需保证串联换流单元 2 台换流变压器分接开关的位置不一致在两个档位之内。对于逆变侧以电压控制为主要控制策略的直流工程，串联运行的 12 脉动换流器的电压平衡控制是极电压控制的组成部分，其控制精度应与整个直流系统的电压控制精度一致。

极控设备的辅助无功控制功能应与站控设备的无功单元投切控制相配合，保证在特高压直流系统的各种运行方式下，交直流系统的无功平衡，并满足基本的滤波性能要求。

当全站总功率协调控制功能由极控系统完成时，其设计需考虑两极功率控制的有机配合，使得在特高压直流系统的各种运行方式下，双极功率在每个单极和每个换流器中的正确分配。在系统受到扰动和发生交直流故障，或交流系统安全稳定装置发出控制指令时，功率协调控制通过功率的动态分配、紧急功率支援、交直流系统的联合调制等措施，确保系统的稳定运行。

特高压直流工程极控设备的基本技术性能应符合 GB/T 22390.3—2008 中 4.4 的规定。应通过优化的硬件结构和应用软件设计、采用更高性能的控制保护系统软硬件平台等措施，使其性能满足特高压直流工程应用需要。

## 4.7 直流系统保护设备

### 4.7.1 配置要求

特高压直流系统保护包括直流保护、换流变压器保护、交流滤波器保护和直流滤波器保护等设备。

换流变压器保护以 12 脉动换流单元为基础配置，每个 12 脉动换流器所对应的换流变压器分别配置独立的换流变压器保护。

交流滤波器保护以滤波器分组配置。根据工程的需要可为每个滤波器大组配置一套滤波器保护设备，也可以滤波器小组为单元，分别为大组和其中的每个小组配置独立的保护设备。

特高压直流工程的直流保护由双极层保护、极层保护和 12 脉动换流器保护等构成。整个换流站可配置一套独立的双极层保护设备，也可将双极保护功能集成在极层保护设备中；极层保护按极配置，每个直流极配置一套独立的极保护设备；换流器保护以 12 脉动换流器为单元配置，每个 12 脉动换流器配置一套独立的换流器保护设备。

直流滤波器保护按极配置，每个直流极可配置独立的直流滤波器保护设备，也可把其保护功能集成到直流保护设备中。当直流滤波器保护与直流保护集成设计时，两者应相对独立，使得投入或退出直流滤波器的运行，或对直流滤波器一次二次回路的检修不影响直流系统的运行。

直流系统保护设备宜独立配置，一般不与控制系统共用主机。

#### 4.7.2 通信和接口

直流系统保护设备应具备与运行人员控制系统和保护信息子站的通信功能，以便向运行人员控制系统和保护信息子站传送保护的动作信息及设备运行状态等。

直流系统保护设备与其测量系统和I/O层设备之间应具备通信接口，以实现保护数据的采集和保护动作的输出等功能。

直流系统保护设备与直流控制设备之间应配置高速通信接口，以实现控制与保护系统之间的配合。当保护采用三重化冗余设计时，三重化的保护设备与双重化冗余控制系统的接口通过三取二逻辑单元实现。

直流系统保护设备应具备站间通信的接口，直流保护的站间通信通道允许独立于控制系统配置，以满足保护站间通信的可靠性和实时性要求。

#### 4.7.3 功能和性能

##### 4.7.3.1 一般要求

特高压直流工程直流系统保护的保护功能配置应符合GB/T 22390.4—2008中4.3的规定。同时，还需按照特高压直流系统的主回路结构和运行方式，对双极层、极层和换流器层的保护功能进行合理的分配，增加与特高压直流工程运行相关的保护功能，以满足特高压直流工程需要。

特高压直流系统保护的功能设计应满足保护灵敏度和选择性的要求，对于单极、单12脉动换流单元等直流系统的局部故障，不应造成健全极与健全换流器保护设备的误动作。

直流保护系统的保护功能和动作值应能根据特高压直流系统的主回路运行方式，在运行过程中进行动态的配置和调整，自动适应包括完整和不完整双极、完整和不完整单极、金属返回和大地返回、降压运行、空载加压试验等所有工程确定的运行方式，并且不应在运行方式切换过程中出现保护误动。

##### 4.7.3.2 保护分区

保护区域的划分应确保对所有相关的直流设备均能提供完备的保护，相邻保护区域之间应有重叠，不存在保护死区。特高压直流系统的保护分区与GB/T 22390.4—2008中4.3.2的规定基本一致。但针对换流变压器保护区和换流器保护区，可分别配置独立的高压端和低压端换流变压器保护设备与换流器保护设备，以满足12脉动换流单元运行独立性的需要。

##### 4.7.3.3 换流变压器保护设备的保护功能配置

特高压直流输电工程对换流变压器保护的功能提出了更全面的配置的要求，一般可根据工程的需要选择配置以下保护功能：

a) 变压器差动保护：检测换流变的区内接地故障或相间短路故障；
b) 变压器绕组差动保护：将换流变压器的各侧绕组分别作为被保护对象，检测绕组的接地故障；
c) 交流引线差动保护：检测从换流变压器的网侧断路器到换流变压器网侧套管CT之间的接地或相间故障；
d) 过流保护：检测换流变压器内部及外部相间短路引起的过电流；
e) 变压器饱和保护：检测中性点直流偏磁电流导致的换流变压器饱和；
f) 变压器过激磁保护：防止因过激磁对换流变压器造成损坏；

g) 阻抗保护:检测换流变压器区内发生的接地故障或相间短路故障;

h) 过电压保护:检测换流变压器网侧电压,防止交流系统过电压对换流变压器的危害。

**4.7.3.4 直流保护功能的分层配置**

**4.7.3.4.1 分层配置要求**

可根据故障发生的区域、故障对直流系统运行影响的范围、有利于保护功能的配合以及简化保护测量系统接线等因素,对特高压直流工程直流保护的双极层保护、极层保护和换流器层保护等设备的保护功能进行合理的分配,以满足特高压直流系统在各种运行方式下直流保护灵敏度和选择性要求。

**4.7.3.4.2 双极层保护**

**4.7.3.4.2.1 配置原则**

双极层保护配置的基本原则是:保护范围包括了双极公用连接区域以及其中的开关设备的保护功能,一般配置在双极层保护设备中;在特定运行方式下保护范围覆盖了双极回路或设备的保护功能,也可配置在双极层保护设备中。

**4.7.3.4.2.2 双极公用区域保护**

双极公用连接区域一般可配置以下保护和监视功能:

a) 双极中性母线差动保护;

b) 接地极引线过载及不平衡保护;

c) 接地极引线阻抗监视;

d) 站内接地过流保护。

对于中性母线与接地极引线的连接区域内发生的瞬时性接地和短路故障,保护通过启动控制系统的双极平衡控制、减负荷以及合中性母线接地开关等措施使故障恢复。对于永久性故障,保护应闭锁直流系统的运行。

**4.7.3.4.2.3 金属返回线保护**

单极金属返回运行方式下的金属返回线保护的保护范围包括了双极回路,可以在双极层保护中实现。金属返回线保护可配置金属返回线接地保护,金属返回线横差和纵差保护等保护功能。

**4.7.3.4.2.4 运行方式转换开关保护**

运行方式转换开关保护包括中性母线接地开关保护、大地返回转换开关保护和金属返回转换开关保护等。运行方式转换开关保护用于监视在直流系统的运行方式转换过程中出现的转换开关电流转移失败故障。当检测到电流转移失败时,保护可根据不同的故障发展时刻,采取禁止打开预定的转换开关、向转换开关发出重合并禁止其再次被打开等措施,避免故障电流对开关设备造成危害。

**4.7.3.4.3 极层保护**

极层保护配置的基本原则是:保护针对的故障区域或故障类型同时危及整个极运行安全,或保护对应的故障由各直流极独立清除更为合理的保护功能,可配置在极层保护中。

极层保护的保护区域包括直流线路、极母线、双 12 脉动换流器及其连接母线、直流滤波器、极中性母线和中性母线开关等。当这些区域内出现接地或短路故障、开路故障、直流电压异常、两站运行阀组的数量不一致、错误的直流功率反转、交直流碰线、持续的触发及换相故障,以及交流系统故障或异常时,由极层保护动作切除故障。

其中直流线路保护可配置行波保护、直流线路低电压及其变化率保护、直流线路纵差保护等。直流线路保护动作后,按照工程的需要启动直流线路故障重启逻辑。

针对直流极的接地和短路故障,极层保护可选择配置极母线直流差动保护、中性母线直流差动保护、极过流保护、极直流差动保护、极换流器直流差动保护、高低压阀组连接母线直流差动保护、直流低电压保护、空载升压试验保护、100 Hz 分量保护等。

对于持续的换相故障和触发故障、交直流碰线等故障,可配置 50 Hz 分量保护。

针对直流回路的开路故障,可配置直流过电压保护、接地极开路保护等。

为应对两站运行阀组数不一致、错误的功率反向等异常工况,极层保护设备可配置换流器不平衡保护、功率翻转保护等。

如果特高压直流系统与临近的大型汽轮发电机组之间存在发生次同步震荡的风险,极层保护设备应配置次同步震荡保护功能。

极层保护设备应配置中性母线开关保护,用于当极电流从中性母线开关向接地极引线转移失败时保护中性母线开关。

#### 4.7.3.4.4 换流器层保护

换流器层保护的保护范围应覆盖 12 脉动换流器及其旁路开关、换流变压器阀侧绕组和阀侧交流连线等区域。该区域内的故障类型包括换流器及其桥臂的短路和接地故障;换流变压器阀侧绕组及阀侧连线的相间故障和接地故障;直流母线开路引起的直流过电压;交流系统故障或扰动,以及控制系统异常等造成的换相故障和设备过应力,以及其他原因造成的故障和异常等。

对于短路和接地故障可根据工程需要配置:阀短路保护、换流器过流保护、换流器直流差动保护、换流器零序过电压保护等。

对于换相故障、控制系统功能失效引起的故障和异常可配置:换相失败保护、换流器交流差动保护、阀组直流过电压保护、换流变压器中性点直流过流保护(报警)、丢脉冲及误触发保护等。

针对由直流控制系统故障、交流系统异常和扰动引发的换流器故障和设备过应力,可选择配置交流过电压保护、交流低电压监视、电压应力保护、大角度监视等保护和监视功能。

针对换流器的异常工作状态,换流器层保护设备可配置晶闸管元件冗余监视、水冷系统及晶闸管结温监视等监视功能。

换流器层保护设备应配置阀组旁路开关保护,用于在投入和退出阀组的过程中,监视旁路开关的电流转移失败故障。

## 4.8 交流系统保护和换流站辅助二次设备

### 4.8.1 交流系统保护

#### 4.8.1.1 配置要求

特高压换流站交流系统保护主要由交流线路保护、交流母线保护、交流断路器保护、站用电系统保护等常规保护设备构成。除非另有规定,特高压换流站交流系统保护的功能配置和技术性能按照以下标准执行。

#### 4.8.1.2 交流线路保护

交流线路保护的功能和性能应符合 GB/T 14285、GB/T 15145 的有关规定。

#### 4.8.1.3 交流母线保护

交流母线保护的功能和性能应符合 GB/T 14285、DL/T 670 的有关规定。

#### 4.8.1.4 交流断路器保护

交流断路器保护的功能和性能宜符合 GB/T 14285、GB/T 15145 的有关规定。

#### 4.8.1.5 站用电系统保护

站用电系统保护的功能和性能宜符合 GB/T 14285、GB/T 14598.300 的有关规定。

### 4.8.2 换流站辅助二次设备

#### 4.8.2.1 配置要求

换流站辅助二次设备主要包括能量计费系统、直流线路故障定位装置、接地极线监视设备、交直流暂态故障录波装置、换流站时钟同步设备、谐波监视设备等。

#### 4.8.2.2 直流线路故障定位装置

直流线路故障定位装置的基本功能和性能应符合 GB/T 22390.5 的有关规定。

#### 4.8.2.3 接地极引线监视设备

##### 4.8.2.3.1 一般要求

接地极引线监视设备宜采用数字式装置构成。可以采用独立设备,也可将其功能集成在其他适宜的换流站二次设备中实现。

##### 4.8.2.3.2 功能要求

接地极引线监视设备应能够对接地极引线的运行状态进行实时的监视,一旦接地极及其引线出现开路或者接地故障,应能正确地记录并报警。

监视设备可采用不同的原理实现,如注入电流法、高频脉冲反射法等。但是不论采用何种原理,当工程存在共用接地极的情况时,监视设备应能对故障数据自动进行修正,以满足检测精度的要求。

监视设备应具有自监测功能,以便当设备自身发生故障时闭锁可能的误报警。

##### 4.8.2.3.3 接口要求

监视设备应采用标准的网络或串行接口将监视信息接入换流站运行人员控制系统和远方监控中心。

#### 4.8.2.4 换流站暂态故障录波装置

换流站交直流暂态故障录波装置的基本功能和性能应符合 GB/T 22390.6 的有关规定。

#### 4.8.2.5 换流站时钟同步设备

##### 4.8.2.5.1 一般要求

特高压直流输电换流站应配置双重化的时钟同步设备,作为全站统一的时间基准。时钟同步设备主要由主时钟系统和时钟信号分配装置构成。

时钟同步设备应同时具备报文对时和脉冲对时两种与站内二次设备的对时方式。时钟同步设备通过其网络接口或串行接口,接入站 LAN 网或控制保护设备的串行接口,下发时钟同步报文。时钟同步设备的对时脉冲通过时钟信号分配装置与控制保护设备的时钟脉冲接口相连。时钟信号分配装置一般安装在站内的各继电小室。

时钟同步设备时钟输出接口的数量应满足换流站直流控制保护设备和其他二次系统的对时需要。

#### 4.8.2.5.2 功能要求

时钟同步设备为换流站所有的事件的动作记录提供时间基准，其时间精度不宜低于 1 ms。

正常情况下，两台主时钟系统的时间信号接收单元各自独立接收全球卫星定位系统的时间基准信号；当某一主时钟系统的时间信号接收单元发生故障时，该主时钟系统应能自动接收另一台主时钟系统的时间信号接收单元的时间基准信号，实现时间基准信号的互为备用。

时钟同步设备的同步报文应包含年/月/日/时/分/秒/毫秒等完整的时间信息；对时脉冲可采用分脉冲或秒脉冲。

时钟同步设备应提供守时模块，用于当时间基准信号完全失去时，主时钟系统在一个确定的时间段内保持原有的时间节拍并满足守时精度的指标要求。

#### 4.8.2.5.3 接口要求

时钟同步设备应为包括以下设备在内的所有换流站二次系统提供对时接口：

——运行人员控制系统和远动工作站；

——交直流控制和保护系统；

——站用电源系统的保护装置；

——直流线路故障定位装置；

——交直流暂态故障录波系统；

——安全自动装置；

——电能计量系统；

——保护及故障录波信息管理子站；

——辅助系统的控制保护，如阀冷系统控制保护、消防控制系统等；

——其他需时间同步的设备。

时钟同步设备的时钟接口和输出信号一般包括以下类型：

——网络接口：时钟同步设备通过网络发送的时钟报文应可选择以下类型：NTP(SNTP)，Ethernet OSI L4，Ethernet OSI L2 S5 等；

——串行接口：时钟同步设备应具备 RS-232/422 标准串行接口，以便向特定的二次设备发送同步报文；

——IRIG-B 接口：时钟同步设备应具备 IRIG-B 接口，以便向特定的二次设备发送 B 码同步报文；

——脉冲对时接口：时钟同步设备应具备 PPS 秒脉冲或 PPM 分脉冲输出接口，以便向所有的二次设备发送时钟同步脉冲。

#### 4.8.2.6 谐波监视设备

谐波监视设备用于对换流站交直流系统中的谐波进行自动监测和分析，以获取各次谐波的统计值。

监测和分析的结果应至少包括交直流电压和电流中的从 1 次到 50 次各次谐波含量、交流电压的总谐波畸变率、交流电流的总谐波畸变率、电话干扰系数和直流侧的等效干扰电流等数据。

谐波监视设备与运行人员控制系统之间应具备标准的网络接口或串行接口，以便对谐波监测结果进行监视和存储。

## 5 控制与保护设备的工厂试验

### 5.1 工厂试验分类

工厂试验包括单屏试验、分系统试验和系统试验。

### 5.2 单屏试验

#### 5.2.1 试验目的

检验单个控制保护屏柜的安装配线、电气性能是否满足设计要求。

#### 5.2.2 被试设备

极控、交直流站控、直流系统保护、交流保护、现场 I/O 设备等所有控制保护屏柜在生产制造完成以后，首先要经过严格的单屏试验，以保证安装配线正确，基本功能、电气性能、以及工艺和质量满足设计要求。

#### 5.2.3 试验项目

单屏试验主要包括以下项目：

a) 外观检查

检查屏柜的外观、安装配线、系统标识等是否满足设计要求。

b) 绝缘性能试验

对所有的引线，所有的输入输出信号以及电源端子进行绝缘性能试验。

c) 软硬件设置检查

对屏内所有需要进行参数设置的装置、板卡、传感器等硬件模块的设置，如 DIP 开关的位置进行检查，对装载的工程软件版本和配置参数进行检查。确认所有硬件软件参数均已按照工程设计要求设定。

d) 电气电路检查

检查屏柜电源电路、输入输出电路的连接是否正确，校准模拟量输入输出电路的精度。

所有模拟量和开关量输入电路的检查，应该从屏柜端子一直查到软件，保证从输入端子到软件的所有连接都正确。

所有模拟量和开关量输出电路的检查，应该从软件一直查到屏柜端子，以保证从软件到输出端子的所有连接都正确。

e) 功能性能试验

逐项检查屏柜的功能和性能，确认所有功能和各项性能满足设计要求。

f) 电源偏差试验

当输入电源的电压在允许范围内变化时，设备的功能应正确，模拟量采集及运算精确度应满足相关标准的要求。

### 5.3 分系统试验

#### 5.3.1 试验目的

检验控制保护设备之间、各分系统之间的接口和连接的正确性，控制保护系统的整体配合是否满足设计要求。

**5.3.2 被试设备**

运行人员控制、极控、交直流站控、直流保护、阀底部电子设备等核心控制保护设备，在工厂内可进行分系统试验，以检验系统的接口关系是否正确。对于现场 I/O 层设备，可采用实际装置进行分系统试验，也可采用仿真模拟设备代替实际装置进行分系统试验。

**5.3.3 试验项目**

分系统试验主要包括以下项目：

a) 检查各控制保护设备之间和各分系统之间的通信电路的连接是否正确，包括：
——运行人员控制系统与极控、交直流站控、直流保护系统的通信电路；
——极控（双极、极和换流器控制）、交直流站控、直流保护（双极、极和换流器保护）等控制保护设备之间的通信电路；
——极控、交直流站控与现场 I/O 层设备之间的通信电路；
——站间通信电路；

b) 检查控制保护设备与现场 I/O 层设备之间的联锁逻辑是否正确；

c) 进行控制保护信号测试，检查控制保护设备与运行人员控制和远方监控通信系统之间，以及控制保护设备与仿真试验设备之间的信号传输是否正确。

**5.4 系统试验**

**5.4.1 试验目的**

系统试验包括功能性能试验和动态性能试验。

功能性能试验的目的是：通过试验对成套直流控制保护设备的总体功能进行检查、优化和验证：包括验证控制保护软件设计的正确性；检验各控制保护设备之间相互配合的正确性；检验各种运行方式下控制保护的功能与交直流一次系统之间相互作用的正确性；验证顺序控制逻辑和运行规程的正确性；验证冗余控制保护系统切换和辅助电源掉电对输电过程的影响等。

动态性能试验的目的是：通过试验对直流输电系统的暂态特性进行测试，检查直流控制保护在各种扰动情况下与交直流系统的相互作用，选择和验证控制保护参数，优化成套控制保护设备在各种直流系统运行工况下的响应。

**5.4.2 被试设备**

运行人员控制、极控、交直流站控、直流保护、阀底部电子设备等核心控制保护设备，在完成分系统试验之后，可在试验室模拟环境下进行功能性能试验和动态性能试验。对于现场 I/O 层设备，可采用实际装置进行系统试验，也可采用仿真模拟设备代替实际装置进行系统试验。

**5.4.3 试验项目**

**5.4.3.1 功能和性能试验**

功能和性能试验主要包括以下项目：

a) 直流场开关顺序试验；

b) 空载升压试验；

c) 解锁闭锁试验；

d) 紧急停运试验；

e) 稳态性能试验；

f) 调节器切换和直流系统外特性试验；

g) 功率、电流控制模式转换试验；

h) 交流滤波器投切和无功控制试验；

i) 功率升降试验；

j) 自动功率曲线试验；

k) 功率反转试验；

l) 稳定控制功能试验；

m) 降压运行试验；

n) 辅助电源丢失试验；

o) 冗余设备切换试验；

p) 电磁干扰试验等。

#### 5.4.3.2 动态性能试验

动态性能试验包括以下项目：

a) 阶跃响应试验；

b) 控制系统触发异常试验；

c) 交直流系统故障和直流保护试验；

d) 直流线路故障再启动试验；

e) 过负荷试验等。

## 6 特高压换流站二次系统设计

### 6.1 二次回路

6.1.1 除下述条文外，换流站二次回路的设计应符合 DL/T 5136—2001 第 7 章的有关规定，控制和保护设备用控制电缆的选择应符合 DL/T 5136—2001 第 9 章的有关规定。

6.1.2 二次回路的工作电压宜采用直流 110 V 或直流 220 V。

6.1.3 断路器的控制回路、控制保护设备和自动装置的电源回路应配置电源监视装置。

6.1.4 断路器的跳、合闸回路应具备回路的完整性监视功能。

6.1.5 互感器二次回路连接的控制保护和自动装置等负载不应超过其准确等级所规定的负荷范围。

6.1.6 冗余控制保护设备的模拟量输入回路、直流电源回路和冗余开关设备的跳、合闸绕组之间的控制回路应采用对应的冗余设计，控制电缆互相独立。

6.1.7 控制保护设备的直流电源和信号输入输出回路的连接宜全部采用屏蔽电缆。

6.1.8 屏柜之间的网络通信和控制总线宜采用光纤介质，路径与高压配电装置临近的通信网络连线应采用光纤介质。

6.1.9 应采用多芯电缆，尽可能减少电缆根数，并符合下列要求：

a) 交流和直流回路不宜合用同一根电缆；

b) 强电和弱电回路不宜合用同一根电缆；

c) 交流电流和交流电压回路不宜合用同一根电缆；

d) 低电平信号与高电平信号回路不宜合用同一根电缆；

e) 交流电压互感器二次回路的三相电压和开口三角零序电压的引入线宜采用各自独立的电缆；

f) 同一根电缆中不宜有不同安装单位的电缆芯。

## 6.2 二次设备布置及组屏原则

### 6.2.1 二次设备布置原则

6.2.1.1 换流器层、极层和双极层的控制保护屏柜，换流变压器的接口及保护屏柜等可按换流器、按极布置于主控制楼或阀厅辅助设备楼内各功能单元室。

6.2.1.2 换流器、极、双极的直流开关场控制接口屏柜等可按换流器、按极布置于主控制楼或阀厅辅助设备楼内各功能单元室，也可下放布置于就地直流继电器小室。

6.2.1.3 交流滤波器组、并联电容器组及并联电抗器组控制保护，交流线路保护等屏柜可下放布置于就地交流继电器小室。

### 6.2.2 二次设备组屏原则

#### 6.2.2.1 控制保护层设备

6.2.2.1.1 极控设备中的换流器层、极层和双极层控制可分别配置独立的双重化的控制屏柜。当独立配置直流站控设备时，双极控制功能可集成在直流站控屏柜中。

6.2.2.1.2 交流站控的主机可集中配置为双重化的独立控制屏柜，也可按分层分布的原则与现场 I/O 层设备合一组屏；直流站控可配置独立的、双重化的控制屏柜，也可将直流站控的功能集成在换流器、极、双极控制等极控系统中。

6.2.2.1.3 直流保护可按换流器、极、双极分别配置独立的保护屏柜，其中双极保护功能也可集成在每个极的保护屏柜中。直流保护设备还可与极控制系统合并组屏，但不宜共用主机或装置。直流保护设备应采用双重化或三重化冗余配置，各冗余的保护屏柜应相互独立。

6.2.2.1.4 应为每个 12 脉动换流器对应的换流变压器配置独立的、双重化的换流变压器保护屏柜。

6.2.2.1.5 直流滤波器组保护可按极配置独立的、双重化的保护屏柜，也可将其功能合并在直流保护中。

6.2.2.1.6 宜为每个交流滤波器大组配置独立的保护屏柜，双重化的交流滤波器大组保护设备宜放在不同的保护屏柜中。

6.2.2.1.7 宜为每个交流滤波器小组配置独立的保护屏柜，双重化的交流滤波器小组保护设备宜放在不同的保护屏柜中。

6.2.2.1.8 交流线路保护、母线保护、断路器保护、站用辅助电源保护等，其组屏原则可参照 GB/T 14285 的有关规定。

#### 6.2.2.2 现场 I/O 层设备

6.2.2.2.1 按换流器、极、双极开关场分别配置直流开关场设备的就地控制接口屏柜。

6.2.2.2.2 按阀厅配置阀厅设备接口屏柜。

6.2.2.2.3 按每个 12 脉动换流器对应的换流变压器配置换流变压器接口屏柜。

6.2.2.2.4 按滤波器小组配置交流滤波器的现场 I/O 层设备，按大组配置交流滤波器的就地控制接口屏柜。当控制保护层设备与现场 I/O 层设备合一组屏时，控制主机按交流滤波器大组双重化配置。

6.2.2.2.5 可按设备间隔配置交流设备现场 I/O 层设备，一个半开关接线的交流系统的现场 I/O 层设备原则上按串配置就地控制接口屏柜。当控制保护层设备与现场 I/O 层设备合一组屏时，其交流场控制主机按串作双重化配置。

6.2.2.2.6 站用电系统可按与交流设备间隔对应的原则配置其现场 I/O 层设备，站用电系统的现场 I/O 层设备原则上配置独立的就地控制接口屏柜。当控制保护层设备与现场 I/O 层设备合并组屏时，其站用电系统控制主机宜采用独立的双重化设计。

6.2.2.2.7　对于其他辅助系统，可配置一套辅助设备的数据采集屏柜，用于采集换流站辅助设备及公用系统的告警信号。

## 6.3　辅助电源系统配置原则

6.3.1　换流站控制保护设备根据设备类型和成套设计的要求分别由站用电源、站蓄电池组或站 UPS 等辅助电源系统供电。电源系统的容量应与其负载相匹配。所有的电源系统应为冗余配置。双重化的站蓄电池系统之间宜彼此隔离。

6.3.2　冗余配置的换流站控制保护系统的每一重设备、屏柜和装置等应由冗余的电源系统或不同的站电源母线供电，每重供电电路应配备独立的隔离开关及熔丝。隔离开关和熔丝应与负载严格配合。

6.3.3　单一的电源系统故障不应导致直流控制保护系统的功能失效，或对直流系统的运行造成干扰。

6.3.4　有两组跳闸线圈的断路器，每一组跳闸电路应由专用的直流熔断器或自动开关供电。

6.3.5　所有独立的控制或保护装置应设有直流电源消失的报警电路。

## 6.4　屏柜的设备安装和标识

屏柜及屏柜内安装的设备均应具备明确的标志，标明其名称及所属的安装单位。不同安装单位的设备应分开布置，不宜互相交叉。

## 6.5　互感器二次参数选择

### 6.5.1　交流电流和交流电压互感器

6.5.1.1　交流电流和交流电压互感器的额定参数、准确等级及性能指标应符合 DL/T 866 的有关规定。

6.5.1.2　交流电流和交流电压互感器二次绕组的数量按照二次设备的配置确定。准确等级应分别满足继电保护、自动装置、电能计量和测量仪表的要求。互感器的选择、配置及安全接地等要求应符合 DL/T 5136—2001 第 7 章和 GB/T 14285—2006 第 6 章的有关规定。

6.5.1.3　按近后备原则配置的两套主保护，应分别接入电流互感器和电压互感器的不同二次绕组；对于Ⅰ、Ⅱ类计费用途的计量装置，宜设置专用的电流互感器和电压互感器二次绕组。

6.5.1.4　换流变压器差动保护应采用暂态性能满足要求的 TPY 类电流互感器，交流滤波器保护可采用 P 类电流互感器，其高压电容器不平衡保护用电流互感器宜采用测量类电流互感器。

### 6.5.2　直流电流测量装置和电压测量装置

6.5.2.1　直流电流和直流电压测量装置宜采用电子式互感器，根据需要也可采用零磁通电流互感器。

6.5.2.2　测量装置应具有良好的暂态响应和频率响应特性，测量精度应满足控制保护精度的要求。

6.5.2.3　电子式电流和电压互感器远端测量模块的数量应满足直流控制保护设备的配置需要，并预留适当的备用。双重化配置的控制保护设备应分别接入互感器不同的测量模块；对于双极共用区域的电流和电压互感器，双极和两个单极的控制保护设备的输入宜分别接入互感器的不同测量模块；对于每极两个换流器共用的电流和电压互感器，两个换流器的控制保护设备宜分别接入互感器的不同测量模块。

6.5.2.4　直流控制设备用的直流电流测量装置的精度应为额定电流的±0.2%；直流电压测量装置的被测电压在零至最大稳态直流电压之间变化时，测量精度应为额定直流电压的±0.2%。

6.5.2.5　对于直流保护用测量装置，应按照保护类型选择测量装置的动态范围．使其分别满足不同的保护在规定的动态范围内对测量精度的要求。

### 6.6 断路器及隔离开关的二次回路设计要求

6.6.1 直流转换开关和直流旁路断路器应具有两组合闸及两组跳闸绕组，220 kV 及以上电压等级的交流断路器应具有两组跳闸绕组。两组独立的跳合闸回路应由有两组直流电源分别供电。保护的两组出口继电器的跳闸触点应分别接至两组跳闸绕组。

6.6.2 220 kV 及以上电压等级的分相操作断路器应附带有三相不一致保护电路。三相不一致保护的动作时间宜为 0.5 s～4.0 s 可调，以躲开单相重合闸的动作周期。

6.6.3 各级电压的断路器均应配置防止跳跃的回路。

6.6.4 各类气压或液压断路器应配置双重化的低压力闭锁分合闸操作和压力异常报警的输出触点，供控制保护设备及信号回路使用。

6.6.5 断路器、隔离开关均应配置足够数量的辅助触点供控制保护设备使用。应保证所有触点接触可靠、动作逻辑正确。

### 6.7 换流变压器的二次回路设计要求

6.7.1 换流变压器的套管电流互感器和阀侧套管末屏电压分压器的二次绕组的数量、准确级及额定输出容量应满足直流控制、保护和故障录波的要求。

6.7.2 换流变压器应有下列报警和跳闸信号输出，用于换流变压器本体的保护和监视。所有开关量信号应采用无源触点输出，按相双重化配置：

a) 换流变压器轻瓦斯报警触点、重瓦斯跳闸触点；
b) 调压开关轻瓦斯报警触点、重瓦斯跳闸触点；
c) 绕组温度高报警触点、绕组温度高跳闸触点；
d) 油温高报警触点、油温高跳闸触点；
e) 油位高报警触点、油位低报警触点；
f) 压力释放报警或跳闸触点；
g) 冷却器故障、全停触点等。

6.7.3 换流变压器应具有下列测量信号的输出，用于换流变压器本体的测量和监视。所有的模拟量信号宜采用 4 mA～20 mA 电流环输出，并按相双重化配置：

a) 绕组温度；
b) 油箱顶层油温；
c) 油气体监测。

6.7.4 换流变压器的每相冷却器、调压开关控制回路应有下列控制信号的输入接口，用于控制保护设备对换流变压器冷却器、调压开关进行控制和调节：

a) 投冷却器(按组)；
b) 切冷却器(按组)；
c) 分接头上调；
d) 分接头下调。

6.7.5 换流变压器调压开关应具有分接头位置的信号输出，并按相双重化配置，供双重化的控制保护设备及信号回路使用。

## 参 考 文 献

［1］ GB/T 18700(系列) 远动设备及系统 第6部分:与ISO和ITU-T建议兼容的远动协议
［2］ GB/T 22386 电力系统暂态数据交换通用格式
［3］ DL/T 553 电力系统故障动态记录技术准则
［4］ DL/T 698.1 电能信息采集与管理系统 第1部分:总则
［5］ DL/T 860(系列) 变电站通信网络和系统

ICS 71.120;25.040.40;17.040.30
G 98

GB

# 中华人民共和国国家标准

GB/T 25844—2010

# 工业用现场分析小屋成套系统

**Field analyzer house system in process**

2011-01-10 发布　　2011-07-01 实施

中华人民共和国国家质量监督检验检疫总局
中国国家标准化管理委员会　发布

# 前　言

本标准按 GB/T 1.1—2009 给出的规则编写。

本标准由中国石油和化学工业协会提出。

本标准由化学工业专用仪器仪表标准化技术委员会归口。

本标准起草单位：天华化工机械及自动化研究设计院。

本标准主要起草人：刘立群、赵一喆、袁涛、王兆连。

# 工业用现场分析小屋成套系统

## 1 范围

本标准规定了现场分析小屋成套系统分类、试验方法、检验规则及标志、包装、运输、贮存。

本标准适用于A型(基本型)、B型(增强保温型)、C型(增强防爆型)的现场分析小屋成套系统(以下简称小屋系统)。

## 2 规范性引用文件

下列文件对于本文件的应用是必不可少的。凡是注日期的引用文件,仅注日期的版本适用于本文件。凡是不注日期的引用文件,其最新版本(包括所有的修改单)适用于本文件。

GB/T 3765—2008 卡套式管接头技术条件

GB 3836.1 爆炸性气体环境用电气设备 第1部分:通用要求

GB/T 8464—2008 铁制和铜制螺纹连接阀门

GB/T 9112—2000 钢制管法兰 类型与参数

GB/T 13306—1991 标牌

HG/T 20508 控制室设计规定

HG/T 20509 仪表供电设计规定

HG/T 20510 仪表供气设计规定

HG/T 20511 信号报警、安全联锁系统设计规定

HG/T 20512 仪表配管配线设计规定

HG/T 20513 仪表系统接地设计规定

HG/T 20514 仪表及管线伴热和绝热保温设计规定

HG/T 20516 自动分析器室设计规定

SH 3063 石油化工企业可燃气体和有毒气体检测报警设计规范

## 3 产品分类

小屋系统包括下列三种型号:A型(基本型)、B型(增强保温型)、C型(增强防爆型)。

A型(基本型)是指可适用于累计年最冷月平均温度高于0 ℃,最热月平均温度低于25 ℃的温和地区和累计年最冷月平均温度高于−10 ℃的寒冷地区的小屋系统类型。

B型(增强保温型)是指可适用于累计年最冷月平均温度低于或等于−10 ℃的严寒地区和累计年最热月平均温度高于25 ℃的夏热地区的小屋系统类型。

C型(增强防爆型)是指通过采取正压通风等特殊安全措施,提高其整体防爆性能的小屋系统类型。

## 4 要求

### 4.1 基本参数

#### 4.1.1 组成

a) 金属结构小屋本体:应具有工业现场仪表运行所需的基本气候防护设施、安装空间、现场安装

和运输附件。

b) 公用工程：小屋内应具有采光及照明、通风（引风机、排风机）、防爆空调、采暖、配电箱、接线箱、电源插座等防爆电器设备。

c) 分析系统工程：应按现场工艺要求合理安装分析仪表及样品处理系统，并规范化配管布线。

d) 联锁报警系统：联锁报警系统的选用应符合用户设计规格书和 SH 3063 的要求，当可燃气体浓度达到爆炸下限值（L. E. L）或当有毒气体浓度达到长期接触限值（TLV）时，发出报警信号，启动换气风扇。

#### 4.1.2 外型尺寸

a) 宽度：一般为 2 000 mm～2 500 mm。

b) 长度：根据小屋内仪表的数量和布置形式确定，一般为 2 000 mm～6 000 mm。

c) 高度：外部尺寸一般为 2 500 mm～2 700 mm，室内净高 2 300 mm～2 500 mm。

#### 4.1.3 系统适用的分析仪器仪表

系统适用的分析仪器仪表如下：

a) 工业色谱仪；

b) 工业质谱仪；

c) 近红外或红外线分析仪；

d) 热导式气体分析仪；

e) 氧分析仪；

f) 酸度分析仪，电导分析仪；

g) 溶氧、COD、氨氮等水质分析仪；

h) 热值仪；

i) 总烃、总碳、总硫分析仪；

j) 硫化氢分析仪；

k) 闪点、干点、凝固点、馏程等油品分析仪；

l) 环境监测仪表。

### 4.2 金属结构小屋本体

#### 4.2.1 框架

槽钢或工字钢等型钢焊接框架式结构，框架应具有足够的强度，保证在拖动、起吊、荷载和空载时不变形。

#### 4.2.2 外墙和屋顶

外墙和屋顶由 Π 型钢板拼装铆接而成。钢板采用 1 mm～2 mm 不锈钢板或 1 mm～2 mm 碳钢板，碳钢板表面应喷涂耐环境腐蚀油漆。

外墙设有外伸的遮雨檐，遮雨檐外伸长度为 650 mm～1 000 mm，外墙应设有气瓶固定支架和气瓶护栏。

屋顶有整体吊装用的吊环。屋顶最小承受力为 2 500 Pa。屋顶型式为斜面结构，斜面角度应不小于 5°，斜面低面应设有漏雨槽。

#### 4.2.3 内墙

内墙采用 1 mm～2 mm 不锈钢板或 1 mm～2 mm 碳钢板，碳钢板表面应喷涂耐环境腐蚀油漆。

内墙应预埋螺母或滑动式导轨，便于安装壁挂式仪表或其他电器设备。

4.2.4 门

当小屋本体长度大于 3 500 mm 时，可设两个门，分别为主门和应急门，同时当小屋系统为 B 型（增强保温型），需设计门斗时，为三个门。当小屋本体长度小于 3 500 mm 时，设一个门。门结构为外开型非折叠结构，宽度为 900 mm～1 000 mm，高度为 2 000 mm～2 100 mm。门的材质在室外部分应与外墙相同，在室内部分应与内墙相同。

门上应设钢化玻璃观察窗，带阻尼限位闭门器和推杆式逃生锁；门外应具有孔锁及把手。

4.2.5 地板

小屋本体地板应选用 3 mm～6 mm 防滑花纹钢板或光面钢板铺防滑、阻燃、防静电地板。

4.2.6 保温

A 型（基本型）和 C 型（增强防爆型）小屋本体内外墙及屋顶和房顶之间充填 70 mm～75 mm 厚阻燃型聚胺脂保温材料；B 型（增强保温型）小屋本体内外墙及屋顶和房顶之间充填 75 mm～85 mm 厚阻燃型聚胺脂保温材料。B 型（增强保温型）小屋本体设有一个门斗，门斗宽度 1 600 mm～2 500 mm，长度 1 800 mm～2 000 mm。

4.2.7 接地

小屋本体外应设置有电气总接地端子，接地端子与小屋本体底座联结在一起，接地端子材质为黄铜。接地线线径不应小于 4 mm，工厂接地线应接入总接地端子，工厂接地线线径不应小于 6 mm。仪表系统的接地电阻不应大于 4 Ω。小屋系统接地须符合 HG/T 20513 的要求。

4.2.8 外观

小屋本体外观应达到下列要求：

a） 小屋本体外观整洁，表面涂层无明显剥落、擦伤、露底，联结部分联结紧密；

b） 所有铭牌及标志应清晰；

c） 小屋本体表面平整光滑且无焊疤，无鼓包，联结部分无错位。

4.3 公用工程

4.3.1 配电

4.3.1.1 电源接线箱要求：

a） 仪表电源和公用电源分别由单独的接线箱供电。

b） 电源接线箱安装于室外，安装高度便于接线和维护。

c） 电源接线箱防爆等级应高于用户设计规格书最低现场防爆等级要求。

d） 电源接线箱应预留 20%的空接线端子。

e） 布管穿线及电线电缆的选用应符合 HG/T 20512 要求。

f） 供电负荷类别及供电要求应符合 HG/T 20509 要求。

g） 密封防爆应符合 GB 3836.1 要求。

4.3.1.2 信号接线箱要求：

a） 按仪表规格书的要求确定信号接线箱的数量及类别。

b） 信号接线箱安装于室外，安装高度与电源接线箱相同，并与电源接线箱等距排放。

c) 信号接线箱防爆等级应高于用户设计规格书最低现场防爆等级要求。

d) 信号接线箱应预留20%的空接线端子。

e) 布管穿线及电线电缆的选用应符合HG/T 20512要求。

f) 密封防爆应符合GB 3836.1要求。

4.3.1.3 电源分配箱要求：

a) 电源分配箱应选择或定制结构紧凑、外形美观的产品。

b) 电源分配箱安装于电源接线箱一侧的室内，安装高度便于接线和维护。

c) 电源分配箱防爆等级应高于用户设计规格书最低现场防爆等级要求。

d) 布管穿线及电线电缆的选用应符合HG/T 20512要求。

e) 供电负荷类别及供电要求应符合HG/T 20509要求。

f) 密封防爆应符合GB 3836.1要求。

#### 4.3.2 照明

照明灯具应达到下列要求：

a) 灯具的选用应符合用户设计规格书的要求，一般选用全塑吸顶荧光灯。

b) 灯具防爆等级应高于用户设计规格书最低现场防爆等级要求。

c) 灯具布置、照明光照度及事故应急照明光照度应符合HG/T 20508要求。

#### 4.3.3 空调、采暖及通风

空调、采暖及通风应达到下列要求：

a) 空调选用应符合用户设计规格书和HG/T 20508要求，型式一般选用壁挂式。

b) 空调安装应在小屋内主门上方和主门正对一侧墙面。

c) 空调防爆等级应高于用户设计规格书最低现场防爆等级要求。

d) 采暖暖气选用应符合用户设计规格书的要求。

e) 采暖蒸汽采用0.3 MPa～1.0 MPa低压蒸汽。

f) 暖气引入、引出法兰应符合GB/T 9112—2000要求。

g) 暖气引入、引出阀门应符合GB/T 8464—2008要求。

h) 通风应符合HG/T 20516要求。

i) 室内温度冬季保持在15 ℃～20 ℃，夏季保持在24 ℃～28 ℃，相对湿度保持在40%～65%。

### 4.4 分析系统工程

4.4.1 仪表及样品处理系统的安装固定要求：

a) 仪表及样品处理系统的安装方式应符合仪表和样品处理系统设计要求。一般采用壁挂式或底座安装式。

b) 仪表及样品处理系统的安装高度及安装间距应便于操作和维护。

c) 仪表及样品处理系统的固定通过预埋地脚螺钉或预埋滑动导轨的方式固定，固定程度应符合长途汽车运输的要求。

4.4.2 仪表及样品处理系统的技术要求：

a) 仪表间距应不小于400 mm，样品处理系统间距应不小于200 mm。

b) 仪表及样品处理系统气路应按最短路径集中敷设，横平竖直，整齐美观。并多点固定于墙面，符合长途汽车运输的要求。

c) 仪表样品气设排放总管和排污总管，总管管径应不小于DN40，排放总管高度应符合用户设计规格书的要求，各支管设截止阀。

d） 仪表样品气应提供手动取样点。

e） 仪表及样品处理系统气路管线均为不锈钢材质。气路连接方式应符合 GB/T 3765—2008 要求。

4.4.3 仪表供电及信号输出要求：

a） 仪表供电电源及信号输出要求应符合仪表规格书的要求。

b） 配管布线及电线电缆选用应符合 HG/T 20512 要求。

c） 密封防爆应符合 GB 3836.1 要求。

4.4.4 仪表供气要求：

a） 仪表供气种类及方式符合仪表规格书和 HG/T 20510 的要求。

b） 仪表供气气路按最短路径集中敷设，横平竖直，整齐美观。并多点固定于墙面，符合长途汽车运输的要求。

c） 气源经净化处理，仪表空气含尘粒径应不大于 2 μm。

d） 仪表空气须有总管输入，总管管径应不小于 DN15，总管有净化装置和气源截止阀。

e） 仪表供气支管一般为不锈钢材质，气路连接方式应符合 GB/T 3765—2008 的要求。

4.4.5 仪表管线伴热（用户设计规格书中要求管线伴热时）要求：

a） 仪表管线伴热包括样品气路、标气及排放管线等。

b） 仪表管线伴热应符合 HG/T 20514 要求。

4.4.6 仪表管线系统密封性要求：

a） 载气、标气气路密封性：使用氢气在 0.3 MPa 压强下，0.5 h 压降应不大于 0.01 MPa。

b） 仪表空气支线、空气总管、排放总管、排污总管气路密封性：使用空气或氮气在 0.3 MPa 压强下，0.5 h 压降应不大于 0.01 MPa。

c） 伴热管线气路密封性：使用空气或氮气在 0.3 MPa 压强下，0.5 h 压降应不大于 0.01 MPa。

d） 液相介质管线密封性：使用水在 1.5 MPa 压强下，0.5 h 压降应不大于 0.1 MPa。

### 4.5 联锁报警系统

联锁报警系统应符合用户设计规格书和 SH 3063 的要求。

#### 4.5.1 联锁报警功能

当可燃气体浓度达到爆炸下限值（L.E.L）或当有毒、有害气体浓度达到长期接触限值（TLV）时，发出报警信号，启动换气风扇。

#### 4.5.2 联锁报警系统组成

包括可燃气体检测器、有毒气体检测器、有害气体检测器、报警控制箱、可编程控制器、报警灯、报警笛等。

#### 4.5.3 联锁报警系统设计、安装

联锁报警系统设计、安装应符合 HG/T 20511 和 SH 3063 的要求。

### 4.6 小屋安全要求

4.6.1 推杆式逃生锁应保证分析小屋内工作人员在紧急情况下，用手和身体任何部位推（压）开启杆即可将门锁开启，开启应非常容易且完全没有任何误操作。

4.6.2 A 型（基本型）与 B 型（增强保温型）小屋系统防爆电器符合 4.3 的要求。

4.6.3 C 型（增强防爆型）小屋系统室内正压应控制在 10 Pa～30 Pa。

4.6.4 仪表管线系统密封性应符合4.4.6要求。

4.6.5 联锁报警应符合4.5要求。

## 5 试验方法

### 5.1 小屋本体

#### 5.1.1 外观

按4.2.8的要求用目测、感观方法检查外观质量。

#### 5.1.2 防漏雨试验

防漏雨试验时，向分析小屋本体房顶及墙体喷水0.5 h，屋内应无漏水现象。

#### 5.1.3 抗变形试验

吊车起吊落地两次，观察小屋本体无变形。

### 5.2 公用工程及分析系统工程

#### 5.2.1 外购件检验

开箱检验外购件产品出厂合格证、防爆合格证、使用说明书和发货清单，并依据发货清单检验产品及备件数量。

观察外购件表面，检验其是否受损。

#### 5.2.2 配电试验

通断配电开关数次，看灯、风扇、空调是否能正常启动和停止。

#### 5.2.3 照明试验

按本标准4.3.2的要求试验，打开照明开关，开启所有照明灯具，检验工作照度是否大于250 lx。一小时后关闭照明开关并断开电源，这时，事故应急照明自动开启，检验事故应急照度是否大于50 lx。

#### 5.2.4 空调、通风、采暖试验

按4.3.3的要求，关闭门窗，打开空调开关，0.5 h后在小屋中心测量小屋内温度，达到空调制冷设定值。此后，关闭空调开关，打开风扇，换气0.5 h后测量小屋内温度，应恢复至空调制冷前温度。

暖气密封试验：关闭暖气出口阀，将空气接入暖气入口，当空气压力表指示为0.3 MPa，关断气源，观察0.5 h内空气压力表的压降，压降应不大于0.01 MPa。

#### 5.2.5 仪表管线系统密封性试验

按下列要求对仪表管线系统密封性进行试验，试验结果须符合4.4.6的要求。

a) 关闭载气、标气进入仪表阀门，将氢气接入气路盘载气入口，调节稳压阀，当载气压力表指示为0.3 MPa，关断气源，观察0.5 h内载气压力表的压降。

b) 关闭样品进入仪表阀门，将空气接入样品处理系统样品入口（无样品处理系统时，接入气路盘样品入口），当空气压力表指示为0.3 MPa时，关断气源，观察0.5 h内空气压力表的压降。

c) 关闭仪表空气进入仪表阀门，将空气接入仪表空气总管，调节稳压阀，当空气压力表指示为0.3 MPa，关断气源，观察0.5 h内载气压力表的压降。

d) 关闭样品进入仪表阀门，将水接入样品处理系统样品入口（无样品处理系统时，接入小屋外部样品入口），当水压力表指示为 1.5 MPa 时，关断水源，观察 0.5 h 内水压力表的压降。

### 5.2.6 仪表供电布管及电线电缆选用检验

按照 HG/T 20512 要求对仪表供电布管及电线电缆选用进行检验。

## 5.3 联锁报警系统

### 5.3.1 外购件检验

开箱检验外购件产品出厂合格证、防爆合格证、使用说明书和发货清单，并依据发货清单检验产品及备件数量。

观察外购件表面，检验其是否受损。

### 5.3.2 联锁报警试验

将可燃气（用户设计规格书和 SH 3063 规定）引至可燃气体检测器下方，将压力调整至 0.05 MPa，流量为微泄漏状态，开始排放，当检测器下方可燃气体浓度达到爆炸下限值（L. E. L）时，观察警笛警灯声光报警，同时启动风扇换气；将有毒气（用户设计规格书和 SH 3063 规定）引至有毒气体检测器下方，将压力调整至 0.05 MPa，流量为微泄漏状态，开始排放，当检测器下方有毒气体浓度达到长期接触限值（TLV）时，观察警笛警灯声光报警，同时启动风扇换气。

# 6 检验规则

## 6.1 产品检验

每套小屋系统须经检验合格后方可出厂，并附产品合格证书。

## 6.2 检验分类

小屋系统的检验分出厂检验和型式检验。

### 6.2.1 出厂检验

#### 6.2.1.1 出厂检验项目

按 4.1～4.5 的要求进行出厂检验。其中 4.2.1～4.2.6、4.4.6、4.5 不合格为 A 类不合格，4.2.8、4.4.4 不合格为 C 类不合格，其余条款不合格为 B 类不合格。

#### 6.2.1.2 判定规则

a) 一个 A 类不合格或两个 B 类不合格或三个 C 类不合格，则本次出厂检验判为不合格。

b) 小屋系统出厂检验判为不合格时，须对产品进行分析，并采取措施整改，直到出厂检验合格。

### 6.2.2 型式检验

6.2.2.1 有下列情况之一时，应进行型式检验：

a) 新产品投产时。

b) 产品在设计、工艺或使用材料有重大改变可能影响产品性能时。

c) 连续生产每三年至少进行一次。

d) 产品停产两年后,恢复生产时。

e) 当质量监督部门抽查认为必要时。

6.2.2.2 型式检验应符合本标准第4章的要求。

6.2.2.3 型式检验的小屋系统从出厂检验合格的小屋系统中抽取一套。

6.2.2.4 判定规则:所有项目检验合格,小屋系统型式检验判为合格。有一项不合格则小屋系统型式检验判为不合格。

## 7 标志、使用说明书、包装、运输、贮存

### 7.1 标志

在小屋系统的明显部位,有固定的标牌,标牌的制作符合GB/T 13306—1991的要求。标牌应标出以下内容:

a) 小屋系统名称及型号;

b) 小屋系统外型尺寸;

c) 产品执行标准编号;

d) 制造单位名称、地址;

e) 制造日期及出厂编号。

### 7.2 包装

7.2.1 小屋系统底座四角固定孔与汽车固定挂钩用铁丝固定牢靠,小屋系统顶部至少有两根横跨小屋系统的木板,通过木板保护,钢丝绳从屋顶将小屋系统固定在汽车上。发运前,小屋系统须罩塑料防雨蓬。

当小屋系统需要海运时,小屋系统须安装于木箱内。小屋系统四周用海绵包裹,木箱板材厚度不小于3 cm,木箱底座及四周有固定木条固定小屋系统,小屋系统包装木箱外面的两个面,须用不易冲洗掉的物质,标明下列标志:

a) 小屋系统名称及型号;

b) 小屋系统标准编号;

c) 制造单位名称、地址;

d) 出厂编号及出厂日期;

e) 体积:长(mm)×宽(mm)×高(mm),毛重(kg)及净重(kg)。

f) 有“向上”、“小心轻放”、“精密仪器”等字样或图样。

7.2.2 成套

分析小屋内仪表、样品处理系统、公用工程、报警系统等安装调试完毕,成套发运。

7.2.3 随同小屋系统的技术文件

a) 装箱单;

b) 使用说明书及现场操作手册;

c) 布置示意图、报警系统图、配电系统图、信号接线图、气路系统图及接口尺寸图等图纸资料;

d) 产品合格证;

e) 附件、备件清单。

## 7.3 运输

小屋系统采用汽车运输。

## 7.4 贮存

小屋系统贮存在－10 ℃～50 ℃，相对湿度不大于80％的通风良好的室内。

ICS 71.120;25.040.40;17.040.30
G 98

GB

# 中华人民共和国国家标准

GB/T 25845—2010

# 工业用γ射线料位计

## Industrial γ-ray level meter

2011-01-10 发布　　2011-07-01 实施

中华人民共和国国家质量监督检验检疫总局
中国国家标准化管理委员会　发布

# 前 言

本标准按 GB/T 1.1—2009 给出的规则编写。

本标准由中国石油和化学工业协会提出。

本标准由化学工业专用仪器仪表标准化技术委员会归口。

本标准起草单位:天华化工机械及自动化研究设计院。

本标准主要起草人:赵万翔、刘建民、买嘉。

# 工业用γ射线料位计

## 1 范围

本标准规定了工业用γ射线料位计(以下简称料位计)的型式、技术要求、试验方法、检验规则及标志、包装、运输、贮存。

本标准适用于利用γ射线测量物位的料位计。

## 2 规范性引用文件

下列文件对于本文件的应用是必不可少的。凡是注日期的引用文件,仅注日期的版本适用于本文件。凡是不注日期的引用文件,其最新版本(包括所有的修改单)适用于本文件。

GB 3836.1 爆炸性气体环境用电气设备 第1部分:通用要求

GB 3836.2 爆炸性气体环境用电气设备 第2部分:防爆型“d”

GB 4075 密封放射源一般要求和分级

GB 8702 电磁辐射防护规定

GB/T 8993 核仪器环境条件与试验方法

GB/T 9969—2008 工业产品使用说明书 总则

GB 11806 放射性物质安全运输规程

GB/T 13384 机电产品包装通用技术条件

GB 14052—1993 安装在设备上的同位素仪表的辐射安全性能要求

## 3 型式

### 3.1 料位计组成

料位计由放射源、探测器、转换器三大部分组成。

### 3.2 产品分类

按检测方式可分为:

a) 开关式;

b) 连续式。

### 3.3 参数

3.3.1 测量量程100 mm~6 000 mm。

3.3.2 标度:料位计的标度可按长度的法定计量单位分度,也可按量程的百分数进行分度。

3.3.3 输出信号

a) 开关输出信号为接点信号,接点容量为AC 220 V,5 A;

b) 连续输出信号为电流信号时,为DC 0 mA~10 mA或DC 4 mA~20 mA;输出信号为电压信号时,为DC 0 V~10 V或DC 1 V~5 V。

3.3.4 探测器和转换器间信号的最大传输距离为1 000 m。

### 3.4 料位计正常工作条件

a） 环境温度：探测器为－20 ℃～50 ℃；转换器为0 ℃～50 ℃；

b） 相对湿度：小于90％；

c） 电源电压：AC(220±22)V；

d） 周围空气中不含有对镀铬、镀镍层、铜等有色金属有腐蚀作用的介质，无强电磁场干扰，无强烈振动。

## 4 要求

### 4.1 外观

4.1.1 料位计的外壳应光洁完好，表面涂层，包括喷漆、电镀等，不得有明显的擦伤、露底、起泡、剥落、污垢等现象。

4.1.2 料位计铭牌及标志应清楚。

4.1.3 料位计紧固件不得松动，各种调节器件应转动灵活，功能正常。

### 4.2 防爆要求

料位计探测器的防爆要求必须符合GB 3836.1和GB 3836.2的要求，并须经国家授权的防爆检验产品检验部门审查和检验，取得防爆合格证。

### 4.3 绝缘电阻与绝缘强度

4.3.1 料位计的电源端、信号端与机壳间的绝缘电阻值应大于20 MΩ。

4.3.2 料位计的各接线端子对机壳间进行绝缘强度耐压试验，应无击穿及飞弧现象。

### 4.4 准确度

准确度是指料位计的测量值和标准料位计量器具测量值的误差占量程的百分比。料位计的准确度应小于±1.5％。

### 4.5 重复性

重复性是指料位计单次的测量值与其多次测量值平均值的误差占量程的百分比。料位计的重复性应小于±0.5％。

### 4.6 时间常数

时间常数为输入信号产生一个阶跃变化起到输出信号第一次达到它的最终平均值的63.2％所需的时间。时间常数在1 s～60 s间自由设定，误差应小于设定值的10％。

### 4.7 报警输出特性

报警设定误差应小于2％；报警重复性误差应小于1％，消警范围为0.5％～3.0％。

### 4.8 稳定性

料位计在参比条件下连续运行48 h，记录其输出信号，任1 h内其输出误差应小于1.5％。

### 4.9 电源电压变化与负载电阻变化影响

4.9.1 电源电压在 AC(220±22)V 变化时，料位计的输出误差应小于1%。

4.9.2 料位计输出在 10 mA 时，负载电阻在 0 kΩ～1 kΩ 范围内变化时；料位计输出在 20 mA 时，负载电阻在 0 Ω～700 Ω 范围内变化时，误差均应小于1%。

### 4.10 环境温度变化与相对湿度变化影响

4.10.1 料位计经温度影响试验，在正常工作条件下，其输出误差应小于1%/10 ℃。

4.10.2 料位计经湿度影响试验，在正常工作条件下，其输出误差应小于1%。

### 4.11 振动影响

料位计在工作状态下，应能承受频率 50 Hz，振幅 0.1 mm 的振动试验，输出误差应小于1%。

### 4.12 衰变补偿与自检功能

4.12.1 针对不同的放射源，料位计应具有对放射源衰变的补偿功能。

4.12.2 料位计应具有自检功能。

### 4.13 抗运输环境性能

料位计在包装完好的情况下，经运输环境性能试验(如长途颠簸、震动)以后，仪表仍应保持足够的准确度。其准确度指标应符合 4.4 的要求。

### 4.14 放射源

放射源选用应符合 GB 4075 的规定。

放射源罐的制作应符合 GB 14052—1993 的规定，源闸必须有锁紧装置，源闸的开与关的位置应清晰醒目，源容器的外壳上应有明显的放射性标志。源容器关闭、打开时，距射源容器 1 m 远的周围空间，γ 射线泄漏剂量当量率符合安全性能等级 3 级标准。

### 4.15 防护要求

料位计应有防护等级要求。

## 5 试验方法

### 5.1 试验条件(参比条件)

a) 环境温度：(20±5)℃；

b) 相对湿度：65%～75%；

c) 大气压力：86 kPa～106 kPa；

d) 电源电压：AC(220±22)V；

e) 实验室模拟料位装置；

f) 试验用的仪器仪表的准确度小于被测误差限的三分之一；

g) 没有振动和外磁场的影响。

### 5.2 外观检查

采用目测方法进行外观检查，应符合 4.1 的要求。

## 5.3 防爆检查

料位计探测器的防爆要求必须符合 GB 3836.1 和 GB 3836.2 的要求，并须经国家授权的防爆检验产品检验部门审查和检验，取得防爆合格证。

## 5.4 绝缘电阻与绝缘强度

5.4.1 用 500 V 兆欧表检查料位计各端子与机壳间的绝缘电阻，其电阻值应符合 4.3.1 的要求。

5.4.2 料位计的电源端与机壳间能承受 1 000 V、50 Hz 正弦交流电压，料位计的信号端与机壳间能承受 500 V、50 Hz 正弦交流电压的绝缘强度试验，历时 1 min，试验结果应符合 4.3.2 的要求。

## 5.5 准确度检测

料位计经标定后，在实验室的模拟装置上，用磁翻板或其他料位仪器做参照，从料位零点开始，依次增加物料至全量程的 20%、40%、60%、80%、100%，同时记录料位计的输出值和参照料位仪器的指示值。再从料位满度开始，依次减少物料至全量程的 80%、60%、40%、20%、0%，同时记录料位计的输出值和参照料位仪器的指示值。其输出误差应符合 4.4 的要求。

## 5.6 重复性检测

重复性试验在实验室中模拟进行。用(12±0.12)mm 厚度的标准钢板，增加或减少其数量来模拟料位的变化。料位计经标定后，任选一点进行试验，通过反复插入或拨出标准板，观察示值的变化，重复试验三次，结果应符合 4.5 的要求。

## 5.7 时间常数检测

用秒表进行时间常数检测，应符合 4.6 的要求。

## 5.8 报警输出特性检测

料位计在正常工作条件下，将报警设定在某个设定点上，调整信号使出现报警的同时记录此时的信号值，该值为报警值，然后反方向地调整信号，使报警状态消失的同时，记录此时的信号值，该值为消警值，在不改变条件的情况下重复进行 3 次。结果应符合 4.7 的要求。

消警范围等于报警值与消警值的最大值与最小值之差。

报警重复性误差等于 3 次报警值的最大值与最小值之差。

$$\text{报警设定误差}=\frac{\text{报警值}-\text{报警设定值}}{\text{输出量程}}\times 100\%$$

## 5.9 稳定性试验

料位计在参比条件下连续运行 48 h，记录其输出信号，在变化最大的曲线内选取曲线段，取其 1 h 曲线段，计算误差，其结果应符合 4.8 的要求。

## 5.10 电源电压变化影响试验

料位计的电源电压在 AC 220 V 时，记录料位计的输出值，使电源电压从 220 V 增加到 242 V，再由 220 V 降低到 198 V，分别测量电压增加和降低时输出值的最大变化，并同 220 V 时的输出值相比，计算电源变化影响带来的误差。其结果应符合 4.9.1 的要求。

## 5.11 负载变化影响试验

在输出端串接负载电阻，使输出为 10 mA，将负载电阻在 0 Ω～1 kΩ 范围内变化时，记录其输出误差；然后使输出为 20 mA，将负载电阻在 0 Ω～700 Ω 范围内变化时，记录其输出误差。其结果应符合 4.9.2 的要求。

### 5.12 环境温度影响试验

按 GB/T 8993 的要求和方法进行温度变化性能试验，其结果应符合 4.10.1 的要求。

### 5.13 相对湿度试验

按 GB/T 8993 的要求和方法进行恒定湿热性能试验，其结果应符合 4.10.2 的要求。

### 5.14 振动影响试验

按 GB/T 8993 的要求和方法进行振动性能试验，其结果应符合 4.11 的要求。

### 5.15 抗运输环境性能

按 GB/T 8993 的要求和方法进行抗运输性能试验，其结果应符合 4.13 的要求。

## 6 检验规则

### 6.1 出厂检验

每台料位计均须进行出厂检验，出厂检验按 4.1、4.3～4.9、4.12 的要求和 5.2、5.4～5.11 的顺序和方法检验合格后方能出厂，并附有产品合格证书。

### 6.2 型式检验

6.2.1 型式检验项目为除 4.2 以外的所有项目。在发生下列情况之一时，应进行型式检验：

a) 产品在设计、工艺或使用材料有重大改进时；

b) 连续生产每三年至少进行一次；

c) 停止生产一年再恢复生产时；

d) 质量监督部门抽查认为有必要时。

6.2.2 判定规则：抽取三台样机进行型式检验，若单台某一项要求不合格，加倍抽检该不合格项目，如仍不合格，则判定型式检验不合格。

## 7 标志、使用说明书、包装、运输及贮存

### 7.1 标志

#### 7.1.1 料位计转换器铭牌

料位计转换器铭牌应有以下内容：

a) 仪表名称及型号；

b) 制造厂名称；

c) 制造日期及出厂编号；

d) 产品执行标准编号。

#### 7.1.2 料位计探测器标志和铭牌

探测器部件的标志和铭牌应符合 GB 3836.1 中的有关规定。

7.1.3 **料位计放射源铭牌**

放射源铭牌应清晰地标明以下内容：

a) 符合 GB 8702 规定的电离辐射标志；

b) 制造厂家、出厂日期、产品型号和系列号；

c) 核素的化学符号和质量数，密封源的活度及活度的测量日期。

7.2 **使用说明书**

料位计的使用说明书应给出详细的型号规格和安装示意图，同时应包含维护方法、安全注意事项及维护人员应使用的防护用品，其编写应符合 GB/T 9969—2008 的规定。

7.3 **包装**

7.3.1 料位计按 GB/T 13384 中防潮、防震规定进行包装。

7.3.2 包装箱外面标识应不易磨灭，注明下列内容：

a) 仪表名称及型号；

b) 制造厂名称、地址；

c) 出厂编号及出厂日期；

d) 体积：长(mm)×宽(mm)×高(mm)，毛重及净重(kg)；

e) 有“向上”“小心轻放”“精密仪表”等字样或图样。

7.3.3 包装箱内随机技术文件包括：

a) 装箱单；

b) 使用说明书；

c) 产品合格证；

d) 附件、备件清单；

e) 探测器防爆证书；

f) 其他有关技术资料。

7.4 **运输**

料位计仪表部分可用一般交通工具运输，放射源运输按 GB 11806 的规定进行。

7.5 **贮存**

7.5.1 料位计应贮存在温度为 0 ℃～40 ℃，相对湿度不大于 90%，无酸、碱及腐蚀性介质的室内。暂不安装的料位计应原箱保存、专人保管。

7.5.2 当放射源不使用时应交有关部门处理。

ICS 71.120;25.040.40;17.040.30
G 98

# 中华人民共和国国家标准

GB/T 25846—2010

# 工业用 γ 射线密度计

## Industrial γ-ray density meter

2011-01-10 发布　　　　2011-07-01 实施

中华人民共和国国家质量监督检验检疫总局
中国国家标准化管理委员会　发布

# 前　言

本标准按 GB/T 1.1—2009 给出的规则编写。

本标准由中国石油和化学工业协会提出。

本标准由化学工业专用仪器仪表标准化技术委员会归口。

本标准起草单位:天华化工机械及自动化研究设计院。

本标准主要起草人:刘建民、赵万翔、买嘉。

# 工业用γ射线密度计

## 1 范围

本标准规定了工业用γ射线密度计(以下简称密度计)的型式、技术要求、试验方法、检验规则及标志、包装、运输、贮存。

本标准适用于利用γ射线测量密度的密度计。

## 2 规范性引用文件

下列文件对于本文件的应用是必不可少的。凡是注日期的引用文件,仅注日期的版本适用于本文件。凡是不注日期的引用文件,其最新版本(包括所有的修改单)适用于本文件。

GB 3836.1 爆炸性气体环境用电气设备 第1部分:通用要求

GB 3836.2 爆炸性气体环境用电气设备 第2部分:防爆型"d"

GB 4075 密封放射源一般要求和分级

GB 8702 电磁辐射防护规定

GB/T 8993 核仪器环境条件与试验方法

GB/T 9969—2008 工业产品使用说明书 总则

GB 11806 放射性物质安全运输规程

GB/T 13384 机电产品包装通用技术条件

GB 14052—1993 安装在设备上的同位素仪表的辐射安全性能要求

## 3 型式

### 3.1 密度计组成

密度计由放射源、探测器、转换器三大部分组成。

### 3.2 参数

**3.2.1** 测量范围:0.5 $g/cm^3$～3 $g/cm^3$。

**3.2.2** 输出形式:

a) LED显示或者微机显示器显示;

b) DC:0 V～5 V、4 mA～20 mA信号输出;

c) 上、下限继电器接点输出,有状态指示。

**3.2.3** 功能:键盘置放,数据可查,掉电数据保护,上电自启动等。

**3.2.4** 探测器和转换器间信号的最大传输距离为1 000 m。

### 3.3 密度计正常工作条件

a) 环境温度:探测器为-20 ℃～50 ℃,转换器为5 ℃～50 ℃;

b) 相对湿度:小于90%;

c) 电源电压:AC(220±22)V;

d) 周围空气中不含有对镀铬、镀镍层、铜等有色金属有腐蚀作用的介质，无强电磁场干扰，无强烈振动。

## 4 要求

### 4.1 外观

4.1.1 密度计的外壳应光洁完好，表面涂层，包括喷漆、电镀等，不得有明显的擦伤、露底、起泡、剥落、污垢等现象。

4.1.2 密度计铭牌及标志应清楚。

4.1.3 密度计紧固件不得松动，各种调节器件应转动灵活，功能正常。

### 4.2 防爆要求

密度计探测器的防爆要求必须符合 GB 3836.1 和 GB 3836.2 的要求，并须经国家授权的防爆检验产品检验部门审查和检验，取得防爆合格证。

### 4.3 绝缘电阻与绝缘强度

4.3.1 密度计的电源端、信号端与机壳间的绝缘电阻值应大于 20 MΩ。

4.3.2 密度计的各接线端子对机壳间进行绝缘强度耐压试验，应无击穿及飞弧现象。

### 4.4 准确度

准确度是指密度计的测量值和标准密度计量器具测量值的误差占量程的百分比。密度计的准确度应小于±1%。

### 4.5 重复性

重复性是指密度计单次的测量值与其多次测量值平均值的误差占量程的百分比。密度计的重复性应小于±1%。

### 4.6 时间常数

时间常数为输入信号产生一个阶跃变化起到输出信号第一次达到它的最终平均值的 63.2%所需的时间。时间常数在 1 s～99 s 间自由设定，误差应小于设定值的 10%。

### 4.7 报警输出特性

报警设定误差应小于 1%；报警重复性误差应小于 1%，消警范围为 0.5%～3.0%。

### 4.8 稳定性

密度计在参比条件下连续运行 48 h，记录其输出信号，任 1 h 内其输出误差应小于 1%。

### 4.9 电源电压变化与负载电阻变化影响

4.9.1 电源电压在 AC(220±22)V 变化时，密度计的输出误差应小于 1%。

4.9.2 密度计输出在 10 mA 时，负载电阻在 0 kΩ～1 kΩ 范围内变化时；密度计输出在 20 mA 时，负载电阻在 0 Ω～700 Ω 范围内变化时，误差均应小于 1%。

### 4.10 环境温度变化与相对湿度变化影响

4.10.1 密度计经温度影响试验，在正常工作条件下，其输出误差应小于1%/10 ℃。

4.10.2 密度计经湿度影响试验，在正常工作条件下，其输出误差应小于1%。

### 4.11 振动影响

密度计在工作状态下，应能承受频率50 Hz，振幅0.1 mm的振动试验，输出误差应小于1%。

### 4.12 衰变补偿与自检功能

4.12.1 针对不同的放射源，密度计应具有对放射源衰变的补偿功能。

4.12.2 密度计应具有自检功能。

### 4.13 抗运输环境性能

密度计在包装完好的情况下，经运输环境性能试验（如长途颠簸、震动）以后，仪表仍应保持足够的准确度。其准确度指标应符合4.4的要求。

### 4.14 放射源

放射源选用应符合GB 4075的规定。

放射源罐的制作应符合GB 14052—1993的规定，源闸必须有锁紧装置，源闸的开与关的位置应清晰醒目，源容器的外壳上应有明显的放射性标志。源容器关闭、打开时，距射源容器1 m远的周围空间，γ射线泄露剂量当量率符合安全性能等级3级标准。

### 4.15 防护要求

密度计应有防护等级要求。

## 5 检验方法

### 5.1 试验条件（参比条件）

a) 环境温度：(20±5)℃；

b) 相对湿度：65%～75%；

c) 大气压力：86 kPa～106 kPa；

d) 电源电压：AC(220±22)V；

e) 试验用的仪器仪表的准确度小于被测误差限的三分之一；

f) 没有振动和外磁场的影响。

### 5.2 外观检查

采用目测方法进行外观检查，应符合4.1的要求。

### 5.3 防爆检查

密度计探测器的防爆要求必须符合GB 3836.1和GB 3836.2的要求，并须经国家授权的防爆检验产品检验部门审查和检验，取得防爆合格证。

### 5.4 绝缘电阻与绝缘强度

5.4.1 用 500 V 兆欧表检查料位计各端子与机壳间的绝缘电阻，其电阻值应符合 4.3.1 的要求。

5.4.2 料位计的电源端与机壳间能承受 1 000 V、50 Hz 正弦交流电压，料位计的信号端与机壳间能承受 500 V、50 Hz 正弦交流电压的绝缘强度试验，历时 1 min，试验结果应符合 4.3.2 的要求。

### 5.5 准确度检测

在实验室模拟装置上进行。用三块(1±0.01)mm 厚度的标准钢板，增加标准钢板的数量来模拟密度的变化，应分别显示(31±1)%、(62±1)%、(93±1)%，同时记录显示值和输出值。再依次减少标准钢板的数量来模拟密度的变化，应分别显示(93±1)%、(62±1)%、(31±1)%，同时记录显示值和输出值。其输出误差符合 4.4 的要求。

### 5.6 重复性检测

重复性试验在实验室中模拟进行。用(1±0.01)mm 厚度的标准钢板，增加或减少其数量来模拟密度的变化。密度计经标定后，任选一点进行试验，通过反复插入或拨出标准板，观察示值的变化，重复试验三次，结果应符合 4.5 的要求。

### 5.7 时间常数检测

用秒表进行时间常数检测，应符合 4.6 的要求。

### 5.8 报警输出特性检测

密度计在正常工作条件下，将报警设定在某个设定点上，调整信号使出现报警的同时记录此时的信号值，该值为报警值，然后反方向地调整信号，使报警状态消失的同时，记录此时的信号值，该值为消警值，在不改变条件的情况下重复进行 3 次。结果应符合 4.7 的要求。

消警范围等于报警值与消警值的最大值与最小值之差。

报警重复性误差等于 3 次报警值的最大值与最小值之差。

$$报警设定误差=\frac{报警值-报警设定值}{输出量程}\times 100\%$$

### 5.9 稳定性试验

密度计在参比条件下连续运行 48 h，记录其输出信号，在变化最大的曲线内选取曲线段，取其 1 h 曲线段，计算误差，其结果应符合 4.8 的要求。

### 5.10 电源电压变化影响试验

密度计的电源电压在 AC220 V 时，记录密度计的输出值，使电源电压从 220 V 增加到 242 V，再由 220 V 降低到 198 V，分别测量电压增加和降低时输出值的最大变化，并同 220 V 时的输出值相比，计算电源变化影响带来的误差。其结果应符合 4.9.1 的要求。

### 5.11 负载变化影响试验

在输出端串接负载电阻，使输出为 10 mA，将负载电阻在 0 Ω～1 kΩ 范围内变化时，记录其输出误差；然后使输出为 20 mA，将负载电阻在 0 Ω～700 Ω 范围内变化时，记录其输出误差。其结果应符合 4.9.2 的要求。

### 5.12 环境温度影响试验

按 GB/T 8993 的要求和方法进行温度变化性能试验，其结果应符合 4.10.1 的要求。

### 5.13 相对湿度试验

按 GB/T 8993 的要求和方法进行恒定湿热性能试验，其结果应符合 4.10.2 的要求。

### 5.14 振动影响试验

按 GB/T 8993 的要求和方法进行振动性能试验，其结果应符合 4.11 的要求。

### 5.15 抗运输环境性能

按 GB/T 8993 的要求和方法进行抗运输性能试验，其结果应符合 4.13 的要求。

## 6 检验规则

### 6.1 出厂检验

每台密度计均需出厂检验，出厂检验按 4.1、4.3～4.9、4.12 的要求和 5.2、5.4～5.11 的顺序和方法检验合格后方能出厂，并附有产品合格证书。

### 6.2 型式检验

6.2.1 型式检验项目为除 4.2 以外的所有项目。在发生下列情况之一时，应进行型式检验：

a) 产品在设计、工艺或使用材料有重大改进时；

b) 连续生产每三年至少进行一次；

c) 停止生产一年再恢复生产时；

d) 质量监督部门抽查认为有必要时。

6.2.2 判定规则：抽取三台样机进行型式检验，若单台某一项要求不合格，加倍抽检该不合格项目，如仍不合格，则判定型式检验不合格。

## 7 标志、使用说明书、包装、运输及储存

### 7.1 标志

#### 7.1.1 密度计转换器铭牌

密度计转换器铭牌应有以下内容：

a) 仪表名称及型号；

b) 制造厂名称；

c) 制造日期及出厂编号；

d) 产品执行标准编号。

#### 7.1.2 密度计探测器标志和铭牌

探测器部件的标志和铭牌应符合 GB 3836.1 中的有关规定。

7.1.3 密度计放射源铭牌

放射源铭牌应清晰地标明以下内容：

a) 符合 GB 8702 规定的电离辐射标志；

b) 制造厂家、出厂日期、产品型号和系列号；

c) 核素的化学符号和质量数，密封源的活度及活度的测量日期。

## 7.2 使用说明书

密度计的使用说明书应给出详细的型号规格和安装示意图，同时应包含维护方法、安全注意事项及维护人员应使用的防护用品，其编写应符合 GB/T 9969—2008 的规定。

## 7.3 包装

7.3.1 密度计按 GB/T 13384 中防潮、防震规定进行包装。

7.3.2 包装箱外面标识应不易磨灭，注明下列内容：

a) 仪表名称及型号；

b) 制造厂名称、地址；

c) 出厂编号及出厂日期；

d) 体积：长(mm)×宽(mm)×高(mm)，毛重及净重(kg)；

e) 有"向上""小心轻放""精密仪表"等字样或图样。

7.3.3 包装箱内随机技术文件包括：

a) 装箱单；

b) 使用说明书；

c) 产品合格证；

d) 附件、备件清单；

e) 探测器防爆证书；

f) 其他有关技术资料。

## 7.4 运输

密度计仪表部分可用一般交通工具运输，放射源运输按 GB 11806 的规定进行。

## 7.5 贮存

7.5.1 密度计应贮存在温度为 0 ℃～40 ℃，相对湿度不大于 90%，无酸、碱及腐蚀性介质的室内。暂不安装的密度计应原箱保存、专人保管。

7.5.2 当放射源不使用时应交有关部门处理。

ICS 71.120;81.060
G 94

# 中华人民共和国国家标准

GB/T 25847—2010

# 化学固化硅质耐腐蚀胶泥技术条件

Standard specification for chemically setting silicate chemical-resistant mortars

2011-01-10 发布　　2011-07-01 实施

中华人民共和国国家质量监督检验检疫总局
中国国家标准化管理委员会　发布

# 前言

本标准非等效采用美国材料与试验协会标准 ASTM C466-2003《化学固化硅质耐腐蚀胶泥技术条件》。

本标准在采用 ASTM 标准时，产品的技术指标除全部按美国 ASTM C466 标准外，还增加了国家标准 GB 50212—2002《建筑防腐蚀工程施工及验收规范》中所要求的终凝时间、浸酸安定性两项指标，做到既符合美国 ASTM C466 标准的技术要求，又符合国家标准 GB 50212 的要求。

本标准由中国石油和化学工业协会提出。

本标准由全国非金属化工设备标准化技术委员会(SAC/TC 162)归口。

本标准起草单位：天华化工机械及自动化研究设计院、河南沁阳市神农胶泥有限公司、江西省萍乡市龙发实业有限公司。

本标准主要起草人：陈峥、张俊科、郭玉根、罗接发、侯一兵。

# 化学固化硅质耐腐蚀胶泥技术条件

## 1 范围

本标准规定了与化工防腐蚀部件相粘接的化学固化硅质耐腐蚀胶泥的技术要求。

本标准适用于化学固化的硅质耐腐蚀胶泥。

## 2 规范性引用文件

下列文件中的条款通过本标准的引用而成为本标准的条款。凡是注日期的引用文件，其随后所有的修改单(不包括勘误的内容)或修订版均不适用于本标准，然而，鼓励根据本标准达成协议的各方研究是否可使用这些文件的最新版本。凡是不注日期的引用文件，其最新版本适用于本标准。

GB 50212—2002　建筑防腐蚀工程施工及验收规范

## 3 术语和定义

下列术语和定义适用于本标准。

3.1

**化学固化硅质耐腐蚀胶泥　chemically setting silicate chemical-resistant mortars**

以粉状硅酸盐粘合剂、固化剂和化学惰性填料组成的单一包装的混合物，加入自来水在常温下拌和；或以液体硅酸盐或硅胶为粘合剂，与粉状固化剂和化学惰性填料组成的混合物在常温下拌和后形成的可涂抹状的胶泥，然后由于固化剂和粘合剂起化学反应而使胶泥固化。

## 4 分类

4.1　化学固化硅质耐腐蚀胶泥按其产品的包装形式分为两种类型，即固体单组分胶泥和固液双组分胶泥。

4.1.1　固体单组分胶泥是由粉状粘合剂、固化剂及化学惰性填料组成的混合物，加入自来水拌和后形成的可涂抹胶泥。

4.1.2　固液双组分胶泥是由液体粘合剂、粉状固化剂和化学惰性填料组成的混合物，拌和后形成的可涂抹胶泥。

4.2　化学固化硅质耐腐蚀胶泥按其粘合剂的种类又分为三个种类，即硅酸钠型，硅酸钾型和硅胶型。

## 5 化学成分

化学固化硅质耐腐蚀胶泥所用的固化剂应是能与硅质粘合剂起化学反应的酸性物质，或能与硅胶起化学反应形成不溶性硅酸凝胶的碱性化合物。所选用的填料应不受所接触的化学介质的腐蚀，填料的使用范围应由制造者确定。

## 6 理化性能

化学固化硅质耐腐蚀胶泥的理化性能应符合表1的规定。

表1 化学固化硅质耐腐蚀胶泥的理化性能

| 性 能 | 胶 泥 种 类 | | |
|---|---|---|---|
| | 硅酸钠 | 硅酸钾 | 硅 胶 |
| 粘接强度(14 d)/MPa | ≥1.0 | ≥1.2 | ≥1.0 |
| 吸收率/% | ≤16.0 | ≤16.0 | ≤16.0 |
| 初凝时间(23 ℃)/min | ≥30 | ≥35 | ≥30 |
| 终凝时间(23 ℃)/h | ≤8 | ≤8 | ≤8 |
| 收缩率(7 d,23 ℃±2.2 ℃)/% | ≤1.0 | ≤3.0 | |
| 抗压强度(7 d)/MPa | ≥10 | ≥21 | ≥25 |
| 抗弯曲强度(7 d)/MPa | ≥3.4 | ≥4.1 | ≥6.2 |
| 浸酸安定性(40% $H_2SO_4$,煮沸 1 h) | 合格 | 合格 | 合格 |

## 7 使用要求

液体粘合剂应具有一定的黏度,使之与填料容易拌和;填料应具有适当的颗粒级配,使结合层厚度能达到施工使用要求的厚度。

## 8 试验方法

### 8.1 粘接强度

化学固化硅质耐腐蚀胶泥的粘接强度试验按 GB 50212 规定进行。

### 8.2 吸收率

化学固化硅质耐腐蚀胶泥的吸收率试验按 GB 50212 规定进行。

### 8.3 初凝时间

化学固化硅质耐腐蚀胶泥的初凝时间试验按 GB 50212 规定进行。

### 8.4 终凝时间

化学固化硅质耐腐蚀胶泥的终凝时间试验按 GB 50212 规定进行。

### 8.5 收缩率

8.5.1 试样为 25 mm×25 mm×280 mm 的长方条。在试模内薄涂一层脱模剂,将一端带滚花测头装入试模两端的滑动模板圆孔内,调整测头间胶泥测量段的长度为 250 mm±2.5 mm。

8.5.2 将搅拌均匀的硅质胶泥装入模内,用搅棒捣实,用湿布擦过的抹刀刮去多余的胶泥并整平表面,将试模连同底板在桌上振动 25 次。将戴模试样放在 20 ℃～25 ℃、相对湿度小于 80%的空气中养护 2 d后脱模,并继续在上述环境中养护 5 d。取至少 4 个试样为一组试样,测量试样的长度。

8.5.3 测量前,用标准杆校对比长仪的零位读数;测量两个测头的长度。测量时,将试样条放入比长仪的上下位置,读数时应左右旋转试样条,使顶部与比长仪正确接触,测量精确至 0.001 mm,记录读数。用式(1)计算试样的收缩率,以其算术平均值作为试验结果。

$$S=(L_0-L)/L_0\times 100\% \qquad \cdots\cdots(1)$$

式中:

$S$——胶泥的收缩率;

$L_0$——试样条的原长,单位为毫米(mm)(标准杆的长度取 250 mm);

$L$——龄期后胶泥测量段的长度(不包括测头的长度),单位为毫米(mm)。

### 8.6 抗压强度

8.6.1 将搅拌均匀的硅质胶泥装入内径 25 mm,高 25 mm 的塑料模内,用搅棒捣实,用湿布擦过的抹刀刮去多余的胶泥并整平表面，将试模连同底板在桌上振动 25 次。将戴模试样放在 20 ℃～25 ℃、相对湿度小于 80%的空气中养护 2 d 后脱模，并继续在上述环境中养护 5 d。取至少 6 个试样为一组试样。

8.6.2 试验时，圆柱状试样的上下底面应保持平行并与轴线垂直。使用分度值为 0.02 mm 的游标卡尺测量试样的直径。选用具有足够压力，测力精度达 0.01 kN 的试验机，将试样置于试验机压板正中，平稳均匀地以(5～25)mm/min 或(0.5～2.5)kN/min 的速度加载，读取试样破坏时的最大压力值，用式(2)计算试样的抗压强度，以其算术平均值作为试验结果，并报告所用的加载速率。

$$R_p = 4P/\pi d^2 \qquad \cdots\cdots(2)$$

式中：

$R_p$——抗压强度，单位为兆帕(MPa)；

$P$——试样发生破坏时的最大载荷，单位为牛顿(N)；

$d$——试样的直径，单位为毫米(mm)。

## 8.7 抗弯曲强度

8.7.1 抗弯曲试样为(25±1)mm×(25±1)mm×(250～350)mm 的长方条。将搅拌均匀的硅质胶泥装入塑料模内，用搅棒捣实，用湿布擦过的抹刀刮去多余的胶泥并整平表面，将试模连同底板在桌上振动 25 次。将戴模试样放在 20 ℃～25 ℃、相对湿度小于 80%的空气中养护 2 d 后脱模，并继续在上述环境中养护 5 d。取至少 6 个试样为一组试样。

8.7.2 试验时，选用具有足够压力，测力精度达 0.01 kN 的试验机，使用分度值为 0.02 mm 的游标卡尺测量试样的宽度、深度，采用简支梁方式将试样置于试验机的两个支撑梁间，跨距为(230±2)mm，施力刀口对准试样的跨距中间。平稳均匀地以(3～10)mm/min 或(0.5～2.5)kN/min 的速度加载，读取试样破坏时的最大压力值，用式(3)计算试样的抗弯曲强度，以其算术平均值作为试验结果，并报告所用的加载速率。

$$R_b = 3PL/2bh^2 \qquad \cdots\cdots(3)$$

式中：

$R_b$——抗弯曲强度，单位为兆帕(MPa)；

$P$——试样发生破坏时的最大载荷，单位为牛顿(N)；

$L$——试样的跨距，单位为毫米(mm)；

$b$——试样受力面垂直于跨距方向的宽度，单位为毫米(mm)；

$h$——试样受力面沿受力方向的深度，单位为毫米(mm)。

## 8.8 浸酸安定性

化学固化硅质耐腐蚀胶泥的浸酸安定性试验按 GB 50212 规定进行。

# 9 包装与标志

9.1 固体单组分胶泥应妥善包装，以防止在存放中变质。

9.2 固液双组分胶泥，其液体粘合剂应包装在适当的容器中，并注明硅酸盐溶液或硅胶溶液的种类；粉状料应妥善包装以免在存放中变质。

ICS 71.120;81.060
G 94

# 中华人民共和国国家标准

GB/T 25848—2010

# 耐酸陶瓷球拱

## Acid-resistant ceramic arched beam

2011-01-10 发布　　　　2011-07-01 实施

中华人民共和国国家质量监督检验检疫总局
中国国家标准化管理委员会　发布

# 前　言

本标准由中国石油和化学工业协会提出。

本标准由全国非金属化工设备标准化技术委员会(SAC/TC 162)归口。

本标准主要起草单位:江西省萍乡市龙发实业有限公司。

本标准参加起草单位:江西省安源陶瓷实业有限公司、萍乡市湘东冶化工业瓷厂、萍乡市群星化工陶瓷总厂、萍乡市新安工业有限责任公司、江西省工业陶瓷质量监督检验站。

本标准主要起草人:王雷、高洪跃、罗接发、周泉凤、吴建华、张建国、李金山。

# 耐酸陶瓷球拱

## 1 范围

本标准规定了耐酸陶瓷球拱的术语和定义、产品分类与规格形状、技术要求、试验方法、检验规则、标志、包装、运输和贮存。

本标准适用于各种化学工业塔设备中，用作填料支承的组合耐酸陶瓷球拱（简称拱）。

## 2 规范性引用文件

下列文件中的条款通过本标准的引用而成为本标准的条款。凡是注日期的引用文件，其随后所有的修改版（不包括勘误的内容）或修订版均不适用本标准，然而，鼓励根据本标准达成协议的各方研究是否可使用这些文件的最新版本。凡是不注日期的引用文件，其最新版本适用于本标准。

GB/T 8488—2008 耐酸砖

HG/T 3210—2002 耐酸陶瓷材料性能试验方法

## 3 术语和定义

下列术语和定义适用于本标准。

3.1

**耐酸陶瓷球拱 acid-resistant ceramic arched beam**

由粘土和其他陶瓷原料经成型、烧结等工艺制成的拱砖、拱脚砖、拱芯等部件拼装组合成的用于工业塔内支撑填料的拱形耐酸陶瓷制品。

3.2

**拱砖 arched brick**

拱的主要结构部分，形状为“工”字形的瓷砖。

3.3

**拱芯 arched core**

拱的中间构件，结构为内部呈“十”字形的圆锥体。

3.4

**拱脚砖 arched bottom brick**

拱的下部构件，底部呈三角形或梯形的瓷砖。

3.5

**中筋 middle tendon**

拱砖横截面中间的筋板。

3.6

**拱径 arched diameter**

拱砖、拱脚砖、拱芯拼装组合成拱正投影的直径。

## 4 产品分类与规格形状

4.1 耐酸陶瓷球拱按产品分为单层、双层两种。

4.2 耐酸陶瓷球拱常见规格为 $\phi$1 500 mm、$\phi$2 000 mm、$\phi$2 500 mm、$\phi$3 000 mm、$\phi$3 500 mm、$\phi$4 000 mm、$\phi$4 500 mm、$\phi$5 000 mm、$\phi$5 500 mm、$\phi$6 000 mm、$\phi$6 500 mm、$\phi$7 000 mm。

4.3 拱砖、拱芯、拱脚砖的形状尺寸见表 1。

4.4 其他规格型号的产品由供需双方协商。

**表 1　拱砖、拱芯、拱脚的形状尺寸**

单位为毫米

| 形状 | $L_1$ | $L_2$ | $L_3$ | $L_4$ | $L_5$ | $L_6$ | $L_7$ | $L_8$ | $L_9$ | $t_1$ | $t_2$ | $t_3$ | $t_4$ | $h_1$ | $h_2$ | $h_3$ | $h_4$ | $d_1$ | $d_2$ |
|---|---|---|---|---|---|---|---|---|---|---|---|---|---|---|---|---|---|---|---|
| 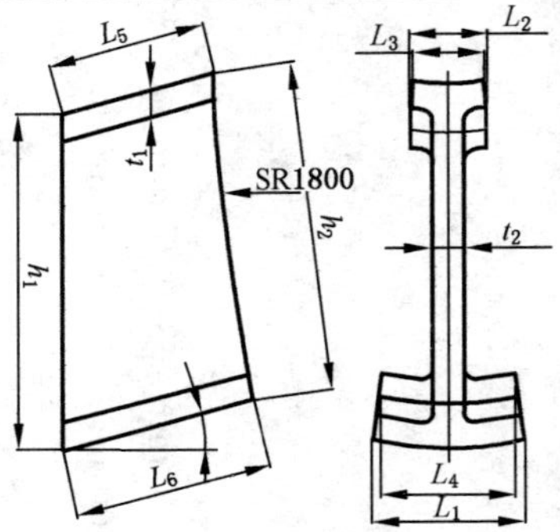<br>拱砖 | 160～210 | 20～190 | 20～190 | 160～210 | 300～500 | 200～400 | | | | 30～40 | 35～45 | | | 160～500 | 160～320 | | | | |
| 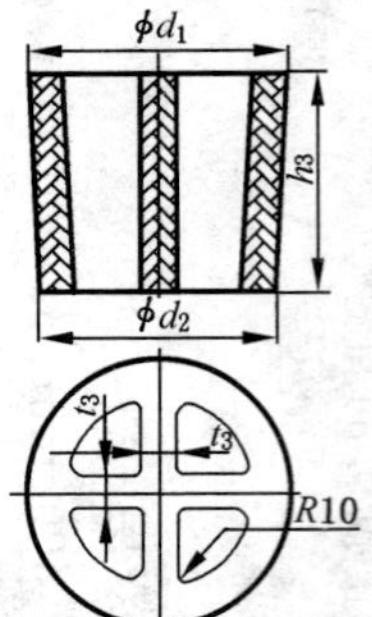<br>拱芯 | | | | | | | | | | | | 15～30 | | | | 160～320 | | 180～260 | 160～240 |
| 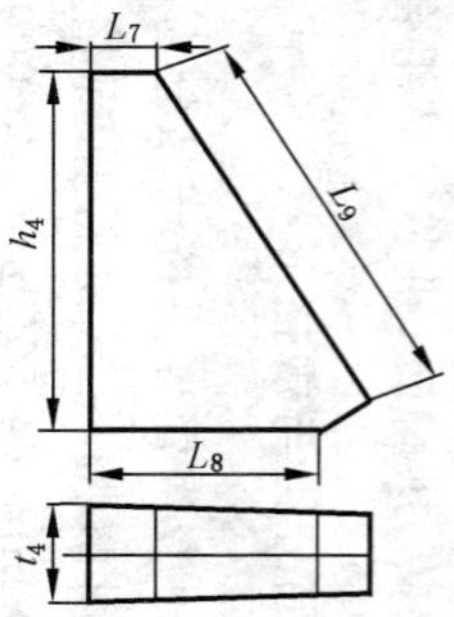<br>拱脚砖 | | | | | | | 0～100 | 113 | 160～320 | | | | 50～65 | | | | 113～450 | | |

## 5 技术要求

### 5.1 外观质量

拱砖、拱脚砖、拱芯的外观质量应符合表 2 的要求。

**表 2 拱砖、拱脚砖、拱芯的外观质量**

| 缺陷类别 | 要 求 |
|---|---|
| 裂纹 | 长不大于 8 mm，宽不大于 0.10 mm,允许 2 条 |
| 磕碰 | 深不大于 8 mm,长不大于 10 mm,允许 3 处 |
| 疵点 | 最大尺寸不大于 4 mm,允许 4 个 |
| 开裂 | 不允许 |

### 5.2 尺寸偏差及变形

5.2.1 拱的拱径尺寸偏差应符合表 3 的要求。

**表 3 拱的拱径尺寸偏差及变形**

单位为毫米

| 项 目 | | 允许偏差 |
|---|---|---|
| 尺寸偏差 | $\phi \leqslant 1\ 500$ | +5<br>−8 |
| | $1\ 500 < \phi \leqslant 5\ 000$ | +5<br>−10 |
| | $5\ 000 < \phi \leqslant 7\ 000$ | +5<br>−12 |
| | $\phi > 7\ 000$ | 供需双方协商 |
| 变形:圆度 | $\phi \leqslant 4\ 500$ | ±12 |
| | $4\ 500 < \phi \leqslant 7\ 000$ | ±16 |
| | $\phi > 7\ 000$ | 供需双方协商 |

5.2.2 拱砖、拱芯、拱脚砖的尺寸偏差应符合表 4 的要求。

**表 4 拱砖、拱芯、拱脚砖的尺寸偏差**

单位为毫米

| 项 目 | | | 允许偏差 |
|---|---|---|---|
| 拱 砖 | $L_1$ | | ±3 |
| | $L_2$ | $L_2 \leqslant 100$ | ±2 |
| | | $100 < L_2 \leqslant 190$ | ±3 |
| | $L_3$ | $L_3 \leqslant 100$ | ±2 |
| | | $100 < L_3 \leqslant 190$ | ±3 |
| | $L_4$ | | ±3 |
| | $L_5$ | | ±4 |
| | $L_6$ | | ±4 |
| | $t_1$ | | ±2 |
| | $T$ | | ±2 |
| | $h_1$ | $h_1 \leqslant 300$ | ±3 |
| | | $300 < h_1 \leqslant 500$ | ±4 |
| | $h_2$ | | ±3 |

表 4（续） 单位为毫米

| 项目 | | | 允许偏差 |
|---|---|---|---|
| 拱芯 | $t_3$ | | ±2 |
| | $h_3$ | | ±3 |
| | $d_1$ | | ±3 |
| | $d_2$ | | ±3 |
| 拱脚砖 | $L_7$ | | ±2 |
| | $L_8$ | | ±3 |
| | $L_9$ | | ±3 |
| | $t_4$ | | ±2 |
| | $h_4$ | $h_4 \leqslant 300$ | ±3 |
| | | $300 < h_4 \leqslant 450$ | ±4 |

5.3 物理性能

5.3.1 开孔率

拱的开孔率应不小于55%，且不大于65%。

5.3.2 拱砖、拱芯、拱脚砖的物理性能应符合表5的要求。

表 5 拱砖、拱芯、拱脚砖的物理性能

| 项目 | 质量要求 |
|---|---|
| 压缩强度/MPa | ≥178 |
| 弯曲强度/MPa | ≥45 |
| 吸水率/% | ≤1.0 |
| 体积密度/($g/cm^3$) | ≥2.3 |
| 耐酸度/% | ≥99.85 |
| 耐急冷急热性 | 温差120 ℃试验一次后，试样不得有裂纹、剥落等破损现象 |

## 6 试验方法

6.1 外观质量

耐酸陶瓷球拱的外观质量按GB/T 8488—2008的规定要求测定。

6.2 尺寸偏差与变形

6.2.1 尺寸偏差

尺寸偏差用精度不低于0.5 mm的金属直尺和塞尺测量。应在中间部位测量，测量值与规定值之差即为尺寸偏差。

6.2.2 变形：圆度

用精度不低于0.5 mm的金属直尺测量拱的最大外径和最小外径之差作为变形圆度测量结果。

6.3 压缩强度、弯曲强度、吸水率、体积密度、耐酸度、耐急冷急热性

耐酸陶瓷球拱的压缩强度、弯曲强度、吸水率、体积密度、耐酸度、耐急冷急热性按HG/T 3210—2002的规定要求测定。

6.4 开孔率

用精度不低于0.5 mm的金属直尺测量出拱的直径和高度，计算出拱的总体积，然后用排水法测量出拱的实体体积，计算出开孔率，计算公式见式(1)。

$$开孔率=\frac{总体积-实体体积}{总体积}\times 100\% \quad \cdots\cdots(1)$$

## 7 检验规则

### 7.1 检验分类

产品检验分型式检验和出厂检验两种。

#### 7.1.1 型式检验

型式检验项目包括本标准技术要求规定的全部项目。工艺技术改变时应进行型式检验，不改变工艺技术情况下应每12个月进行一次型式检验。

#### 7.1.2 出厂检验

出厂检验项目包括外观质量、尺寸偏差。

### 7.2 组批和抽样

#### 7.2.1 组批

以相同工艺条件生产的同一规格、同一品种的1套拱为一批。不足1套拱时由供需双方协商。

#### 7.2.2 抽样

用随机抽样法抽取表6中各检验项目中所需的样本，未进行破坏性检验的试样，检验后用作其他项目的检验。

### 7.3 判定规则

7.3.1 拱的尺寸偏差及变形应符合表3的要求。

7.3.2 产品检验时的样本大小及合格判定应按照表6规定进行判定。

**表6 样本大小及合格判定数**

| 检验项目 | 样本大小 | | 第一次 | | 第一次加第二次 | |
|---|---|---|---|---|---|---|
| | 第一次 | 第二次 | 合格判定数 | 不合格判定数 | 合格判定数 | 不合格判定数 |
| 外观质量 | 20 | 20 | 1 | 3 | 3 | 4 |
| 尺寸偏差 | 20 | 20 | 1 | 3 | 3 | 4 |
| 耐急冷急热性 | 5 | 5 | 0 | 2 | 1 | 2 |
| 压缩强度 | 5 | 5 | 平均值应符合表5的要求 | | | |
| 弯曲强度 | 5 | 5 | 平均值应符合表5的要求 | | | |
| 吸水率 | 3 | 3 | 平均值应符合表5的要求 | | | |
| 体积密度 | 3 | 3 | 平均值应符合表5的要求 | | | |
| 耐酸度 | 2 | 2 | 平均值应符合表5的要求 | | | |
| 开孔率 | 应符合5.3.1的要求 | | | | | |

7.3.3 第一次检验如物理性能有2项或2项以上不符合表6的要求时，判该批产品不合格，不予复检。

7.3.4 第一次检验若不合格品数小于或等于合格判定数时，判该项目合格；不合格品数大于合格判定数而小于不合格判定数时，应按照表6规定进行复检，复检合格，判该项目合格；否则，判该项目不合格。

7.3.5 各检验项目全部合格时，判该批产品合格；否则，判该批产品不合格。

7.3.6 凡因外观质量或尺寸偏差拒收的产品，允许供方剔除不合格品补齐数量后重新检验。

## 8 标志、包装、运输和贮存

### 8.1 标志

8.1.1 产品包装上用适当方式标明产品名称、品种、等级、商标、生产厂名称和厂址。

8.1.2 产品出厂时应出具合格证，其中应注明以下内容：

1） 合格证编号、执行标准编号；

2） 生产企业名称、地址；

3） 产品名称、规格、品种；

4） 产品数量和生产日期；

5） 质检部门和质检人员签章。

## 8.2 包装

产品包装按照供需双方协议，包装时应防止砖角、棱碰撞受损。包装上应有易碎品标志，必须牢固，同时注明“瓷件”、“小心轻放”等字样，确保运输过程中不产生破损。

## 8.3 运输

产品运输时应作防潮保护，并作可靠固定，防止猛烈碰撞。装卸时要平稳、轻拿轻放，严禁抛掷。

## 8.4 贮存

产品应该按照不同规格、品种和等级分类堆放。产品应贮存在室内，室外贮存应采取防雨、防潮措施。

ICS 53.020.99
J 80

GB

# 中华人民共和国国家标准

GB 25849—2010

# 移动式升降工作平台 设计计算、安全要求和测试方法

## Mobile elevating work platforms—Design calculations, safety requirements and test methods

(ISO 16368:2003,MOD)

2011-01-10 发布　　2011-12-01 实施

中华人民共和国国家质量监督检验检疫总局
中国国家标准化管理委员会　发布

# 前　言

**本标准第 5 章和第 6 章中带“宜”字、第 1 章、第 2 章、第 3 章、第 4 章和第 7 章及附录中的内容为推荐性的，其余为强制性的。**

本标准修改采用 ISO 16368:2003《移动式升降工作平台　设计计算，安全要求和测试方法》。

本标准根据 ISO 16368:2003 重新起草。

本标准与 ISO 16368:2003 相比技术性差异如下：

——第 2 章中用一部分我国标准代替对应的欧洲标准和国际标准，增加了 GB/T 3811，取消了 ISO 4302；增加了 GB/T 9465—2008，以使得与现行国家相关标准协调一致。

——5.2.3.3.2 中，有关其他结构的迎风面积，引用了 GB/T 3811《起重机设计规范》，以使得与现行国家相关标准协调一致。

——5.2.5.2 中，关于结构计算方法应符合相应的国家标准，例举了如 GB/T 3811、GB/T 9465 标准，计算出的安全系数不应低于规定值，该规定值给出了附录 G 做参考，以使得与现行国家相关标准协调一致。

——5.3.6 中，“稳定器支腿的构造宜适应地面不平度至少为 10°”。更改为“在制造商允许的最大坡度进行操作时，稳定器应能够在最大允许倾角内对底盘进行调平”。

——5.6.14.3 中，绝缘平台的绝缘测试和衬垫的绝缘测试引用了 GB/T 9465—2008 的第 6.13 中的内容，以使得与现行国家相关标准协调一致。

——5.4.4 中，“当剪叉式平台还处于总起升行程的 10%～15%但是不小于 3.5 m，下降应停止操作员必须再次启动下降功能，下降的最大速度应为正常速度的 50%……”，改为“下降的最大速度宜为正常速度的 50%”。

上述技术差异已编入正文中，并在它们所涉及的条款的边页空白处用垂直单线标识。

为便于使用，本标准对 ISO 16368:2003 做了下列编辑性修改：

a）删除了 ISO 16368:2003 的前言和引言，增加了本标准的前言和引言；

b）对于 ISO 16368:2003 引用的国际标准已转化为我国标准的，本标准直接引用；

c）在“规范性引用文件”一章，删除了正文中未出现的标准 ISO 18893；在参考文献中补充了资料性附录中出现的标准 ISO 2408:1985 及 ANSI A10.31。

本标准的附录 C 为规范性附录；附录 A、附录 B、附录 D、附录 E、附录 F、附录 G 为资料性附录。

本标准由中国机械工业联合会提出。

本标准由全国升降工作平台标准化技术委员会(SAC/TC 335)归口。

本标准负责起草单位：北京建筑机械化研究院。

本标准参加起草单位：杭州赛奇高空作业机械有限公司、杭州爱知工程车辆有限公司、特雷克斯(中国)投资有限公司、北京京城重工机械有限责任公司、江阴市华澄特种机械工程有限公司、徐州海伦哲专用车辆股份有限公司、长征天民高科技有限公司、莱茵技术(上海)有限公司、沈阳北方交通重工集团有限公司、江苏徐州工程机械研究院、北京建研机械科技有限公司。

本标准主要起草人：张华、陈建平、唐传平、白日、杨昌桂、蔡雷、戴润雄、郭初生、陈伟康、王飞、吴凌云、谢翀、陈晓峰、贾向军、孟庆勇、刘慧彬。

# 引　言

本标准的目的是定义规则，保障有关人员和对象的安全，防止在操作移动式升降工作平台时出现意外风险。

对于那些适用于每个电气部件、机械或结构部件的常规技术规则，本标准不再赘述。

此标准的安全要求是针对按照制造商的说明、工作条件、使用频率和国家规定进行定期维护的移动式升降工作平台起草的。

如果每天开始工作前都对移动式升降工作平台进行了功能检查，并且所有要求的控制和安全设备都已经准备就绪并处于工作状态，否则不能启动移动式升降工作平台并投入运行。

如果移动式升降工作平台很少使用，可以在开始工作前进行检查。

附录A解释了选择蒲福风级6级作为最高风速的原因。

本文列举了一个安全措施范例，但这并不是唯一的可行解决方案。只要可以达到相关的安全水平，其他所有可以减少风险的解决方案都是允许的。

因为无法找到对先前国家标准中用于稳定性计算的动力因数的令人满意的解释，所以采用欧洲标准化委员会(CEN)(即以前的TC 98/WG 1)所得出的测试结果，以决定移动式升降工作平台适合因数和稳定性计算方法。测试方法在附录B中进行了说明，可作为希望使用更高或更低操作风速和利用控制系统的最新研发成果的制造商的指南。

同样，为了避免出现与其他升降设备标准未说明的不一致钢丝绳使用系数，此文档的5.5.2和附录C中也适当地摘录了被广泛接受的德国标准DIN 15020(所有部分)，附录D中还有一个应用实例。

# 移动式升降工作平台<br>设计计算、安全要求和测试方法

## 1 范围

本标准规定了用于输送人员到工作位置并在平台上进行工作的所有类型和规格的移动式升降工作平台(以下简称 MEWP)的技术安全要求和方法。

本标准适用于移动式升降工作平台的结构设计和稳定性计算、制造、安全检查和测试。指出了由于使用移动式升降工作平台会引起的危险并介绍了消除和降低这些危险的方法。

本标准不适用于:

a) 电梯和液压电梯(见 EN 81-1 和 EN 81-2);

b) 消防和救火装置(见 EN 1777);

c) 高处作业吊篮和擦窗机(见 EN 1808);

d) 升降操作员的位置在轨道式存储和卸取设备上(见 EN 528);

e) 车尾起重机(见 EN 1756-1 和 EN 1756-2);

f) 桅柱爬升式工作平台(见 ISO 16369);

g) 公园游艺设备;

h) 起升高度小于 2 m 的升降平台(见 EN 1570);

i) 提升人员和材料的建筑施工升降机(见 EN 12159);

j) 飞机地面支持设备(见 EN 1915-1 和 EN 1915-2);

k) 埋杆机(起重挖穴机)(见 ANSI A10.31);

l) 升降操作员的位置在工业卡车上的设备(见 EN 1726-2);

m) 桥梁检测和维护设备(见 ANSI A92.8);

n) 库存拣选或订单拣选类设备。

本标准不包括以下方面引起的危险:

——用无线电和其他无线控制的操作;

——在有潜在爆炸危险的环境里使用;

——电磁的不兼容;

——在带电的系统上工作(见 IEC 61057);

——使用压缩气体作为承载的元件。

## 2 规范性引用文件

下列文件对于本文件的应用是必不可少的。凡是注日期的引用文件,仅注日期的版本适用于本文件。凡是不注日期的引用文件,其最新版本(包括所有的修改单)适用于本文件。

GB/T 2893.1 图形符号 安全色和安全标志 第1部分:工作场所和公共区域中安全标志的设计原则(ISO 3864-1)

GB/T 3811 起重机设计规范

GB 4208—2008 外壳防护等级(IP 代码)(IEC 60529)

GB 5226.1 机械电气安全 机械电气设备 第1部分:通用技术条件(IEC 60204-1)

GB/T 5972　起重机　钢丝绳　保养、维护、安装、检验和报废(ISO 4309)

GB/T 9465—2008　高空作业车

GB/T 11020　固体非金属材料暴露在火焰源时的燃烧性试验方法清单(IEC 60707)

GB 14048.5　低压开关设备和控制设备　第5-1部分:控制电路电器和开关元件　机电式控制电路电器(IEC 60947-5-1)

GB/T 15706.1　机械安全　基本概念与设计通则　第1部分:基本术语和方法(ISO 12100-1:2003)

GB/T 15706.2　机械安全　基本概念与设计通则　第2部分:技术原则(ISO 12100-2)

GB 16754　机械安全　急停　设计原则(ISO 13850)

GB/T 19924　流动式起重机　稳定性的确定(ISO 4305)

ISO 13854　机器安全　避免挤压人体器官的最小间隙

ISO 20381　移动式升降工作平台　操作控制和其他显示标记

IEC 61057:1991　有电工作环境的绝缘臂架式高空作业设备

## 3　术语和定义

下列术语和定义适用于本文件。

3.1

**出入位置　access position**

出入工作平台的位置。

注:出入口位置、收藏位置(3.30)、低位行走位置(3.12)、运输位置(3.32)可以是相同的。

3.2

**链条传动系统　chain-drive system**

包含一条或多条绕在链轮齿上和链滑轮以及所有相关链轮齿、链滑轮和平衡滑轮上链条的系统。

3.3

**底盘　chassis**

移动式升降工作平台除伸展结构和工作平台之外并与伸展结构相连的基座(见图1)。

注:底盘可以推、拉、自行等。

3.4

**关键部件　critical component**

支撑或稳定工作平台或伸展结构的载荷承载部件。

3.5

**高位行走位置　elevated travel position**

移动式升降平台工作时在低位行走位置之外的行走状态。

3.6

**伸展结构　extending structure**

与底盘相连、支撑工作平台并可让工作平台移动至所需位置的结构。见图1。

注:例如伸展结构可以是单个的臂架或梯子、伸缩式或铰接式臂架或梯子、剪式机构或它们的任何组合,并且在其底盘上是可回转或不可回转的。

3.7

**有限元分析模型　finite element analysis model**

为了进行结构分析,用计算机处理方法建立理想化模型。

3.8

**室内使用　indoor use**

移动式升降工作平台在蔽风环境下使用，因此，不会有风力作用在移动式升降工作平台上。

3.9

**载荷周期　load cycle**

从进入平台位置开始进行工作并返回初始位置的循环。

3.10

**载荷传感系统　load-sensing system**

监控工作平台上的垂直载荷和垂直力的系统。

注：系统包括测量装置、安装测量装置的方法和信号处理系统。

3.11

**下降　lowering**

将移动式升降工作平台移动到较低位置的所有操作，除行走操作以外（见图1）。

3.12

**低位行走位置　lowered travel position**

移动式升降工作平台行走时，工作平台在小于或等于3 m工作位置的状态。

注：出入位置(3.1)、收藏位置(3.30)、低位行走位置、运输位置(3.32)可以是相同的。

3.13

**制造商　manufacturer**

对准备使用的移动式升降平台的设计、使用指导、采购、制造、装配和检测负有全责的个人或实体。

3.14

**移动式升降工作平台分类　mobile elevating work platform group classification**

3.14.1

**A组　group A**

载荷重心的垂直投影始终在倾翻线内的移动式升降工作平台。

3.14.2

**B组　group B**

载荷重心的垂直投影可以在倾翻线外的移动式升降工作平台。

3.15

**移动式升降工作平台型式　mobile elevating work platform types**

3.15.1

**型式1　type 1 MEWP**

只允许在其收藏位置行进的移动式升降工作平台。

3.15.2

**型式2　type 2 MEWP**

可与工作平台一起在升高的行进位置移动，且由底盘上的一点来进行控制的移动式升降工作平台。

3.15.3

**型式3　type 3 MEWP**

可与工作平台一起在升高的行进位置移动，且由工作平台上的一点来进行控制的移动式升降工作平台。

注：型式2和型式3可以组合在一起。

3.16

**移动式升降工作平台　mobile elevating work platform MEWP**

用来运载人员、工具和材料到工作位置的设备。至少由带控制的工作平台、伸展结构和底盘组成。

3.17

**力矩传感系统　moment-sensing system**

对移动式升降工作平台相对于倾翻线产生倾翻力矩的监控系统。

注：系统包括测量装置、安装测量装置的方法和信号处理系统。

3.18

**不平整表面　off-slab**

非整平、铺设的平面，或采用混凝土或相当材料的平面，但不包括未压实的地面。

3.19

**室外使用　outdoor use**

移动式升降工作平台可能暴露在有风环境中使用。

3.20

**铺设表面　paved slab surface**

沥青、混凝土或相当材料铺设的坚实的水平平面。

3.21

**行走控制移动式升降工作平台　pedestrian-controlled mobile elevating work platform**

用动力驱动行走，人员徒步随行控制设备操作使其移动的移动式升降工作平台。

3.22

**轨道移动式升降工作平台　rail-mounted mobile elevating work platform**

在轨道上移动的移动式升降工作平台。

3.23

**起升　raising**

将工作平台上升到较高位置的所有操作，除行走操作之外(见图1)。

3.24

**额定载重量　rated load**

为移动式升降工作平台正常操作设计的装载质量，由垂直作用在工作平台上的人员、工具和材料的载质量组成。

注：移动式升降工作平台可以有多个额定重量。

3.25

**旋转　rotation**

工作平台相对于垂直轴的圆周运动(见图1)。

3.26

**副平台　secondary work platform**

附加于工作平台(3.39)或伸展结构上，能独立移动的工作平台。

3.27

**自行移动式升降工作平台**

在工作平台上进行行走控制的移动式升降工作平台。

3.28

**回转　slewing**

伸展结构相对于垂直轴的圆周运动(见图1)。

3.29

**稳定器 stabilizer**

通过支撑和/或调平整个移动式升降工作平台或伸展结构以稳定移动式升降工作平台的任何装置或系统(见图 1)。

例如:支腿、千斤顶、悬挂锁紧装置、伸展车轴。

3.30

**收藏位置 stowed position**

制造商限定的移动式升降工作平台配置,处于该配置时伸展结构被降低并收起,稳定器也被收起的位置。

注:出入位置(3.1)、收藏位置(3.30)、低位行走位置(3.12)、运输位置(3.32)可以是相同的。

3.31

**人工操作 totally manually operated**

完全以人力实现的移动式升降工作平台的运动。

3.32

**运输位置 transport position**

移动式升降工作平台被运到工作地点时工作平台的位置。

注:出入位置(3.1)、收藏位置(3.30)、低位行走位置(3.12)、运输位置可以是相同的。

3.33

**运输 transporting**

将移动式升降工作平台运至或运出工作场地。

3.34

**行走 travelling**

除运输外,底盘的所有运动(见图 1)。

3.35

**型式试验 type test**

对新设计的产品样品或现行设计经重大更改后的产品样品进行的试验,该试验由制造商或其授权的代表执行。

3.36

**车载移动式升降工作平台 vehicle-mounted mobile elevating work platform**

行走控制位于车辆驾驶室内的移动式升降工作平台。

3.37

**钢丝绳传动系统 wire rope drive system**

由一个或多个在卷筒或钢丝绳滑轮上运行的钢丝绳以及相关的卷筒、滑轮和补偿滑轮组成的系统。

3.38

**作业范围 working envelope**

在正常操作的条件下,在规定的载荷和力的范围内,所设计的工作平台的工作空间。

注:移动式升降工作平台可以有多个工作空间。

3.39

**工作平台 work platform**

用于载人(带或不带材料)的移动式升降工作平台的可移动部分,底盘除外。

例如:笼、斗、篮。

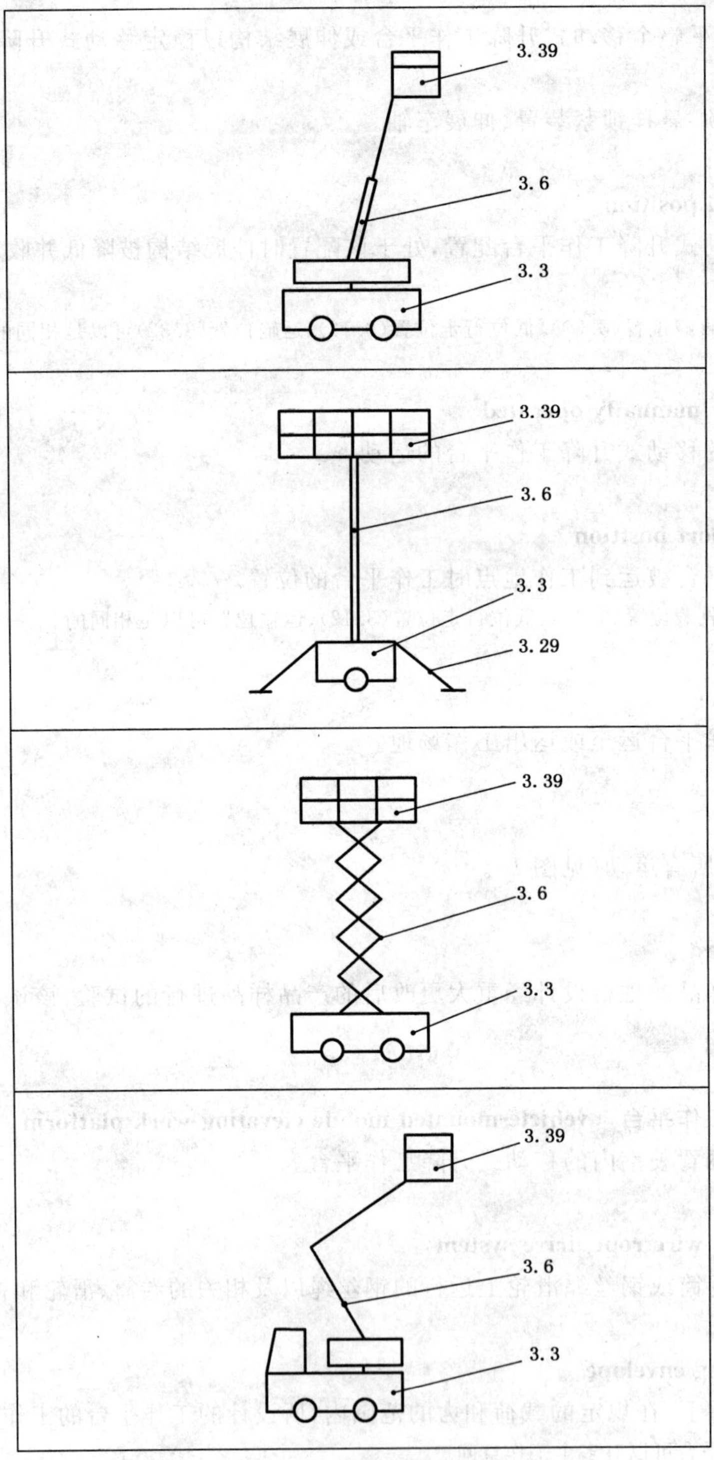


图 1　部分定义的插图

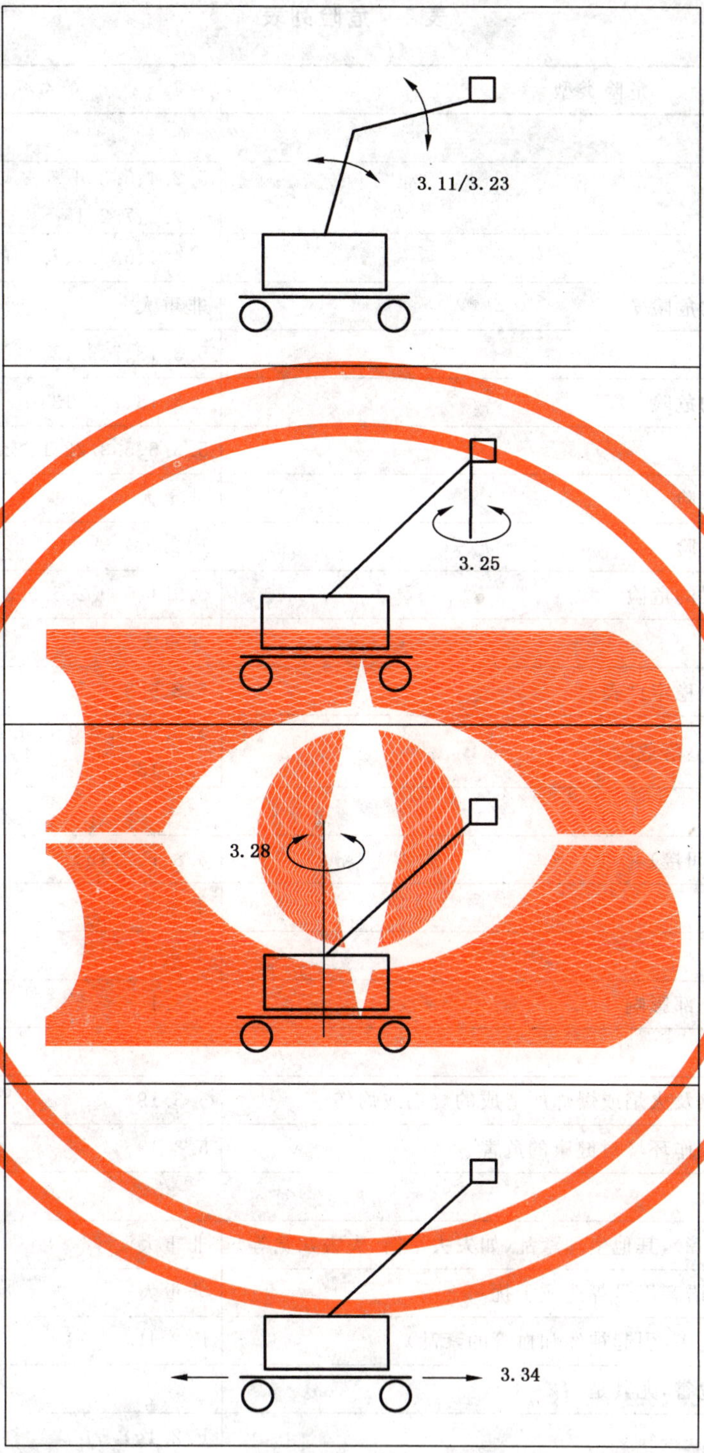


图 1（续）

## 4 危险列表

这些危险已按危险评估程序鉴别，见表 1。

在本标准中未提及的不重大的危险，定义为“非重大”。

表 1　危险列表

| 危险类型 | | 本标准相应条款 |
|---|---|---|
| 1 | 机械性危险 | |
| 1.1 | 挤压危险 | 5.2.4、5.3.4、5.3.5、5.3.21、5.4.4、5.6.9、5.7.1、7.2.13 |
| 1.2 | 剪切危险 | 5.4.4、5.7.1、7.3.13 |
| 1.3 | 切割或切断的危险 | 非重大 |
| 1.4 | 缠结危险 | 5.3.18、7.3.13 |
| 1.5 | 拉入或卷入的危险 | 5.3.18、7.3.13 |
| 1.6 | 碰撞危险 | 5.3.5、5.3.22、F.2.1h) |
| 1.7 | 刺穿或刺破危险 | 非重大 |
| 1.8 | 摩擦或磨损危险 | F.2.5e) |
| 1.9 | 高压液体喷射的危险 | 5.9.1、5.9.2、5.9.3、5.9.4、5.9.5、5.9.10 |
| 1.10 | 零部件飞出 | 非重大 |
| 1.11 | (整机或单件)稳定性丧失 | 5.2、5.3.2、5.3.6、5.3.7、5.3.9、5.3.10 |
| 1.12 | 滑倒、绊倒和坠落危险 | 5.6.2、5.6.3、5.6.4、5.6.5、5.6.6、5.6.7、7.3.13 |
| 2 | 电气危险 | |
| 2.1 | 触电(直接或间接) | 5.8、F.2.1g) |
| 2.2 | 静电 | 非重大 |
| 2.3 | 热辐射 | 非重大 |
| 2.4 | 电气设备的外部影响 | 5.8.1 |
| 3 | 热危险 | |
| 3.1 | 热源的辐射热及火焰或爆炸所造成的烧伤或灼伤 | 5.3.19 |
| 3.2 | 过冷或过热工作环境对健康的危害 | 5.3.19 |
| 4 | 噪声危害 | |
| 4.1 | 听力丧失(耳聋),其他生理紊乱(如失去平衡、失去知觉等) | 非重大 |
| 4.2 | 对语言沟通、语音讯号等造成干扰 | 非重大 |
| 5 | 振动产生的危害(引起神经和血管的紊乱) | F.2.1l) |
| 6 | 辐射产生的危害,尤其是 | |
| 6.1 | 电弧 | F.2.1g) |
| 6.2 | 激光 | 非重大 |
| 6.3 | 电离子辐射源 | 非重大 |
| 6.4 | 使用高频电磁场的机器 | 5.8.1 |
| 7 | 机器处理、使用或排放的材料和物质产生的危害 | |
| 7.1 | 接触或吸入有害的液体、气体、薄雾、灰尘和烟雾 | 5.3.19 |
| 7.2 | 火灾或爆炸的危险 | 5.3.20 |

表1（续）

| 危险类型 | | 本标准相应条款 |
|---|---|---|
| 7.3 | 生物和微生物(病毒或细菌)的危害 | 非重大 |
| 8 | 在机器设计中，忽视人类工效学原理而引起的危害(人类特征和能力与机器不匹配) | |
| 8.1 | 有害健康的姿势或施力过度 | 5.6.6、5.6.7 |
| 8.2 | 未充分考虑人的四肢构造 | 非重大 |
| 8.3 | 忽略使用人员保护设备 | 非重大 |
| 8.4 | 不充足的区域照明 | 非重大 |
| 8.5 | 人员精神过度紧张和疲劳等 | 非重大 |
| 8.6 | 人为错误 | 5.7.1、5.7.2 |
| 9 | 复合性危险 | |
| 10 | 动力供应失效、机械零部件故障和其他功能故障引起的危险 | |
| 10.1 | 动力供应失效(动力和/或控制回路) | 5.3.11、5.7.6、5.7.7、5.7.8、5.7.9 |
| 10.2 | 机械零部件或液体意外飞出 | 非重大 |
| 10.3 | 控制系统的故障/失灵 | 5.7.7 |
| 10.4 | 装配错误 | 5.8.1、5.9.11 |
| 10.5 | 倾翻，机器稳定性的意外丧失 | 5.2、5.3.2、5.3.6、5.3.7、7.3.1k) |
| 11 | (暂时)没有和/或不当采用相关安全措施或方法而引起的危险 | |
| 11.1 | 防护装置的所有种类 | 5.3.18 |
| 11.2 | 所有与安全相关的(防护)装置 | 5.3.9 |
| 11.3 | 启动和停止装置 | 5.3.1、5.4.5、5.5.2.7、5.5.3.7、5.5.5.2、5.6.3、5.7.1、5.7.2、5.7.3、5.7.4、5.7.5、5.7.6、5.7.7、5.7.8、5.11.3、5.11.6 |
| 11.4 | 安全标识和信号 | 5.3.2、5.6.10、5.7.2、5.9.10 |
| 11.5 | 所有信息和警示装置 | 5.3.2、5.3.13、5.6.11、7.2、F.2.1c)、F.2.2 |
| 11.6 | 动力供应切断装置 | 5.8.2 |
| 11.7 | 急停装置 | 5.7.4 |
| 11.8 | 工件装入或移出的方式 | 非重大 |
| 11.9 | 进行安全调整和/或维护的必要装置和辅助设备 | 5.4.5、5.9.1、F.2.5a)、F.2.5i) |
| 11.10 | 气体排放设备等 | 5.3.19 |
| 12 | 移动/工作区域的照明不充足 | 非重大 |
| 13 | 装卸过程中突然移动/不稳定所造成的危险 | 5.2、5.3.2、5.3.3、5.3.6、5.3.7、5.3.8、5.3.9、5.3.12、5.6.1、5.7.1、5.7.3、5.7.4、5.7.5、5.7.9 |
| 14 | 传动/操作位置的设计未充分考虑/未考虑人类工效学原理 | 5.6.9 |
| 14.1 | 危险环境所造成的危险(与移动零件、废气接触等) | 5.3.18、5.3.19 |
| 14.2 | 驾驶员/操作者所处位置的视野受阻 | 5.3.2、5.3.21 |

**表1(续)**

| 危险类型 | | 本标准相应条款 |
|---|---|---|
| 14.3 | 不恰当座位/座椅(座椅标定点) | 中度危险 |
| 14.4 | 控制装置的设计/位置未充分考虑/未考虑人类工效学原理 | 5.6.9 |
| 14.5 | 自行式机器的启动/移动 | 5.3.13、5.3.14、5.3.15、5.3.16、5.3.17、5.3.21、5.7.1、5.7.3 |
| 14.6 | 自行式机器的道路行驶 | 5.3.11、5.3.15、5.3.16、5.3.18 |
| 14.7 | 徒步随行控制机器的运动 | 5.3.17 |
| 15 | 机械性危险 | |
| 15.1 | 由于设备运动失控而对无防护人员的危险 | 5.2.4、5.4.5、5.7.1 |
| 15.2 | 由于零部件碎裂脱出而引起的危险 | 非重大 |
| 15.3 | 由于滚翻(ROPS)而引起的危险 | 非重大 |
| 15.4 | 由于落物(FOPS)而引起的危险 | 非重大 |
| 15.5 | 不恰当的出入方式引起的危险 | 5.6.6、5.6.7 |
| 15.6 | 由于牵引、耦合、连接、传动而引起的危险 | 非重大 |
| 15.7 | 由于电池、火花、排放等而引起的危险 | 5.3.19、5.3.20 |
| 16 | 由于升降操作而引起的危险 | |
| 16.1 | 稳定性不足 | 5.2、5.3.2、5.3.6、5.3.7、5.3.9、5.3.10、5.4.1 |
| 16.2 | 机器脱轨 | 5.3.23 |
| 16.3 | 机器和起升附件的机械强度失效 | 5.2.5、5.4.1、5.4.7、5.6.13、7.2.2b)、F.2a)、F.2.2b) |
| 16.4 | 运动失控 | 5.3.3、5.3.4、5.3.5、5.4、5.5、5.6.1 |
| 17 | 无法清晰看到运动部件运行轨迹 | 5.3.21 |
| 18 | 雷电引起的危险 | 非重大 |
| 19 | 由于载荷/超载而引起的危险 | 5.4.1 |
| 20 | 由于提升人员而引起的危险 | |
| 20.1 | 机械强度 | 5.2、5.5.2、5.5.3 |
| 20.2 | 载荷控制 | 5.4.1 |
| 21 | 控制 | |
| 21.1 | 工作平台的移动 | 5.4、5.6.1、5.7.1、5.7.3、5.7.4、5.7.9、附录C |
| 21.2 | 安全行走控制 | 5.7.1、5.7.3、5.7.4 |
| 21.3 | 安全速度控制 | 5.3.1、5.3.16、5.3.17、5.4.6 |
| 22 | 人员坠落的危险 | |
| 22.1 | 人员保护设施 | 5.6.2 |
| 22.2 | 工作平台台面翻转门 | 5.6.8 |
| 22.3 | 工作平台倾斜控制 | 5.6.1 |

表 1（续）

| 危险类型 | | 本标准相应条款 |
|---|---|---|
| 23 | 工作平台坠落/倾翻 | |
| 23.1 | 坠落/倾翻 | 5.2、5.3.2、5.3.3、5.3.6、5.3.7、5.3.9、5.3.10、5.3.12、5.4.1、5.4.2、5.6.12、5.9、5.10 |
| 23.2 | 加速/制动 | 5.3.16、5.4.6、5.5.1.6 |
| 24 | 标识 | 7.3 |

## 5 安全要求和/或措施

### 5.1 一致性要求

制造商应满足本条款中的详细要求。

除非行业或地方有更为严格的标准规定，否则必须符合本标准的要求。

此外，对于本标准没有涵盖的危险，应符合（如果适用）GB/T 15706.1 和 GB/T 15706.2 中规定的危害的条款。

### 5.2 结构和稳定性计算

#### 5.2.1 制造商的职责

制造商应负以下责任：

a） 结构计算，求各个载荷和力的位置、方向以及对构件强度产生最不利的组合值；

b） 稳定性计算，识别移动式升降工作平台的各种位置、载荷及力的组合作用而产生的最不利的稳定条件工况；

c） 结构和稳定性计算，包括由于使用 5.4.6 允许的较高速度而产生的动态作用。

#### 5.2.2 载荷和力

应考虑下列载荷和力：

a） 额定载重量（见 5.2.3.1）；

b） 结构载荷（见 5.2.3.2）；

c） 风载荷（见 5.2.3.3）；

d） 手动操作力（见 5.2.3.4）；

e） 特殊载荷和力（见 5.2.3.5）。

#### 5.2.3 载荷和力的确定

##### 5.2.3.1 额定载重量

额定载重量 $m$：

$$m=(n\times m_p)+m_e \quad \cdots\cdots(1)$$

式中：

$m_p$ ——人的质量（≥80 kg）；

$m_e$ ——工具和材料的质量(≥40 kg);

$n$ ——工作平台上的允许人数。

假定每个人的质量为作用在工作平台上的点载荷,距上部顶栏杆平面水平距离 0.1 m。载荷点之间的距离为 0.5 m(见图 2)。

假定设备的质量为作用在工作平台 25%的台面上的均布载荷。如果此压力超出 3 kN/m²,可将 25%的数值增加到压力为 3 kN/m² 为止。

所有这些载荷假定作用在产生最不利结果的位置。

单位为米

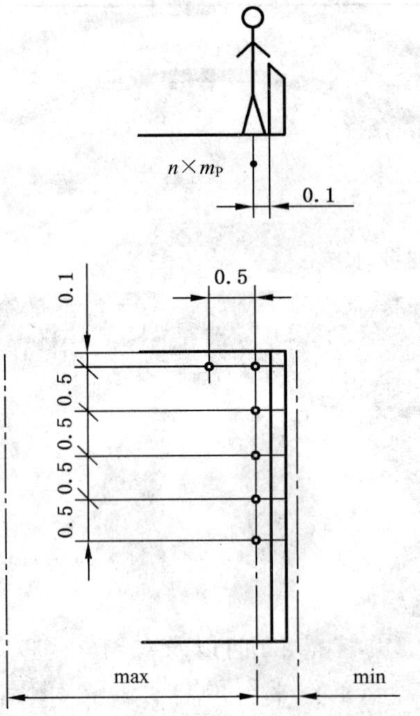


**图 2 额定载重量——人员**

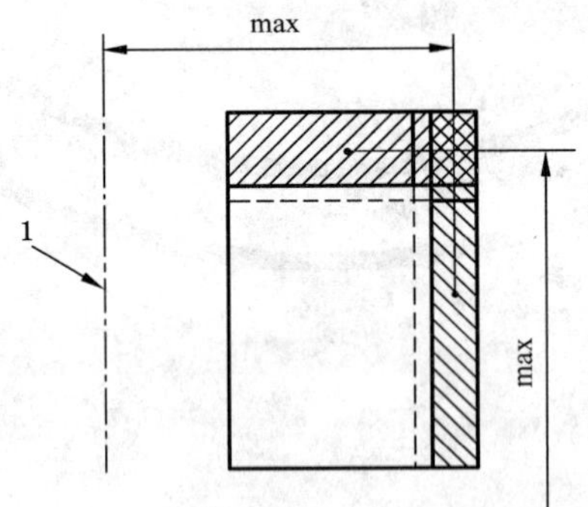


说明:

1——倾翻线。

**图 3 额定载重量——工具和材料**

5.2.3.2 结构载荷

不运动的移动式升降工作平台构件的重量应视为静态结构载荷。

运动的移动式升降工作平台构件的重量应视为动态结构载荷。

5.2.3.3 风载荷

5.2.3.3.1 室外移动式升降工作平台

所有室外使用的移动式升降工作平台，被认为是受风压 100 $N/m^2$ 的作用，相当于风速 12.5 m/s (风力等级 6 级)。

假定风力水平作用于移动式升降工作平台零部件、工作平台上的人员、工具和材料表面的中心，并应视为动态力。

本要求不适用于仅用于室内的移动式升降工作平台(见 7.3.6)。

5.2.3.3.2 迎风面积采用的形状系数

以下形状系数适用于暴露在风中的表面：

| | | |
|---|---|---|
| a) | L 形，U 形，T 形，I 形截面 | 1.6 |
| b) | 箱形截面 | 1.4 |
| c) | 大型平面区域 | 1.2 |
| d) | 圆形截面，依尺寸而定 | 0.8/1.2 |
| e) | 直接迎风人员 | 1.0 |

有关其他结构迎风面积，见 GB/T 3811 起重机设计规范。非直接迎风人员的迎风面积，见 5.2.3.3.3。

5.2.3.3.3 工作平台上人员的迎风面积

一个人的全面积应为 0.7 $m^2$(平均宽度 0.4 m×高度 1.75 m)，面积中心位于工作平台面以上1.0 m。

站在工作平台的 1.1 m 高的(无孔)围栏后面的人员迎风面积应为 0.35 $m^2$，其面积中心位于工作平台面以上 1.45 m。

直接迎风的人数应按如下计算：

a) 平台迎风面的边长(圆整到 0.5 m)，除以 0.5 m；或

b) 如果工作平台上的许可人数少于 a) 计算的人数，按许可人数计算。

如果工作平台上的许可人数大于 a) 计算的人数，多余人员数应采用形状系数 0.6。

5.2.3.3.4 风力

工作平台上迎风的工具和材料所受风力按其重量的 3% 计算，水平作用在工作平台面以上 0.5 m 高度。

5.2.3.4 手动操作力

设计仅承载一个人员的移动式升降工作平台时，手操作力 $M$ 的最小值应按 200 N 计算；设计承载一人以上的移动式升降工作平台，手操作力的最小值应按 400 N 计算，该力作用于平台面以上 1.1 m 高度的位置。制造商应注明任何许可的较大力。

5.2.3.5 特殊载荷和力

移动式升降工作平台在使用特殊的工作方法和使用条件下会产生特殊载荷和力，例如：在工作平台之外承载物体、工作平台上承载的大型物体承受风力以及由卷扬机或材料装卸设备所施加的力(参见附录A)。

如果用户要求这种特殊的工作方法和/或使用条件，在恰当时，应将所产生的载荷和力作为额定载重量、结构载荷、风载和/或手动力的修正。

5.2.4 稳定性计算

5.2.4.1 结构质量和额定载重量产生的力

由结构质量和额定载重量产生的力，所引起倾翻或稳定力矩，应乘以1.0系数，并作为垂直向下计算。对于伸展结构，这些力应乘以0.1系数，并作用于产生最大倾翻力矩的方向。

只要提供加速度和减速度效应的测量证明，制造商也可以使用小于0.1的系数。如果使用较高的加速度/减速度，应采用大于0.1的系数(见5.4.6)。

对于型式2和3的移动式升降工作平台的行走运动，应以代表加速度和减速度产生的力或路缘石测试的系数“$z$”代替系数0.1(见6.1.4.2.2.2)。该系数应以计算或测试决定(见附录E的计算示例)。

5.2.4.2 风力

风力乘以系数1.1，且视为作用在水平方向上。

5.2.4.3 手动操作力

工作平台上人员工作产生的手操作力应乘以系数1.1并视为作用于产生最大倾翻力矩的方向(见图4)。

5.2.4.4 特殊载荷和力

由制造商确定的特殊载荷和力，应包括在计算中。

5.2.4.5 倾翻和稳定力矩的计算

最大的倾翻力矩和相应的稳定力矩，应以最不利的倾翻线来计算。

倾翻线应按照GB/T 19924来决定，但对于实心轮胎和泡沫填充轮胎，倾翻线可看作位于轮胎与地面接触宽度往内1/4处。

计算应在移动式升降工作平台最不利的伸展和/或回缩位置，且底盘处于制造商定义的最大允许倾斜状态进行。制造商允许的底盘最大倾斜度，应再加上在设置移动式升降工作平台时的准确性偏差0.5°。所有同时作用的载荷和力，应以最不利的组合计算。例如：当载荷有稳定作用时，假设在工作平台上仅有一个人(80 kg)，则还需进行额外的稳定性计算。表2中给出了示例，并且可以使用图4的图形方法。

在所有情况下，计算的稳定力矩应大于倾翻力矩。

计算中应考虑下列影响：

a) 零部件制造的偏差；

b) 伸展结构的连接方法；

c) 由于力作用产生的弹性变形；

d) 气压轮胎支撑的移动式升降工作平台在工作时任何一只轮胎出现故障；

e) 载荷感应系统、力矩感应系统和位置控制的性能特征(准确度),例如:

1) 受短时间动态作用产生的峰值;

2) 滞后;

3) 移动式升降工作平台的倾斜;

4) 环境温度;

5) 工作平台上的载荷的不同位置及分布(见 5.2.3.1)。

弹性变形的确定应由计算或实验获得。

**表 2 稳定性计算中的载荷和力的方向及其组合示例(见图 4)**

| 示例 | 工作情形 | 额定载重量 | | 结构载荷 $S_n$ | | 手操作力 $M$ | | 风载荷 $W$ | | 图解 |
|---|---|---|---|---|---|---|---|---|---|---|
| | | ×1.0 | ×0.1 | ×1.0 | ×0.1 | ×1.0 | ×0.1 | ×1.0 | ×0.1 | |
| 1 | 上升(下降) | V | A | V | A | — | — | H | H | 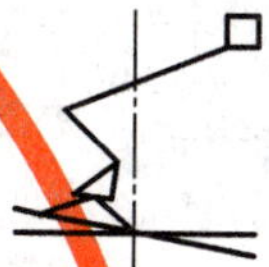 |
| 2 | 行走 | V | S | V | S | — | — | H | H | 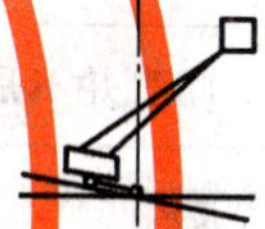 |
| 3 | 行走 | V | S | V | S | — | — | H | H |  |
| 4 | 位于斜坡上前倾稳定性 | V | — | V | — | A | A | H | H | 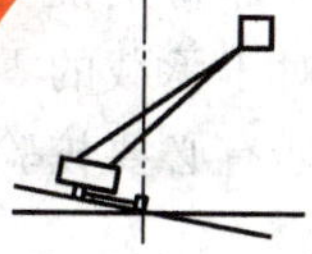 |
| 5 | 位于斜坡上后倾稳定性 | 80 kg<br>V | — | V | — | A | A | H | H | 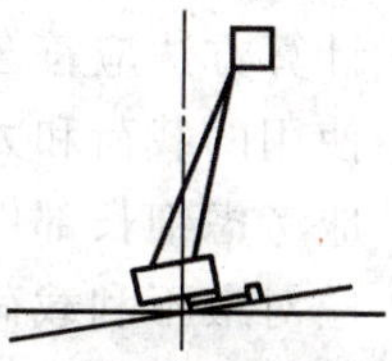 |
| 6 | 位于斜坡上下降,<br>到极限位时前倾稳定性 | V | S | V | S | — | — | H | H | 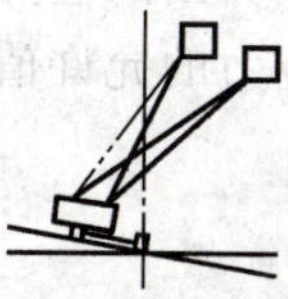 |

表 2（续）

| 示例 | 工作情形 | 额定载重量 | | 结构载荷 $S_n$ | | 手操作力 $M$ | | 风载荷 $W$ | | 图解 |
|---|---|---|---|---|---|---|---|---|---|---|
| | | ×1.0 | ×0.1 | ×1.0 | ×0.1 | ×1.0 | ×0.1 | ×1.0 | ×0.1 | |
| 7 | 位于斜坡上 | V | — | V | — | A | A | H | H | 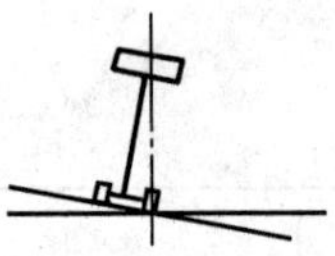 |
| 8 | 位于水平地面 | 80 kg<br>V | — | V | — | A | A | H | H | 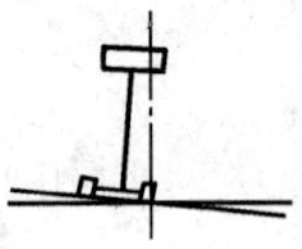 |

说明：V＝垂直，H＝水平，A＝倾角，S＝斜坡上角度。

注：此表并不是全面的。

### 5.2.5 结构计算

#### 5.2.5.1 概述

计算应按照材料力学的定理和原则。如果使用公式，一般应注明出处。否则，公式应由基本原理推导而来，以便可检查其有效性。

除非特别说明，否则，各个载荷和力应认为作用于产生最不利情况的位置、方向及其组合。

对于承载的零部件和连接件，强度和安全系数所需的资料应以清楚和容易验证的方法用于计算当中。如有必要校验计算，应给出各个零部件和连接件的主要尺寸、截面和材料。

#### 5.2.5.2 计算方法

计算方法应符合相应的国家标准，如 GB 3811、GB/T 9465，其中包括疲劳应力计算方法。确定计算中使用的载荷和力时，应考虑 5.2.2 和 5.2.4 中给出的规定。所用国家标准都不应改变这些规定。

应考虑细长部件的弹性变形。

应对最不利载荷组合进行分析。静态试验（见 6.1.4.2.1）和超载试验（见 6.1.4.3）所产生的应力不应超过材料弹性极限的 90%。

计算出的应力不应超过允许值。计算出的安全系数不应低于规定值（见附录 G）。

应力的允许值和安全系数的规定值取决于材料、载荷组合及计算方法。

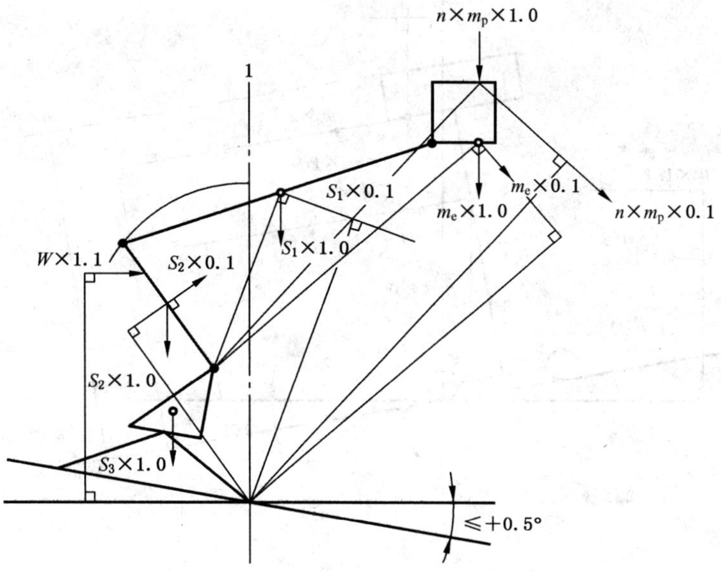


a） 示例 1

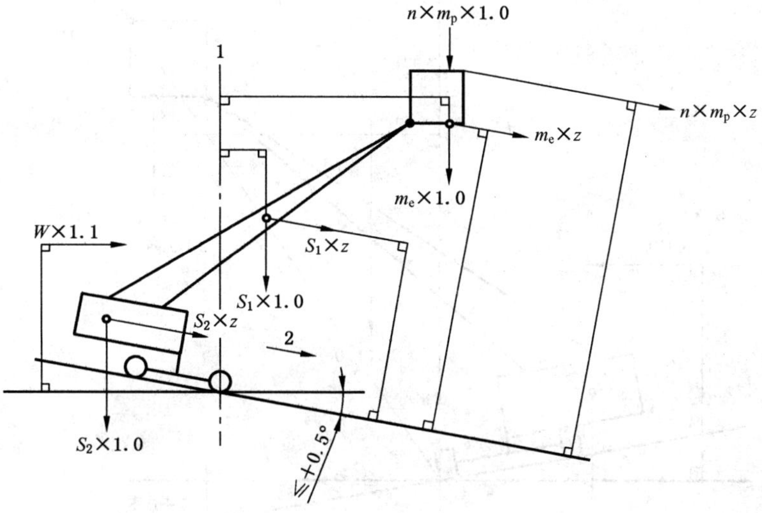


b） 示例 2

说明：

1——倾翻线；

2——运行方向。

**图 4　最大倾覆载荷和力矩组合示例(见表 2)**

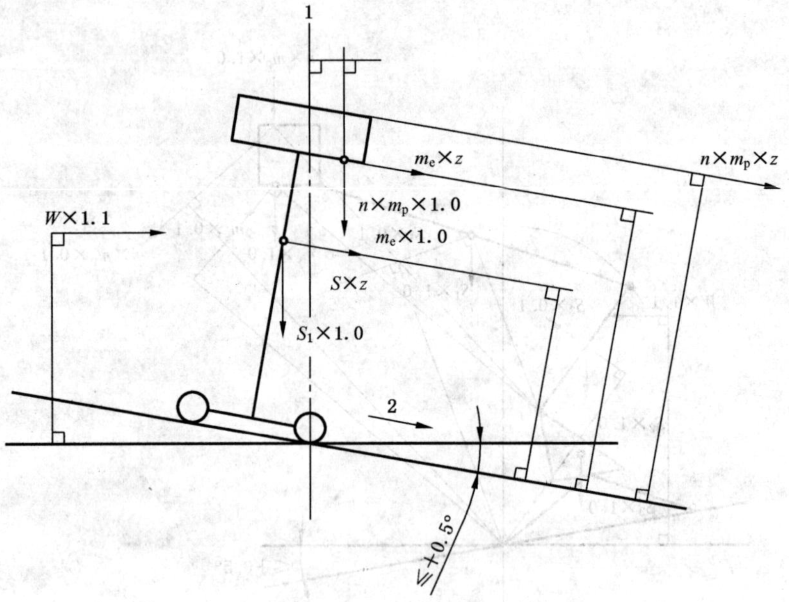


c） 示例 3

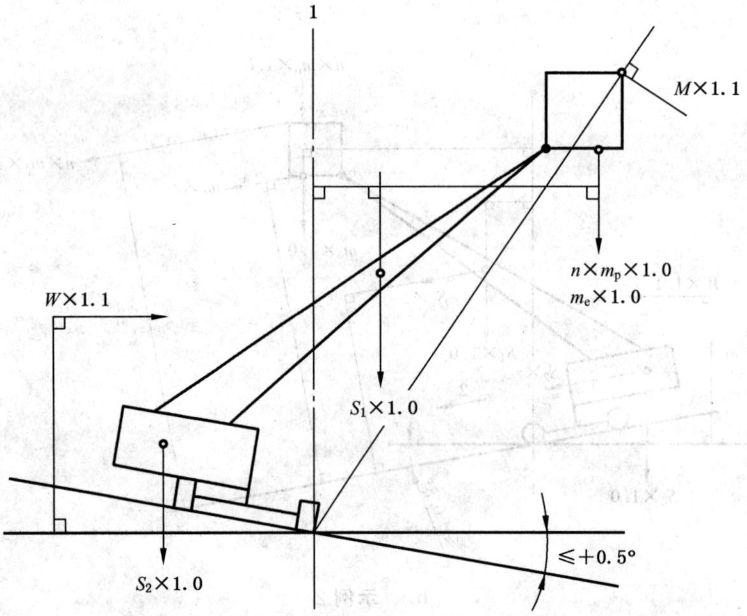


d） 示例 4

说明：

1——倾翻线；

2——运行方向。

图 4（续）

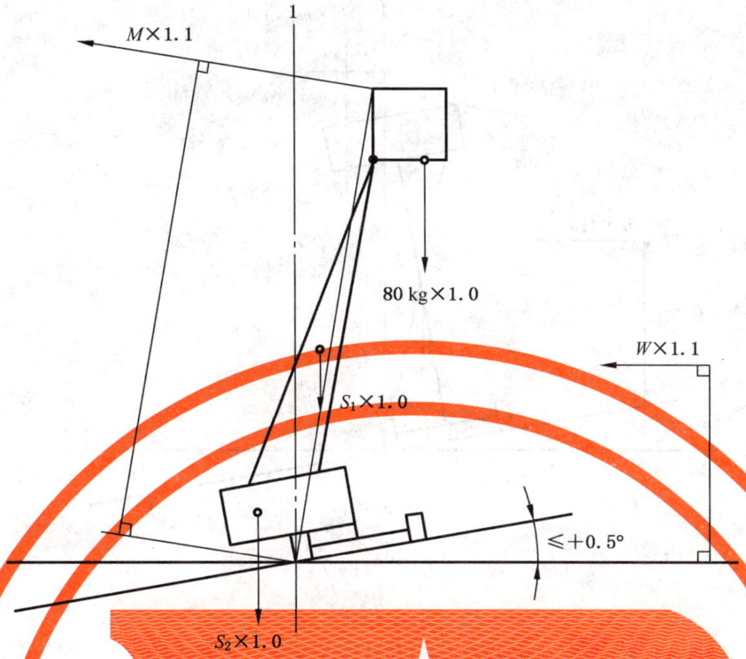


e） 示例 5

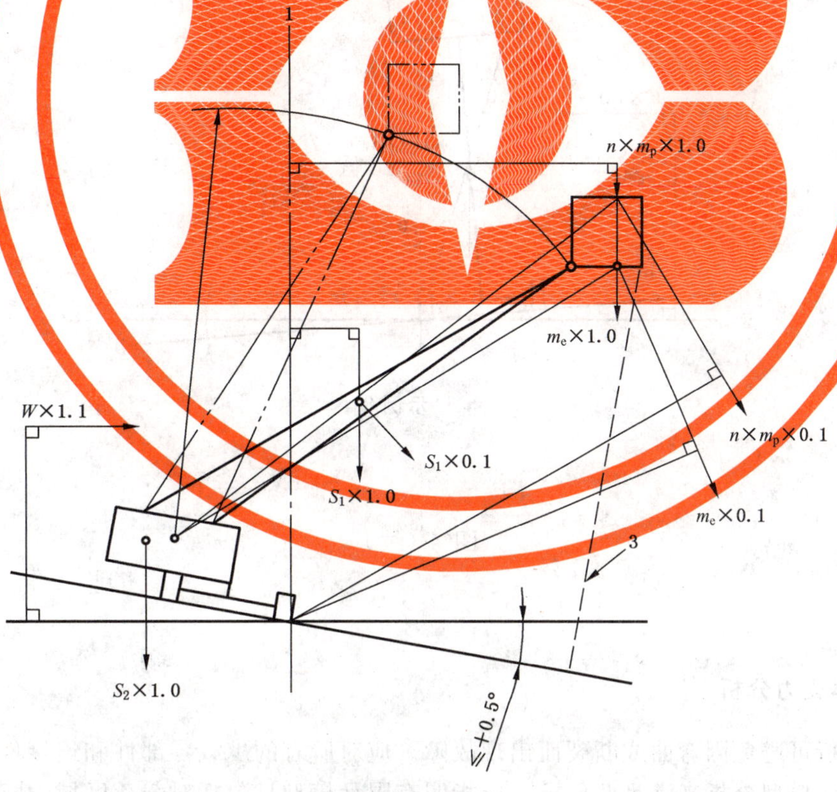


f） 示例 6

说明：

1——倾翻线；

3——极限范围。

图 4（续）

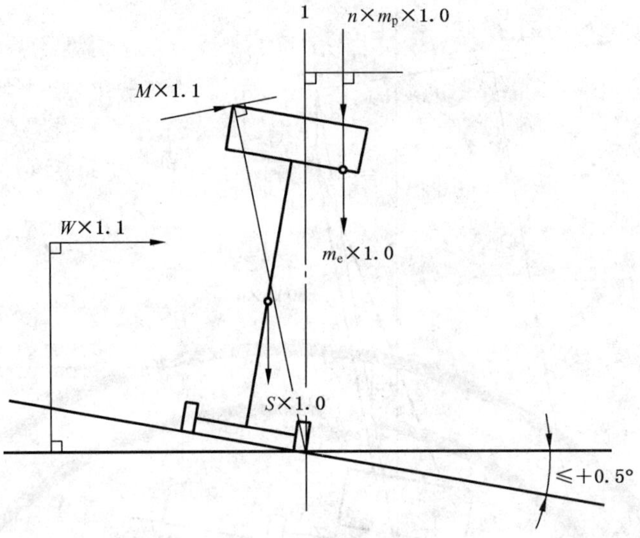


g）示例 7

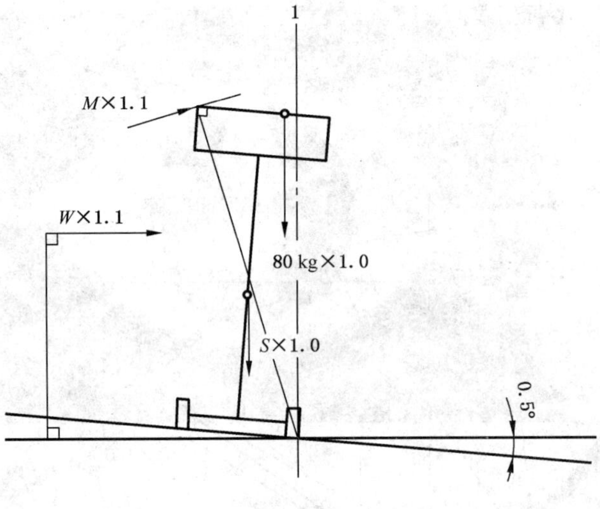


h）示例 8

说明：

1——倾翻线。

图 4（续）

### 5.2.5.3 分析

#### 5.2.5.3.1 总体受力分析

总体受力分析可避免因弯曲或断裂而出现故障。应对所有的承载零部件和连接件进行分析。

可采用有限元模型分析来满足此要求。应指明有限元模型且包括对载荷区域、载荷形式、约束区域和约束形式的说明。

#### 5.2.5.3.2 弹性稳定性分析

弹性稳定性分析可避免出现弹性失稳(例如弯曲、断裂)。应对所有承受压力载荷的零部件进行弹性稳定性分析。

5.2.5.3.3 疲劳强度分析

疲劳强度分析可避免因应力波动而出现疲劳故障。应对所有对疲劳至关重要的承载部件和连接件进行分析，分析应考虑到结构细节、应力波动的程度及应力循环次数。应力循环次数可能是载荷循环次数的倍数。

由于无法准确计算出运输过程中的应力波动数，因此应减小运输过程中受振部件在运输位置上的应力，以确保实际具有无限长的疲劳寿命(见5.4.7和5.6.13)。

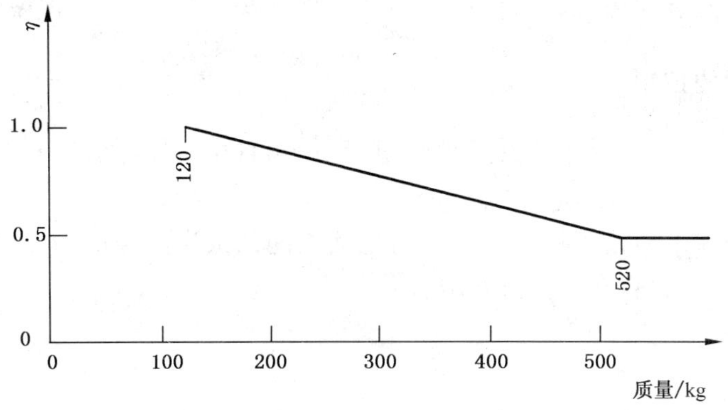


图5 载荷谱系数 $\eta$

移动式升降工作平台载荷循环次数一般为：

a) 间歇轻载(例如：10年，每年40星期，每星期20 h，每小时5个载荷循环次数)：$4\times10^4$ 循环次数；

b) 重载(例如：10年，每年50星期，每星期40 h，每小时5个载荷循环次数)：$10^5$ 循环次数。

根据图5确定载荷组合时，允许按照载荷谱系数减小额定载荷，无需考虑风载。

注：有关钢丝绳传动系统的设计见附录D。

验证方法：可通过设计校验、静态试验和超载试验验证5.1中的要求。

5.3 底盘和稳定器

5.3.1 自动安全装置

对于徒步控制的移动式升降工作平台和型式1的动力驱动移动式升降工作平台。应按照5.11安装自动安全装置，以阻止工作平台不在运输或收藏位置时行走。

当工作平台不在低位行走位置时，自行移动式升降工作平台的任何行走速度应该是自动限制的。

验证方法：可通过设计校验和功能试验进行验证。

5.3.2 底盘倾斜

每个移动式升降工作平台都应具有一个可指示底盘倾斜度是否在制造商允许的限制范围内的装置(例如倾斜开关或水平仪)。应对该装置进行保护，以避免其遭到损坏及意外更改其设置。

如果型式2和3移动式升降工作平台将达到倾斜极限，该装置应发出在工作平台上可听到的声音信号。

对于装有稳定器以用于测量水平的移动式升降工作平台，从稳定器的每个操作位置都应可清楚地看到底盘倾斜的读数(例如水平仪)。

验证方法:可通过功能试验进行验证。

5.3.3 锁紧销

所有锁销都应紧固,以避免发生意外脱离(例如弹簧销)和遗失(例如链条)。

验证方法:可通过目测进行验证。

5.3.4 控制杆

应将徒步控制的移动式升降工作平台的控制杆和牵引杆可靠地固定到底盘上。

验证方法:可通过目测和试验进行验证。

5.3.5 保持在垂直位置的控制杆

当控制杆和牵引杆不使用且升高至垂直位置时,应使用自动装置(例如吊钩)来使其保持在该位置,应防止意外坠落。

对于多轴底盘,完全降下的控制杆或牵引杆与地面之间的最小间隙应为 120 mm。

验证方法:可通过目测、试验和测试进行验证。

5.3.6 稳定器支腿

在制造商允许的最大坡度进行操作时,稳定器应能够在最大允许倾角内对底盘进行调平。

验证方法:可通过目测和测试进行验证。

5.3.7 允许的工作平台位置

除非已按照操作说明正确使用稳定器,否则应按照 5.11 中的要求安装移动式升降工作平台安全装置,以防止在允许的位置外操作工作平台。

如果移动式升降工作平台的构造允许在无稳定器的情况下在有限的范围内操作,则应配备符合 5.11 中要求的安全装置,以防止在限定范围外无稳定器的操作。

验证方法:可通过设计校验和功能试验进行验证。

5.3.8 完全人力操作的移动式升降工作平台

完全人力操作的且工作平台底板高度不超过地平面 5 m 的移动式升降工作平台无需完全符合 5.3.7 中的要求(见 7.3.15)。

这类移动式升降工作平台也无需满足所有无法在没有电源的情况下达到的安全要求。

验证方法:可通过设计校验进行验证。

5.3.9 防止动力稳定器移动

除非伸展结构和工作平台处于收藏位置或运输位置,或在 5.3.7 指定的限制范围内,否则带动力稳定器的移动式升降工作平台应按照 5.11 的要求配备安全装置,以防止稳定器移动。伸展结构和工作平台处于限制范围内时,稳定器的运行不应引发不稳定的情况。

验证方法:设计校验和功能试验进行验证。

5.3.10 手动操作稳定器

手动操作型稳定器应设计成可防止意外移动。

验证方法:可通过设计校验和功能试验进行验证。

**5.3.11 自行式移动升降工作平台制动器**

自行式移动升降工作平台应至少在同轴的两个车轮上配备制动器,以便在制动动力中断或出现故障时自动制动,并且该制动应该能按照 5.3.16 中的要求停止升降工作平台并将其保持在停止位置。此类制动器不应依靠液压或气动或电力来保持制动。

验证方法:可通过设计校检和功能试验进行验证。

**5.3.12 稳定器运动**

稳定器的运动应由机械限位装置来限制。若液压缸为此目的而设计,则满足这一要求。

应提供机械方式来防止稳定器在运输位置出现不受控的移动。每个稳定器应有两个独立的锁定装置将稳定器锁定在运输位置上,其中至少一个锁定装置可自动动作,例如带棘爪的重力锁销。符合 5.3.9 和 5.10 中要求的动力稳定器也视为符合此要求。此要求适用于带可增加移动式升降工作平台宽度或高度且永久性连接的稳定器的移动式升降工作平台,也适用于所有车载移动式和轨道移动式升降工作平台。

验证方法:可通过设计校验进行验证。

**5.3.13 车载移动式升降工作平台稳定器指示装置**

车载移动式升降工作平台应配备可从操作室内控制行走操纵台看到的指示装置,该指示装置可指示稳定器、伸展结构、工作梯和本设备的工作平台的所有部件是否处于运输位置。

验证方法:可通过功能试验进行验证。

**5.3.14 未经授权的使用**

移动式升降工作平台应配备防止未经授权而使用的装置(如可以锁住的开关)。

验证方法:可通过功能测试进行验证。

**5.3.15 在高位行走位置的最大行进速度**

型式 2 和 3 的移动式升降工作平台在高位行走位置上的行走速度不应超过以下值:

a) 车载移动式升降工作平台,在驾驶室内使用行进控制器时,1.5 m/s;

b) 轨道移动式升降工作平台,3.0 m/s;

c) 所有其他型式 2 和 3 的自行式移动升降工作平台,0.7 m/s。

验证方法:可通过设计校验和功能测试进行验证。

**5.3.16 制动距离**

以 5.3.15 中给出的最大速度在制造商允许的最大斜坡上行走的移动式升降工作平台应该能够在不大于图 6 所示的距离内制动。此图以平均减速度 0.5 $m/s^2$ 为基础。图 6 未包括操作员的反应时间。

注:最小制动距离取决于系数“z”(见 5.2.4.1)。

验证方法:可通过功能测试进行验证。

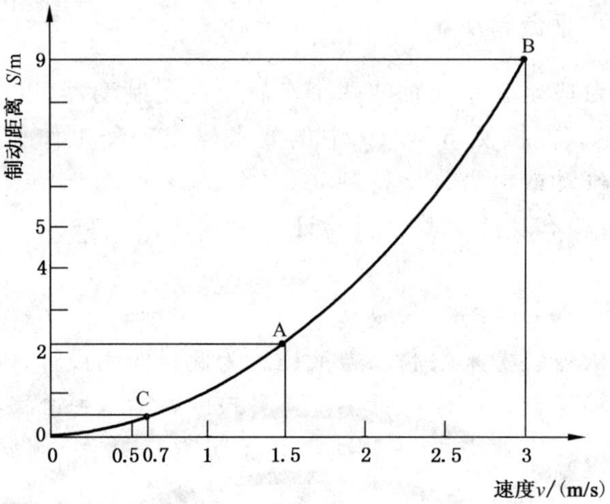


说明：

A ——车载移动式升降工作平台(从操作员位置控制)；

B ——轨道移动式升降工作平台；

C ——所有其他升降工作平台。

**图6　型式2和3移动式升降工作平台的最大制动距离**

### 5.3.17　徒步控制的移动式升降工作平台的最大行进速度

具有徒步控制的移动式升降工作平台在运输位置或收藏位置上的最大行走速度不应超过1.7 m/s。

验证方法：可通过测试进行验证。

### 5.3.18　操作位置人员的防护装置

应提供防护装置以保护在操作位置或站在地面靠近移动式升降工作平台或其他入口的人员，防止热能或机械的危险。只有采用工具才能打开或拆除这些防护装置；而这些工具应装入可锁的封闭空间(如驾驶室、储藏室)；或使用随机提供的工具或钥匙。

此要求不适用于按照道路交通规则的车辆的排气系统。

验证方法：可通过目测进行验证。

### 5.3.19　发动机废气排放

发动机排放的废气排气口位置应远离操作位置。

验证方法：可通过目测进行验证。

### 5.3.20　燃料添加点

汽液燃料箱(消防液体除外)添加点的位置应避免燃料由于溅到热的部件(如发动机排气管)而失火。

验证方法：可通过目测进行验证。

### 5.3.21　控制位置上的视线

操作员应能在任何控制位置上观察到控制所产生的移动。尤其是动力稳定器的操作员应能在其位置上清楚地观察到每个稳定器在移动时的动作。

固定在底盘上且从地面操作的行走控制器的位置应能使操作员站在距离车轮或履带式车辆垂直切

线至少 1 m 的位置。

验证方法：可通过目测进行验证。

### 5.3.22 蓄电池固定

应将所有移动式升降工作平台的蓄电池和蓄电池槽限制在狭小的范围内，以防止可能带来危险的位移。应提供某些措施，以便在倾翻的情况下，将蓄电池组件限制在狭小的范围内，从而避免因蓄电池位移或电解液漏出而对操作员造成伤害。

蓄电池槽、箱或盖上应具有合适的通风孔，使操作员工作位置不会有气体积聚的危险。

注：经验指出，存在开口时，气体可自由逸出，如果通风孔的横截面积（以平方毫米为单位）为（0.5 × 电池数量 × 5 小时额定容量（容量以安时为单位）），则通常能够满足要求，但该方法不涵盖充电情况。

验证方法：可通过目测进行验证。

### 5.3.23 防止脱轨

轨道移动式升降工作平台的轨道上应配备防止脱轨的装置，以及可清除轨道上可能导致脱轨的障碍物的装置（如轨道清理装置）。

验证方法：可通过功能测试进行验证。

### 5.3.24 车载式底盘选择

车载式底盘的选择应符合制造商的技术要求。安装应符合底盘制造商和移动式升降工作平台制造商的技术要求。

## 5.4 伸展结构

### 5.4.1 避免倾翻和超出许可强度的方法

#### 5.4.1.1 概述

除满足 5.2.4.5 的规定外，移动式升降工作平台应采用相当于表 3“√”号表示的一种方法来安装控制装置以减小倾翻和超出许可强度的危险。

注：必须注意载荷或力矩传感器并不能防止严重超载。

**表 3 控制装置**

| 组别（见 3.14） | 载荷传感系统及位置控制（见 5.4.1.2 和 5.4.1.3） | 载荷和力矩传感系统（见 5.4.1.2 和 5.4.1.4） | 提高超载标准的力矩传感系统（见 5.4.1.4 和 5.4.1.6） | 提高超载标准稳定性的位置控制（见 5.4.1.3，5.4.1.5 和 5.4.1.6） |
|---|---|---|---|---|
| A | √ | | | √ |
| B | √ | √ | √ | √ |

#### 5.4.1.2 载荷传感系统

载荷传感系统是一种安全装置，应按照以下方式操作：

a) 在达到额定载重量后、超过额定载重量的 120% 前，应防止工作平台从静止工作位置上正常移动。

b) 按照 a) 中的规定避免常规移动后，应发出警告，警告包括每个控制位置上闪烁的红灯和可在每个控制位置上听见的声讯信号。只要条件 a) 还存在，信号灯就应继续闪烁，同时声音警报应至少响 5 s 且每分钟重复一次。

c) 只有移除超载的物品后，才能重新开始移动。

对于 A 组型式 1 移动式升降工作平台，仅在从收藏位置升高时才允许载荷控制装置生效。在这种情况下，对于 6.1.4.3 中所述的超载测试，测试载荷应为额定载重量的 150%。

对于 A 组的移动式升降工作平台，工作平台升高到超出运输或收藏位置 1 m 以上之前，无需激活载荷传感装置。在 6.1.4.3 所述的超载测试中，如果未在第一个 1 m 内激活载荷传感装置，测试载荷应为额定载重量的 150%。

载荷传感系统的控制系统应符合 5.11 中的要求。

#### 5.4.1.3 位置控制

##### 5.4.1.3.1 概述

为避免移动式升降工作平台倾翻或超过其结构的允许应力，伸展结构的允许位置应由机械限位装置(见 5.4.1.3.2)、非机械限位装置(见 5.4.1.3.3)或电气安全装置(见 5.11.3)自动限制。

##### 5.4.1.3.2 机械限位装置

如果使用机械限位装置，伸展结构的允许位置应设计成能承受在施加最大力时无永久变形。专门设计的液压缸需满足此要求。

##### 5.4.1.3.3 非机械限位装置

如果使用非机械限位装置，伸展结构的允许位置应由测量伸展结构位置并通过控制系统操作来限定运动工作空间的装置来限制。该装置应满足 5.11 的安全装置的要求。

#### 5.4.1.4 力矩传感系统

力矩传感系统是一个安全装置，应满足下列要求：当达到许用倾翻力矩(见 5.2.4.5)时，应发出视觉警示信号，同时除减少倾翻力矩外，阻止其他动作。

力矩传感系统的控制系统应符合 5.11 的要求。

#### 5.4.1.5 尺寸有限工作平台提高稳定性要求

如果符合“提高稳定性要求”，承载两人及以下的移动式升降工作平台可不包括在载荷和力矩传感系统的要求内。

为了符合“提高稳定性”的要求，移动式升降工作平台应按如下标准设计：

a) 工作平台的任何水平截面的外形尺寸应为：

   1) 承载 1 人的，不超过 0.6 $m^2$ 且任一边不大于 0.85 m；

   2) 承载 2 人的，不超过 1.0 $m^2$ 且任一边不大于 1.4 m。

b) 对于 6.1.4.2.1 描述的静态测试，测试载荷应按 5.2.4.1 定义的额定载重量的 150% 计算。5.2.4.1，5.2.4.2，5.2.4.3，5.2.4.4 和 5.2.4.5 指定的其他载荷和力的组合保持不变。

#### 5.4.1.6 有限工作平台尺寸提高超载要求

如果符合“提高超载要求”，承载两人及以下的移动式升降工作平台可以不包括在载荷传感系统的要求内。

为了符合“提高超载”的要求，移动式升降工作平台应按如下标准设计：

a) 工作平台台面的外形尺寸应为：

1) 承载1人的，不超过0.6 $m^2$ 且任一边不大于0.85 m。

2) 承载2人的，不超过1.0 $m^2$ 且任一边不大于1.4 m。

b) 对于6.1.4.3描述的超载测试，测试载荷应为额定载重量的150%计算。

**5.4.1.7 多个额定载重量的多种作业范围**

多个额定载重量和多种作业范围的移动式升降工作平台，在平台上应有可视的选择组合指示器。

允许手工选择。此时，应只有在工作平台处于新选择额定载重量的工作空间内才能选择。

移动式升降工作平台应安装载荷和力矩传感系统（见5.4.1.2和5.4.1.4）或载荷传感系统和位置控制装置（见5.4.1.2和5.4.1.3）。

**5.4.1.8 一种额定载重量的多种作业范围**

只有一种额定载重量但具有多种作业范围的移动式升降工作平台（如：具有多种稳定器位置的移动式升降工作平台），允许手工选择。此时，应只有在伸展结构处于运输位置时才能选择。

验证5.4.1的所有要求：可通过设计校验和试验进行验证（见6.1.2和6.1.4）。

**5.4.2 伸展结构的伸展次序**

当伸展结构需要按照一定的顺序伸展或缩回以避免超载时，该顺序应是自动的。

验证方法：可通过设计校验和功能试验进行验证。

**5.4.3 倾斜桅杆**

有倾斜桅杆的移动式升降工作平台，应有将桅杆安全紧固于运输位置和工作位置的装置。在桅杆处于工作位置前，应由互锁装置防止平台移动。

有倾斜桅杆的移动式升降工作平台，应安装5.11要求的安全装置，防止除工作平台处于最低出入位置外，桅杆的倾斜运动。

验证方法：可通过设计校验和功能试验进行验证。

**5.4.4 卷入和剪切**

应按照ISO 13854要求，提供安全距离或保护措施，防止和避免平台上或站立于移动式升降工作平台旁人员被运动部件卷入的危险。

在该措施不可行的地方，应在危险区域加装永久的清楚易见的警告标识指示要保持距离。如果未有保护措施，剪叉式升降机构应装备有警告信号和下降警告系统。在启动下降功能时，下降警告系统应发出声讯信号。当剪叉式平台还处于总起升行程的10%～15%但是不小于3.5 m，下降应停止，操作员必须再次启动下降功能，下降的最大速度宜为正常速度的50%，而且在此后的下降过程中须发出一种不同的声音并应有闪光警示。

验证方法：可通过测量和目测检查进行验证。

**5.4.5 用于日常维护伸展结构的支撑要求**

当工作平台需起升以便做日常维护，应设法使伸展结构定位于要求的位置。该方法应能支撑卸载的工作平台并可以从一个安全的位置操作，同时不应引起移动式升降工作平台任何零部件的损坏（见7.3.14）。

验证方法：可通过目测检查和功能试验进行验证。

**5.4.6 伸展结构的速度**

移动式升降工作平台不应超出下列速度：

a） 平台的升降速度为0.4 m/s；

b） 臂架的伸缩速度为0.4 m/s；

c） 回转或旋转速度为0.7 m/s(在最大范围测量平台最外边缘的水平线速度)。

如果在工作平台上测得的速度改变率(即加速度、减速度)不超过0.25$g$，则移动式升降工作平台可超速最多100%。测量加速度力时，不应考虑因紧急停机而产生的减速度。根据5.2应考虑紧急停机时的加速度和减速度。

验证方法：可通过功能试验进行验证。

#### 5.4.7 运输位置的支撑

在运输位置时伸展结构应有支撑以限制振动(见5.2.5.3.3)。

验证方法：可通过设计校验和目测检查进行验证。

## 5.5 伸展结构传动系统

### 5.5.1 概述

#### 5.5.1.1 意外运动

驱动系统的设计和制造应防止伸展结构的意外运动。

验证方法：设计校验和功能试验。

#### 5.5.1.2 从动力源保护伸展结构

如果动力源可能产生比伸展结构和/或工作平台驱动系统要求更大的动力，应对伸展结构和/或工作平台驱动系统提供保护以免损坏(如限压装置)。

不应使用摩擦离合器。

验证方法：设计校验。

#### 5.5.1.3 链条或皮带传动失效

在驱动系统中使用链条或皮带传动时，应有当链条或皮带传动发生故障时能自动阻止工作平台的意外运动的措施。可以采用通过自锁齿轮箱或按照5.11的安全装置监视皮带/链条。

不应使用平皮带。

验证方法：设计校验和功能试验。

#### 5.5.1.4 手柄反冲

人工驱动系统的设计和制造应防止手柄反冲。

验证方法：设计校验和目测检查。

#### 5.5.1.5 动力和人工驱动系统驱动的同一动作

如果同一动作同时采用了动力和人工驱动系统(如超越紧急系统)并且如果同时使用两者有损坏危险，则应避免此危险(例如互锁、切断阀和旁路阀)。

验证方法：设计校验和功能试验。

#### 5.5.1.6 所有驱动的制动系统

所有驱动都应有制动系统。对于起升运动，该系统应是自锁或自保持装置。当驱动系统不工作时，制动系统应自动工作。

制动系统应确保工作平台在1.1倍的额定载重量时在各种操作配置下可以在任何位置停住并保持。应避免此系统被意外释放。

验证方法：设计校验和功能试验。

### 5.5.2 钢丝绳传动系统

#### 5.5.2.1 钢丝绳传动系统安全装置

##### 5.5.2.1.1 概述

钢丝绳、卷筒和滑轮的直径应按附录C计算，并假定所有载荷作用在一个钢丝绳系统。不应采用牵引驱动系统。

钢丝绳传动系统应有机械安全装置(5.5.2.1.2)或附加钢丝绳系统(5.5.2.1.3)，在钢丝绳传动系统失效的情况下可以限制满载工作平台的垂直移动在0.2 m内。

##### 5.5.2.1.2 机械安全装置

按照5.11有关伸展结构操作的机械安全装置。在钢丝绳传动系统失效时，该安全装置应逐渐地使工作平台及其额定载重量停止并保持不动，平均减速度不应超过1.0$g$。任何有弹簧操作的该装置，应是一端固定并有导向的压缩弹簧，或者在操作状态下弹簧丝的直径大于节距的一半，从而限制弹簧在出现故障时变短。

##### 5.5.2.1.3 第二钢丝绳传动系统

第二钢丝绳传动系统应满足以下一种：

a) 按照第一系统设计的第二钢丝绳传动系统，应设有使两个钢丝绳系统有大致相同张紧度的装置，以使安全系数加倍；

b) 按照第一系统设计第二钢丝绳传动系统，并有确保第二系统在工作时承担小于一半载荷的装置，但如果第一系统失效时可以承担全部载荷；

c) 依照a)形式设计的第二钢丝绳传动系统，如果采用较大的卷筒直径及滑轮直径，可以延长第二系统的疲劳寿命，使其至少为第一系统计算寿命的两倍。

第一系统的失效应能够自行暴露。

验证方法：可通过设计校验和目测检查进行验证。

#### 5.5.2.2 承载钢丝绳

承载钢丝绳应由镀锌钢丝或相当材料制成，并具有如下特性：

a) 最小直径：8 mm；

b) 最少钢丝数目：114；

c) 钢丝抗拉强度：最小1 570 N/mm$^2$；最大1 960 N/mm$^2$；

d) 适合的疲劳寿命(见附录C)；

e) 与镀锌钢材相等的抗腐蚀能力；

f) 滑轮直径与钢丝绳直径比率应符合要求(见附录C)。

钢丝绳的破断载荷应在使用说明书上写明。

直接用来提升和支撑工作平台的钢丝绳，除其端部外，其余部位不应包括任何接点。

允许采用有等效安全性能的其他性质钢丝绳。

验证方法：设计校验和目测检查。

5.5.2.3 **多钢丝绳系统**

如果一个点上有一根以上的钢丝绳，应有使这些钢丝绳有大致相等的张紧力的装置。

验证方法：设计校验和目测检查。

5.5.2.4 **重新张紧**

应能够对钢丝绳重新张紧。

验证方法：设计校验和目测检查。

5.5.2.5 **钢丝绳端部**

钢丝绳末端仅可以使用以下几种：

——编结接头；

——铝合金压制接头；

——不老化钢压制接头；

——楔形夹紧套紧固件。

承载钢丝绳的末端不可使用U形螺栓夹紧。

钢丝绳与钢丝绳末端之间结点应能承受钢丝绳最小破断载荷的80%。

验证方法：设计校验和目测检查。

5.5.2.6 **钢丝绳末端目测检查**

不需拆除钢丝绳或移动式升降工作平台的主要结构零部件时，应能进行钢丝绳末端目测检查。

如果不适宜采用观察口检查，制造商应提供检查的详细指导。

验证方法：设计校验和目测检查。

5.5.2.7 **钢丝绳升降的移动式升降工作平台的安全装置**

采用钢丝绳方法升降的工作平台，应按照5.11要求安装安全装置以防止钢丝绳松弛引起的运动。但允许反向运动。如果钢丝绳不会产生松弛，则无需此装置。

验证方法：设计校验和功能试验。

5.5.2.8 **卷筒绳槽和防止钢丝绳脱离卷筒端缘**

钢丝绳卷筒应该开有绳槽并设有防止钢丝绳从卷筒两端脱落的装置，例如：卷筒上法兰边缘应保证高出最外层钢丝绳直径两倍以上。

验证方法：目测检查。

5.5.2.9 **钢丝绳层数**

钢丝绳应在卷筒上仅绕一层，除非使用特殊的缠绕系统。

验证方法：目测检查。

5.5.2.10 **钢丝绳保留圈数**

当伸展结构和/或工作平台在最远位置时，应至少有两圈钢丝绳保留在卷筒上。

验证方法：功能测试和目测检查。

5.5.2.11 **钢丝绳卷紧于卷筒**

每根钢丝绳都应该在卷筒上适当地卷紧。卷紧后应可以承受钢丝绳最小破断载荷的80%。

验证方法:设计校验和目测检查。

**5.5.2.12 钢丝绳意外脱槽**

应采取措施防止钢丝绳从滑轮上意外脱槽,即使是在钢丝绳松弛的状态。

验证方法:设计校验和目测检查。

**5.5.2.13 卷筒绳槽截面**

卷筒及滑轮的绳槽底部的横截面应该呈圆形,而且角度不小于 120°。

验证方法:设计校验和目测检查。

**5.5.3 链条传动系统**

**5.5.3.1 失效时限制垂直运动**

**5.5.3.1.1 概述**

链条传动系统应有装置或系统,在链条传动系统失效的情况下可以限制满载工作平台的垂直移动在 0.2 m 以内。为满足此要求,可采用 5.5.3.1.2 或者 5.5.3.1.3。

**5.5.3.1.2 单链安全措施**

单链传动系统的安全系数至少为 5,并装有按照 5.11 配备与伸展结构操作的机械安全装置在传动系统失效时,该安全装置应逐渐地使工作平台及其额定载荷停止并保持不动,平均减速度不应超过 1.0$g$。任何有弹簧操作的该装置,应是一端固定并有导向的压缩弹簧,或者在操作状态下弹簧丝的直径大于节距的一半,从而限制弹簧在出现故障时变短。

**5.5.3.1.3 双链条传动系统**

双链条传动系统应满足以下 a)或者 b)的要求:

a) 相同张紧度

双链条传动系统的每条链条的安全系数至少应该为 4(最小总安全系数为 8),并配有可为两个链传动系统分配大约相等张力的装置,或者遵照下面 b) 中的要求。第一系统的失效应能够自行暴露。

b) 不相同张紧度

双链条传动系统,承受全载荷时,第一系统安全系数至少为 5 而第二系统安全系数至少为 4(承受全载荷时总共最小系数为 9),并有装置确保第二系统在工作时承担小于一半的载荷,但如果第一系统失效时可以承担全载荷。

第一系统的失效应能够自行暴露。

验证方法:设计校验和目测检查。

**5.5.3.2 环形链和最小破断载荷**

不宜使用环形链条,如果使用,最小的破断载荷应有相关证明。

验证方法:设计校验和目测检查。

**5.5.3.3 一点上的多根链条**

如果一个点上采用多根链条,应有使这些链条张紧力大致相等的装置。

验证方法:设计校验和目测检查。

5.5.3.4 张紧链条

应能够对链条重新张紧。

验证方法:设计校验和目测检查。

5.5.3.5 链条与链条末端之间结点的强度

链条与链条末端之间结点应能承受链条最小破断载荷的100%。

验证方法:设计校验。

5.5.3.6 链条和链条末端目测检查

在不拆除链条或大范围拆卸移动式升降工作平台的主要结构零部件情况下,应能进行链条和链条末端目测检查。

如果不适宜采用观察口检查,制造商应提供检查的详细指导〔见F.2.5f)2)〕

验证方法:设计校验和目测检查。

5.5.3.7 链条升降的移动式升降工作平台的安全装置

采用链条传动升降的工作平台,应按照5.11装备安全装置以防止链条松弛引起的运动。但允许反向运动。如果不会产生链条松弛,则无需此装置。

验证方法:设计校验和功能测试。

5.5.3.8 链条意外脱出

应采取措施防止链条从链轮或滑轮上意外脱出,即使是在链条松弛的状态。

验证方法:设计校验和目测检查。

5.5.4 螺杆传动系统

5.5.4.1 螺杆和螺母设计强度及材料

螺杆和螺母设计应力应小于使用材料的抗拉极限应力的1/6。螺杆材料应比承载螺母有更高的抗磨损能力。

验证方法:设计校验。

5.5.4.2 螺杆与平台脱离

设计的螺杆机构在正常使用时,应能防止平台从机构中脱离。

验证方法:目测检查。

5.5.4.3 承载螺母和安全螺母

每根螺杆应有一个承载螺母和一个非承载安全螺母。承载螺母失效时才由安全螺母承载。当安全螺母承受载荷时,工作平台无法升起。

验证方法:设计校验和目测检查。

5.5.4.4 螺母磨损检查

应无需拆卸就可以检查承载螺母的磨损。

### 5.5.5 齿轮齿条传动系统

#### 5.5.5.1 齿轮齿条的设计强度

齿轮齿条的设计应力应小于使用材料的抗拉极限应力的1/6。

验证方法:设计校验。

#### 5.5.5.2 安全装置和超速控制器

齿轮齿条传动系统应有由限速器控制的安全装置。在升降机构失效时,该安全装置可以逐渐地使工作平台及其额定载荷停止并保持不动。该安全装置的平均减速度不应超过1.0$g$。如果该安全装置触发,动力供应应该自动中断。

验证方法:设计校验和功能试验。

#### 5.5.5.3 齿轮啮合防脱装置

除了正常工作平台的导向轮之外,还应提供主动有效的装置防止任何驱动或安全装置的齿轮与齿条脱离啮合。这些装置应确保可以限制齿条轴向移动以保证齿轮至少有2/3的齿宽与齿条啮合。它们也应制止齿轮径向运动,使其正常啮合位置大于齿高的1/3。

验证方法:目测检查。

#### 5.5.5.4 齿轮的目测检查

在不拆除齿轮或大范围拆卸移动式升降工作平台的主要结构零部件情况下,应能进行齿轮的目测检查。

验证方法:目测检查。

## 5.6 工作平台

### 5.6.1 工作平台水平度

在伸展结构伸展时或由于操作时的载荷和力的作用,工作平台与水平面或底盘平面或任何可旋转平面的水平度变化应不大于5°。

调平系统应该按照5.11的要求设置安全装置,在系统出现故障的情况下,安全装置可以使工作平台的水平倾斜度增加不超过5°。

验证方法:设计校验和功能试验。

如果机械调平系统设计成至少可以承载加载于其上的负载的两倍,则调平系统使用活塞杆或控制杆就可以满足要求。对于钢丝绳和链条,可参见5.5.2.1和5.5.3.1。

验证方法:设计校验。

液压系统的液压缸应符合5.10.2。

验证方法:功能试验。

### 5.6.2 护栏(保护)系统

每个工作平台的周边应有保护以防止人员和材料跌落的装置。保护装置应该牢固地固定在工作平台上,由至少1.1 m高的护栏、至少0.15 m高的护脚板以及距离护栏或护脚板均不到0.55 m的中间护栏构成。在工作平台入口位置,护脚板高度可以减小到0.1 m。护栏构造应可以承受在最不利的位置和最不利的方向以0.5 m的间隔每人施加500 N的集中载荷而不引起护栏的永久变形。工作平台至少要有防火材料制作,即在去除火源后不会继续燃烧的材料(见GB/T 11020测试方法)。

剪叉式支撑或桅柱支撑的升降平台可设置安全带挂点,其他型式升降工作平台必须设置安全带挂点。

制造商应提供安全带挂点受力的计算结果。

验证方法:设计校验和功能试验。

### 5.6.3 护栏进出的入口和开口

防护装置中用于出入工作平台的任何可移动部件均不得折叠或向外打开。这些移动部件应该制成可以自动关闭和锁紧,或者根据5.11设置联锁装置,从而防止移动式升降工作平台在这些部件没有关闭或/和锁紧的情况下开始工作。应该防止意外打开,可以自动返回保护位置的滑动式或垂直铰接的中间护栏无需紧固和联锁,应该考虑出入的方便性。

验证方法:目测检查。

### 5.6.4 工作平台台面

工作平台的台面(包括活板门)应该能够防滑并可以自动排水。台面的开口或台面与护脚板、出入门之间的开口的尺寸应该大小合适,以防止直径15 mm的球体通过。

验证方法:目测检查。

根据5.2.3.1,工作平台的台面和任意活板门应该可以承载分布的额定负载。

验证方法:设计校验。

### 5.6.5 护栏栏杆

不应使用链条或绳索作为护栏栏杆或出入门。

验证方法:目测检查。

### 5.6.6 出入爬梯

当通道平面与工作平台出入位置的地板之间的距离超过0.4 m时,移动式升降工作平台应该配备出入爬梯。梯阶或梯级之间的距离不应该超过0.3 m,而且应该在底部梯阶/梯级和工作平台地板之间的距离均匀间隔分布。底部第一梯阶/梯级不得高出通道平面0.4 m。每层梯阶或梯级应该至少宽0.3 m、深25 mm,并且应该防滑。梯阶或梯级的前方与移动式升降工作平台的支撑结构或任何其他组件的水平距离应该至少达到0.15 m。出入爬梯应该与出入门对称。

验证方法:设计校验和目测检查。

### 5.6.7 把手和扶杆

在上下工作平台的出入爬梯时,应该为双手提供把手、扶杆或类似的适当装置。应该对这些装置进行适当排布,以避免将控制部件或管路用作把手或阶梯。

验证方法:目测检查。

### 5.6.8 活板门

工作平台的活板门应该牢固地安装在工作平台上,防止出现意外的开口。活板门应该不能向下打开或向侧面滑动。

验证方法:目测检查。

### 5.6.9 保护操作人员和手

操作控制部件时操作人员的手应得到保护。

验证方法:目测检查。

5.6.10 声音警告装置

型式 3 的移动式升降工作平台应配备从工作平台上操作的声响警告装置(例如喇叭)。

验证方法:功能试验。

5.6.11 通讯方法

型式 2 的移动式升降工作平台应在操作人员和工作平台上的人员间装备通讯装置(如无线电对讲机)。

验证方法:目测检查和功能试验。

5.6.12 机械限位

工作平台相对于伸展的运动应有机械限位。专门设计的液压缸符合此要求。

验证方法:设计校验和功能试验。

5.6.13 运输状态支撑

工作平台在运输状态的支撑应避免在运输中引起有害的振动(见 5.2.5.3.3)。

验证方法:设计校验和目测检查。

5.6.14 非绝缘和绝缘工作平台

5.6.14.1 使用绝缘衬垫的非绝缘平台的设计

非绝缘工作平台应该用非导电材料制成,这种工作平台也应该标记为非绝缘。这些工作平台的绝缘衬垫应该用非导电材料制成,并根据 IEC 61057:1991、8.6.1 和 8.6.2 进行测试。衬垫应安放在工作平台的内底面上。这些非绝缘工作平台不能有排水孔或检修孔。工作平台应该至少用自熄性材料制成,即在去除火源后不会继续燃烧的材料(测试方法见 GB/T 11020)。

5.6.14.2 不与衬垫一起使用的非绝缘工作平台

非绝缘工作平台可以是导电或者不导电材料制成。如果工作平台是不导电材料制作的,应确认是不绝缘的。非绝缘工作平台可以有排水孔或/和出入口。工作平台应该至少用自熄性材料制成,即在去除火源后不会继续燃烧的材料(测试方法见 GB/T 11020)。

5.6.14.3 绝缘工作平台

绝缘工作平台应是不导电材料制成,而且没有排水孔或出入口。绝缘平台的绝缘测试和衬垫的绝缘测试在 GB/T 9465—2008 的 6.13 中详细说明。工作平台应该至少用自熄性材料制成,即在去除火源后不会继续燃烧的材料(测试方法见 GB/T 11020)。

5.7 控制

5.7.1 控制装置操作

移动式升降工作平台应该配备控制装置,只有在控制装置操作时移动式升降工作平台才能工作。控制装置释放后应该自动返回空档。车载式移动式升降工作平台在驾驶室位置的行走控制不需要满足此要求。

所有控制装置的设计都应该可以防止意外操作。如果装有脚踏控制器,则控制器应有防滑表面并易于清洁。

控制装置应该加以固定，以防止移动式升降工作平台的移动部件对操作员造成危险。

验证方法：功能试验和目测检查。

### 5.7.2 运动方向

移动式升降工作平台的所有运动方向应用文字或符号在控制装置上或附近明确标注，标记应符合ISO 20381。

验证方法：目测检查和功能试验。

### 5.7.3 两套控制装置的位置、可接近性、保护和选择

控制装置应该位于工作平台上。所有动力功能（驱动和转向除外）的控制装置都应该在基座或地面上，并且应该优先于工作平台上的控制装置。控制装置应便于操作员使用。非固定安装的控制箱的正常位置和方向应该标记清楚。用于控制移动式升降工作平台的任何移动的任何控制装置在释放后都应该自动返回"关闭"或"空档"。所有控制装置都应进行保护，以防止操作员以外的人员启动控制装置，例如设置一个单独的控制装置，该控制装置必须由操作员持续启动才可使移动式升降工作平台产生移动。

如果可以从其他控制台控制移动，则应该设置闭锁装置，使移动式升降工作平台的移动只受预先选定的控制台控制。基座或地面的控制装置应该优先于所有其他控制装置。

验证方法：功能试验和目测检查。

### 5.7.4 紧急停止

在移动式升降工作平台的每个控制位置都应按照GB 16754提供紧急停止控制装置。

配有主回路控制阀的移动式升降工作平台不需要配备紧急停机控制器，这些主回路控制阀具有以机械方式连接到各控制阀阀芯的控制手柄（手动操作优先）。

验证方法：设计校验和功能试验。

### 5.7.5 电气开关

电气开关控制的安全功能应符合5.11.3.1要求。

验证方法：设计校验。

### 5.7.6 先导阀和电磁阀

应该设计并安装先导控制阀和电磁控制阀，这些控制阀可以在动力源失效时使移动式升降工作平台停止相应的动作。

验证方法：设计校验和功能试验。

### 5.7.7 动力发生故障后重新恢复

在动力发生故障后启动或恢复动力时，除非操作者已经进行了仔细考虑而进行操作，否则不应使移动式升降工作平台进行任何移动。

### 5.7.8 应急系统

应在移动式升降工作平台上易接近的位置安装优先的应急系统（如手动泵，第二动力源，重力下降阀）以确保在主动力源失效时，工作平台可以返回到一个位置，在此位置可无危险离开，包括必要的移动工作平台离开障碍物（见7.3.4）。

应急系统的控制位置应处于从地面容易接近的位置（见5.7.3）。

如果移动式升降工作平台通过其他方法装备了到达工作平台的安全通道,上述可以不要求(如安装了爬梯)。

验证方法:设计校验和功能试验。

### 5.7.9 速度限制

应提供一种可将工作平台的移动速度限制为正常速度1.4倍(即使是在执行应急操作时)的装置。

验证方法:功能试验。

### 5.7.10 自动或程序操作

如果采取了适当的安全措施,则允许通过释放操纵杆、控制杆或开关来执行自动或程控操作。例如使用警告装置提醒操作员机器处于“操作中”,且脚踏开关已启动,并可松开以中断动作。

## 5.8 电气设备

### 5.8.1 相关的标准和规范

移动式升降工作平台的电气设备应符合相关的标准,尤其是GB 5226.1的要求。如果移动式升降工作平台在GB 5226.1下列项目范围之外的特殊情况使用时,如果偏差无法避免,制造商应采取必要的安全措施和/或在使用说明手册上说明所有的操作局限。

——直流电源;

——环境空气温度;

——海拔高度;

——机器运动部件的连接。

应符合相关电磁兼容性要求。

验证方法:设计校验和目测检查。

### 5.8.2 总开关

总开关应安装在易于接近的位置。应使用锁或类似物品将总开关固定在一个电源隔离的位置,以防止意外操作。

验证方法:设计校验和目测检查。

### 5.8.3 电缆

当灵活性要求很高时,应使用多股电缆,并应根据需要使用防油电缆。

验证方法:设计校验和目测检查。

### 5.8.4 电池保护

应保护蓄电池以避免短路和机械损坏。如果蓄电池是主电源,则应该不借助工具即可轻松断开(隔离)蓄电池,即中断电力供应(例如在充电时)。

验证方法:目测检查。

### 5.8.5 防水性

电气的防护等级应符合GB 4208的IP54级。

验证方法:设计校验和目测检查。

## 5.9 液压系统

### 5.9.1 限压装置

液压系统在第一个控制阀之前应有限压装置(如泄压阀)。如果在液压系统中使用了不同的最大压力,应使用多个限压装置。

应采用工具才能调整限压装置并应能密封。

验证方法:设计校验和目测检查。

### 5.9.2 管路和连接件的强度

管路和连接件应根据限压装置许可的最大压力,设计成能承受至少2倍的压力而不产生永久变形(屈服极限 $R_{p0.2}$)。如果正常操作中,元件可能承受比限压装置许可的压力高,则他们应能承受至少该较高压力的2倍而不产生永久变形(屈服极限 $R_{p0.2}$),见5.10.1.3失效情形。

验证方法:设计校验。

### 5.9.3 软管和接头的破裂强度

所有作为关键部件的接头和软管,其最小破裂强度应是设计的系统操作压力的4倍。非关键的软管和接头,其最小破裂强度应是设计的系统操作压力的3倍。

验证方法:设计校验。

### 5.9.4 其他零部件的额定压力

液压系统所有部件(5.9.2、5.9.3和5.10中指定的部件除外)的压力等级应至少能承受其会受到的最大压力,包括为执行超载测试而必须暂时增大的任何压力(见6.1.4.3)。

验证方法:设计校验。

### 5.9.5 仪表连接

每个液压回路应提供足够的压力表接口以便检查正确工作。

验证方法:设计校验和目测检查。

### 5.9.6 排气

液压系统的设计应该能够排出受困空气。

验证方法:设计校验。

### 5.9.7 入口过滤器

所有置于空气中的储液罐都应配备进气过滤器。

验证方法:设计校验。

### 5.9.8 流体液面指示器(油标)

每个流体(油)箱应安装易于观察的指示移动式升降工作平台在缩合状态)许可最大流体液面和最小必需液面的装置。

验证方法:设计校验和功能试验。

### 5.9.9 流体清洁度

每个液压系统都应具有各种方式以确保液体清洁度能达到安全操作系统及其部件的必需水平。

验证方法:设计校验。

#### 5.9.10 充气蓄能器

对于包含充气蓄能器的液压系统，应提供某种方式以在系统未受压时自动排出液体压力或主动隔离蓄能器。

如果需要在系统关闭时保持充气蓄能器的压力，则应在可看见蓄能器的位置或附近给出安全使用的完整信息。所给出的信息中应包括声明“警告！压力容器！”说明手册[参见附录F的F.2.5d)]的回路图中应提供相同信息。

充气蓄能器上应有警告标签“警告！压力容器！拆卸前请先放气！”

验证方法：设计校验和目测检查。

#### 5.9.11 软管连接不正确

液压软管应设计或标明或位于避免任何不正确连接而引起的危险，如液压缸的运动反向。

验证方法：目测检查和功能测试。

### 5.10 液压缸

#### 5.10.1 结构设计

##### 5.10.1.1 概述

承载液压缸的设计应依据正常工作和失效情况的受力、载荷和压力的分析（见5.10.1.3）。油缸动作作为机械停止装置时应能承受2倍载荷。

##### 5.10.1.2 工作情况

###### 5.10.1.2.1 弯曲

确定操作状态是制造商的职责，该操作状态产生延伸的长度、压力、挠度和产生最大弯曲状态的外部施加负载与力的组合。

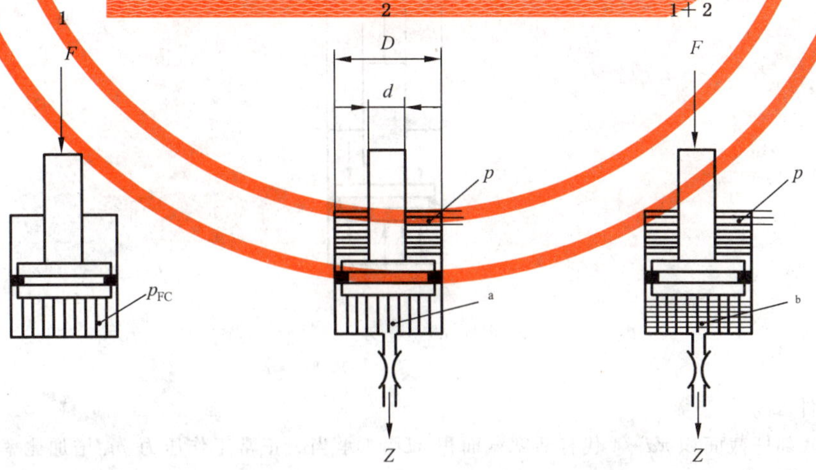


说明：

$F$ ——载荷；

$p$ ——系统压力；

$p_{FC}$ ——正常压力；

$Z$ ——节流。

[a] $p(D^2-d^2)/D^2$

[b] $p_{FC}+p(D^2-d^2)/D^2$

**图7 正常运行下的液压缸压力（液压缸处于压缩状态）**

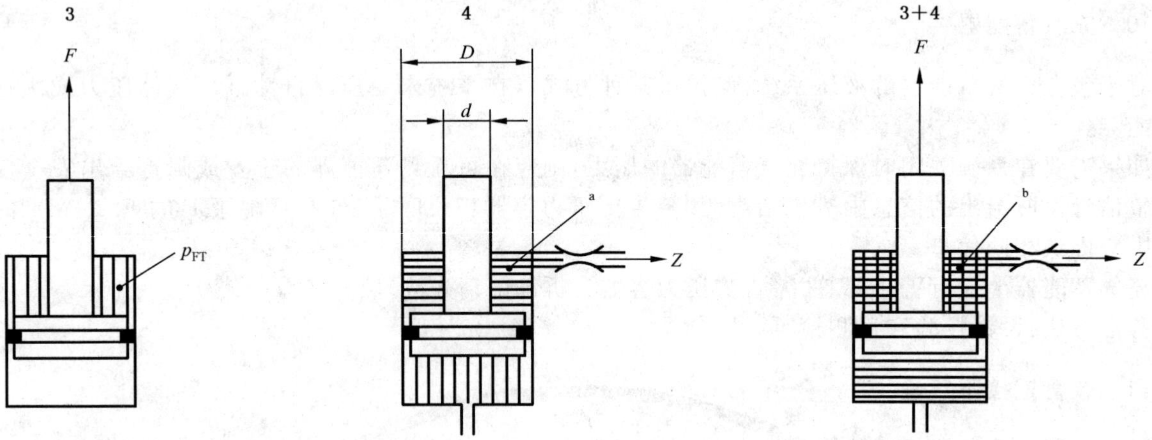


说明：

$F$ ——载荷；

$p$ ——系统压力；

$p_{FT}$ ——正常压力；

$Z$ ——节流。

[a] $p(D^2-d^2)/D^2$

[b] $p_{FT}+p(D^2-d^2)/D^2$

**图 8 正常运行下的液压缸压力(液压缸处于拉伸状态)**

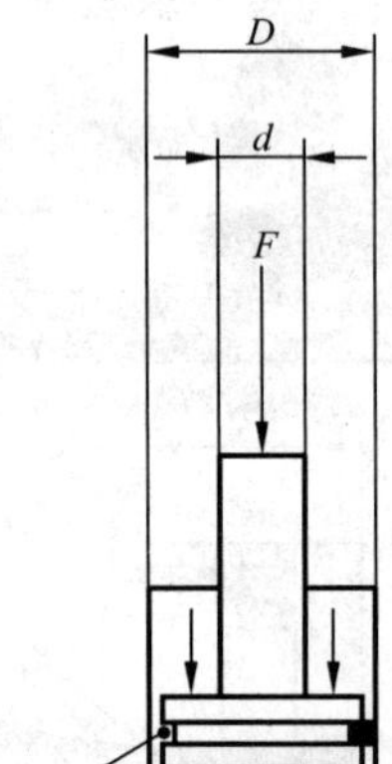


说明：

$F$——载荷；

$X$——失效密封件。

**注**：活塞上部和底部杆截面积 $\pi d^2/4$ 代替活塞截面积 $\pi D^2/4$ 承当。正常工作压力 $p_{FC}$ 增加比率 $D^2/d^2$。

**图 9 密封件失效下液压缸压力**

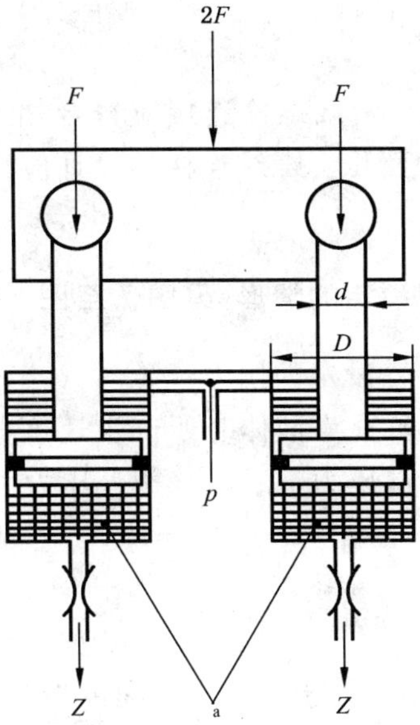


说明：

$F$ ——载荷；

$p$ ——系统压力；

$p_{FC}$ ——正常压力；

$Z$ ——节流。

[a] $p_{FC}+p(D^2-d^2)/D^2$

**图 10　正常运行下处于压缩状态的双液压缸**

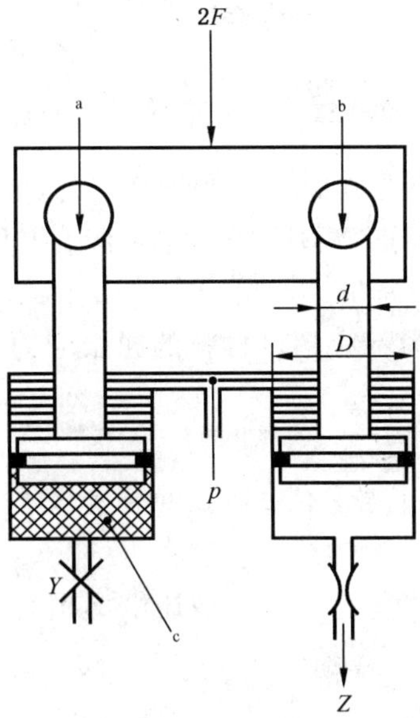


说明：

$B$ ——弯曲载荷；

$Y$ ——管路堵塞；

$p_{FC}$ ——正常压力；

$p$ ——系统压力；

$F$ ——载荷；

$Z$ ——节流。

[a] $B=2F+p(\pi D^2-\pi d^2)/4$

[b] $p(\pi D^2-\pi d^2)/4$

[c] $2[p_{FC}+p(D^2-d^2)/D^2]$

**图 11　压缩状态下有一条管路堵塞的双液压缸**

5.10.1.2.2 结构详细信息

焊接接头的设计应符合5.2.5.2。承载螺栓连接应符合相关标准，压力计算应包括由于制造公差和液压产生的弹性变形而减小的剪切面积。螺纹连接的设计应根据各种拉伸载荷考虑疲劳结果并防止意外松脱(螺纹脱出)。

5.10.1.2.3 引起压力超出限压装置设定的情形(见图7至图11)

下列情况可导致压力超过限压装置设定的压力。

a) 将液压缸速度降至低于液压缸充满液体时所产生速度的装置的影响，会造成因外部施加负载而在常压的基础上增大了内部压力负载。该额外压力可通过以下比率确定：

$$D^2/(D^2-d^2)$$

式中：

$D$——活塞直径；

$d$——活塞杆的直径，条件是液压缸处于张力下且速度控制装置作用在环面上。

速度控制装置可以采用部分打开或关闭控制阀。

b) 静止状态下液压缸中的密闭液体因热膨胀而产生的影响。

5.10.1.3 故障情况

5.10.1.3.1 密封件漏油

双作用液压缸在压力载荷下活塞密封件的漏油，会产生$D^2/d^2$倍于正常工作的压力。该结果尤其在液压缸体和缸头的压力，应不超过屈服强度($R_{p0.2}$)。该比值是与液压缸同样压力的阀、软管和管路的最小安全系数。

5.10.1.3.2 多个液压缸操作同一机械装置

如果多个液压缸操作同一机械装置(见图10和图11)时，应考虑当某个液压缸出现堵塞进而导致负载增大的影响。如果是双作用液压缸，还应考虑其他液压缸所产生的压力或移动其他液压缸所需的力。

出现故障时，所计算出的最大应力不应超过材料的屈服应力($R_{p0.2}$)。

5.10.2 防止承载液压缸意外移动的装置

承载液压缸应设置防止由于外部管路[不包括c)项所定义的]故障而引起意外运动的装置，直到用外力解除。

如果采用锁止阀，应能自动关闭以防止流体从液压缸漏出直至用外力打开。

此类装置是：

a) 构成液压缸整体所需要的；或

b) 直接和刚性法兰安装的；或

c) 位于液压缸附近且通过刚性管(尽可能短)、焊接或法兰连接到液压缸，并且其特性的计算方式与液压缸相同。

液压缸与锁阀之间不允许使用其他类型的接头，诸如压力接头或扩口式管接头。

注：这些都符合5.5.1.6要求。

验证方法：可通过设计校验、功能测试和目测验证5.10中的要求进行验证。

## 5.11 安全装置

### 5.11.1 概述

在不安全的环境中，除非另有说明，安全装置要坚决中断设备向危险方向运动。

注：安全装置由不同的部件组成：

a) 输出信息的部件，如开关、阀；

b) 传输信息的部件，如线、棒、杆、管；

c) 响应信息的部件，如接触器、继电器、阀。

验证方法：设计校验和功能测试。

### 5.11.2 安全装置的位置

安全装置应位于免遭损坏的位置。应容易接近检查且只能用工具调整。

验证方法：目测检查。

### 5.11.3 电气安全装置

#### 5.11.3.1 安全开关系统

作为信息输出部件，安全开关系统应设计成在出故障的情况下仍能以安全模式运行。如果使用常闭强断开关，则应符合 GB 14048.5 的要求。

传感器或开关可以在以下条件下使用：

a) 两个传感器或两个开关，或者；

b) 单个传感器或开关并在连续可靠监控其信号情况下。

验证方法：设计校验和功能测试。

#### 5.11.3.2 线路损坏

使用电线作为信息转化元器件，应保护其安装避免受到外部因素的损坏。

验证方法：设计校验和目测检查。

#### 5.11.3.3 元器件工作寿命

信息反应元器件(如接触器、继电器等)要具有至少相当于移动式升降工作平台设计的负载循环次数两倍的可靠运行寿命(见 5.2.5.3.3)。

验证方法：设计校验。

### 5.11.4 液压/气动安全装置

如果一个元器件的失效会引起整个系统的失效，直接作用在液压/气动系统的主回路阀上的这些装置/系统的液压/气动零部件应有两个。这些装置/系统的先导控制阀的设计和安装在动力中断失效时应进入安全模式(如相应运动的停止)。

可以通过下面的方式满足这一要求：

a) 直接作用在液压/气动回路相关零部件上的主回路阀；或

b) 控制符合 5.7.6 的先导控制阀，机械主动操作的阀门。

验证方法：设计校验和功能测试。

### 5.11.5 机械安全装置

机械安全装置的部件如杆、连杆、钢丝绳、链条等的设计，应能承受施加在其上的正常工作压力的至少2倍(见5.5.2.1和5.5.3.1的钢丝绳和链条)。

验证方法:设计校验和功能测试。

#### 5.11.6 安全装置解除

除了按照制造商指导的安全解除程序,在正常工作和营救中,应禁止解除安全装置。在移动式升降工作平台的测试、维修或维护时,应按照制造商的建议和程序操作解除安全装置。解除安全装置程序和设备的设计,应尽可能降低不安全因素,保护人员安全。

验证方法:设计校验和功能测试。

## 6 安全要求和/或措施验证

### 6.1 检测和试验

#### 6.1.1 概述

应确保移动式升降工作平台符合本标准的检测和试验,包括:

a) 设计校验(见6.1.2);

b) 制造检查(见6.1.3);

c) 测试(见6.1.4)。

检测和试验的结果,检查测试人员的姓名和地址应记录在签名报告上。

个别详情的检查和测试范围定义见6.1.4,6.2,7.2.4和附录F.2.4。

#### 6.1.2 设计校验

设计校验应验证移动式升降工作平台的设计符合本标准,包括如下文件的检查:

a) 含有移动式升降工作平台主要尺寸的图纸;

b) 移动式升降工作平台功能的必要信息的描述;

c) 使用材料的信息;

d) 电气、液压和气动线路图;

e) 使用说明手册;

f) 计算书。

文件应给出必要的信息以便检查计算。

#### 6.1.3 制造检查

制造检查应验证:

a) 移动式升降工作平台是按照检查的文件制造;

b) 零部件符合图纸;

c) 每种钢丝绳、链条和液压或气动软管均有测试证书,这些证书应标明相应部件最小破断载荷;

d) 焊接的质量尤其承载部件应确保满足相关的标准;

e) 零部件的安装和制造(尤其安全装置)符合本标准。

#### 6.1.4 测试

##### 6.1.4.1 概述

实验需要验证:

a) 移动式升降工作平台稳定可靠；

b) 移动式升降工作平台结构完整合理；

c) 所有功能可以正确、安全地运行；

d) 标识正确。

在没有5.7.3中两套控制装置的情况下，要在移动式升降工作平台上执行安全的测试可能需要特殊的协助。

### 6.1.4.2 稳定性测试

#### 6.1.4.2.1 静态测试

移动式升降工作平台应设置在制造商规定的底盘最大许可倾斜度再加上0.5°并使用制造商规定的稳定器。测试载荷应置于5.2.4.1,5.2.4.2,5.2.4.3,5.2.4.4和5.2.4.5规定的最不利的载荷和力的组合。

如果测试载荷已按照制造商规定的底盘最大许可倾斜度再加上0.5°的影响重新计算过，测试允许在水平地面上进行。

如有必要，测试载荷可置于任何有合适强度的位置点，避免移动式升降工作平台任何零部件超载。

测试应在所有最不利的伸展和缩回状态重复进行(见表2和图4的示例)。

在承受测试载荷时，如果它是稳定的而不会倾翻，则此移动式升降工作平台是稳定的。

另外，测试应表明，在工作平台的任何位置，应用了5.2.3.4的手动操作力，工作平台应无永久变形。

#### 6.1.4.2.2 型式2和3的移动式升降工作平台的动态测试

##### 6.1.4.2.2.1 概述

型式2和3的移动式升降工作平台应进行路缘石测试和制动测试，测试时额定载荷均匀分布于在规定测试的情况下会产生最大倾翻力矩的工作平台的半边。

##### 6.1.4.2.2.2 路缘石测试和坑洼测试

测试应以移动式升降工作平台不同的伸展位置在前进和后退的行驶中反复进行；而且，如果不同的高度可以有不同的行驶速度，测试也需要以每种高度的最大允许速度进行。在各种情况下，转向轮都应与机器纵向平行。

在这些测试中，无需模拟允许风速的影响。

在测试中移动式升降工作平台应不倾翻完成以下测试：

测试应按如下进行。

a) 型式2和3的移动式升降工作平台的路缘石碰撞测试(除了有轨道的移动式升降工作平台)，应在水平地面上驱动以便：
   - 使每个前轮轮流与高0.1 m，角度与垂直面成30°的路缘石碰撞；并
   - 同时驱动两个前轮与相同的路缘石碰撞。

   在移动式升降工作平台停止或两个前轮爬上路缘石前，驱动控制能力应保持最大。

b) 准备在非混凝土路面上使用的型式2和3的移动式升降工作平台的坑洼测试(除有轨道的移动式升降工作平台)，应在水平地面上驱动以便：
   - 轮流驱动每个前轮离开0.1 m深的坑洼，测试的机器应接近与垂直面成30°角度的坑洼直至两个前轮离开坑洼；并
   - 驱动两个前轮同时离开同一坑洼。

在移动式升降工作平台两个前轮驶入或完全离开坑洼前，驱动控制能力应保持最大。

c) 仅准备在沥青/混凝土路面上使用的型式 2 和 3 的移动式升降工作平台坑洼测试(除有轨道的移动式升降工作平台)，应在水平地面上驱动以便：

- 轮流驱动每个前轮到 600 $mm^2$ 并垂直下沉 0.1 m 的坑洼，使一个前轮对齐(垂直于)测试坑边缘。测试轮沿坑洼边缘的各个位置进入(在每个接近点仅一个前轮进入坑洼)。

在移动式升降工作平台测试轮驶入或完全离开坑洼前，驱动控制能力应保持最大。

#### 6.1.4.2.2.3 制动测试

在移动式升降工作平台每个位置和产生最不稳定的倾斜度、载荷和力的组合中，在前进和后退方向，型式 2 和 3 的移动式升降工作平台应以规定的最大速度停止；如果不同的高度允许不同的行走速度，则在这些规定的高度和最大允许速度下进行。

在这些测试中无需模拟允许风速的影响。

在上述测试中移动式升降工作平台应不倾翻且制动距离应符合 5.3.16 的要求。

#### 6.1.4.3 超载测试

动力操纵的移动式升降工作平台，测试载荷应为额定载重量的 125%；手动操纵的移动式升降工作平台，测试载荷应为额定载重量的 150%。

所有测试载荷的动作，应在载荷安全控制下以合适的加速度和减速度进行。若有多种承受测试载荷的动作需测试(如起升、下降、回转和行走)，这些动作应分别进行，并注意最不利的情形和当运动衰减时的相关振动。

由于载荷组合或移动升降工作平台的伸展不同，所以必须使用不同的测试载荷进行测试，除非实施一次测试能真实地模拟最不利状况，否则必须在所有测试载荷的情况下进行所有的动作的测试。

移动式升降工作平台的超载测试，应在水平地面并且伸展结构处于对移动式升降工作平台任何承载部件产生最大压力的各个位置进行。

在这些测试中，无需模拟允许风速的作用影响。

在超载测试中，制动系统应能停止并保持测试载荷。

测试载荷卸载后，移动式升降工作平台应无永久变形。

#### 6.1.4.4 功能测试

功能测试应能证明：

a) 在额定速度承受 110%额定载重量时，移动式升降工作平台的所有动作都能顺利进行；

b) 所有安全装置工作正常；

c) 不超出最大允许速度。

### 6.2 型式试验

对新设计或对现有设计重大改动的第一台移动式升降工作平台，应进行：

a) 设计校验(见 6.1.2)；

b) 制造检测(见 6.1.3)；

c) 合格试验(见 6.1.4)。

### 6.3 出厂试验

按型式试验制造的移动式升降工作平台，在投放市场前，应进行：

a) 制动测试(见 6.1.4.2.2.3)；

b） 超载测试(见 6.1.4.2)；

c） 功能测试(见 6.1.4.4)。

## 7 使用信息(见附录 F)

### 7.1 概述

使用信息应满足本标准的要求。

### 7.2 使用说明手册

#### 7.2.1 语言

制造商应提供准备做市场、销售和出租移动式升降工作平台的国家的语言使用说明手册。

#### 7.2.2 内容

使用说明手册应提供如下信息(但不仅限于)：

a） 具体安全使用的操作指导；

b） 运输搬运和储存信息；

c） 试车信息；

d） 制造商建议的定期检查和测试；

e） 受训人员使用的维护信息；专业维修人员进行的维修工作指导应与其他指导分别列出。

信息组成部分的示例参见附录 F。

#### 7.2.3 更改

使用说明手册应具体给出移动式升降工作平台准备使用场合的更改措施。如果在制造商规定之外的任何特殊工作场合或工作方法时使用，至少应建议用户获得制造商的批准和指导。

#### 7.2.4 重大更改或维修

使用说明手册应包括对移动式升降工作平台主要变更和修理的具体的性能。按照本标准，“重大变更”和“重大维修”是指对影响移动式升降工作平台的稳定性、强度和性能的整体或部分的更改。对于重大改装或重大维修，用户至少应该在一定程度上参考并执行设计检验(见 6.1.2)，制造检查(见 6.1.3)和试验测试(见 6.1.4)。

#### 7.2.5 保留记录

在使用说明手册上应提供：

——检查和测试结果记录；

——“重大变更”和“重大维修”记录；

——保留证明。

### 7.3 标志

#### 7.3.1 制造商标牌

用作标记的符号应符合 ISO 20381 的要求。

在移动式升降工作平台显著位置需要永久贴上一个或多个提供以下不可涂改信息的制造商耐久标牌。

a) 制造商或供应商名称；

b) 制造国家；

c) 型号；

d) 序列号或制造编号；

e) 制造年份；

f) 空载总质量(kg)；

g) 额定载重量(kg)；

h) 额定乘员人数和装备质量的额定载重量(kg)；

i) 最大允许手动操作力(N)；

j) 最大允许风速(m/s)；

k) 底盘最大允许倾斜度；

l) 如果使用外部液压源，则提供液压供应信息；

m) 如果使用外部气压动力源，则提供气压动力供应信息；

n) 如果使用外部电力供应，则提供电力供应信息。

部分信息可重复于移动式升降工作平台的其他位置(见 7.3.2 和 7.3.7)。

### 7.3.2 工作平台

用作标记的符号应符合 ISO 20381 的要求。

下列信息应永久并清楚标明于每个工作平台显著位置：

a) 额定载重量(kg)；

b) 额定乘员人数和装备质量的额定载重量(kg)；

c) 最大允许手动操作力(N)；

d) 最大允许风速(m/s)；

e) 如有可能，允许的特殊载荷和力(见 5.2.3.5)；

f) 如果工作平台是绝缘的，标记“绝缘”(见 GB/T 9465—2008 4.2)；

g) 如果工作平台是不导电材料制作但不是绝缘的，标记“不绝缘”。

### 7.3.3 多个额定载重量

如果设计有多个额定载重量，则应根据移动式升降工作平台的配置制定载荷表格。如果工作平台能够延伸、扩大或相对于伸展结构移动，应标记工作平台在不同位置和配置下的额定载重量。

### 7.3.4 急停系统

急停系统的位置和操作指导应在移动式升降工作平台靠近相关控制装置上标明。

### 7.3.5 工作平台额定载重量

有主副平台的移动式升降工作平台应标明总载荷以及每个工作平台的额定载重量。

### 7.3.6 室内使用

设计仅使用于室内的移动式升降工作平台(不必考虑风力载荷)，应永久并在显著位置清楚标明。

### 7.3.7 外部动力供应的接点

与外部动力供应的接点应永久并清楚标明基本动力供应信息(见 7.3.1)。

7.3.8 可装拆部分

由于功能原因可以拆除的零部件(如工作平台、稳定器)应永久并清楚标明如下信息并置于显著位置。

a) 制造商或供应商名称;

b) 移动式升降工作平台的型号。

7.3.9 简化版操作指导

使用移动式升降工作平台的操作指导的简化版应永久并清楚标贴于合适的位置。简化版至少能指示操作者按照指导使用。

7.3.10 伸出外端

移动式升降工作平台的所有伸出外端应有危险色标志(见 GB/T 2893.1)。

7.3.11 车轮/稳定器载荷

每个稳定器/车轮应在显著位置永久并清楚标贴对地面的最大载荷以满足移动式升降工作平台操作时的要求。

7.3.12 充气轮胎

充气轮胎的压力应在移动式升降工作平台上标明。

7.3.13 安全距离

如果没有安全距离或足够的防护装置,应该设置警告提示(见 5.4.4)。

7.3.14 维护

移动式升降工作平台上应标贴警告,在维修时警告人员不得进入升起的工作平台或伸展机构底下,除非有固定支撑措施。

7.3.15 稳定器使用

要求使用稳定器的移动式升降工作平台应在操作员的位置标贴警告,提示操作员稳定器必须起作用。

7.3.16 压力容器

带充气蓄能器的液压系统应该在充气蓄能器上设置警告标签,标签内容为"警告-压力容器-拆卸前请先放气"。

# 附 录 A
## （资料性附录）
## 移动式升降工作平台在风速大于 12.5 m/s 情况下的使用（Beaufort 风力 6 级）

在探讨了之前的标准和许多移动式升降工作平台使用者的经验之后，决定采用蒲福风级 6 级。使用者的重要反应是蒲福风级 6 级代表了一种自然限制，在这种条件下操作员可以察觉到风速的影响，而不愿意使用机器。

同时，也认识到并讨论了偶发性或局部规律地出现更大风速，但是期望设计的所有移动式升降工作平台都可用于特殊情况是不切实际的，这一点也很容易获得操作员的认同。这样也考虑了风力按风速的平方增加这一事实。

风速更大时应归类到“特殊负载和力”（见 5.2.3.5），并按照以下方式进行处理：

a) 根据制造商的说明，可以在更大的风速下使用（见 7.3.1j）；或

b) 采取某些措施，如减少这种情况下工作平台上允许承载的人数。

大部分制造商使用程序 b），并在他们的操作说明手册中给出了相应的细节。

# 附 录 B
（资料性附录）
# 稳定性和结构计算的动载系数

## B.1 稳定性计算

已考虑了使用现有标准确定稳定性的不同方法，例如：

a) 对额定负载应用一个系数。最终认为这种方法不够充分，尤其是对结构质量较大的大型机械。

b) 对垂直应用的额定载重量、结构质量等应用不同系数。这些系数因标准而异，而且并未经过实验或计算证明。

c) 工作平台上加载额定载重量时的残余载荷（移动式升降工作平台总重作用在无负载侧地面上的力所占的百分比）。该方法对于稳定器宽度不同及有多条与回转中心距离不同的倾翻线的机器而言是不适用的。

因此，所用方法必须既要考虑结构质量、额定负载、风力、手动力等因素，还要考虑它们的动态效应，适用时，以作用在运动方向上的百分比来表示。计算方法还必须用静态稳定性型式试验进行检验，该测试可计算出倾翻力矩，这是其他标准所没有要求的。

但是这样做仍然得不到要用于动态效应的百分比数，必须用实验确定这一数值。所选方法是在操作延伸结构及已加载额定负载的工作平台期间测量稳定器的应变，该方法的前提条件是由稳定器上的负载来确定稳定性。

假设静态应力是一致的，在将控制器反向以获得可能的最剧烈振动时，应力会在最小值 0.9 与最大值 1.2 之间波动，变化曲线类似正弦波。因此，产生此结果的动力可以用使用平均值计算的静态试验来表示。将平均值 1.05 四舍五入到 1.10 以提供足够的安全裕度，不同制造商用计算结果来比较其用现有测试方法所得到的测试负载。

与现有的测试方法（差异相当大）相比，新方法对一些小型机器（10 m 以下）采用稍小一点的测试负载，对中等规模的机器（最高 20 m）采用相似的值，对最大的机器（最高 70 m）则采用大很多的值（因其重心更高）。

由于采用值 1.10（垂直方向 1.0 加上倾斜方向 0.10）在各种类型和规模的机器上进行测试得到的测试结果比之前的方法更可靠，所以决定采用值 1.10。当考虑负载、力和工作条件最可能的组合时，可以在型式试验时加载 1.5 至 1.8 倍的额定负载。从 1.05 增加到 1.10 可以提供更大的安全裕度，尤其是考虑到不太可能同时出现所有最不利的情况。

测试期间产生的振动比在正常最大运行速度下由意外误操作所产生的振动要剧烈得多，这表明结构能量吸收弹性和结构固有频率之间的关系比运行速度更为密切。

## B.2 结构计算

显然，在同类误操作情况下，伸展结构上端的应力波动要剧烈得多。在已知使用条件下的经验是最有价值和最可靠的设计基础（见 BS 2573-2），但建议制造商进行类似的应变测量测试，以检查峰值应力是否在特殊设计细节允许的最大应力限制范围内。由于间歇性极强，因此在进行疲劳计算时无需考虑它们。

# 附 录 C
（规范性附录）
# 钢丝绳传动系统的计算

## C.1 概要

钢丝绳传动系统由绕在卷筒或滑轮上运行的钢丝绳以及任何相关的卷筒、滑轮和补偿滑轮组成。

补偿滑轮也是钢丝绳滑轮，工作时其上运行的钢丝绳长度通常不超过钢丝绳直径的3倍。

运行时间分类见表C.1。

本附录不包括不绕钢丝绳卷筒或滑轮上运行的钢丝绳（承载钢丝绳和拉伸钢丝绳）和悬吊钢丝绳。

## C.2 钢丝绳传动系统的计算

当计算钢丝绳传动系统时，必须考虑影响钢丝绳使用寿命的下列因素：

a） 运行方式（传动组别）；

b） 钢丝绳直径（系数 $c$）；

c） 钢丝绳卷筒、钢丝绳滑轮和补偿滑轮的直径［系数（$h_1$、$h_2$）］；

d） 绳槽。

为了获得足够长的服务寿命，机械部件可以依其工作模式按照表格C.1分级归类到“传动组别”。分级按照运行时间规定，而运行时间是计算钢丝绳系统的平均运行时间。至于分级到时间类别，以相对于一年里，每天的平均运行时间为决定因素。

**表 C.1 按运行时间分类的传动组别**

<table>
<tr><td rowspan="2">运行时间分类</td><td colspan="3">符号</td><td>$V_{006}$</td><td>$V_{012}$</td><td>$V_{025}$</td><td>$V_{05}$</td><td>$V_1$</td><td>$V_2$</td><td>$V_3$</td><td>$V_4$</td><td>$V_5$</td></tr>
<tr><td colspan="3">一年中平均每天运行时间/h</td><td>到 0.125</td><td>>0.125 到 0.25</td><td>>0.25 到 0.5</td><td>>0.5 到 1</td><td>>1 到 2</td><td>>2 到 4</td><td>>4 到 8</td><td>>8 到 16</td><td>>16</td></tr>
<tr><td rowspan="4">载荷类别</td><td>序号</td><td>载荷条件</td><td>说明</td><td colspan="9">传动组别</td></tr>
<tr><td>1</td><td>轻载</td><td>很少出现最大载荷</td><td>1 Em</td><td>1 Em</td><td>1 Dm</td><td>1 Cm</td><td>1 Bm</td><td>1 Am</td><td>2 m</td><td>3 m</td><td>4 m</td></tr>
<tr><td>2</td><td>中载</td><td>轻载，平均载荷和重载大致相同频率出现</td><td>1 Em</td><td>1 Dm</td><td>1 Cm</td><td>1 Bm</td><td>1 Am</td><td>2 m</td><td>3 m</td><td>4 m</td><td>5 m</td></tr>
<tr><td>3</td><td>重载</td><td>重载几乎不断出现</td><td>1 Dm</td><td>1 Cm</td><td>1 Bm</td><td>1 Am</td><td>2 m</td><td>3 m</td><td>4 m</td><td>5 m</td><td>5 m</td></tr>
<tr><td colspan="13">注：如果载荷周期大于等于12 min，钢丝绳驱动可以归类到比以运行时间和集中载荷的组别低一级。</td></tr>
</table>

## C.3 最小钢丝绳直径的计算(钢丝绳选择系数 $c$)

钢丝绳最小直径 $d_{min}$(mm)按照公式(C.1)计算,由钢丝绳上的计算拉力 $S$(N)决定:

$$d_{min}=c\sqrt{S} \qquad \text{(C.1)}$$

对于各种传动组别的系数 $c$ 的值 (mm/$\sqrt{N}$)在表 C.2 中给出。这些系数值同样适用于光亮和镀锌的钢丝绳。

计算的钢丝绳拉力 $S$,由钢丝绳静态拉力并考虑加速度力和钢丝绳传动系统的效率(见 C.5)而决定。

不需考虑的项目包括:静态拉力的 10%以下的加速度力。

**表 C.2 绞捻钢丝绳的系数 $c$**

| 驱动组别 | 系数 $c$ mm/$\sqrt{N}$ | | |
|---|---|---|---|
| | 单根金属丝的名义强度 N/mm² | | |
| | 1 570 | 1 770 | 1 960 |
| 1 Em | — | 0.067 0 | 0.063 0 |
| 1 Dm | — | 0.071 0 | 0.067 0 |
| 1 Cm | — | 0.075 0 | 0.071 0 |
| 1 Bm | 0.085 0 | 0.080 0 | 0.075 0 |
| 1 Am | 0.090 0 | 0.085 0 | |
| 2 m | 0.095 | | |
| 3 m | 0.106 | | |
| 4 m | 0.118 | | |
| 5 m | 0.132 | | |

## C.4 钢丝绳卷筒、钢丝绳滑轮和补偿滑轮直径的计算

与钢丝绳中心相关的卷筒、滑轮和补偿滑轮的直径 $D$,根据 C.3 决定的最小钢丝绳直径 $d_{min}$ 按式(C.2)计算:

$$D_{min}=h_1\times h_2\times d_{min} \qquad \text{(C.2)}$$

上述公式中,$h_1$ 和 $h_2$ 是非线性系数。系数 $h_1$ 取决于传动组别和钢丝绳设计,见表 C.3;系数 $h_2$ 取决于钢丝绳传动系统的布置见表 C.4。

在绳槽半径至少是钢丝绳直径 0.525 倍的情况下，较粗的钢丝绳(可达计算钢丝绳直径的 1.25 倍)可以同样的钢丝绳牵引力绕于直径按照表 C.3 和表 C.4 计算的卷筒、滑轮和补偿滑轮上，而不对钢丝绳的使用寿命产生任何损害。较大的卷筒、滑轮和补偿滑轮直径可以增加钢丝绳的使用寿命。

$h_2$ 是由钢丝绳驱动系统在一个载荷周期(载荷的起升和下降)中钢丝绳最不利的位置运行的交替弯曲强度的 $\omega$ 数量决定的。$\omega$ 是钢丝绳驱动系统各部件的如下各值的和：

卷筒 $\omega=1$
同方向挠度的滑轮，$\alpha>5°$ $\omega=2$
反方向挠度的滑轮，$\alpha>5°$ $\omega=4$
滑轮，$\alpha\leqslant5°$(见图 C.1) $\omega=0$
补偿滑轮 $\omega=0$
钢丝绳端部附件 $\omega=0$

**表 C.3 系数 $h_1$**

| 驱动组别 | 卷筒和绞捻钢丝绳 | 滑轮和绞捻钢丝绳 | 补偿滑轮和绞捻钢丝绳 |
|---|---|---|---|
| 1Em | 10 | 11.2 | 10 |
| 1Dm | 11.2 | 12.5 | 10 |
| 1Cm | 12.5 | 14 | 12.5 |
| 1Bm | 14 | 16 | 12.5 |
| 1Am | 16 | 18 | 14 |
| 1m | 18 | 20 | 14 |
| 3m | 20 | 22.4 | 16 |
| 4m | 22.4 | 25 | 16 |
| 5m | 25 | 28 | 18 |

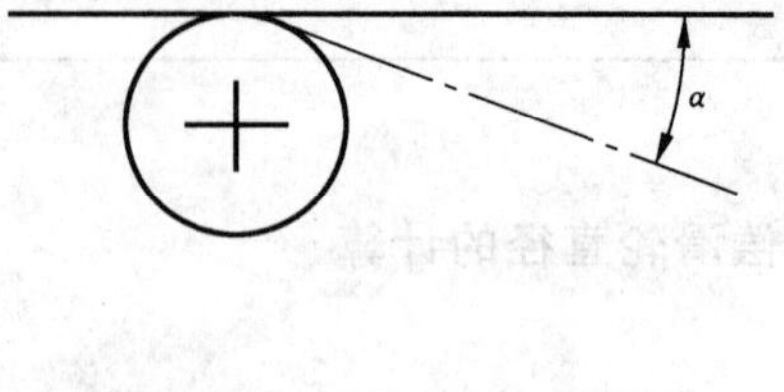


**图 C.1 偏转角**

如果滑轮临近的两个平面(钢丝绳成功穿过)之间角度大于 120°，必须考虑反方向挠度(见图 C.2)。

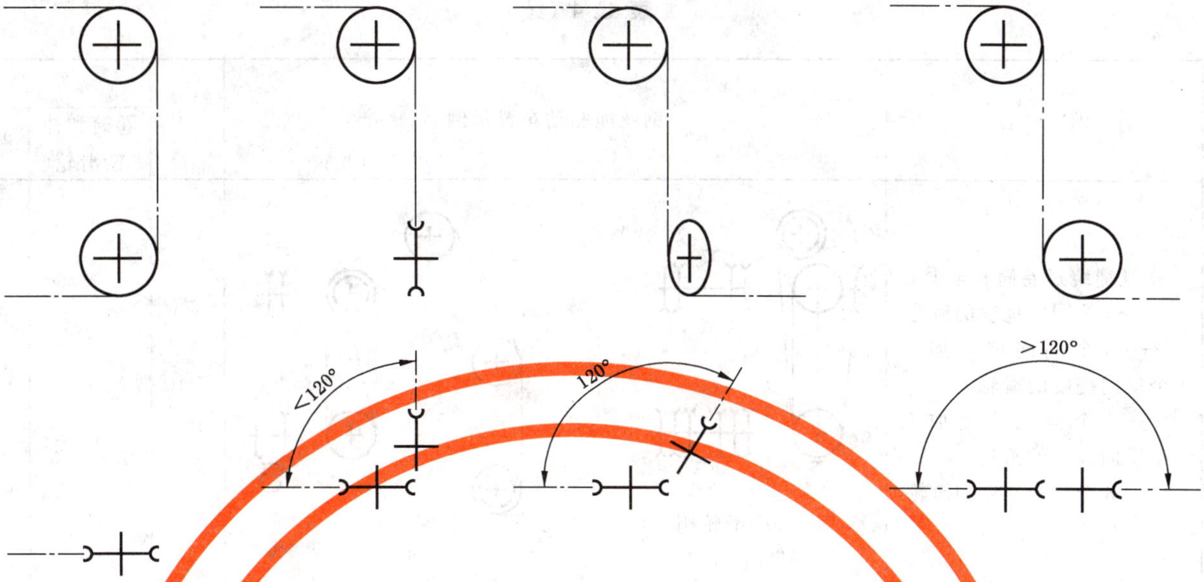


a) 相同方向的挠度　　b) 相反方向的挠度

图 C.2 相同/相反方向的挠度

表 C.4 系数 $h_2$

| 内　　容 | 钢丝绳驱动布置示例 | $\omega$ | $h_2$[a] 卷筒和补偿滑轮 | $h_2$[a] 滑轮 |
|---|---|---|---|---|
| 钢丝绳绕过卷筒并穿过不超过<br>——2 个具有相同方向挠度的滑轮<br>——1 个具有相反方向挠度的滑轮 | 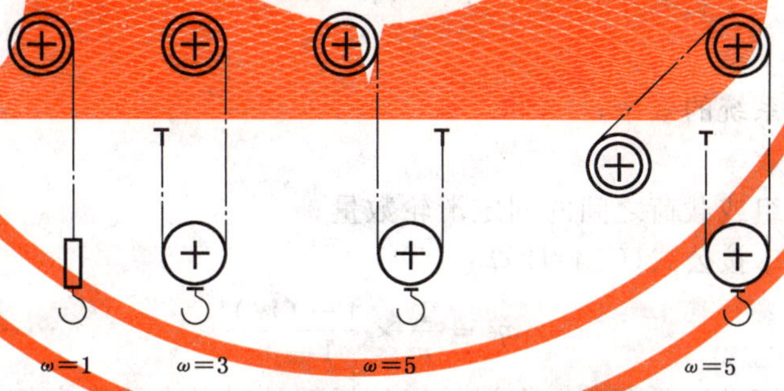 | ≤5 | 1 | 1 |
| 钢丝绳绕过卷筒<br>——4 个以下同向挠度的滑轮<br>——2 个同向挠度和 1 个反向挠度的滑轮<br>——2 个反向挠度的滑轮 | 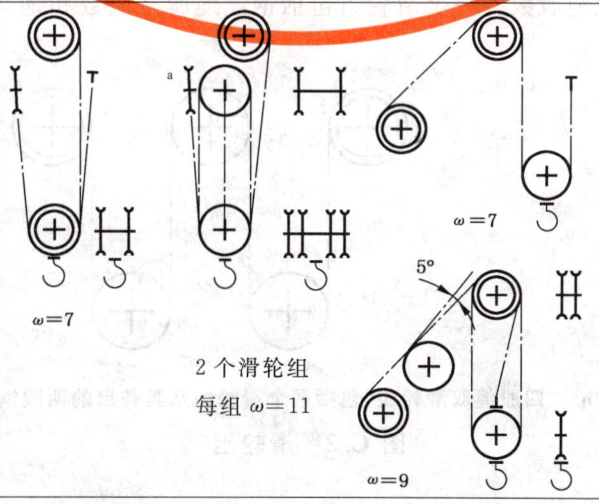 | 6 到 9 | 1 | 1.12 |

表 C.4（续）

| 内容 | 钢丝绳驱动布置示例 | $\omega$ | $h_2$[a] | |
| --- | --- | --- | --- | --- |
| | | | 卷筒和补偿滑轮 | 滑轮 |
| 钢丝绳绕过卷筒和至少<br>——5个同向挠度的滑轮<br>——3个同向挠度加上1个反向挠度的滑轮<br>——1个同向挠度加上2个反向挠度的滑轮<br>——3个反向挠度的滑轮 | 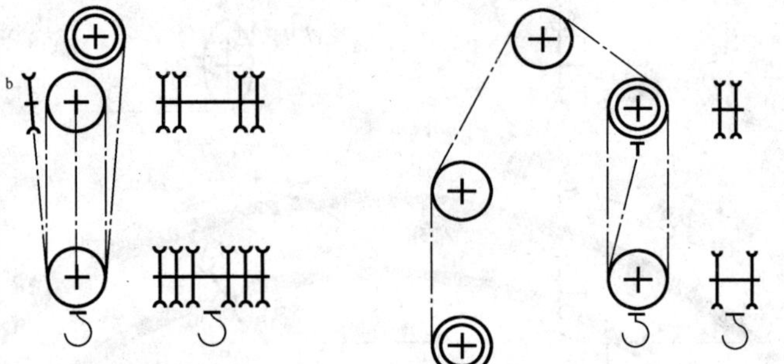<br>2个滑轮组<br>每组 $\omega=11$<br>$\omega=13$ | ≥10 | 1 | 1.25 |

[a] 相应于内容和应用示例的 $\omega$ 和 $h_2$ 修正，只有当一个工作行程中在钢丝绳的一段绕进钢丝绳驱动的整个布置的情况下才有效。至于 $h_2$ 的决定，只有在 $\omega$ 的值出现于钢丝绳最不利的线段时，才需考虑。

[b] 补偿滑轮。

## C.5 钢丝绳传动系统的效率

根据C.3钢丝绳拉力计算的钢丝绳传动的效率，按公式(C.3)计算：

$$\eta_s=(\eta_R)^i\times\eta_F=(\eta_R)^i\times\frac{1}{n}\times\frac{1-(\eta_R)^n}{1-\eta_R} \qquad \cdots\cdots(C.3)$$

式中：

$\eta_s$——钢丝绳传动系统的效率；

$\eta_R$——单个滑轮的效率；

$i$——卷筒和滑轮组或载荷之间的固定滑轮数量；

$\eta_F$——滑轮组的效率按公式(C.4)计算：

$$\eta_F=\frac{1}{n}\times\frac{1-(\eta_R)^n}{1-\eta_R} \qquad \cdots\cdots(C.4)$$

$n$——一个滑轮组钢丝绳股数。一个滑轮组包括钢丝绳所有股数和钢丝绳绕到卷筒的滑轮数(见图C.3)。

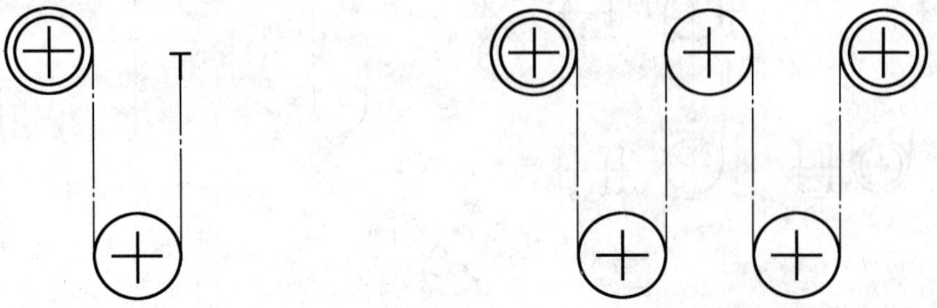

a) 两股绳滑轮组；$n=2$　b) 四股绳双滑轮组，包括两个滑轮组及其各自的两股钢丝绳；$2\times(n=2)$

图 C.3 滑轮组

滑轮的效率除了取决于滑轮轴承(普通轴承和抗磨轴承)的布置形式外,还取决于滑轮直径与钢丝绳直径的比率($D/d$),钢丝绳的设计和钢丝绳的润滑。至今为止,由于更确切的数值以由试验手段证实,计算中应假定如下数值:

——普通轴承　$\eta_R=0.96$

——抗磨轴承　$\eta_R=0.98$

表 C.5 给出的效率值基于以上数据计算得出。

对于补偿滑轮,无需考虑效率值。

**表 C.5　滑轮组的效率**

| $n$ | 2 | 3 | 4 | 5 | 6 | 7 | 8 | 9 | 10 | 11 | 12 | 13 | 14 |
|---|---|---|---|---|---|---|---|---|---|---|---|---|---|
| $\eta_F$ 普通轴承 | 0.98 | 0.96 | 0.94 | 0.92 | 0.91 | 0.89 | 0.87 | 0.85 | 0.84 | 0.82 | 0.81 | 0.79 | 0.78 |
| $\eta_F$ 抗磨轴承 | 0.99 | 0.98 | 0.97 | 0.96 | 0.95 | 0.94 | 0.93 | 0.92 | 0.91 | 0.91 | 0.90 | 0.89 | 0.88 |

# 附 录 D
（资料性附录）
计算示例：钢丝绳传动系统

## D.1 方法

### D.1.1 概述

采用5.2.5.2载荷周期图和5.4.6的操作速度，决定5.5.2（钢丝绳传动系统）的系数和比率的方法。

该方法适用于ISO 4301-4机构学分类组别的使用，形成移动式升降工作平台与载荷状况相关的问题和载荷频谱因数，但是给出的结论与流动式起重机国际标准相同（见ISO 4308-2和ISO 8087）。

注1：按5.2.5.3.3的"轻度间歇性负荷"解释为大机器大额定载重量，在非全载荷下经常工作和断断续续的使用。

按照5.2.5.3.3的"重负荷"解释为小机器低额定载重量，有规则的承受满载和有规则的经常使用。

"中负荷期限"（见表C.1）认为是伸展结构最严峻的工作状况，因为在载荷周期中，载荷是变化的。"重负荷期限"仅应用于在每个载荷周期的整个过程承载低额定载重量（如承载一人）的机器的调平系统。

注2：对可能已采用的最不利方式（例如，一个刚性臂通过一个圆弧到达最高高度），但实际上，此种运动需要使用多个臂来实现，然后平均运行时间分摊到每个臂上，并通过伸缩运动的较高运行速度得以进一步缩短。

注3：为了该分析的目的，载荷周期起始于工作平台在进入位置装载后，伸展到工作位置，再返回到进入位置卸载而完成。

### D.1.2 附录C方法概述

D.1.2.1 使用载荷周期数和工作速度，推导出表格C.1"相对于一年的每天平均运行时间，以小时计"决定传动组别[见C.2b)]。

D.1.2.2 使用系数 $c$，对表C.2的该传动装置，以下式算钢丝绳的最小理论直径，$d_{\min}$：

$$d_{\min}=c\sqrt{S}$$

式中 $S$ 是计算的钢丝绳牵引力。

以上完成了附录C计算钢丝绳直径的程序。然而，使用的系数也可以用ISO 2408:1985表格5的断裂受力图的分段计算，对不同的钢丝强度，如有必要，用钢丝绳的计算牵引力进行修正。

D.1.2.3 以公式（C.2）计算卷筒和滑轮的直径：

$$D_{\min}=h_1\times h_2\times d_{\min}$$

对于传动组别的系数 $h_1$ 取自表格C.3。系数 $h_2$ 用表格C.4以钢丝绳最不利的强度部分的交替强度总数目来决定。

### D.1.3 计算示例

D.1.3.1 概述

以下示例说明计算过程，但载荷的选择是为了得出准确9 mm直径的钢丝绳，所以表格2中的系数取最小。

D.1.3.2 工作模式（传动组别）（见C.2和表C.1）

D.1.3.2.1 类型1，轻度间歇性负荷：

$$10\text{ 年 }40\ 000\text{ 个载荷周期}=\frac{40\ 000}{365\times 10}\quad\text{载荷周期/天}$$

$$=10.96\quad\text{载荷周期/天} \qquad \cdots\cdots(\text{D}.1)$$

最不利的方式是 25 m 桅杆(半径 $r$)以 0.4 m/s 的速度在 180°(共 360°)范围运动(见图 D.1)。

一个载荷周期的运行时间(单位秒)为:

$$\frac{\pi\times 2r}{v}=\frac{\pi\times 2\times 25}{0.4}=393 \qquad \cdots\cdots(\text{D}.2)$$

相对于一年平均每天运行时间(单位小时),从等式(D.1)和(D.2)计算结果:

10.96×393 s/d=1.12 h/d,该类别 $V_1$(见表 C.1)

表 C.1 给出了 1 Am 传动组别的类别 $V_1$,中度负荷。

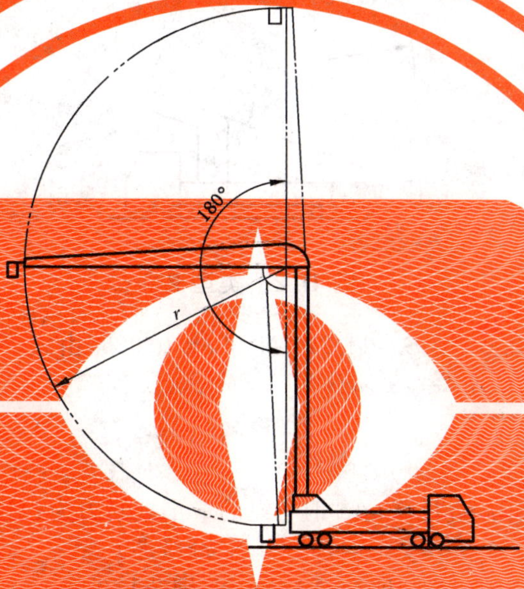


图 D.1 类型 1

D.1.3.2.2 类型 2,重负荷

$$10\text{ 年 }100\ 000\text{ 个载荷周期}=\frac{100\ 000}{365\times 10}\quad\text{载荷周期/天}$$

$$=27.4\quad\text{载荷周期/天} \qquad \cdots\cdots(\text{D}.3)$$

最不利的方式是认为是 10 m 桅杆(半径 $r$)以 0.4 m/s 的速度在 90°(180°)范围运动(见图 D.2)。

一个载荷周期的运行时间是:

$$\frac{\pi\times r}{v}=\frac{\pi\times 10}{0.4\ m}=78.5\ s \qquad \cdots\cdots(\text{D}.4)$$

相对于一年平均每天运行时间(单位小时),从式(D.3)和(D.4)计算结果:

78.5×27.4 s/天=0.6 h/天,该类别 $V_{05}$(见表 C.1)

表 C.1 给出了 1 Am 传动组别的类别 $V_{05}$,重负荷。

对符合本标准的所有移动式升降工作平台,采用 1 Am 传动组别较合适。

**D.1.3.3 最小钢丝绳直径的计算(见 C.3)**

最小钢丝绳直径是:

$$d_{min}=c\sqrt{S} \qquad \cdots\cdots(\text{D}.5)$$

式中：$S$ 是计算的钢丝绳载荷(单位 N)。

在绞捻情况下，对于驱动组别 1 Am 表 C.2 给出：

$c=0.090$　张力等级为 1 570 N/mm² 的钢丝绳

$c=0.085$　张力等级为 1 770 N/mm² 的钢丝绳

$c=0.085$　张力等级为 1 960 N/mm² 的钢丝绳

处于扭曲状态下。

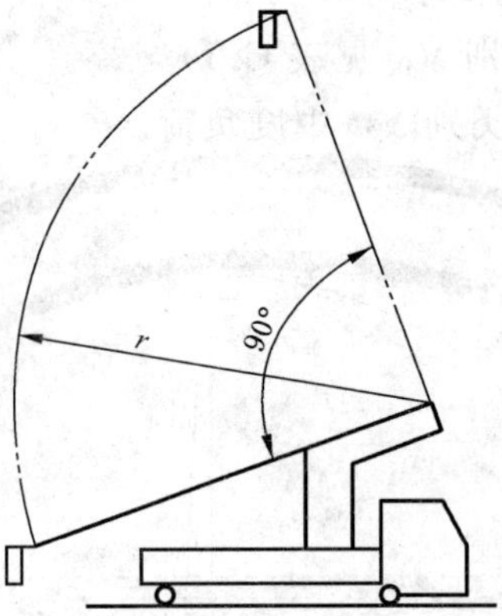


图 D.2　类型 2

对于 $S=10\ 000$ N 和 $c=0.09$ 及 $S=11\ 211$ N 和 $c=0.085$，由式(D.5)可得到最小钢丝绳直径：9 mm。

**D.1.3.4　工作系数**

从 ISO 2408:1985 表 5 查出，直径 9 mm 钢丝绳的最小破断力为：

$$F_{01}=47\ 300\ \text{N}(纤维芯)$$

$$F_{02}=50\ 000\ \text{N}(钢芯)$$

依据 ISO 2408:1985 表 5(抗拉等级 1 770 N/mm²)，对于直径 9 mm 钢丝绳有下列工作系数(见表 D.1)。

表 D.1　工作系数

| 抗拉等级 N/mm² | 工作系数 | | 公式 |
|---|---|---|---|
| | 纤维芯 | 钢芯 | |
| 1 770 ($S=11\ 211$ N) | 4.22 | 4.55 | $\frac{F_{01,02}}{S}$ |
| 1 570 ($S=10\ 000$ N) | 4.20 | 4.52 | $\frac{F_{01,02}}{S}\times\frac{1\ 570}{1\ 770}$ |
| 1 960 ($S=11\ 211$ N) | 4.67 | 5.04 | $\frac{F_{01,02}}{S}\times\frac{1\ 960}{1\ 770}$ |

## D.2　钢丝绳卷筒、钢丝绳滑轮和静滑轮直径的计算

使用 C.2 的公式：

$$D_{min} = h_1 \times h_2 \times d_{min}$$

传动组别 1 Am 的系数 $h_1$ 取自表 C.3。

系数 $h_2$ 由交替强度 $\omega_t$ 的总数量决定，$\omega$ 是处于采用表 C.4 的钢丝绳最不利的强度部分。图 D.3 和表 D.3 表明移动式升降工作平台的 $h_2$ 值通常为 1。

在这些情况下：

$$D_{min}/d_{min} = h_1 \times h_2$$

并有下表的移动式升降工作平台比值结果(见表 D.2)

**表 D.2　$D_{min}/d_{min}$ 比值**

| 内　　容 | $\omega_t$ | $h_2$ | $h_1$ | $D_{min}/d_{min}$ |
|---|---|---|---|---|
| 卷筒 | ≤5 | 1 | 16 | 16 |
| | 6 到 9 | 1 | 16 | 16 |
| | ≥10 | 1 | 16 | 16 |
| 滑轮同方向偏斜 $\alpha>5°$ | ≤5 | 1 | 18 | 18 |
| | 6 到 9 | 1.12 | 18 | 20.16 |
| | ≥10 | 1.25 | 18 | 22.5 |
| 滑轮反方向偏斜 $\alpha>5°$ | ≤5 | 1 | 18 | 18 |
| | 6 到 9 | 1.12 | 18 | 20.16 |
| | ≥10 | 1.25 | 18 | 22.5 |
| 滑轮任意方向偏斜 $\alpha\leqslant5°$ 和补偿滑轮(如钢丝绳端部附件) | ≤5 | 1 | 14 | 14 |
| | 6 到 9 | 1 | 14 | 14 |
| | ≥10 | 1 | 14 | 14 |

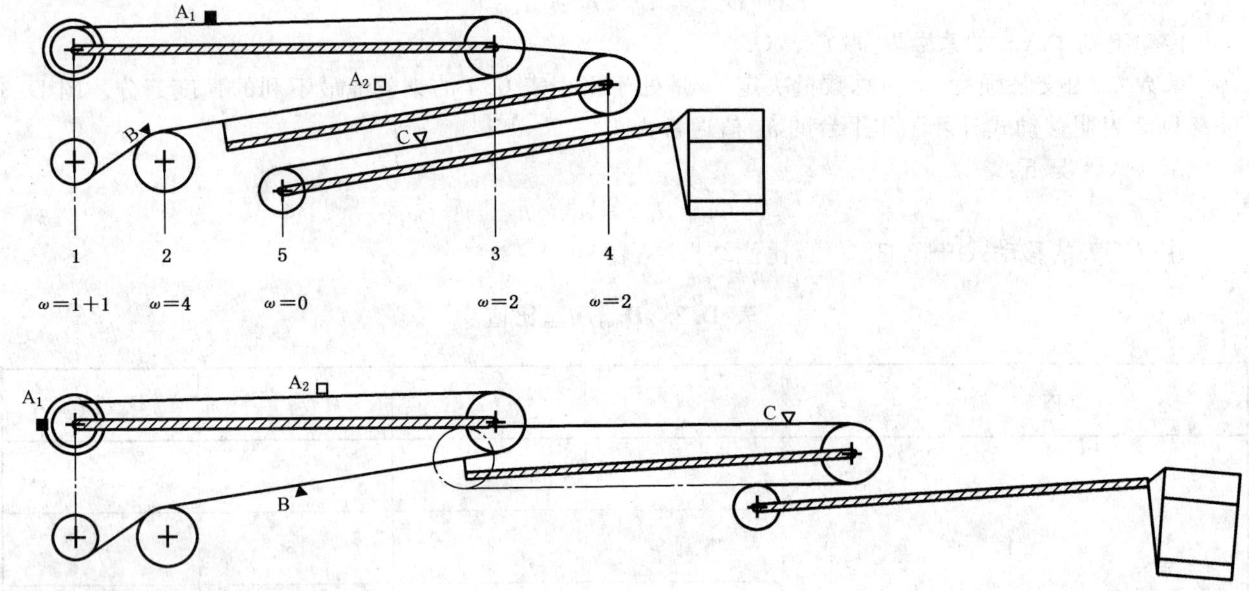


**说明：**

1——双绳卷筒；

2——钢丝绳滑轮(反方向偏斜)；

3——钢丝绳滑轮(同方向偏斜)；

4——钢丝绳滑轮(同方向偏斜)；

5——钢丝绳端部附件。

**图 D.3　确定单条钢丝绳的交变弯曲应力的次数以确定缩进/伸出延伸结构的滑轮和卷筒直径(见表 D.3)**

**表 D.3　ω 数量**

| 钢丝绳 | 交替弯曲压力 ω 数量 | $h_2$ |
|---|---|---|
| $A_1$ | 1 | 1 |
| $A_2$ | 2 | 1 |
| B | 1+4=5 | 1 |
| C | 2 | 1 |

# 附　录　E
## （资料性附录）
## 路缘石试验计算

本附录根据图 E.1～E.3 给出路缘石试验计算的示例。

a)　移动式升降工作平台的动能 $E_{kin}$

$$E_{kin}=\frac{m}{2}\times v^2=\frac{m}{2}\times 0.7^2\ \mathrm{m/s^2}=m\times 0.245\ \mathrm{m/s^2}$$

（例如 $z=0.0245$）

式中：

$m$ ——移动式升降工作平台的质量，单位为千克(kg)；

$v$ ——速度，单位为米每秒(m/s)，$v=0.7$ m/s。

b)　对倾翻线所需的势能 $E_{pot}$：

$$\begin{aligned}E_{pot}&=m\times x=m\times(y-s)\\&=m\times(\sqrt{s^2+a^2}-s)\\&=m\times(\sqrt{4^2+0.7^2}-4)\\&=m\times 0.6\ \mathrm{m/s^2}\end{aligned}$$

c)　结论

$$E_{kin}<E_{pot}，即不会发生倾翻。$$

尺寸以米为单位

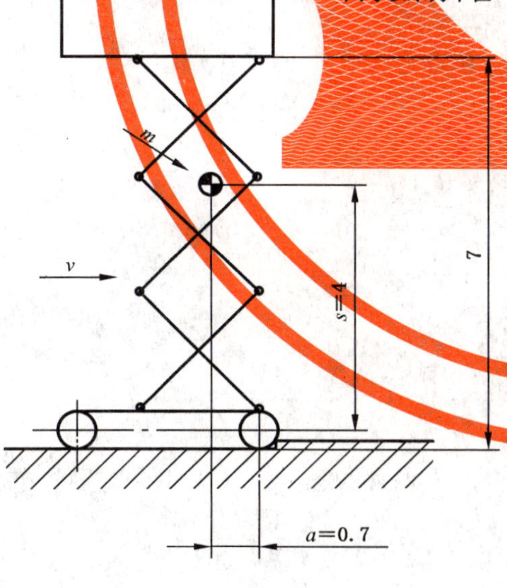


图 E.1　遇到障碍物前的移动式升降工作平台

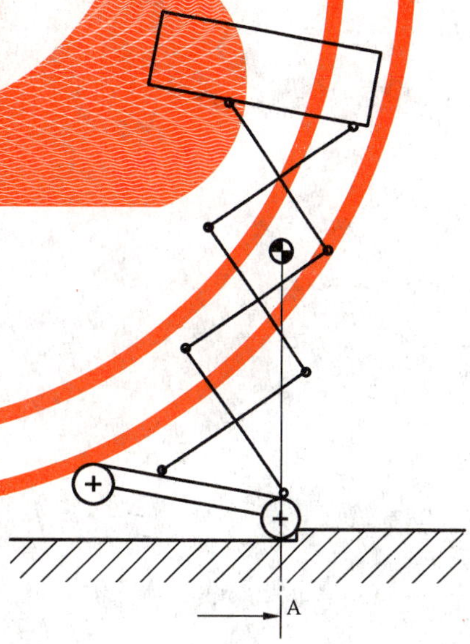


说明：

A——倾翻线。

图 E.2　遇到障碍物时的移动式升降工作平台

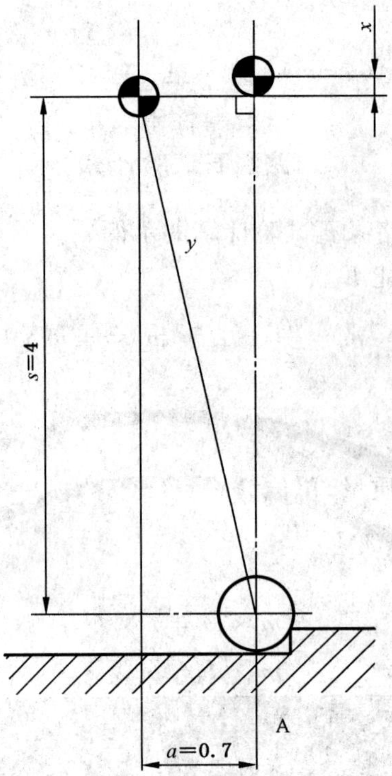


说明：

A——倾翻线。

图 E.3　势能

# 附 录 F
# （资料性附录）
# 使用说明手册

## F.1 概述

使用说明手册应包括如下表示每个相关标题应考虑的最少内容，但不限于此。

## F.2 操作指导

F.2.1 操作指导应给出详细安全使用，例如：

a) 移动式升降工作平台的特性描述以及适用场合；

b) 地面所需的承载强度；

c) 所有正常控制，紧急下降和任何急停设备的位置、目的和使用；

d) 工作平台的超载禁令；

e) 不得作为起重机使用的禁令；

f) 遵守国家交通规则；

g) 与电力导体保持距离；

h) 避免与固定物体（如建筑物等）和运动物体（如车辆、起重机等）的碰撞；

i) 禁止使用额外设备（如梯子）增加移动式升降工作平台的工作高度；

j) 禁止将增加移动式升降工作平台风力载荷的任何附加物[如广告牌（例外的见5.2.3.5）]；

k) 环境限制；

l) 关于振动的信息；

m) 关于机器安全情况，重要的日常检查（漏油、电气固定/连接松动、软管/电缆擦破、轮胎/制动/电池的情况、碰撞损伤、操作指导牌变得模糊、特殊安全装置等）；

n) 可移动护栏的安装；

o) 起升时禁止出入工作平台；

p) 工作平台起升时行走注意事项。

F.2.2 操作指导应给出运输、搬运及储存信息，例如：

a) 在场地使用移动式升降工作平台零部件紧固的特殊措施；

b) 装载到其他车辆的方法以便于在使用场地之间运输，包括起吊点、质量、重心等；

c) 室内或室外定期储存的预先注意事项；

d) 定期储存和暴露于恶劣环境后的使用前检查——热、冷、潮湿和灰尘等。

F.2.3 操作指导应给出交货信息，例如：

a) 投放市场前检查（见6.3）；

b) 首次使用、长期储存后使用或环境情况变化（冬天、夏天、地理位置变动等）后对动力供应、液压油、润滑等的检查。

F.2.4 操作指导应给出制造商推荐的定期检查或测试，例如：

a) 根据操作情况和使用频度进行定期检查或测试。

b) 定期检查或测试的内容，如：

- 对结构的目测检查，尤其注意承载零部件和焊接点的腐蚀和其他损坏；

- 机械、液压、气动和电气系统的检查尤其注意安全装置；
- 测试证明制动和/或超载装置的有效性；
- 功能测试(见 6.1.3.3)。

c) 定期检查或测试的频度和程度的建议也可以参照国家的相关规定。

注：定期检查一般不必拆除零部件；除非怀疑与可靠性和安全有关。罩壳的移动、观察窗的暴露和将移动式升降工作平台缩回运输状态不认为属于拆卸。

F.2.5 操作指导应给出已培训的人员使用的维护信息，例如：

a) 关于移动式升降工作平台的技术信息，包括电气/液压/气动回路图。

b) 要求经常注意检查的部件(润滑油、液压油位置和状况，电池等)。

c) 以特定周期检查安全特征包括安全装置、载荷承受机构、应急装置、任何急停设备。

d) 保证维修维护安全的措施。

e) 检查任何危害的变化(腐蚀、裂纹、磨损等)。

f) 检查频度和方法以及零部件维修更换的标准：

1) 钢丝绳驱动系统，按照 5.5.2.1.1 的单根钢丝绳或按照 5.5.2.1.2 或 5.5.2.1.2.2 或 5.5.2.1.2.3的系统中的第一和第二钢丝绳，如果检测到任一钢丝绳的磨损已达GB/T 5972的标准，应更换；

2) 链条驱动系统，按照 5.5.3.1.1 的单根链条或按照 5.5.3.1.2 或 5.5.3.1.2.2 的两根链条，如果检测到任一根链条的磨损已达链条制造商的极限，应更换；

3) 有必要的其他元器件(如预期寿命)。

g) 仅使用制造商允许的替换零部件，尤其载荷承受机构和安全相关的元器件。

h) 任何影响稳定性、强度和性能的改动，必须获得制造商的许可。

i) 需要调整的零部件，包括具体的设置情况。

j) 维修后的任何必需的测试/检查以确保安全工作状态。

# 附 录 G
（资料性附录）
# 结构安全系数

结构的安全系数参照下述选取：

——工作平台及伸展机构承载部件所用的塑性材料，按材料最低屈服极限计算，结构安全系数应不小于2。

——工作平台及伸展机构承载部件所用的非塑性材料，按材料的最小强度极限计算，结构安全系数应不小于5。

## 参 考 文 献

[1] ISO 2408:1985 通用钢丝绳 特性

[2] ISO 4301-4 起重机械 分级 第4部分:臂架起重机

[3] ISO 4308-2 起重机和起重设备 钢丝绳的选择 第2部分:流动式起重机 利用系数

[4] ISO 8087 流动式起重机 卷筒和滑轮尺寸

[5] ISO 16369:2000 升降工作平台 桅杆爬升式工作平台

[6] ISO 18878 移动式升降工作平台 驾驶员(司机)培训

[7] EN 81-1:1998 电梯制造与安装安全规范 第1部分:电梯

[8] EN 81-2:1998 电梯制造与安装安全规范 第2部分:液压电梯

[9] EN 528:1996 轨道式存储和卸取设备 安全

[10] EN 1570:1998 升降台安全要求

[11] EN 1726-2:2000 工业车辆的安全 最大起重量至(含)10 000 kg机动工业车辆和最大牵引力至(含)20 000 kg的牵引车 第2部分 装有起升装置的车辆的特殊要求

[12] EN 1756-1:2000 后置升降设备 安装在用轮子行驶的车辆上的平台式升降设备 安全要求 第1部分:货用后置升降设备

[13] EN 1756-2 后置升降设备 安装在用轮子行驶的车辆上的平台式升降装置 安全要求 第2部分:乘客用后置升降设备

[14] EN 1777:1994 防火和营救设备用水压平台(HPS) 安全要求和测试

[15] EN 1808:1999 悬吊式出入通道设备的安全要求 设计计算、稳定性标准、安装 测试

[16] EN 1915-1:2001 飞行器地面保障设备 一般要求 第1部分:一般安全要求

[17] EN 1915-2:2001 飞行器地面保障设备 一般要求 第2部分:稳定性和强度要求、计算和试验方法

[18] EN 12159:2000 吊笼在垂直导轨上运行的人货两用施工升降机

[19] ANSI A10.31 修建和拆除操作用挖掘转臂起重机的安全要求、定义和规范

[20] ANSI A92.8-1993 车载式桥梁检查和维修设备

[21] BS 2573-2 起重机设计规程 机械分类、应力计算和设计规范

[22] DIN 15020-1 升降设备 钢索传动原则 第1部分:计算和建造

[23] DIN 15020-2 升降设备 钢索传动原则 第2部分:使用中监视

ICS 03.100.30;53.020.20
J 80

# 中华人民共和国国家标准

GB/T 25850—2010/ISO 23813:2007

# 起重机 指派人员的培训

**Cranes—Training of appointed persons**

(ISO 23813:2007,IDT)

2011-01-10 发布 2011-06-01 实施

中华人民共和国国家质量监督检验检疫总局
中国国家标准化管理委员会 发布

# 前　言

本标准等同采用 ISO 23813:2007《起重机 指派人员的培训》(英文版)。

本标准等同翻译 ISO 23813:2007。

为了便于使用,本标准作了下列编辑性修改:

a) “本国际标准”一词改为“本标准”;

b) 删除 ISO 23813:2007 的前言;

c) 对于 ISO 23813:2007 引用的其他国际标准,用已被等同采用为我国的标准代替对应的国际标准。

本标准的附录 A、附录 B 是资料性附录。

本标准由中国机械工业联合会提出。

本标准由全国起重机械标准化技术委员会(SAC/TC 227)归口。

本标准由北京起重运输机械研究所负责起草。

本标准主要起草人:何铀。

# 起重机　指派人员的培训

## 1　范围

本标准规定了向控制与管理起重机起重作业的指派人员传授必要知识的基本培训要求。本标准不适用于对危险货物或在有害环境下进行的起重作业实施控制与管理的人员所要求的附加培训。

注1：执行任务时的责任在GB/T 23723.1中规定。

注2：对司机(操作员)、吊装工和指挥人员的培训分别见GB/T 23720.1及GB/T 23721。

## 2　规范性引用文件

下列文件中的条款通过本标准的引用而成为本标准的条款。凡是注日期的引用文件，其随后所有的修改单(不包括勘误的内容)或修订版均不适用于本标准，然而，鼓励根据本标准达成协议的各方研究是否可使用这些文件的最新版本。凡是不注日期的引用文件，其最新版本适用于本标准。

GB/T 6974.1　起重机　术语　第1部分：通用术语(GB/T 6974.1—2008，ISO 4306-1:2007，IDT)

GB/T 23720.1　起重机　司机培训　第1部分：总则(GB/T 23720.1—2009，ISO 9926-1:1990，IDT)

GB/T 23721　起重机　吊装工和指挥人员的培训(GB/T 23721—2009，ISO 23853:2004，IDT)

GB/T 23722　起重机　司机(操作员)、吊装工、指挥人员与评审员的资格要求(GB/T 23722—2009，ISO 15513:2000，IDT)

GB/T 23723.1—2009　起重机　安全使用　第1部分：总则(ISO 12480-1:1997，IDT)

## 3　术语和定义

GB/T 6974.1及GB/T 23723.1中确立的以及下列术语和定义适用于本标准。

### 3.1

**指派人员　appointed person**

经需搬运载荷的组织(雇佣组织)授权全面管理起重机操作的人员。

注：取自GB/T 23723.1—2009中的定义3.9。

## 4　必备素质与知识

接受培训的指派人员须年满20岁并至少从事起重机司机、吊装工或指挥人员的起重作业工作2年。

对于培训课程中将使用的语言文字应具有读写和理解能力，并应具备一般判断能力、沉着冷静的特质以及管理他人的能力。

## 5　通则

指派人员必须时时考虑位于起重作业区内的人员与财产的安全，有责任查找事故隐患及其产生的原因，并有权对起重作业进行控制。

## 6 培训目标

通过培训的指派人员应达到以下要求：

a) 了解起重机的适用环境及其相关规程，并能加以应用；

b) 了解吊装技术及其应用；

c) 具有起重机及其特性、额定起重量图表、技术参数、机构和安全装置等技术知识，并具有下述能力：

1) 制订一套安全工作制度；

2) 为起重作业选定合适的起重机；

3) 监督用于起重作业的各种起重机的安全运行；

4) 充分利用在用起重机的各种性能；

5) 对起重作业中或起重机上出现的各种故障进行判定，并提交故障报告；

6) 确保所用起重机的维护规程就在现场且得到遵守；

7) 确保所有相关报告与文档已正确完成；

8) 确保起重作业符合一切法规性要求与操作规程的规定。

培训时间和内容的设定应以完全实现上述目标为准。

培训的内容还应包括评估与实际操作，以考核是否达到培训目标。

## 7 培训内容

### 7.1 总则

培训内容应包括关于起重机工时与起重设备使用的法规、以及有关起重机使用方面的相关标准、操作规程与指南等基础性知识的详尽内容。

培训内容还应包括：

——起重作业的计划；

——重物特性与起吊方法；

——选择适用的起重机；

——选择适用的起重吊具；

——人员的挑选；

——起重作业之前、作业过程中及作业后起重机与载荷的定位；

——作业场地；

——紧邻的危险物，包括输电线；

——地面条件；

——起重机的架设与拆卸程序。

### 7.2 环境条件

应考虑作业现场已存在的或可能出现的环境条件，以及一旦不适合作业即可强行停止的情况，特别是以下各项因素：

——重物移动前后的质量、质心、起吊点与尺寸；

——工作幅度；

——根据额定起重量图表和技术参数表选择合适的起重机；

——现场周围状况；

——进出作业区的通道；

——起重机位置与支承面是否合适(是否有地下公用设施、洞穴等等);

——高架输电线;

——障碍物;

——电磁干扰(无线电频率影响)。

## 7.3 职责

指派人员的职责按 GB/T 23723.1—2009 的规定。

指派人员的职责是:

a) 对起重作业进行评估;

b) 制订涵盖整个起重作业的安全工作制度;

c) 确保陈述该项起重作业方法的正式报告已完成;

d) 确保该安全工作制度已通报有关各方;

e) 确保选用的都是经过培训的合格人员;

f) 确保已对所有参与该项起重作业的团体进行了咨询;

g) 确保已对不参加该项起重作业的附近人员的安全问题做出了安排;

h) 确保起重作业过程中的通讯系统是有效的;

i) 确保只有通过授权才能操纵起重机或搬运载荷;

j) 确保所有的许可证明均已经取得。

## 7.4 人员的选定

所有参与起重作业的人员均须经过培训并且是有能力完成其职责的人员。

起重机司机(操作员)、吊装工与指挥人员的资格认定应符合 GB/T 23722 的规定。

对起重机司机(操作员)、吊装工、指挥人员、起重机安装人员与维护人员的基本要求及其职责应符合 GB/T 23723.1 的规定。

起重机司机(操作员)应按 GB/T 23720.1 的规定通过培训;吊装工与指挥人员应按 GB/T 23721 的规定通过培训。

## 7.5 起重机的选择

起重机的选择应考虑以下各项因素:

a) 重物的质量;

b) 重物尺寸;

c) 重物特性;

d) 工作速度;

e) 在带载作业循环内工作幅度的变化范围;

f) 起升高度;

g) 作业循环的次数与频度;

h) 起重机工作时间;

i) 地面条件;

j) 环境条件;

k) 与高架输电线的间距;

l) 与建筑物的间距;

m) 登、离起重机的通道;

n) 其他特殊作业条件与限制;

o) 所选起重机的实际状况。

### 7.6 其他起重设备的选用

应选用适合起重作业的起重设备。

### 7.7 安全事项

安全事项应考虑以下内容：

a) 对操纵起重机动作的人员的确认；

b) 人员防护设施；

c) 通道和紧急逃生路线；

d) 火灾危险；

e) 地面条件；

f) 设立安全工作区；

g) 邻近的其他起重机、车辆或设备；

h) 在人员附近搬运载荷。

### 7.8 起重机的定位

起重机的定位应考虑以下内容：

a) 起重机位置与支承面的状况；

b) 附近的危险物；

c) 风对起重机和载荷的影响；

d) 作业区进出通道；

e) 电力障碍，例如可能需要向电力主管部门或有关专家进行咨询；

f) 照明。

### 7.9 额定起重量图表和起重机技术参数

关于额定起重量图表和起重机技术参数应考虑以下各项：

a) 额定起重量图表(含所附注释)；

b) 起重机的配置，包括配重、附件等等；

c) 起重作业范围；

d) 起重机支承系统的要求与限制，包括支腿、轮胎、履带、轨道等等；

e) 吊钩滑轮组起重能力及其质量；

f) 重物形状。

### 7.10 相关法规要求及其他要求

相关法规要求及其他要求应考虑以下各项：

a) 法律法规；

b) 操作规程与指导性文件；

c) 起重机制造厂的技术文件；

d) 起重机档案。

### 7.11 指派人员检查项目清单

指派人员的指导性文件(检查项目一览表)参见附录 A。

### 7.12 课程科目

指派人员的培训课程科目参见附录 B。

# 附 录 A
## （资料性附录）
## 指派人员检查项目一览表

设计本检查项目一览表是为了对指派人员提供帮助，为其列出一些要点。根据 GB/T 23723.1 的要求，这些要点应该作为规划操作各种类型起重机进行起重作业的基础。由于起重机的配置多种多样，可供采用的起重机类型与特性也很不同，为了针对某一特定应用场合选择最适合的起重机，应对起重作业各方面的要求进行全面考虑。

a） 人员

是否所有参加起重作业的人员都经过了充分的培训，具有实践经验并得到了认可。

b） 重物

1） 验证拟起吊的重物的属性；

2） 确认其质量（包括吊具的质量）；

3） 检查各部尺寸；

4） 确定质心位置；

5） 检查重物上的起吊点和附件（如有），看其是否确实能支承全部质量。只要有可能，便应利用这些吊点与附件；

6） 使用卸扣、吊装带或吊链时，是否需要用吊梁，或是需要特别小心；

7） 拟使用的起重设备是否已有现行有效的试验合格证和检验报告。

c） 起升高度与载荷移动距离

1） 落实载荷起升地点；

2） 落实载荷吊至地点；

3） 综合考虑 1）、2）两点，确定起重机的最佳位置；

4） 起重机在此位置上进行吊运时，其最大工作幅度是多大；

5） 考虑到索具的长度以及在重物与起重臂之间需留出的距离，起重机臂架头部必须升到多高才能完成吊运作业；

6） 考虑到起重吊具及吊钩滑轮组的质量，吊运过程中作用在设备上的最大载荷有多大；

7） 综合考虑 4）、5）和 6），最好采用什么起重机完成吊运作业；

8） 该起重机应作何配置（臂架长度、平衡重等）；

9） 在上述配置下，起重机回转时是否会受到限制？如果是，是否已经考虑到了这些限制；

10） 重物或紧邻的危险物是否对起重机的回转有所限制？如果是，对其是否已有所考虑；

11） 起重机四周是否已有足够的净空间隙或者还需要用警戒带将起重机隔离开；

12） 应从起重机租赁公司或制造厂查明起重机处于最恶劣位置时的支腿载荷；

13） 本起重作业是否需要采用不止一台起重机；

14） 多台起重机联合作业是一种具有巨大潜在风险的特殊作业，它要求操作人员掌握相当熟练的操作技能并由专家进行严密监管；这种吊运作业应经特别缜密的策划，并对每台起重机分担多大比例的载荷作出精确的估算；

15） 规划多台起重机联合起重作业时，关键是要对重物的质量、质心位置、吊具的质量与起重能力、起重机运动的同步性以及仪表监控功能等主要因素进行考虑；如果这些相关因素中有任何一项不能精确地做出评估，就可能需要显著降低参与工作的起重机的起重能力；

16） 规划与实施多台起重机联合吊运作业时，强烈建议有专家进行指导；

17） 重物与起重机之间是否留有空隙。

d） 现场条件与附近危险物

1） 为起重机作业选定的地点、地面条件是否符合该类型起重机的要求（例如，充裕的面积、地面水平度和足以支承装备完整的起重机、重物以及支腿载荷的承载能力等等）；

2） 现场是否有安装起重机的空间；

3） 如果没有足够的安装空间，如何调整；

4） 起重机在安装完毕的状态下是否能行走；

5） 在选择用来安装起重机的工地现场，地面条件是否符合要求，即足以支承载有供起重机安装用的臂架与平衡重的车辆（例如，充裕的面积，地面水平度并有足够的承载能力）；

6） 在选择用来安装起重机的工地现场，是否考虑了装配起重机臂架用的起重机和运载臂架与平衡重的车辆所需占用的空间；

7） 如果起重机不得不在公路上进行组装或停留，可能需要从有关主管部门获取临时封路、交通改道或使停车计时器暂停使用的许可；

8） 确保在起重机安装工地与作业现场之间有适用的通道，该通道应有足够大的面积和水平度，当起重机按有关操作规程与制造商的使用说明书运行时，应具有支承住安装好的起重机的承载能力；

9） 起重机上空是否存在可能与之发生接触的动力输电线、电话线或其他障碍物；

10） 是否有与其他起重机或电动工作平台在高空发生碰撞的危险；

11） 是否有需加考虑的地下危险物（例如，洞穴、污水管、市政公用设施、拱顶地窖、地下室等）；

12） 工地现场是否有满足要求且安全的出入通道；

13） 起重机就位后，在其工作区四周是否有满足要求的出入通道，特别是用于抢修的通道；

14） 是否必须对起重机回转进行限制（例如，在铁道边或在正在生产的工厂内工作时）；

15） 如果起重机必须在堤坝上或码头上运行或工作，对其质量或支腿的载荷是否已作了考虑；

16） 起重机是否停放在航班着陆引导区或直升飞机使用区？如果是，是否经有关主管部门允许。

e） 起重机到达工地现场之前

1） 授权与工作许可：

——如起重作业需要完全或部分封闭公路（含人行道）、交通改道和/或临时不准停车，应取得有关主管部门的批准；

——查验有关主管部门要求的用于封路、改道所需的标志与设施是否都已备齐；

——在如化工厂、铁路、飞机场或停机坪、供电所和核设施等处附近进行作业可能需经特批。

2） 通讯：

当涉及特殊的起重作业或者仅用手势信号不能充分满足要求时，应辅以其他通讯方式，例如无线电通讯。应检查是否所有设备均能正常工作且已获得使用许可。

3） 天气：

——当起重机或起重作业容易受到天气影响时，应查询天气预报，因为天气情况（如大雨或持续不断地下雨）会改变地面条件并引起地面塌陷；

——起重机按计划规定的工况工作时，其最大允许风速是多少；
——应考虑日照的影响。

4） 现场条件与附近危险物：

——确认 d)所述各项现场条件与附近危险物在经过检查确认后没有发生变化；
——确认任何坡道、洞口、拱顶、建筑物、架空线等对起重机的动作均不构成障碍或危险；
——地面状况是否安全：

● 回填土未夯实：沿回填的沟渠是否还有未夯实的松土或其他杂物；
● 地窖、地下室、码头和混凝土板：这些都有可能承受不了带载或不带载起重机的质量，是否会无任何征兆突然坍塌；
● 地下市政公用设施：污水管、下水道、供人出入的检查孔、供气与供水管线等等是否会因承受不了起重机的质量而损坏甚至垮塌，造成起重机倾覆；
● 如果起重机要在靠近或紧挨着坑穴边缘作业或运行，就应确保：对坑穴进行可靠支撑；对坑穴面在起重机就位之前进行检查；起重机支腿或其轨道至坑穴边缘的距离应不小于坑穴深度。

5） 安全装备

确保人员安全装备处于良好状态且井然有序，可以方便地取用并符合现场条件。

6） 起重机

——起重机是否已按工作配置要求装备了足够的部件(包括自动安全载荷指示器一类的设定装置等)；
——如果所选起重机需要用另一台起重机进行安装或拆卸，那么，该辅助起重机的使用是否已纳入计划并经过检验。

f） 起重机到达现场

1） 所提供的起重机是否就是计划用来进行该起重作业的起重机？如不是，应重新对计划进行全面的审查，以确信所提供的起重机在所有各方面均能满足拟进行的作业的要求；
2） 所提供的起重机的技术特性是否符合规划起重作业时用的额定起重量图表？如不是，应重新审查确认；
3） 操作人员和进行辅助运输的司机均应了解现场工作程序；
4） 对本起重作业进行控制的指派人员须确认：所有人员均已熟知工作方法及各自的职责；
5） 在现场接收起重机及其附属设备时，应检查按相关规程规定提供的合格证、检验报告等文件；
6） 检查确认起重机操作人员是否持有适用于所操纵的起重机的培训合格有效证件；
7） 起重机上所有需进行的维护工作是否已经完成；
8） 操作人员是否已被告知，出现技术问题时找谁联系；
9） 是否已向操作人员报告 b)、c)、d)、e)各项的检查结果；
10） 操作人员是否知道出现故障时，应按哪套系统进行处理，以确保有人在起重机上进行维修时机器不会动作；
11） 维修人员是否知道，当起重机发生故障时应按哪套系统进行处理。

g） 起重机的安装

1） 确保起重机的安装与架设在有资格的人员(一般为起重机操作员)的监督之下进行。在制造商的使用说明书中规定了正确安全的程序与方法。如果起重机不能按规定进行安装，必须由制造厂为此专门出具豁免文件。尤为重要的是，必须严格遵守关于程序、安全措施等方面的规定；

2） 与安装作业无关人员不能进入工作现场；

3） 装拆臂架连接销时，臂架下方不准站人。

h） 起吊重物的准备工作

1） 完成装配后开始起吊之前，应与操作人员一同检查是否还有未发现的故障；起重机控制和警示装置能否正常工作；

2） 开始起吊前还应检查支腿是否已完全伸出并锁定，支腿下面应加结实的、尺寸足够大的垫板，将载荷分布开，使支腿坚固可靠地支承在各种地面上（包括混凝土地面和沥青地面）；检查是否每个支腿均已充分与支承面接触。如制造厂有要求，还应对轮胎进行检查；

3） 检查确认起重机回转、变幅、起升与放置重物的区域内均没有人员、车辆或其他障碍物，并在起重与定位作业时保持原状；起重作业暂停之后或休息之后重新开始起重作业之前应再次进行检查；

4） 在试图作任何一次起吊之前，均应检查起重机底盘的纵向与横向水平度是否符合制造商使用说明书的规定；在起重作业期间，应尽可能多地检查该水平度；

5） 检查每个支腿垫板周围的地面状况，看其是否出现开裂、渗水、垫板下沉等现象。由于各支腿载荷不断变化，因此，起重机工作时应定期对地面状况进行检查；

6） 确保在起重机作业过程中作业区无人员进入；起重作业暂停或休息之后重新开始起重作业之前应再次检查；

7） 必须注意监测天气状况，天气不好时，须采取必要的预防措施，避免起重机和载荷受风、雨、雪或冰的影响而发生险情；能见度不高时，应采用恰当的通讯手段保证起重机安全作业；在极端情况下，应停止起重作业，直至能见度、风速等条件的改变足以保证可以安全地重新开始作业；

8） 延长作业之前应先确认，在可能出现大风或恶劣天气之前可以完成工作。

i） 起吊与放置重物

1） 在大多数情况下，如果能遵守安全作业规程，起重机的作业任务都能够很顺利地完成，但有些特殊作业任务中却隐藏着某些需要了解并认真对待的潜在危险；

示例 1：拆除与拆卸工作：从地面以上的高度起吊重物需要特别小心并要求精确估算重物的质量及其平衡点。

示例 2：从设计方面考虑，起重机不能用于拉拽重物脱离其周围的固定物，也不能垂直或倾斜地拉拽载荷脱离地面的固定物。

示例 3：通常自然悬吊在起重机上的一根长柱是安全的重物。但如果长柱的底面落在地上且再下降，则长柱会突然翻倒，并使起重机倾覆。所以，应提前对作业进行规划，对重物有确切的了解，知道其质心位置以及计划将其放在地面上什么位置，并采取防止长柱在地面上移动的措施。

2） 检查在工作状态和非工作状态下风的影响；

3） 起升制造商规定的额定起重量的重物时，应检查起重机最大允许风速；

4） 检查重物的性质与面积，看其是否影响操作人员在有风的状态下对重物进行控制；

5） 由于受重物迎风面积的影响，制造商有可能会降低起重机的额定起重量；

6） 应尽可能地经常检查地面状况，尤其是在大雨或持续下雨之后。必要时，应重新调整起重机的位置并重新找平；

7） 开始起吊之前，应允许臂架有适量的下挠，特别是起吊超过50%额定起重量的重物时；

8） 检查吊具是否合适、连接可靠并具备安全工作条件；

9） 当安全、正确的起吊条件得到满足时，检查确信重物接收区也已作好接收准备时，可允许将重物略微提起离开支承面，然后检查一下，它是否平稳牢固 。

j) 拆卸

1) 起重机的拆卸只能在有资格人员(通常是起重机操作员)的监督之下按制造商的使用说明书的规定进行;如不能按规定的程序和方法进行拆卸,一定要由制造商出具专门豁免文件;尤为重要的是,应严格遵守关于程序、安全措施等方面的规定;

2) 装拆臂架连接销时,臂架下方不准站人;

3) 与拆卸作业无关人员不允许进入工作区。

k) 起重作业结束

起重作业结束后,若曾要求完全或部分地封闭公路(含人行道)、交通改道和/或临时不准停车,应注意撤除所有用于封路、改道等的标志和设备。

# 附　录　B
## （资料性附录）
## 课程内容与大纲

### B.1　课程内容

课程内容参见表 B.1。

**表 B.1　课程内容**

| | |
|---|---|
| 课程主题 | 指派人员培训 |
| 课时 | 2 天(15 h) |
| 地点 | 现场或公司培训中心 |
| 法规性或其他要求 | 引言及课程简介；<br>健康与安全国家法规；<br>操作规范与指导意见；<br>起重机制造厂的技术参数文件 |
| 起重机评估 | 起重机事故；<br>起重机的错误使用；<br>打支腿的程序方法；<br>工作幅度指示器；<br>起重机限制器和指示器 |
| 操作规范要求 | GB/T 23723.1—2009 |
| 额定起重量 | 额定起重量；<br>工作制度图表；<br>技术参数表 |
| 起重机作业控制 | 吊装与发信号实际操作；<br>吊具选择；<br>提供文件；<br>起重机就位；<br>安全载荷指示器测试；<br>工作幅度指示器测试 |
| 操作考试要求 | 流动式起重机适用的重物：<br>——在不同工作幅度下，现场搬运接近于额定起重量的重物；<br>——将起重机放置于合适的位置以便进行上述搬运；<br>——正确使用吊装和发信号技术；<br>——正确控制起重作业全过程的操作 |
| 书面考试 | GB/T 23723.1—2009 |
| 注：全部授课或培训均由富有经验的教员担任。 | |

**B.2 考试及评估细则**

**B.2.1 起重作业的计划评估**

要求考生根据规定参数范围内的吊运重物的质量及其起升高度与幅度，针对各种不同类型的起重机选取使用要求与技术参数方面的有关资料，并对起重作业进行规划。对考生正确选择起重机和自始至终展示良好规划技术的能力进行评估。

**B.2.2 理论考试——第1试卷**

本卷由安全、术语、操作及维护方面的多项选择题构成，及格分为60%。

**B.2.3 理论考试——第2试卷**

本卷由与相关操作规程和/或法规中的要求有关的问答题组成，及格分为75%。

**B.2.4 实际操作考试**

实际操作考试要求考生对接近于起重机起重能力的规定载荷的起重作业进行规划：将起重机正确安装就位；根据所提供的图表/资料正确计算重物质量，并在教员直接监督下将重物搬运到指定地点。

考生应能自始至终表现其全面控制起重作业的能力，并展示正确吊装和发信号的技能以及熟练的起重作业技能。

对每位考生进行的评估将贯穿整个测试过程。

**B.2.5 合格证书**

培训圆满结束之后，将向考生签发合格证书。

---

ICS 53.020.20
J 80

# 中华人民共和国国家标准

GB/T 25851.1—2010/ISO 11662-1:1995

# 流动式起重机　起重机性能的试验测定　第1部分:倾翻载荷和幅度

**Mobile cranes—Experimental determination of crane performance—Part 1:Tipping loads and radii**

(ISO 11662-1:1995,IDT)

2011-01-10 发布　　2011-06-01 实施

中华人民共和国国家质量监督检验检疫总局
中国国家标准化管理委员会　发布

# 前　　言

GB/T 25851《流动式起重机　起重机性能的试验测定》分为3个部分：

——第1部分：倾翻载荷和幅度；

——第2部分：结构特性；

——第3部分：动力特性。

本部分为GB/T 25851的第1部分。

本部分等同采用ISO 11662-1:1995《流动式起重机　起重机性能的试验测定　第1部分：倾翻载荷和幅度》(英文版)。

本部分等同翻译ISO 11662-1:1995。

为便于使用，本部分做了下列编辑性修改：

a) “ISO 11662的本部分”一词改为“GB/T 25851的本部分”；

b) 删除ISO 11662-1:1995的前言；

c) 用小数点“.”代替作为小数点的逗号“,”；

d) 对于ISO 11662-1:1995引用的及参考文献中的国际标准，用已被等同采用为我国的标准代替对应的国际标准；

e) 将“附录A(资料性附录)参考资料”直接写为“参考文献”。

本部分由中国机械工业联合会提出。

本部分由全国起重机械标准化技术委员会(SAC/TC 227)归口。

本部分起草单位：徐工集团徐州重型机械有限公司、长沙中联重工科技发展股份有限公司。

本部分主要起草人：陈相奇、单增海、刘劲松。

# 引　　言

GB/T 25851 规定了对流动式起重机的额定起重量图表进行验证所采用的测试方法。一般是在新机型的样机上进行一次性测试,然后在测试结果的基础上对额定起重量图表进行必要的修改以符合标准的要求。

# 流动式起重机　起重机性能的试验测定　第1部分：倾翻载荷和幅度

## 1　范围

GB/T 25851的本部分规定了当载荷作用在吊钩滑轮组上时，测定流动式起重机最大平衡能力的试验方法。

此试验方法适用于承载能力建立在抗倾覆静阻力基础之上的起重机，但不适用于承载能力是由结构强度决定或者是由起升机构、变幅机构或伸缩机构的性能限制的起重机。

本部分适用于GB/T 6974.2定义的所有流动式起重机。

## 2　规范性引用文件

下列文件中的条款通过GB/T 25851的本部分的引用而成为本部分的条款。凡是注日期的引用文件，其随后所有的修改单（不包括勘误的内容）或修订版均不适用于本部分，然而，鼓励根据本部分达成协议的各方研究是否可使用这些文件的最新版本。凡是不注日期的引用文件，其最新版本适用于本部分。

GB/T 6974.2　起重机　术语　第2部分：流动式起重机（GB/T 6974.2—2010，ISO 4306-2:1994，IDT）

## 3　术语和定义

下列术语和定义适用于本部分。

3.1

**平衡状态　balance condition**

起重机在其载荷倾覆力矩与其具有的最大抗倾覆力矩相等时的受载状态。

3.2

**回转中心线　axis of rotation**

通过起重机未受载前上车回转所围绕的中心轴线的铅垂线。

3.3

**载荷　load**

由吊钩滑轮组本身和悬挂在其上的重物的重力所形成的使起重机失去平衡的作用力。

3.4

**载荷幅度　radius of load**

从受载前投影在支承面上的幅度测量起始点到受载后起升钢丝绳或滑轮组中心的水平距离。

## 4　原则

加载的方法是先将一已确定大小的砝码自由地悬挂在起重机吊钩滑轮组上，然后增大幅度，直至起重机失去稳定性。或者在固定幅度下，添加增量砝码，直至起重机失去稳定性。

在测定倾覆额定值时，试验员应确保测试是在稳定性最小的方向上进行的。

## 5　器材

5.1　支承面：由混凝土或其他坚实的材料制成，其尺寸足以保证试验工作不受妨碍。

5.2 载荷幅度测量装置:其精度为±1%或±0.15 m,以较小值为准。

5.3 轮胎压力计:其精度为所测压力的±3%。

5.4 水平距离测量装置:测回转中心线至载荷重心的水平距离。

5.5 试验砝码、吊钩滑轮组、吊具和辅助装置(起升钢丝绳除外)的质量测量装置:其精度为所测载荷的±1%。

5.6 试验砝码、吊钩滑轮组、吊具和辅助装置(起升钢丝绳除外):其误差在已知质量的±1%范围内。

## 6 试验条件

6.1 为便于试验,起重机上应装备适于以额定载荷进行作业的工作装置。

6.2 对充气轮胎式或履带式起重机进行试验时,应将其放置在水平坚实的支承面上(倾斜度≤1%)。

6.3 在使用充气轮胎支撑起重机进行试验时,轮胎工作时的充气压力应符合轮胎或起重机制造商规定的气压,其允差在±3%之内,且所有轮胎均应处于向前摆正位置。轮胎支撑状态应符合制造商规定。

6.4 对带支腿的起重机进行试验时,在"支腿伸出"状态下起重机应处于水平状态(倾斜度≤1%)。

6.4.1 在充气轮胎式起重机试验过程中使用支腿时,除非起重机的悬挂设计为支腿伸出时轮胎仍留在地面上,否则应用支腿抬起起重机,以保证地面与所有各轮胎之间存在间隙或者使所有轮胎均不再承受起重机重力。

6.4.2 在履带式起重机试验过程中使用支腿时,起重机的安装应保证支腿能坚固地支承在支承面上。

6.5 燃油不应超过燃油箱容积的1/3。冷却液、润滑油与液压油应处于制造商规定的运行时的液位上。

6.6 风向应不会增加起重机的稳定性。

## 7 试验程序

### 7.1 试验准备

7.1.1 按制造商规定对起重机进行必要的保养与调整,以确保下列各项符合规定要求:

a) 润滑;
b) 燃油供应;
c) 轮胎充气量;
d) 冷却液供应;
e) 履带张紧力;
f) 螺栓、销轴、绳端固定装置及其他承载件;
g) 离合器、制动器及其他传动件;
h) 臂架长度与索具;
i) 起重机水平度(倾斜度≤1%)。

7.1.2 起重机应由经授权的操作员进行操作。如无特殊规定,新起重机应先进行至少4 h的作业,以确信其运行可靠。待预运行结束后,对起重机进行保养与调整使之符合规定要求。

7.1.3 将起重机置于试验场地上处于加载状态,并使行驶系统处于制动状态。

7.1.4 如使用支腿,应将其伸出。将起重机顶起至支腿范围内的轮胎或履带均不承载的位置。

7.1.5 将上车回转中心轴线投影到试验场地的表面上并作出标记。

### 7.2 试验方法

7.2.1 准备好试验载荷,包括试验砝码、吊钩滑轮组、吊具和辅助装置(如砝码筐等),以组合成规定的载荷质量,其精度在±1%之内,并作记录。

7.2.2 将起重机上车置于该工况稳定性最小的方位,以起重机保持稳定状态的幅度将载荷吊离地面。然后将臂架俯下少许以增大幅度。为防止过度倾斜,载荷应始终保持在距离地面0.1 m以内。如果起重机在调整后的幅度下仍能支承住载荷而不发生倾覆，则测定此新的幅度并加以记录。重复此程序直至达到平衡点，然后记录下载荷幅度和质量。

注：最后调试平衡点时，可能不是通过增大幅度而是通过增加载荷质量进行的。

7.2.3 另一个方法是，测定载荷幅度并对载荷质量逐次少量增加，直至起重机失去稳定性。载荷幅度和起重机失去稳定性之前最后一次使用的载荷质量，将作为平衡点加以记录。

## 8 承载能力曲线的绘制

需要对起重机确定其在一系列平衡点的承载能力时，应按照 7.2 规定的程序进行。此时应针对所选范围的每个极限值和为绘制曲线所需足够数量的中间点测定载荷与幅度。绘制表示起重机最大承载能力的曲线时，以载荷质量为纵坐标，单位为千克(kg)；以幅度为横坐标，单位为米(m)。对于某一给定的承载能力图表，应针对有代表性的若干臂架长度进行绘制。

## 9 试验报告

将有关起重机完整的说明、试验位置、倾覆载荷与载荷幅度的数据等均记录在试验数据表中。试验数据表的举例见表 1、图 1 和图 2。

**表 1 流动式起重机说明和平衡点数据表**

| | | |
|---|---|---|
| 制造商…… | 型号…… | 编号…… |
| 设备状态：新的□ | 用过的□ | 已用小时数…… |
| 架设：类型…… | | 规格…… |
| 轮胎：规格…… | 子午胎……帘布层…… | 压力(kPa)…… |
| 臂架：类型…… | | 长度(m)…… |
| 副臂：类型…… | 长度(m)…… | 与主臂/地面夹角[a]…… |
| 发动机：制造商…… | 型号…… | 编号…… |
| 平衡重：类型…… | | 质量(kg)…… |
| 检测方法：增大砝码□ | | 增大幅度□ |

| 上车位置 | 平衡点 | | | |
|---|---|---|---|---|
| | 不打支腿 | | 打支腿 | |
| | 载荷质量/kg | 幅度/m | 载荷质量/kg | 幅度/m |
| | | | | |
| | | | | |
| | | | | |
| | | | | |
| | | | | |
| | | | | |
| | | | | |
| | | | | |
| | | | | |
| | | | | |

备注：……

操作员：…… 试验日期：……

[a] 采用固定副臂时，夹角为相对于主臂的角度；采用可变幅副臂时，为相对于地面的角度。

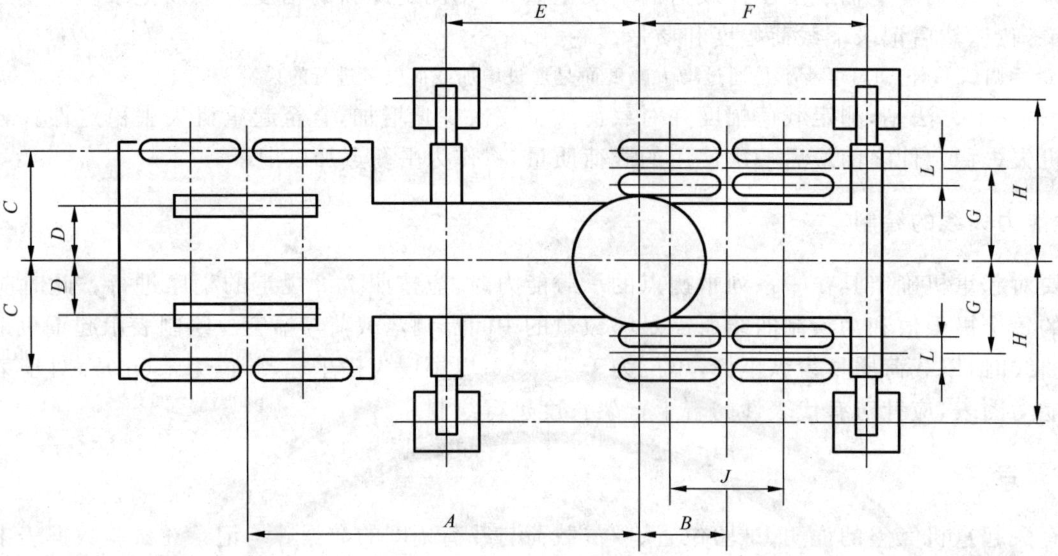


8×4底盘

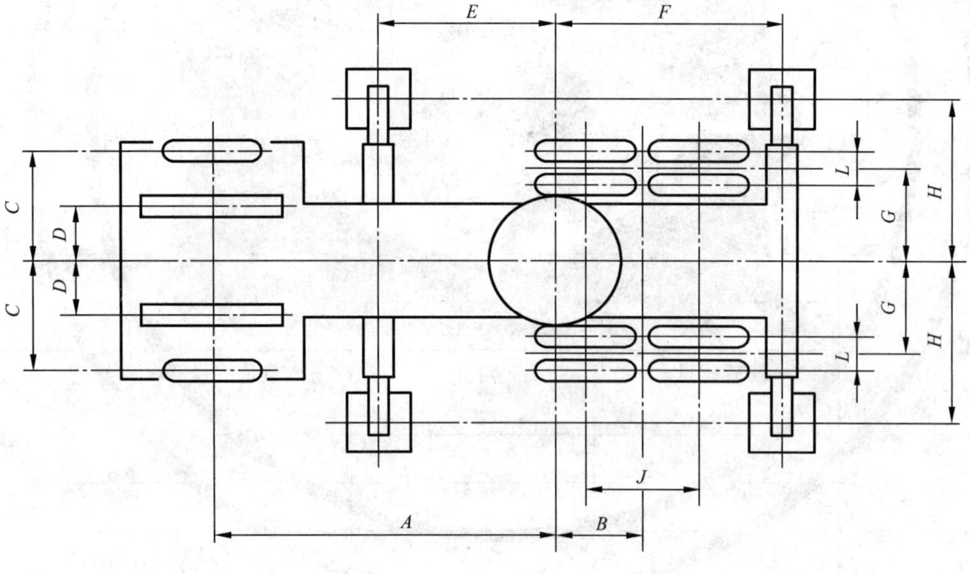


6×4底盘

汽车起重机下车底盘尺寸

*A* ____________ *B* ____________ *C* ____________ *D* ____________

*E* ____________ *F* ____________ *G* ____________ *H* ____________

*J* ____________ *L* ____________

**图 1　汽车起重机下车底盘实际尺寸数据表**

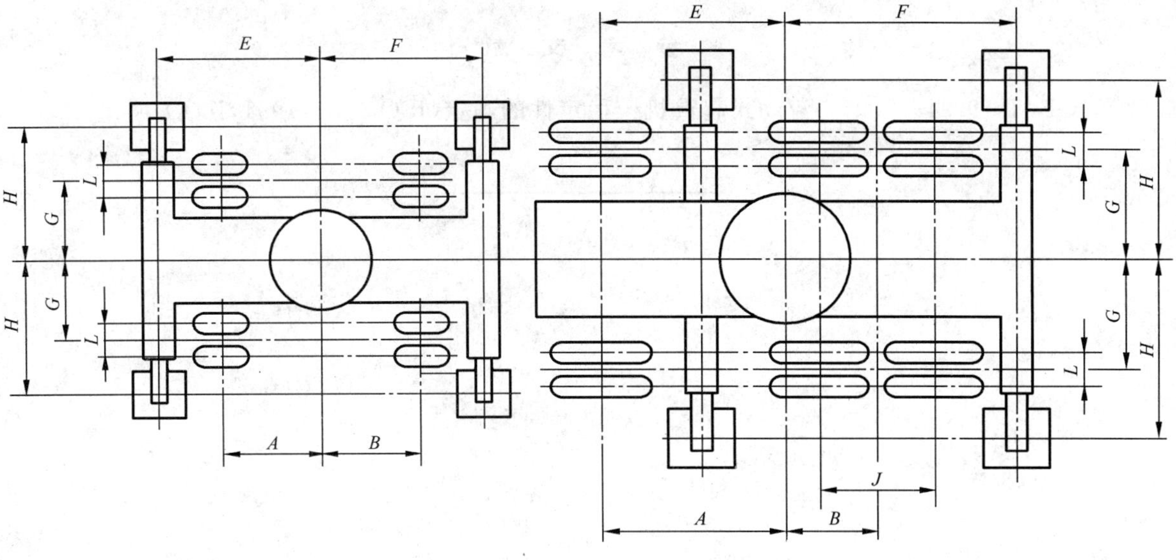


4×2底盘　　　　6×4底盘

轮胎起重机下车底盘尺寸

A ____________ B ____________ E ____________ F ____________

G ____________ H ____________ J ____________ L ____________

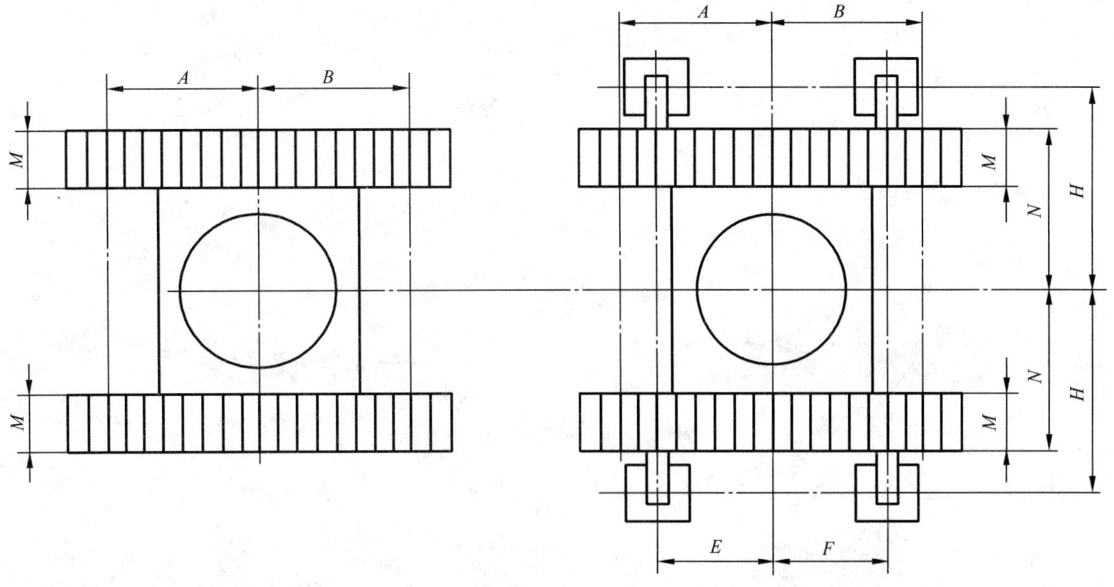


履带　　　　带支腿履带

履带起重机下车底盘尺寸

A ____________ B ____________ E ____________ F ____________

H ____________ M ____________ N ____________

**图 2　轮胎起重机和履带起重机下车底盘实际尺寸数据表**

## 参 考 文 献

[1] GB/T 19924—2005 流动式起重机 稳定性的确定(ISO 4305:1991,IDT).

ICS 53.020.30
J 80

# 中华人民共和国国家标准

GB/T 25852—2010/ISO 8539:1986

# 8级链条用锻造起重部件

## Forged steel lifting components for use with grade 8 chain

(ISO 8539:1986,IDT)

2011-01-10 发布　　2011-06-01 实施

中华人民共和国国家质量监督检验检疫总局
中国国家标准化管理委员会　发布

# 前　言

本标准等同采用 ISO 8539:1986《T(8)级链条配用的钢制锻造起重部件》(英文版)。

本标准等同翻译 ISO 8539:1986。

为了便于使用,本标准做了下列编辑性修改:

——“本国际标准”一词改为“本标准”;

——用小数点“.”代替作为小数点的“,”;

——删除国际标准的前言;

——引用的其他国际标准,用已被采用为我国的标准代替对应的国际标准;

——规范性引用文件中补充增加了引用标准(见 6.3)。

本标准的附录 A 是资料性附录。

本标准由中国机械工业联合会提出。

本标准由全国起重机械标准化技术委员会(SAC/TC 227)归口。

本标准负责起草单位:杭州现代起重机械制造厂、杭州武林机器有限公司、北京起重运输机械设计研究院。

本标准参加起草单位:浙江双鸟机械有限公司。

本标准主要起草人:黄振远、崔欣 、崔振元、林夫奎。

# 8级链条用锻造起重部件

## 1 范围

本标准规定了在吊链中使用的钢制锻造起重部件(以下简称部件)的技术要求,其强度和主要尺寸与符合GB/T 24816规定的相应名义尺寸的8级链条相匹配。

本标准所规定的起重部件通常是作为吊链系统的一部分供货,但也可单独供货用于其他场合。当它们按GB/T 25853规定的8级非焊接吊链系统的一部分供货时,还应符合GB/T 25853的规定。

本标准不适用于作为按GB/T 20652规定的焊接吊链组成部分的焊接主环、焊接中间环和焊接连接环,也不适用于其他焊接部件。

注:8级链条用锻造环眼吊钩和一般起重用锻造卸扣分别由GB/T 24813和GB/T 25854作出规定。

## 2 规范性引用文件

下列文件中的条款通过本标准的引用而成为本标准的条款。凡是注日期的引用文件,其随后所有的修改单(不包括勘误的内容)或修订版均不适用于本标准,然而,鼓励根据本标准达成协议的各方研究是否可使用这些文件的最新版本。凡是不注日期的引用文件,其最新版本适用于本标准。

GB/T 6394—2002 金属平均晶粒度测定方法(ASTM E112:1996,MOD)

GB/T 20652 M(4)、S(6)和T(8)级焊接吊链(GB/T 20652—2006,ISO 4778:1981,IDT)

GB/T 20946 起重用短环链 验收总则(GB/T 20946—2007,ISO 1834:1999,IDT)

GB/T 22166—2008 非校准起重圆环链和吊链 使用和维护(ISO 3056:1986,IDT)

GB/T 24813 8级链条用锻造环眼吊钩(GB/T 24813—2009,ISO 7597:1987,IDT)

GB/T 24816 起重用短环链 吊链等用8级普通精度链(GB/T 24816—2009,ISO 3076:1984,IDT)

GB/T 25853 8级非焊接吊链(GB/T 25853—2010,ISO 7593:1986,IDT)

GB/T 25854 一般起重用D形和弓形锻造卸扣(GB/T 25854—2010,ISO 2415:2004,IDT)

## 3 术语和定义

下列术语和定义适用于本标准。

3.1

**极限工作载荷 working load limit**

WLL

在一般起重工况下,部件能承受的设计最大质量。

3.2

**工作载荷 working load**

WL

在特定起重工况下,部件应承受的最大质量。

3.3

**验证力 proof force**

$F_e$

按第9章的规定施加于部件的试验力。

3.4

**极限强度 ultimate strength**

拉伸试验过程中，部件直至失去承载能力的最大力。

3.5

**吊链 chain sling**

由一根或数根链条组成，与上端和下端连接件相连，适用于将起吊重物连接到起重机或其他起重机械吊钩上的组件。

3.6

**主环 master link**

作为吊链的上端连接件与起重机或其他起重机械的吊钩相连接的链环。

3.7

**中间主环 intermediate master link**

将吊链的两个或更多个链肢连接到主环上的链环。

3.8

**连接环 joining link**

装在链条末端用于直接或通过中间环与上端或下端连接件相连的链环。

3.9

**中间环 intermediate link**

在末端连接件与装在链条上的连接环之间起连接作用的链环。

3.10

**下端件 lower terminal**

装在吊链肢端的链环、吊钩或其他装置，此肢端远离主环或上端件。

## 4 尺寸

### 4.1 主环和中间主环

内腔尺寸和材料截面应为：

a) 主环应能套在起重机吊钩上，该吊钩的极限工作载荷是主环极限工作载荷的 1.25 倍；

b) 主环内宽应不小于 a)规定的起重机吊钩最大宽度的 1.2 倍；

c) 对于用吊钩作下端件的吊链，除非在其空载时另有措施能将吊钩固定住，否则吊挂在 a)规定的吊钩上的主环其内腔尺寸和截面应设计成适合下端件钩挂。

### 4.2 下端环

下端环的内腔尺寸应能保证各链环的灵活转动。

### 4.3 其他部件

这些部件的尺寸应确保部件灵活转动，使载荷能沿轴向传递。

## 5 机械性能

### 5.1 总则

部件的机械性能应符合表 1 的规定，其机械性能与链条的名义尺寸有关。

### 5.2 验证力

按 8.2 进行试验的每个部件，包括承载销（如果有），都应能承受住表 1 规定的验证力而无明显的永久变形。

### 5.3 极限强度

按 8.3 进行试验的每个部件，包括承载销（如果有），其极限强度应至少等于表 1 规定的数值。

试验完成后，试验件应明显地显示出韧性。

## 5.4　疲劳强度

极限工作载荷小于或等于 10 t 的部件，包括承载销（如果有），在按 8.4 规定进行试验时，应至少在 $1\times10^4$ 次循环之后仍能承受该载荷。

表 1　部件的机械性能

| 链条的名义尺寸($d_n$)/mm | 极限工作载荷(WLL)/t | 验证力($F_e$)/kN | 最小极限强度/kN |
|---|---|---|---|
| 6 | 1.1 | 22.7 | 45.4 |
| 7 | 1.5 | 30.8 | 61.6 |
| 8 | 2 | 40.3 | 80.6 |
| 10 | 3.2 | 63 | 126 |
| 13 | 5.4 | 107 | 214 |
| 16 | 8 | 161 | 322 |
| 18 | 10 | 204 | 408 |
| 19 | 11.5 | 227 | 454 |
| 20 | 12.5 | 252 | 504 |
| 22 | 15.5 | 305 | 610 |
| 23 | 16.9 | 333 | 666 |
| 25 | 20 | 393 | 786 |
| 26 | 21.6 | 425 | 850 |
| 28 | 25 | 493 | 986 |
| 32 | 32 | 644 | 1 288 |
| 36 | 40 | 815 | 1 630 |
| 40 | 50 | 1 006 | 2 012 |
| 45 | 63 | 1 273 | 2 546 |

注 1：关于计算依据的注释

a)　WLL 值由链条 WLL 的纯计算值圆整而得（见附录 A）。

b)　验证力数值为最小极限强度值的一半。

c)　最小极限强度值是使用下列公式计算[式(1)单位为 N，式(2)单位为 kN]：

$$800\ \pi d_n^2/2 \quad\cdots\cdots(1)$$

$$0.4\ \pi d_n^2 \quad\cdots\cdots(2)$$

计算值小于 100 kN 时，其值已向上圆整到最近一个 0.2 的倍数，而大于 100 kN 时则已向上圆整到最近的整偶数。

d)　表中给出的值确定了 1∶2∶4 的比率，并不能完全得到 WLL 下的平均应力，且在验证力下的平均应力和极限强度都略有超出。

注 2：用于主环和中间主环的附加系数

a)　对两链肢吊链的主环，表 1 给出的值应再乘以系数 1.4（均匀负载计算法）或 2（三角函数计算法）（见 GB/T 20652 和 GB/T 25853）。

b)　对三链肢和四链肢吊链的主环，表 1 给出的值应乘以系数 2.1（均匀负载计算法）或 3（三角函数计算法）（见 GB/T 20652 和 GB/T 25853）。

在四链肢吊链的情况下，如能采取恰当的措施使载荷在各链肢之间均匀分配，则可认为四个链肢都承载。

在这种情况下，表 1 给出的值应乘以系数 4（三角函数计算法）（见 GB/T 25853）。

c)　对三链肢和四链肢吊链的中间主环，表 1 给出的值应乘以系数 1.6（均匀负载计算法）或 2（三角函数计算法）（见 GB/T 20652 和 GB/T 25853）。

## 6 材料及热处理

### 6.1 总则

与8级链条配用的承载部件，如没有单独适用的标准，其材料应符合6.2和6.3的规定。

### 6.2 材料

#### 6.2.1 总则

钢材应采用电炉或吹氧转炉冶炼并具有良好的可锻性。

在对钢坯、条钢或成品部件进行检验分析时，提供给部件制造商的成品钢材应满足6.2.2规定的要求。

#### 6.2.2 特殊要求

钢材应为镇静钢并应含足够量的合金元素，以保证部件经适当的热处理后具有规定的机械性能。所用的合金钢应至少含有下列合金元素中的二种：

——镍；

——铬；

——钼。

钢中硫和磷的含量应限制在表2规定的范围内。

**表2 钢中硫和磷的含量**

| 元　素 | 最大含量(质量分数)/% | |
|---|---|---|
| | 熔炼分析 | 检验分析 |
| 硫 | 0.035 | 0.04 |
| 磷 | 0.035 | 0.04 |

钢材冶炼应符合晶粒细化的要求，以便在按照GB/T 6394—2002中5.3规定的截点法进行检验时，应达到奥氏体5级晶粒度或更细的品级。例如，确保钢材含有足够量的铝或与其相当的元素，以使部件制造稳定，防止其在使用期间发生应变、时效、脆裂。推荐金属铝的含量最少为0.025%。

部件制造商有责任在上述规定限度内正确选择钢材，使经适当热处理的成品部件能满足本标准在机械性能方面规定的要求。

### 6.3 热处理

在进行验证力试验之前，应对部件进行热处理，使其能达到要求的机械性能和冶金性能。

部件使用温度最高可达400 ℃(见GB/T 22166)，在冷却到室温时其机械性能和冶金性能不应降低或改变。如需验证，应将部件试样重新加热至400 ℃，保温1 h，然后冷却到室温。

## 7 制造方法与工艺要求

部件中的每个锻件均应逐件锻制。热处理后应去除氧化皮，表面无裂纹等有害缺陷。制造过程中任何时候都不允许采用焊接的方法。

## 8 型式试验

### 8.1 总则

型式试验是制造商证明其符合本标准规定要求的部件确实具有本标准所规定的机械性能。试验的目的是对每种规格成品部件的设计、材质、热处理和制造方法进行验证。任何在设计、材质、热处理、制造方法方面的变更或在尺寸方面有超出正常制造公差范围的改变，凡有可能引起第5章中规定的机械性能发生变化的，均应对此类改型部件按8.2至8.4的规定进行型式试验。

所有做型式试验的部件都应符合本标准规定的所有其他各项要求。8.2至8.4中规定的试验应在每种设计、材质、热处理和制造方法的每一种规格部件上进行。

进行8.2至8.4规定的试验时，试验力应无冲击地沿轴向施加在部件上。

### 8.2 变形试验

取三个试样进行试验。每个试样均应能承受住表1对该部件规定的验证力，且没有明显的永久变形。

注：必要时，见第9章有关对所有部件进行验证试验的规定。

### 8.3 静强度试验

注：本试验可以在已经过变形试验的部件上进行。

取三个试样进行试验，每个试样的极限强度至少应等于表1对该部件规定的最小极限强度。

没必要为了验证部件的机械性能而将试验一直进行至达到其实际极限强度为止。只要达到了规定的最小极限强度并且其韧性得到证明就足够了。

### 8.4 疲劳试验

对极限工作载荷小于或等于10 t的部件应取三个试样做疲劳试验。

每个循环中加载力的最大值应等于表1对该部件规定的验证力的0.75倍；最小加载力应大于0且小于或等于3 kN。加载频率应在5 Hz至25 Hz之间。受测试样应能在上述加载力作用下至少通过$1\times10^4$次循环后仍能承受该载荷。

### 8.5 型式试验验收标准

#### 8.5.1 变形试验(见8.2)

为证明申报型式试验的该规格部件符合本标准，三个试样的变形试验都应合格。

#### 8.5.2 静强度试验和疲劳试验(见8.3与8.4)

如三个试样都通过了试验，则申报型式试验的该规格部件符合本标准。

试验中如有一个试样不符合要求，应另取二个试样再进行试验。如这二个试样都能通过试验，则认为申报型式试验的该规格部件符合本标准。

如果有二个或三个试样未通过试验，则认为申报型式试验的该规格部件不符合本标准。

## 9 验证试验

所有成品部件都应按表1规定的相应的验证力进行验证试验，试验后成品部件应无明显的永久变形。验证力应沿轴向无冲击地施加在部件上。

注：如果部件是作为GB/T 20652和GB/T 25853的8级吊链组件的一部分使用的，则应符合该标准中对验证试验的规定。

## 10 制造商产品合格证

在按第8章规定的型式试验完成并合格后，制造商可以对与受试部件相同名义尺寸、规格、材质、热处理以及制造方法的部件签发合格证书。

制造商应将涉及型式试验合格的部件的材质、热处理工艺、尺寸、试验结果及所有相关数据的记录至少保留到最后一份合格证书签发之后10年。该记录的内容还应包括以后生产中还将应用的制造规范。

任何在材质、制造方法、热处理工艺上的变更或尺寸上超出正常制造公差范围的改变，凡有可能导致第5章中规定的机械性能改变的，均应视作一次设计变更。在允许制造商对此类改型部件签发合格证书前，均应按照第8章规定进行型式试验。

## 11 标志

### 11.1 锻造部件

每个部件上都应采用不影响其机械性能的方法作出清晰的永久性标志。制造商在部件上作出的标志应至少包括以下信息：

a） 与该部件配用的链条的名义尺寸；

b） 代表强度级别的数字 8；

c） 制造商的符号；

d） 任何由国家标准、强制性法规或制造商与买方之间达成的协议所要求的标志。

注：要注意确保标志不会被误认为是部件的工作载荷。

## 11.2 承载销

每件承载销上都应作出代表强度级别的数字 8。

# 附 录 A
（资料性附录）
## 极限工作载荷（WLL）的计算值

表 A.1 极限工作载荷（WLL）的计算值

| 链条的名义尺寸（$d_n$）/ mm | 计算得出的极限工作载荷（WLL）/ t | 表 1 规定的极限工作载荷（WLL）/ t |
|---|---|---|
| 6 | 1.153 27 | 1.1 |
| 7 | 1.569 73 | 1.5 |
| 8 | 2.050 26 | 2 |
| 10 | 3.203 53 | 3.2 |
| 13 | 5.413 97 | 5.4 |
| 16 | 8.201 04 | 8[a] |
| 18 | 10.379 45 | 10[a] |
| 19 | 11.564 75 | 11.5 |
| 20 | 12.814 13 | 12.5[a] |
| 22 | 15.505 1 | 15.5 |
| 23 | 16.946 69 | 16.9 |
| 25 | 20.022 08 | 20 |
| 26 | 21.655 88 | 21.6 |
| 28 | 25.115 7 | 25[a] |
| 32 | 32.804 18 | 32[a] |
| 36 | 41.517 79 | 40[a] |
| 40 | 51.256 53 | 50[a] |
| 45 | 64.871 54 | 63[a] |

注：极限工作载荷（WLL）的纯计算值是使用下列公式计算[式(1)单位为 N，式(2)单位为 t]

$$200\ \pi d_n^2/2 \quad \cdots\cdots(1)$$

$$0.032\ 035\ 33\ d_n^2 \quad \cdots\cdots(2)$$

[a] 注释的规格是往下圆整到最近的优先数，因为链条的名义尺寸也是优先数。但表 1 中其他规格并列于本表的 WLL 值系由其计算值往下圆整到小数点后一位获得。

ICS 53.020.30
J 80

# 中华人民共和国国家标准

GB/T 25853—2010/ISO 7593:1986

# 8级非焊接吊链

## Chain slings assembled by methods other than welding—Grade 8

(ISO 7593:1986,IDT)

2011-01-10 发布　　2011-06-01 实施

中华人民共和国国家质量监督检验检疫总局
中国国家标准化管理委员会　发布

# 前　言

本标准等同采用 ISO 7593:1986《T(8)级非焊接吊链》(英文版)。

本标准等同翻译 ISO 7593:1986。

为便于使用，本标准做了下列编辑性修改：

——“本国际标准”一词改为“本标准”；

——用小数点“.”代替作为小数点的逗号“,”；

——删除国际标准的前言；

——引用的其他国际标准，用已被采用为我国的标准代替对应的国际标准。

本标准的附录 A 为资料性附录。

本标准由中国机械工业联合会提出。

本标准由全国起重机械标准化技术委员会(SAC/TC 227)归口。

本标准负责起草单位：杭州武林机器有限公司、杭州现代起重机械制造厂、北京起重运输机械设计研究院。

本标准参加起草单位：中煤张家口煤矿机械有限责任公司帕森斯链条分公司、浙江双鸟机械有限公司、安吉长虹制链有限公司。

本标准主要起草人：吴杰、徐建华、崔振元、林夫奎。

# 8级非焊接吊链

## 1 范围

本标准规定了8级非焊接吊链(包括1、2、3、4肢吊链)的技术要求及额定值计算和试验方法,该吊链配用符合GB/T 20946和GB/T 24816的8级链条及适当等级的部件。

本标准不适用于焊接吊链(见GB/T 20652)、肢长不等的吊链、环状吊链或特殊用途的吊链。

## 2 规范性引用文件

下列文件中的条款通过本标准的引用而成为本标准的条款。凡是注日期的引用文件,其随后所有的修改单(不包括勘误的内容)或修订版均不适用于本标准,然而,鼓励根据本标准达成协议的各方研究是否可使用这些文件的最新版本。凡是不注日期的引用文件,其最新版本适用于本标准。

GB/T 6394—2002 金属平均晶粒度测定法(ASTM E 112:1996,MOD)

GB/T 20652 M(4)、S(6)和T(8)级焊接吊链(GB/T 20652—2006,ISO 4778:1981,IDT)

GB/T 20946 起重用短环链 验收总则(GB/T 20946—2007,ISO 1834:1999,IDT)

GB/T 22166 非校准起重圆环链和吊链 使用和维护(GB/T 22166—2008,ISO 3056:1986,IDT)

GB/T 24813 8级链条用锻造环眼吊钩(GB/T 24813—2009,ISO 7597:1987,IDT)

GB/T 24816 起重用短环链 吊链等用8级普通精度链(GB/T 24816—2009,ISO 3076:1984,IDT)

GB/T 25852 8级链条用锻造起重部件(GB/T 25852—2010,ISO 8539:1986,IDT)

## 3 术语和定义

下列术语和定义适用本标准。

3.1

**吊链 chain sling**

由一根链条或数根链条与上、下端件根据本标准要求相连的组合件。用于连接重物和起重机或其他起重机械的吊钩(见图1至图4)。

3.2

**主环 master link**

组成吊链上端件的链环,吊链是通过它连接到起重机或其他起重机械的吊钩上(见图1至图4)。

3.3

**中间主环 intermediate master link**

将一个或二个链肢连接到主环上的链环(见图3和图4)。

3.4

**机械连接件 mechanical joining device**

不使用焊接方法将链条与其他部件相连的接头。它可以是整体的部件或分离的部件(见图5)。

3.5

**下端件 lower terminal**

装在吊链肢端的链环、吊钩或其他装置,此肢端远离主环或上端件。

3.6

**验证力　proof force**

$F_e$

整条吊链或链段试验时所施加的力(见第11章)。

3.7

**极限工作载荷　working load limit**

**WLL**

在一般工况下,吊链设计承受的最大质量。

3.8

**工作载荷　working load**

**WL**

在特定工况下,吊链应承受的最大质量。

3.9

**胜任者　competent person**

经理论知识和实践经验考核合格,并能按必要的指示进行所需检验的指定者。

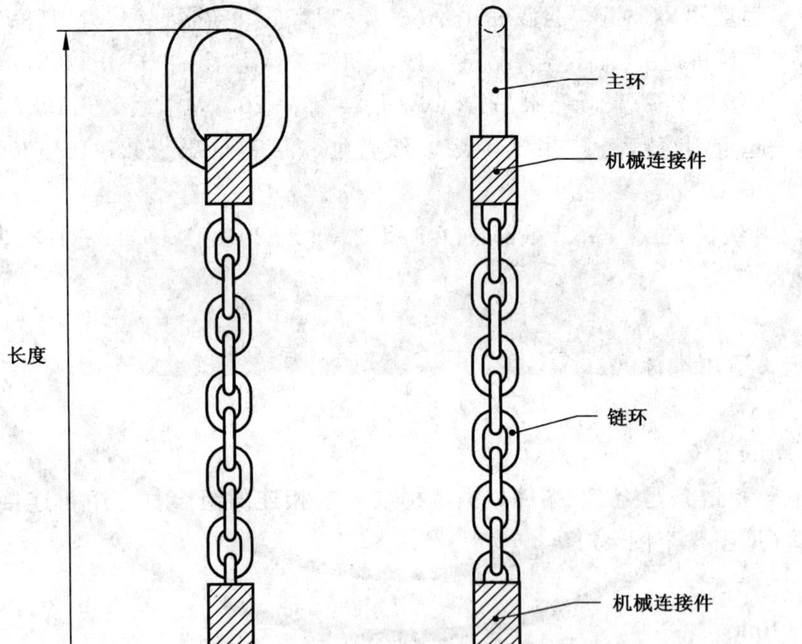


注:图1所示为典型的单肢吊链,只为说明所用的术语,吊链的设计并不限于此。

**图1　单肢吊链**

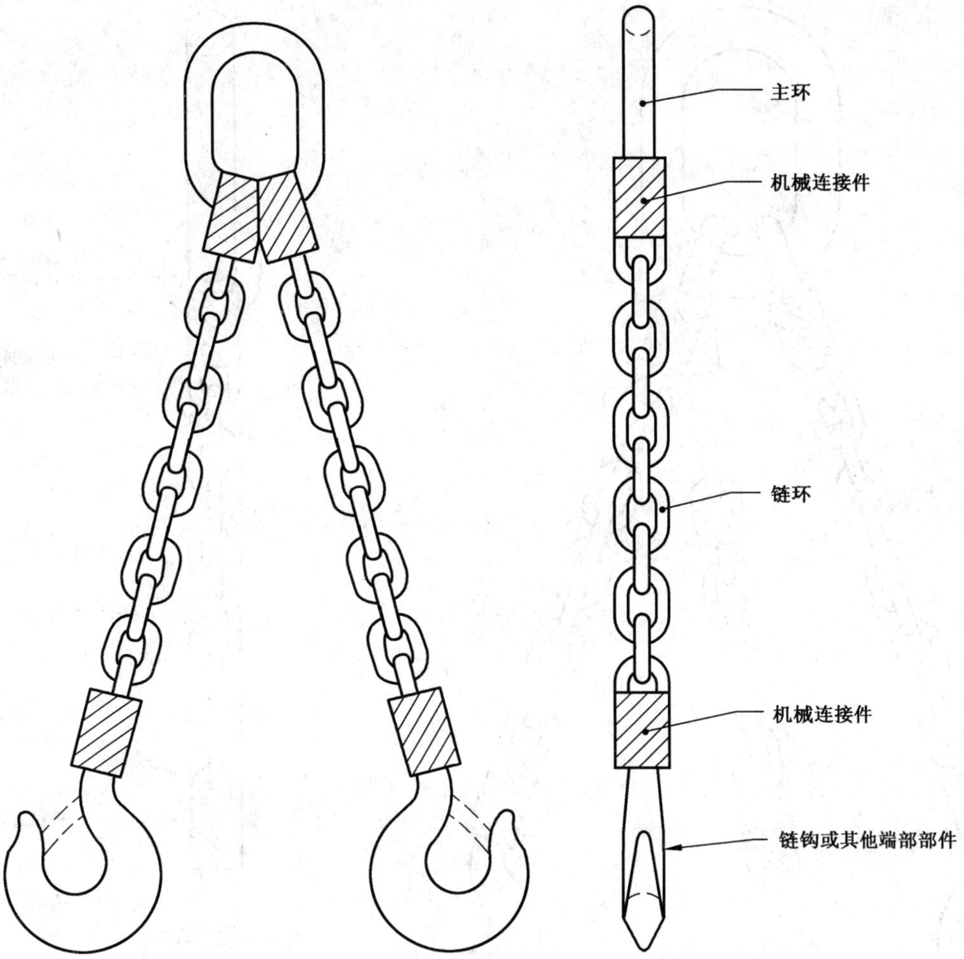


注：图 2 所示为典型的双肢吊链，只为说明所用的术语，吊链的设计并不限于此。

图 2　双肢吊链

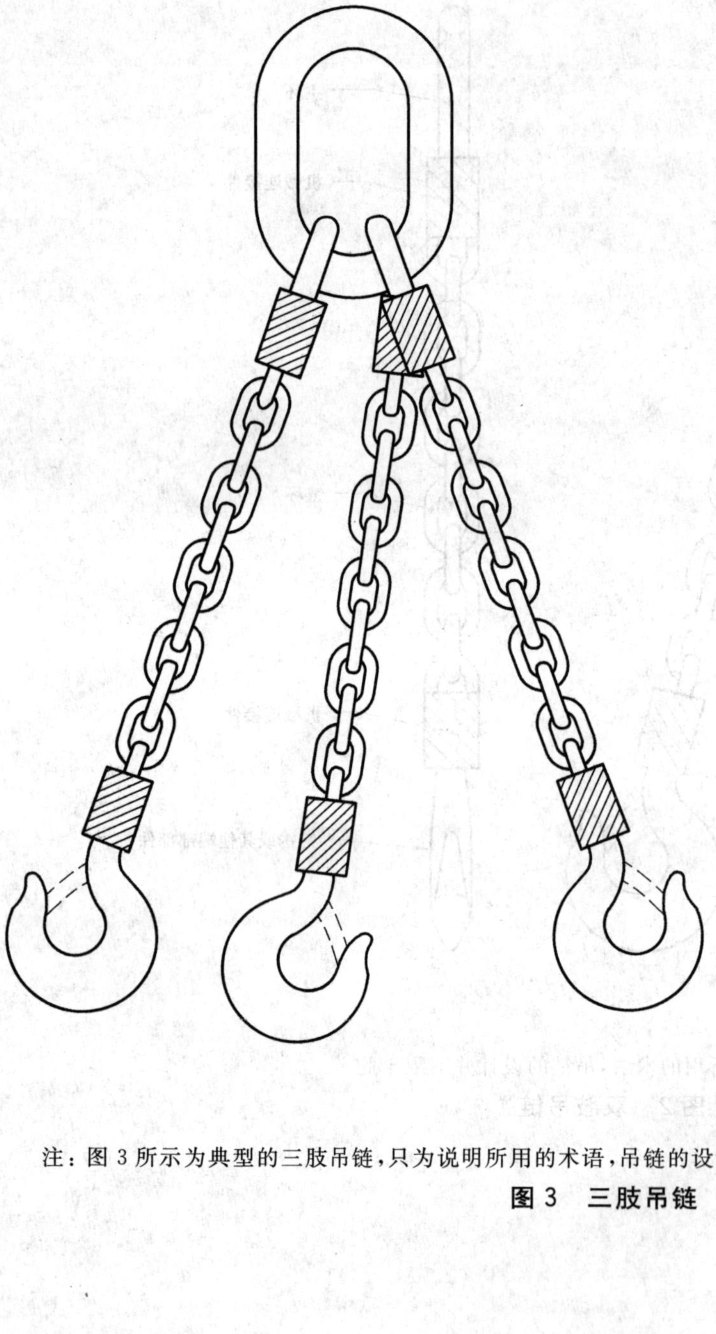

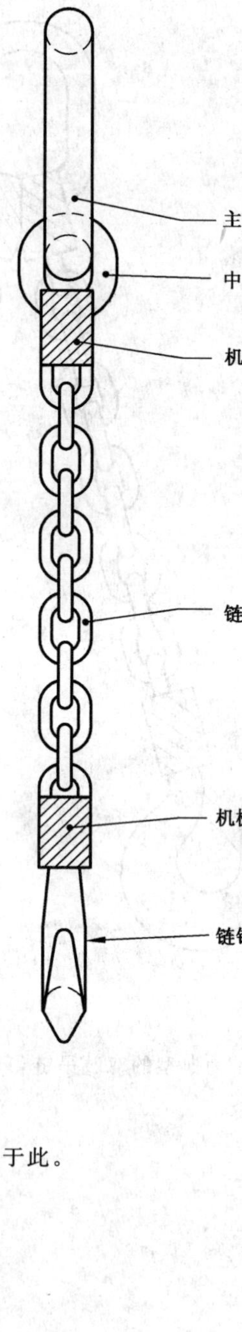


注：图 3 所示为典型的三肢吊链，只为说明所用的术语，吊链的设计并不限于此。

图 3　三肢吊链

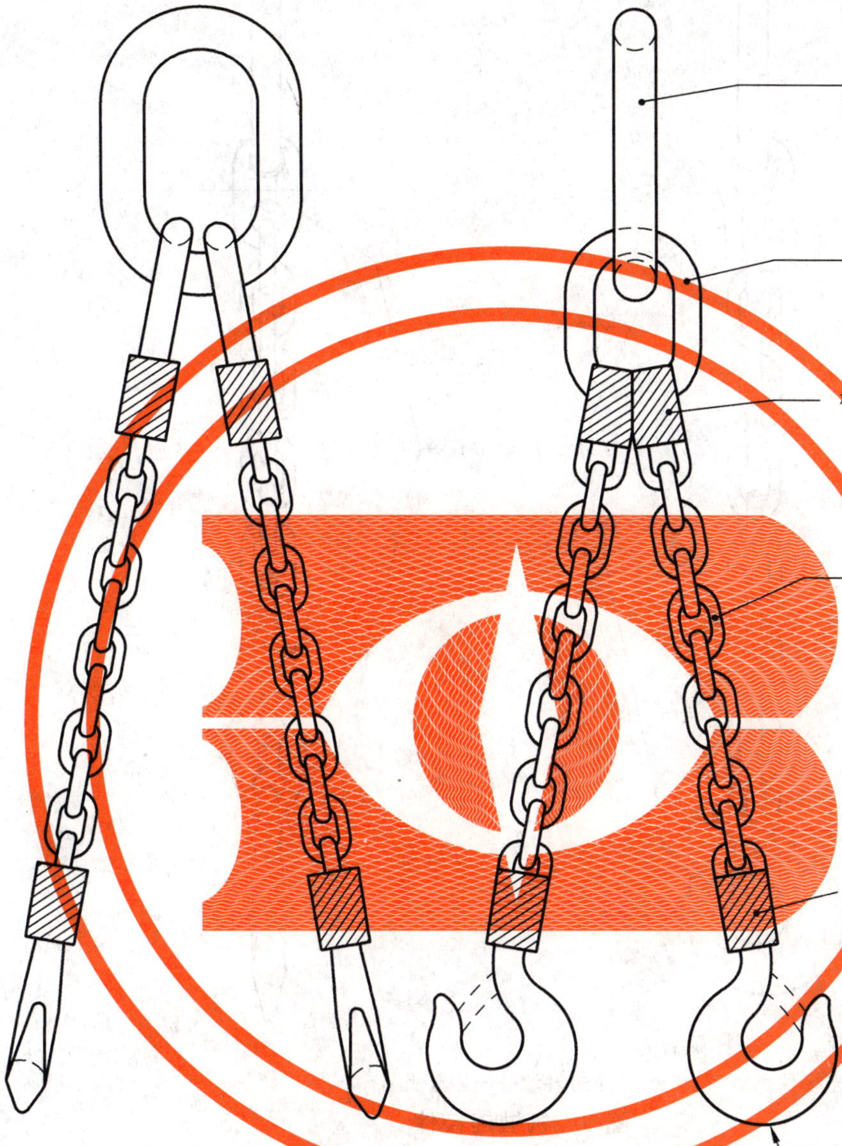


注：图 4 所示为典型的四肢吊链，只为说明所用的术语，吊链的设计并不限于此。

**图 4　四肢吊链**

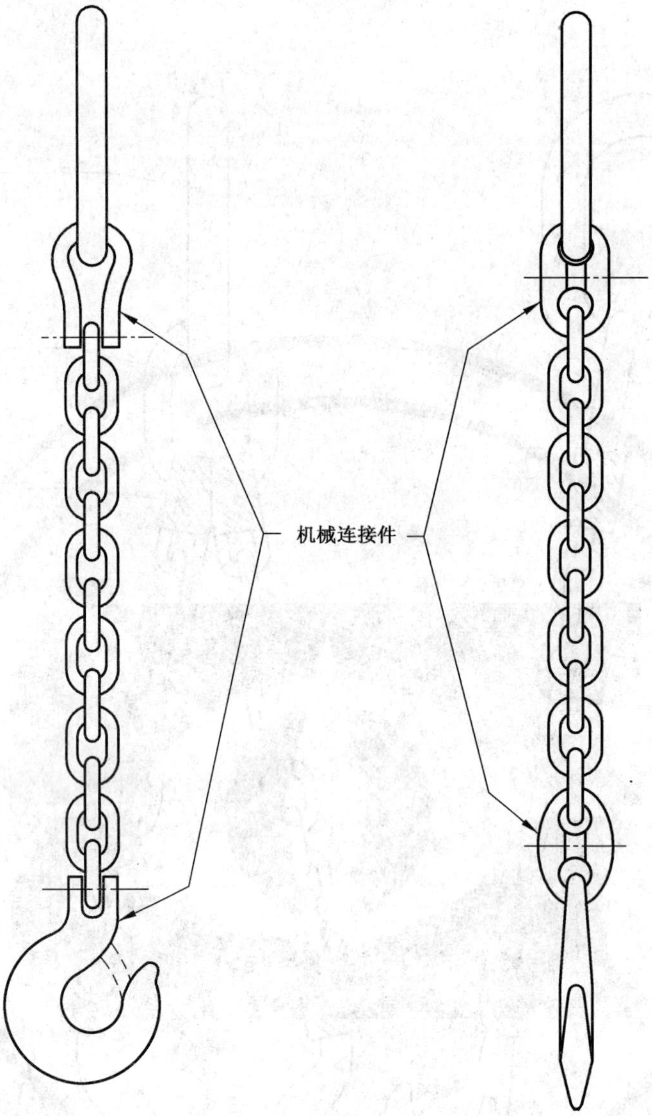


注：图 5 为典型的机械连接件示例，机械连接件的设计并不限于此。

图 5 机械连接件

## 4 规定

### 4.1 总则

吊链应符合 4.2 到 4.5 的规定。

### 4.2 名义尺寸

吊链的名义尺寸是短环链制造时的名义尺寸。

### 4.3 吊链长度

成品吊链的一肢长度是从下端件的内侧到上端件内侧的有效长度。(见图 1)

### 4.4 吊链等级

根据本标准设计的吊链的名义等级应与所用链条的等级一致，如 8 级。(见第 1 章)

### 4.5 额定值

吊链额定值应符合第 10 章和表 2 或表 3 的规定。

## 5 设计和结构

5.1 符合本标准的几种吊链示例见图1至图4。

5.2 如果不能阻止链环的翻转和楔住，比如采用锻造环等作为组合连接件，则蛋形环或梨形环等两端半径不等的链环应仅用作主环或下端件。作为下端件的焊接主环应是侧边平行的，除非能采用类似的安全措施以防止楔紧作用。

5.3 吊链应按照吊链制造商的说明书进行设计和制造，不能出现零部件自动分开的情况。

## 6 尺寸、公差和机械性能

### 6.1 链条

链条的尺寸和公差应符合 GB/T 24816 的要求。

### 6.2 主环和中间主环

6.2.1 链环的内部尺寸及材料截面应符合下列要求：

a) 主环应能装入起重机吊钩，该起重机吊钩的极限工作载荷应大于该吊链极限工作载荷的1.25倍；

b) 主环的内宽不小于a)中规定的起重机吊钩的最大宽度的1.2倍；

c) 对以吊钩作为下端件的吊链，除非在无载时有其他措施固定吊钩，链环的内部尺寸和截面应允许下端件钩入与a)所规定的吊钩相配的主环。

6.2.2 主环和中间主环的截面可为圆形或其他适当的截面，但材料截面按如下要求选择：

a) 验证力卸去后(见第11章)，主环和中间环应无任何明显的永久变形；

b) 总极限伸长率应至少为17%[1)]；

c) 最小极限强度应为验证力的两倍(见第11章)。

### 6.3 下端环

6.3.1 下端环的尺寸应保证各环间灵活转动。

6.3.2 下端环的材料截面应符合以下要求：

a) 验证力卸去后(见第11章)，下端环应无任何明显的永久变形；

b) 总极限伸长率应至少为17%[1)]；

c) 最小极限强度应不小于链条的规定。

注：GB/T 20652 中列出了侧边平行主环、中间主环和下端环截面的计算方法。

### 6.4 机械连接件

机械连接件的承载能力应不小于与吊链部件相连的链条的承载能力，承载能力包括极限工作载荷、验证力和最小极限强度等。

### 6.5 长度公差

6.5.1 制造吊链时，每个链肢的实际长度应为买方订货要求的名义长度，公差为$^{+2}_{0}$个链环节距。

6.5.2 制造多肢吊链时，最长肢和最短肢在相等拉力下测量，名义长度在2 m以下时，其长度差应不超过10 mm，当名义长度超过2 m时，其长度差每米可增加5 mm。

## 7 材质及热处理

### 7.1 总则

承载件的材质及热处理应符合如下要求：

a) 链条应符合 GB/T 24816 规定的要求；

---

1) 此值不适用于含整体机械连接件的锻造环。而对此种情况，应做完全拉伸试验以验证链环的塑性。

b) 部件应符合相关国家标准(如 GB/T 24813)的规定；

c) 未包括在国家标准内的 8 级吊链所用部件应符合 7.2 规定的材料要求。

### 7.2 国家标准未包括部件的材料要求

#### 7.2.1 材料性能

##### 7.2.1.1 总则

所用钢材应由电炉或吹氧转炉冶炼而成,并具有良好的可锻性。

部件制造商提供的成品,在坯料、棒材或成品部件上取样进行检验分析,其钢材应符合 7.2.1.2 的要求。

##### 7.2.1.2 特殊要求

钢材应为镇静钢,并含有足量合金元素,以便经适当热处理后能保证机械性能。合金钢至少应含有以下化学元素中的两种:

——镍;

——铬;

——钼。

硫和磷的含量应限制在表 1 规定的范围内。

钢材冶炼应符合晶粒细化的要求。以便按照 GB/T 6394—2002 中 5.3 规定的截点法对钢材进行检验时,应达到奥氏体 5 级晶粒度或更细的品级。例如,可通过确保钢材含有足量的铝或相当的元素,以使吊链制造稳定,防止使用期间发生应变、时效、脆裂。推荐铝的最小含量为 0.025%。

**表 1 硫和磷含量**

| 元素 | 最大含量(质量分数)/% | |
|---|---|---|
| | 熔炼分析 | 检验分析 |
| 硫 | 0.035 | 0.04 |
| 磷 | 0.035 | 0.04 |

部件制造商有责任在以上限度内选择钢材,以便经相应热处理后成品部件能满足本标准规定的机械性能。

#### 7.2.2 热处理

在验证力试验前,部件应进行热处理以获得要求的机械性能和冶金性能。

部件在最高温度为 400 ℃下使用(见 GB/T 22166)后降到室温,其金属性能和机械性能不应损伤或改变。需要验证时,应将试样重新加热到 400 ℃保温 1 h 后冷却至室温,再进行试验。

## 8 制造方法和工艺

### 8.1 主环、中间主环和下端件

部件应锻造或成形后焊接而成。

链环的焊接方法(可焊时)、焊接工艺和成品形状,应达到第 6 章规定的机械性能要求。

### 8.2 制造验证力

在制造过程中,除链条外热处理的部件应承受第 11 章中规定的验证力,符合 GB/T 24816 要求的链条应承受至少为最小极限强度 60%的验证力(见 GB/T 24816 中的最小破断力)。

### 8.3 装配

吊链的装配应严格按照链条和部件的制造说明书进行。

### 8.4 试验数据

根据验证设计的需要,链条或部件制造商应提供代表任一部件实际试验的数据。

## 9 成品检验

吊链装配后完成以下一种检验：

a) 买卖双方有协议要求或按照国家法规要求时，吊链应按照第 11 章进行验证力试验，并由胜任者进行检验(见 11.2)；

b) 吊链应由胜任者进行外观检验，以确保提供的每个部件无缺陷，且证明进行过试验，试验力至少等于制造验证力(见 8.2)。

## 10 额定值

### 10.1 单肢吊链

单肢吊链的极限工作载荷应等于结构中所使用链条的极限工作载荷。

### 10.2 多肢吊链

注：本条用于对称分布载荷。

#### 10.2.1 总则

多肢吊链的额定值计算有两种可选择的方法。

——均匀载荷法(见 10.2.2 和表 2)

链肢间为 0°～90°的任一角度(对铅垂线呈 0°～45°)或链肢间的任一角度在 90°～120°范围内(对铅垂线呈 45°～60°)时，吊链额定值按平均极限工作载荷计算。

——三角函数法(见 10.2.3 和表 3)

吊链的额定值根据所使用链肢间特定夹角下的极限工作载荷进行计算，故通常需采用三角函数表。

#### 10.2.2 均匀载荷法

##### 10.2.2.1 双肢吊链

链肢间在 0°～90°(对铅垂线呈 0°～45°)范围内的所有角度，极限工作载荷按以下公式计算：

WLL=1.4×单肢吊链的 WLL

链肢间在 90°～120°(对铅垂线呈 45°～60°)范围内的所有角度，极限工作载荷(WLL)按以下公式计算：

WLL=单肢吊链的 WLL

##### 10.2.2.2 三肢吊链和四肢吊链

链肢间角度在 0°～90°(对铅垂线呈 0°～45°)范围内的所有角度，极限工作载荷(WLL)按以下公式计算：

WLL=2.1×单肢吊链的 WLL

当链肢间的角度在 90°～120°(对铅垂线呈 45°～60°)时，极限工作载荷(WLL)按以下公式计算：

WLL=1.5×单肢吊链的 WLL

注：对三肢吊链的情况，链肢间的角度应取为铅垂线夹角的 2 倍，即 2×$\beta$(见图 7)。在四肢吊链的情况下，链肢间的角度应为相对两链肢对角线间的夹角。

#### 10.2.3 三角函数法

##### 10.2.3.1 双肢吊链

双肢吊链的极限工作载荷(WLL)按如下公式计算：

WLL=2×单肢极限工作载荷×cos$\beta$

##### 10.2.3.2 三肢和四肢吊链

三肢和四肢吊链的 WLL 按如下公式计算：

WLL=3×单肢极限工作载荷×cos$\beta$

注：对四肢吊链的情况，如果每个链肢之间载荷的测量结果是均布的，可认为每个链肢都承受载荷，则四肢吊链载荷的计算可采用如下公式：WLL=4×单肢极限工作载荷×cos$\beta$

## 10.3 额定值

除非另有规定，无论是采用均匀载荷法或三角函数法计算多肢吊链的额定值，都应为吊链链肢间夹角为 90°(与铅垂线成 45°)时的极限工作载荷。

注：采用均匀载荷法设计的吊链主环未必适用于采用三角函数法设计的。

**表 2 采用均匀载荷法计算的极限工作载荷(见图 7)**

| 链条的名义尺寸 $d_n$/mm | 极限工作载荷(WLL)/t | | | | |
|---|---|---|---|---|---|
| | 单肢吊链 | 双肢吊链 | | 三肢和四肢吊链 | |
| | | $0° \leqslant \alpha \leqslant 90°$<br>$0° \leqslant \beta \leqslant 45°$ | $90° \leqslant \alpha \leqslant 120°$<br>$45° \leqslant \beta \leqslant 60°$ | $0° \leqslant \alpha \leqslant 90°$<br>$0° \leqslant \beta \leqslant 45°$ | $90° \leqslant \alpha \leqslant 120°$<br>$45° \leqslant \beta \leqslant 60°$ |
| 6 | 1.1 | 1.5 | 1.1 | 2.3 | 1.6 |
| 7 | 1.5 | 2.1 | 1.5 | 3.1 | 2.2 |
| 8 | 2 | 2.8 | 2 | 4.2 | 3 |
| 10 | 3.2 | 4.4 | 3.2 | 6.7 | 4.8 |
| 13 | 5.4 | 7.5 | 5.4 | 11.3 | 8.1 |
| 16 | 8 | 11.2 | 8 | 16.8 | 12 |
| 18 | 10 | 14 | 10 | 21 | 15 |
| 19 | 11.5 | 16.1 | 11.5 | 24.1 | 17.2 |
| 20 | 12.5 | 17.5 | 12.5 | 26.2 | 18.7 |
| 22 | 15.5 | 21.7 | 15.5 | 32.5 | 23.2 |
| 23 | 16.9 | 23.6 | 16.9 | 35.4 | 25.3 |
| 25 | 20 | 28 | 20 | 42 | 30 |
| 26 | 21.6 | 30.2 | 21.6 | 45.3 | 32.4 |
| 28 | 25 | 35 | 25 | 52.5 | 37.5 |
| 32 | 32 | 44.8 | 32 | 67.2 | 48 |
| 36 | 40 | 56 | 40 | 84 | 60 |
| 40 | 50 | 70 | 50 | 105 | 75 |
| 45 | 63 | 88.2 | 63 | 132.3 | 94.5 |

注 1：单肢吊链的 WLL 采用现成的计算值(见附录 A)。

注 2：多肢吊链的 WLL 的计算：采用单肢吊链的 WLL 乘 10.2.2 中规定的相应的系数并将数值圆整到小数点后 1 位。

表3 采用三角函数法计算的极限工作载荷(见图7)

| 链条的名义尺寸 $d_n$/mm | 极限工作载荷(WLL)/t | | | | | | | | |
|---|---|---|---|---|---|---|---|---|---|
| | 单肢吊链 | 双肢吊链 | | | | 三肢和四肢吊链 | | | |
| | | $\alpha=30°$ $\beta=15°$ | $\alpha=60°$ $\beta=30°$ | $\alpha=90°$ $\beta=45°$ | $\alpha=120°$ $\beta=60°$ | $\alpha=30°$ $\beta=15°$ | $\alpha=60°$ $\beta=30°$ | $\alpha=90°$ $\beta=45°$ | $\alpha=120°$ $\beta=60°$ |
| 6 | 1.1 | 2.1 | 1.9 | 1.5 | 1.1 | 3.1 | 2.8 | 2.3 | 1.6 |
| 7 | 1.5 | 2.8 | 2.5 | 2.1 | 1.5 | 4.3 | 3.8 | 3.1 | 2.2 |
| 8 | 2 | 3.8 | 3.4 | 2.8 | 2 | 5.7 | 5.1 | 4.2 | 3 |
| 10 | 3.2 | 6.1 | 5.5 | 4.5 | 3.2 | 9.2 | 8.3 | 6.7 | 4.8 |
| 13 | 5.4 | 10.4 | 9.3 | 7.6 | 5.4 | 15.6 | 14 | 11.4 | 8.1 |
| 16 | 8 | 15.4 | 13.8 | 11.3 | 8 | 23.1 | 20.7 | 16.9 | 12 |
| 18 | 10 | 19.3 | 17.3 | 14.1 | 10 | 28.9 | 25.9 | 21.2 | 15 |
| 19 | 11.5 | 22.2 | 19.9 | 16.2 | 11.5 | 33.3 | 29.8 | 24.3 | 17.2 |
| 20 | 12.5 | 24.1 | 21.6 | 17.6 | 12.5 | 36.2 | 32.4 | 26.5 | 18.7 |
| 22 | 15.5 | 29.9 | 26.8 | 21.9 | 15.5 | 44.9 | 40.2 | 32.8 | 23.2 |
| 23 | 16.9 | 32.6 | 29.2 | 23.9 | 16.9 | 48.9 | 43.9 | 35.8 | 25.3 |
| 25 | 20 | 38.6 | 34.6 | 28.2 | 20 | 57.9 | 51.9 | 42.4 | 30 |
| 26 | 21.6 | 41.7 | 37.4 | 30.5 | 21.6 | 62.5 | 56.1 | 45.8 | 32.4 |
| 28 | 25 | 48.2 | 43.3 | 35.3 | 25 | 72.4 | 64.9 | 53 | 37.5 |
| 32 | 32 | 61.8 | 55.4 | 45.2 | 32 | 92.7 | 83.1 | 67.8 | 48 |
| 36 | 40 | 77.2 | 69.2 | 56.5 | 40 | 115.9 | 103.9 | 84.8 | 60 |
| 40 | 50 | 96.5 | 86.6 | 70.7 | 50 | 144.8 | 129.9 | 106 | 75 |
| 45 | 63 | 121.7 | 109.1 | 89.6 | 63 | 182.5 | 163.6 | 133.6 | 94.5 |

注1:单肢吊链的WLL采用现成的计算值(见附录A)。

注2:多肢吊链的WLL的计算:采用单肢吊链的WLL乘10.2.2中规定的相应的系数并将数值圆整到小数点后1位。

注3:注意10.2.3.2中的注,在特定的环境下,允许四肢吊链的WLL有较高的计算值。表3中未包括这些值。

## 11 验证力

### 11.1 总则

当买方和制造商有协议要求,或国家法规(见第9章)有要求时,装配吊链和附件后应进行验证力试验。多肢吊链应分段试验。按照11.2的要求,每个单独链段应能承受2倍于极限工作载荷的力。

### 11.2 验证力系数

吊链的链段应承受验证力试验,该验证力等于该种尺寸链条的极限工作载荷与表4所列出的系数相乘所得的值。

### 11.3 试验后的检验

按第9章a)中的要求进行验证力试验并卸掉试验载荷后,应由胜任者对吊链进行仔细检查。应更换任何有瑕疵的链条或部件并应重新试验和检验。

**表 4　验证力系数**

| 应施加验证力的链段(见图 6) | 均匀载荷法 | | 三角函数法 | |
|---|---|---|---|---|
| | 极限工作载荷(WLL) | 验证力系数(2×WLL) | 极限工作载荷(WLL) | 验证力系数(2×WLL) |
| $PL_1$ | 1 | 2 | 1 | 2 |
| $PL_2$ | 1.4 | 2.8 | 2 | 4 |
| $PL_3$ | 2 | 4 | 2 | 4 |
| $PL_4$ | 2.1 | 4.2 | 3[a] | 6[b] |

[a] 如按 10.2.3.2 中的注计算四肢吊链的验证力，对应 $PL_4$ 的系数为 4。

[b] 如按 10.2.3.2 中的注计算四肢吊链的验证力，对应 $PL_4$ 的系数为 8。

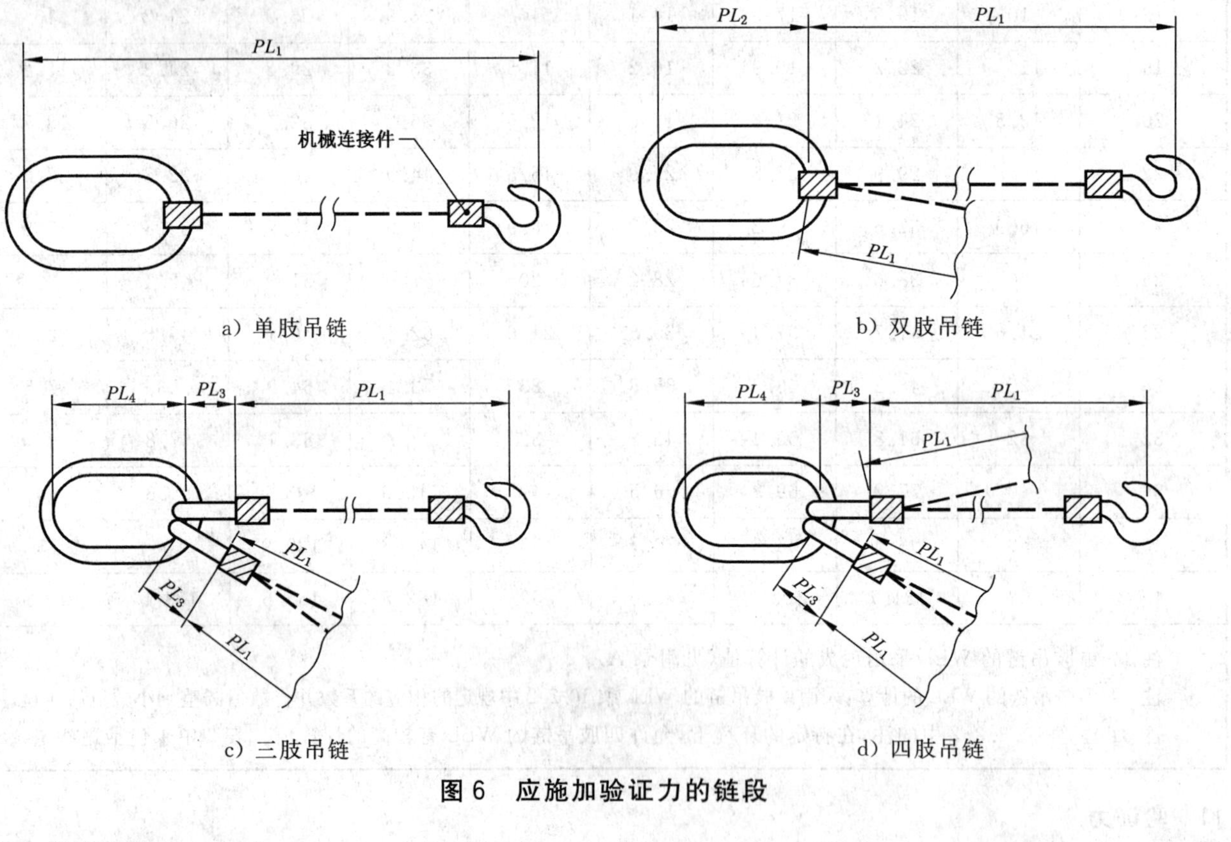


a) 单肢吊链　　b) 双肢吊链

c) 三肢吊链　　d) 四肢吊链

**图 6　应施加验证力的链段**

## 12　合格证书

每个吊链应提供签发日期并包含以下信息的证书：

a)　吊链制造商、装配者或供货商的名称；

b)　识别标记或符号(见第 13 章)；

c)　吊链结构(见第 5 章)；

d)　链条的名义尺寸和等级标记 8；

e)　吊链长度；

f)　极限工作载荷(WLL)；

g)　给定工况下的工作载荷；

h) 吊链部件通过制造验证力的记录(见 8.2);

i) 对装配之后经过验证试验[见第 9 章 a)]的吊链,合格证书应包含以下内容:

 1) 验证试验和最后检验的机构和人员的名称;

 2) 施加的验证力;

j) 对装配之后未经过验证试验[见第 9 章 b)]的吊链,合格证书应含有进行外观检验的机构和人员的名称。

## 13 标记

### 13.1 总则

13.2～13.4 规定的信息应标注于永久固定在主环、或紧邻主环的连接环上的金属标牌或标签上。或者上述全部或部分信息可以在主环上标记,但链环的机械性能不能明显降低。

### 13.2 单肢吊链

以下信息应提供:

a) 极限工作载荷,单位用 kg 或 t;

b) 专用识别数字或符号(与合格证有关的);

c) 吊链等级,8;

d) 装配者姓名或代号;

e) 链条名义尺寸(优选的)。

### 13.3 链肢间夹角为 0°～90°(与铅垂线夹角为 0°～45°)时使用均匀载荷法计算 WLL 的链条

以下信息应提供:

a) 极限工作载荷表示如下:WLL(kg 或 t)在 90°(与铅垂线的夹角为 45°)时;

b) 专用识别数字或符号(与合格证有关的);

c) 吊链等级,8;

d) 装配者姓名或代号;

e) 链条名义尺寸(优选的);

f) 链肢数;

g) 将 90°～120°角(与铅垂线成 45°～60°角)时使用的极限工作载荷刻印在标牌或标签上,或以类似方式系住的独立的标牌或标签上,表达如下:

 WLL(kg 或 t)90°～120°(与铅垂线成 45°～60°角)。

### 13.4 使用三角函数法计算 WLL 的链条

以下信息应提供:

a) 链肢间角度为 90°(与铅垂线成 45°)时的极限工作载荷,表示为:

 WLL(kg 或 t)在 90°(与铅垂线成 45°)

b) 专用识别数字或符号(与合格证有关的);

c) 吊链等级,8;

d) 装配者姓名或代号;

e) 链条名义尺寸(优选的);

f) 链肢数。

### 13.5 标签或标牌的缺失或脱落

如果标有 13.2～13.4 中规定的具体信息的标签或标牌的缺失或脱落,吊链只能根据保留的标签和标牌上所示的额定值进行使用。如果无保留的标签和标牌,吊链宜停止使用,除非主环上标有必要的信息。

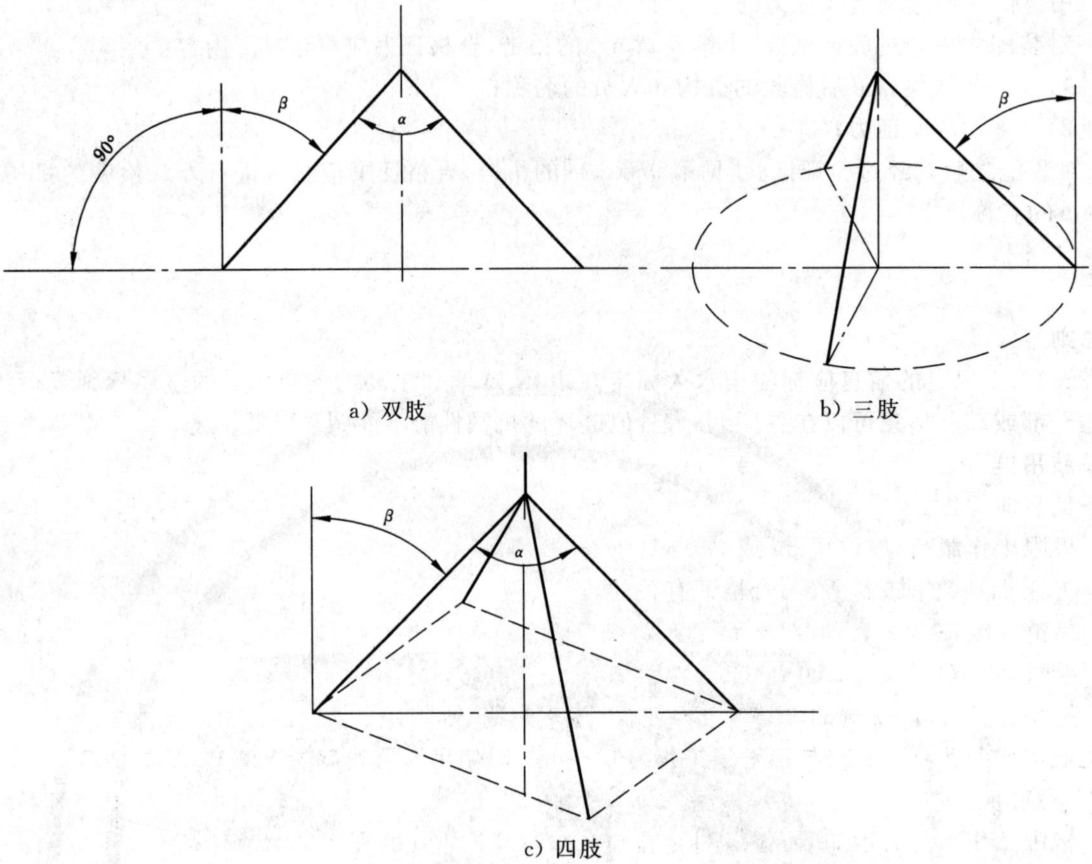


图7　链肢倾斜角(见表2和表3)

# 附 录 A
（资料性附录）
## 单肢吊链极限工作载荷的计算值

表 A.1 单肢吊链极限工作载荷的计算值

| 链条的名义尺寸 $d_n$/mm | 极限工作载荷的完整计算值 (WLL)/t | 表 2 和表 3 中规定的极限工作载荷 (WLL)/t |
|---|---|---|
| 6 | 1.153 27 | 1.1 |
| 7 | 1.569 73 | 1.5 |
| 8 | 2.050 26 | 2 |
| 10 | 3.203 53 | 3.2 |
| 13 | 5.413 97 | 5.4 |
| 16 | 8.201 04 | 8* |
| 18 | 10.379 45 | 10* |
| 19 | 11.564 75 | 11.5 |
| 20 | 12.814 13 | 12.5* |
| 22 | 15.505 1 | 15.5 |
| 23 | 16.946 69 | 16.9 |
| 25 | 20.022 08 | 20 |
| 26 | 21.655 88 | 21.6 |
| 28 | 25.115 7 | 25* |
| 32 | 32.804 18 | 32* |
| 36 | 41.517 79 | 40* |
| 40 | 51.256 53 | 50* |
| 45 | 64.871 54 | 63* |

注 1：极限工作载荷(WLL)的完整计算值由下式确定[式(1)单位为 N，式(2)单位为 t]：

$$200\times\pi d_n^2/2 \quad \cdots\cdots(1)$$

$$0.032\ 035\ 33d_n^2 \quad \cdots\cdots(2)$$

注 2：除去标有 * 号的数值，表 2 和表 3 规定的 WLL 值源自本表中给出的完整计算值圆整到小数点后 1 位；因为链条的名义尺寸也是理想值，故带 * 号的数值已被圆整到最接近的理想值。

ICS 53.020.30
J 80

# 中华人民共和国国家标准

GB/T 25854—2010/ISO 2415:2004

# 一般起重用D形和弓形锻造卸扣

Forged shackles for general lifting purposes—Dee shackles and bow shackles

(ISO 2415:2004,IDT)

2011-01-10 发布　　2011-06-01 实施

中华人民共和国国家质量监督检验检疫总局
中国国家标准化管理委员会　发布

# 前　言

本标准等同采用 ISO 2415:2004《一般起重用锻造卸扣　D形和弓形卸扣》(英文版)。

本标准等同翻译 ISO 2415:2004。

为便于使用,本标准做了以下编辑性修改:

——“本国际标准”一词改为“本标准”;

——用小数点“.”代替作为小数点的“,”;

——删除国际标准前言;

——删除引用的 ISO 263 英制标准;

——引用的其他国际标准,用已被采用为我国的标准代替对应的国际标准;

——规范性引用文件增加了引用标准(见第 10 章)。

本标准的附录 A 为规范性附录,附录 B 为资料性附录。

本标准由中国机械工业联合会提出。

本标准由全国起重机械标准化技术委员会(SAC/TC 227)归口。

本标准负责起草单位:杭州现代起重机械制造厂、杭州武林机器有限公司、北京起重运输机械设计研究院。

本标准参加起草单位:中煤张家口煤矿机械有限责任公司帕森斯链条分公司。

本标准主要起草人:杨宪辉、张 云、崔振元、林夫奎。

# 一般起重用D形和弓形锻造卸扣

## 1 范围

本标准规定了强度级别为4级、6级和8级D形和弓形卸扣的一般特征、性能及与其他零件互换和配合所需的关键尺寸。

本标准适用于极限工作载荷为0.32 t～100 t的D形和弓形锻造卸扣。

D型卸扣与符合GB/T 24812和GB/T 24813规定的锻造环眼吊钩一起使用时可用一个中间件连接。

## 2 规范性引用文件

下列文件中的条款通过本标准的引用而成为本标准的条款。凡是注日期的引用文件，其随后所有的修改单(不包括勘误的内容)或修订版均不适用于本标准。然而，鼓励根据本标准达成协议的各方研究是否可使用这些文件的最新版本。凡是不注日期的引用文件，其最新版本适用于本标准。

GB/T 193 普通螺纹 直径与螺距系列(GB/T 193—2003,ISO 261:1998,MOD)

GB/T 197—2003 普通螺纹 公差(ISO 965-1:1998,MOD)

GB/T 230.1 金属洛氏硬度试验 第1部分:试验方法(A、B、C、D、E、F、G、H、K、N、T标尺)(GB/T 230.1—2004,ISO 6508-1:1999,MOD)

GB/T 231.1 金属布氏硬度试验 第1部分:试验方法(GB/T 231.1—2002,eqv ISO 6506-1:1999)

GB/T 6394—2002 金属平均晶粒度测定方法(ASTM E112:1996,MOD)

GB/T 13304.1 钢分类 第1部分:按化学成分分类(GB/T 13304.1—2008, ISO 4948-1:1982,MOD)

GB/T 24812 4级链条用锻造环眼吊钩(GB/T 24812—2009,ISO 4779:1986,IDT)

GB/T 24813 8级链条用锻造环眼吊钩(GB/T 24813—2009,ISO 7597:1987,IDT)

## 3 术语和定义

下列术语和定义适用于本标准。

3.1

**卸扣 shackle**

由扣体和销轴等两个易拆零件装配成的组合件。

3.2

**扣体 body**

卸扣的两个零件之一。由一根适当截面的棒材经弯曲锻制而成，两端带有同轴环眼。

3.3

**扣顶 crown**

扣体与销轴相对的部分。

3.4

**环眼 eye**

扣体尾端穿销轴用的同轴孔的环形部位。

3.5

**销轴 pin**

穿过环眼的圆棒，其就位时安全可靠并便于拆卸。

3.6

**D形卸扣 dee shackle**

扣顶呈半圆形，其内半径等于两环眼之间内宽 $W$ 一半的卸扣，见图1。

3.7

**弓形卸扣 bow shackle**

扣顶呈大半个圆形，其内半径大于两环眼之间内宽 $W$ 一半的卸扣，见图2。

3.8

**极限强度 ultimate strength**

$F_u$

拉伸试验过程中，卸扣失去承载能力的最大力。

3.9

**验证力 proof force**

$F_e$

按第12章规定施加于成品卸扣的试验力。

3.10

**极限工作载荷 working load limit**

**WLL**

在一般工况下，卸扣能承受的设计最大质量。

3.11

**工作载荷 working load**

**WL**

在特定使用工况下，卸扣应承受的最大质量。

## 4 型式和尺寸

### 4.1 D形卸扣

D形卸扣的尺寸应符合图1和表1的规定。

1——扣顶；

2——扣体；

3——W 型：带孔和台肩的螺纹销轴(举例)；

4——环眼；

5——X 型：六角头螺栓型销轴，六角螺母和开口销(举例)。

注：本图仅表示卸扣尺寸的测量位置，不作为任一部位的具体设计。

**图 1　D 形卸扣尺寸**

表1 D形卸扣尺寸

| 极限工作载荷 WLL | | | $d^{a}$ max | $D^{b}$ max | $e^{c}$ max | $S^{d}$ min | $W^{b}$ min |
|---|---|---|---|---|---|---|---|
| 4级 | 6级 | 8级 | | | | | |
| t | | | mm | | | | |
| 0.32 | 0.50 | 0.63 | 8 | 9 | 19.8 | 18 | 9 |
| 0.40 | 0.63 | 0.8 | 9 | 10 | 22 | 20 | 10 |
| 0.50 | 0.8 | 1 | 10 | 11.2 | 24.64 | 22.4 | 11.2 |
| 0.63 | 1 | 1.25 | 11.2 | 12.5 | 27.5 | 25 | 12.5 |
| 0.8 | 1.25 | 1.6 | 12.5 | 14 | 30.8 | 28 | 14 |
| 1 | 1.6 | 2 | 14 | 16 | 35.2 | 31.5 | 16 |
| 1.25 | 2 | 2.5 | 16 | 18 | 39.6 | 35.5 | 18 |
| 1.6 | 2.5 | 3.2 | 18 | 20 | 44 | 40 | 20 |
| 2 | 3.2 | 4 | 20 | 22.4 | 49.28 | 45 | 22.4 |
| 2.5 | 4 | 5 | 22.4 | 25 | 55 | 50 | 25 |
| 3.2 | 5 | 6.3 | 25 | 28 | 61.8 | 56 | 28 |
| 4 | 6.3 | 8 | 28 | 31.5 | 69.3 | 63 | 31.5 |
| 5 | 8 | 10 | 31.5 | 35.5 | 78.1 | 71 | 35.5 |
| 6.3 | 10 | 12.5 | 35.5 | 40 | 88 | 80 | 40 |
| 8 | 12.5 | 16 | 40 | 45 | 99 | 90 | 45 |
| 10 | 16 | 20 | 45 | 50 | 110 | 100 | 50 |
| 12.5 | 20 | 25 | 50 | 56 | 123.2 | 112 | 56 |
| 16 | 25 | 32 | 56 | 63 | 138.6 | 125 | 63 |
| 20 | 32 | 40 | 63 | 71 | 156.2 | 140 | 71 |
| 25 | 40 | 50 | 71 | 80 | 178 | 160 | 80 |
| 32 | 50 | 63 | 80 | 90 | 198 | 180 | 90 |
| 40 | 63 | 80 | 90 | 100 | 220 | 200 | 100 |
| 50 | 80 | 100 | 100 | 112 | 246.4 | 224 | 112 |
| 63 | 100 | — | 112 | 125 | 275 | 250 | 125 |
| 80 | — | — | 125 | 140 | 308 | 280 | 140 |
| 100 | — | — | 140 | 160 | 352 | 315 | 160 |

[a] 该尺寸的计算公式由 A.1.1 给出。

[b] 该尺寸的计算公式由 A.1.2 给出。

[c] 该尺寸的计算公式由 A.1.4 给出。

[d] 该尺寸的计算公式由 A.1.3 给出。

## 4.2 弓形卸扣

弓形卸扣的尺寸应符合图 2 和表 2 的规定。

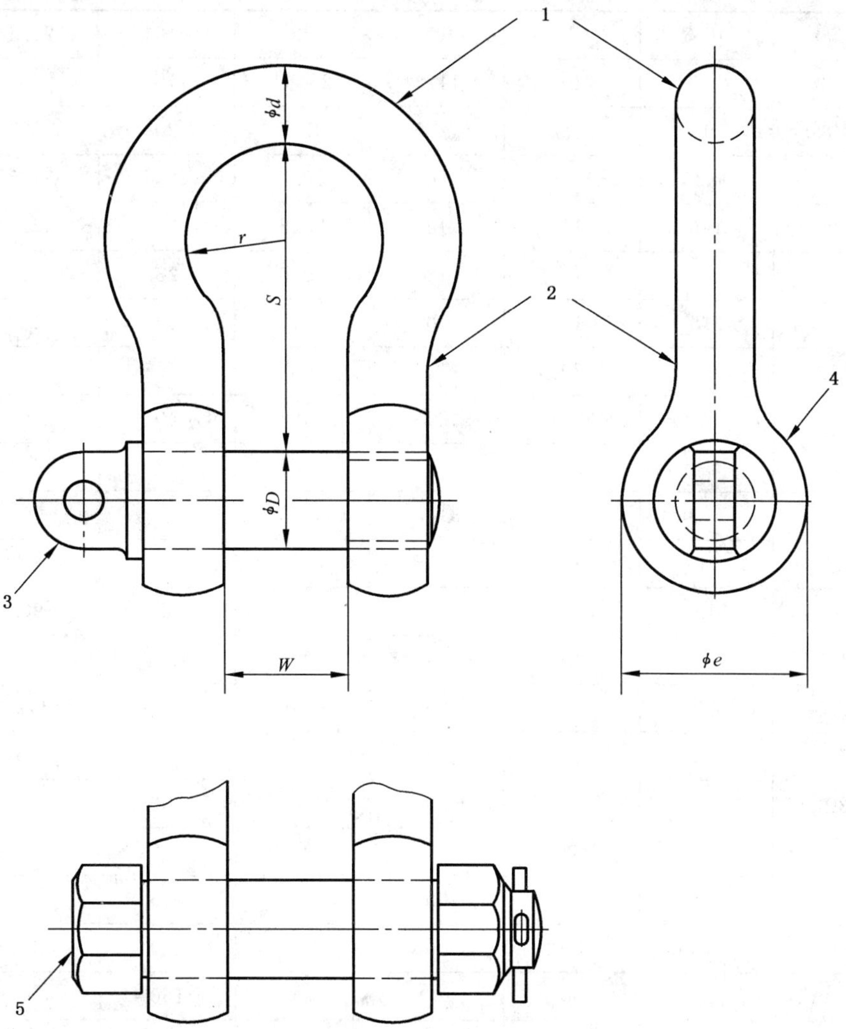


1——扣顶；

2——扣体；

3——W 型：带孔和台肩的螺纹销轴(举例)；

4——环眼；

5——X 型：六角头螺栓型销轴，六角螺母和开口销(举例)。

注：本图仅表示卸扣尺寸的测量位置，不作为任一部位的具体设计。

**图 2　弓形卸扣尺寸**

表 2　弓形卸扣尺寸

| 极限工作载荷 WLL | | | $d^a$ | $D^b$ | $e^c$ | $2r^d$ | $S^e$ | $W^b$ |
|---|---|---|---|---|---|---|---|---|
| 4 级 | 6 级 | 8 级 | max | max | max | min | min | min |
| t | | | mm | | | | | |
| 0.32 | 0.50 | 0.63 | 9 | 10 | 22 | 16 | 22.4 | 10 |
| 0.40 | 0.63 | 0.8 | 10 | 11.2 | 24.64 | 18 | 25 | 11.2 |
| 0.50 | 0.8 | 1 | 11.2 | 12.5 | 27.5 | 20 | 28 | 12.5 |
| 0.63 | 1 | 1.25 | 12.5 | 14 | 30.8 | 22.4 | 31.5 | 14 |
| 0.8 | 1.25 | 1.6 | 14 | 16 | 35.2 | 25 | 35.5 | 16 |
| 1 | 1.6 | 2 | 16 | 18 | 39.6 | 28 | 40 | 18 |
| 1.25 | 2 | 2.5 | 18 | 20 | 44 | 31.5 | 45 | 20 |
| 1.6 | 2.5 | 3.2 | 20 | 22.4 | 49.28 | 35.5 | 50 | 22.4 |
| 2 | 3.2 | 4 | 22.4 | 25 | 55 | 40 | 56 | 25 |
| 2.5 | 4 | 5 | 25 | 28 | 61.8 | 45 | 63 | 28 |
| 3.2 | 5 | 6.3 | 28 | 31.5 | 69.3 | 50 | 71 | 31.5 |
| 4 | 6.3 | 8 | 31.5 | 35.5 | 78.1 | 56 | 80 | 35.5 |
| 5 | 8 | 10 | 35.5 | 40 | 88 | 63 | 90 | 40 |
| 6.3 | 10 | 12.5 | 40 | 45 | 99 | 71 | 100 | 45 |
| 8 | 12.5 | 16 | 45 | 50 | 110 | 80 | 112 | 50 |
| 10 | 16 | 20 | 50 | 56 | 123.2 | 90 | 125 | 56 |
| 12.5 | 20 | 25 | 56 | 63 | 138.6 | 100 | 140 | 63 |
| 16 | 25 | 32 | 63 | 71 | 156.2 | 112 | 160 | 71 |
| 20 | 32 | 40 | 71 | 80 | 176 | 125 | 180 | 80 |
| 25 | 40 | 50 | 80 | 90 | 198 | 140 | 200 | 90 |
| 32 | 50 | 63 | 90 | 100 | 220 | 160 | 224 | 100 |
| 40 | 63 | — | 100 | 112 | 246.4 | 180 | 250 | 112 |
| 50 | 80 | — | 112 | 125 | 275 | 200 | 280 | 125 |
| 63 | 100 | | 125 | 140 | 308 | 224 | 315 | 140 |
| 80 | — | — | 140 | 160 | 352 | 224 | 355 | 160 |
| 100 | — | — | 160 | 180 | 396 | 280 | 400 | 180 |

[a] 该尺寸的计算公式由 A.2.1 给出。

[b] 该尺寸的计算公式由 A.2.2 给出。

[c] 该尺寸的计算公式由 A.2.5 给出。

[d] 该尺寸的计算公式由 A.2.3 给出。

[e] 该尺寸的计算公式由 A.2.4 给出。

## 4.3　销轴孔直径

卸扣扣体上光孔的直径不应超过以下值：

a)　销轴直径 $D \leqslant 20$ mm 时，孔径为$(D+1)$mm；

b) 销轴直径为 20 mm<$D$≤45mm 时，孔径为($D$+1.5)mm；

c) 销轴直径 $D$>45 mm 时，孔径为($D$+2)mm。

## 4.4 销轴型式

图 3 所示带螺纹的卸扣销轴只是典例，其他合适型式的销轴也可使用。

销轴型式有以下几种：

——W 型：带孔和台肩的螺纹销轴；

——X 型：六角头螺栓、六角螺母和开口销；

——Y 型：沉头和开槽螺钉。

根据型号表示方法(见附录 B)，其他型式的销轴均以 Z 型表示。

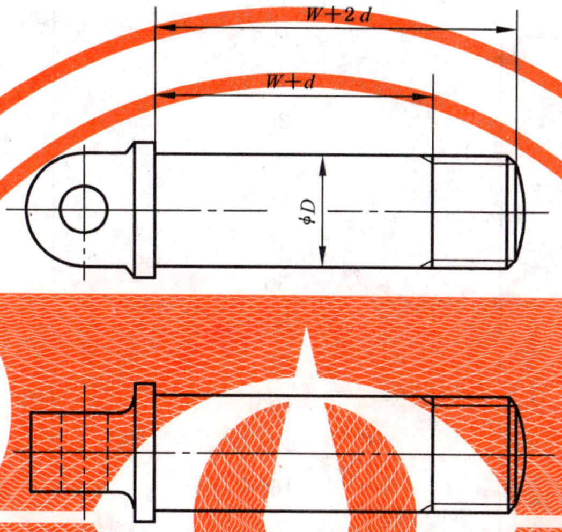


a) W 型：带孔和台肩的螺纹销轴

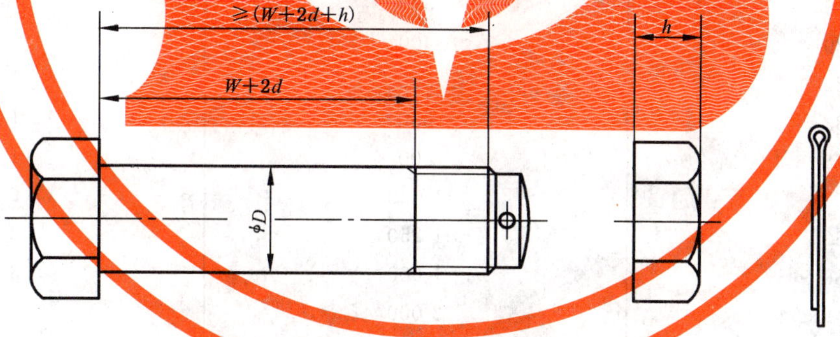


b) X 型：六角头螺栓、六角螺母和开口销

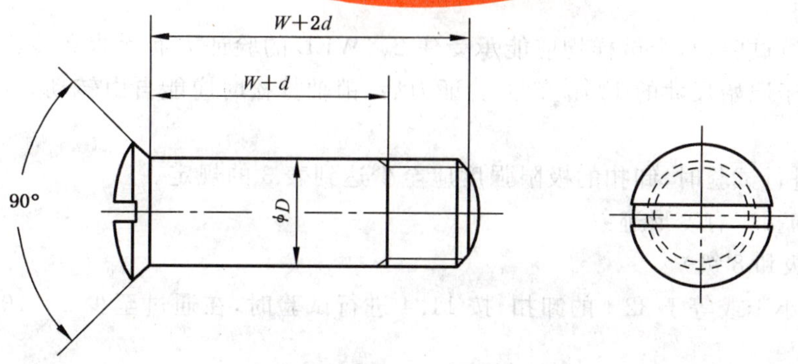


c) Y 型：沉头和开槽螺钉

**图 3 卸扣销轴型式典例**

## 5 机械性能

### 5.1 总则

卸扣验证力、极限强度等机械性能应符合表3的规定。

表3 卸扣机械性能

| 极限工作载荷 WLL/t | 验证力 $F_e$/kN | 最小极限强度 $F_u$/kN |
|---|---|---|
| 0.32 | 6.4 | 12.5 |
| 0.4 | 8 | 16 |
| 0.5 | 10 | 20 |
| 0.63 | 12.5 | 25 |
| 0.8 | 16 | 32 |
| 1 | 20 | 40 |
| 1.25 | 25 | 50 |
| 1.6 | 32 | 63 |
| 2 | 40 | 80 |
| 2.5 | 50 | 100 |
| 3.2 | 63 | 125 |
| 4 | 80 | 160 |
| 5 | 100 | 200 |
| 6.3 | 125 | 250 |
| 8 | 160 | 320 |
| 10 | 200 | 400 |
| 12.5 | 250 | 500 |
| 16 | 320 | 630 |
| 20 | 400 | 800 |
| 25 | 500 | 1 000 |
| 32 | 630 | 1 250 |
| 40 | 800 | 1 600 |
| 50 | 1 000 | 2 000 |
| 63 | 1 250 | 2 500 |
| 80 | 1 600 | 3 200 |
| 100 | 2 000 | 4 000 |

### 5.2 变形试验

取三个试样进行试验，每个试样均应能承受住2×WLL的验证力而无永久变形，即施加验证力后，试样尺寸变化不大于原始尺寸的1%。卸去验证力后，销轴拧松时应能自由转动。

### 5.3 极限强度

按11.3规定进行试验时，卸扣的极限强度应至少达到表3的规定。

试验完成后，卸扣应有变形迹象。

### 5.4 疲劳试验(6级和8级)

极限工作载荷小于或等于32 t的卸扣，按11.4进行试验时，在通过至少$2\times10^4$次循环后，应仍能承受住该载荷。

## 6 材质

### 6.1 4级卸扣

#### 6.1.1 总则

钢材应采用电炉或吹氧转炉冶炼。

对圆钢或成品卸扣进行检验分析时，钢材应满足6.1.2的规定。

如果买方有要求，制造商应提供钢材的熔炼分析报告。

#### 6.1.2 特殊要求

钢材应为镇静钢，可锻性好，经过热处理后应能达到本标准规定的机械性能。其硫和磷含量应符合表4的规定。

**表4 4级卸扣硫和磷含量**

| 元 素 | 最大含量(质量分数)/% | |
|---|---|---|
| | 熔炼分析 | 检验分析 |
| 硫 | 0.035 | 0.04 |
| 磷 | 0.035 | 0.04 |

钢材冶炼应符合晶粒细化的要求，以便在按照GB/T 6394—2002中5.3规定的截点法进行检验时，应达到奥氏体5级晶粒度或更细的品级。例如，可通过确保钢材含有足够量的铝或相当的元素，以使卸扣制造稳定，防止使用期间发生应变、时效、脆裂。推荐铝的最小含量为0.025%。

卸扣制造商有责任在上述规定范围内正确选择钢材，以使经适当热处理的成品卸扣能满足本标准规定的机械性能。

### 6.2 6级和8级卸扣

#### 6.2.1 总则

钢材应采用电炉或吹氧转炉冶炼。

对圆钢或成品卸扣进行检验分析时，钢材应满足6.2.2的规定。

如果买方有要求，制造商应提供钢材的熔炼分析报告。

#### 6.2.2 特殊要求

钢材应为镇静钢，可锻性好，并应含有足够量的合金元素，以保证卸扣经适当热处理后具有本标准规定的机械性能。

6级卸扣的钢材除符合GB/T 13304.1规定的合金成分外，还应至少含有下列合金元素之一：

——镍；

——铬；

——钼

8级卸扣的钢材除符合GB/T 13304.1规定的合金成分外，还应至少含有下列合金元素中的二种：

——镍；

——铬；

——钼

这两种等级的钢材，硫和磷含量应符合表5～表7的规定。

**表5 6级卸扣扣体硫和磷含量**

| 元 素 | 最大含量(质量分数)/% | |
|---|---|---|
| | 熔炼分析 | 检验分析 |
| 硫 | 0.035 | 0.04 |
| 磷 | 0.035 | 0.04 |

表 6　6 级卸扣销轴硫和磷含量

| 元　素 | 最大含量(质量分数)/% | |
|---|---|---|
| | 熔　炼　分　析 | 检　验　分　析 |
| 硫 | 0.03 | 0.035 |
| 磷 | 0.03 | 0.035 |

表 7　8 级卸扣扣体和销轴硫和磷含量

| 元　素 | 最大含量(质量分数)/% | |
|---|---|---|
| | 熔　炼　分　析 | 检　验　分　析 |
| 硫 | 0.025 | 0.03 |
| 磷 | 0.025 | 0.03 |

钢材冶炼应符合晶粒细化的要求，以便在按照 GB/T 6394—2002 中 5.3 的截点法进行检验时，应达到奥氏体 5 级晶粒度或更细的品级。例如，可通过确保钢材含有足够量的铝或相当的元素，以使卸扣制造稳定，防止使用期间应变、时效、脆裂。推荐铝的最小含量为 0.025%。

卸扣制造商有责任在上述规定范围内正确选择钢材，以使经适当热处理的成品卸扣能满足本标准规定的机械性能。

## 7　热处理

### 7.1　4 级卸扣

锻造后，应对卸扣进行正火或淬火和回火处理。

### 7.2　6 级和 8 级卸扣

卸扣在承受验证力之前应在 $Ac_3$ 点以上温度进行淬火和回火处理，最低回火温度为 400 ℃。

回火处理工艺应至少与 400 ℃时保温 1 h 等效。

验证方法：将卸扣重新加热至 400 ℃并保温 1 h，然后冷却至室温。其性能应符合表 3 的规定。

部件中的承载零件不允许表面淬火。

## 8　硬度

### 8.1　硬度要求

扣体的硬度不应超过表 8 的规定。

表 8　硬度值

| 级别 | 布氏硬度/HBW | 洛氏硬度/HRC |
|---|---|---|
| 4 | 217 | 17 |
| 6 | 300 | 32 |
| 8 | 380 | 41 |

### 8.2　硬度试验

为确定布氏硬度值，应按 GB/T 231.1 的规定进行试验。试验时使用 10 mm 硬质合金球(如可行)并施加 29.42 kN 的力(HBW 10/3 000)。

为确定洛氏硬度值 C，应按 GB/T 230.1 的规定进行试验。

也可使用其他测量硬度的方法，但应将测量值换算成当量布氏硬度或洛氏硬度 C，并符合 8.1 的规定。

试件表面应经过锉光、磨削或精加工，并处于合适的位置(见图 1 和图 2)。

应采用适当的措施确保所试验的硬度值具有代表性，且其硬度不受脱碳、渗碳或试件制作方法的影响。

## 9 制造工艺

卸扣扣体应锻制，不应采用焊接。扣体两销轴孔应同轴且与环眼外径同心。

销轴应锻制或机加工制成。销轴的螺纹段应与主体段同心。销轴的台肩或头部应与扣体紧密贴合。

当螺纹销轴完全拧紧时，露出在钳口宽度 *W* 尺寸内的可见螺纹段长度不应大于一个螺距（例如 W 型和 Y 型销轴）。

螺栓光杆部分长度应使得螺母拧入螺栓后只靠在螺尾上，而不应靠在扣体上（例如 X 型销轴）。

任何情况下，将销轴正确装入卸扣扣体后，钳口宽度尺寸 *W* 不应明显减小。

成品卸扣扣体和销轴应无裂纹等有害的表面缺陷。

## 10 螺纹

除另行规定外，螺纹应符合 GB/T 193 的规定，其配合精度应符合 GB/T 197—2003 中 6.3 规定的 6H/6 g（中等配合）。

如能保证卸扣的强度，允许选用其他类型的螺纹。

## 11 型式试验

### 11.1 总则

型式试验是制造商证明符合本标准要求的卸扣确实具有本标准规定的机械性能的试验，其目的是对每种规格成品卸扣的设计、材质要求、热处理工艺和制造方法（包括防护层，如果有）进行验证。任何在设计、材质要求、热处理工艺和制造方法（包括防护层，如果有）的变更或尺寸上超出正常制造公差的改变，从而有可能引起第 5 章规定的机械性能发生变化的，均应按 11.2～11.4 的规定对卸扣进行型式试验。

所有进行型式试验的卸扣应符合本标准规定的其他各项要求。11.2～11.4 规定的试验应在不同设计、材质要求、热处理工艺及制造方法（包括防护层，如果有）的不同规格的卸扣上进行。

进行 11.2～11.4 的试验时，应分别使用一个直径不大于卸扣销轴实际直径的试验工装和一个宽度不超过卸扣 *W* 实际尺寸的试验工装，将试验力沿中心线无冲击地施加到卸扣扣顶和卸扣销轴中心上。

### 11.2 变形试验

取三个试样进行试验，每个试样均应能承受表 3 规定的验证力。

卸去验证力后，销轴应无永久变形，松开后应能自由转动。尺寸 S 或在销轴上的冲眼点与扣顶上的冲眼点之间测量的尺寸增大量应不大于 0.25% 或 0.5 mm，两者取较大值。

注：必要时，见第 12 章关于卸扣的验证试验。

### 11.3 静强度试验（WLL≤100 t）

取三个试样进行试验，每个试样的极限强度应至少达到表 3 的规定。

扣体和销轴应能承受住试验载荷且不产生断裂或不能继续承载的变形。

本试验可以在已做过变形试验的卸扣上进行。

### 11.4 疲劳试验（WLL≤32 t，6 级和 8 级）

极限工作载荷小于或等于 32 t 的卸扣应取三个试样进行疲劳试验。

每个循环过程中，所施加的最大载荷为表 3 规定的极限工作载荷的 1.5 倍。最小载荷应大于 0 且小于或等于 3 kN，加载频率在 5 Hz～25 Hz 之间。卸扣应能在上述规定的试验载荷作用下通过至少 $2\times10^4$ 次循环后仍能承受住该载荷。

### 11.5 型式试验验收标准

#### 11.5.1 变形试验

为了验证申报型式试验的卸扣符合本标准，三个试样的变形试验均应合格。

### 11.5.2 静强度试验和疲劳试验

如三个试样均通过了试验,则可认为申报型式试验的该规格卸扣符合本标准。

试验中如有一个试样不符合要求,则应另取二个试样进行试验。如这二个试样均能通过试验,则认为申报型式试验的该规格卸扣符合本标准。

如果有二个或三个试样未通过试验,则认为申报型式试验的该规格卸扣不符合本标准。

## 12 验证试验

12.1 每个成品卸扣,在完成制造、热处理和机加工包括涂防护层(如果有)之后,均应按表3的规定进行验证试验。试验时,用直径不大于卸扣销轴实际直径的试验工装将验证力施加到卸扣扣顶和销轴的中心上。

12.2 卸去验证力后,销轴应无永久变形,松开后应能自由转动。卸扣尺寸 $S$ 的增大量不应大于0.25%或0.5 mm两者中的较大值。

验证试验后,每个卸扣均应由能胜任者进行检验。

## 13 制造商合格证

13.1 按第11章规定完成型式试验并合格后,制造商可以对与受试卸扣相同名义尺寸、规格、材质要求、热处理工艺及制造方法(包括防护层,如果有)的卸扣签发合格证。

制造商应将型式试验合格的卸扣的材质要求、热处理工艺、尺寸、试验结果及所有相关数据的记录至少保存至最后一份合格证签发后10年。该记录的内容还应包括后续生产中还将应用的制造规范。

任何在材质要求、热处理工艺、制造方法(包括防护层,如果有)的变更或尺寸上超出正常制造公差的改变,均应视作一次设计变更。在允许制造商对设计变更的产品签发合格证前,应按第11章规定进行试验。

13.2 制造商应对每批卸扣签发合格证,并给出如下说明:

a) 卸扣数量及其说明;

b) 级别代号,即4级、6级或8级;

c) 追溯标记,便于交付时识别的一个或一批特定的卸扣;

d) 所用验证力(见第12章);

e) 以吨为单位表示的极限工作载荷,如WLL10 t。

合格证上应表明卸扣符合本标准,并已通过型式试验检查,还应注明试验机构名称、地址以及签署人的身份。

## 14 标志

### 14.1 卸扣

每个卸扣均应采用不影响其机械性能的方法做出清晰的永久性标志。标志应至少包含以下信息:

a) 制造商的识别标记或符号;

b) 级别代号,即4或6或8;

c) 以吨为单位表示的极限工作载荷,如WLL10 t;

d) 追溯标记,便于交付时识别的一个或一批特定的卸扣。

### 14.2 卸扣销轴

所有直径大于或等于13 mm的卸扣销轴应做出带有相应级别代号和制造商符号的清晰的永久性标志,标志不应影响销轴的机械性能。

直径小于13 mm的销轴应至少标注级别代号。

# 附　录　A
# （规范性附录）
# 卸扣尺寸计算公式

## A.1　表1规定的D形卸扣尺寸计算公式

**A.1.1　$d_{max}$ 值计算公式**

——4级：$14\sqrt{WLL}$

——6级：$11.2\sqrt{WLL}$

——8级：$10\sqrt{WLL}$

**A.1.2　$D_{max}$ 和 $W_{min}$ 值计算公式**

——4级：$16\sqrt{WLL}$

——6级：$12.5\sqrt{WLL}$

——8级：$11.2\sqrt{WLL}$

**A.1.3　$S_{min}$ 值计算公式**

——4级：$31.5\sqrt{WLL}$

——6级：$25\sqrt{WLL}$

——8级：$22.4\sqrt{WLL}$

**A.1.4　$e_{max}$ 值计算公式**

$e_{max}=2.2D_{max}$

## A.2　表2规定的弓形卸扣尺寸计算公式

**A.2.1　$d_{max}$ 值计算公式**

——4级：$16\sqrt{WLL}$

——6级：$12.5\sqrt{WLL}$

——8级：$11.2\sqrt{WLL}$

**A.2.2　$D_{max}$ 值和 $W_{min}$ 值计算公式**

——4级：$18\sqrt{WLL}$

——6级：$14\sqrt{WLL}$

——8级：$12.5\sqrt{WLL}$

**A.2.3　$2r_{min}$ 值计算公式**

——4级：$28\sqrt{WLL}$

——6级：$22.4\sqrt{WLL}$

——8级：$20\sqrt{WLL}$

**A.2.4　$S_{min}$ 值计算公式**

——4级：$40\sqrt{WLL}$

——6级：$31.5\sqrt{WLL}$

——8级：$28\sqrt{WLL}$

**A.2.5 $e_{max}$值计算公式**

$e_{max}=2.2D_{max}$

**A.3 修正系数**

A.1和A.2给出的公式基于以下条件：载荷作用在销轴的受力中央而反作用力作用于销轴孔长度中点。

设计 $d<25$ mm 的卸扣时，从实用考虑，由公式得出的销轴直径 $D$ 应再乘以相应的修正系数，该系数可在图A.1中根据按 $2r/d$ 的比值从对应曲线中查得。

计算公式给出的是适合正常使用工况的卸扣尺寸。对于危险工况，应按名义最大拉伸应力设计。

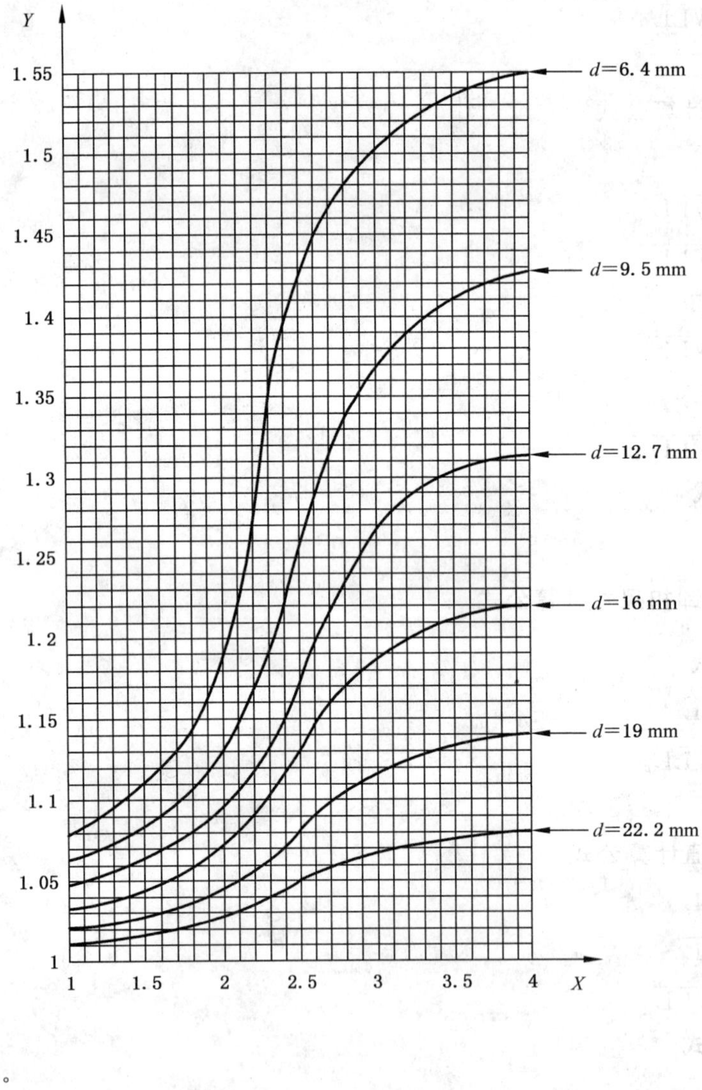


$X$——$2r/d$；

$Y$——$D$ 的修正系数。

**图A.1 销轴直径修正系数（适用于 $d<25$ mm 的卸扣）**

# 附 录 B
（资料性附录）
# 型 号 表 示

基于查询和订货需要，符合本标准的卸扣应使用如下型号表示。

下列各项内容应按给定的顺序表示。

卸扣 GB/T 25854-×-× × ××

识别字组

采用本标准编号

卸扣级别(4 级、6 级或 8 级)

扣体型式

D:D 形扣体

B:弓形扣体

卸扣销轴型式(见图 3)

W:带孔和台肩的螺纹销轴

X:六角头螺栓、六角螺母和开口销

Y:沉头和开槽螺钉

Z:其他型式(由制造商说明)

极限工作载荷(即:WLL,单位为 t,见表 1 ～ 表 3)

示例 1：根据本标准，配 W 型销轴、极限工作载荷为 20 t 的 4 级 D 形卸扣应表示为：

卸扣 GB/T 25854-4-DW20

示例 2：根据本标准，配 X 型销轴、极限工作载荷为 10 t 的 8 级弓形卸扣应表示为：

卸扣 GB/T 25854-8-BX10

ICS 53.020.30
J 80

# 中华人民共和国国家标准

GB/T 25855—2010/ISO 16798:2004

# 索具用8级连接环

## Links of grade 8 for use with slings

(ISO 16798:2004,IDT)

2011-01-10 发布　　2011-06-01 实施

中华人民共和国国家质量监督检验检疫总局
中国国家标准化管理委员会　发布

# 前 言

本标准等同采用国际标准 ISO 16798:2004《索具用 8 级连接环》(英文版)。

本标准等同翻译 ISO 16798:2004。

为便于使用,本标准做了下列编辑性修改:

——“本国际标准”一词改为“本标准”;

——用小数点“.”代替作为小数点的逗号“,”;

——删除国际标准的前言和引言;

——引用的其他国际标准,用已被采用为我国的标准代替对应的国际标准,未被采用为我国标准的直接引用国际标准或欧洲标准;

——规范性引用文件补充增加 GB/T 19001(见 5.5 及 5.6)。

本标准由中国机械工业联合会提出。

本标准由全国起重机械标准化技术委员会(SAC/TC 227)归口。

本标准负责起草单位:杭州武林机器有限公司、杭州现代起重机械制造厂、北京起重运输机械设计研究院。

本标准参加起草单位:中煤张家口煤矿机械有限责任公司帕森斯链条分公司、浙江双鸟机械有限公司、山东神力索具有限公司。

本标准主要起草人:吴杰、徐建华、崔振元、林夫奎。

# 索具用 8 级连接环

## 1 范围

本标准规定了极限工作载荷不大于 132 t 的 8 级锻造或焊接钢制主环、中间主环、主环组件和下端环的技术要求。该连接环与下列索具一起用于起吊重物、材料或货物：

——GB/T 20652 和 GB/T 25853 规定的吊链；

——GB/T 16762 规定的钢丝绳吊索；

——EN 1492-1 和 EN 1492-2 规定的合成纤维吊装带。

本标准不适用于手工锻造连接环。

## 2 规范性引用文件

下列文件中的条款通过本标准的引用而成为本标准的条款。凡是注日期的引用文件，其随后所有的修改单(不包括勘误的内容)或修订版均不适用于本标准，然而，鼓励根据本标准达成协议的各方研究是否可使用这些文件的最新版本。凡是不注日期的引用文件，其最新版本适用于本标准。

GB/T 6394—2002 金属平均晶粒度测定法(ASTM E 112:1996,MOD)

GB/T 20652 M(4)、S(6)和 T(8)级焊接吊链(GB/T 20652—2006, ISO 4778:1981, IDT)

GB/T 16825.1 静力单轴试验机的检验 第 1 部分:拉力和(或)压力试验机测力系统的检验与校准(GB/T 16825.1—2008,ISO 7500-1:2004, IDT)

GB/T 16762 一般用途钢丝绳吊索特性和技术条件(GB/T 16762—1997, eqv ISO 7531:1987)

GB/T 19001 质量管理体系 要求(GB/T 19001—2008,ISO 9001:2008,IDT)

GB/T 25853 8 级非焊接吊链(GB/T 25853—2010, ISO 7593:1986, IDT)

ISO/IEC 导则 62 对进行质量体系评估和认证/注册机构的通用要求

EN 818-6 起重用短环链 安全性 第 6 部分:吊链 制造商提供的使用和维护信息规范

EN 1492-1 合成纤维吊装带 安全性 第 1 部分:一般用途合成纤维扁平吊装带

EN 1492-2 合成纤维吊装带 安全性 第 2 部分:一般用途合成纤维圆形吊装带

EN 10025 热轧非合金结构钢产品 交货技术条件

EN 10228-1 钢锻件的无损检测 第 1 部分:磁粉检测

EN 10228-2 钢锻件的无损检测 第 2 部分:渗透检测

## 3 术语和定义

下列术语和定义适用本标准。

3.1

**极限工作载荷 working load limit**

**WLL**

连接环在一般起重机作业中允许承受的设计最大质量。

3.2

**制造验证力 manufacturing proof force**

**MPF**

制造验证过程中施加到连接环上的力。

3.3

**破断力　breaking force**

**BF**

在静拉伸试验过程中,连接环直至不能承受载荷为止所达到的最大力。

3.4

**索具　sling**

由链条、钢丝绳或织物带组成并连接上下端件的组合件,用于连接重物和起重机或其他起重机械的吊钩。

3.5

**主环　master link**

组成索具上端件的连接环,索具是通过它连接到起重机或起重机械的吊钩上。

3.6

**中间主环　intermediate master link**

将一个或两个链肢连接到主环上的连接环。

3.7

**主环组件　master link assembly**

由一个主环与两个中间主环组成的组合件。

3.8

**下端件　lower terminal**

装在吊链肢端的连接环、吊钩或其他装置,并远离主环或上端件。

3.9

**追溯标记　traceability code**

标志在连接环上的一系列字母和/或数字,追溯时能了解到制造过程,包括所用钢材成分的标识。

3.10

**批次　lot**

从中选取试样的规定数量的链环,其由同一炉钢材并经过相同的热处理工艺制造而成。

3.11

**组合连接件　integral joining device**

与连接环形成一体的非焊接连接件。

3.12

**总极限伸长率　total ultimate elongation**

连接环破断时,以试样环内长的百分比表示的总伸长量。

3.13

**胜任者　competent person**

经过适当培训,在理论知识和实践经验方面考核合格并能按必要的指示进行试验和检查的指定者。

注:ISO 10015 规定了培训指南。

## 4　安全要求

### 4.1　设计

连接环应为以下一种:

a)　锻制的(带或不带组合连接件)或焊接的平行边连接环;

b)　带组合连接件的锻制梨形连接环(如两端半径不等的连接环)。

销轴及固定件等组合连接件的零件的设计和制造应在组装后不发生意外移动。

设计中应考虑固定件的磨损和腐蚀或恶劣的使用条件。

### 4.2 尺寸

本标准所述的连接环内部尺寸应确保铰接，使产生的力往预期方向传递。

连接环横截面应按照4.5的规定。

注：本要求允许改变横截面的形状和面积。

平行边主环的内部长度和内部宽度应符合表1的规定。

梨形主环的内部长度最小应为$53\sqrt{WLL}$(mm)，而最宽处的内部宽度最小应为$27\sqrt{WLL}$(mm)，其中WLL用t表示。

**表1 平行边主环的内部长度和内部宽度**

| WLL | 最小内部长度 | 最小内部宽度 |
|---|---|---|
| ≤25 t | $58\sqrt{WLL}$ | $31.5\sqrt{WLL}$ |
| >25 t | $45\sqrt{WLL}$ | $25\sqrt{WLL}$ |

### 4.3 材质和热处理

#### 4.3.1 材质

##### 4.3.1.1 总则

制造商应在4.3.1.2～4.3.1.4限定的范围内选用钢种以使经适当热处理的成品连接环机械性能符合本标准。

##### 4.3.1.2 钢种

所用钢材应使用电炉或吹氧转炉炼制。

##### 4.3.1.3 脱氧

钢材应按EN 10025的规定充分脱氧，以便在按照GB/T 6394—2002中5.3规定的截点法进行检验时，应达到奥氏体5级晶粒度或更细的品级。为达到脱氧要求，应确保钢材含有足够的铝含量，以使连接环制造稳定，防止使用期间发生应变、时效、脆裂。推荐铝的最小含量为0.025%。

##### 4.3.1.4 化学成分

###### 4.3.1.4.1 总则

钢材应含有足够量的合金元素，以使成品连接环在按照4.3.2的规定进行热处理后，不仅符合本标准规定的机械性能，还应具有足够的低温韧性，使其在−40 ℃～400 ℃的温度范围内可靠的工作。

钢材的硫磷含量应符合表2的限定值。

**表2 硫和磷的含量**

| 化学元素 | 最大含量(质量分数)/% | |
|---|---|---|
| | 熔炼分析 | 检验分析 |
| 硫 | 0.025 | 0.030 |
| 磷 | 0.025 | 0.030 |

###### 4.3.1.4.2 锻造连接环

钢材至少应含有表3所列的三种合金元素中的两种。

###### 4.3.1.4.3 焊接连接环

钢材应含镍并至少含有表3规定的其他两种合金元素中的一种。

#### 4.3.2 热处理

每个链环在经受制造验证力(MPF)前都应在$Ac_3$点以上的温度下进行淬火并回火。回火温度应不低于400 ℃。

表 3 化学成分——合金元素

| 合金元素 | 最小含量(质量分数)/%<br>熔炼分析 |
|---|---|
| 镍 | 0.40 |
| 铬 | 0.40 |
| 钼 | 0.15 |

回火状态应至少在 400 ℃下保温 1 h 才有效。

检验方法是将连接环重新加热至 400 ℃并保温 1 h，然后冷却到室温；其成品状态应符合 4.5.2 和 4.5.3 的规定。

不应采用表面淬火。

### 4.4 制造方法和工艺

#### 4.4.1 制造

##### 4.4.1.1 锻造连接环

每个锻造连接环都应经热锻成形。锻制形成的多余金属应清除干净，使连接环表面无尖锐棱边。热处理后，应去除表面氧化皮。

机加工表面的棱边应切除、修圆，以保证获得应有的机械性能。

##### 4.4.1.2 焊接连接环

每个焊接连接环均应采用可焊性好的钢材制成。

焊缝应采用电阻对焊或闪光对焊工艺完成并分布在连接环分肢的中间位置(见图 1)。

连接环的焊接影响区长度内任意点都不应错位到使连接环轮廓凹陷。焊缝四周应修整平滑。

焊接影响区长度在焊缝中心的任何一侧都不应超过材料直径的 0.6 倍。

如果连接环有扁平段，则应位于与焊缝相对的连接环分肢上。

#### 4.4.2 表面处理

成品连接环应包括表面处理。

注：连接环提供时可有各种不同的表面处理，如除锈、电镀或涂漆。

### 4.5 机械性能

#### 4.5.1 总则

连接环的机械性能应符合 4.5.2～4.5.5 的规定。

#### 4.5.2 制造验证力(MPF)

计算制造验证力(MPF)时应用表 4 中给出的相应的极限工作载荷(WLL)乘以系数 2.5，并且考虑重力加速度($g$)。

连接环和承载销(如使用)，应能承受制造验证力。卸载后，连接环尺寸应在制造厂图纸规定的公差范围内。

#### 4.5.3 破断力(BF)和总极限伸长率

计算破断力时应用表 4 给出的相应的极限工作载荷(WLL)乘以系数 4，并应考虑重力加速度($g$)。静拉伸试验完成后，锻造连接环应有明显变形，而焊接连接环的总极限伸长率不应小于 20%。

连接环和承载销(如使用)，应至少达到规定的破断力。

#### 4.5.4 疲劳强度

极限工作载荷 32 t 以下的连接环和承载销(如使用)，应至少能承受由 5.2.5 规定的 $2\times10^4$ 次循环作用力而不发生断裂。

#### 4.5.5 弯曲挠度

焊接连接环中取得的试样应至少能经受等于连接环材料直径 0.8 倍的弯曲挠度且在弯曲试验结束后无可见缺陷。

表 4　极限工作载荷

单位为吨

| 主环和下端环单肢 | 主　　环 | | 中间主环 |
|---|---|---|---|
| | 双　肢 | 三肢或四肢 | |
| 0.25 | 0.335 | 0.5 | 0.4 |
| 0.5 | 0.71 | 1.06 | 0.8 |
| 0.8 | 1.12 | 1.6 | 1.25 |
| 1.12 | 1.6 | 2.36 | 1.8 |
| 1.5 | 2.12 | 3.15 | 2.5 |
| 2 | 2.8 | 4.25 | 3.15 |
| 2.5 | 3.35 | 5 | 4 |
| 3.15 | 4.25 | 6.7 | 5 |
| 4 | 5.6 | 8 | 6.3 |
| 5.3 | 7.5 | 11.2 | 8.5 |
| 6 | 8 | 12.5 | 9.5 |
| 8 | 11.2 | 17 | 12.5 |
| 10 | 14 | 21.2 | 16 |
| 11.2 | 16 | 23.6 | 18 |
| 12.5 | 17 | 26.5 | 20 |
| 15 | 21.2 | 31.5 | 23.6 |
| 16 | 23.6 | 35.5 | 26.5 |
| 20 | 28 | 40 | 31.5 |
| 21.2 | 30 | 45 | 33.5 |
| 25 | 33.5 | 50 | 40 |
| 31.5 | 45 | 67 | 50 |
| 40 | 56 | 85 | 63 |
| 50 | 71 | 106 | 80 |
| 63 | 90 | 132 | 100 |
| 注：连接环的极限工作载荷通常采用 EN 818-4:1996 的表 3 中对多肢吊链给定的数值。 | | | |

## 5　安全要求的验证

### 5.1　人员资格认定

所有试验和检验都应由胜任者进行。

### 5.2　型式试验和检验

#### 5.2.1　总则

为了验证连接环的设计、材质、热处理和制造方法，每种规格的成品连接环都应进行型式试验，以表明该种连接环具有本标准规定的机械性能。

设计、材质、热处理、制造方法上的任一改变或超过正常制造公差的任一尺寸都可能导致 4.5 规定的机械性能的改变，均应要求对该改型连接环按 5.2.3～5.2.6 规定进行型式试验。

用于主环组件的连接环应单独进行型式试验而不能作为一个组合件试验。

每种设计、材质、热处理及制造方法的各规格连接环应取3个试样按5.2.3～5.2.6的规定进行试验。

用于合成纤维吊装带而设计的连接环应进行试验(除疲劳试验),使试验力通过相应的编织带施加于连接环上。

5.2.3～5.2.5规定的试验中,试验作用力应通过一夹具无冲击地沿轴向加到连接环上。试验夹具尺寸不大于连接环内部宽度的70%。

进行5.2.3～5.2.5规定的试验所用的试验机应符合GB/T 16825.1中1级的要求。

### 5.2.2 设计和尺寸的检验

对每种设计应取1个试样根据4.1和4.2的要求进行外观检验。

### 5.2.3 变形试验

应取3个试样进行试验,每个试样应承受4.5.2规定的连接环制造验证力(MPF)。卸载后,其尺寸应在制造商连接环图纸规定的公差范围内。任何尺寸在施加制造验证力(MPF)前后应没有大于其原始尺寸1.0%的变化。

### 5.2.4 静拉伸试验和总伸长率

应取3个试样进行试验,并且每个试样都应符合4.5.3规定的要求。

本试验可采用做过变形试验的同种连接环。

注:没必要为了证明其机械性能符合规定要求而将连接环试验到实际破断力为止,而只需进行到最小破断力和为焊接连接环规定的总极限伸长率均已达到就足够了。

### 5.2.5 疲劳试验

应取3个试样进行试验。每个都应能经受至少$2\times10^4$次循环力而无断裂。

在每个循环过程中所施加的最大力应相当于表4中给出的极限工作载荷的1.5倍。每个循环过程中所加的最小力应大于0并小于或等于3 kN。施加力的频率应不大于25 Hz。

### 5.2.6 弯曲试验

应取3个试样段进行试验,每个都以无冲击状态在图2所示的弯曲试验装置上进行弯曲,结果应符合4.5.5中给出的弯曲挠度要求。

取自被测连接环的试样段应包含位于中心的焊缝,并且其长度应为连接环直径的5倍,如图1所示。

弯曲试验装置应如图2所示。V型块的槽角应为90°,且芯棒直径应为连接环直径的2倍。

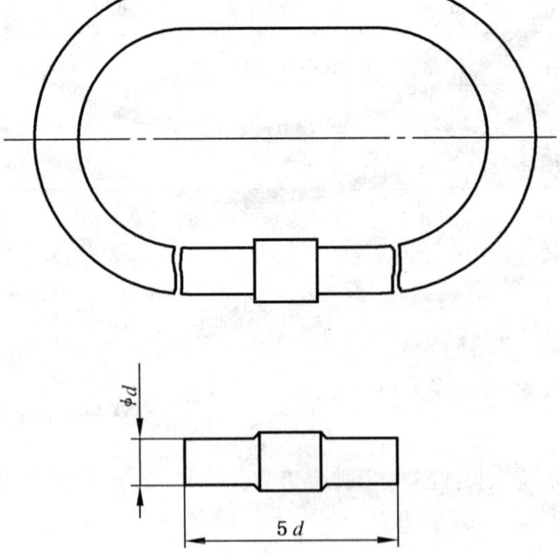


图1 试样

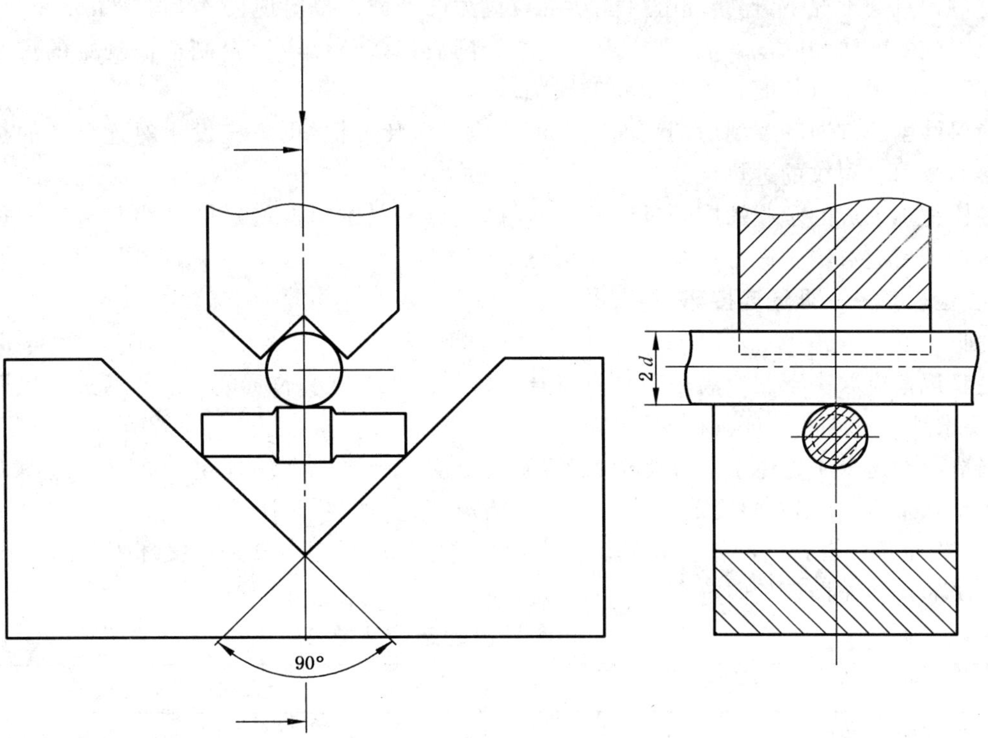


图 2 弯曲试验装置

**5.2.7 型式试验和检验的验收标准**

**5.2.7.1 设计和尺寸的检验**

试样应满足 5.2.2 中的要求。

**5.2.7.2 变形试验**

若三个试样中的任意一个变形试验不合格，则提交型式试验的该规格连接环应被认为不符合本标准的要求。

**5.2.7.3 静拉伸试验和总伸长率，疲劳试验和弯曲试验**

若三个试样均通过静拉伸试验、疲劳试验和弯曲试验，则提交型式试验的该规格连接环应被认为符合本标准的要求。

若有一个试样不合格，应再取两个试样进行试验，如都通过试验则提交型式试验的该规格连接环应被认为符合本标准。

若有两个或三个试样不合格，则提交型式试验的该规格连接环应被认为不符合本标准。

**5.3 制造检验**

所有成品连接环都应按 4.4.1 的要求进行外观检查。

**5.4 制造过程中的试验**

**5.4.1 制造验证试验和验收标准**

进行制造验证试验的设备应能施加至少等于规定制造验证力的力。

连接环在经过热处理和去锈后应能承受住 4.5.2 规定的制造验证力。卸载后应无可见缺陷，且其尺寸应在制造商图纸规定的公差范围之内。

如在加工过程中采用了有可能导致连接环脆断危险的表面处理方法，例如酸洗或电镀，应重新对成品连接环进行制造验证力试验。

**5.4.2 无损检测和验收标准(锻造连接环)**

除用拉拔棒材加工的承载销外，连接环的锻造表面应在热处理和去锈后，根据 EN 10228-1 和 EN 10228-2进行磁粉或着色渗透探伤检测。

在所有可预见的工况下，连接环上可能承受拉应力的区域不得出现长度大于 2 mm 的缺陷。

若采用磨削的方法消除该缺陷，则要求在经过磨削后连接环仍应符合制造商规定的尺寸和公差要求。最终检测应显示没有长度大于 2 mm 的缺陷。

注意确保磨削的方向和磨削后的表面粗糙度不应产生疲劳源，也不应发生对连接环的热处理状态产生局部影响或引发裂纹的过热现象。

用拉拔棒材加工成的承载销应经过试验(例如硬度试验或磁粉探伤)，以证明其进行的热处理是合格的。在热处理后应对销轴进行检验且应无可见缺陷。

### 5.5 制造检验规范——锻造连接环

#### 5.5.1 总则

制造检验规范应取决于制造商是否具有符合 GB/T 19001 要求的质量体系并通过了根据 ISO/IEC 导则 62 的要求获得资质的认证机构的认证。

如果制造商有这个质量体系并且运行着，检验规范应符合 5.5.2 的规定。如果制造商无这个质量体系或该体系并未运行，则检验规范应符合 5.5.3 的规定。

5.5.2 中规定了二者择一的检验规范。允许承载销的试验采用与其余连接环不同的检验规范。

一个批次的最大连接环数应符合表 5 的规定。

表 5 一个批次的连接环数

| 极限工作载荷(WLL)/t | 一个批次的最大连接环数 |
|---|---|
| WLL≤2.5 | 1 000 |
| 2.5<WLL≤10 | 500 |
| WLL>10 | 200 |

#### 5.5.2 制造商有符合 GB/T 19001 要求并运行着的质量体系时的制造检验规范和验收标准

制造商如果具有符合 GB/T 19001 要求并运行着的质量体系，应按下述 a)或 b)执行：

a) 对表 5 规定的一个批次中的所有连接环按 5.4.1 进行制造验证力试验，另加对该批次中 3% 的连接环按 5.4.2 进行无损检测；

   若所有 3% 的连接环试样都通过了无损检测，且所有该批次的连接环也都通过了制造验证力试验，则可认为该批次连接环符合本标准；

   若 3% 试样中的任一试样未能通过无损检测，则该批次中的所有连接环均需进行无损检测和制造验证力试验。通过两项试验的所有连接环应认为符合本标准；

b) 对表 5 规定的一个批次中的所有连接环按 5.4.2 进行无损检测，另加对该批次中 3% 的连接环按 5.4.1 进行制造验证力试验；

   如果所有 3% 连接环的试样都通过了制造验证力试验，且该批次所有连接环也都通过了无损检测，则可认为该批次连接环符合本标准；

   若这 3% 试样中有任一试样制造验证力试验不合格，则该批次所有连接环均需进行无损检测和制造验证力试验。通过该两项试验的所有连接环应认为符合本标准。

#### 5.5.3 制造商没有符合 GB/T 19001 要求的质量体系或该体系并未运行时的制造检验规范和验收标准

如果制造商没有符合 GB/T 19001 要求的质量体系或该体系并未运行则应对每个连接环包括承载销按 5.4.1 进行制造验证力试验并按 5.4.2 规定进行无损检测。任一连接环的制造验证力试验或无损检测不合格均应认为不符合本标准。

所有通过制造验证力试验和无损检测的连接环都应认为符合本标准。此外，制造商应在每批次中选一个试样按 5.2.1 和 5.2.4 的规定进行静拉伸试验。如果试样满足相应要求，则该批产品可认为符合本标准。

如果试样未满足要求,应从该批中另抽取两个试样进行静拉伸试验。如果有一个试样或两个试样都未满足相应的要求,则整批连接环应认为不符合本标准。

### 5.6 制造检验规范——焊接连接环

#### 5.6.1 总则

制造检验规范应取决于制造商是否具有符合 GB/T 19001 要求的质量体系并通过了根据 ISO/IEC 导则 62 的要求获得资质的认证机构的认证。

如果制造商有这个质量体系并且运行着,检验规范应符合 5.6.2 的规定。如果制造商无这个质量体系或该体系并未运行,则检验规范应符合 5.6.3 的规定。

一个批次的最大连接环数应符合表 5 的规定。

#### 5.6.2 制造商有符合 GB/T 19001 要求并运行着的质量体系时的制造检验规范和验收标准

制造商如果具有符合 GB/T 19001 要求并运行着的质量体系,应按 5.4.1 的规定对所有供货连接环进行制造验证力试验。

未通过制造验证力试验的任一连接环应认为不符合本标准。

#### 5.6.3 制造商没有符合 GB/T 19001 要求的质量体系或该体系并未运行时的制造检验规范和验收标准

如果制造商没有符合 GB/T 19001 要求的质量体系或该体系并未运行,则应按 5.4.1 规定对所有供货连接环进行制造验证力试验。制造验证力试验不合格的任一连接环应认为不符合本标准。

此外,制造商应在每批次中选一个试样按 5.2.4 规定进行静拉伸试验。如果试样满足相应要求,则该批连接环可认为符合本标准。

如果试样未满足要求,应从该批中另抽取两个试样进行静拉伸试验。如果有一个试样或两个试样都未满足相应的要求,则整批连接环应认为不符合本标准。

此外,制造商应在每批次中选一个试样按 5.2.6 规定进行弯曲试验。如果试样满足相应要求,则该批连接环可认为符合本标准。

如果试样未满足要求,应从该批中另抽取两个试样进行弯曲试验。

如果有一个试样或两个试样都未满足相应的要求,则整批连接环应认为不符合本标准。

## 6 标记

### 6.1 连接环

每个主环、中间环、主环组件和下端环都应在使用中不会被磨损的地方作出清晰的永久性标记。标记的方法不应影响其机械性能。标记中至少应包括以下信息:

a) 制造商产品代码;

b) 等级号即 8 级;

c) 制造商名称、符号或标记;

d) 追溯标记。

制造商产品代码应规定极限工作载荷和连接环适合的用途。

应注意确保极限工作载荷的标记不会出现错误。

### 6.2 承载销

每个直径不小于 13 mm 的可卸承载销上应清晰和永久性地作出含相应等级号和制造商符号的标记。标记的方法不应影响承载销的机械性能。

## 7 制造合格证书

按第 5 章要求做完所有试验并得出满意的结果之后,制造商应为与被试连接环同一名义尺寸、规格、材质、热处理和制造方法的连接环出具一份连接环合格证书。

该证书至少应包括下列内容：

a) 制造商或授权代理人的名称和地址，包括合格证书的签发日期和签发证明；

b) 本标准编号，即 GB/T 25855—2010；

c) 制造商产品代码；

d) 链环或主环组件的数量和说明书；

e) 等级号即 8 级；

f) 极限工作载荷 WLL(t)；

g) 制造验证力 MPF(kN)；

h) 确认达到或超过规定的最小破断载荷 BF；

i) 确认有 GB/T 19001 等质量体系和运行情况。

制造商应将涉及已通过型式试验的连接环的材质、热处理、尺寸、试验结果、所用的质量体系以及所有相关数据，包括抽样记录等至少保留到最后一份合格证书签发之后 10 年。该记录的内容还应包括以后产品中仍将应用的制造规范。

## 8 使用说明书

使用说明书应随主环、中间环、主环组件和下端环发运并且应该符合 EN 818-6 的相关规定，包括操作说明(例如极限工作载荷 WLL 和链肢数)。并应给出如何装配和拆卸带组合连接件的锻制链环以及如何正确安装销轴的说明。

## 参 考 文 献

［1］ GB/T 4340.1—1999 金属维氏硬度试验 第1部分:试验方法(eqv,ISO 6507-1:1997)
［2］ ISO 10015:1999 质量管理 培训指南
［3］ EN 818-4:1996 起重用短环链 安全性 第4部分:8级吊链

ICS 91.140.90
Q 78

# 中华人民共和国国家标准

GB 25856—2010

# 仅载货电梯制造与安装安全规范

## Safety rules for the construction and installation of accessible goods only lifts

2011-01-10 发布

2011-12-01 实施

中华人民共和国国家质量监督检验检疫总局
中国国家标准化管理委员会 发布

# 前 言

本标准的第2章、第3章、附录C、附录E、附录H、附录J以及5.6.1.1.2b)、5.9.1.1.3中带“宜”的内容为推荐性的，其余为强制性的。

本标准的章节号和主要技术内容与FprEN81-31:2009《电梯制造与安装安全规范　仅运载货物的电梯　第31部分:仅载货电梯》(英文版)一致。

为了便于使用，本标准对FprEN81-31:2009做了下列编辑性修改：

——在本标准“规范性引用文件”中，用国内文件代替了FprEN 81-31:2009“规范性引用文件”中对应的国外文件。

——本标准3.1术语和定义删除了FprEN 81-31:2009中与GB/T 7024—2008、GB 7588—2003以及GB 21240—2007相同的术语和定义，以便与我国相关的电梯标准统一术语和定义。

——本标准删除了FprEN 81-31:2009附录ZA和ZB，因为这些内容不适合我国国情且其存在与否对本标准的理解和使用没有任何影响。

本标准的附录A、附录B、附录D、附录F、附录G、附录I、附录K、附录L和附录M为规范性附录，附录C、附录E、附录H和附录J为资料性附录。

本标准由全国电梯标准化技术委员会(SAC/TC 196)提出并归口。

本标准负责起草单位:通力电梯有限公司。

本标准参加起草单位:中国建筑科学研究院建筑机械化研究分院、上海三菱电梯有限公司、苏州东南电梯(集团)有限公司、上海市特种设备监督检验技术研究院、苏州江南嘉捷电梯股份有限公司、蒂森电梯有限公司、快速电梯有限公司、上海爱登堡电梯有限公司。

本标准主要起草人:马凌云、袁柳琴、陈凤旺、常达、马依萍、丁惠嘉、周卫东、郑武、冒忠伟。

# 引　言

## 0.1　总则

0.1.1　从保护人员和货物的目的出发，本标准制定了与仅载货电梯制造和安装相关的安全规范，以防止发生与使用人员、维护和紧急操作相关的事故的危险。

本标准指出了仅载货电梯所涉及的危险、危险状态和事件的程度。

0.1.2　以下为被保护的对象：

a)　人员，例如：

1)　操作者和使用人员；

2)　维修人员；

3)　仅载货电梯的井道、机器空间、滑轮间（如果有）外面附近区域的人员。

b)　物体，例如：仅载货电梯的零部件和运载装置中的装载物。

c)　建筑物（见0.2.4），例如：直接与仅载货电梯相关的建筑物。

## 0.2　原则

制定本标准时，采用了下列原则。

0.2.1　本标准未重复列入适用于任何电气、机械及包括建筑构件防火保护在内的建筑物结构的通用技术规范。

0.2.2　本标准涉及了与井道和机器空间相关的基本安全要求，但不包括任何其他建筑要求。

0.2.3　当部件因质量、尺寸和（或）形状原因用手不能移动时，则这些部件应：

a)　设置可供提升装置吊运的附件；或

b)　设计可与上述吊运附件相连接的件（如：采用螺纹孔）；或

c)　具有容易被标准型的提升设备缚系吊运的外形。

0.2.4　相关各方所作的协商应清晰明确，并应特别关注下列方面：

a)　仅载货电梯的预定用途及其范围；

b)　环境条件，包括周围照明；

c)　土建工程问题。

## 0.3　假设

已考虑了包含在一部完整的仅载货电梯内的每一零部件的可能风险。

为了降低风险，已制定了相应规范。

0.3.1　零部件是：

a)　按照通常的工程实践和计算规范设计，并考虑所有失效形式；

b)　具有可靠的机械和电气结构；

c)　由足够强度和良好质量的材料制成，未使用石棉等有害材料。

0.3.2　机器有良好的维护和保持正常的工作状态，以保持初始的安全水平。

0.3.3　本标准未规定IP防护等级的电气部件符合GB 4208—2008有关要求。

0.3.4　承载支撑件的设计能保证在0～100%额定载重量下仅载货电梯安全运行，同时考虑了可能的超载情况。

0.3.5　本标准对于电气安全装置的要求是：若电气安全装置完全符合本标准的要求，则其失效的可能性不必考虑。

0.3.6　在某些情况下，使用人员可能做出某种鲁莽动作，本标准没有考虑同时发生两种鲁莽动作的可能性和(或)违反仅载货电梯使用说明的情况。

0.3.7　维护人员已经过培训,并且他们按照使用维护说明书进行工作。如果在维修期间,一个使用人员通常不可接近的安全装置被有意置为无效状态,此时仅载货电梯的安全运行无保障,则按照符合GB/T 18775的维修规程采取了补充措施来保证使用人员的安全。

0.3.8　所用的水平力:

a)　静力:最小300 N;

b)　撞击所产生的力:最小1 000 N。

这是一个人可能施加的作用力。

装载和卸载时,如果使用动力驱动装置或手动驱动装置(见0.2.4),需考虑其可能施加的作用力的较大值。

0.3.9　除了下列各项以外,根据良好实例和标准要求制造的机械装置,在无法检查情况下,只要严格地按照使用维护说明定期检查、测试和维护,将不会损坏至濒临危险状态。

根据仅载货电梯的种类,考虑下列机械故障:

a)　悬挂装置的破断;

b)　曳引轮上曳引绳失控滑移;

c)　辅助绳、链和带的所有连接的破断和松弛;

d)　参与对制动轮或盘制动的机电制动器机械零部件之一失效;

e)　与主驱动机组和曳引轮有关的零部件失效;

f)　液压系统(不包括液压缸)的破裂。

0.3.10　当运载装置速度在机械制动器动作瞬间仍与主电源频率相关时,则此时的速度假定不超过115%额定速度或相应的分级速度。

0.3.11　当设置了5.2.14要求的装置时,装有仅载货电梯的大楼管理机构,应能有效地响应应急报警,而没有不恰当的延时。

0.3.12　通常应提供用于提升较重设备的设施(见0.2.4)。

0.3.13　为了保证机器空间中设备的正常运行,机器空间中的环境温度假设保持在+5 ℃～+40 ℃之间。当温度超出此范围时,需采取适当措施以减少差异,如:加热或制冷(见0.2.4)。

0.3.14　仅载货电梯仅能由被授权人员和受过培训的人员使用。这可以通过钥匙操作的控制按钮、钥匙卡或类似的装置来实现,或仅载货电梯安装于仅受过培训的人员可到达的区域(见0.2.4)。

0.3.15　在维护和检查期间,如果防护装置不得不被拆除,其紧固件应与防护装置或设备保持在一起。

0.3.16　仅载货电梯的位置应设置为:使用人员可在合理的距离内,通过楼梯或其他方法方便地接近,以便到达不同的服务楼层。

# 仅载货电梯制造与安装安全规范

## 1 范围

1.1 本标准适用于永久安装的新电力驱动的曳引式和强制式以及液压驱动的仅载货电梯。仅载货电梯服务于永久固定的层站，仅用于运载货物，具有单一运载区域的运载装置在与铅垂线倾斜度不大于15°的固定的刚性导轨上运行。它安装于受限制区域和(或)仅由受过培训并得到授权的人员使用。

本标准适用于额定载重量大于300 kg、额定速度不大于1.0 m/s，且不用于运送人员的仅载货电梯。

本标准考虑了按照设计或在制造商可预见的情况下使用仅载货电梯时，所有与仅载货电梯有关的主要危险、危险状态和事件(见第4章)。

1.2 仅载货电梯满足下列条件之一应认为是可进入的：

a) 运载装置地板面积大于1.0 $m^2$；

b) 运载装置深度大于1.0 m；

c) 运载装置高度大于1.2 m。

在平台情况下，如果层门高度大于1.2 m，则认为是可进入的。

1.3 本标准适用于下列仅载货电梯：

a) A类，预期用途应同时满足下列两个条件：

  1) 额定速度不大于0.3 m/s；

  2) 提升高度不大于12 m。

b) B类，上述A类两个条件中只要有一个不满足时。

1.4 本标准未规定在特殊情况下(如潜在的爆炸环境、恶劣的气候条件、地震、危险物品的运输等)仅载货电梯需要满足的要求。

1.5 本标准不适用于：

a) 下列仅载货电梯：

  1) 多于一个驱动主机；

  2) 装载和卸载是自动的，或运载装置地板装有可移动装载和卸载的装置(如滚轮)；

  3) 以运送散装货物(如散沙、砂砾等)为目的。

b) 提升设备：如多于一个运载装置的提升设备、斗式升降机、施工升降机、船用提升设备、矿山卷扬设备、剧院舞台提升设备、因科研需要而特殊设计的临时装于实验室的仅载货提升设备、特殊设计的军用或警用的仅载货提升设备等。

c) 固定运行路径与垂直方向的倾斜角大于15°的设备。

d) 在运输、拆装和修理仅载货电梯过程中的安全性。

e) 除了门扇上的视窗外，在井道壁、机器空间墙壁、运载装置和层门使用透明材料。

f) 与安全相关的可编程电子系统的应用。

1.6 本标准不适用于本标准实施之前制造的仅载货电梯。

1.7 本标准涉及的主要危险、危险状态和危险事件(见第4章)是依据GB/T 16856.1—2008确定的，但不包括：

a) 噪声；

b) 振动；

c) 火灾。

## 2 规范性引用文件

下列文件中的条款通过本标准的引用而成为本标准的条款。凡是注日期的引用文件，其随后所有的修改单(不包括勘误的内容)或修订版均不适用于本标准，然而，鼓励根据本标准达成协议的各方研究是否可使用这些文件的最新版本。凡是不注日期的引用文件，其最新版本适用于本标准。

GB/T 786.1 流体传动系统及元件图形符号和回路图 第1部分:用于常规用途和数据处理的图形符号(GB/T 786.1—2009,ISO 1219-1:2006,IDT)

GB/T 2423.5—1995 电工电子产品环境试验 第2部分:试验方法 试验Ea和导则:冲击(idt IEC 68-2-27:1987)

GB/T 2423.6 电工电子产品环境试验 第2部分:试验方法 试验Eb和导则:碰撞(GB/T 2423.6—1995,idt IEC 68-2-29:1987)

GB/T 2423.10—2008 电工电子产品环境试验 第2部分:试验方法 试验Fc:振动(正弦)(IEC 60068-2-6:1995,IDT)

GB/T 2423.22 电工电子产品环境试验 第2部分:试验方法 试验N:温度变化(GB/T 2423.22—2002,idt IEC 60068-2-14:1984)

GB/T 4207—2003 固体绝缘材料在潮湿条件下相比电痕化指数和耐电痕化指数的测定方法(IEC 60112:1979,IDT)

GB 4208—2008 外壳防护等级(IP代码)(IEC 60529:2001,IDT)

GB/T 4723—1992 印制电路用覆铜箔酚醛纸层压板(neq IEC 249-2:1985～1988)

GB 4724—1992 印制电路用覆铜箔环氧纸层压板(neq IEC 249-2:1987)

GB/T 4728.1 电气简图用图形符号 第1部分:一般要求(GB/T 4728.1—2005,IEC 60617 database,IDT)

GB 4943—2001 信息技术设备的安全(eqv IEC 60950:1999)

GB/T 5013.4—2008 额定电压450/750 V及以下橡皮绝缘电缆 第4部分:软线和软电缆(IEC 60245-4:2004,IDT)

GB/T 5013.5—2008 额定电压450/750 V及以下橡皮绝缘电缆 第5部分:电梯电缆(IEC 60245-5:1994,IDT)

GB/T 5023.3—2008 额定电压450/750 V及以下聚氯乙烯绝缘电缆 第3部分:固定布线用无护套电缆(IEC 60227-3:1997,IDT)

GB/T 5023.4—2008 额定电压450/750 V及以下聚氯乙烯绝缘电缆 第4部分:固定布线用护套电缆(IEC 60227-4:1997,IDT)

GB/T 5023.5—2008 额定电压450/750 V及以下聚氯乙烯绝缘电缆 第5部分:软电缆(软线)(IEC 60227-5:2003,IDT)

GB/T 5023.6—2006 额定电压450/750 V及以下聚氯乙烯绝缘电缆 第6部分:电梯电缆和挠性连接用电缆(IEC 60227-6:2001,IDT)

GB 5226.2—2002 机械安全 机械电气设备 第32部分:起重机械技术条件(idt IEC 60204-32:1998)

GB/T 5972—2006 起重机用钢丝绳检验和报废实用规范(ISO 4309:1990,IDT)

GB/T 7024—2008 电梯、自动扶梯、自动人行道术语

GB 7588—2003 电梯制造与安装安全规范(EN 81-1:1998,MOD)

GB/T 8104 流量控制阀 试验方法(GB/T 8104—1987,neq ISO/DIS 6403:1988)

GB/T 8105 压力控制阀 试验方法(GB/T 8105—1987,neq ISO/DIS 6403:1988)

GB 8903—2005 电梯用钢丝绳(ISO/FDIS 4344:2003,MOD)

GB 12265.3—1997 机械安全 避免人体各部位挤压的最小间距(eqv EN 349:1993)

GB 14048.4—2003 低压开关设备和控制设备 机电式接触器和电动机起动器(IEC 60947-4-1:2000,IDT)

GB 14048.5—2008 低压开关设备和控制设备 第5-1部分:控制电路电器和开关元件 机电式控制电路电器(IEC 60947-5-1:2003,MOD)

GB/T 15651.2—2003 半导体分立器件和集成电路 第5-2部分:光电子器件 基本额定值和特性(IEC 60747-5-2:1997,IDT)

GB/T 15706.2—2007 机械安全 基本概念与设计通则 第2部分:技术原则(ISO 12100-2:2003,IDT)

GB/T 16261—1996 印制板总规范(idt IEC/PQC 88:1990)

GB/T 16856.1—2008 机械安全 风险评价 第1部分:原则(ISO 14121-1:2007,IDT)

GB 16895.21 建筑物电气装置 第4-41部分:安全防护-电击防护(GB 16895.21—2004,IEC 60364-4-41:2001,IDT)

GB/T 16895.23—2005 建筑物电气装置 第6-61部分:检验——初检(IEC 60364-6-61:2001,IDT)

GB/T 16935.1—2008 低压系统内设备的绝缘配合 第1部分:原理、要求和试验(IEC 60664-1:2007,IDT)

GB 17888.3—2008 机械安全 进入机械的固定设施 第3部分:楼梯、阶梯和护栏(ISO 14122-3:2001,IDT)

GB/T 17889.1—1999 梯子 第1部分:术语、型式和功能尺寸(eqv EN 131-1:1993)

GB/T 18775 电梯、自动扶梯和自动人行道维修规范(GB/T 18775—2009,EN 13015:2001,MOD)

GB 19212.1—2008 电力变压器、电源、电抗器和类似产品的安全 第1部分:通用要求和试验(IEC 61558-1:2005,IDT)

GB 21240—2007 液压电梯制造与安装安全规范(EN 81-2:1998,MOD)

GB/T 22562—2008 电梯T型导轨(ISO 7465:2007,IDT)

GB 23821—2009 机械安全 防止上下肢触及危险区的安全距离(ISO 13857:2008,IDT)

EN 1005-3:2002 机械安全 人体物理特征 第3部分:推荐的机械操作力限值(Safety of machinery—Human physical performance—Part 3:Recommended force limits for machinery operation)

EN 12015:2004 电磁兼容 电梯、自动扶梯和自动人行道产品系列标准 发射(Electromagnetic compatibility—Product family standard for lifts,escalators and moving walks—Emission)

EN 12016:2004 电磁兼容性 电梯、自动扶梯和自动人行道产品系列标准 抗扰度(Electromagnetic compatibility—Product family standard for lifts,escalators and moving walks—Immunity)

IEC 60747-5-1:1997 半导体 分立器件和集成电路 第5-1部分:光电子器件 总则(Discrete semiconductor devices and integrated circuits—Part 5-1:Optoelectronic devices—General)

## 3 术语和定义、单位和符号

### 3.1 术语和定义

GB/T 7024—2008、GB 7588—2003、GB/T 16856.1—2008以及GB 21240—2007中确立的以及下列术语和定义适用于本标准。

3.1.1

**仅载货电梯 accessible goods only lift**

永久安装的仅用于运送货物的升降设备。它包括一个装载和卸载时可进入的运载装置,运载装置沿着与垂直面倾斜角不大于15°的固定导轨运行，服务于固定和永久的层站，且仅由受过培训并得到授权的人员使用。

3.1.2

**护脚板　apron**

由层门地坎或运载装置入口向下延伸并具有平滑垂直部分的安全挡板。

3.1.3

**运载装置有效面积　available load carrying unit area**

在运载装置地板以上1 m高度处测量的面积。

3.1.4

**平衡重　balancing weight**

为节能而设置的平衡全部或部分运载装置和其他悬挂设备自重的质量。

3.1.5

**缓冲器　buffer**

位于行程端部，用来吸收运载装置动能的一种弹性缓冲安全装置，如采用液压或弹簧等型式。

3.1.6

**夹紧装置　clamping device**

触发后能使下行的运载装置停止并在运载装置行程中任一位置能使其保持停止状态，以限制沉降范围的机械装置。

3.1.7

**对重　counterweight**

确保曳引能力的质量。

3.1.8

**直接作用式液压仅载货电梯　direct acting accessible goods only lift**

液压缸直接与运载装置或运载装置架连接的液压仅载货电梯。

3.1.9

**下行方向阀　down direction valve**

液压回路中用于控制运载装置下降的电控阀。

3.1.10

**满载压力　full load pressure**

当载有额定载重量的运载装置停靠在最高层站位置时，施加到直接与液压缸连接的管路上的静压力。

3.1.11

**导轨　guide rails**

为运载装置和对重或平衡重(如果有)运行导向的刚性部件。

3.1.12

**顶部空间　headroom**

运载装置所能服务的最高层站地板与井道顶板之间的井道部分。

3.1.13

**间接作用式液压仅载货电梯　indirect acting accessible goods only lift**

借助于悬挂装置(钢丝绳或链条)将液压缸与运载装置或运载装置架连接的液压仅载货电梯。

3.1.14

**驱动主机　lift machine**

用于驱动和停止运载装置的装置。

3.1.15

**运载装置　load carrying unit**

仅载货电梯中用于承载货物的部件。

3.1.16

**机器空间　machinery space**

放置机器(作为整体或部分)的空间。

3.1.17

**底坑　pit**

运载装置所服务的底层端站以下的井道部分。

3.1.18

**平台　platform**

包含地板,也可以有围壁和入口的运载装置。

3.1.19

**额定载重量　rated load**

设计所规定的仅载货电梯运载装置内的最大载荷。

3.1.20

**额定速度　rated speed**

设计所规定的仅载货电梯运载装置的速度 $v$(m/s)。

注:下列三种额定速度描述为:

$v_m$——上行额定速度(m/s);

$v_d$——下行额定速度(m/s);

$v_s$——上行额定速度 $v_m$ 和下行额定速度 $v_d$ 两者中的较大值(m/s)。

3.1.21

**受限制区域　restricted area**

仅受过培训的人员和(或)被授权人员才能进入的区域。

注:例如这些区域在工厂、仓库、剧场内。

3.1.22

**安全钳　safety gear**

使运载装置或对重(或平衡重)停止运行保持静止状态,并能夹紧在导轨上的一种机械安全装置。

3.1.23

**安全绳　safety rope**

系在运载装置和平衡重上的辅助绳,在悬挂装置失效的情况下,可触发安全钳动作。

3.1.24

**运载装置架　sling**

与悬挂装置连结用来承载运载装置的金属构架,它可与运载装置构成一个整体。

3.1.25

**止动钳　stopping gear**

当运载装置在井道预定的位置向上和(或)向下意外移动时,为保护运载装置顶上和(或)底坑中的人员而使运载装置停止和使其保持静止状态的机械装置。

3.1.26

**意外移动　uncontrolled movement**

运载装置未受控制系统控制的运行。

3.1.27

**开锁区域　unlocking zone**

运载装置停靠层站时在地坎上下延伸的区域，当运载装置底在此区域内时层门锁方能被打开。

3.1.28

**使用人员　user**

除维护目的外，利用仅载货电梯为其服务的人员。

3.1.29

**井道　well**

保证运载装置、对重（或平衡重）和（或）液压缸运行所需的建筑空间。此空间通常以底坑的底面、井道壁和井道顶为边界。

### 3.2　单位和符号

#### 3.2.1　单位

本标准采用国际单位制（SI）。

#### 3.2.2　符号

符号在相应使用的公式中解释。

## 4　主要危险列表

本章包括了所有的主要危险、危险状态和危险事件，凡是本标准中涉及的且通过风险评价被识别为主要危险的，本标准均要求采取措施消除或降低该风险（见表1）。

**表1　主要危险列表**

| 序号 | 危险<br>（危险、危险状态和危险事件，<br>见 GB/T 16856.1—2008 附录 A） | 本标准中的相关条款号 |
|---|---|---|
| 1 | 机械危险：<br>——机器零部件或工具等；<br>——机械内部的能量聚积等 | |
| | 挤压 | 5.2.2.1，5.2.2.2，5.2.3.2.2，5.2.9，5.2.10，5.2.11，5.3，5.4.3.2，5.4.3.4.2，5.4.6，5.6.2，5.7，附录 L |
| | 剪切 | 5.2.3.2.2，5.2.10，5.3，5.4，5.5.1.7，5.5.2.2，5.6.2，5.6.3 |
| | 割破或切断 | 5.3，5.5.1.3，5.6.2 |
| | 缠绕 | 5.3，5.4，5.4.6，5.5.1.3，5.5.1.7，5.5.2.2，5.6.2，5.6.3 |
| | 吸入或陷入 | 5.2.3.2.1，5.2.8，5.2.14，5.3，5.4.3.2，5.4.3.4.2，5.4.6，5.5.2.2，5.6.2，5.6.3 |
| | 碰撞 | 5.2.3.2，5.2.10，5.4，5.4.2.1，5.4.2.2，5.4.3.4.2，5.4.6，5.5.1.2.4，5.5.1.3，5.5.1.4，5.5.1.5，5.6.2，5.7 |
| | 刺穿或刺破 | 无关 |
| | 摩擦或磨损 | 5.3 |
| | 高压流体喷射或抛射 | 无关 |
| | 机器失去稳定性或倾覆 | 5.2.5，附录 D，G.2 |

表 1（续）

| 序号 | 危险<br>（危险、危险状态和危险事件，<br>见 GB/T 16856.1—2008 附录 A） | 本标准中的相关条款号 |
|---|---|---|
| 1 | 人员的滑倒、绊倒或坠落 | 5.2.8,5.3,5.4,5.5.1.2 |
| | 载荷的坠落、碰撞、机器倾斜，由于： | 5.4.2.4 |
| | 缺少稳定性 | 5.5.2.1,G.1,G.2,附录 I |
| | 载重量失控：超载、倾覆力矩大 | 5.5.1.1 |
| | 失控运行的幅度 | 5.5.1.8,5.6.2,5.7,5.7.3 |
| | 货物的意外移动 | 5.5.1.2.3,5.5.1.3,5.5.2.1 |
| | 由于人员进入运载装置 | 5.4.2.2,5.4.2.3 |
| | 由于脱轨 | 5.4.2.4,5.7 |
| | 由于零部件机械强度不足 | 5.4.2.3,5.4.3.2,5.4.4,5.4.5,5.5.1.1,5.5.1.3,5.6.1,5.6.2,5.7,F.2,F.3,F.4,F.5,F.6,G.1,G.2,附录 I |
| | 由于滑轮、卷筒设计不合理 | 5.5.1.7,5.5.2.2,5.6.1,5.6.2,5.6.3,G.1 |
| | 由于链、绳、提升装置和附件的选择不合适，以及与机器不匹配 | 5.3.3.3,5.4.3.2,5.4.3.3,5.6.1,5.6.2,G.1,G.2 |
| | 物体的坠落（凸出）或液体的溢出 | 5.2.8,5.4.5,G.2,附录 I |
| | 人员从运载装置上坠落 | 5.5.1.5,5.5.1.6 |
| | 运载装置的坠落或移动 | 5.6.2 |
| 2 | 电气危险，由于： | |
| | 人与带电部件的接触（直接接触） | 5.2.11.2.4,5.3,5.9,5.10,7.1,F.2,F.4,F.5 |
| | 人与因故障而带电部件的接触（间接接触） | 5.3,5.3.3.2,5.5.1.8,5.9,5.10,7.1,F.5 |
| 3 | 由于热引起的危险，导致： | |
| | 人员可能与具有极度高温或低温的物体或材料接触，火苗或爆炸以及热辐射等对人员造成烧伤、烫伤和其他损伤 | 5.2.12,5.3,7.1,G.2 |
| | 由于热的或冷的工作环境对健康的危害 | 5.2.12,5.3,G.2 |
| 4 | 噪声危险导致： | |
| | 听力丧失（耳聋）、其他生理异常（如失去平衡、失去知觉） | 7.2 |
| | 对语言通讯和听觉信号等的干扰 | 7.2 |
| 5 | 振动引起的危险 | 无关 |
| 6 | 辐射引起的危险 | 5.9.1.1.3 |
| 7 | 所使用的材料和物质（和它们的组成成分）引起的危险 | 无关 |
| 8 | 机械设计中由于忽视人类工效学原理引起的危险，如危险源于： | |

表 1（续）

| 序号 | 危险<br>（危险、危险状态和危险事件，<br>见 GB/T 16856.1—2008 附录 A） | 本标准中的相关条款号 |
|---|---|---|
| 8 | 过度费力或不利于健康的姿势 | 5.2.11.2.3.1,5.3.2.2,5.3.3.2,5.3.3.3,5.4,5.5.1.3,5.5.1.6,7.2,G.1 |
| | 局部照明不合适 | 5.2.13,5.4.2.5,5.5.1.8,5.5.1.9,5.9,7.2 |
| | 人为错误、行为不当 | 5.2.12,5.3,5.4.5,5.6.2,5.10,7.1,7.2,附录 C,附录 D,F.2,F.4,F.5,F.6, G.1,G.2,附录 K |
| | 操作者的差错（由于机器与人类特点或能力的不匹配产生的错误） | 附录 K |
| | 安装错误 | 5.9,附录 D,附录 K |
| | 手动控制装置设计不合理、位置不当或不易识别 | 5.4.3.4.2,7.2 |
| | 不适合的把握装置或附件 | 5.5.1.3,5.5.2.1 |
| | 安装、试验、使用或维护时的异常情况 | 5.6.2,7.2,F.2,F.3,F.4,F.6,G.1 |
| | 操作位置可视性差 | 5.4.2.5,5.4.3.4.2,5.5.1.3,5.5.1.9,7.2 |
| 9 | 与机器使用环境有关的危险 | |
| | 炎热或寒冷的工作环境对身体的伤害 | 5.2.12,5.3,G.2 |
| | 电气设备的外部影响 | 5.9,附录 J |
| | 电源故障 | 5.10 |
| | 控制电路故障 | 5.10,附录 K |
| | 正常状态下驱动主机不能停止 | 5.4.3.4.2,5.5.1.8 |
| | 意外起动、意外越程或超速运行（或任何类似故障），由于： | 5.2.11.2.4,5.5.1.8,5.6.2,5.10 |
| | 控制系统故障或混乱 | 附录 K |
| | 电源断开后的恢复 | 5.10 |
| | 载荷控制装置的故障 | 5.5.1.1,5.6.2 |
| | 运载装置上控制装置故障（功能、优先权） | 5.5.1.6 |
| | 运载装置超速 | 5.5.1.8,5.6.2,G.2 |

## 5 安全要求和（或）保护措施

### 5.1 总则

仅载货电梯应符合下列安全要求和（或）保护措施。另外，对于本标准中未涉及的其他危险（非主要危险，如锐边），还应依据 GB/T 16856.1—2008 的原则进行设计。

### 5.2 井道

#### 5.2.1 通则

本章适用于装有单台或多台仅载货电梯的井道。

仅载货电梯的对重或平衡重应与运载装置在同一个井道内。

#### 5.2.2 井道的封闭

仅载货电梯应采用围壁与周围分开。

5.2.2.1 当A类仅载货电梯安装在受限制区域，且在不要求井道在火灾情况下用于防止火灾蔓延的场合，围壁可以是有孔的，但：

a) 应符合GB 23821—2009表2的要求；

b) 不应由于异物通过围壁触及井道内的仅载货电梯设备而妨碍其运行。

5.2.2.2 在下列情况下，井道应由无孔的围壁、底板和顶板（见0.2.4）完全封闭：

a) B类仅载货电梯；

b) A类仅载货电梯未安装在受限制区域；

c) 仅载货电梯安装在要求井道有助于防止火灾的蔓延的建筑物区域中。

5.2.2.3 在无孔围壁上仅允许下列开口：

a) 层门开口；

b) 通往井道的检修门、井道安全门以及检修活板门的开口；

c) 火灾情况下，气体和烟雾的排气孔；

d) 通风孔；

e) 井道与机器空间（或滑轮间）之间必要的功能性开口；

f) 符合5.2.10的仅载货电梯或电梯之间隔障上的开孔。

**5.2.3 检修门和垂直铰链检修活板门**

5.2.3.1 除检修需要外，一般不应采用通往井道的检修门和检修活板门。

检修门和检修活板门的尺寸应与其在井道内的位置和用途相适应。

5.2.3.2 检修门和垂直铰链检修活板门均不应向井道内开启。

5.2.3.2.1 检修门和检修活板门均应装设用钥匙打开的锁，当上述门打开后，应不用钥匙也能将其关闭和锁住。

任何大于0.50 m×0.50 m的检修门或检修活板门即使在锁住情况下，也应能不用钥匙从井道内将门打开。

5.2.3.2.2 只有检修门和检修活板门均处于关闭位置时，仅载货电梯才能运行。因此，应采用符合5.10.1.2规定的电气安全装置证实上述门的关闭状态。该要求不适用于通往驱动主机及其附件的通道门，但适用于通往设置在井道内的限速器的检修门和检修活板门（如果有）。

5.2.3.3 A类仅载货电梯的检修门和检修活板门均应符合GB 23821—2009表5的要求，B类仅载货电梯的检修门和检修活板门均应是无孔的。他们应具有与层门一样的机械强度。

注：需考虑与建筑物相关的防火规范的要求（见0.2.4）。

5.2.3.4 应按照5.3.2的规定提供安全进入检修门和检修活板门的通道。

**5.2.4 井道通风**

井道应适当通风。井道不能用于仅载货电梯以外的其他通风。

**5.2.5 井道壁、底面和顶板**

井道的结构应至少能承受下述载荷：驱动主机施加的、安全钳动作瞬间经导轨施加的、由制造商为特殊用途而设计的运载装置的偏载产生的、通过固定止停装置或缓冲器动作产生的等（见0.2.4）。

**5.2.6 井道壁的强度**

为保证仅载货电梯的安全运行，井道壁应具有如下机械强度：用一个至少300 N的力，垂直作用在井道壁的任一面的任何位置上，且均匀分布在5 $cm^2$ 的圆形或方形面积上，井道壁应：

a) 无永久变形；

b) 弹性变形不大于15 mm。

见0.2.4、0.3.8和5.2.8。

**5.2.7 底坑底面的强度**

底坑底面应被设计成能承受所有的静载荷和动载荷，且应考虑可能承受的动能及惯性力，如安全钳、固定止停装置(无论是否具有缓冲作用)动作时所产生的力(见 0.2.4 和 5.2.9)。

注：可考虑 GB 7588—2003 附录 G 表 G.2 给出的冲击系数 $K$ 的值。

**5.2.8 面对运载装置入口的层门与井道壁的结构和间距**

5.2.8.1 运载装置地坎与层门地坎之间的水平距离不应大于 35 mm。

5.2.8.2 当运载装置入口处不满足 5.5.1.2.3 的规定时，面对运载装置入口的井道壁以及安装在该井道壁上的层门应：

a) 能够承受 5.2.6 规定的力；

b) 与运载装置地坎的距离符合 5.2.8.1 的规定；和

c) 对于面对运载装置入口的井道壁，至少在运载装置入口宽度两边各加 25 mm 和入口高度上下各加开锁区域的高度的表面区域应满足：

1) 连接到相邻门的门楣；或

2) 采用坚硬平滑的斜面向下延伸，斜面与水平面的夹角应至少为 60°，斜面在水平面上的投影不应小于 20 mm。

5.2.8.3 当按照 5.10.2.2 的规定，开着门手动平层时，每个层门地坎下的井道壁应符合下列要求：

a) 应形成一个与层门地坎直接连接的垂直表面，其高度不应小于 1/2 开锁区域加上 10 mm，宽度不应小于运载装置入口净宽度两边各加 25 mm。

b) 该表面应是连续的，由平滑而坚硬的材料构成，如金属薄板或等效物。它能承受垂直作用于其上任一位置均匀分布在 5 $cm^2$ 圆形或方形面积上 300 N 的力，且应：

1) 无永久变形；

2) 弹性变形不大于 10 mm。

c) 井道壁任何凸出物均不应超过 5 mm。超过 2 mm 的凸出物应倒角，倒角与水平的夹角至少为 75°。

5.2.8.4 当运载装置入口具有适当的保护措施(见 5.5.1.2.3)时，层门地坎与面对运载装置的层门门扇之间的距离不应大于 35 mm。

**5.2.9 位于运载装置、对重或平衡重下部空间的防护**

如果在运载装置、对重或平衡重之下确有人能够到达的空间，井道底坑的底面应至少按 5 000 $N/m^2$ 载荷设计，且应：

a) 将对重缓冲器安装于(或平衡重运行区域下面是)一直延伸到坚固地面上的坚固桩墩；或

b) 在对重(平衡重)上设置安全钳。

注：仅载货电梯井道最好不设置在人员能到达的空间上面。

**5.2.10 井道内的防护**

5.2.10.1 在维护人员可进入的井道底部空间内，对重或平衡重的运行区域应至少采用下列防护中的一种：

a) 对重(或平衡重)的运行区域应采用刚性隔障防护，该隔障从底坑地面上不大于 0.30 m 处向上延伸到至少 2.50 m 的高度。

其宽度应至少等于对重(或平衡重)宽度两边各加 0.10 m。如果这种隔障是有孔的，则应遵循 GB 23821—2009 中 4.2.4.1 的要求。

b) 符合 5.2.11.2.3.1a)3)的装置，限制对重或平衡重的运行区域至少在底坑地面以上 1.80 m 的高度。

5.2.10.2 在装有多台仅载货电梯和(或)电梯的井道中，不同的仅载货电梯和(或)电梯运动部件之间应设置隔障。

如果隔障是有孔的，则应符合 GB 23821—2009 中 4.2.4.1 的要求。

5.2.10.2.1 该隔障应至少从运载装置、对重(或平衡重)行程的最低点延伸到最低层站楼面以上

2.50 m的高度。

该隔障的宽度应能防止人员从一个底坑通往另一个底坑。

5.2.10.2.2 如果运载装置的顶部边缘与相邻仅载货电梯和(或)电梯的运动部件(运载装置或轿厢、对重或平衡重等)之间的水平距离小于0.50 m,该隔障应贯穿整个井道。

该隔障的宽度应至少等于运动部件或运动部件需要保护部分的宽度每边各加0.10 m。

**5.2.11 顶层空间和底坑**

**5.2.11.1 顶层空间**

5.2.11.1.1 当无运载装置顶的运载装置停在其所能到达的最上端位置时,应同时满足下列三个条件:

a) 运载装置的导轨长度应能提供不小于0.10 m的进一步的制导行程。

b) 井道顶的最低部件与:

1) 固定在运载装置围壁上的设备的最高部件之间的垂直距离不应小于0.30 m,除2)所述及的部件外。

2) 导靴或滚轮、悬挂绳附件和垂直滑动门的横梁或部件(如果有)和向上运行的液压缸组件(如柱塞头顶部等)的最高部件之间的垂直距离不应小于0.10 m。

c) 运载装置地板与井道顶最低部件之间的净高度应至少等于最高层站层门高度加0.10 m。任何情况下净高度均不应小于1.80 m。

5.2.11.1.2 对于有运载装置顶(见5.5.1.6)的运载装置:

a) 如果运载装置顶上未设置检修控制装置,则应在运载装置顶上设置满足5.10.2.4规定的停止装置,同时也应满足5.2.11.1.1 a)和5.2.11.1.1 b)的要求,作为例外5.2.11.1.1 b)1)规定的最小距离可减至0.10 m。

b) 如果运载装置顶上设置了检修控制装置,除了符合5.2.11.1.1的要求外,还应满足下列1)或2)的规定,以及满足3)的规定:

1) 通过满足5.2.11.1.1[除5.2.11.1.2b)2)]规定的井道尺寸来实现;或

2) 通过满足L.1或L.2的规定来实现。

3) 当对重或平衡重停在其固定止停装置上或完全压在其缓冲器上时,应同时满足下列两个条件:

ⅰ) 符合5.5.1.6.1尺寸要求的运载装置顶最高区域的水平面[不包括5.2.11.1.1b)2)述及的部件],与位于运载装置投影区域内的井道顶最低部件的水平面(包括梁和固定在井道顶下的零部件)之间的自由垂直距离不应小于1.0 m;

ⅱ) 运载装置上方应有足够的空间,该空间的大小以能容纳一个不小于0.50 m×0.60 m×0.80 m的长方体为准,任一平面朝下放置即可。对于用悬挂绳(或链)直接系住的仅载货电梯,只要每根悬挂绳(或链)的中心线距长方体的一个垂直面(至少一个)的距离均不大于0.15 m,则悬挂绳(或链)及其附件可以包括在这个空间内。

c) B类仅载货电梯应符合5.2.11.1.2b)的规定。

d) 对于A类强制式和额定速度不大于0.3 m/s的B类强制式仅载货电梯,运载装置从顶层层站向上运行,直至撞击到上固定止停装置或缓冲器时的行程不应小于0.2 m。

e) 对于额定速度大于0.3 m/s的B类强制式仅载货电梯,运载装置从顶层层站向上运行,直至撞击到上固定止停装置或缓冲器时的行程不应小于0.5 m。即使运载装置上行至缓冲器行程的极限位置,也应一直有导向。

5.2.11.1.3 当运载装置停在其固定止停装置上或完全压在其缓冲器上时,对重或平衡重的导轨长度应能提供不小于0.1 m的进一步的制导行程。

5.2.11.2 底坑

5.2.11.2.1 总则

井道下部应设置底坑，除固定止停装置或缓冲器座、悬挂装置和导轨座以及排水装置外，底坑的底部应光滑平整。

在导轨支架、固定止停装置或缓冲器、隔障等安装竣工后，底坑不应漏水或渗水(见 0.2.4)。

5.2.11.2.2 进入底坑

如果没有其他通道，为了便于检修人员安全地进入底坑，应在底坑内设置一个从层门进入底坑的永久性装置(见 GB 17888.3—2008)，此装置不应凸入仅载货电梯运行的空间。

5.2.11.2.3 底坑空间

5.2.11.2.3.1 底坑深度和(或)躲避空间应满足下列 a)或 b)的规定：

a) 符合下述要求：

1) 当载有额定载重量的运载装置停在其固定止停装置上或完全压在其缓冲器上时，运载装置的最低部件与底坑或安装在底坑内的设备的最高部件的垂直距离不应小于 10 mm。

2) 当有人员在底坑时，一个符合 5.10.2.4 规定的停止装置应防止运载装置的运行。

如果停止装置是手动操作的，应能从井道外通过打开进入底坑的通道门来操作。

3) 为了维护，应设置机械阻止装置，该装置应由符合 5.10.1.2.2 规定的安全触点进行电气检查，该机械阻止装置应设置在运载装置下方，起到固定止停装置的作用，以限制运载装置的行程，确保底坑地面与运载装置或其支撑构架的最低部件之间的垂直距离不应小于 1.8 m。

注：此装置可作为防止运载装置离开层站的装置(见 5.6.2.3)。

——如果操作机械阻止装置的力大于 200 N 或 EN 1005-3:2002 要求较小的力，应设置动力操作；

——除符合 5.6.2.3 规定外，机械阻止装置的动作应能使设置在运载装置下方的指示灯燃亮，并且从底坑应是可见的；

——机械阻止装置应能承受至少 3 倍于满载运载装置的重量而无永久变形。当载有额定载重量的运载装置撞击该阻止装置，并停在该阻止装置上时，运载装置地面的倾斜度不应大于其正常位置的 5%。

b) 当运载装置停在其固定止停装置或完全压在其缓冲器上时，应同时满足下列条件：

1) 底坑中应有足够的空间，该空间的大小以能容纳一个不小于 0.50 m×0.60 m×1.00 m 的长方体为准，任一平面朝下放置即可。

2) 底坑底面与运载装置最低部件之间的自由垂直距离不应小于 0.50 m。下述部件之间的水平距离在 0.15 m 之内时，该距离可减小到 0.10 m：

ⅰ) 夹紧装置钳体、棘爪装置、护脚板或垂直滑动门的部件与相邻的井道壁之间；

ⅱ) 运载装置最低部件与导轨之间。

3) 底坑中固定的最高部件(如液压缸支座、管路和其他附件等)，与运载装置的最低部件之间的垂直距离不应小于 0.30 m，上述 2)ⅰ)和 2)ⅱ)除外。

4) 底坑底面或安装在底坑的设备的顶部与倒装的液压缸的向下运行的柱塞头部组件的最低部件之间的自由垂直距离不应小于 0.50 m；但如果人员不可能误入柱塞头部组件下面(如按照 5.2.10.1 设置隔障防护)，该垂直距离可从 0.50 m 减小到 0.10 m。

5) 底坑底面与直接作用式液压仅载货电梯运载装置下的多级式液压缸最低导向架之间的自由垂直距离不应小于 0.50 m。

5.2.11.2.3.2 对于额定速度大于 0.3 m/s 的 B 类仅载货电梯，底坑深度与躲避空间应：

a) 符合 5.2.11.2.3.1b)规定；或

b） 符合 L.3 规定。

5.2.11.2.4 **底坑中的装置**

底坑内应设置：

a） 停止装置，该装置应在打开门进底坑时和在底坑地面上容易接近，且应符合 5.10.2.4 和7.1.9 的规定。

b） 电源插座（见 5.9.5.5.2）。

在 B 类仅载货电梯底坑中应设置控制井道灯的开关（见 5.9.5.6.2），在开门进底坑时应易于接近该开关。

5.2.12 **井道的专用**

仅载货电梯井道应为仅载货电梯专用，井道内不应设置与仅载货电梯无关的设备、电缆等。井道内允许设置采暖设备，但不能用蒸气或高压水采暖。采暖设备的控制和调节装置应装在井道外面。

5.2.13 **井道照明**

为方便使用行灯照明，井道内应至少设置一个插座（见 0.2.4）。

运载装置顶被用作工作平台时（如 B 类仅载货电梯），井道内工作位置的照度应至少为 50 lx，以便于检查和维护操作。

5.2.14 **报警装置**

如果在井道中工作的人员存在被困危险，而又无法通过运载装置或井道逃脱或无法与外界取得联系（见 0.2.4），应在存在该危险处设置报警装置。报警装置应至少满足下列规定：

a） 由自动再充电设备供电，在正常照明电源中断的情况下，也能为报警装置提供至少 1 h 的供电。

b） 能引起在仅载货电梯井道附近和（或）有救援人员出现的区域发出视觉和听觉信号报警的装置动作。声级视周围环境而定（见 0.2.4），但不应小于 60 dB(A)。

c） 易于识别和触及，即使在供电失效的情况下也是可见的。

## 5.3 机器空间

### 5.3.1 总则

仅载货电梯驱动主机和滑轮应设置在专用房间内。只有被授权人员（如维护人员、检测人员等）才能接近。该空间和相应的工作区域应被适当地防护，且应有便于维护和检测的空间（见 0.2.2 和0.2.4）。

5.3.1.1 机器空间不应用于仅载货电梯以外的其他用途，也不应设置非仅载货电梯用的线槽、电缆或装置。但这些空间可设置：

a） 杂物电梯的驱动主机；

b） 该空间的空调或采暖设备，但不包括以蒸气或高压水加热的采暖设备；

c） 火灾探测器和灭火器。它们适用于电气设备的高动作温度，有一定的稳定期并且有适当的防意外碰撞的保护。

5.3.1.2 机器空间可以是：

a） 房间，由坚固墙壁、顶板、地板、门和（或）活板门组成；

b） 隔间，由无孔墙壁、顶板、地板和门组成；

c） 部分井道（见 5.2.2.1）。

5.3.1.3 在机器空间的无孔围壁上仅允许下列开口：

a） 通风孔；

b） 井道与机器空间之间必要的功能性开口；

c） 火灾情况下气体和烟雾的排气孔。

5.3.1.4 当未被授权人员有可能接近这些开口时，应满足下列规定：

a) 按 GB 23821—2009 表 5 的要求采取防止接触危险区域的保护措施；

b) 防止接触电气设备的保护等级应至少为 IP2XD。

5.3.1.5 导向滑轮可以安装在井道的顶部空间，只要：

a) 按 5.6.3 表 4 采取适当的防护措施；

b) 定位装置能防止导向滑轮在机械失效的情况下坠落，该装置应能承受悬挂载荷和滑轮的重量；

c) 能够从运载装置顶(或地板)，或从井道外安全地进行检查、试验和维护操作。

**5.3.2 通道**

**5.3.2.1 总则**

只有被授权人员才能接近机器及其相关设备。通道设施应符合 GB 17888.3—2008 的要求。

应为接近机器及其相关设备提供安全通畅的通道门或活板门。

通道开口的净尺寸应便于仅载货电梯零部件的更换，也可包括机器空间围壁板的拆卸。开口的尺寸应至少为 0.60 m×0.60 m，或当机器空间尺寸不允许时，可允许适合于零部件更换的其他开口。

门或活板门在打开的位置时，不应占用 5.3.1.2 中提及的净空间。

**5.3.2.2 可进入的机器空间**

人员可进入的机器空间应满足：

a) 通道的开口尺寸至少为 0.60 m×0.60 m；

b) 机器空间的高度至少为 1.80 m。

当需要在机器空间内进行维护时，通道门的门槛不应高出通道水平地面 0.40 m。通道门和通道活板门应设置用钥匙打开的锁，不用钥匙亦能关闭和锁住。当锁紧时，在机器空间内不用钥匙亦能打开。

**5.3.2.3 不可进入的机器空间**

当从机器空间外实施维护工作时，从门或活板门的门槛到任意需要维护、调整或检查的零部件的距离不应大于 0.60 m。

门或活板门的较低边的水平面应距工作区域水平地面以上至少 1.10 m。

门或活板门应：

a) 不向机器空间内打开；

b) 具有用钥匙打开的锁，不用钥匙亦能关闭和锁住。

在维护工作期间，如果所施加的最大操作力超过了 EN 1005-3:2002 规定值，则应采取适当的措施。

**5.3.3 机器空间的结构和设备**

**5.3.3.1 总则**

用于维护的站立区域应防滑(如:波纹板、网格板等)。

**5.3.3.2 尺寸**

5.3.3.2.1 人员移动区域或工作区域的净高度不应小于 1.80 m。

该净高度应从机器空间顶或顶部结构梁下表面测量到：

a) 通道场地的地面；

b) 工作场地的地面。

注：见 0.2.2 和 0.2.4。

5.3.3.2.2 控制屏(柜)前应有一块净面积，该面积：

a) 深度，从屏(柜)的外表面测量时不小于 0.70 m；

b) 宽度，为 0.50 m 与柜(屏)的全宽两者中的较大值。

5.3.3.2.3 在需要检查、维护或手动操作(见 G.1.5)的机械部件前，应有一块不小于 0.50 m×0.60 m 的水平净面积。

5.3.3.2.4 当需要在机器空间外进行检测和维护操作时，检修门门槛前应有一高度至少为门楣高度的净空间，该空间水平投影部分至少为 0.70 m×0.60 m，并允许在所有情况下门能完全打开。

5.3.3.2.5 滑轮上方应至少有 0.30 m 高的净高度或采取相应的保护措施。

5.3.3.3 **设备的搬运**

在机器空间顶板或横梁的适当位置，应提供具有安全工作负荷(见 7.1.6.6)标识的起吊装置，以便起吊较重的设备(见 0.2.4 和 0.3.12)。

## 5.4 层门

### 5.4.1 总则

进入运载装置的井道开口处应设置层门，以防止人员坠入井道以及由于仅载货电梯相对运动对人员引起伤害的危险。

层门应符合与建筑物相关的防火规范的有关规定。

### 5.4.2 层站入口的高度、宽度、地坎以及导向装置和“运载装置在此”指示

5.4.2.1 **高度**

层站入口的净高度应大于 1.20 m。当净高度小于 2 m 时，运载装置的装载和卸载应在井道外进行，如利用容器或托盘。

5.4.2.2 **宽度**

层站入口净宽度比运载装置入口净宽度在任一侧的超出部分均不应大于 50 mm。

5.4.2.3 **地坎**

每个层站入口均应设置具有足够强度的地坎，以承受通过其进入运载装置的载荷。

注：建议在各层站地坎前有适当坡度，以防止洗刷、洒水时，水流进入井道。

5.4.2.4 **导向装置**

5.4.2.4.1 层门的设计应防止正常运行中脱轨、机械卡阻或行程终端时错位。

由于磨损、锈蚀或火灾原因可能造成导向装置失效时，应设有应急的导向装置使层门保持在原有的位置上。

5.4.2.4.2 水平滑动层门的顶部和底部均应设置导向装置。

5.4.2.4.3 垂直滑动层门两边均应设置导向装置。

5.4.2.5 **“运载装置在此”指示**

运载装置在层站时的指示应满足下列规定：

a) 一个“运载装置在此”信号，它只能当运载装置即将停在或已经停在该楼层时发光显示，并应在运载装置停留期间保持显示；或
b) 符合下列条件的一个或几个透明视窗：
   1) 满足 5.4.3.2 规定的机械强度；
   2) 最小厚度为 6 mm；
   3) 每个层门的玻璃面积不应小于 $0.015\ m^2$，每个视窗的面积不应小于 $0.010\ m^2$；
   4) 宽度不小于 60 mm，且不大于 150 mm。对于宽度大于 80 mm 的视窗，其下沿距地面不应小于 1 m；
   5) 应为运载装置设置持续发光的电气照明(见 5.5.1.9)。

### 5.4.3 门扇和框架

5.4.3.1 **总则**

门扇与框架应是无孔的。

5.4.3.2 **机械强度**

5.4.3.2.1 层门在其门锁锁住时，用 300 N 的力垂直作用于门扇的任一面上的任何位置，且均匀地分布在 $5\ cm^2$ 的圆形或方形面积上时，应：

a) 无永久变形；
b) 弹性变形不大于 15 mm；

c) 试验期间和试验后，门的安全性能不受影响。

注：见0.2.4和0.3.8。

5.4.3.2.2 门关闭后，门扇之间及门扇与立柱、门楣和地坎之间的间隙应尽可能小。

此运动间隙不大于6 mm时，认为满足要求。由于磨损，该间隙值允许达到10 mm。如果有凹进部分，上述间隙应从凹底处测量。

在水平滑动门和折叠门主门扇开门的方向，以150 N的力(不用工具)施加在最不利的位置上，上述规定的间隙可大于10 mm，但不应大于下列值：

a) 对旁开门，30 mm；

b) 对中分门，总和为45 mm。

5.4.3.2.3 除可视面板[见5.4.2.5 b)]外，不应采用玻璃。

**5.4.3.3 垂直滑动层门的悬挂机构**

5.4.3.3.1 垂直滑动层门的门扇应固定在两个独立的悬挂部件上。

5.4.3.3.2 悬挂绳、链、皮带的设计安全系数不应小于8。

5.4.3.3.3 悬挂绳滑轮的节圆直径不应小于钢丝绳直径的20倍。

5.4.3.3.4 应采取措施防止悬挂绳(或链)脱出滑轮槽(或链轮)。

**5.4.3.4 与层门运动相关的保护**

**5.4.3.4.1 总则**

层门及其周围的设计应尽可能减少由于人员、衣服或其他物件被夹住而造成的损坏或伤害的危险。这些要求不适用于附录B所规定的开锁三角钥匙入口处。

**5.4.3.4.2 动力驱动门**

不应使用自动门。

动力驱动的非自动门应尽量减少门扇撞击人员的有害后果。

动力驱动的非自动门的运动应满足下列规定：

a) 设置持续操作的运行控制装置，允许门在使用人员的监管下运行；

b) 在该持续操作的运行控制装置附近，设置符合5.10.2.4规定的停止装置；和

c) 门扇关闭的速度不应大于0.3 m/s。

**5.4.4 对坠落和剪切危险的保护**

5.4.4.1 在正常运行时，应设置符合5.4.5规定的锁紧装置以防止层门(或多扇层门中的任意一扇)的打开，除非运载装置在该层门的开锁区域内停站。

开锁区域不应大于层站地坎上表面上下0.2 m。

在符合5.10.2.2的条件下，允许在开锁区域内进行相应的平层和再平层。

5.4.4.2 如果层门或多扇层门中的任一扇开着，在正常操作情况下，仅载货电梯应不能启动或保持继续运行(见5.4.6)，5.10.2.2所述情况除外。

**5.4.5 锁紧和紧急开锁**

5.4.5.1 每个层门应设置满足5.4.4.1要求的门锁装置，这个装置应有防止故意滥用的保护。

5.4.5.2 对铰链门，锁紧应尽可能接近门的垂直关闭边缘处。即使在门下垂时，也应保持有效。

5.4.5.3 如果滑动门是由数个机械连接的门扇组成，允许只锁紧一扇门，只要：

a) 该门扇的单一锁紧能防止其他门扇的打开；

b) 这些门扇均未装设手柄。

5.4.5.4 只有在锁紧元件啮合不小于7 mm时运载装置才能启动，见图1。

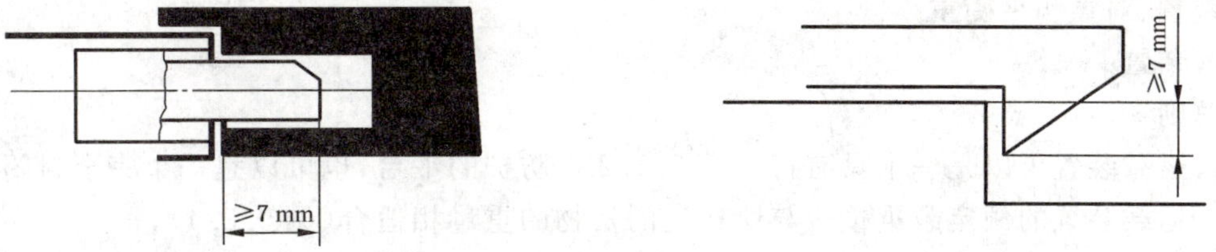


图 1　锁紧元件示例

5.4.5.5　锁紧元件及其附件应是耐冲击的,应采用金属制造或金属加固。

5.4.5.6　锁紧元件的啮合应能满足在沿着开门方向作用 300 N 力的情况下,不降低锁紧的效能。

5.4.5.7　在根据 F.2.2.2 或等效方法进行试验期间,门锁应无永久变形。

5.4.5.8　应由重力、永久磁铁或弹簧来产生和保持锁紧动作。如果使用弹簧,则应采用有导向的压缩弹簧,同时弹簧的结构应满足在开锁时不会被压并圈。

即使永久磁铁(或弹簧)失效,重力亦不应导致开锁。

如果锁紧元件是通过永久磁铁的作用保持其锁紧位置,则一种简单的方法(如加热或冲击)不应使其失效。

5.4.5.9　门锁装置应有防护,以避免可能妨碍正常功能的积尘风险。

5.4.5.10　证实门扇锁闭状态的符合 5.10.1.2 规定的电气安全装置,应由锁紧元件强制操作而没有任何中间机构,应能防止误动作,必要时可以调节。

在门打开或未锁住的情况下,从人员正常可接近的位置,用单一的不属于正常操作程序的动作应不可能开动仅载货电梯。

工作部件应易于检查,例如采用一块透明板以便观察。

当门锁触点放在盒中时,盒盖的螺钉应为不可脱落式。在打开盒盖时,它们应仍留在盒盖的孔中。

门锁装置是安全部件,应按 F.2 的要求验证。

5.4.5.11　每个层门均应能从外面借助一个与附录 B 规定的开锁三角孔相配的钥匙将门打开。

对于减小顶层高度[5.2.11.1.2 b)2)]的 B 类仅载货电梯,应仅在最高和最低层站的层门设置手动开锁装置。

在一次紧急开锁以后,层门关闭后门锁装置应恢复锁紧状态。

在运载装置门驱动层门的情况下,当运载装置在开锁区域之外时,如层门无论因为何种原因而打开,则应有一种装置(如重块或弹簧)能确保该层门自动关闭。

**5.4.6　证实层门关闭的电气装置**

5.4.6.1　每个层门应设有符合 5.10.1.2 要求的电气安全装置,以证实其关闭位置,从而满足 5.4.4.2 的规定。

在开锁区域内,在满足 5.10.2.2 的条件下(见 5.4.4.1),允许层门不在关闭位置时运载装置进行平层或再平层的运行。

5.4.6.2　在铰链式层门的情况下,此装置应安装在门的关闭边缘处或在验证层门关闭状态的机械装置上。

5.4.6.3　在与运载装置门联动的水平滑动层门的情况下,如果证实层门锁紧状态的装置是依赖层门的有效关闭,则该装置同时可作为证实层门关闭位置的装置。

5.4.6.4　如果滑动门是由数个直接机械连接的门扇组成,允许 5.4.5.1 或 5.4.5.3 要求的装置设置在一个门扇上。

如果滑动门是由数个间接机械连接(如:采用钢丝绳、皮带或链条)的门扇组成,允许仅锁紧一扇门,条件是:该门扇的单一锁紧能防止其他门扇的打开。未被锁住或挂住的其他门扇的关闭位置应由一个符合 5.10.1.2 要求的电气安全装置来证实。

5.5 运载装置、对重和平衡重

5.5.1 运载装置

5.5.1.1 总则

5.5.1.1.1 运载装置可以是一个具有符合5.5.1.2.1防护的平台，也可以是一个完全封闭的空间。

5.5.1.1.2 运载装置的额定载重量应与所运送的货物的重量相适合（见0.2.4）。

为了防止超载，额定载重量应按运载装置有效面积不小于200 $kg/m^2$ 来计算。

当额定载重量超过1 000 kg时，应设置载重量控制装置（见5.10.2.7）。

运载装置地板应能承受所运送货物的重量，以及按照预期用途装载和卸载时搬运人员和（或）搬运设备的重量（见0.2.4）。

5.5.1.1.3 运载装置的零部件（如：运载装置架、导靴、围壁、防护装置、运载装置地板和运载装置顶等）应有足够的机械强度，以承受在仅载货电梯正常运行、安全钳动作和运载装置撞击固定止停装置或缓冲器时的作用力。

此外，仅载货电梯设计计算时不仅需考虑运载装置所承载的载荷，而且还应考虑可能进入运载装置的搬运装置的重量（见0.2.4）。

5.5.1.2 围壁

5.5.1.2.1 装载和卸载期间应采取措施防止人员从运载装置坠落的危险。这可通过在运载装置四周设置防护装置来实现，该防护装置应由高度为1.10 m的扶手、0.15 m高的护脚板和防护装置高度一半的中间栏杆组成。

该防护装置应至少具有如下机械强度：用1 000 N的力作用在扶手最不利的位置上，应无永久变形且弹性形变不大于10 mm。

如果采用围壁替代防护装置，围壁机械强度应至少符合5.2.6的要求（见5.5.1.1.3）。

如果井道壁强度符合5.2.6的要求且运载装置外缘与墙表面之间的距离不大于35 mm，且井道壁表面是由连续的平滑而坚硬的材料（如：金属板、硬饰面或具有类似摩擦系数的其他材料）构成，则防护装置也可由井道壁代替。

防护装置应是不易燃的。

对于具有贯通出口或直角出口的运载装置，应防止货物凸出运载装置（见0.2.4和附录H）。

5.5.1.2.2 对于B类仅载货电梯，运载装置应由围壁、运载装置地板和运载装置顶完全封闭，仅允许有下列开口：

a） 货物或使用人员正常出入口；

b） 运载装置安全窗；

c） 通风孔。

如果围壁上有其他开孔，则应符合GB 23821—2009表4的要求。

5.5.1.2.3 如果所运送的货物可能在运载装置运行行程中移动，则应设置防护装置（如围壁、运载装置顶、固定装置、障碍物、滚轮防转装置、门等）防止货物移动到运载装置外。该防护装置应是运载装置的组成部分且在强度和功能方面应与所运送的货物相适应（见0.2.4）。

5.5.1.2.4 运载装置入口及其内部净高度应至少为2 m，但在装载和卸载期间，人员不需要进入运载装置的情况除外，例如：通过使用容器或托盘。

对于无运载装置顶的运载装置，运载装置的最小净高度应等于层站入口的最小净高度，且最大净高度应与所运送的货物相适应（见0.2.4）。

5.5.1.3 运载装置入口的门

5.5.1.3.1 总则

除了5.4.4.1规定的开锁区域外，在正常操作情况下，当运载装置门打开时，应通过一个符合5.10.1.2规定的电气安全装置使仅载货电梯不能启动或保持运行。

如果采用垂直滑动门，则应防止其意外运行。

如果采用手动操作门，其设计应考虑人类工效学原理(见 EN 1005-3:2002)。

不应采用动力驱动的自动门。

动力驱动的非自动门及其周围设计应尽可能减少由于人员、衣服或其他物件被夹住而造成损坏或伤害的风险。

如果采用动力驱动的运载装置门，则应满足下列规定：

a) 设置在层站处的一个持续操作的运行控制装置，允许门在使用人员的监管下运行；

b) 在该运行控制装置附近，设置符合 5.10.2.4 要求的停止装置；和

c) 门扇关闭的速度不应大于 0.3 m/s。

注：如果层门和运载装置门同步运行，以上 a)和 b)的装置可与 5.4.3.4.2 规定的相同。

运载装置门与关闭后层门之间的水平距离或门之间的通行距离，在整个正常操作期间不应大于0.12 m。

如果同时使用铰链式层门和折叠式运载装置门，则在关闭后的门之间的任何间隙内均应不能放下一个直径为 0.15 m 的球。

**5.5.1.3.2 运载装置门**

5.5.1.3.2.1 如果层门具有“运载装置在此”指示的视窗，则运载装置门(如果有)也应按 5.4.2.5 b)的要求设置视窗。

视窗在运载装置门上的位置应满足：当运载装置停靠平层时，层门的视窗和运载装置门的应相互对齐。

5.5.1.3.2.2 对于由数个机械连接的门扇组成的滑动门，允许把验证滑动门关闭位置(5.5.1.3)的装置设置在：

a) 一个门扇上(对折叠式门为快门扇)；或

b) 如果门的驱动元件与门扇之间是由直接机械连接的，则在门的驱动元件上。

如果间接机械连接(如采用钢丝绳、皮带或链条)的门扇在关闭位置未钩住，则应由一个符合5.10.1.2 规定的电气安全装置来验证。

**5.5.1.4 护脚板**

当需要按照 5.10.2.2 的要求设置手动再平层时，应按层门地坎下的护脚板(见 5.2.8.2)的要求设置运载装置护脚板。

**5.5.1.5 运载装置安全窗**

如果运载装置顶具有安全窗，应满足 5.5.1.6.1 a)和下列规定：

a) 尺寸不小于 0.35 m×0.50 m；

b) 能不用钥匙从运载装置外打开，并应能使用与附录 B 相配的三角钥匙从运载装置内打开；

c) 不应向运载装置内打开；

d) 打开时的位置不应超出运载装置的边缘；

e) 设置手动锁紧装置。该锁紧装置应由符合 5.10.1.2 规定的电气安全装置来验证，如果锁紧失效，该装置应使仅载货电梯停止。只有在重新锁紧后，仅载货电梯才能恢复运行。

**5.5.1.6 运载装置顶**

除了符合 5.5.1.2.1 要求外，运载装置顶还应满足下列规定。

5.5.1.6.1 运载装置顶应：

a) 在其上的任何位置，能支撑两个人的体重，每个人按 1 000 N 的力作用在 0.20 m×0.20 m 面积上，无永久变形。

b) 有一块不小于 0.12 $m^2$ 的站人用的净面积，其短边不小于 0.25 m。

c) 运载装置顶外侧边缘与井道壁之间的水平自由距离大于 0.30 m 时，应设置符合 5.5.1.6.2 要

求的护栏。该距离应测量至井道壁，井道壁上有宽度或高度小于 0.30 m 的凹坑时，允许在凹坑处有稍大一点的距离。

5.5.1.6.2 护栏应满足下列规定：

a) 根据运载装置顶外侧边缘与井道壁之间的水平自由距离，扶手高度：
   1) 当该距离不大于 0.85 m 时，不应小于 0.70 m；
   2) 当该距离大于 0.85 m 时，不应小于 1.10 m。
b) 由扶手、0.15 m 高的护脚板和位于护栏高度一半处的中间栏杆组成；
c) 护栏的入口应使人员安全和容易地通过，以便进入运载装置顶；
d) 护栏设置在距运载装置顶边缘最大为 0.15 m 之内。
e) 当在运载装置顶上进行维护工作需要移动运载装置时：
   1) 扶手外缘与井道中的任何部件（如对重或平衡重、开关、导轨、支架等）之间的水平距离不应小于 0.10 m；
   2) 如果设有护栏，则应设置有关俯伏或斜靠护栏危险的警示标识或须知，并固定在护栏的适当位置。

**5.5.1.7 滑轮和（或）链轮**

如果维修操作需从运载装置顶移动运载装置，则固定在运载装置上的滑轮和（或）链轮应按照5.6.3规定进行防护。

**5.5.1.8 运载装置顶上的装置**

当运载装置顶被用作检查和维护操作平台时，在其上应设置下列装置：

a) 符合 5.10.2.4.1d）和 7.1.4.2a）规定的停止装置；
b) 在工作区域，符合 5.9.5.5 规定的电源插座；
c) 如果维护操作时需要移动运载装置，一个符合 5.10.2.3 规定的检修运行控制装置。

在任何情况下，B 类仅载货电梯均应满足上述 c）的规定。

**5.5.1.9 照明**

运载装置应设置永久性的电气照明装置，当层门打开时，该照明应保持燃亮且运载装置地板上的照度不应小于 50 lx。

在仅载货电梯使用过程中，如果层站的照明装置总是燃亮的，且能满足上述照度的要求，则层站的照明可作为运载装置的照明（见 0.2.4）。

如果照明是白炽灯，则应至少采用两只并联的灯泡。

**5.5.2 对重和平衡重**

5.5.2.1 如果对重（或平衡重）由对重块组成，则应采取下列措施防止它们移位：

a) 对重块固定在一个框架内；或
b) 对于金属对重块，至少采用两根拉杆将对重块固定住。

5.5.2.2 装在对重（或平衡重）上的滑轮（或链轮）应按 5.6.3 要求设置保护装置。

**5.6 悬挂装置、意外移动和超速保护**

**5.6.1 悬挂装置**

曳引式、强制式和间接作用式液压仅载货电梯的悬挂装置应符合下列规定。

**5.6.1.1 总则**

5.6.1.1.1 运载装置和对重（或平衡重）应采用钢丝绳或平行链节的钢质链条或滚子链条来悬挂。

5.6.1.1.2 钢丝绳（或链）应符合下列要求：

a) 当载有额定载重量的运载装置停靠在最低层站时，单根悬挂钢丝绳（或链）的最小破断载荷（N）与其所承受的最大拉力（N）之间的比值不应小于 8。
b) 钢丝绳的抗拉强度：

1) 对于单强度钢丝绳，宜为 1 570 $N/mm^2$ 或 1 770 $N/mm^2$；

2) 对于双强度钢丝绳，外层钢丝宜为 1 370 $N/mm^2$，内层钢丝宜为 1 770 $N/mm^2$。

c) 钢丝绳的其他特性(结构、延伸率、圆度、柔性、试验等)应符合 GB 8903—2005 的规定。

5.6.1.1.3 钢丝绳(或链条)应至少有 2 根，每根钢丝绳(或链条)均应是独立的。

**5.6.1.2 曳引轮、滑轮和卷筒的绳径比、钢丝绳(或链条)的端接装置**

曳引轮、滑轮或卷筒的节圆直径与悬挂绳的公称直径之比不应小于 30。

钢丝绳在卷筒上的固定应采用带楔块的压紧装置，或至少用两个绳夹或具有同等安全的其他装置，将其固定在卷筒上。

钢丝绳(或链)末端应固定在运载装置、对重(或平衡重)或系结钢丝绳(或链)固定部件的悬挂部位上。钢丝绳固定时，应采用金属或树脂填充的绳套、自锁紧楔形绳套、至少带有三个合适绳夹的鸡心环套、手工捻接绳环、环圈(或套筒)压紧式绳环或具有同等安全的任何其他装置。

钢丝绳(或链)端接装置应至少能承受钢丝绳最小破断负荷的 80%。

**5.6.1.3 强制式仅载货电梯钢丝绳的卷绕**

符合 G.1.1b)规定的卷筒应加工出螺旋槽。

当运载装置停在完全压缩的缓冲器上时，卷筒的绳槽中应至少保留一圈半的钢丝绳。

卷筒上只能绕一层钢丝绳。钢丝绳相对于绳槽的偏角(放绳角)不应大于 4°。

**5.6.1.4 钢丝绳或链条之间的载荷分布**

5.6.1.4.1 应至少在悬挂钢丝绳(或链条)的一端设置自动调节装置来平衡各绳(或链)之间的张力。

5.6.1.4.1.1 与链轮啮合的链条，在其和运载装置及平衡重连接的端部，也应设置上述平衡装置。

5.6.1.4.1.2 多个换向链轮同轴时，各链轮均应能单独旋转。

5.6.1.4.2 如果采用弹簧平衡张力，则弹簧应在压缩状态下工作。

5.6.1.4.3 如果运载装置悬挂在 2 根钢丝绳(或链条)上，则应设置一个符合 5.10.1.2 规定的电气安全装置，当一根钢丝绳或链条发生异常相对伸长时，仅载货电梯应停止运行。

对于有两个或多个液压缸的仅载货电梯，本要求应适合于每组悬挂装置。

5.6.1.4.4 调节钢丝绳或链条的装置在调节之后，不应自行松动。

**5.6.2 意外移动和超速保护**

**5.6.2.1 防止运载装置意外移动的措施**

5.6.2.1.1 根据运载装置的驱动系统，应考虑表 2 列出的运载装置意外移动。

**表 2 运载装置的意外移动**

| 驱动系统 | 下行移动 | 上行移动 | 沉降 |
|---|---|---|---|
| 曳引式 | × | × | |
| 强制式 | × | | |
| 液压驱动直接作用式 | × | | × |
| 液压驱动间接作用式 | × | | × |

5.6.2.1.2 应根据表 3 采取保护措施来防止运载装置在需要进入的位置(包括维护时需进入平台或运载装置顶)发生意外移动。

**表 3 防止意外移动的措施**

| 安全措施 | 下行移动 | 上行移动 | 沉降[a] | 超速 |
|---|---|---|---|---|
| 安全钳 | × | × | ×[b] | ×[c] |
| 夹紧装置 | × | | ×[b] | |
| 棘爪装置 | × | × | ×[b] | |

表 3（续）

| 安全措施 | 下行移动 | 上行移动 | 沉降[a] | 超速 |
|---|---|---|---|---|
| 破裂阀 | × | | | × |
| 节流阀 | | | | × |
| 夹绳器 | × | × | ×[b] | ×[c] |
| 底坑中带或不带缓冲作用的止停装置 | ×[d] | | ×[d] | |

[a] 沉降仅适用于液压驱动系统。

[b] 在层站处起作用。

[c] 与限速器组合。

[d] 仅用于最低层站的意外移动。

5.6.2.1.3　对于液压仅载货电梯，如果发生沉降，在 5.6.2.2.2 规定的距离内，可依据 5.10.2.2 或 5.6.2.3.1a）的规定对运载装置进行手动再平层。

5.6.2.1.4　如果运载装置顶上安装了检修运行控制装置，则应设置超速保护装置。

**5.6.2.2　防止运载装置在停止位置意外移动的监测装置**

5.6.2.2.1　应设置监测运载装置在停止位置意外移动的装置。

5.6.2.2.2　当运载装置在任意方向上离开停止位置的距离达到 0.10 m 时，该装置应能监测到运载装置的意外移动。

5.6.2.2.3　在监测到运载装置意外移动后，该装置应机械地或借助于电气安全回路（见 5.10.1.2）操作机械安全装置（见 5.6.2.3）。

5.6.2.2.4　如果设置了超速保护装置，则该装置也可用作监测仅载货电梯的意外移动。

**5.6.2.3　停止运载装置意外移动的机械安全装置**

5.6.2.3.1　应设置停止运载装置意外移动的机械安全装置。该装置应满足下列规定：

a）能够使以额定速度运行的载有额定载重量的运载装置停止且保持停止状态；

b）作用于导轨、悬挂钢丝绳、柱塞或井道内的停止部件；

c）其零部件不应被用作运载装置的导向；

d）不应采用电气、液压或气动操纵的装置来触发；

e）其动作不应引起仅载货电梯零部件的永久变形，可拆除或更换的部件除外。如果需要拆除或更换，应在释放后进行。

f）当机械安全装置动作后：

1）运载装置空载或载有均匀分布额定载重量的情况下，运载装置地板的倾斜度不应大于其正常位置的 5%；和

2）一个符合 5.10.1.2 规定的电气安全装置动作来防止仅载货电梯的正常运行。

g）其释放和自动复位应：

1）由称职人员进行；

2）仅向相反方向移动运载装置才能实现；

3）不能使仅载货电梯自动恢复到正常工作状态。

当发生意外移动时，该机械制停装置与监测装置共同作用应使运载装置在 0.30 m 内制停。

5.6.2.3.2　下列装置之一被认为符合 5.6.2.3.1 规定：

a）安全钳；

b）夹紧装置；

c）棘爪装置；

d) 夹绳器。

5.6.2.3.3 对于在运载装置顶或运载装置上设置了检修运行控制装置的仅载货电梯，运载装置应设置符合5.6.2.3.1规定的防止其意外移动和超速运行的机械安全装置。

**5.6.2.4 防止超速的安全装置**

**5.6.2.4.1 限速器**

5.6.2.4.1.1 应按5.6.2.1.2表3的要求设置限速器。

5.6.2.4.1.2 限速器应符合下列要求：

a) 操纵运载装置和(或)对重(平衡重)安全钳的限速器应在速度至少等于额定速度的115%时动作，但不应大于下列两者中的较大值：
   1) 额定速度的150%；或
   2) 0.8 m/s。
b) 在运载装置上行或下行的速度达到限速器动作速度之前，限速器或其他装置上的一个符合5.10.1.2规定的电气安全装置应使仅载货电梯驱动主机停止运转；
c) 如果限速器未复位到工作位置，则一个符合5.10.1.2规定的电气安全装置应防止仅载货电梯的启动；
d) 限速器应是可接近的，以便检查和维护；
e) 限速器是安全部件，应按照F.4的要求进行验证。

5.6.2.4.1.3 由钢丝绳驱动的限速器：

a) 限速器动作时，限速器绳的张力不应小于以下两个值的较大者：
   1) 安全钳起作用所需力的两倍；或
   2) 300 N。
b) 对于只靠摩擦力来产生张力的限速器，其槽口应：
   1) 经过附加的硬化处理；或
   2) 有一个切口槽。

   注：GB 7588—2003附录M给出了一种确定设计槽口形状的方法。
c) 限速器上应标明与安全钳动作相应的旋转方向；
d) 限速器应由限速器绳驱动，限速器绳的公称直径不应小于6 mm。限速器动作时限速器绳的张力相对于限速器绳的最小破断载荷的安全系数不应小于8；
e) 限速器绳应采用张紧轮张紧，张紧轮(或其配重)应有导向装置；
f) 当限速器绳断裂或过分伸长时，应通过一个符合5.10.1.2规定的电气安全装置的作用使驱动主机停止运转。

**5.6.2.4.2 破裂阀**

应按5.6.2.1.2表3的要求设置破裂阀，并应符合G.2.5.5的规定。

**5.6.2.4.3 节流阀、单向节流阀**

应按5.6.2.1.2表3的要求设置节流阀或单向节流阀，并应符合G.2.5.6的规定。

**5.6.3 曳引轮、滑轮和链轮的防护**

5.6.3.1 曳引轮、滑轮和链轮应按照表4设置防护装置，以避免：

a) 人身伤害；
b) 钢丝绳或链条因松驰而脱离绳槽或链轮；
c) 异物进入绳与绳槽或链与链轮之间。

对于倒悬的滑轮或链轮，也应按表4设置防护装置。

根据使用环境(见0.2.4)，应避免杂物(如：灰尘或碎片)在防护装置内堆积。

表 4　曳引轮、滑轮和链轮的防护

<table>
<tr><th colspan="3" rowspan="2">曳引轮、滑轮和链轮的位置</th><th colspan="3">根据 5.6.3.1 的危险</th></tr>
<tr><th>5.6.3.1a)</th><th>5.6.3.1b)</th><th>5.6.3.1c)</th></tr>
<tr><td colspan="2" rowspan="2">运载装置上</td><td>运载装置顶上</td><td>×</td><td>×</td><td>×</td></tr>
<tr><td>运载装置底板下</td><td></td><td>×</td><td>×</td></tr>
<tr><td colspan="3">对重或平衡重上</td><td></td><td>×</td><td>×</td></tr>
<tr><td colspan="3">机器空间内</td><td>×[a]</td><td>×</td><td>×[b]</td></tr>
<tr><td colspan="3">滑轮间内</td><td>×[a]</td><td>×</td><td></td></tr>
<tr><td rowspan="4">井道内</td><td rowspan="2">顶层空间</td><td>运载装置上方</td><td>×</td><td>×</td><td></td></tr>
<tr><td>运载装置侧向</td><td></td><td>×</td><td></td></tr>
<tr><td colspan="2">底坑与顶层空间之间</td><td></td><td>×</td><td>×[b]</td></tr>
<tr><td colspan="2">底坑</td><td>×</td><td>×</td><td>×</td></tr>
<tr><td colspan="3">限速器及其张紧轮</td><td></td><td>×</td><td>×[b]</td></tr>
<tr><td colspan="2" rowspan="3">液压顶升机构</td><td>向上顶升</td><td>×[a]</td><td>×</td><td></td></tr>
<tr><td>向下顶升</td><td></td><td>×</td><td>×[b]</td></tr>
<tr><td>具有机械同步装置</td><td>×</td><td>×</td><td>×</td></tr>
<tr><td colspan="6">注：×表示应考虑此项危险。<br>[a] 最低限度应作防咬入防护；<br>[b] 表明仅在钢丝绳或链条进入曳引轮、滑轮和链轮的方向为水平或与水平线的上夹角不超过 90°时，应防护此项危险。</td></tr>
</table>

5.6.3.2　所采用的防护装置不应妨碍对旋转部件的观察及检查和维护工作。若防护装置是网孔状，则其孔洞尺寸应符合 GB 23821—2009 表 4 的要求。

应按 GB 12265.3—1997 相关要求防止挤压危险。

防护装置只有在下列情况下才能被拆除：

a)　更换钢丝绳或链条；

b)　更换绳轮或链轮；

c)　重新加工绳槽。

**5.6.4　机械部件的防护**

对可能接近并可能产生危险的旋转部件，特别是下列部件，应设置有效的防护：

a)　传动轴上的键和螺钉；

b)　钢带、链条、皮带；

c)　齿轮、链轮；

d)　电动机的外伸轴；

e)　甩球式限速器。

但是，具有符合 5.6.3.1 规定的防护装置的曳引轮、盘手车轮、制动轮及任何类似的光滑圆形部件除外。这些部件应涂成黄色，或至少部分涂成黄色。

## 5.7　导轨系统、机械停止装置和极限开关

### 5.7.1　导轨系统的总则

**5.7.1.1　通则**

运载装置、对重(或平衡重)的导向系统应由导靴、导轨或类似的装置组成。该系统应能：

a) 防止运载装置与对重(或平衡重)出轨;

b) 保证运载装置与对重(或平衡重)在运行路径上而不会与其他部件碰撞;

c) 确保运载装置与安装在井道内的其他部件(如门锁装置、开关等)之间的正确的位置关系;

d) 在装载和卸载期间,限制运载装置在水平方向上的移动距离不大于10 mm;

e) 如果防止意外移动的保护装置需要夹紧在导轨上起作用,则导轨与其他装置共同作用防止意外移动;

f) 采用相对于破断载荷 $R_m$ 不小于3的安全系数或不小于2.5抗弯安全系数的材料,以便能够承受仅载货电梯预期使用及安全装置动作时所引起的载荷和作用力。

**5.7.1.2 载荷、应力和变形**

导轨、接头及其附件应能承受所施加的载荷和作用力,以保证仅载货电梯的安全运行。

仅载货电梯安全运行与导轨有关的方面为:

a) 导轨应保证运载装置与对重(或平衡重)的导向;

b) 导轨变形应限制在一定范围内,由此:

1) 不应出现门的意外开锁;

2) 不应影响安全装置的动作;和

3) 不应造成运动部件与其他部件碰撞。

根据用户和供应商按照实际使用而商定的轿厢内额定载重量的分布状况(见0.2.4),应对导轨的应力予以限制。

注:GB 7588—2003 附录G的G.2、G.3和G.4提供了确定载荷分布的方法。

不应使用延伸率小于8%的材料。

**5.7.1.3 导轨装置的固定**

导轨与导轨支架和建筑物的固定应能自动地或采用简单调节方法来补偿因建筑物的正常沉降和混凝土收缩的影响。

应防止因导轨附件的转动造成导轨的松动。

**5.7.2 运载装置、对重(或平衡重)的导向**

5.7.2.1 运载装置、对重(或平衡重)应各自至少由2条刚性的钢质导轨导向。

5.7.2.2 对于额定速度大于0.4 m/s的仅载货电梯,导轨应采用冷拉钢材制成,或工作表面采用机械加工方法制作。

5.7.2.3 对重或平衡重导轨,可使用成型金属板材,但应作防腐蚀保护。

注1:为满足许用应力和挠度要求,B类仅载货电梯宜采用T型导轨。

注2:GB 7588—2003 附录G提供了选择导轨的方法。

5.7.2.4 许用应力和变形

5.7.2.4.1 许用应力应按公式(1)计算:

$$\sigma_{perm}=\frac{R_m}{S_t} \qquad \cdots\cdots(1)$$

式中:

$\sigma_{perm}$——许用应力,单位为牛顿每平方毫米($N/mm^2$);

$R_m$——拉伸强度,单位为牛顿每平方毫米($N/mm^2$),$R_m=0.75\times R_{0.2}$;

$S_t$——安全系数。

安全系数应按表5确定:

表 5 导轨安全系数

| 载荷情况 | 延伸率($A_5$) | 安全系数 |
|---|---|---|
| 正常使用 | $A_5 \geqslant 12\%$ | 2.25 |
| | $8\% \leqslant A_5 < 12\%$ | 3.75 |
| 安全钳动作 | $A_5 \geqslant 12\%$ | 1.8 |
| | $8\% \leqslant A_5 < 12\%$ | 3.0 |

符合 GB/T 22562—2008 要求的 T 型导轨，许用应力值 $\sigma_{perm}$ 可使用表 6 的规定值计算。

表 6 许用应力 $\sigma_{perm}$

单位为牛顿每平方毫米

| 载荷情况 | $R_m$ | | |
|---|---|---|---|
| | 370 | 440 | 520 |
| 正常使用 | 165 | 195 | 230 |
| 安全钳动作 | 205 | 244 | 290 |

5.7.2.4.2 最大计算允许变形

a) 对于下述导轨，在两个方向上为 5 mm：

——运载装置导轨；

——有安全钳作用的对重(或平衡重)导轨。

b) 对于没有安全钳作用的对重(或平衡重)导轨，在两个方向上为 10 mm。

**5.7.3 运载装置和对重(或平衡重)的缓冲器及固定止停装置**

5.7.3.1 仅载货电梯的固定止停装置应设置在运载装置和对重(或平衡重)的行程底部极限位置。运载装置投影区域下面固定止停装置的作用点上应设置一个一定高度的障碍物(支座)，以便满足5.2.11.2.3的要求。在距固定止停装置作用区域中心的 0.15 m 范围内，如果有导轨和类似的固定装置(除墙壁)，则可认为它们是组成障碍物的部分。

5.7.3.2 强制式驱动仅载货电梯除满足 5.7.3.1 的要求外，还应在运载装置顶上设置能在行程上部极限位置起缓冲作用的固定止停装置。

5.7.3.3 对于额定速度大于 0.3 m/s 的 B 类仅载货电梯，应采用缓冲器。

5.7.3.3.1 以 115%额定速度撞击运载装置缓冲器时，缓冲器作用期间的平均减速度不应大于 1 $g_n$。

5.7.3.3.2 对于采用耗能型缓冲器的仅载货电梯，只有在缓冲器动作后回复至其正常伸长位置后，仅载货电梯才能正常运行，监测缓冲器的正常复位所用的装置应是一个符合 5.10.1.2 规定的电气安全装置。

5.7.3.3.3 液压缓冲器的结构应便于检查其液位。

5.7.3.4 在 5.2.9 规定的情况下，仅载货电梯应在运载装置和对重的行程底部极限位置设置缓冲器。

5.7.3.5 对于液压仅载货电梯，当运载装置停止在其固定止停装置上或缓冲器完全被压缩时，柱塞不应撞击缸筒的底部。

5.7.3.6 固定止停装置或缓冲器的设计应考虑满载运载装置或对重撞击固定止停装置或缓冲器时的速度达到 115%额定速度的情况。

固定止停装置或缓冲器动作后，应无永久变形。

**5.7.4 极限开关**

**5.7.4.1 总则**

仅载货电梯应设置极限开关。对于液压仅载货电梯，可不设置下极限开关。

极限开关应设置在尽可能接近端站时起作用而无误动作危险的位置处。

极限开关应在运载装置[或对重(平衡重)，如果有]接触固定止停装置或缓冲器之前起作用，并应在缓冲器被压缩期间或运载装置与固定止停装置接触期间保持动作状态。

5.7.4.2 **极限开关的动作**

5.7.4.2.1 正常的端站停止开关和极限开关应采用分别的动作装置。

5.7.4.2.2 极限开关的动作应由下述方法实现：

a) 对于间接作用式液压仅载货电梯
   1) 直接利用柱塞；或
   2) 利用一个与柱塞连接的装置(如：钢丝绳)。

b) 对于除了间接作用式液压仅载货电梯外的其他仅载货电梯
   1) 直接地利用处于井道顶部和底部的运载装置；或
   2) 间接地：
      ⅰ) 利用一个与运载装置连接的装置(如：钢丝绳、皮带或链条)；或
      ⅱ) 利用处于井道顶部和底部的对重或平衡重(如果有)；或
      ⅲ) 上述方法的组合。

在a)2)和b)2)ⅰ)的情况下，该连接装置一旦断裂或松弛，一个符合5.10.1.2规定的电气安全装置应使仅载货电梯驱动主机停止运转。

5.7.4.2.3 对于直接和间接作用式液压式仅载货电梯，极限开关应在柱塞接触缓冲停止之前起作用。

5.7.4.3 **极限开关的作用方法**

5.7.4.3.1 极限开关应采用下列方法切断电动机和制动器的供电回路：

a) 直接通过符合5.10.1.2.2.1规定的装置强制机械切断；或

b) 通过一个符合5.10.1.2规定的电气安全装置。

应防止电动机向制动器线圈馈电。

5.7.4.3.2 极限开关动作后，仅载货电梯应不能自动恢复运行。

当运载装置离开极限开关作用区域时，极限开关应自动恢复到正常工作位置。

5.8 **驱动主机**

5.8.1 **总则**

5.8.1.1 每台仅载货电梯应至少具有一台专用的驱动主机。

驱动系统和悬挂装置的设计应考虑驱动电动机的实际功率，以及运载装置或对重(或平衡重)在井道内停止和其压在缓冲器上的可能性。

5.8.1.2 可使用皮带将单台或多台电机连接到机-电式制动器(见G.1.4.2)所作用的零件上。皮带不应少于2条。

5.8.1.3 当强制式和曳引式仅载货电梯未采用限速器和安全钳作为防止意外移动的措施时，应至少设置一条附加的皮带。

5.8.2 **速度**

当电源为额定频率，电动机施以额定电压时，载有50%额定载重量的运载装置，向上和(或)向下运行至行程中段(除去加速和减速段)时的速度与额定速度偏差不应大于±10%。

下列速度偏差也不应大于±10%：

a) 再平层[见5.10.2.2e)]；

b) 检修运行[见5.10.2.2f)]。

5.9 **电气安装与电气设备**

5.9.1 **总则**

5.9.1.1 **适用范围**

5.9.1.1.1 本标准对电气安装和电气设备组成部件的各项要求适用于：

a) 动力电路主开关及其从属电路；

b) 运载装置照明电路开关及其从属电路。

仅载货电梯应视为一个整体,如同一部含有电气设备的机器一样。

注:国家有关电力供电线路的各项要求,仅适用到开关的输入端。但这些要求也适用于机器空间、滑轮间、井道和底坑的全部照明和插座电路。

5.9.1.1.2 本标准对5.9.1.1.1中所述及的开关从属电路的要求,是依据现行国家有关电气设备的标准,同时尽可能考虑了仅载货电梯的特殊要求。

除特别说明外,所用电气设备应符合可接受的通用安全规范。

5.9.1.1.3 电磁兼容性宜符合EN 12015:2004和EN 12016:2004的要求。

**5.9.1.2 防护等级**

在机器空间和滑轮间内,应采用防护罩壳以防止直接触电。所用外壳防护等级不应低于IP2X。

**5.9.1.3 电气安装的绝缘电阻(GB/T 16895.23—2005)**

5.9.1.3.1 绝缘电阻应测量每个通电导体与地之间的电阻。

绝缘电阻的最小值应按照表7来取值。

**表7 绝缘电阻的最小值**

| 标称电压/V | 测试电压(直流)/V | 绝缘电阻/MΩ |
|---|---|---|
| 安全电压 | 250 | ≥0.25 |
| ≤500 | 500 | ≥0.50 |
| >500 | 1 000 | ≥1.00 |

当电路中包含有电子装置时,测量时应将相线与零线连接起来。

5.9.1.3.2 对于控制电路和安全电路,导体之间或导体与地之间的直流电压平均值和交流电压有效值均不应大于250 V。

5.9.1.3.3 零线与接地线应始终分开。

**5.9.2 接触器、继电接触器、安全电路元件**

**5.9.2.1 接触器和继电接触器**

5.9.2.1.1 主接触器(即:按5.10.2.5要求使驱动主机停止运转的接触器)应为GB 14048.4—2003中规定的下列类型:

a) AC-3,用于交流电动机的接触器;

b) DC-3,用于直流电源的接触器。

此外,这些接触器应允许启动操作次数的10%为点动运行。

5.9.2.1.2 由于承受功率的原因,使用继电接触器去操作主接触器时,该继电接触器应为GB 14048.5中规定的下列类型:

a) AC-15,用于控制交流电磁铁;

b) DC-13,用于控制直流电磁铁。

5.9.2.1.3 对于5.9.2.1.1中述及的主接触器和5.9.2.1.2中述及的继电接触器,下列a)和b)可认为是防止5.10.1.1.2相关故障的措施:

a) 如果动断触点(常闭触点)中的一个闭合,则全部动合触点断开;

b) 如果动合触点(常开触点)中的一个闭合,则全部动断触点断开。

**5.9.2.2 安全电路元件**

5.9.2.2.1 当将5.9.2.1.2中述及的继电接触器用于安全电路时,5.9.2.1.3的规定也应适用。

5.9.2.2.2 如果不论衔铁处于任何位置,所使用的继电器动断和动合触点均不能同时闭合,则5.10.1.1.2f)衔铁不完全吸合的可能性可不予考虑。

5.9.2.2.3 连接在电气安全装置之后的装置(如果有)应符合5.10.1.2.2.3关于爬电距离和电气间隙

(不是分断距离)的要求。

这项要求不适用于5.9.2.1.1、5.9.2.1.2和5.9.2.2.1中述及的器件,因为这些器件本身满足GB 14048.4—2003和GB 14048.5—2008的要求。

5.9.2.2.4 对于印制电路板,应符合附录K表K.1(见3.6)的要求。

**5.9.3 电动机和其他电气设备的保护**

5.9.3.1 直接与主电源连接的电动机应进行短路保护。

5.9.3.2 直接与主电源连接的电动机应采用手动复位的自动断路器(5.9.3.3所述情况除外)进行过载保护,该断路器应切断电动机的所有供电。

5.9.3.3 当对仅载货电梯电动机的过载检测是基于电动机绕组的温升时,在充分冷却后,断路器可自动恢复电动机的供电。

5.9.3.4 如果电动机具有多个不同电路供电的绕组,则5.9.3.2和5.9.3.3的规定适用于每一绕组。

**5.9.4 主开关**

5.9.4.1 在机器空间中,每台仅载货电梯均应单独设置一个能切断该仅载货电梯所有供电电路的主开关。该开关应具有切断仅载货电梯正常使用情况下最大电流的能力。

该开关不应切断下列供电电路:

a) 运载装置照明和通风(如果有);

b) 运载装置顶电源插座(如果有);

c) 机器空间和滑轮间照明;

d) 机器空间、滑轮间和底坑的电源插座;

e) 井道照明(如果有);

f) 报警装置(如果有)。

5.9.4.2 在5.9.4.1中规定的主开关应具有稳定的断开和闭合位置,并且在断开位置时应能用挂锁或其他等效装置锁住,以确保不会出现误操作。

应能从机器空间入口处方便、迅速地接近主开关的操作机构。如果机器空间为几台仅载货电梯(或电梯)所共用,各台仅载货电梯主开关的操作机构应易于识别。

如果机器空间有多个入口,或同一台仅载货电梯有多个机器空间,而每一机器空间又有各自的一个或多个入口,则可以使用一个断路器接触器,其断开应由符合5.10.1.2的电气安全装置控制,该装置接入断路器接触器线圈供电回路。断路器接触器断开后,除借助上述电气安全装置外,断路器接触器不应被重新闭合或不应有被重新闭合的可能。断路器接触器应与一手动分断开关联用。

5.9.4.3 对于一组仅载货电梯,当一台仅载货电梯的主开关断开后,如果其部分运行回路仍然带电,这些带电回路应能在机器空间中被分别隔开,必要时可切断组内全部仅载货电梯的电源。

5.9.4.4 任何改善功率因数的电容器,均应连接在动力电路主开关的前面。

如果有过电压的危险,例如,当电动机由很长的电缆连接时,动力电路开关也应切断与电容器的连接。

**5.9.5 电气配线**

**5.9.5.1 总则**

5.9.5.1.1 在机器空间、滑轮间和井道中,导线和电缆应依据国家有关标准选用。同时考虑5.9.1.1.2的要求,除随行电缆外,其质量至少应等效于GB/T 5023.3—2008和GB/T 5013.4—2008的规定。

5.9.5.1.2 符合GB/T 5023.3—2008第2章、第3章、第4章和第5章的导线,只有当其被敷设于金属或塑料制成的导管(或线槽)内或以一种等效的方式保护时才能使用。

注:这些规定用来替换列在GB/T 5023.1—2008附录A中的规定。

5.9.5.1.3 机械和电气性能不应低于GB/T 5023.4—2008第2章要求的护套电缆可明敷在井道(或机器空间)墙壁上,或装在导管、线槽或类似装置内。

5.9.5.1.4 符合 GB/T 5013.4—2008 第 3 章以及 GB/T 5023.5—2008 第 5 章要求的软线只有装在导管、线槽或能确保起到等效防护作用的装置中时才能使用。

符合 GB/T 5013.4—2008 第 5 章要求的带厚护套的挠性电缆可以按 5.9.5.1.3 中规定条件下的电缆一样使用,并可用于连接移动设备(除运载装置的随行电缆以外)或用于易受振动的场合。

符合 GB/T 5023.6—2006 和 GB/T 5013.5—2008 要求的随行电缆,可在这些标准的限制范围内用作连接运载装置的电缆。总之,所选用的随行电缆至少应具有等效的质量。

5.9.5.1.5 下列情况无需执行 5.9.5.1.2、5.9.5.1.3 和 5.9.5.1.4 的要求:

a) 除连接层门上电气安全装置外的导线或电缆,如果:
   1) 它们承受的额定输出不大于 100 VA;
   2) 两极(或相)间电压,或极(或相)对地之间电压正常时不大于 50 V。
b) 控制柜(屏)中的控制或配电装置的配线:
   1) 电气设备中不同器件间的配线;或
   2) 这些器件与连接端子间的配线。

**5.9.5.2 导线截面积**

为了保证机械强度,门电气安全装置导线的截面积不应小于 0.75 $mm^2$。

**5.9.5.3 安装方法**

5.9.5.3.1 应随电气设施提供必要的说明,以使人员懂得安装方法。

5.9.5.3.2 除 5.9.1.1.1 中规定的外,全部电线接头、连接端子及连接器应设置于柜和盒内或为此目的而设置的屏中。

5.9.5.3.3 如果仅载货电梯的主开关或其他开关断开后,一些连接端子仍然带电,则它们应与不带电端子明显地隔开,且当电压超过 50 V 时,对于仍带电的端子应注上适当标记。

5.9.5.3.4 偶然互接能导致仅载货电梯危险故障的连接端子,应被明显地隔开,除非其结构形式能避免这种危险。

5.9.5.3.5 为确保机械防护的连续性,导线和电缆的保护外皮应完全进入开关和设备的壳体或接入一个合适的封闭装置中。

注:厅门和运载装置门的封闭框架,可以视为设备壳体。但是,当由于部件运动或框架自身的锐边具有损伤导线和电缆的危险时,则与电气安全装置连接的导线需加以机械保护。

5.9.5.3.6 如果同一导管中的各导线或电缆中的芯线,接入不同电压的电路时,则导线或电缆应具有其中最高电压下的绝缘保护。

**5.9.5.4 连接器件**

设置在安全电路中的连接器件和插接式装置应这样设计和布置,即:如果不需要使用工具,就能将连接装置拔出,或者错误的连接能导致仅载货电梯危险的故障时,则应保证重新插入时,不会插错。

**5.9.5.5 照明与插座**

5.9.5.5.1 运载装置、井道、机器空间和滑轮间照明电源应与仅载货电梯驱动主机电源分开,可通过另外的电路或通过与 5.9.4 规定的主开关供电侧相连,来获得照明电源。

5.9.5.5.2 运载装置顶、机器空间、滑轮间及底坑所需的插座电源,应取自 5.9.5.5.1 述及的电路。

这些插座应是:

a) 2P+PE 型 250 V,直接供电;或
b) 以符合 GB 16895.21 规定的安全电压供电。

上述插座的使用并不意味着其电源线应具有相应插座额定电流的截面积。只要导线有适当的过电流保护,其截面积可以小一些。

**5.9.5.6 照明和插座电源的控制**

5.9.5.6.1 应设置一个控制运载装置照明和插座电路电源的开关。如果机器空间中有几台仅载货电

梯驱动主机，则每台仅载货电梯运载装置均应有一个开关。该开关应设置在相应的主开关近旁。

5.9.5.6.2 机器空间内靠近入口处应设置一个开关或类似装置来控制机器空间照明电源。

井道照明开关(或等效装置)应在机器空间和底坑分别装设，以便这两个地方均能控制井道照明。

5.9.5.6.3 由5.9.5.6.1和5.9.5.6.2规定的开关所控制的电路均应具有各自的短路保护。

**5.10 电气故障的防护、控制和优先权**

**5.10.1 故障分析和电气安全装置**

**5.10.1.1 故障分析**

5.10.1.1.1 在5.10.1.1.2中所列出的任何单一仅载货电梯电气设备故障，如在5.10.1.1.3和(或)附录K所述条件下，其本身不应成为导致仅载货电梯危险故障的原因。

关于安全电路，见5.10.1.2.3。

5.10.1.1.2 可能出现的故障：

a) 无电压；

b) 电压降低；

c) 导线(体)中断；

d) 对地或对金属构件的绝缘损坏；

e) 电气元件的短路或断路以及参数或功能的改变，如电阻器、电容器、晶体管、灯等；

f) 接触器或继电器的可动衔铁不吸合或吸合不完全；

g) 接触器或继电器的可动衔铁不释放；

h) 触点不断开；

i) 触点不闭合；

j) 错相。

5.10.1.1.3 对于符合5.10.1.2.2要求的安全触点，可不考虑其触点不断开的情况。

5.10.1.1.4 如果含有电气安全装置的电路接地或接触金属构件而造成接地，应：

a) 使驱动主机立即停止运转；或

b) 在第一次正常停止运转后，防止驱动主机再启动。

恢复仅载货电梯运行只能通过手动复位。

**5.10.1.2 电气安全装置**

**5.10.1.2.1 总则**

5.10.1.2.1.1 当附录A给出的电气安全装置中的某一个动作时，应按5.10.1.2.4的规定防止驱动主机启动，或使其立即停止运转。

电气安全装置包括：

a) 一个或几个满足5.10.1.2.2要求的安全触点，它直接切断5.10.2.5述及的接触器或其继电接触器的供电；或

b) 满足5.10.1.2.3要求的安全电路，包括下列一项或几项：

   1) 一个或几个满足5.10.1.2.2要求的安全触点，它不直接切断5.10.2.5述及的接触器或其继电接触器的供电；

   2) 不满足5.10.1.2.2要求的触点；

   3) 符合附录K要求的元件。

5.10.1.2.1.2 除本标准允许的特殊情况(见5.10.2.2和5.10.2.3)外，电气装置不应与电气安全装置并联。

与电气安全回路上不同点的连接仅允许用来采集信息。这些连接装置应该满足5.10.1.2.3安全电路的要求。

5.10.1.2.1.3 内、外部电感或电容的作用不应引起电气安全装置失灵。

5.10.1.2.1.4　一个电气安全装置发出的信号，不应被同一电路中设置在其后的另一个电气装置发出的外来信号所改变，以免造成危险后果。

5.10.1.2.1.5　在含有两条或更多平行通道组成的安全电路中，除奇偶校验所需要的信息外，一切信息应仅取自一条通道。

5.10.1.2.1.6　记录或延迟信号的电路，即使发生故障，也不应妨碍或明显延迟由电气安全装置的作用而产生的驱动主机停机。即，停机应在与系统相适应的最短时间内发生。

5.10.1.2.1.7　内部电源装置的结构和布置，应防止由于开关作用而在电气安全装置的输出端出现错误信号。

5.10.1.2.2　**安全触点**

5.10.1.2.2.1　安全触点的动作，应由断路装置将其可靠地断开，甚至两触点熔接在一起也应断开。安全触点的设计应尽可能减小由于部件故障而引起的短路危险。

注：当所有触点的断开元件处于断开位置时，且在有效行程内，动触点和施加驱动力的驱动机构之间无弹性元件（如弹簧）施加作用力，即为触点获得了可靠的断开。

5.10.1.2.2.2　如果安全触点的保护外壳的防护等级不低于IP4X，则安全触点应能承受250 V的额定绝缘电压。如果其外壳防护等级低于IP4X，则应能承受500 V的额定绝缘电压。

安全触点应是GB 14048.5—2008规定的下列类型：

a)　AC-15，用于交流电路的安全触点；

b)　DC-13，用于直流电路的安全触点。

5.10.1.2.2.3　如果保护外壳的防护等级不高于IP4X，则其电气间隙不应小于3 mm，爬电距离不应小于4 mm，触点断开后的距离不应小于4 mm。如果保护外壳的防护等级高于IP4X，则其爬电距离可降至3 mm。

5.10.1.2.2.4　对于多分断点的情况，在触点断开后，触点之间的距离不应小于2 mm。

5.10.1.2.2.5　导电材料的磨损，不应导致触点短路。

5.10.1.2.3　**安全电路**

5.10.1.2.3.1　安全电路应满足5.10.1.1有关出现故障时的要求。

5.10.1.2.3.2　另外，如图2所示，下列要求也应满足：

a)　如果某个故障（第一故障）与随后的另一个故障（第二故障）组合导致危险情况，那么最迟应在第一故障元件参与的下一个操作程序中使仅载货电梯停止。

　　只要第一故障仍存在，仅载货电梯的所有进一步操作都应是不可能的。

　　在第一故障发生后而在仅载货电梯按上述操作程序停止前，发生第二故障的可能性不予考虑。

b)　如果两个故障组合不会导致危险情况，而它们与第三故障组合就会导致危险情况时，那么最迟应在前两个故障元件中任何一个参与的下一个操作程序中使仅载货电梯停止。

　　在仅载货电梯按上述操作程序停止前发生第三故障从而导致危险情况的可能性不予考虑。

c)　如果存在三个以上故障同时发生的可能性，则安全电路应设计成有多个通道和一个用来检查各通道的相同状态的监控电路。

　　如果监测到状态不同，则仅载货电梯应被停止。

　　对于两通道的情况，最迟应在重新启动仅载货电梯之前检查监控电路的功能。如果功能发生故障，则仅载货电梯重新启动应是不可能的。

d)　在恢复已被切断的动力电源时，如果仅载货电梯在5.10.1.2.3.2a)～5.10.1.2.3.2c)的情况下，在下一个操作程序中被强制再停梯，则仅载货电梯无需保持在已停止的位置上。

e)　在冗余型安全电路中，应采取措施，尽可能限制由于某一原因而在一个以上电路中同时出现故障的危险。

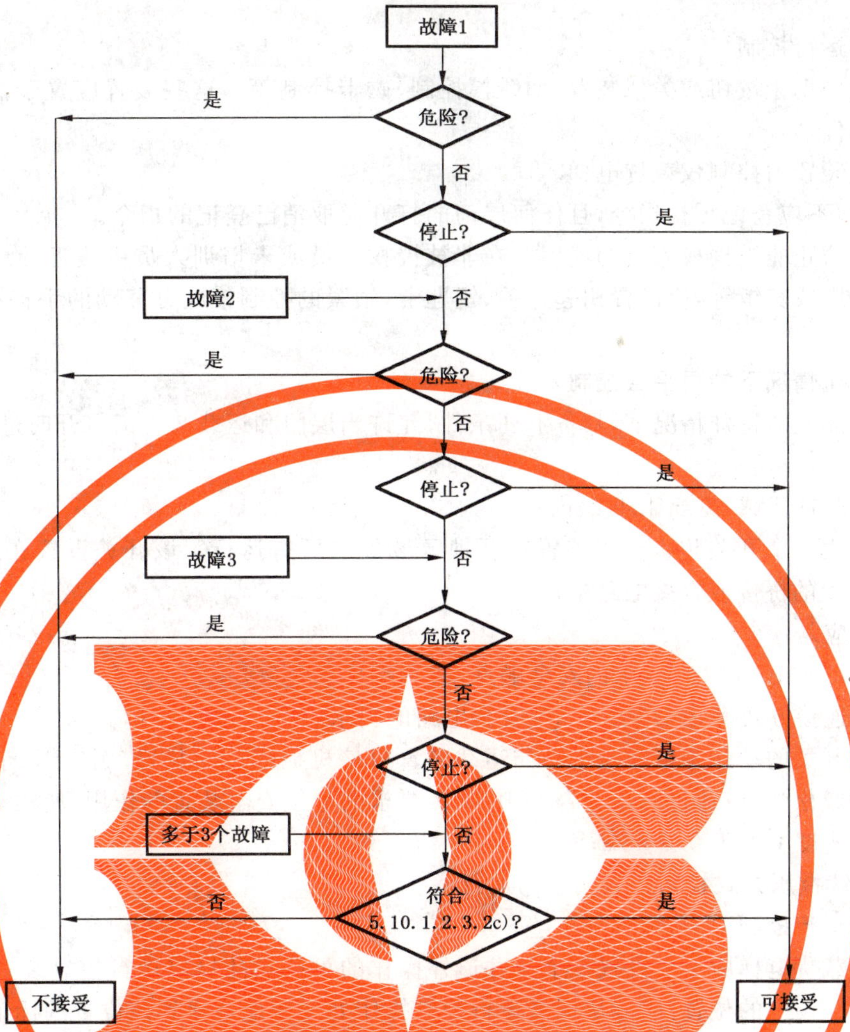


图 2　安全电路评价流程图

5.10.1.2.3.3　含有电子元件的安全电路是安全部件，应按照 F.5 的要求进行验证。

**5.10.1.2.4　电气安全装置的动作**

当电气安全装置为保证安全而动作时，应防止驱动主机启动或立即使其停止运转。制动器的电源也应被切断。

按照 5.10.2.5 的要求，电气安全装置应直接作用在控制驱动主机供电的设备上。

若由于输电功率的原因，使用了继电接触器控制驱动主机，则它们应视为直接控制驱动主机启动和停止的供电设备。

**5.10.1.2.5　电气安全装置的操作**

操作电气安全装置的部件，应能在连续正常操作所产生机械应力的情况下，正确地起作用。

如果操作电气安全装置的装置设置在人员容易接近的地方，则它们应这样设置：即采用简单的方法不能使其失效。

注：用磁铁或桥接件不算简单方法。

对于冗余型安全电路，应采用传感器元件机械的或几何的布置来确保机械故障时不应丧失其冗余性。

对于安全电路传感器元件，应符合 F.5.3.1.1 的要求。

5.10.2 控制

5.10.2.1 正常运行控制

这种控制应借助于按钮或类似装置，如触摸控制、磁卡控制等。这些装置应置于盒中，以防止使用人员触及带电零件。

不应在运载装置内控制仅载货电梯。

层门开着时，不应登记呼梯指令，且任何层门的打开应取消已登记的指令。

控制装置应防止非被授权人员的使用。在非被授权人员或未培训人员可接近的地方，例如公共区域、购物区域、饭店或宾馆等，应设置钥匙开关、钥匙卡、锁紧的控制柜或可移动的手持装置等（见0.2.4和0.3.14）。

5.10.2.2 门开着情况下的再平层控制

在5.4.4.1述及的特殊情况下，具备下列条件，允许当层门和运载装置门打开时进行运载装置的平层和再平层运行。

a) 仅限于开锁区域（见5.4.4.1）内；
b) 应至少由一个开关防止运载装置在开锁区域外的所有运行。该开关设置在层门及锁紧电气安全装置的桥接或旁接电路中；
c) 该开关应是：
    1) 满足5.10.1.2.2要求的安全触点；或
    2) 其连接方式满足5.10.1.2.3安全电路的要求。
d) 如果该开关的动作是依靠一个不与运载装置直接机械连接的装置，例如绳、带或链，则连接件的断开或松弛，应通过一个符合5.10.1.2要求的电气安全装置的作用，使驱动主机停止运转；
e) 再平层速度不大于0.3 m/s；
f) 采用持续揿压方式控制运载装置的运行。

5.10.2.3 检修运行控制

5.10.2.3.1 仅载货电梯应至少设置一个从井道外操作的可移动的检修运行控制装置，该装置可将运载装置停止在预先设定的位置，应能从检修运行控制操作处清晰地观察到该位置的标记，此时可从井道外、运载装置内或运载装置顶进行检查和（或）维修操作。

在任何情况下，应不可能在运载装置中使用可移动的检修运行控制装置移动运载装置。

5.10.2.3.2 应在B类仅载货电梯的运载装置顶设置检修运行控制装置。该控制装置可与防止误操作的特殊开关结合，从运载装置顶上控制门机构。

5.10.2.3.3 检修运行控制装置应仅可以被维护或检测人员使用。它应能防止非被授权人员的使用，例如，通过钥匙控制。

5.10.2.3.4 该装置应由一个能满足5.10.1.2电气安全装置要求的开关（检修运行开关）操作。

该开关应是双稳态的，并应设有防止误操作的防护。

应同时满足下列条件：

a) 检修运行控制装置上的开关应使正常控制操作失效，包括任何动力驱动门的操作；
b) 只有关闭检修运行控制装置才能使仅载货电梯恢复正常运行；
c) 如果a)所述的取消正常操作控制的开关装置不是与检修开关机构组成一体的安全触点，则应采取措施，防止5.10.1.1.2所述的一种故障出现在电路中时运载装置的一切误运行；
d) 仅允许用持续揿压按钮使运载装置运行，应防止该按钮被误动作，并应清楚地标明运载装置的运行方向；
e) 检修运行控制装置的控制面板应包含一个符合5.10.2.4的停止装置；
f) 运行速度不应大于0.3 m/s；
g) 不应超出正常行程范围；

h) 在符合 5.2.11.1.2 b)2)顶层空间的情况下，运载装置的行程极限应按照附录 L 确定；

i) 仅载货电梯的所有安全装置保持有效。

**5.10.2.4 停止装置**

5.10.2.4.1 仅载货电梯应设置停止装置，用于停止仅载货电梯并使仅载货电梯包括动力驱动的门保持在非服务的状态。停止装置设置在：

a) 底坑；

b) 机器空间；

c) 如果附近没有主开关，则在仅载货电梯驱动主机上；

d) 检修运行控制装置上(如果有)；

e) 运载装置顶或运载装置上部，距检修或维护人员入口不大于 1 m 的易接近位置；

f) 上述 e)中的停止装置也可设置在紧邻距入口不大于 1 m 的检修运行控制装置上。

5.10.2.4.2 停止装置应由符合 5.10.1.2 规定的电气安全装置组成。停止装置应为双稳态，误动作不能使仅载货电梯恢复运行。

**5.10.2.5 停止驱动主机及检查其停止状态**

**5.10.2.5.1 总则**

驱动主机由一个符合 5.10.1.2 要求的电气安全装置的动作制停，应按下列方法进行控制。

对于液压驱动仅载货电梯，见 G.2.4 的规定。

**5.10.2.5.2 由交流或直流电源直接供电的电动机**

应采用两个独立的接触器切断电源，接触器的触点应串联于电源电路中。仅载货电梯停止时，如果其中一个接触器的主触点未打开，最迟到下一次运行方向改变时，应防止运载装置再运行。

**5.10.2.5.3 交流或直流电动机用静态元件供电和控制**

5.10.2.5.3.1 应采用下述方法中的一种：

a) 用两个独立的接触器来切断电动机电流。

仅载货电梯停止时，如果其中一个接触器的主触点未打开，最迟到下一次运行方向改变时，应防止运载装置再运行。

b) 一个由以下元件组成的系统：

1) 切断各相(极)电流的接触器；

至少在每次改变运行方向之前应释放接触器线圈。如果接触器未释放，应防止仅载货电梯再运行；

2) 用来阻断静态元件中电流流动的控制装置；

3) 用来检验仅载货电梯每次停车时电流流动阻断情况的监控装置。

在正常停车期间，如果静态元件未能有效的阻断电流的流动，监控装置应使接触器释放并应防止仅载货电梯再运行。

5.10.2.5.3.2 上述 5.10.2.5.3.1b)2)中所述的控制装置和 5.10.2.5.3.1b)3)中所述的监控装置不必是 5.10.1.2.3 规定的安全电路。

只有满足 5.10.1.1 的要求以获得与上述 5.10.2.5.3.1a)类似的效果时，这些装置才能使用。

**5.10.2.6 优先权控制**

对于手动门仅载货电梯应有一种装置，在仅载货电梯停止后不小于 5 s 时间内，防止运载装置离开停靠站。

**5.10.2.7 载重量控制**

5.10.2.7.1 设置了符合 5.5.1.1.2 规定的载重量控制装置的仅载货电梯应防止其在超载情况下运行。

5.10.2.7.2 所谓超载是指超过额定载重量的 20%，并至少为 100 kg。

5.10.2.7.3 在超载情况下：

a) 运载装置内应有听觉和(或)视觉信号通知使用人员；

b) 门应保持在未锁住状态。

**5.10.2.8 电动机运转时间限制器**

5.10.2.8.1 仅载货电梯应具有电动机运转时间限制器，在下述情况下使驱动主机失电并保持在失电状态：

a) 当启动仅载货电梯时，驱动主机不运转。

b) 运载装置或对重向下运行时由于障碍物而停住，引起下列部件打滑：

1) 对于曳引式仅载货电梯，曳引轮上的钢丝绳；

2) 用于连接电动机与旋转部件的连接带。

c) 运载装置未在设定的时间内到达预定的层站。

5.10.2.8.2 电动机运转时间限制器应在不大于下列两个时间值的较小值时起作用：

a) 45 s；

b) 仅载货电梯运行全程的时间再加上 10 s。若运行全程的时间小于 10 s，则最小值为 20 s。

5.10.2.8.3 恢复正常运行只能通过手动复位。恢复断开的电源后，驱动主机无需保持在停止位置。

5.10.2.8.4 电动机运转时间限制器不应影响运载装置检修运行。

## 6 安全要求和(或)保护措施的验证

### 6.1 验证和试验

制造商所提供的技术文件(参见附录 C)应包括必要的资料，以确定各部分的设计正确，以及仅载货电梯符合本标准要求。

注：可按照合同要求提供附录 C 提及的全部或部分技术资料和计算内容。

### 6.2 设计验证

第 5 章规定的安全要求和保护措施的方法应由制造商对每台样梯进行验证。这种验证应依据本标准中相应的条款(见表 8)，以及表 8 未列出的子条款，如 5.3.2.3 是 5.3.2 的子条款。

所有验证的记录应由制造商保存。

**表 8 验证安全要求和(或)保护措施的方法**

| 条款 | 安全要求 | 目测[a] | 性能检查或测试[b] | 测量[c] | 图纸或计算[d] | 使用信息[e] |
|---|---|---|---|---|---|---|
| 5.2 | 井道 | | | | | |
| 5.2.1 | 总则 | × | | | × | × |
| 5.2.2 | 井道的封闭 | × | | × | × | |
| 5.2.5 | 井道壁、底面和顶板 | × | × | × | × | |
| 5.2.8 | 面对运载装置入口的层门与仅载货电梯井道壁的结构和间距 | × | × | × | × | |
| 5.2.9 | 位于运载装置、对重或平衡重下部空间的防护 | × | | | × | × |
| 5.2.10 | 井道内的防护 | × | | × | × | × |
| 5.2.11 | 顶层空间和底坑 | × | | × | × | × |
| 5.2.12 | 井道的专用 | × | | × | × | × |
| 5.2.13 | 井道照明 | × | | | | × |
| 5.2.14 | 报警装置 | × | × | × | | × |

表 8（续）

| 条款 | 安全要求 | 目测[a] | 性能检查或测试[b] | 测量[c] | 图纸或计算[d] | 使用信息[e] |
|---|---|---|---|---|---|---|
| 5.3 | 机器空间 | | | | | |
| 5.3.1 | 总则 | × | | | × | × |
| 5.3.2 | 通道 | × | | × | × | × |
| 5.3.3 | 机器空间的结构和设备 | × | × | × | × | × |
| 5.4 | 层门 | | | | | |
| 5.4.1 | 总则 | × | × | × | × | × |
| 5.4.3 | 门 | × | × | | | × |
| 5.4.4 | 对坠落和剪切危险的保护 | × | × | × | | |
| 5.4.5.4 | 锁紧和紧急开锁 | × | × | × | | × |
| 5.4.6 | 证实层门关闭的电气装置 | × | × | | | × |
| 5.5 | 运载装置、对重或平衡重 | | | | | |
| 5.5.1 | 运载装置 | × | × | × | × | × |
| 5.5.2 | 对重或平衡重 | × | | | | × |
| 5.6 | 悬挂装置、意外移动和超速保护 | | | | | |
| 5.6.1 | 悬挂装置 | | × | × | × | |
| 5.6.2 | 意外移动和超速保护 | × | × | × | × | × |
| 5.6.3 | 曳引轮、滑轮和链轮的防护 | × | | × | × | × |
| 5.6.4 | 机械部件的防护 | × | | | | × |
| 5.7 | 导轨系统、机械停止装置和极限开关 | | | | | |
| 5.7.1 | 导轨的通则 | × | × | × | × | × |
| 5.7.2 | 运载装置、对重或平衡重的导向 | | | × | × | × |
| 5.7.3 | 运载装置与对重或平衡重的缓冲器和固定止停装置 | × | × | | × | × |
| 5.7.4 | 极限开关 | × | × | | | × |
| 5.8 | 仅载货电梯驱动主机 | | | | | |
| 5.8.1 | 总则 | × | | | × | × |
| 5.8.2 | 速度 | | × | | × | × |
| 5.9 | 电气安装与电气设备 | | | | | |
| 5.9.1 | 总则 | × | × | × | | × |
| 5.9.2 | 接触器、继电接触器、安全电路元件 | × | | × | × | |
| 5.9.3 | 电动机和其他电气设备的保护 | × | × | | × | × |
| 5.9.4 | 主开关 | × | × | | × | × |
| 5.9.5 | 电气配线 | × | | | × | × |
| 5.10 | 电气故障的防护、控制、优先权 | | | | | |

表 8（续）

| 条款 | 安全要求 | 目测[a] | 性能检查或测试[b] | 测量[c] | 图纸或计算[d] | 使用信息[e] |
|---|---|---|---|---|---|---|
| 5.10.1.1 | 故障分析 | | × | | | × |
| 5.10.1.2 | 电气安全装置 | × | × | | | × |
| 5.10.2 | 控制 | × | × | × | × | × |
| 7.1 | 注意、标记及操作说明 | × | | × | | × |

注：× 表示用于验证符合要求的方法。

[a] 目测是通过对提供部件的表观检查核实是否符合要求。

[b] 功能检查或测试是通过所提供部件执行其功能，验证其是否符合要求。

[c] 测量是通过使用器具核实是否符合要求，应使用适当的检测方法和试验标准。

[d] 图纸或计算是验证所提供部件的设计特性是否符合要求。

[e] 证实使用维护说明书或标记包含所要求的内容。

### 6.3 交付使用前的检验

在仅载货电梯交付使用前，制造商应进行相关的试验，以确保仅载货电梯的正确生产和组装，从而检查所提供的所有装置均已安装且运转正常。这些试验应在使用的现场完成。

尤其应检验：

a) 所有极限开关的正确功能；

b) 所有控制装置的正确功能；

c) 限速器在特定范围内的功能(如果有)；

d) 安全钳的功能(如果有)；

e) 棘爪装置的功能(如果有)；

f) 破裂阀或单向节流阀的功能(如果有)；

g) 在 1.0～1.2 倍额定载重量之间超载监测装置的触发；

h) 制造商设计的对重(或平衡重)的质量；

i) 特定范围内制动系统的制动距离；

j) 层门门锁装置的功能；

k) 报警装置的功能；

l) 动态试验；

m) 按照 GB 5226.2—2002 相关规定进行的电气试验。

附录 D 规定了需遵守的试验程序。

试验报告应包含所进行试验的简短描述和由制造商记录的结果。

## 7 使用信息

### 7.1 注意、标记及操作说明

#### 7.1.1 总则

应依据 GB/T 15706.2—2007 第 6 章提供仅载货电梯的使用信息，并应包括下列特定信息。

#### 7.1.2 通则

所有标牌、须知、标记及操作说明应清晰易懂(必要时借助标志或符号)和具有永久性，应采用不能撕毁的耐用材料制成，并应设置在明显位置。应使用中文(必要时可同时使用几种文字)。

除非有其他规定，所用字体的高度不应小于：

a) 10 mm,对于文字、大写字母和数字;

b) 7 mm,对于小写字母。

### 7.1.3 仅载货电梯铭牌

制造商应在仅载货电梯的明显位置上提供含有下列信息的一个或多个标牌:

a) 制造商的名称和地址;

b) 型号;

c) 序列号;

d) 生产日期;

e) 额定载重量,kg。

### 7.1.4 运载装置

#### 7.1.4.1 运载装置内

运载装置内应标示:

a) 额定载重量(kg),以及如下警示须知:

**"禁止运送人员"**

b) 运送货物期间,如果装卸装置随运载装置运行,应标明清晰可见的如下警示须知:

**"须固定货物"**

警示须知所用字体的高度不应小于:

——50 mm,对于文字、大写字母和数字;

——30 mm,对于小写字母。

制造商的名称和仅载货电梯识别号应标示在运载装置内。

#### 7.1.4.2 运载装置顶上

在运载装置顶上应标明下列信息:

a) 在停止装置(见 5.10.2.4)上或其近旁,应标出"停止"字样,并应以不会出现误操作危险的方式设置;

b) 检修运行开关(如果有)上或其近旁应标出"正常"及"检修"字样;

c) 在检修按钮(如果有)上或其近旁应标出运行方向;

d) 若运载装置顶设有栏杆,在其上应有警示标志或须知[见 5.5.1.6.2 d)2)]。

#### 7.1.4.3 停止装置和报警装置

停止开关的操作装置(如果有)应是红色的,应标示"停止"字样加以识别,并应以不会出现误操作危险的方式设置。

报警装置(如果有)按钮应是黄色的,并标以如下铃形符号加以识别。

红、黄两色不应用于其他按钮。但是,这两种颜色可用于发光的"运载装置在此"信号。

### 7.1.5 层站

7.1.5.1 控制装置应有明显的、易于识别其功能的标志,因此推荐控制按钮的标志使用:-2,-1,0,1,2,3 等。

7.1.5.2 确保安全使用仅载货电梯的说明应设置在层站控制装置附近。

这些说明应至少包括:

a) 仅载货电梯仅限于被授权人员使用;

b) 使用仅载货电梯后应将门关闭。

7.1.6 机器空间

7.1.6.1 在通往机器空间和滑轮间的门或活板门的外侧应设有包括下列简短字句的须知：

"仅载货电梯驱动主机——危险
未经许可禁止入内"

对于活板门，应设置如下须知，提醒活板门的使用人员：

"谨防坠落——重新关好活板门"

7.1.6.2 各主开关及照明开关均应设置标识以便于区分。

在主开关断开后，如果某些部分仍然保持带电（如仅载货电梯之间互联及照明部分等），则应有警示标志或须知说明此情况。

7.1.6.3 在仅载货电梯机器空间内应设有详细的说明，指出仅载货电梯万一发生故障时应遵循的规程，尤其应包括手动紧急操作装置和层门开锁钥匙的使用说明。

7.1.6.4 在仅载货电梯驱动主机上靠近手动紧急操作装置处，应明显标出运载装置运行方向。如果手动紧急操作装置是不能拆卸的，则可在该装置上标出。

7.1.6.5 在机器空间内停止装置上或其近旁，应标有"停止"字样，并应以不会出现误操作危险的方式设置。

7.1.6.6 在承重梁或吊钩上应标明最大允许载荷（见 5.3.3.3）。

7.1.7 井道

7.1.7.1 在井道外、检修门近旁，应设置如下须知：

"仅载货电梯井道——危险
未经许可禁止入内"

7.1.7.2 如果手动打开的仅载货电梯层门有可能与相邻的其他门相混淆，则前者应标有"仅载货电梯"字样。

7.1.7.3 在从层站装卸区域总可看见的位置上，应设置标识标明额定载重量。

7.1.8 安全部件

表 9 所列是安全部件，其铭牌应按表 9 明确地标示：

a) 制造商名称；

b) 相关调整（如触发速度或动作流量）；

c) 安全部件型号。

表 9 铭牌表

| 安全部件 | 铭牌信息 | | |
| --- | --- | --- | --- |
| | 7.1.8 a) | 7.1.8 b) | 7.1.8 c) |
| 限速器 | × | ×[a] | × |
| 缓冲器[b] | × | | × |
| 门锁 | × | | × |
| 安全钳 | × | | × |
| 破裂阀或单向节流阀 | × | ×[c] | × |

[a] 实际动作速度；

[b] 非蓄能型缓冲器；

[c] 动作流量。

7.1.9 底坑

在底坑中的停止装置上（如果有）或其近旁应标出"停止"字样，并应以不会出现误操作危险的方式设置。

7.1.10 **电气识别**

接触器、继电器、熔断器及控制屏中电路的连接端子均应依据线路图作出标记。熔断器的必要数据如型号、参数应标注在熔断器上或底座上或其近旁。

在使用多线连接器时，只需在连接器而不必在各导线上作出标记。

7.1.11 **层门开锁钥匙**

开锁钥匙上应附带一个小牌，用来提醒人员注意使用此钥匙可能引起的危险，以及在层门关闭后应确认层门已锁住。

7.1.12 **报警装置**

在仅载货电梯发出呼救信号期间，起报警作用的铃或装置[见 5.2.14b)]，应清楚地标明“仅载货电梯报警”字样。

如果是多台仅载货电梯和(或)电梯，应能辨别出正在发出呼救信号的仅载货电梯和(或)电梯。

7.1.13 **多台仅载货电梯**

如果多台仅载货电梯和(或)电梯的部件共用一个机器空间和(或)滑轮间，则每台仅载货电梯和(或)电梯的所有部件均应采用相同的数字或字母加以区分(如：驱动主机、控制柜、限速器、开关等)。

为便于维护，在运载装置顶、底坑或其他需要的地方也应标有同样的数字或符号。

7.1.14 **紧急下降阀**

在靠近手动紧急下降阀的近旁应设置一个标牌，标明：

**“注意——紧急下降”**

7.1.15 **手动泵**

在靠近紧急向上运行的手动泵的近旁应设置一个标牌，标明：

**“注意——紧急上行”**

7.1.16 **油箱**

油箱上应有标明液压油的特性参数和类型的标牌。

7.1.17 **减小的顶层高度**

应包括下列简短字句的须知：

**“危险——减小的顶层高度**
**请遵守操作规程”**

该须知应设置在：

a) 机器空间内部的紧急操作装置上；

b) 仅载货电梯的电气复位装置上或近旁；

c) 运载装置顶上。

该须知可附带如下标志：

7.1.18 **减小的底部空间**

应包括下列简短字句的须知：

**“危险——减小的底部空间**
**请遵守操作规程”**

该须知应设置在：

a） 机器空间内部的紧急操作装置上；

b） 仅载货电梯的电气复位装置上或近旁；

c） 底坑内。

该须知可附带如下标志：

## 7.2 制造商的使用信息

### 7.2.1 总则

制造商应为每台仅载货电梯提供使用维护说明书，该使用维护说明书应按照 GB/T 18775 有关要求编写。

### 7.2.2 使用维护说明书的内容

制造商为用户提供的使用维护说明书应至少包括下列内容（见 GB/T 15706.2—2007 第 6 章）。

#### 7.2.2.1 一般信息

a） 制造商的名称和地址；

b） 生产日期；

c） 型号和序列号；

d） 仅载货电梯的一般说明，包括：

1） 预期用途及其限定；

2） 使用限制；

3） 预期的特定健康安全要求（见 0.2.4）；

4） 特定环境的使用信息；

e） 所标出的安全标志和警示标识及其含义；

f） 维修组织的名称和地址。

#### 7.2.2.2 参数和设计信息

a） 额定载重量；

b） 额定速度；

c） 最大可允许的净高度；

d） 环境限制（如温度范围、湿度等）；

e） 悬挂装置（如绳、链等）的相关数据；

f） 噪声[dB(A)]，说明测量位置和最大噪声值。

注：噪声值宜在层站地板以上 1.60 m、距井道围壁 1.0 m 水平距离处测量。

使用维护说明书中应给出充分的信息，以便使用人员能获得每部仅载货电梯的详细资料。

#### 7.2.2.3 尺寸和重量

a） 运载装置内部尺寸（深度、宽度和高度）；

b） 主要部件：尺寸和重量；

c） 井道围壁（如果有）：尺寸和重量；

d） 布置图，包括施加在仅载货电梯周围的力和作用力的种类，如：支撑物和锚栓。

#### 7.2.2.4 电源

a） 驱动装置功率（kW）；

b) 电源电压(V)和频率(Hz);

c) 控制电压(V)和频率(Hz);

d) 最大启动电流(A);

e) 最大能耗(kW);

f) 最小电源容量(kVA);

g) 主电源熔断器(A);

h) 插座:电压(V)和电流(A);

i) 对于液压仅载货电梯,液压系统压力,如:满载压力和试验压力(Pa)等。

**7.2.2.5 安全部件**

a) 安全部件(如:限速器、安全钳、层门门锁等)的型号;

b) 必要的安装、拆卸和维护的附加安全设备。

**7.2.2.6 附加技术信息**

a) 进入机器空间的方法(见J.1);

b) 需要防护的危险区域;

c) 井道附近的作业限制和梯子使用的说明(见J.2);

d) 提升受力点;

e) 运输到现场的程序。

**7.2.2.7 安装和拆卸的说明**

该说明应至少包括下列内容:

a) 仅由胜任人员进行安装和拆卸;

b) 由胜任人员接通电源;

c) 漏电保护器的使用建议;

d) 安装步骤;

e) 如何降低噪声和振动的说明;

f) 井道支撑结构和围壁的安装,包括螺栓的正确使用信息(如直径、质量、紧固力矩等);

g) 较重部件的提升建议;

h) 层站的照明;

i) 有关拆卸的特殊信息。

**7.2.2.8 交付使用前的试验说明**

在交付使用前仅载货电梯应进行试验。该说明应指出依据附录D和适用于该特定设备的检验和验证要求。

**7.2.2.9 操作和使用说明**

a) 使用维护说明书应对下列内容给予清晰地说明:

  1) 使用人员,关于安全操作和最低培训要求,以及对于装卸货物的使用说明;

  2) 与业主有关的职责。

b) 应给出关于下列内容的详细说明:

  1) 预期使用;

  2) 正常运行期间不应运送人员;

  3) 具有部分封闭井道的仅载货电梯需采取的保护措施;

  4) 层门和运载装置门的操作;

  5) 安全地装卸以及有关载荷位置、密度和防护的要求;

  6) 与可能的间隙相适合的运输工具;

  7) 在运载装置上不应悬挂货物;

8） 完整的井道土建图(如果需要)；

9） 环境情况，如：最高和最低运行温度等；

10） 保护围壁免受运输工具的损坏；

11） 保持机器空间的门处于锁紧状态；

12） 保持进入机器空间的通道畅通；

13） 胜任人员需要介入的事情；

14） 紧急开锁钥匙的使用，仅交给被授权人员保管；

15） 应采取预防措施以确保能听见报警信号并对其作出响应；

16） 必要时应采取预防措施防止儿童使用仅载货电梯；

17） 保存档案。

**7.2.2.10 紧急情况处理程序**

使用维护说明书应提供一个单独部分说明紧急情况下的处理程序，包括紧急事件处理所需要的信息和对胜任人员培训的相关说明，如：

a） 特殊的控制装置；

b） 安全部件，如：限速器，安全钳等；

c） 故障下的操作；

d） 电气原理图。

**7.2.2.11 日常检查和维护**

使用维护说明书应依据制造商的要求、操作条件和使用的频繁程度来规定定期检查、试验和维护的类型以及频度，以保证仅载货电梯处于安全运行状态。对于所检查的项目和使用工况应给出详细的说明，包括检查原始的标记和须知是否存在和保持清晰。

应规定仅载货电梯哪些部件受到磨损可被更换，以及更换的依据和鉴别方法，如：按照GB/T 5972—2006更换钢丝绳等。

尤其应给出下列信息：

a） 需要接地系统处于正常状态；

b） 所使用的钢丝绳和(或)链；

c） 液压驱动条件下所使用的软管和液压油；

d） 对制造商的说明所做的补充和更改；

e） 必需的特殊工具和设备信息；

f） 安全再启动的程序；

g） 人员防护设备的使用；

h） 焊接设备的信息(如果需要)；

i） 故障检测的常规检查：

1） 安全钳(如果有)；

2） 导轨；

3） 缓冲器(如果有)；

4） 动力传送带(如果有)。

使用维护说明书也应标明工作日志的内容。

**7.2.2.12 提供的文件**

应至少提供下列文件：

a） 安装仅载货电梯所必需的图纸和技术文件；

b） 交付使用所必需的图纸和图表；

c） 检查、维护和修理所必需的图纸和图表。

**7.2.3 定期检验**

仅载货电梯投入使用后，应给出进行定期检验的要求，该要求用以验证仅载货电梯是否处于安全运行状态。

定期检验的指南参见 E.1。

**7.2.4 重大改装或事故后的检验**

给出重大改装或事故后所进行的检验指南。

需进行的检验，以确定仅载货电梯仍符合本标准。

重大改装或事故后的检验指南参见 E.2。

**7.2.5 工作日志**

最迟到仅载货电梯交付使用前应制定其工作日志。

工作日志应包含下列内容：

a) 仅载货电梯交付使用的日期。

b) 应记录任何与仅载货电梯相关的事件，当出现下列情况时，工作日志的相关部分应及时更新：

   1) 仅载货电梯发生重大改造(附录 E)；

   2) 钢丝绳或重要部件的更换；

   3) 事故；

   4) 重要修理；

   5) 法定的检验。

c) 如需要，保存检验报告最新的副本及意见。

注：对于负责维护的人员、定期检验的人员和组织，工作日志是可以使用的。

# 附 录 A
（规范性附录）
# 电气安全装置表

## A.1 电气安全装置表

电气安全装置见表 A.1。

表 A.1 电气安全装置表

| 条款 | 所检查的装置 |
|---|---|
| 5.2.3.2.2 | 检查检修门、井道安全门及检修活板门的关闭位置 |
| 5.2.11.1.2a) | 运载装置顶停止装置 |
| 5.2.11.2.3.1a)2) | 底坑停止装置 |
| 5.2.11.2.3.1a)3) | 底坑中机械阻止装置的安全开关 |
| 5.2.11.2.4a) | 底坑停止装置 |
| 5.4.3.4.2b) | 动力操作门的停止装置 |
| 5.4.4.1 | 锁紧装置:开锁区域平层 |
| 5.4.4.2 | 检查层门门扇的关闭位置 |
| 5.4.5.10 | 检查层门的锁紧状况 |
| 5.4.6 | 证实层门关闭的电气装置 |
| 5.5.1.1.2 | 载荷控制装置 |
| 5.5.1.3.1 | 检查运载装置门的关闭位置 |
| 5.5.1.3.1b) | 动力驱动运载装置门的停止装置 |
| 5.5.1.3.2.2 | 检查间接机械连接的运载装置门门扇的关闭位置 |
| 5.5.1.5e) | 检查运载装置上安全窗的锁紧位置的安全开关 |
| 5.5.1.8a) | 运载装置顶上的停止装置 |
| 5.6.1.4.3 | 检查钢丝绳或链条的非正常相对伸长(使用两根钢丝绳或两根链条悬挂时) |
| 5.6.2.2.3 | 监测运载装置在停止位置意外移动的监测装置 |
| 5.6.2.3.1f)2) | 检查意外移动的机械安全装置的工作位置 |
| 5.6.2.4.1.2b) | 限速器的电气安全装置 |
| 5.6.2.4.1.2c) | 检查限速器的释放 |
| 5.6.2.4.1.3f) | 检查限速器绳的张紧 |
| 5.7.3.3.2 | 检查缓冲器的复位 |
| 5.7.4 | 极限开关 |
| 5.9.4.2 | 断路接触器的电气安全装置 |
| 5.10.2.4.1d) | 检修运行控制装置上的停止装置 |
| G.1.5d) | 操作装置的电气安全装置 |
| G.1.6 | 防止钢丝绳或链条的松弛的电气安全装置 |

表 A.1（续）

| 条款 | 所检查的装置 |
| --- | --- |
| G.2.4 | 停止驱动主机及检查其停止状态 |
| G.2.9 | 间接作用式液压仅载货电梯的松绳（或松链）电气安全装置 |
| L.1.2.2.2f) | 检查止动钳动作的电气安全装置 |
| L.1.2.5 | 监控可移动止停装置或触发装置位置的电气安全装置 |
| L.1.3.1 | 触发安全系统动作的电气安全装置 |
| L.1.3.3c) | 监控电气复位装置的电气安全装置 |
| L.1.3.4 | 附加的极限开关 |
| L.2.2.2.2f) | 检查止动钳动作的电气安全装置 |
| L.2.2.5 | 监控可移动止停装置或触发装置位置的电气安全装置 |
| L.2.3.1 | 触发安全系统动作的电气安全装置 |
| L.2.3.3c) | 监控电气复位装置的电气安全装置 |
| L.2.3.4 | 附加的极限开关 |

# 附　录　B
（规范性附录）
## 开锁三角形钥匙

单位为毫米

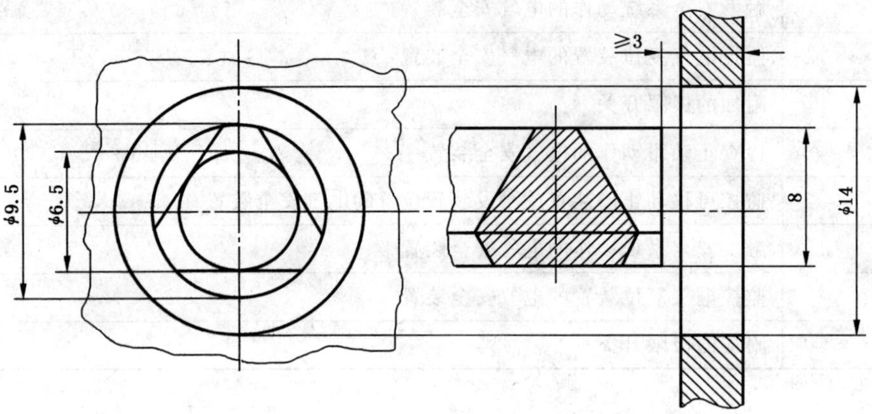


图 B.1　开锁三角形钥匙

# 附 录 C
（资料性附录）
# 技 术 文 件

## C.1 总则

在申请预审核时所提交的技术文件应包括下列全部或部分资料，尤其是由制造商所提供的资料。

a) 制造商的名称和地址；

b) 仅载货电梯序列号；

c) 仅载货电梯型号、额定载重量及额定速度；

d) 仅载货电梯行程、服务层站数；

e) 运载装置和对重(或平衡重)的质量；

f) 进入机器空间的通道型式(见 5.3.2)。

## C.2 技术说明和平面图

为了了解仅载货电梯安装情况所需的平面图和截面图，包括机器空间、滑轮间和设备间。

这些资料不必包括结构的详细资料，但应包括检查是否符合本标准所需的内容，尤其是下列内容：

a) 检修门和检修活板门的布置和尺寸(见 5.2.3)；

b) 井道下方存在的任何可进入的空间(见 5.2.9)；

c) 在 5.2.9 的情况下，防止自由坠落和超速下降的预防措施的说明；

d) 当同一井道内装有多台仅载货电梯和(或)电梯时，相邻仅载货电梯和(或)电梯间的防护措施(见 5.2.10.2)；

e) 井道顶部和底坑内的净空(见 5.2.11.1、5.2.11.2.3)；

f) 进入底坑的通道(见 5.2.11.2.2)；

g) 固定件的预留孔；

h) 机器空间的位置和主要尺寸，以及仅载货电梯驱动主机和主要部件(如滑轮)的布置图，驱动部件(如曳引轮或卷筒等)的尺寸，通风孔，对建筑物和底坑底部的作用力；

i) 进入机器空间的通道(见 5.3.2)；

j) 层门的布置和主要尺寸(见 5.4)。如果层门均相同，且标明相邻层门地坎间的距离时，则无需标出全部层门；

k) 运载装置及其入口的尺寸(见 5.5.1.2、5.5.1.3)；

l) 地坎和运载装置门至井道内表面的距离；(见 5.2.8.4)；

m) 悬挂装置的主要参数：安全系数、钢丝绳(数量、直径、结构、破断载荷)、链条(型号、结构、节距、破断载荷)、补偿绳(如果有)；

n) 悬挂装置(如钢丝绳、柱塞等)安全系数的计算；

o) 限速器绳和(或)安全绳的主要参数：直径、结构、破断载荷、安全系数；

p) 导轨的尺寸和验算，及其摩擦面的尺寸和状况(拉制、轧制、磨削)；

q) 导向装置安全系数的计算；

r) 满载压力的验证；

s) 符合附录 G 的液压顶升机构和管路的证明；

t) 液压油的特性或类型；

u) 蓄能型缓冲器的尺寸及验算。

## C.3 电气原理图和液压系统图

电气原理图和液压系统图应符合下列规定：

a） 电气原理图包括：

1） 动力电路；和

2） 连接电气安全装置的电路。

这些图均应清晰，并宜采用 GB/T 4728.1 所规定的符号。

b） 液压系统图

液压系统图应清晰，并宜采用 GB/T 786.1 所规定的符号。

# 附　录　D
（规范性附录）
交付使用前的检验

仅载货电梯交付使用前的检验应包括下列项目的检查及试验。

## D.1　检查

这些检查的目的是证实仅载货电梯满足本标准的要求。

检查应包括下列内容：

a)　按提交的文件（见附录 C）与安装完毕的仅载货电梯进行对照；

b)　检查一切情况下均满足本标准的要求；

c)　根据制造标准，直观检查本标准无特殊要求的部件；

d)　对于要进行型式试验的安全部件，将其型式试验证书上的详细内容与仅载货电梯参数进行对照。

## D.2　试验和验证

试验和验证应包括下列内容：

a)　门锁装置（见 5.4.4）；

b)　电气安全装置（见附录 A）；

c)　悬挂装置及其附件，应校验它们的技术参数是否符合安装维护使用说明书的技术参数（见 7.2.2.1）；

d)　制动系统（见 G.1.4）：

载有 125％额定载重量的运载装置以额定速度下行，并在切断电动机和制动器供电的情况下，进行试验。

e)　电流或功率的测量及速度的测量（见 5.8.2）；

f)　电气接线：

1)　不同电路绝缘电阻的测量（见 5.9.1.3）。作此项测试时，所有电子元件的连接均应断开；

2)　机器空间接地端与易于意外带电的不同仅载货电梯部件间的电气连通性的检查。

g)　极限开关（见 5.7.4）；

h)　曳引检查（见 G.1.2）：

1)　在相应于仅载货电梯最不利制动情况下，停车数次，进行曳引检查。每次试验，运载装置应完全停止，试验应在下列条件下进行：

ⅰ)　行程上部范围内，上行，运载装置空载；

ⅱ)　行程下部范围内，下行，运载装置载有 125％额定载重量。

2)　应检查，当对重压在缓冲器上时，空载运载装置不能向上提升。

3)　应检查平衡系数是否如制造商所说，这种检查可通过电流检测并结合速度测量。

i)　限速器：

1)　应沿着运载装置或对重（或平衡重）[见 5.6.2.4.1.2 a)]下行方向检查限速器的动作速度；

2)　5.6.2.4.1.2 b)规定的停车控制操作检查，应在上下两个方向上进行。

j)　防止运载装置在停止位置意外移动的监测装置（见 5.6.2.2）和机械安全装置（见 5.6.2.3）在设定的操作距离内手动运行仅载货电梯，检查上述装置的组合是否正确地动作和起作用。

如果采用了棘爪装置、夹绳器或夹紧装置，应按下列要求进行试验：

——在下行方向，运载装置载有125%额定载重量；

——在上行方向，运载装置空载。

k) 运载装置安全钳(见5.6.2.3)：

安全钳动作时所能吸收的能量已经过了型式试验(见F.3)的验证，交付使用前试验的目的是检查正确的安装、正确的调整和检查整个组装件(包括运载装置、安全钳、导轨及其和建筑物的连接件的坚固性)。

试验应在运载装置下行期间，运载装置载有均匀分布的额定载重量，以及下列条件下进行：

1) 对于电力驱动主机，在额定速度时打开制动器且驱动主机运转直至钢丝绳打滑或松弛；

2) 对于液压驱动主机，打开下行方向阀。

试验结束后，应采用目测检查确认未出现对仅载货电梯正常使用不利影响的损坏。必要时，可更换摩擦元件。

注：为了便于试验结束后运载装置卸载及松开安全钳，试验宜在运载装置对着层门的位置进行。

l) 对重(或平衡重)安全钳(见5.6.2.3)：

安全钳动作时所能吸收的能量已经过了型式试验(见F.3)的验证，交付使用前试验的目的是检查正确的安装、正确的调整和检查整个组装件[包括对重(或平衡重)、安全钳、导轨及其和建筑物连接件的坚固性]。

试验应在对重(或平衡重)下行期间，运载装置空载，以及在下列条件下进行：

1) 对于电力驱动主机，在额定速度时打开制动器且驱动主机运转直至钢丝绳打滑或松弛；

2) 对于液压驱动主机，打开上行方向阀。

试验以后，应用目测检查确认未出现对仅载货电梯正常使用不利影响的损坏，必要时可更换摩擦元件。

m) 蓄能型缓冲器(见5.7.3)：

试验应以如下方式进行：载有额定载重量的运载装置压在缓冲器上，悬挂绳松弛。同时，应检查压缩情况是否符合C.2所述技术文件上的特性曲线。

n) 报警装置[见5.2.14 b)]：

功能试验。

o) 满载压力：

测量满载压力。

p) 溢流阀(见G.2.5.3)：

检查调整是否正确。

q) 破裂阀(见G.2.5.5)：

应按下述方法进行系统试验：运载装置载有均匀分布的额定载重量，超速向下运行，使破裂阀动作。检查所调整的破裂阀触发速度是否正确，例如，利用与制造商提供的调整曲线进行比较的方法进行检查。

r) 节流阀或单向节流阀(见G.2.5.6)：

检查最大速度 $v_{max}$ 不超过 $v_d + 0.3$ m/s：

——利用测量的方法；或

——利用公式(D.1)：

$$v_{max} = v_t \sqrt{\frac{p}{p - p_t}} \qquad \text{(D.1)}$$

式中：

$p$——满载压力，单位为兆帕(MPa)；

$p_t$——载有额定载重量的运载装置下行时测得的压力，单位为兆帕(MPa)；如果有必要，将压力损失和摩擦损失计入在内。

$v_{max}$——液压系统破裂情况下的最大下行速度，单位为米每秒(m/s)；

$v_t$——载有额定载重量的运载装置向下运行期间测得的速度，单位为米每秒(m/s)。

s) 压力试验：

将200%满载压力的压力作用在单向阀与液压缸之间的液压系统中，观察系统在5 min时间内是否出现压力降和泄漏(考虑液压油中可能出现的温度变化的影响)。

试验后应直观检查确认液压系统仍保持其完整性。

注：该试验在防坠落保护装置试验之后进行。

t) 沉降试验：

应检查载有额定载重量的运载装置停靠在最高服务层站时10 min内的下沉不超过10 mm(考虑液压油中可能出现的温度变化的影响)。

u) 间接作用式液压仅载货电梯的紧急下降操作(见G.2.8.1.5)：

将运载装置手动下降到一个支撑架上(或触发安全钳)，检查不会产生松绳或松链的情况。

v) 电动机运转时间限制器(见5.10.2.8)：

检查时间的调整(利用模拟驱动主机运转的方法)。

# 附　录　E
（资料性附录）
# 定期检验、重大改装或事故后的检验

## E.1　定期检验

定期检验的内容不应超出仅载货电梯交付使用前检验的内容。

这些反复进行的定期检验不应造成过度的磨损或产生可能降低仅载货电梯安全性能的应力，尤其是对安全钳和缓冲器部件的试验。当进行这些部件的试验时，应在运载装置空载和降低速度的情况下进行。

负责定期检验的人员应确认这些部件（在仅载货电梯正常运行时，它们不动作）仍是处于可动作状态。

定期检验报告副本应附在7.2.5规定的工作日志中。

## E.2　重大改装或事故后的检验

仅载货电梯的重大改装和事故均应记录在7.2.5规定的工作日志的技术部分。

特别指出，以下情况均应视为重大改装：

a）改变：
  1）额定速度；
  2）额定载重量；
  3）运载装置质量；
  4）行程。

b）改变或更换：
  1）门锁装置类型（用同一种类型的门锁更换，不作为重大改装）；
  2）控制系统；
  3）导轨类型；
  4）门的类型（或增加一个或多个层门或运载装置门）；
  5）驱动主机或曳引轮；
  6）限速器；
  7）缓冲器；
  8）安全钳；
  9）液压缸；
  10）溢流阀；
  11）破裂阀；
  12）节流阀或单向节流阀。

为了进行重大改装或事故以后的检验，应将有关文件和必要的资料提交负责检验的人员或部门。

上述人员或部门将合理地决定对已改装或更换的部件进行试验。

这些试验不应超出仅载货电梯交付使用前对其原部件所要求的检验内容。

# 附 录 F
（规范性附录）
# 安全部件 型式试验认证规程

## F.1 绪论

### F.1.1 总则

F.1.1.1 试验应证实 5.4.5、5.6.2.3.2 a)、5.6.2.4 和 5.10.1.2.3.3 中所列出的安全部件符合本标准的规定。

如果制造商打算做或已做了以下所述试验的替代试验，则应证明其具有同等安全性水平。

F.1.1.2 除非有特殊规定，仪器的精确度应满足下列测量精度的要求：

a) 对质量、力、距离、速度为±1%；

b) 对加速度、减速度为±2%；

c) 对电压、电流为±5%；

d) 对温度为±5 ℃；

e) 对记录设备应能监测到 0.01 s 变化的信号；

f) 对流量为±2.5%；

g) 对压力 $p \leqslant 200$ kPa 为±1%；

h) 对压力 $p > 200$ kPa 为±5%。

### F.1.2 型式试验证书的格式

型式试验证书应包括下列内容：

a) 型式试验编号；

b) 类别、型号和名称；

c) 制造商的名称和地址；

d) 试验单位名称和地址；

e) 试验报告日期和编号；

f) 上述型式试验编号的证书所附带的技术文件；

g) 其他附加资料；

h) 型式试验负责机构的地点、日期和签名。

## F.2 层门门锁装置

### F.2.1 通则

#### F.2.1.1 适用范围

本程序适用于仅载货电梯层门的门锁装置试验，所有参与层门锁紧和检查锁紧状态的部件，均为门锁装置的组成部分。

#### F.2.1.2 试验目的和范围

应按本试验程序去验证门锁装置的结构和动作是否符合本标准的规定。

应特别检查门锁装置的机械和电气部件的尺寸是否合适，以及在试验后，尤其是磨损后，门锁装置是否丧失其效用。

如果门锁装置需要满足特殊的要求（防水、防尘、防爆结构），申请人对此应有详细的说明，以便按照有关的标准补充检查。

F.2.1.3 需要提交的文件

型式试验的申请书应附有下列文件：

F.2.1.3.1 带操作说明的结构示意图

示意图应清楚地表明所有与门锁装置的操作和安全性有关的全部细节，包括：

a) 正常情况下门锁装置的操作情况，标出锁紧元件的有效啮合位置和电气安全装置的动作点；

b) 用机械方式检查锁紧位置的装置的动作情况（如果有）；

c) 紧急开锁装置的操纵和动作；

d) 电路的类型[直流和（或）交流]及额定电压和额定电流。

F.2.1.3.2 带说明的装配图

装配图应标出对门锁装置的操作起重要作用的全部零件，特别是要求符合本标准规定的零件。说明中应列出主要零件的名称、采用材料的类别和固定元件的特性。

F.2.1.4 试验样品

应提供一件门锁装置的试验样品。

如果试验是用试制品进行的，则以后还应对批量产品重新试验。

如果门锁装置的试验只能在将该装置安装在相应的门上（如：有数扇门扇的滑动门或数扇门扇的铰链门）的条件下进行，则应按照工作状况把门锁装置安装在一个完整的门上。但在不影响测试结果的条件下，此门的尺寸可以比实际生产的门小。

F.2.2 检验

F.2.2.1 操作检查

本检验的目的旨在验证门锁装置机械和电气元件是否安全正确地动作，是否符合本标准的规定，以及门锁装置是否与申请书所提供的细节一致，特别应验证：

a) 在电气安全装置作用以前，锁紧元件的最小啮合长度为 7 mm（见 5.4.5.4 示例）；

b) 在门开启或未锁住的情况下，从人员正常可接近的位置，用单一的不属于正常操作程序的动作应不可能开动仅载货电梯（见 5.4.5.10）。

F.2.2.2 机械试验

机械试验的目的在于验证机械锁紧元件和电气元件的强度。

处于正常操作位置的门锁装置试验样品由其通常的操作装置来控制。

试验样品应按照门锁装置制造商的要求进行润滑。

当存在数种可能的控制方式和操作位置时，耐久试验应在元件处于最不利的受力状态下进行。

操作循环次数和锁紧元件的行程应采用机械或电气的计数器记录。

F.2.2.2.1 耐久试验

F.2.2.2.1.1 门锁装置应进行 $1\times10^6$ 次完全循环操作（±1%），一个循环包括在两个方向上的具有全部可能行程的一次往复运动。

门锁装置的驱动应平滑、无冲击，其频率为每分钟 60 次循环（±10%）。

在耐久试验期间，门锁装置的电气触点应在额定电压和两倍额定电流的条件下，接通一个电阻电路。

F.2.2.2.1.2 如果门锁装置装有检查锁销或锁紧元件位置的机械检查装置，则此装置应进行 $1\times10^5$ 次循环耐久试验（±1%）。

此装置的驱动应平滑、无冲击，其频率为每分钟 60 次循环（±10%）。

F.2.2.2.2 静态试验

门锁装置应进行以下试验：沿开门方向，在尽可能接近使用人员试图打开这扇门施加力的位置上，施加一个静态力。对于铰链门，此静态力应在 300 s 的时间内逐渐增加到 3 000 N。对于滑动门，此静态力应在 300 s 的时间内逐渐增加到 1 000 N。

**F.2.2.2.3 动态试验**

处于锁紧位置的门锁装置应沿门的开启方向进行一次冲击试验。

其冲击相当于一个 4 kg 的刚性体从 0.5 m 高度自由落体所产生的效果。

**F.2.2.3 机械试验结果的评定**

在耐久试验(见 F.2.2.2.1)、静态试验(见 F.2.2.2.2)和动态试验(见 F.2.2.2.3)后,不应有可能影响安全的磨损、变形或断裂。

**F.2.2.4 电气试验**

**F.2.2.4.1 触点耐久试验**

这项试验已包括在 F.2.2.2.1.1 述及的耐久试验中。

**F.2.2.4.2 断路能力试验**

此试验在耐久试验以后进行。检查是否有足够能力断开一带电电路。试验应按照 GB 14048.4—2003 和 GB 14048.5—2008 规定的程序进行。作为试验基准的电流值和额定电压应由门锁装置的制造商指明。

如果没有具体规定,额定值应符合下值:

a) 对交流电为 230 V,2 A;

b) 对直流电为 200 V,2 A。

在未说明是交流电或直流电的情况下,则应检验交流电和直流电两种条件下的断路能力。

试验应在门锁装置处于工作位置的情况下进行,如果存在数个可能的位置,则试验应在最不利的位置上进行。

试验样品应像正常使用时一样装有罩壳和电气布线。

**F.2.2.4.2.1** 对交流电路在正常速度和时间间隔为(5～10)s 的条件下,门锁装置应能断开和闭合一个电压等于 110%额定电压的电路 50 次,触点应保持闭合至少 0.5 s。

此电路应包括串联的一个扼流圈和一个电阻,其功率因数为 0.7±0.05,试验电流等于 11 倍制造商指明的额定电流。

**F.2.2.4.2.2** 对直流电路在正常速度和时间间隔为(5～10)s 的条件下,门锁装置应能断开和闭合一个电压等于 110%额定电压的电路 20 次,触点应保持闭合至少 0.5 s。

此电路应包括串联的一个扼流圈和一个电阻,电路的电流应在 300 ms 内达到试验电流稳定值的 95%。试验电流应等于制造商指明的额定电流的 110%。

**F.2.2.4.2.3** 如果未产生痕迹或电弧,也没有发生不利于安全的损坏现象,则试验为合格。

**F.2.2.4.3 漏电流电阻试验**

这项试验应按照 GB/T 4207—2003 规定的程序进行。各电极应连接在 175 V、50 Hz 的正弦交流电源上。

**F.2.2.4.4 电气间隙和爬电距离的检验**

空气中的电气间隙和爬电距离应符合本标准 5.10.1.2.2.3 的规定。

**F.2.2.4.5 安全触点及其可接近性要求的检验**(见 5.10.1.2.2)

这项检验应在考虑门锁装置的安装位置和布置后进行。

**F.2.3 某些型式门锁装置的特殊试验**

**F.2.3.1 有数扇门扇的水平或垂直滑动门的门锁装置**

按 5.4.6.4 规定的门扇间机械连接的装置,均应看作是门锁装置的组成部分。

这些装置应按照 F.2.2 述及的合理方式进行试验。在其耐久性试验中,每分钟的循环次数应与其结构的尺寸相适应。

**F.2.3.2 用于铰链门的舌块式门锁装置**

**F.2.3.2.1** 如果这种门锁装置有一个用来检查门锁舌块可能变形的电气安全装置,并且在按照

F.2.2.2.2规定的静态试验之后，如对此门锁装置的强度存有任何怀疑，则需逐步地增加载荷，直至舌块发生永久变形后，安全装置开始打开为止。门锁装置或层门的其他部件不应损坏或产生变形。

F.2.3.2.2　在静态试验之后，如果尺寸和结构均不会引起对门锁装置强度的怀疑，就没有必要对舌块进行耐久试验。

**F.2.4　型式试验证书**

F.2.4.1　型式试验证书一式三份，两份给申请人，一份留试验单位。

F.2.4.2　证书应标出下列内容：

a)　F.1.2述及的内容；

b)　门锁装置的类型及应用；

c)　电路的类型[交流和(或)直流]以及额定电压和额定电流值；

d)　对于舌块式门锁装置：使电气安全装置动作所需的力，以便校核舌块的弹性变形。

## F.3　安全钳

### F.3.1　通则

申请人应指明使用范围，即：

a)　最小和最大质量；

b)　最大额定速度和最大动作速度。

同时，还应提供导轨所使用的材料、型号及其表面状态(拉制、铣削、磨削等)的详细资料。

申请书还应附带下列资料：给出结构、动作、所用材料、部件尺寸和配合公差的装配详图。

### F.3.2　瞬时式安全钳

**F.3.2.1　试验样品**

应向试验单位提供两个安全钳(含楔块或夹紧件)和两段导轨。

试验的布置和安装细则由试验单位根据使用的设备确定。

如果安全钳可以用于不同型号的导轨，那么在导轨厚度、安全钳所需夹紧宽度及导轨表面情况(拉制、铣削、磨削等)相同的条件下，就无需进行新的试验。

**F.3.2.2　试验**

**F.3.2.2.1　试验方法**

应采用一台运动速度无突变的压力机或类似设备进行试验，测试内容应包括：

a)　与力成函数关系的运行距离；

b)　与力成函数关系或与位移成函数关系的安全钳钳体的变形。

**F.3.2.2.2　试验程序**

应使导轨从安全钳上通过。

参考标记应画在钳体上，以便能够测量钳体变形。

应记录运行距离与力成函数关系的曲线。

试验之后：

a)　应将钳体和夹紧件的硬度与申请人提供的原始值进行比较。特殊情况下，可以进行其他分析；

b)　若无断裂情况发生，则应检查变形和其他情况(例如：夹紧件的裂纹、变形或磨损、摩擦表面的外观)；

c)　如有必要，应拍摄钳体、夹紧件和导轨的照片，以便作为变形或裂纹的依据。

**F.3.2.3　文件**

F.3.2.3.1　应绘制两张图表

a)　第一张图表绘出运行距离与力成函数关系的曲线；

b)　第二张图表绘出钳体的变形，它应与第一张图表相对应。

**F.3.2.3.2** 安全钳的能力由“距离-力”图表上的面积积分值确定。

图表中，所考虑的面积应是：

a） 总面积，无永久变形情况；

b） 如果发生永久变形或断裂，则为：

1） 达到弹性极限值时的面积；或

2） 与最大力相应的面积。

**F.3.2.4 允许质量的确定**

**F.3.2.4.1 安全钳吸收的能量**

自由落体距离应按5.6.2.4.1.2规定的限速器最大动作速度进行计算，见公式(F.1)：

$$h=\frac{v_1^2}{2g_n}+0.10+0.03 \qquad \cdots\cdots(F.1)$$

式中：

$h$——自由落体距离，单位为米(m)；

$v_1$——限速器动作速度，单为米每秒(m/s)；

$g_n$——标准重力加速度，9.81 $m/s^2$；

0.10——相当于响应时间内的运行距离，单位为米(m)；

0.03——相当于夹紧件与导轨接触期间的运行距离，单位为米(m)。

安全钳能够吸收的总能量为：

$$2K=(P+Q)_1\times g_n\times h$$

由此：

$$(P+Q)_1=\frac{2K}{g_n\times h} \qquad \cdots\cdots(F.2)$$

式中：

$(P+Q)_1$——允许质量，单位为千克(kg)；

$P$——空载运载装置和由运载装置支承的零部件的质量，如部分随行电缆、补偿绳或链(如果有)等的质量和，单位为千克(kg)；

$Q$——额定载重量，单位为千克(kg)；

$K$——一个安全钳钳体吸收的能量(按图表计算)，单位为焦(J)。

**F.3.2.4.2 允许质量**

a） 如果未超过弹性极限：

$K$ 按F.3.2.3.2a)规定的面积积分值计算。

安全系数取2，允许质量(kg)见式(F.3)：

$$(P+Q)_1=\frac{K}{g_n\times h} \qquad \cdots\cdots(F.3)$$

b） 如果超过弹性极限，则应按如下两种方法计算，以便选择有利于申请人的一种计算结果。

1） $K_1$ 按F.3.2.3.2 b)1)规定的面积积分值计算，取安全系数为2，从而允许质量(kg)见式(F.4)：

$$(P+Q)_1=\frac{K_1}{g_n\times h} \qquad \cdots\cdots(F.4)$$

2） $K_2$ 按F.3.2.3.2 b)2)规定的面积积分值计算，取安全系数为3.5，从而允许质量(kg)见式(F.5)：

$$(P+Q)_1=\frac{2K_2}{3.5\times g_n\times h} \qquad \cdots\cdots(F.5)$$

式中：

$K_1$、$K_2$——一个安全钳钳体吸收的能量(按图表计算)，单位为焦(J)。

**F.3.2.5 检查钳体和导轨的变形**

如果钳体上的夹紧件或导轨的变形太大，可能导致安全钳释放困难，则应减少允许质量。

**F.3.3 几点说明**

a) 为了检查焊接件的有效性，应参考相应的标准；

b) 在最不利的情况下(各项制造公差的累积)，应检查夹紧件是否有足够的移动距离；

c) 应适当地使摩擦件保持不动，以确保在动作瞬间它们各在其位。

**F.3.4 型式试验证书**

**F.3.4.1** 证书应一式三份，两份给申请人，一份留试验单位。

**F.3.4.2** 证书应包括以下内容：

a) F.1.2 述及的内容；

b) 安全钳的型号和应用；

c) 允许质量的限值(见 F.3.2.5)；

d) 限速器的动作速度；

e) 导轨型号；

f) 导轨工作面允许厚度；

g) 夹紧面的最小宽度。

## F.4 限速器

**F.4.1 通则**

申请人应向试验单位表明：

a) 由限速器操纵的安全钳的类型；

b) 采用该限速器的仅载货电梯之最大和最小额定速度；

c) 限速器动作时所产生的限速器绳张力的预期值。

申请书还应附有下列文件：表示结构、动作、所用材料、构件尺寸和公差的装配详图。

**F.4.2 限速器的特性检查**

**F.4.2.1 试验样品**

应向试验单位提供下列样品：

a) 一套限速器；

b) 用于该限速器的一根绳子，其条件与正常安装时相同，长度由试验单位确定；

c) 用于该限速器的一套张紧轮装置。

**F.4.2.2 试验**

**F.4.2.2.1 试验方法**

应检查下列各项：

a) 动作速度；

b) 按 5.6.2.4.1.2 b)的规定，使驱动主机停止运转的电气安全装置的动作(若此装置装在限速器上)；

c) 按 5.6.2.4.1.2 c)规定的电气安全装置的动作，此装置在限速器动作时，能防止仅载货电梯的全部运动；

d) 限速器动作时在钢丝绳上产生的张力。

**F.4.2.2.2 试验程序**

在限速器动作速度范围内[与 F.4.1 b)述及的仅载货电梯额定速度范围相对应]，应至少进行

20 次试验。

注 1：这些试验可以由试验单位在制造商处进行。

注 2：大多数试验应按速度范围的极限值进行。

注 3：宜以尽可能低的加速度达到限速器动作速度，以便消除惯性的影响。

**F.4.2.2.3 对试验结果的说明**

**F.4.2.2.3.1** 在 20 次试验中，限速器的动作速度均应在 5.6.2.4.1.2a)规定的极限值内。

**F.4.2.2.3.2** 在 20 次试验中，F.4.2.2.1b)和 c)要求的电气安全装置应在 5.6.2.4.1.2b)和 5.6.2.4.1.2c)规定的极限值内动作。

**F.4.2.2.3.3** 限速器动作时，限速器绳的张力至少应为 300 N 或申请人给定的任何一个较高值 。

注 1：在制造商无特殊要求，试验报告也无其他说明的情况下，包角应为 180°。

注 2：对于通过将绳夹紧而起作用的限速器，应检查确认绳未产生永久变形。

**F.4.3 型式试验证书**

**F.4.3.1** 证书应一式三份，两份给申请人，一份留试验单位。

**F.4.3.2** 证书应包括以下内容：

a) F.1.2 述及的内容；

b) 限速器的型号及应用；

c) 使用该限速器的仅载货电梯之最大和最小额定速度；

d) 限速器绳的直径和结构；

e) 带有曳引滑轮的限速器的最小张紧力；

f) 限速器动作时能产生的限速器绳张力。

## F.5 含有电子元件的安全电路

以下规定是针对印制电路板，如果安全电路不是这种型式的，也应假设为等效印制电路板的型式。

**F.5.1 通则**

申请人应向试验单位说明：

a) 电路板的类别；

b) 工作条件；

c) 使用元件清单；

d) 印制电路板布置图；

e) 安全电路的混合电路布置图和印制线路的标记；

f) 功能描述；

g) 布线图和电气数据，如有可能，还应有印制电路板的输入输出定义。

**F.5.2 试验样品**

应向试验单位提供：

a) 一块印制电路板；

b) 一块印制电路裸板(不含电气元件)。

**F.5.3 试验**

**F.5.3.1 机械试验**

试验时，印制电路板处于工作状态，试验期间和试验后，安全电路不应有不安全的动作和状态显示。

**F.5.3.1.1 振动**

安全电路的传递元件应满足：

a) GB/T 2423.10—2008 表 C.2 中扫频振动耐久性试验的规定：在每个坐标轴方向上，20 次扫频循环振动试验的振动幅值为 0.35 mm 或 $5g_n$，频率为 10 Hz ～55 Hz。

b) GB/T 2423.5—1995 表 1 中的脉冲加速度和持续时间的规定：

1) 加速度峰值 294 $m/s^2$ 或 $30g_n$；

2) 相应脉冲持续时间 11 ms；且

3) 相应速度变化率 2.1 m/s，波形为半正弦波。

注：若传递元件装有冲击减振器，冲击减振器应看成是传递元件的一部分。

试验后，电气间隙和爬电距离不应小于最小允许值。

**F.5.3.1.2 冲击试验(GB/T 2423.6)**

冲击试验用来模拟印制电路板坠落状态，发生元件破损和不安全状态的危险。试验分为：

a) 单独冲击试验；

b) 持续冲击试验。

印制电路板至少应满足如下最低要求。

**F.5.3.1.2.1 单独冲击试验**

a) 冲击试验波形：半正弦波；

b) 加速度幅值：$15g_n$；

c) 冲击持续时间：11 ms。

**F.5.3.1.2.2 持续冲击试验**

a) 加速度幅值：$10g_n$；

b) 冲击持续时间：16 ms；

c) 冲击次数：1 000±10；冲击频率：2/s。

**F.5.3.2 温度试验(GB/T 2423.22)**

电路板工作环境温度为 0 ℃和 65 ℃(该温度是安全装置的环境温度)。试验条件：

a) 印制电路板应处于工作状态；

b) 印制电路板应是正常的额定电压；

c) 安全装置在试验中和试验后应动作正常，如果印制电路板除了安全电路外，还包含其他元件，则它们也应在试验中动作(其故障可不考虑)；

d) 试验按照最低和最高温度进行(0 ℃和 65 ℃)，至少各持续 4 h；

e) 如果印制电路板设计在更宽的温度范围内工作，则应在该温度范围内试验。

**F.5.4 型式试验证书**

**F.5.4.1** 证书应一式三份，两份给申请人，一份留试验单位。

**F.5.4.2** 证书应包括如下内容：

a) F.1.2 述及的内容；

b) 安全电路的类型和应用；

c) GB/T 16935.1—2008 规定的清洁度设计；

d) 工作电压；

e) 印制电路板上安全电路与其他控制电路之间的距离。

注：由于仅载货电梯运行在正常的环境条件，没有必要进行湿度试验和气候冲击试验等其他试验。

## F.6 破裂阀、单向节流阀

以下“破裂阀”一词代表“具有机械移动部件的破裂阀或单向节流阀”。

**F.6.1 通则**

申请者应说明所提供型式试验的破裂阀的下列资料：

a) 流量范围；

b) 压力范围；

c) 黏度范围；

d) 环境温度范围；

e) 安装方法。

申请书还应包括下述内容：

破裂阀和结构部件的零件和装配详图，表明其构造、动作、调整、材料、尺寸和公差。

**F.6.2 试验样品**

应向试验单位提供：

a) 一只破裂阀；

b) 破裂阀可以使用的液体规格表或所指定使用的足够量的液体；

c) 试验设备所需的适合的工具(如果必要)。

**F.6.3 试验**

**F.6.3.1 试验装置**

按照预期的方法安装好的破裂阀应在一个液压系统中进行试验，其中：

a) 所要求的试验压力取决于质量；

b) 流量由可调节的阀进行控制；

c) 应能够记录破裂阀前面和后面的压力值。

注："破裂阀前面"是指位于缸筒和破裂阀之间的位置。

d) 应提供改变破裂阀的周围温度和液体黏度的设备。

液压系统应能够记录在一段期间内的流量。允许使用另一测量值，即：测量液压缸柱塞的速度，来确定液压油的流量值。

**F.6.3.2 测量仪器**

测量仪器应具有 F.1.1.2(见 GB/T 8104、GB/T 8105)规定的精确度。

**F.6.4 试验程序**

试验应能够：

a) 模拟当运载装置速度为零时的瞬间发生的全部管路失效；

b) 计算破裂阀的抗压强度。

**F.6.4.1 全部管路失效模拟**

模拟全部管路失效是在下述情况下进行：位于破裂阀之前的管路静压力降低到 10%以下时打开该阀，液压油的流量应从静态环境下开始。

应考虑破裂阀以下值的范围：

a) 关闭时的流量偏差是否在给定的流量范围内；

b) 关闭时的液压油黏度偏差是否在给定的黏度范围内；

c) 关闭时的液压油压力偏差是否在给定的压力范围内；

d) 关闭时的周围温度偏差是否在给定的周围温度范围内。

上述值可以从以下两种试验条件下获得：

——用最大压力，最高的周围温度，最小可调流量和最小的黏度进行试验；

——用最小压力，最低的周围温度，最大可调流量和最大的黏度进行试验。

在每一种试验条件下至少应进行 10 次试验，在上述条件下计算破裂阀的工作偏差。

试验中应记录：

——流量和时间的关系；

——破裂阀之前和之后液压油的压力和时间的关系。

以上这些典型的特性曲线见图 F.1。

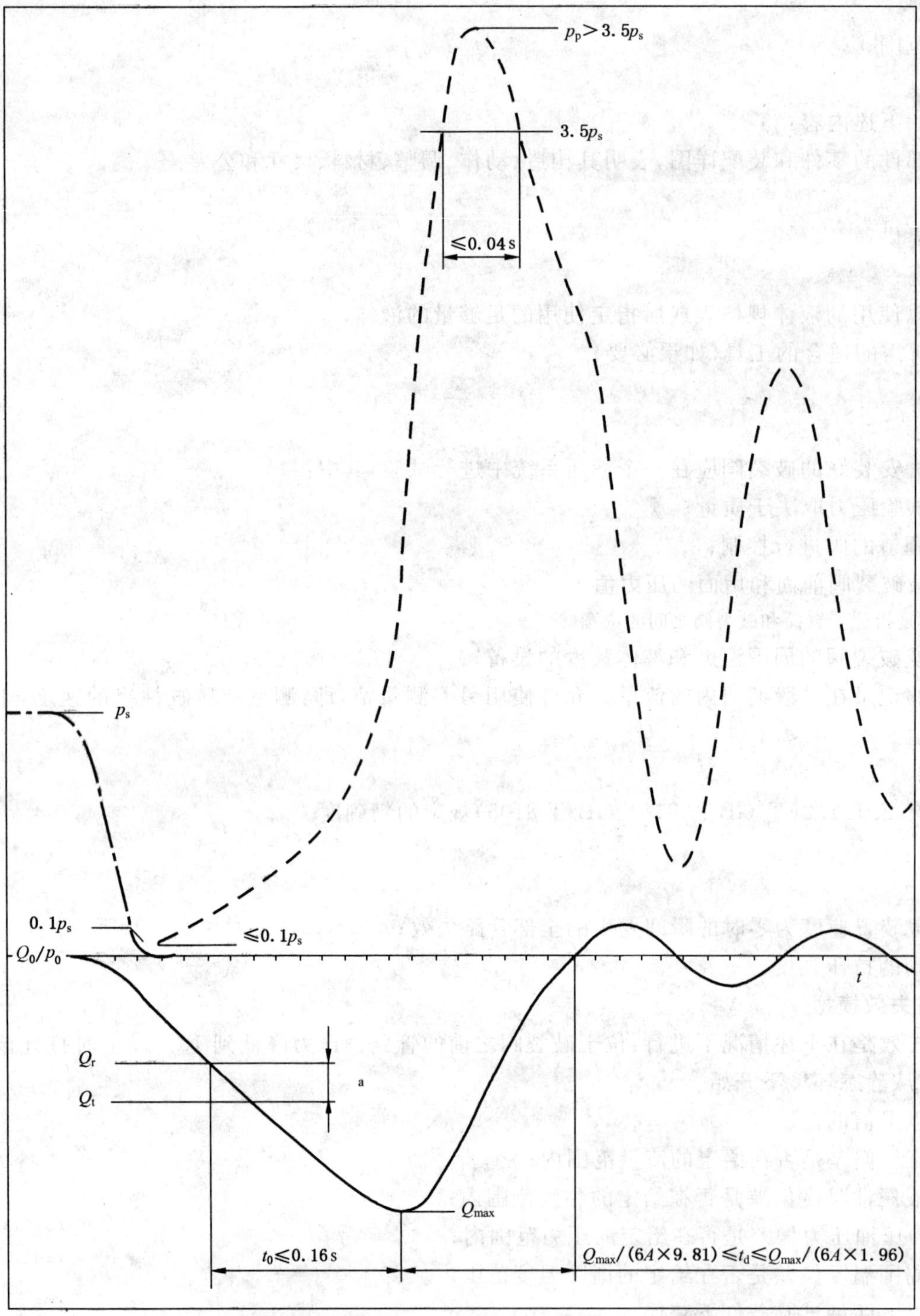


$p_p$——压力峰值；

$p_s$——静压力；

$t$——时间。

—·—·— 破列阀之后的压力；

———— 液压油流量；

– – – – 破裂阀之前的压力。

[a] 破裂阀必须在速度达到额定速度＋0.3 m/s之前触发动作。

**图 F.1 液压油流量图，破裂阀之前和破裂阀之后的压力**

**F.6.4.2 抗压强度**

破裂阀的抗压强度试验应在以下条件下进行：用 5 倍于最大压力的试验压力，历时 2 min。

**F.6.5 试验结果**

**F.6.5.1 关闭动作**

按照 F.6.4.1 记录的曲线能够表明以下结果，则可认为被试验的破裂阀满足本标准的要求：

a) 额定流量(100%流量)和最大流量 $Q_{max}$ 之间的间隔时间 $t_0$ 不大于 0.16 s；

b) 流量减少所需的时间 $t_d$ 为：

$$\frac{Q_{max}}{6A\times 9.81}\leqslant t_d\leqslant\frac{Q_{max}}{6A\times 1.96}$$

式中：

$Q_{max}$——液压油的最大流量，单位为每分钟($min^{-1}$)；

$t_d$——制动时间，单位为秒(s)；

$A$——液压缸中液体压力作用的面积，单位为平方厘米($cm^2$)。

c) 压力大于 $3.5p_s$ 的时间不大于 0.04 s；

d) 破裂阀应在运载装置下降速度达到额定速度+0.3 m/s 之前动作。

**F.6.5.2 抗压强度**

如果按照 F.6.4.2 进行的压力试验后没有出现永久性损坏，则可认为破裂阀满足本标准要求。

**F.6.5.3 再调整**

若流量的极限值降低或压力峰值被超过，允许制造商修改破裂阀的调整值。然后进行其他试验。

**F.6.6 型式试验证书**

**F.6.6.1** 证书应一式三份，其中两份给申请人，一份留试验单位。

**F.6.6.2** 证书应包括如下内容：

a) F.1.2 述及的资料；

b) 破裂阀的型式和应用范围；

c) 破裂阀的流量范围；

d) 破裂阀的压力范围；

e) 所用的液压油的黏度范围；

f) 破裂阀周围温度范围。

证书应附有按照图 F.1 所示的试验图表，表明液压油的流量和压力之间的关系，由此可以得出 $Q_{max}$ 和 $t_d$。

# 附　录　G
## （规范性附录）
## 驱动系统的要求

仅载货电梯驱动系统包括：

a）　曳引式（见 G.1）；

b）　强制式（见 G.1）；

c）　液压式（见 G.2）。

## G.1　电力驱动

### G.1.1　总则

允许下列两种电力驱动方式：

a）　曳引式（使用曳引轮和钢丝绳）；

b）　强制式，如：

　1）　使用卷筒和钢丝绳，或

　2）　使用链轮和链条。

对强制式，额定速度不应大于 0.63 m/s，不应使用对重，但可使用平衡重。

在计算传动部件时，应考虑对重或运载装置压在其固定止停装置或缓冲器上的可能性。

### G.1.2　钢丝绳曳引

钢丝绳曳引应满足下列条件：

a）　当对重压在缓冲器或固定止停装置上而曳引机按仅载货电梯上行方向旋转时，应不可能提升空载运载装置；

b）　运载装置从空载荷装载至 125％额定载重量的情况下，能够在没有失控运行的情况下移动运载装置且钢丝绳不打滑[见 D.2 h)]；

c）　在上述 b)给出的载荷条件下，当停止运载装置时，钢丝绳不打滑[见 D.2 h)]。

注：GB 7588—2003 附录 M 给出了曳引力计算方法。

### G.1.3　强制式仅载货电梯钢丝绳的卷绕

**G.1.3.1**　在 G.1.1b)规定的条件下使用的卷筒，应加工出螺旋槽，该槽应与所用钢丝绳相适应。

**G.1.3.2**　当运载装置停在完全压缩的缓冲器上时，卷筒的绳槽中应至少保留一圈半的钢丝绳。

**G.1.3.3**　卷筒上仅能绕一层钢丝绳。

**G.1.3.4**　钢丝绳相对于绳槽的偏角（放绳角）不应大于 4°。

### G.1.4　制动系统

#### G.1.4.1　通则

**G.1.4.1.1**　仅载货电梯应设有制动系统，在出现下列情况时能自动动作：

a）　动力电源失电；

b）　控制电路电源失电。

**G.1.4.1.2**　制动系统应具有一个机-电式制动器（摩擦型）。此外，还可装设其他制动装置（如电气制动）。

#### G.1.4.2　机-电式制动器

**G.1.4.2.1**　当运载装置载有 125％额定载重量并以额定速度向下运行时，操作制动器应能使驱动主机停止运转。

对于 B 类仅载货电梯，所有参与向制动轮或盘施加制动力的制动器机械部件应分两组装设。如果一组部件不起作用，应仍有足够的制动力使载有额定载重量以额定速度下行的运载装置减速下行。

电磁线圈的铁心被视为机械部件，而线圈则不是。

G.1.4.2.2 被制动部件应以机械方式与曳引轮或卷筒、链轮直接刚性连接。

G.1.4.2.3 正常运行时，制动器应在持续通电下保持松开状态。

G.1.4.2.3.1 切断制动器电流，至少应采用两个独立的电气装置来实现，不论这些装置与用来切断驱动主机电流的电气装置是否为一体。

当仅载货电梯停止时，如果其中一个接触器的主触点未打开，最迟到下一次运行方向改变时，应防止仅载货电梯再运行。

G.1.4.2.3.2 当仅载货电梯的电动机有可能起发电机作用时，应防止该电动机向操纵制动器的电气装置馈电。

G.1.4.2.3.3 断开制动器的释放电路后，仅载货电梯应无附加延迟地被有效制动。

注：使用二极管或电容器与制动器线圈两端直接连接不能看做延时装置。

G.1.4.2.4 装有手动操作装置（见G.1.5）的仅载货电梯驱动主机，应能采用该装置手动松开制动器并需要以一持续力保持其松开状态。

G.1.4.2.5 制动闸瓦或衬垫的压力应采用有导向的压缩弹簧或重锤来施加。

G.1.4.2.6 禁止使用带式制动器。

G.1.4.2.7 制动衬应是不易燃的。

**G.1.5 手动操作**

当采用手动操作装置使运载装置平层时，应满足下列要求：

a) 向上移动载有额定载重量的运载装置所需的操作力不应大于400 N；

b) 如果该装置可能被仅载货电梯驱动时，则该装置应是平滑且无辐条的；

c) 对于可拆卸的操作装置，应放置在机器空间内容易接近的地方。对于同一机器空间内有多台仅载货电梯（或电梯）的情况，如果操作装置有可能与相配的仅载货电梯驱动主机搞混时，应做适当的标记；

d) 一个符合5.10.1.2规定的电气安全装置最迟应在操作装置装上仅载货电梯驱动主机时动作。

**G.1.6 绳或链松弛的安全装置**

强制式驱动电梯应有一个绳或链松弛的装置来动作一个符合5.10.1.2要求的电气安全装置。此装置与5.6.1.4.3要求的可以是同一个装置。

## G.2 液压驱动

**G.2.1 总则**

G.2.1.1 允许使用下列两种驱动方式：

a) 直接作用式；

b) 间接作用式。

G.2.1.2 如果使用多个液压缸提升运载装置，则这些液压缸管路应相互连接以保证压力的均衡。

G.2.1.3 平衡重（如果有）的质量应这样计算：当悬挂机构（运载装置或平衡重）断裂的情况下，应保证液压系统中的压力不超过满载压力的2倍。

如果平衡重的质量不是这样计算，应按照悬挂机构断裂工况进行设计计算。

在多个平衡重的情况下，计算时应考虑仅有一个悬挂机构断裂的情况。

**G.2.2 液压缸**

**G.2.2.1 液压缸的计算（缸筒和柱塞）**

**G.2.2.1.1 压力的计算**

G.2.2.1.1.1 缸筒和柱塞的设计应满足以下条件：在2.3倍满载压力形成的力的作用下，或在悬挂机构断裂工况形成的力的作用下，相对于屈服强度 $R_{p0.2}$ 的安全系数不小于 1.7。

G.2.2.1.1.2 对于具有液压同步装置的多级式液压缸的计算，应采用因液压同步装置的作用所产生的最大压力代替满载压力。

注：计算时应考虑在液压同步机构安装期间，由于调整不当而产生的异常过高压力的因素。

G.2.2.1.1.3 在进行壁厚计算时，对于缸筒壁和缸筒基座，其计算值应增加 1.0 mm；对于单级液压缸或多级式液压缸的空心柱塞壁，计算值应增加 0.5 mm。

G.2.2.1.1.4 计算应按照附录Ⅰ进行。

**G.2.2.1.2 稳定性计算**

液压缸在承受压缩载荷作用时应满足：

G.2.2.1.2.1 设计时应考虑当液压缸全部伸出且承受由满载压力 1.4 倍形成的力的作用时，其稳定性安全系数不应低于 2。

G.2.2.1.2.2 计算应按照附录Ⅰ进行。

G.2.2.1.2.3 可以采用不同于 G.2.2.1.2.2 的更为复杂的计算方法，但至少应保证同等的安全性。

**G.2.2.1.3 拉伸应力计算**

液压缸在拉伸载荷作用下的设计应满足：在由满载压力 1.4 倍形成的力的作用下，应保证相对于材料屈服强度 $R_{p0.2}$ 的安全系数不低于 2。

**G.2.2.2 运载装置与柱塞（缸筒）的连接**

G.2.2.2.1 对于直接作用式液压仅载货电梯，运载装置与柱塞（缸筒）之间应为挠性连接。

G.2.2.2.2 运载装置与柱塞（缸筒）之间的连接件，应能承受柱塞（缸筒）的重量和附加的动载荷。连接方式应牢固。

G.2.2.2.3 如柱塞由两节或两节以上组成，每节之间的连接件应能承受悬挂的柱塞节的重量和附加的动载荷。

G.2.2.2.4 对于间接作用式液压仅载货电梯，柱塞（缸筒）的端部应具有导向装置。对于拉伸作用的液压缸，不要求其端部导向，只要拉伸布置可防止柱塞承受弯曲力的作用。

G.2.2.2.5 对于间接作用式液压仅载货电梯，其柱塞端部导向装置的任何部件不应在运载装置顶部的垂直投影范围内。

**G.2.2.3 保护措施**

G.2.2.3.1 如果液压缸延伸至地下，则应设置在保护管中。如果延伸入其他空间，则应给以适当的保护。

下列部件也应给予同样的保护：

a) 破裂阀或节流阀；

b) 连接破裂阀或节流阀与缸筒的硬管；

c) 破裂阀或节流阀之间互相连接的硬管。

G.2.2.3.2 自油缸端部泄漏的油液应予以收集。

G.2.2.3.3 液压缸应具有放气装置。

**G.2.2.4 多级式液压缸**

对于多级式液压缸，应满足下列附加要求。

G.2.2.4.1 在相继的多级式柱塞缸级之间应装有限位停止装置，防止柱塞脱离其相应的缸筒。

G.2.2.4.2 对于液压缸位于直接作用式液压仅载货电梯运载装置下部且 5.2.11.2.3.1 a)不适用的情况，当运载装置停止在机械阻止装置[见 5.2.11.2.3.1 a)3)]、止停装置或完全压缩的缓冲器[见 5.2.11.2.3.1 b)3)]上时，下述净垂直距离不应小于 0.3 m：

a) 相继的导向架之间；和

b) 最高的导向架与运载装置的最低部件[不包括 5.2.11.2.3.1 b)2)ⅱ)提及的部件]之间。

**G.2.2.4.3** 不具备外部导向的多级式液压缸的每一级的支承长度至少应为对应柱塞直径的2倍。

**G.2.2.4.4** 应具有机械或液压同步机构。

**G.2.2.4.5** 当液压缸具有液压同步机构时，如果系统压力超过满载压力20%时，应具有一个电气装置防止液压仅载货电梯正常启动运行。

**G.2.2.4.6** 当使用钢丝绳或链条作为同步机构时，应满足下列要求：

a) 至少具有两根独立的钢丝绳或链条。

b) 满足5.6.3.1的规定。

c) 安全系数至少为8。

安全系数为每根钢丝绳(或链条)的最小破断载荷(N)与该钢丝绳(或链条)所承受的最大拉力(N)的比值。

对于最大受力的计算，应考虑以下因素：

——由满载压力形成的作用力；

——钢丝绳(或链条)的根数。

d) 对于运载装置上设置了检修控制装置的液压仅载货电梯或B类液压仅载货电梯，当同步机构失效时，应有一个装置防止运载装置下行速度超过其下行额定速度 $v_d$ 加上0.3 m/s。

**G.2.3 管路配置**

**G.2.3.1 概述**

**G.2.3.1.1** 承受压力的管路和附件(管接头、阀等)，如同所有液压系统部件一样，应：

a) 与所使用的液压油相适应；

b) 在设计和安装上应避免由于紧固、扭转或振动产生任何非正常应力；

c) 防止损坏，特别是由于机械上的原因。

**G.2.3.1.2** 管路和附件应妥善固定便于检查。

管路(硬管或软管)穿过墙或地面，应使用套管保护，套管的尺寸大小应能够在必要时拆卸管路，以便进行检修。

套管内不应有管路的接头。

**G.2.3.2 硬管**

**G.2.3.2.1** 液压缸和单向阀或下行方向阀之间的硬管和附件在设计上应满足以下条件：在2.3倍满载压力的作用力下，或在悬挂机构断裂工况形成的力的作用下，应保证相对于材料屈服强度 $R_{p0.2}$ 的安全系数不低于1.7。

在进行壁厚计算时，对位于液压缸和破裂阀之间的管路接头(如果有)，其计算值应增加1.0 mm；对其他硬管，其计算值应增加0.5 mm。

计算应按照附录I.1.1进行。

**G.2.3.2.2** 当使用多于2级的多级式液压缸和液压同步机构时，在计算位于破裂阀与单向阀或下行方向阀之间的硬管和附件时，应考虑附加1.3的安全系数。

在液压缸和破裂阀之间的管路和附件(如果有)，其计算时所用的压力应与计算液压缸时的相同。

**G.2.3.3 软管**

**G.2.3.3.1** 在选用液压缸与单向阀或下行方向阀之间的软管时，其相对于满载压力和破裂压力的安全系数应至少为8。

**G.2.3.3.2** 液压缸与单向阀或下行方向阀之间的软管及接头应能承受5倍于满载压力的压力而不被破坏，该试验由软管总成的制造商进行。

**G.2.3.3.3** 软管上应永久性标注以下内容：

a) 制造商名称或商标；

b) 允许的弯曲半径；

c) 试验压力；

d) 试验日期。

G.2.3.3.4 软管固定时，其弯曲半径不应小于制造商标明的弯曲半径。

**G.2.4 停止驱动主机及检查其停止状态**

驱动主机由一个符合 5.10.1.2 要求的电气安全装置的动作制停，其控制过程应符合下列规定。

**G.2.4.1 向上运行**

对于上行运行的液压仅载货电梯：

a) 电动机的电源应至少由两个独立的接触器切断，这两个接触器的主触点应串联于电动机供电回路中；或

b) 电动机的电源由一个接触器切断，且分流阀（符合 G.2.5.4.2）的供电回路应至少由两个串联于该阀供电回路中的独立的电气装置来切断。

**G.2.4.2 向下运行**

对于下行运行的仅载货电梯，下行方向阀的供电回路应：

a) 至少由两个串联的独立的电气装置切断；或

b) 直接由一个电气安全装置切断，只要该电气安全装置的电气容量正确。

**G.2.4.3 防止再运行**

当液压仅载货电梯停止时，若其中某一个接触器的主触点没有打开或某一个电气装置没有断开，最迟到下一次运行方向改变时，应防止运载装置再运行。

**G.2.5 液压控制及安全装置**

**G.2.5.1 截止阀**

G.2.5.1.1 液压系统应设置截止阀。截止阀应安装在将液压缸连接到单向阀和下行方向阀的油路上。

G.2.5.1.2 截止阀应位于机器空间内。

**G.2.5.2 单向阀**

G.2.5.2.1 液压系统应设置单向阀。单向阀应安装在液压泵与截止阀之间的油路上。

G.2.5.2.2 当供油系统压力降低至最低工作压力以下时，单向阀应能够将载有额定载重量的运载装置保持在井道内的任一位置上。

G.2.5.2.3 单向阀的闭合应由来自液压缸的液体压力的作用，以及至少由一个导向压缩弹簧和（或）重力的作用来实现。

**G.2.5.3 溢流阀**

G.2.5.3.1 液压系统应设置溢流阀。溢流阀应连接到液压泵和单向阀之间的油路上，溢流阀溢出的油应回到油箱。

G.2.5.3.2 溢流阀应调节到系统压力不超过满载压力的 140%。

G.2.5.3.3 由于管路较高的内部损耗（管接头损耗、摩擦损耗），必要时溢流阀可调节到较高的压力值，但不应超过满载压力的 170%。

此时，对于液压设备（包括液压缸）的计算，应采用一个虚拟的满载压力值，该值为：所选择的压力设置值除以 1.4。

在进行稳定性计算时，过压系数 1.4 应由相应于溢流阀调高的压力设置值的系数代替。

**G.2.5.4 方向阀**

**G.2.5.4.1 下行方向阀**

下行方向阀应由电控保持开启。下行方向阀的关闭应由来自液压缸的液体压力作用以及至少每阀由一个导向压缩弹簧来实现。

**G.2.5.4.2 上行方向阀**

如果驱动主机的制停是由 G.2.4.1 b)所述方法实现，则仅分流阀用于此目的。分流阀应由电气装置关闭。分流阀的打开应由来自液压缸的液体压力作用以及至少每阀由一个导向压缩弹簧来实现。

**G.2.5.5 破裂阀**

对于运载装置上设置了检修运行控制装置的液压仅载货电梯或 B 类液压仅载货电梯，按照 5.6.2.1.2 表 3 的要求，应设置满足下列条件的破裂阀。

**G.2.5.5.1** 破裂阀应能将下行运载装置制停并保持其停止状态。破裂阀最迟当运载装置下行速度达到额定速度 $v_d$ 加上 0.3 m/s 时动作。

对于运载装置上设置了检修运行控制装置的液压仅载货电梯或B类液压仅载货电梯，应满足下列要求：

a) 所选择的破裂阀应使运载装置平均减速度在 $0.2g_n \sim 1g_n$ 之间；

b) 减速度大于 $2.5g_n$ 的时间不应大于 0.04 s；

c) 平均减速度按公式(G.1)计算：

$$a=\frac{Q_{max}r}{6Ant_d} \qquad \text{(G.1)}$$

其中：

$a$——平均减速度，单位为米每二次方秒($m/s^2$)；

$Q_{max}$——最大流量，单位为升每分钟(L/min)；

$r$——绕绳比；

$A$——液压缸承受压力作用的截面积，单位为平方厘米($cm^2$)；

$n$——共用一个破裂阀的并列作用的液压缸的数量；

$t_d$——制动时间，单位为秒(s)。

以上数值可从技术文件或型式试验证书中选取。

**G.2.5.5.2** 破裂阀的安装位置应便于进行调整和检查。

破裂阀应满足下列要求之一：

a) 与液压缸成为一个整体；

b) 直接与液压缸法兰刚性连接；

c) 放置在液压缸附近，用一根短硬管与液压缸相连，可用焊接、法兰联接或螺纹联接；

d) 用螺纹直接联接到液压缸上。

破裂阀端部应加工成螺纹并具有台阶，台阶应紧靠液压缸端面。

液压缸与破裂阀之间不允许使用其他的连接型式(如压入联接或锥形联接)。

**G.2.5.5.3** 如液压仅载货电梯具有若干个并联工作的液压缸，可以共用一个破裂阀。否则，若干个破裂阀应相互联接使其同时关闭，以避免运载装置地板由其正常位置倾斜 5%以上。

**G.2.5.5.4** 破裂阀应按液压缸一样计算。

**G.2.5.5.5** 如果破裂阀的关闭速度由一个节流装置控制，则应在该装置前面尽可能接近的位置上设置一个滤油器。

**G.2.5.5.6** 机器空间内应有一种手动操作方法，在无需使运载装置超载的情况下，使破裂阀达到动作流量。这种方法应防止误操作，且不应使靠近液压缸的安全装置失效。

**G.2.5.5.7** 破裂阀是安全部件，应按照附录 F.6 的要求进行验证。

**G.2.5.6 节流阀或单向节流阀**

对于运载装置上设置了检修运行控制装置的液压仅载货电梯或 B 类液压仅载货电梯，按照 5.6.2.1.2 表 3 的要求，应设置满足下述条件的节流阀或单向节流阀。

**G.2.5.6.1** 在液压系统泄漏的情况下，节流阀应防止载有额定载重量的运载装置下行速度大于下行额定速度 $v_d$ 加上 0.3 m/s。

G.2.5.6.2 节流阀的安装位置应易于接近，便于检修。

G.2.5.6.3 节流阀应满足下列要求之一：

a) 与液压缸成为一整体；

b) 直接与液压缸法兰刚性连接；

c) 放置在液压缸附近，用一根短硬管与液压缸相连，可用焊接、法兰连接或螺纹联接；

d) 用螺纹直接联接到液压缸上。

节流阀端部应加工成螺纹并具有台阶，台阶应紧靠液压缸端面。

液压缸与破裂阀之间不允许使用其他的连接型式（如压入联接或锥形联接）。

G.2.5.6.4 节流阀应按液压缸一样计算。

G.2.5.6.5 机器空间内应有一种手动操作方法，在无需使运载装置超载的情况下，使节流阀达到动作流量。这种方法应防止误操作，且不应使靠近液压缸的安全装置失效。

G.2.5.6.6 仅使用机械移动部件的单向节流阀被认为是安全部件，应按照附录F.6的要求进行验证。

**G.2.5.7 滤油器**

油箱和液压泵之间的回路中以及截止阀与下行方向阀之间的回路中应设置滤油器或类似装置。截止阀与下行方向阀之间的滤油器或类似装置应是可接近的，以便进行维护。手动紧急下降阀的回路中可不设滤油器。

**G.2.6 液压系统压力检查**

G.2.6.1 应装备压力表。压力表应连接到单向阀或下行方向阀与截止阀之间的油路上。

G.2.6.2 在主回路和压力表接头之间应设置压力表关闭阀。

**G.2.7 油箱**

油箱的设计和制造应：

a) 易于检查油箱中油液的液面高度；

b) 易于注油和排油。

**G.2.8 手动操作**

**G.2.8.1 向下移动运载装置**

G.2.8.1.1 液压仅载货电梯机器空间内应具有手动操作紧急下降阀。即使在失电的情况下，允许使用该阀使运载装置向下运行至平层位置。

G.2.8.1.2 此时运载装置的下行速度不应超过0.3 m/s。

G.2.8.1.3 该阀的操作要求以持续的手动揿压保持其动作。

G.2.8.1.4 该阀的操作应防止产生误动作的可能性。

G.2.8.1.5 对于有可能发生松绳或松链的间接作用式液压仅载货电梯，手动操纵该阀应不能使柱塞下降而引起松绳或松链。

**G.2.8.2 向上移动运载装置**

可设置向上移动运载装置的手动泵，该装置应满足下列规定：

G.2.8.2.1 手动泵应连接到单向阀或下行方向阀与截止阀之间的油路上。

G.2.8.2.2 手动泵应装备溢流阀，以限制系统压力至满载压力的2.3倍。

**G.2.8.3 安全钳或夹紧装置的释放**

对于运载装置上装有安全钳或夹紧装置或棘爪装置的液压仅载货电梯，应永久性地设置一个符合G.2.8.2的手动泵。

**G.2.9 间接作用式液压仅载货电梯的松绳（或松链）安全装置**

如果存在松绳（或松链）的危险，应设置一个符合5.10.1.2要求的电气安全装置。当松绳（或松链）发生时，该电气装置应使驱动主机停止运行并保持其停止状态。该安全装置可与5.6.1.4.3要求的安全装置相同。

# 附　录　H
（资料性附录）
## 仅载货电梯井道壁和面对运载装置入口的层门构造

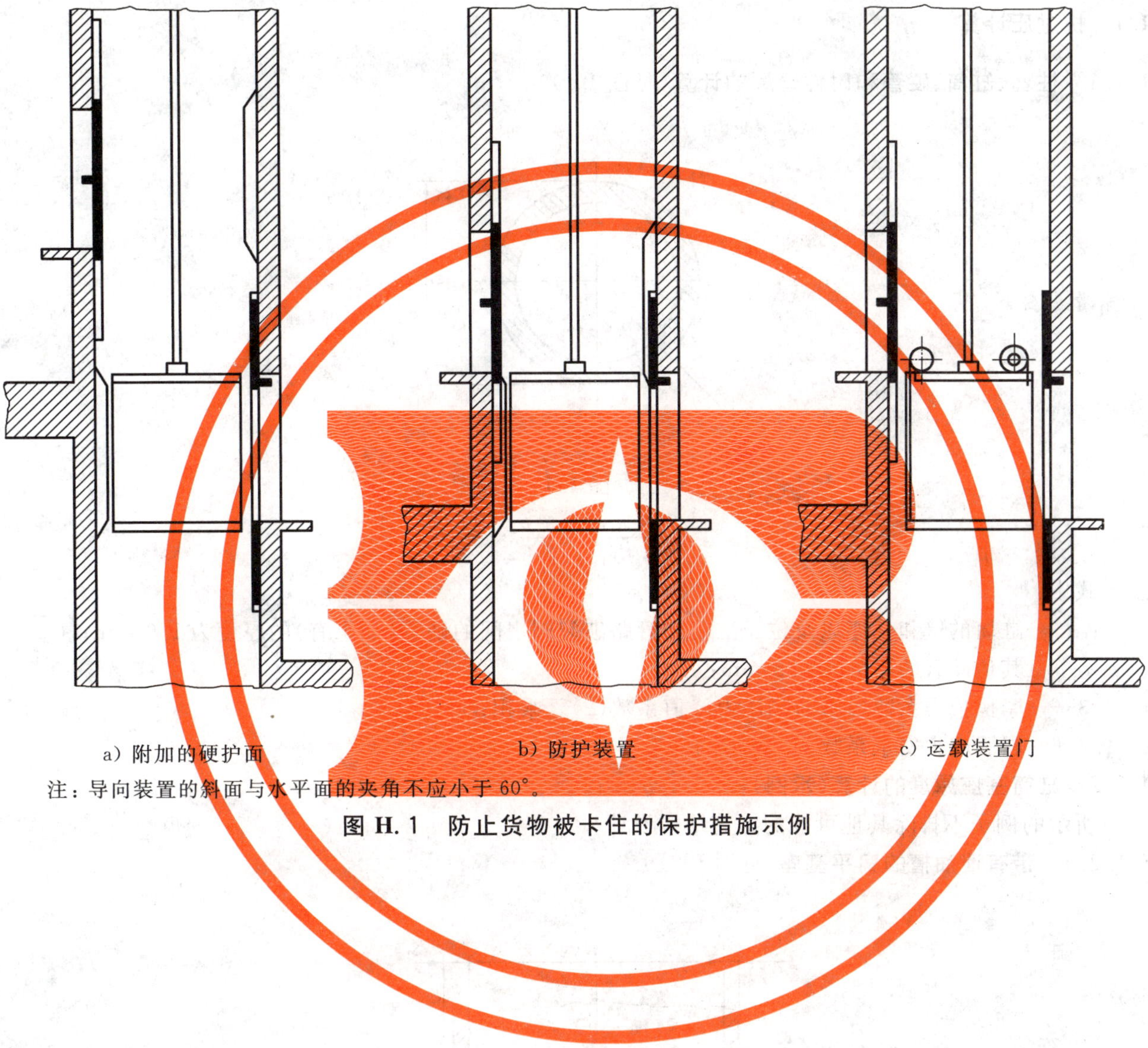

a）附加的硬护面　　b）防护装置　　c）运载装置门

注：导向装置的斜面与水平面的夹角不应小于60°。

图 H.1　防止货物被卡住的保护措施示例

# 附 录 I
（规范性附录）
# 柱塞、缸筒、硬管的计算

## I.1 抗过压计算

### I.1.1 柱塞、缸筒、硬管和附件壁厚的计算(见图 I.1)

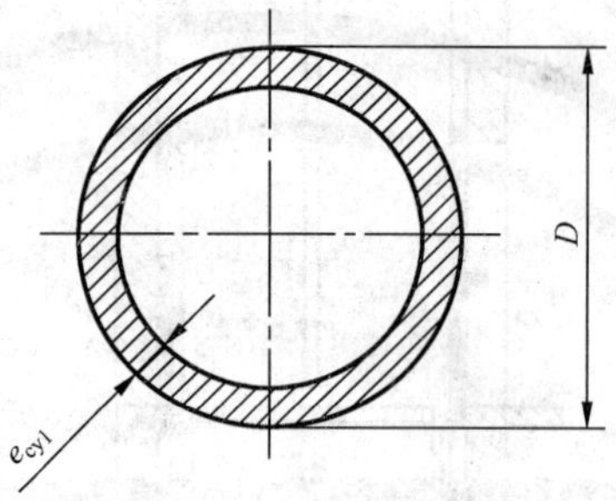


图 I.1

$$e_{cyl} \geqslant \frac{2.3 \times 1.7 \times p}{R_{p0.2}} \times \frac{D}{2} + e_0$$

式中：

$e_0$——缸筒的壁和基座以及位于缸筒和管路破裂阀之间的硬管(如果有)的厚度为 1.0 mm;柱塞和其他硬管的厚度为 0.5 mm；

2.3——摩擦损失系数(1.15)和压力峰值系数(2)之乘积；

1.7——屈服应力安全系数。

### I.1.2 缸筒基座厚度的计算(示例)

所示的例子不排除其他可能的缸筒结构设计。

#### I.1.2.1 带有泄油槽的扁平基座(见图 I.2)

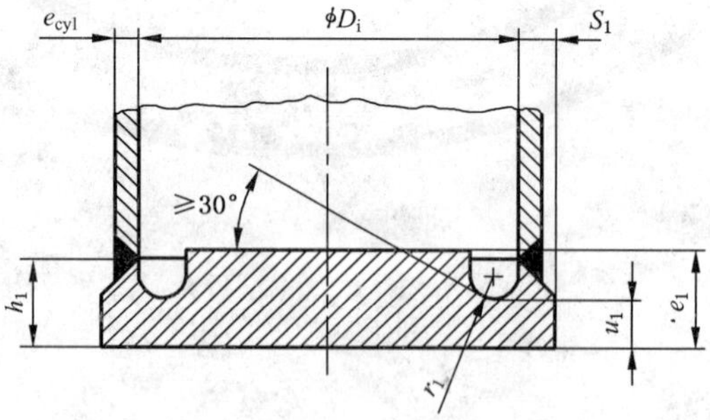


图 I.2

$$e_1 \geqslant 0.4 D_i \sqrt{\frac{2.3 \times 1.7 p}{R_{p0.2}}} + e_0 \qquad u_1 \geqslant 1.3 \left(\frac{D_i}{2} - r_1\right) \left(\frac{2.3 \times 1.7 p}{R_{p0.2}}\right) + e_0$$

消除焊缝应力的条件：

$$r_1 \geqslant 0.2 s_1 \text{ 且 } r_1 \geqslant 5 \text{ mm};$$

$$u_1 \geqslant 1.5 s_1;$$

$$h_1 \geqslant u_1 + r_1。$$

**I.1.2.2 曲面形基座(见图 I.3)**

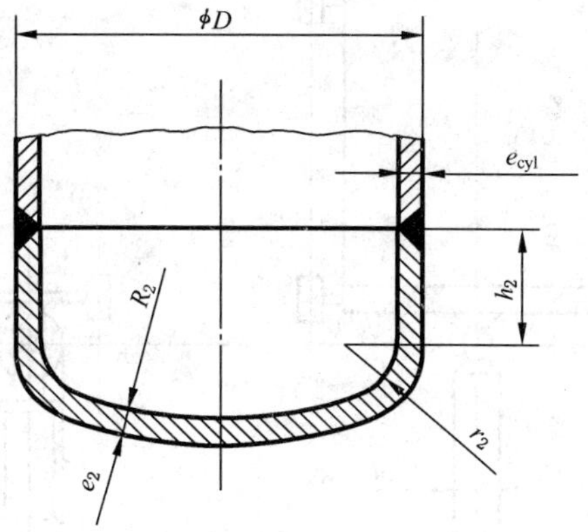


**图 I.3**

$$e_2 \geqslant \frac{2.3 \times 1.7p}{R_{p0.2}} \times \frac{D}{2} + e_0$$

消除焊缝应力的条件：

$h_2 \geqslant 3.0 e_2$；

$r_2 \geqslant 0.15D$；

$R_2 \geqslant 0.8D$。

**I.1.2.3 带有焊接翼缘的基座(见图 I.4)**

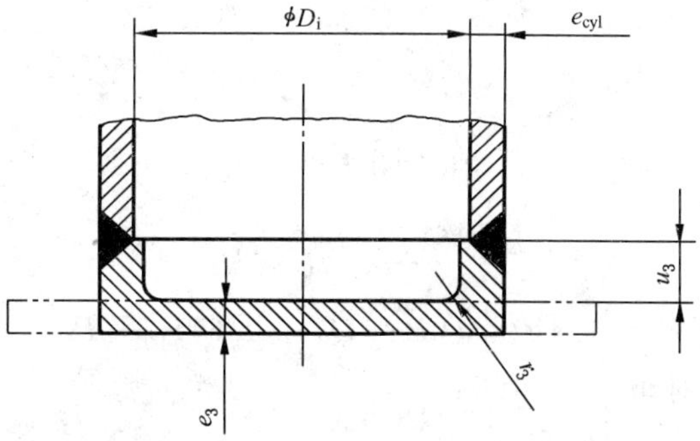


**图 I.4**

$$e_3 \geqslant 0.4 D_i \sqrt{\frac{2.3 \times 1.7p}{R_{p0.2}}} + e_0$$

消除焊缝应力的条件：

$$u_3 \geqslant e_3 + r_3;$$

$$r_3 \geqslant \frac{e_{cyl}}{3} 且 r_3 \geqslant 8\ mm。$$

## I.2 液压缸抗压弯的计算

所示例子不排除其他可能的结构设计。

应对抗压弯能力最弱的部分进行压弯应力计算。

**I.2.1 单一液压缸(见图 I.5)**

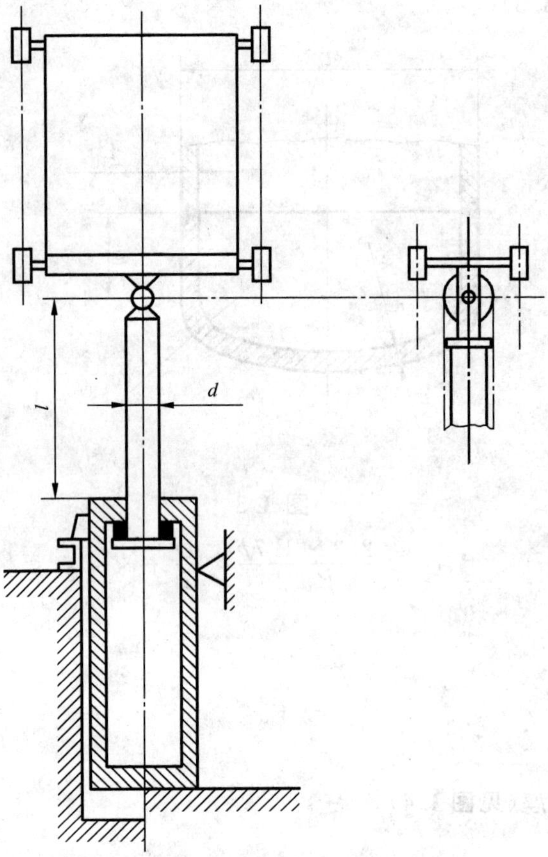


**图 I.5**

$$F_s = 1.4 g_n [c_m (P + Q) + 0.64 P_r + P_{rh}]$$

对于 $\lambda_n \geqslant 100$：

$$F_s \leqslant \frac{\pi^2 E J_n}{2 l^2}$$

对于 $\lambda_n < 100$：

$$F_s \leqslant \frac{A_n}{2}\left[R_m - (R_m - 210)\left(\frac{\lambda_n}{100}\right)^2\right]$$

注：对于向上伸出的柱塞有效。

**I.2.2 多级式无外部导向装置的液压缸柱塞的计算**(见图 I.6)

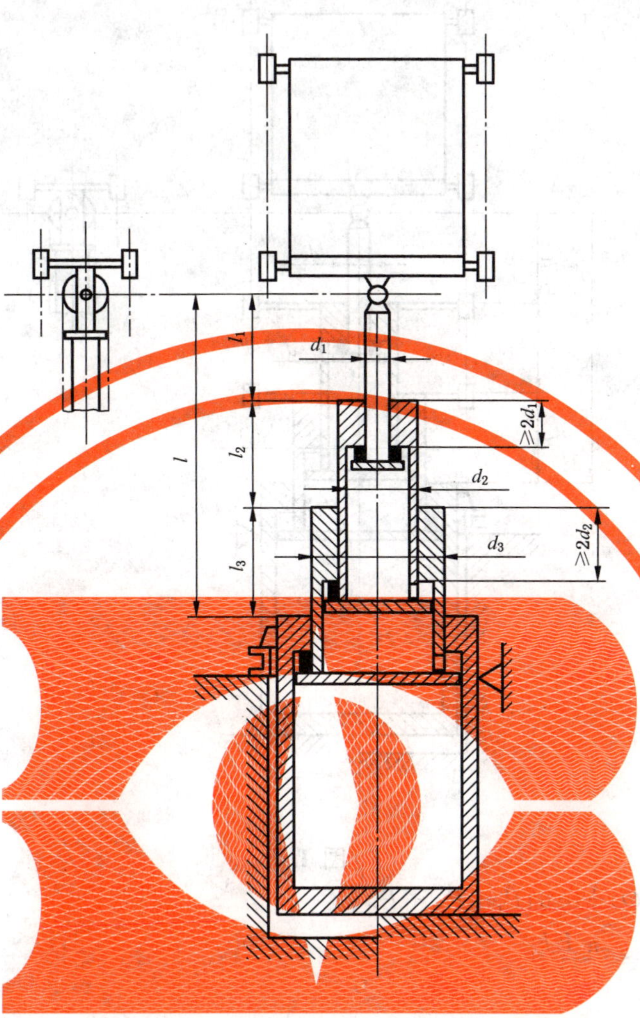


**图 I.6**

$l=l_1+l_2+l_3$

$l_1=l_2=l_3$

$\nu=\sqrt{\frac{J_1}{J_2}}$;$(J_3 \geqslant J_2 > J_1)$(对简化计算假定:$J_3=J_2$)

对 2 节缸筒:

$\varphi=1.25\nu-0.2$　　　　$0.22<\nu<0.65$

对 3 节缸筒:

$\varphi=1.5\nu-0.2$　　　　$0.22<\nu<0.65$

$\varphi=0.65\nu+0.35$　　　　$0.65 \leqslant \nu \leqslant 1$

$\lambda_e=\frac{l}{i_e}$ 其中 $i_e=\frac{d_m}{4}\sqrt{\sqrt{\varphi}\left[1+\left(\frac{d_{mi}}{d_m}\right)^2\right]}$

$F_s=1.4g_n[c_m(P+Q)+0.64P_r+P_{rh}+P_{rt}]$

对于 $\lambda_e \geqslant 100$:$F_s \leqslant \frac{\pi^2 EJ_2}{2l^2}\varphi$

对于 $\lambda_e < 100$:$F_s \leqslant \frac{A_n}{2}\left[R_m-(R_m-210)\left(\frac{\lambda_n}{100}\right)^2\right]$

注:对于向上伸出的柱塞有效。

**I.2.3 多级式带有外部导向装置的液压缸柱塞的计算**(见图 I.7)

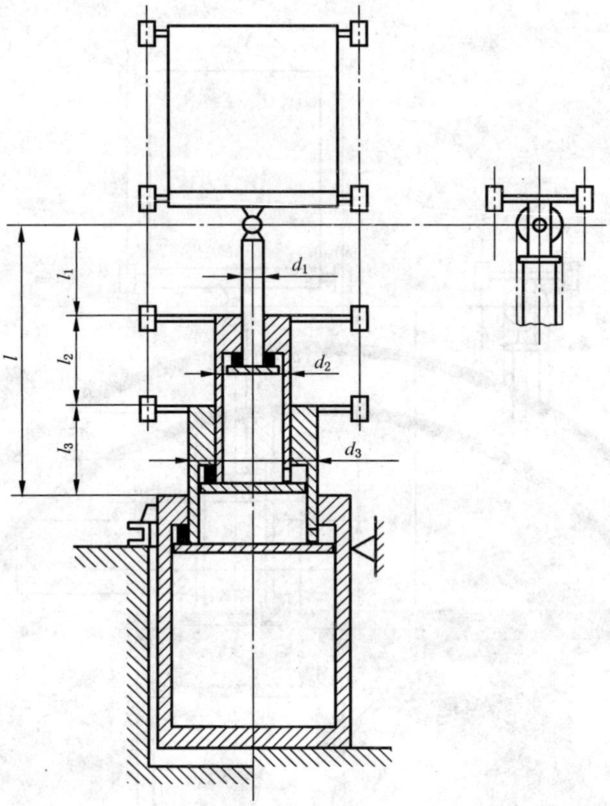


**图 I.7**

$F_s=1.4g_n[c_m(P+Q)+0.64P_r+P_{rh}+P_{rt}]$

对于 $\lambda_n\geqslant 100$ $\quad F_s\leqslant\dfrac{\pi^2 EJ_n}{2l^2}$

对于 $\lambda_n<100$ $\quad F_s\leqslant\dfrac{A_n}{2}\left[R_m-(R_m-210)\left(\dfrac{\lambda_n}{100}\right)^2\right]$

注：对于向上伸出的柱塞有效。

符号：

$A_n$——计算柱塞($n=1,2,3$)的截面积，单位为平方毫米($mm^2$)；

$C_m$——绕绳比；

$d_m$——多级式液压缸最大柱塞的外径；

$d_{mi}$——多级式液压缸最大柱塞的内径；

$E$——弹性模量，$N/mm^2$；(钢的弹性模量：$E=2.1\times10^5\ N/mm^2$)；

$e_0$——附加壁厚，单位为毫米(mm)；

$F_s$——实际施加的压弯力，单位为牛(N)；

$g_n$——标准重力加速度，9.81 $m/s^2$；

$i_e$——多级式液压缸的等效截面惯性半径，单位为毫米(mm)；

$i_n$——计算柱塞($n=1,2,3$)的截面惯性半径，单位为毫米(mm)；

$J_n$——计算柱塞($n=1,2,3$)的截面惯性矩，单位为四次方毫米($mm^4$)；

$l$——承受压弯作用的柱塞的最大长度，单位为毫米(mm)；

$p$——满载压力，单位为兆帕(MPa)；

$P$——空载运载装置和由运载装置支承的零部件的质量，如部分随行电缆、补偿绳或链(如果有)

等的质量和,单位为千克(kg);

$P_r$——计算柱塞的质量,单位为千克(kg);

$P_{rh}$——柱塞端部设备(如果有)的质量,单位为千克(kg);

$P_{rt}$——作用在计算柱塞上的柱塞质量(对于多级式液压缸),单位为千克(kg);

$Q$——运载装置的额定载重量(质量),单位为千克(kg);

$R_m$——材料的抗拉强度,单位为牛每平方毫米($N/mm^2$);

$R_{p0.2}$——屈服应力(非比例伸长),单位为牛每平方毫米($N/mm^2$);

$\lambda_e=\frac{l}{i_e}$——多级式液压缸等效细长比;

$\lambda_n=\frac{l}{i_n}$——计算柱塞的细长比;

$\nu,\varphi$——用于表达由试验曲线得出的近似值的系数;

1.4——过压系数;

2——抗压弯安全系数。

# 附 录 J
（资料性附录）
# 给使用人员或用户的信息

通向仅载货电梯机器空间的装置不属于仅载货电梯的组成部分，通常情况下，仅载货电梯制造商不提供该部分（见0.2.4）。本附录旨在为仅载货电梯的业主或使用人员提供有关通道和用于维护的梯子以及照明等方面的须知。

## J.1 进入机器空间入口的路径

进入机器空间入口的路径应满足下列要求：

a) 通往机器空间入口的通道应安全通畅；
b) 对于永久性通道的相关要求见GB 17888.3—2008；
c) 如果使用梯子进入机器空间，则应满足下列条件：
   1) 高度不应超过3 m；
   2) 高度超过1.50 m时，梯子与水平方向夹角应在65°～75°之间，且不能滑动或翻转；
   3) 梯子净宽度不应小于0.28 m，其踏板深度不应小于50 mm。对于垂直设置的梯子，踏板与梯子后面墙之间的距离不应小于0.15 m。踏板的设计承载能力应为1 500 N，踏板应防滑（如：波纹钢板）；
   4) 靠近梯子顶端，应至少设置一个容易抓握的扶手；
   5) 梯子周围1.50 m的水平距离内，应能防止来自梯子上方坠落物的危险。

## J.2 在梯子上进行维护工作

如果需在梯子的梯级上进行维护工作，则应满足下列要求：

a) 梯子的倾斜符合J.1规定；
b) 固定式梯子的梯级表面深度应符合GB 17888.3—2008的要求；
c) 对于便携式梯子，梯级表面深度应符合GB/T 17889.1—1999的要求；
d) 检修活板门门槛在通道地面上方的高度不应大于2.70 m；
e) 梯子的位置应在需要检验或维护的部件的前方，并应提供固定点。

## J.3 照明和插座

在机器空间内应设有永久性的电气照明，设备放置区域和工作区域的照度不宜小于200 lx。照明电源宜符合5.9.5.5的规定。

在机器空间内、邻近入口的适当高度处，应设置一个控制机器空间照明的开关。

机器空间内宜设置一个或多个符合5.9.5.5.2的插座。

注：照明和插座电源的控制见5.9.5.6。

## J.4 层站开口的局部照明

在层门附近，自然或人工照明在层站地面上的照度不应小于50 lx，以便使用人员在打开层门进入运载装置时，即使运载装置照明发生故障（见0.2.4），也能看清其前面的区域。

# 附 录 K
## （规范性附录）
## 电气元件的故障排除

仅载货电梯上电气设备的故障已在 5.10.1.1.2 中列出。5.10.1.1 中也指出，在特定的条件下，某些故障可以被排除。

故障排除仅考虑这些元件在性能、参数、温度、湿度、电压和振动的所限定的最恶劣的条件之内使用。

下面的表 K.1 描述了 5.10.1.1.2e）中提到的各种故障可以被排除的条件。表中：

——带"否"的栏表示该故障不能排除，即应考虑；

——没有标记的栏表示与该类故障不相关。

注：设计指南

一些公认的危险情况缘于这种可能性，即由于短路或与公共端（地）的连接局部断开，从而导致一个或几个安全触点的桥接，同时又组合一个或几个其他的故障。当用于控制、远程监控、报警等的信号从安全回路中采集时，最好能遵循下面的建议。

——根据表 K.1 中 3.1 和 3.6 的规定设计线路板和电路的间距；

——将公共连接端子安排到印制电路板的安全回路中，以便当印制电路板上的公共端断路时，5.10.1.2.4 中提到的接触器或继电接触器的公共端能断开；

——根据 GB/T 16856.1—2008 的要求，应进行 5.10.1.2.3 提到的安全电路的故障分析。如果在仅载货电梯安装后，电路进行了修改或增加，那么应重新进行包括新元件和原来的元件在内的故障分析；

——使用外部电阻作为输入元件的保护装置；这些装置的内部电阻应认为是不安全的；

——各元件只能按制造商规定的条件使用；

——来自电子器件的反向电压应予以考虑。在某些情况下，使用镀层分离电路能解决上述问题；

——应根据 GB/T 16895.23—2005 的要求进行接地装置的安装。在此情况下，从建筑物到控制屏的集电棒（轨）之间接地断开的故障可以排除。

**表 K.1 故障排除**

| 元件 | 可排除的故障 | | | | | 条件 | 备注 |
|---|---|---|---|---|---|---|---|
| | 断路 | 短路 | 改变为更高值 | 改变为更低值 | 改变功能 | | |
| 1 无源元件 | | | | | | | |
| 1.1 固定电阻 | 否 | (a) | 否 | (a) | | (a)适合于符合国家标准的轴向的涂漆或封闭处理的薄膜电阻以及珐琅或密封的单层绕线电阻 | |
| 1.2 可变电阻 | 否 | 否 | 否 | 否 | | | |
| 1.3 非线性电阻如 NTC，PTC，VDR，IDR | 否 | 否 | 否 | 否 | | | |
| 1.4 电容 | 否 | 否 | 否 | 否 | | | |
| 1.5 电感元件<br>——线圈<br>——感性元件 | 否 | 否 | | 否 | | | |
| 2 半导体 | | | | | | | |

**表 K.1（续）**

<table>
<tr><th rowspan="2">元　件</th><th colspan="5">可排除的故障</th><th rowspan="2">条　　件</th><th rowspan="2">备　注</th></tr>
<tr><th>断路</th><th>短路</th><th>改变为更高值</th><th>改变为更低值</th><th>改变功能</th></tr>
<tr><td>2.1 二极管，发光二极管</td><td>否</td><td>否</td><td></td><td></td><td>否</td><td></td><td>功能改变，代表反向电流值的改变</td></tr>
<tr><td>2.2 稳压二极管</td><td>否</td><td>否</td><td></td><td>否</td><td>否</td><td></td><td>改变为较低值代表稳压电压的改变。功能改变代表反向电流值的改变</td></tr>
<tr><td>2.3 晶闸管、双向晶闸管、可关断晶闸管</td><td>否</td><td>否</td><td></td><td></td><td>否</td><td></td><td>功能改变代表误触发或不触发</td></tr>
<tr><td>2.4 光耦合器</td><td>否</td><td>(a)</td><td></td><td></td><td>否</td><td>(a)可以排除的条件是光耦合器符合 GB/T 15651.2—2003 和 IEC 60747-5-1:1997 的要求，且绝缘电压至少符合下表（GB/T 16935.1—2008表 F.1 的要求）<br><table><tr><th rowspan="2">从交流或直流标称电压导出线对中性点的电压（小于等于）/V</th><th>额定冲击电压</th></tr><tr><th>过电压类别Ⅲ</th></tr><tr><td>50</td><td>800</td></tr><tr><td>100</td><td>1 500</td></tr><tr><td>150</td><td>2 500</td></tr><tr><td>300</td><td>4 000</td></tr><tr><td>600</td><td>6 000</td></tr><tr><td>1 000</td><td>8 000</td></tr></table></td><td>断路是指发光二极管及光电晶体管两个基本元件之一断路。短路是指两者之间短路</td></tr>
<tr><td>2.5 混合电路</td><td>否</td><td>否</td><td>否</td><td>否</td><td>否</td><td></td><td></td></tr>
<tr><td>2.6 集成电路</td><td>否</td><td>否</td><td>否</td><td>否</td><td>否</td><td></td><td>功能改变成振荡，“与”门变成“或”门等</td></tr>
<tr><td>3 其他元件</td><td></td><td></td><td></td><td></td><td></td><td></td><td></td></tr>
<tr><td>3.1 连接件<br>端子<br>插接件</td><td>否</td><td>(a)</td><td></td><td></td><td></td><td>(a) 连接件短路故障排除的条件是：<br>根据 GB/T 16935.1—2008 中相关表的内容，各最小数值满足下列条件：<br>——污染等级是 3；<br>——材料类别是Ⅲ；</td><td></td></tr>
</table>

表 K.1（续）

| 元件 | 可排除的故障 | | | | | 条件 | 备注 |
|---|---|---|---|---|---|---|---|
| | 断路 | 短路 | 改变为更高值 | 改变为更低值 | 改变功能 | | |
| 3.1 连接件<br>端子<br>插接件 | 否 | (a) | | | | ——非均匀的场。<br>不使用表 F.4 上的“印制线路材料”栏。这些是在连接件上能找到的绝对最小值，而非间距尺寸或理论数值。当连接件的防护等级不低于 IP5X 时，爬电距离可以减小到电气间隙值，如：对 250 V的有效电压值爬电距离为 3 mm | |
| 3.2 氖灯泡 | 否 | 否 | | | | | |
| 3.3 变压器 | 否 | (a) | (b) | (b) | | (a)(b)当线圈和铁心之间的绝缘电压满足 GB 19212.1—2008 中 18.2 和 18.3 的要求，且带电体对地工作电压是表 8 上的最大可能电压 | 短路包括初级或次级线圈内部的短路，或初级与次级线圈之间的短路。<br>数值改变，代表线圈内部分短路导致的变压比改变 |
| 3.4 熔丝 | | (a) | | | | (a)如果熔丝规格正确且结构符合适用的国家标准，则故障可以排除 | 短路指的是熔断熔丝的短路 |
| 3.5 继电器 | 否 | (a)<br>(b) | | | | (a) 如果继电器满足 5.9.2.2.3 (5.10.1.2.2.3)的要求，则触点间的短路以及触点与线圈间的短路可以排除；<br>(b) 触点烧熔不能排除。<br>然而，如果继电器结构上采用机械强制联锁触点，且根据 GB 14048.5—2008 的要求制造，则 5.9.2.1.3 的假设可以采用 | |
| 3.6 印制电路板(PCB) | 否 | (a) | | | | (a) 短路排除的条件：<br>——PCB 总体技术条件符合 GB/T 16261—1996 的要求；<br>——基础的材料能符合标准 GB 4724—1992 和（或）GB/T 4723—1992的要求；<br>——PCB 的结构符合上述要求，而且根据 GB/T 16935.1—2008 上的表，各最小数值满 | |

**表 K.1（续）**

| 元件 | 可排除的故障 | | | | | 条件 | 备注 |
|---|---|---|---|---|---|---|---|
| | 断路 | 短路 | 改变为更高值 | 改变为更低值 | 改变功能 | | |
| 3.6 印制电路板(PCB) | 否 | (a) | | | | 足下列条件：<br>● 污染等级是 3；<br>● 材料类别是Ⅲ；<br>● 非均匀的场。<br>不使用表 F.4 上“印制线路材料”栏。<br>对 250 V 的有效电压值，爬电距离为 4 mm、电气间隙为 3 mm。<br>对于其他电压值请参考GB/T 16935.1—2008。<br>如果 PCB 的防护等级不低于 IP5X，或材料有更高的质量，爬电距离可以减小到电气间隙要求，如：对 250 V 有效电压值爬电距离为 3 mm。对于至少有 3 层经预浸处理的聚酯胶片或其他绝缘薄片组成的多层板，短路故障可以排除（见 GB 4943—2001） | |
| 4 印制电路板(PCB)上的元件总成 | 否 | (a) | | | | (a)短路故障可以排除的条件是元件自身的短路可以排除，而且不管是由于组装技术还是 PCB 板自身的原因，爬电距离和电气间隙均不会减小到小于本表 3.1 和 3.6 列出的最小允许值 | |

# 附 录 L
（规范性附录）
顶层空间和底坑

当在用建筑的顶层高度和（或）底坑深度小于5.2.11.1.2 b)、c)和 d)或5.2.11.2.3.1b)规定值时，可通过满足下列减小顶层高度（L.1）和底坑深度（L.2）的规定来达到要求：

## L.1 减小的顶层高度

5.2.11.1.2b)、c) 和 d)的要求可被下列规定代替。

### L.1.1 总则

应为仅载货电梯设置保证顶层安全空间的装置（见L.1.2）和控制运行的安全系统（见L.1.3）。

### L.1.2 保证顶层安全空间的装置

保证顶层安全空间的装置应是：

a) 可移动止停装置；或

b) 预触发停止系统。

**L.1.2.1 可移动止停装置**

自动操作的可移动止停装置的设计应防止其在非工作位置到工作位置之间移动时由于任何意外撞击而引起的损坏。

**L.1.2.1.1 布置**

**L.1.2.1.1.1** 对于曳引式仅载货电梯，可移动止停装置应设置在对重下面并应机械地止停运载装置。

**L.1.2.1.1.2** 对于强制式仅载货电梯，可移动止停装置应设置在运载装置上面并应机械地止停运载装置。

**L.1.2.1.1.3** 对于液压仅载货电梯，可移动止停装置应由位于运载装置投影区域外的一个或多个液压缸外部装置组成，其合力应施加在液压缸的中心线上。

**L.1.2.1.2 可移动止停装置的缓冲**

可移动止停装置应具有符合5.7.3.3.1、5.7.3.3.2和5.7.3.3.3规定的缓冲装置。

**L.1.2.2 预触发停止系统**

预触发停止系统应包括触发装置，当运载装置上行触及固定触发点时，该触发装置应触发机械止动钳动作。

**L.1.2.2.1** 触发装置应易于接近，以便在底坑、运载装置顶或井道外能安全地进行检查、试验和维护操作。

**L.1.2.2.2** 预触发停止系统应符合下列要求：

a) 止动钳应设置在运载装置上且作用于运载装置的导轨上；

b) 止动钳应由一个机械触发装置使其动作，该机械触发装置应采用机械联动装置实现触发动作；

c) 当运载装置在触发点以上的任何位置时，应通过触发装置和机械联动装置使止动钳保持在动作状态；

   如果由于运载装置的移动或援救工作的需要而使止动钳释放，则当运载装置再次向上运行至触发点以上时，止动钳应再次动作以保证所需的安全空间；

d) 止动钳应被强制操作：

   1) 当使用弹簧时，弹簧应在压缩状态下作用；

   2) 当使用钢丝绳时，钢丝绳的安全系数不应小于8。

e）考虑由于摩擦的影响，使止动钳动作的操作力不应小于以下两个值的较大值：

1）止动钳起作用所需力的两倍；或

2）300 N。

f）当止动钳动作时，应有一个符合5.10.1.2的电气安全装置证实其动作状态；

g）止动钳动作后，其释放应通过称职人员进行；

h）止动钳释放后应恢复至正常状态；

i）预触发停止系统的正确操作不应被异物、灰尘和腐蚀所影响；

j）当速度在零速与相应于对重（或平衡重）安全钳动作速度之间时，预触发停止系统应能够制停运载装置并使其保持在停止状态；

k）在附录M给出的最不利条件下，最大减速度不应大于 $1g_n$；

l）当止动钳动作时，无论空载或载有均匀分布的载荷，运载装置地板的倾斜度不应大于其正常位置的5%；

m）预触发停止系统应按附录M的规定进行设计和验证。

**L.1.2.3 净空间**

当可移动止停装置的缓冲部件被完全压缩或运载装置被预触发停止系统（见附录M）制停时，应同时满足下列条件：

a）符合5.2.11.1.2尺寸要求的运载装置顶最高区域[不包括下列b）所述的部件面积]的水平面与位于运载装置投影区域内井道顶最低部件（包括梁和固定在井道顶下的零部件）的水平面之间的垂直距离不应小于 $1.2+0.035v^2$（m）。

b）井道顶的最低部件（包括梁和固定在井道顶下的零部件）与：

1）固定在运载装置顶上的设备的最高部件[不包括L.1.2.3b）2）所述及的部件]之间的垂直距离不应小于 $0.3+0.035v^2$（m）；

2）导靴或滚轮、钢丝绳附件和垂直滑动门的横梁（或部件）的最高部件之间的垂直距离不应小于 $0.1+0.035v^2$（m）；

3）护栏（如果有）最高部件之间的垂直距离不应小于 $0.3+0.035v^2$（m）。

c）运载装置上方应有足够的空间，该空间的大小以能容纳一个不小于0.50 m×0.60 m×0.80 m的长方体为准，任一平面朝下放置即可。对于用悬挂绳（或链）直接系住的仅载货电梯，只要每根悬挂绳（或链）的中心线距长方体的一个垂直面（至少一个）的距离均不大于0.15 m，则悬挂曳引绳（或链）及其附件可以包括在这个空间内。

d）在上述a）和b）中提到的 $0.035v^2$ 仅适用于使用可移动止停装置的曳引式仅载货电梯和间接作用式液压仅载货电梯。

注：对于液压仅载货电梯，需使用上行速度 $v_m$ 来代替 $v$ 计算 $0.035v^2$。

**L.1.2.4 操作**

可移动止停装置或触发装置应按如下方法操作：

a）自动操作，最迟在安全系统（见L.1.3）动作时自动操作；或

b）手动操作。

**L.1.2.4.1** 电源故障情况下：

a）自动操作的可移动止停装置或自动触发装置应起作用，并至少在电源恢复前保持有效状态；

b）对于手动操作的可移动止停装置或触发装置，保持运载装置静止状态的机械安全装置（如符合GB 7588—2003的9.10）应起作用，并至少在电源恢复前保持有效状态。

**L.1.2.4.2** 对于曳引式仅载货电梯，在手动操作的情况下，符合L.1.2.4.1 b）的机械安全装置应通过安全系统（L.1.3）操作，以防止当可移动止停装置或触发装置不在工作位置时引起的运载装置上行方向的任何移动。

**L.1.2.5 电气监控**

可移动止停装置或触发装置应具有符合5.10.1.2的电气安全装置，以监控：

a) 完全伸出(工作)位置；和

b) 完全缩回(非工作)位置。

**L.1.3 安全系统**

**L.1.3.1** 符合5.10.1.2的电气安全装置应触发一个使正常运行控制失效的安全系统动作。当通过钥匙打开进入运载装置顶的任何门(或活板门)时，该电气安全装置应动作。

该电气安全装置应是一个双稳态开关，并且应与安全系统(见L.1.3.2)一起复位。

对于手动层门的仅载货电梯，一个符合5.10.1.2非可接近的辅助开关应能在通往运载装置顶的门打开时防止运载装置的移动。

**L.1.3.2** 只能通过操作一个电气复位装置来实现安全系统的复位和仅载货电梯恢复到正常工作状态。

**L.1.3.2.1** 复位仅在下列情况下有效：

a) 仅载货电梯不在检修运行状态；

b) 底坑和运载装置顶的停止装置不在"停止"位置；

c) 任何通向底坑的门(或活板门)是关闭的且被锁紧；

d) 保证安全空间的装置在非工作位置[见L.1.2.5 b)]。

**L.1.3.2.2** 电源故障或其他电气干扰应不能使安全系统自动复位。

**L.1.3.3** 电气复位装置应满足下列要求：

a) 能用挂锁或其他等效装置锁住，以确保不会出现误操作；

b) 设置在井道外，仅被授权人员(维护、检修和救援)可接近；

c) 由符合5.10.1.2的电气安全装置监控，以防止该电气复位装置处于工作状态时，仅载货电梯进行正常运行。

**L.1.3.4** 在检修运行状态下，在运载装置上行触及可移动止停装置缓冲部件前或触发装置触发止动钳之前，一个符合5.10.1.2的附加极限开关应使运载装置停止。

该开关应仅允许运载装置下行。

运载装置在该停止位置时，在运载装置顶或井道外应能够安全地对所有安装在顶层空间的零部件进行检查、试验和维护操作。

**L.1.3.5** 仅当可移动止停装置或触发装置在非工作位置且安全系统未被触发时，仅载货电梯才能进行正常运行。

**L.1.3.6** 当安全系统被触发时，只有可移动止停装置或触发装置在工作位置时，才能够进行检修操作。

**L.1.4 视觉和(或)听觉信号**

当用钥匙打开进入运载装置顶的任何门(或活板门)时，应有听觉和(或)视觉信号提醒下列装置处于工作位置和非工作位置：

a) 可移动止停装置；或

b) 触发装置。

如果行程的两端均采用可移动止停装置或预触发停止系统保护，则无论在井道的顶部还是底部，均应能看到和(或)听到该信号。

如果可移动止停装置或触发装置处于工作位置，听觉信号可在60 s后关闭。

**L.1.5 运载装置顶护栏**

5.5.1.6.2的要求也可通过下述方法满足：

当不能满足5.5.1.6.2的要求时，在运载装置顶上应永久地设置易于操作的且安全的可伸缩护栏，见 7.1.17。

## L.2 减少的底坑深度

5.2.11.2.3.1 b)的要求可被下列规定代替。

### L.2.1 总则

应为仅载货电梯设置保证底坑安全空间的装置(L.2.2)和控制运行的安全系统(L.2.3)。

### L.2.2 保证底坑安全空间的装置

保证底坑安全空间的装置应包括：

a) 可移动止停装置；

b) 预触发停止系统。

#### L.2.2.1 可移动止停装置

可移动止停装置应符合下列要求：

a) 设置在底坑并应机械地制停运载装置；

b) 具有符合 5.7.3.3.1、5.7.3.3.2 和 5.7.3.3.3 规定的缓冲装置；

c) 自动操作的可移动止停装置的设计应防止其在非工作位置到工作位置之间移动时由于任何意外的撞击而引起的损坏。

#### L.2.2.2 预触发停止系统

预触发停止系统应包括触发装置，当运载装置下行触及固定触发点时，该触发装置应触发机械止动钳动作。

**L.2.2.2.1** 触发装置应易于接近，在底坑、运载装置顶或井道外应能安全地进行检查、试验和维护操作。

**L.2.2.2.2** 预触发停止系统应符合下列规定：

a) 止动钳应安装在运载装置上且作用于运载装置的导轨上；

b) 止动钳应由一个机械触发装置使其动作，该机械触发装置应使用机械联动装置实现触发动作；

c) 当运载装置在触发点以下的任何位置时，应通过触发装置和机械联动装置使止动钳保持在动作状态；

如果由于运载装置的移动或援救工作的需要而使止动钳释放，则当运载装置再次向下运行至触发点以下时，止动钳应再次动作以保证所需的安全空间。

d) 止动钳应被强制操作：

1) 当使用弹簧时，弹簧应在压缩状态下作用；

2) 当使用钢丝绳时，钢丝绳的安全系数不应小于 8。

e) 考虑由于摩擦的影响，使止动钳动作的操作力不应小于以下两个值的较大值：

1) 止动钳起作用所需力的两倍；或

2) 300 N。

f) 当止动钳动作时，应有一个符合 5.10.1.2 的电气安全装置证实其动作状态；

g) 止动钳动作后，其释放需经过称职人员进行；

h) 止动钳释放后应恢复至正常状态；

i) 预触发停止系统的正确操作不应被异物、灰尘和腐蚀所影响；

j) 速度在零速与相应于运载装置安全钳动作速度之间时，预触发停止系统应能够制停运载装置并使其保持在停止状态；

k) 止动钳动作时的最大减速度不应大于安全钳动作时的最大减速度；

l) 当止动钳动作时，无论空载或载有均匀分布的载荷，运载装置地板的倾斜度不应大于其正常位置的 5%；

m） 预触发停止系统应按附录 M 的规定进行设计和验证。

**L.2.2.3 净空间**

当可移动止停装置的缓冲部件被完全压缩或运载装置被预触发停止系统（见附录 M）制停时，应同时满足下列条件：

a） 底坑中应有足够的空间，该空间的大小以能容纳一个不小于 0.50 m×0.60 m×1.00 m 的长方体为准，任一平面朝下放置即可；

b） 底坑底面与运载装置最低部件之间的垂直距离不应小于 0.60 m。下述部件之间的水平距离在 0.15 m 之内时，该距离可减少到 0.10 m：

1） 夹紧装置钳块、棘爪装置、护脚板或垂直滑动门的部件与相邻的井道壁之间；

2） 运载装置最低部件与导轨之间。

注：当运载装置完全压在缓冲器上时，需避免运载装置的最低部件与底坑底面之间的碰撞。

c） 底坑中固定的最高部件（如液压缸支座、管路和其他附件），与运载装置的最低部件之间的垂直距离不应小于 0.30 m，上述 b)1）和 b)2）除外；

d） 底坑底面或安装在底坑的设备的顶部与倒装的液压缸的向下运行的柱塞头部组件的最低部件之间的自由垂直距离不应小于 0.50 m。

但如果不可能误入柱塞头部组件下面（如按照 5.2.10 设置隔障防护），该垂直距离可从0.50 m 减小到 0.10 m。

e） 底坑底面与直接作用式液压仅载货电梯运载装置下的多级式液压缸最低导向架之间的自由垂直距离不应小于 0.50 m。

**L.2.2.4 操作**

可移动止停装置或触发装置应按如下方法操作：

a） 自动操作，最迟在安全系统（见 L.2.3）动作时自动操作；或

b） 手动操作。

L.2.2.4.1 电源故障情况下，应满足：

a） 自动可移动止停装置或自动触发装置应起作用，并至少在电源恢复前保持有效状态；

b） 对于手动操作的可移动止停装置或触发装置，保持运载装置静止状态的机械安全装置（如符合 5.6.2.3）应有效，至少在电源恢复前保持有效状态。

L.2.2.4.2 对于曳引式仅载货电梯，在手动操作的情况下，符合 L.2.2.4.1b）的机械安全装置应通过安全系统（L.2.3）操作，以防止当可移动止停装置或触发装置不在工作位置时引起的运载装置下行方向的任何移动。

**L.2.2.5 电气监控**

可移动止停装置或触发装置具有符合 5.10.1.2 的电气安全装置，以监控：

a） 完全伸出（工作）位置；和

b） 完全缩回（非工作）位置。

**L.2.3 安全系统**

L.2.3.1 符合 5.10.1.2 的电气安全装置应触发一个使正常运行控制失效的安全系统动作。当通过钥匙开启进入底坑的任何门（或活板门）时，该电气安全装置应动作。

该电气安全装置应是一个双稳态开关，并且应与安全系统（见 L.2.3.2）一起复位。

对于手动层门的仅载货电梯，一个符合 5.10.1.2 非接近的辅助开关应能在通往运载装置顶的门打开时防止运载装置的移动。

当任何门（或活板门）的门槛距底坑底面的距离小于 2.5 m 时，则认为该门可作为通往底坑的门。

L.2.3.2 只能通过操作一个电气复位装置来实现安全系统的复位和仅载货电梯恢复到正常操作的

状态。

L.2.3.2.1 复位仅在下列情况下有效：

a) 仅载货电梯不在检修运行状态；

b) 底坑和运载装置顶的停止装置不在“停止”位置；

c) 任何通向底坑的门(或活板门)已关闭且被锁紧；

d) 保证安全空间的装置在非工作位置[见 L.2.2.5 b)]。

L.2.3.2.2 电源故障或其他电气干扰应不能使安全系统自动复位。

L.2.3.3 电气复位装置应满足下列要求：

a) 能用挂锁或其他等效装置锁住，以确保不会出现误操作；

b) 设置在井道外，仅被授权人员可接近(进行维护、检修和救援操作)；

c) 由符合 5.10.1.2 的电气安全装置监控，以防止该电气复位装置处于工作状态时仅载货电梯进行正常运行。

L.2.3.4 在检修运行状态下，在运载装置下行触及可移动止停装置缓冲部件前或触发装置触发止动钳之前，一个符合 5.10.1.2 的附加极限开关应使运载装置停止。

该开关应仅允许运载装置上行。

运载装置在停止位置时，在底坑或井道外应能够安全地对所有安装在运载装置底部的零部件进行检查、试验和维护操作。

L.2.3.5 仅当可移动止停装置或触发装置在非工作位置且安全系统未被触发时，仅载货电梯才能进行正常运行。

L.2.3.6 当安全系统被触发时，只有可移动止停装置或触发装置在工作位置时，才能够进行检修操作。

**L.2.4 视觉和(或)听觉信号**

当用钥匙打开进入底坑的任何门(或活板门)时，应有听觉和(或)视觉信号提醒下列装置处于工作位置和非工作位置：

a) 可移动止停装置；或

b) 触发装置。

如果行程的两端均采用可移动止停装置或预触发停止系统保护，则应能够辨别该信号是来自于井道顶部还是井道底部。

如果可移动止停装置或触发装置处于工作位置，该听觉信号可在 60 s 后关闭。

# 附 录 M
（规范性附录）
预触发停止系统的检验

本附录规定了预触发停止系统试验程序以验证其符合性。GB 7588—2003 F0.1 及 GB 21240—2007 F0.1 也适用于本附录。

## M.1 总则

应包含下列信息：

a） 最小和最大触发速度；

b） 最小和最大额定载重量；

c） 运载装置、对重、钢丝绳、随行电缆和补偿装置的最小和最大质量；

d） 驱动主机和其他相关旋转部件的最小和最大转动惯量；

e） 所用导轨的详细信息：材料、类型、表面条件（如拉制、轧制、磨削等）、润滑油的类型和其他任何影响制停的因素；

f） 可能导致意外移动以及制停距离计算需考虑的可预见的故障列表；

g） 温度和湿度的范围、气候条件和其他任何影响制停的因素；

h） 在测试状况和最不利情况下，制停距离的计算公式；

i） 表示结构、操作、所用材料和部件尺寸与公差的装配图；

j） 如果需要，还应附有弹性元件载荷图；

k） 预触发停止系统使用维护说明书，包括维护和定期检查（功能性检查、制停距离、磨损、寿命等）。

## M.2 试验样品及说明

**M.2.1** 应说明预触发停止系统所适用的仅载货电梯的参数和用途。如果需要证实的预触发停止系统的参数是一个范围，则应另外指明调整是分段的还是连续的。

**M.2.2** 根据有关试验的需要，应提供一定套数的预触发停止系统，每套应包括与该系统相匹配的一定长度的导轨，也可包括与该系统相关的运载装置架和其他部件。

## M.3 试验室试验

### M.3.1 试验方法

为了达到验证实际系统功能的目的而制定本试验方法。应尽可能地模拟仅载货电梯上的实际情况，例如具有一个模拟仅载货电梯系统、能够调整曳引轮两边质量的试验台。试验应包括触发装置、联动机构和止动钳。

应测量下列项目：

a） 加速度和速度；

b） 制停距离；

c） 减速度。

测量值应记录为时间的函数。

### M.3.2 止动钳正常制动力的确定

止动钳在其可调节的最小和最大范围进行最大动作速度试验，并应至少做 6 次试验。该试验应证实制动力的范围并表明试验后的磨损状况。

在导轨达到更换条件之前，试验应在导轨的相同部位进行。

对于每一次试验减速度应总是取平均值。峰值不应超过平均减速度的两倍。应根据平均减速度计算平均制动力。

在一次调节和相同的制动元件的条件下，6 次连续的试验中平均制动力的偏差不应超过本次调整所规定值的±25%。

标定的制动力应大约是试验台中曳引轮上最大静态不平衡力的 2 倍(±20%)。

在导轨的不同部位应进行附加的试验，以验证在正常操作下的制动性能是否达到了预期的结果，如：过少或过多的润滑油和止动钳的公差等。

在触发速度降低的条件下(最大触发速度的 50%、10%和 0%)，在导轨的不同部位上进行的进一步试验应验证在预期的载重量条件下，仅载货电梯将被制停并保持停止。

**M.3.3 试验后的检查**

试验后：

a) 应将钳体和夹紧件的硬度与申请人提供的原始值相比较，在特殊情况下，可进行其他分析；

b) 应检查试验样品的断裂、变形和其他变化情况(例如：夹紧件的裂纹、变形或磨损、摩擦表面的外观)；

c) 如果有必要，应拍摄部件(如钳体、夹紧件和导轨)的照片，以便作为变形或裂纹的依据。

## M.4 计算

**M.4.1 计算方法**

计算方法应以现场和可预见的最不利情况为基础，来计算制停距离和减速度。

**M.4.2 现场试验工况**

计算应给出标定的、最小的和最大的制停距离，在 6.2 的现场测试条件下，计算应考虑由于公差、摩擦、磨损和正常运行情况下其他可预见因素的影响。

表 M.1 和表 M.2 给出了最小和最大的情况如何组合的示例。制动力的范围应按照 M.3 进行验证。

**M.4.3 最不利工况**

在可预见的最不利情况下，计算应给出最小和最大的制停距离，应考虑载荷情况、动作速度、驱动主机失效(如轴断裂、制动器失效)、公差、摩擦、磨损和其他因素的影响。表 M.1 和表 M.2 给出的组合方式显示了最小和最大的影响示例。

最不利的工况下的制动距离应与触发装置的位置有关。

次不利的工况下的制动距离应与最大减速度的计算有关。

**表 M.1 上行方向现场试验工况和不利工况组合与影响示例**

| 条件 | | | | | |
|---|---|---|---|---|---|
| 参数 | 最大现场试验工况 | 最小现场试验工况 | 最不利工况 | 次不利工况 | |
| 运载装置内或运载装置顶上的载荷 | 0 | 0 | 75 kg[a] | 100%[b] | 200 kg[c] |
| 制动器已动作 | 否 | 否 | 否 | 是 | 否 |
| 驱动主机上的惯性质量 | 是 | 是 | 是 | 是 | 否 |
| 零部件的公差 | 最大期望的减小制动力 | 最大期望的增加制动力 | 最大可预见的减小制动力 | 最大可预见的增加制动力 | |

**表 M.1（续）**

| 参　　数 | 条　　件 | | | |
|---|---|---|---|---|
| | 最大现场试验工况 | 最小现场试验工况 | 最不利工况 | 次不利工况 |
| 摩擦力的范围 | 最大期望的减小制动力 | 最大期望的增加制动力 | 最大可预见的减小制动力 | 最大可预见的增加制动力 |
| 磨损 | 最大期望的减小制动力 | 0 | 最大可预见的减小制动力 | 0 |
| 其他 | 最大期望的减小制动力 | 最大期望的增加制动力 | 最大可预见的减小制动力 | 最大可预见的增加制动力 |

[a] 75 kg 表示一个人在运载装置内或运载装置顶；

[b] 100%表示额定载重量；

[c] 200 kg 表示两个人站在运载装置顶的情况。

**表 M.2　下行方向现场试验工况和不利工况组合与影响示例**

| 参　　数 | 条　　件 | | | |
|---|---|---|---|---|
| | 最大现场试验工况 | 最小现场试验工况 | 最不利工况 | 次不利工况 |
| 运载装置内或运载装置顶上的载荷 | 100%[a] | 100% | 100% | 75 kg[b] |
| 制动器已动作 | 否 | 否 | 否 | 是 |
| 驱动主机上的惯性质量 | 是 | 是 | 是 | 是 |
| 零部件的公差 | 最大期望的减小制动力 | 最大期望的增加制动力 | 最大可预见的减小制动力 | 最大可预见的增加制动力 |
| 摩擦力的范围 | 最大期望的减小制动力 | 最大期望的增加制动力 | 最大可预见的减小制动力 | 最大可预见的增加制动力 |
| 磨损 | 最大期望的减小制动力 | 0 | 最大可预见的减小制动力 | 0 |
| 其他 | 最大期望的减小制动力 | 最大期望的增加制动力 | 最大可预见的减小制动力 | 最大可预见的增加制动力 |

[a] 100%表示额定载重量；

[b] 75 kg 表示一个人在运载装置内或运载装置顶。

## M.5　试验报告

为了试验的可重复性，试验时应记录所有细节，如：

a)　预触发停止系统的类型和应用；

b)　允许质量与仅载货电梯参数的范围；

c)　最大的动作速度；

d)　起制动作用的元件的类型；

e） 试验方法；

f） 试验布置的描述；

g） 在试验中该装置的位置；

h） 进行的试验次数；

i） 测试数据的记录；

j） 试验期间观察到的情况；

k） 对试验结果进行评估，判定与试验要求是否一致。

# 参 考 文 献


［1］ EN 81-3:2000 电梯制造与安装的安全规范 第3部分:电力和液压杂物电梯(Safety rules for the construction and installation of lifts—Part 3:Electric and hydraulic service lifts)

［2］ EN 811:1997 机械安全 防止危险区域被较低肢体触及的安全距离(Safety of machinery—Safety distances to prevent danger zones being reached by the lower limbs)

［3］ EN 10025-1:2004 结构钢板的热轧制材 第1部分:技术交付条件(Hot rolled products of structural steels—Part 1:General technical delivery conditions)

［4］ EN 10025-2:2004 结构钢板的热轧制材 第2部分:非合金结构钢板的技术交付条件(Hot rolled products of structural steels—Part 2:Technical delivery conditions for non-alloy structural steels)

［5］ EN 60068-2-14:1999 环境试验 第2部分:试验 试验N:温度变化(Environmental testing—Part 2:Tests—Test N:Change of temperature)

［6］ EN 60742:1995 绝缘变压器与安全绝缘变压器 要求(Isolating transformers and safety isolating transformers—Requirements)

［7］ EN 60950-1:2006 信息技术设备 安全 第1部分:基本要求(Information technology equipment—Safety—Part 1:General requirements)

［8］ GB/T 5023.1—2008 额定电压450/750 V及以下聚氯乙烯绝缘电缆 第1部分:一般要求(IEC 60227-1:2007,IDT)

ICS 27.200
J 73

# 中华人民共和国国家标准

GB/T 25857—2010

# 低环境温度空气源多联式热泵(空调)机组

**Low ambient temperature air source multi-connected heat pump (air conditioning) unit**

2011-01-10 发布　　　　2011-10-01 实施

中华人民共和国国家质量监督检验检疫总局
中国国家标准化管理委员会　发布

# 前　言

本标准按GB/T 1.1—2009给出的规则起草。

本标准由中国机械工业联合会提出。

本标准由全国冷冻空调设备标准化技术委员会(SAC/TC 238)归口。

本标准负责起草单位:珠海格力电器股份有限公司、合肥通用机械研究院、深圳麦克维尔空调有限公司。

本标准参加起草单位:大金空调(上海)有限公司、上海三菱电机·上菱空调机电器有限公司、广东力优环境系统股份有限公司、广东欧科空调制冷有限公司、博浪热能科技有限公司。

本标准主要起草人:谭成斌、宋培刚、潘莉、周鸿钧、史剑春、童杏生、梁燕芳、陈军、李漫。

本标准由全国冷冻空调设备标准化技术委员会负责解释。

# 低环境温度空气源多联式热泵(空调)机组

## 1 范围

本标准规定了低环境温度空气源多联式热泵(空调)机组(以下简称“机组”)的术语和定义、型式与基本参数、要求、试验、检验规则、标志、包装、运输、贮存等。

本标准适用于采用风冷冷凝器,应用在室外环境温度不低于−20 ℃的气候条件下制热(冷)的多联式热泵(空调)机组。当室外环境温度低于−20 ℃时可参考使用。

## 2 规范性引用文件

下列文件对于本文件的应用是必不可少的。凡是注日期的引用文件,仅注日期的版本适用于本文件。凡是不注日期的引用文件,其最新版本(包括所有的修改单)适用于本文件。

GB/T 191 包装储运图示标志

GB/T 2423.17 电子电工产品基本环境试验规程 试验 Ka:盐雾试验方法

GB/T 2828.1 计数抽样检验程序 第1部分:按接收质量限(AQL)检索的逐批检验抽样计划

GB 4343.1 家用电器、电动工具和类似器具的电磁兼容要求 第1部分:发射

GB 4343.2 家用电器、电动工具和类似器具的电磁兼容要求 第2部分:抗扰度

GB 6388 运输包装收发货标志

GB/T 9969 工业产品使用说明书 总则

GB/T 13306 标牌

GB/T 17758—2010 单元式空气调节机

GB/T 18837—2002 多联式空调(热泵)机组

GB 25130 单元式空气调节机 安全要求

## 3 术语和定义

GB/T 18837 界定的以及下列术语和定义适用于本文件。

3.1

**低环境温度空气源多联式热泵(空调)机组 low ambient temperature Air source multi-connected heat pump (air conditioning) units**

由电动机驱动的蒸汽压缩制冷循环,以不低于−20 ℃的空气为冷(热)源制取冷(热)风的多联式热泵(空调)机组。

3.2

**制热综合性能系数[IPLV(H)] heating integrated part load value**

一个用于描述机组部分负荷制热效率的值,其试验和计算方法是以中国寒冷地区的气象条件为依据而制定的,其值用 W/W 表示。

## 4 型式与基本参数

### 4.1 型式

按机组使用气候环境分为：

| 类型 | 气候环境最高温度 |
|---|---|
| T1 | 43 ℃ |
| T2 | 35 ℃ |
| T3 | 52 ℃ |

### 4.2 型号

机组型号的编制可由制造商自行确定，可参考附录 B 进行编制。

### 4.3 基本参数

4.3.1 机组的电源为额定电压 220 V 单相或 380 V 三相交流电，额定频率为 50 Hz。

注：特殊要求的机组不受此限。

4.3.2 机组通常工作的环境温度如表 1 所示。

**表 1 机组工作的环境温度** 单位为摄氏度

| 气候类型 | | |
|---|---|---|
| T1 | T2 | T3 |
| −20～43 | −20～35 | −20～52 |

4.3.3 机组的试验工况按表 2 规定。

**表 2 试验工况** 单位为摄氏度

| 工况条件 | | | 室内侧回风状态 | | 室外侧进风状态 | |
|---|---|---|---|---|---|---|
| | | | 干球温度 | 湿球温度 | 干球温度 | 湿球温度[a] |
| 制冷运行 | 名义制冷 | T1 | 27 | 19 | 35 | 24 |
| | | T2 | 21 | 15 | 27 | 19 |
| | | T3 | 29 | 19 | 46 | 24 |
| | 最大运行 | T1 | 32±1.0 | 23±0.5 | 制造厂推荐的最高温度 | |
| | | T2 | 27±1.0 | 19±0.5 | | |
| | | T3 | 32±1.0 | 23±0.5 | | |
| | 冻结 | T1 | | | 21±1.0 | |
| | | T2 | 21[b] | 15±0.5 | 10±1.0 | — |
| | | T3 | | | 21±1.0 | |
| | 最小运行 | | 21[b] | 15±0.5 | 制造厂推荐的最低温度[c] | |
| | 凝露 凝结水排除 | | 27±1.0 | 24±0.5 | 27±1.0 | 24±0.5 |

表 2（续）

单位为摄氏度

| 工况条件 | | 室内侧回风状态 | | 室外侧进风状态 | |
|---|---|---|---|---|---|
| | | 干球温度 | 湿球温度 | 干球温度 | 湿球温度[a] |
| 制热运行 | 热泵名义制热 | 20 | — | −12 | — |
| | 最大运行制热 | 27±1.0 | | 21±1.0 | 15±0.5 |
| | 最小运行制热 | ≥16 | | −20 | — |
| | 自动除霜 | 20 | 15 以下[d] | 2 | 1 |
| 电热装置制热 | | 20±1.0[e] | — | — | — |
| 风量[f] | | 20 | 16 | | |

[a] 适用于湿球温度影响室外侧换热的装置。
[b] 21 ℃或因控制原因在 21 ℃以上的最低温度，试验的读数允差为±1.0 ℃。
[c] 制造厂未指明时，以 21 ℃为最低温度。
[d] 适用于湿球温度影响室内侧换热的装置。
[e] 表示周围温度。
[f] 机外静压的波动应在测定时间内稳定在规定静压的±10%以内，但是规定静压少于 98 Pa 时应取±9.8 Pa。

4.3.4 机组的部分负荷性能测试工况见表 3。

**表 3 部分负荷性能测试工况**

单位为摄氏度

| 项目 | 负荷 % | 室内侧入口空气状态 | | 室外侧入口空气状态 | |
|---|---|---|---|---|---|
| | | 干球温度 | 湿球温度 | 干球温度 | 湿球温度/相对湿度 |
| 制热综合部分负荷性能试验 | 100 | 20 | — | −12 | — |
| | 75 | | | −6 | 相对湿度 50%～65% |
| | 50 | | | 0 | |
| | 25 | | | 7 | 湿球温度 6 |

## 5 要求

### 5.1 一般要求

5.1.1 机组应符合本标准的要求，并应按规定程序批准的图样和技术文件制造。

5.1.2 黑色金属制件表面应进行防锈蚀处理。

5.1.3 机组的涂漆件表面不应有明显的气泡、流痕、漏涂、底漆外露及不应有的皱纹和其他损伤。

5.1.4 机组装饰性塑料件表面应平整、色泽均匀，不应有裂痕、气泡和明显缩孔等缺陷，塑料件应耐老化。

5.1.5 机组各零部件的安装应牢固可靠，管路与零部件不应有相互摩擦和碰撞。

5.1.6 机组的电磁换向阀动作应灵敏、可靠，保证机组正常工作。

5.1.7 机组的构件和材料应符合下述规定：

a) 镀层和涂层外观应良好，室外部分应有良好的耐候性能。

b) 保温层应有良好的保温性能和具有阻燃性、无毒无异味。

c) 制冷系统零部件的材料应能在制冷剂、润滑油及其混合物的作用下不产生劣化且保证整机正常工作。

5.1.8 机组的结构、部件和材料宜采用可作为再生资源而利用的部件、产品结构和材料。

5.1.9 机组所具有的特殊功能(如:具有抑制、杀灭细菌功能的机组、具有负离子清新空气功能的机组等)应符合国家有关规定和相关标准的要求。

5.1.10 名义制冷量不大于24 360 W的机组,其电磁兼容性应符合GB 4343.1和GB 4343.2的要求。

5.1.11 电镀件应符合下述规定:

a) 机组电镀件表面应光滑、色泽均匀,不应有剥落、针孔,不应有明显的花斑和划伤等缺陷。

b) 经过电镀件盐雾试验后,机组金属镀层上的每个锈点锈迹面积不应大于1 $mm^2$;每100 $cm^2$试件镀层不超过2个锈点、锈迹。

5.1.12 机组涂漆件经漆膜附着力试验后,漆膜脱落格数不大于15%。

5.1.13 机组所有零、部件应符合有关标准规定。

5.1.14 带能量调节的机组,其调节装置应灵敏、可靠。

5.1.15 现场不接风管的机组,机外静压为0 Pa;接风管的应标称机外静压。

5.1.16 多联式机组的分流不平衡率应小于20%。

5.1.17 机组应在制造厂标称的各种条件下安全可靠的工作,包括室内、室外机的最大高差,室内、室外机最大管长,室内机之间的高差,最大配置率,最低环境温度制冷,最低环境温度制热。

5.1.18 带有远距离操作装置(遥控器)的机组,除了机组开关或控制器之类操作外,应是不会使电路闭合的结构。

## 5.2 性能要求

### 5.2.1 制冷系统密封性能

机组制冷系统各部分不应有制冷剂泄漏。

### 5.2.2 运转

机组在正常运转时,所测电流、电压、输入功率等参数应符合设计要求。

### 5.2.3 制冷量

机组的实测制冷量不应小于名义制冷量的92% 。

### 5.2.4 制冷消耗功率

机组的实测制冷消耗功率不应大于名义制冷消耗功率110%。

### 5.2.5 制热量

机组的实测制热量不应小于名义热泵制热量的92%,名义热泵制热量不应小于其名义制冷量的70%。

### 5.2.6 制热消耗功率

机组的实测制热消耗功率不应大于名义制热消耗功率的110%。

### 5.2.7 辅助电热装置制热消耗功率

机组的实测制热消耗功率要求为:每种电热装置的消耗功率允差应为电热装置名义消耗功率的−10%～+5%。

**5.2.8 室内机制冷量**

机组实测名义制冷量不应小于其名义制冷量的92%。

**5.2.9 室内机消耗功率**

机组室内机在通风状态下消耗功率不应大于其名义制冷消耗功率的110%。

**5.2.10 室内机制热量**

机组室内机实测制热量不应小于其名义制热量的92%。

**5.2.11 最大运行制冷**

a) 在最大运行制冷工况下，机组应能正常运行，各部件不应损坏；

b) 在第1 h连续运行期间，其电机过载保护器不应跳开；

c) 当机组停机3 min后，再启动连续运行1 h，但在启动运行的最初5 min内允许电机过载保护器跳开，其后不允许动作；在运行的最初5 min内电机过载保护器不复位时，其停机不超过30 min内复位的，应连续运行1 h；

d) 对于手动复位的过载保护器，在最初5 min内跳开的，应在跳开的10 min后使其强行复位，并应能够再连续运行1 h。

**5.2.12 最大运行制热**

a) 在最大运行制热工况下，机组应能正常运行，各部件不应损坏；

b) 在第1 h连续运行期间，其电机过载保护器不应跳开；

c) 当机组停机3 min后，再启动连续运行1 h，但在启动运行的最初5 min内允许电机过载保护器跳开，其后不允许动作；在运行的最初5 min内电机过载保护器不复位时，其停机不超过30 min内复位的，应连续运行1 h；

d) 对于手动复位的过载保护器，在最初5 min内跳开的，应在跳开的10 min后使其强行复位，并应能够再连续运行1 h。

注：上述试验中，为防止室内热交换器过热而使电机开、停的自动复位的过载保护装置周期性动作，可视为机组连续运行。

**5.2.13 室内机最小运行制冷**

在最小运行制冷工况下，机组在10 min的起动运行后4 h运行中安全装置不应跳开，室内机蒸发器迎风面表面凝结的冰霜面积不应大于蒸发器面积的50%。

**5.2.14 最小运行制热**

在最小运行制热工况下，机组在4 h试验运行期间，安全装置不应跳开。

注：试验中的除霜运行，其自动控制的保护器动作不视为安全装置。

**5.2.15 冻结**

a) 在冻结工况下，空气流通试验时，机组启动10 min后，再运行4 h，过程中安全装置不应跳开；蒸发器迎风表面凝结的冰霜面积不应大于蒸发器迎风面积的50%；

b) 在冻结工况下，滴水试验时，机组室内侧不应有冰掉落，水滴滴下或吹出。

注1：机组运行期间，允许防冻结的可自动复位装置动作。

**注2**：蒸发器迎风表面结霜面积目视不易看出时，可通过风量(风量下降不超过初始风量的25%)进行判定。

### 5.2.16 凝露

在凝露工况下运行时，机组箱体外表面凝露不应滴下，室内送风不应带有水滴。

### 5.2.17 凝结水排除能力

在凝露工况下运行时，应具有排除凝结水的能力，并且不应有水从机组中溢出或吹出。

### 5.2.18 自动除霜

a) 在自动除霜工况下运行时，机组除霜所需总时间不应大于自动除霜试验总时间的20%；在除霜周期中，室内侧的送风温度低于18 ℃ 的持续时间不超过1 min；如果需要，可以使用制造厂规定的机组内辅助电加热装置制热。

b) 除霜结束后，室外换热器的霜应融化掉(以确保制热能力不降低)。

### 5.2.19 噪声

a) 机组使用时不应有异常噪声和振动；

b) T1型和T2型机组的室内噪声测试值(声压级)不应大于表4的规定，室外噪声测试值(声压级)不应大于表5的规定；

c) 机组噪声的明示值的上偏差为＋3 dB(A)，其噪声的实测值不应大于明示值的上限值(明示值＋上偏差)和表4和表5的限定值。

**注**：机组在全消声室测试的噪声值须注明“在全消声室测试”等字样，其符合性判定以半消声室测试为准。

**表4 室内机噪声限值(声压级)**

| 名义制冷量<br>W | 室内噪声<br>dB(A) | |
|---|---|---|
| | 不接风管 | 接风管 |
| ≤2 500 | 40 | 42 |
| 2 501～4 500 | 43 | 45 |
| ＞4 501～7 000 | 50 | 52 |
| ＞7 001～14 000 | 57 | 59 |
| ≥14 000 | 60 | 62 |

**注**：T3气候类型机组的噪声值可增加2 dB(A)。

**表5 室外机噪声限值(声压级)**

| 名义制冷量<br>W | 室外噪声<br>dB(A) |
|---|---|
| ≤7000 | 60 |
| 7 001～14 000 | 62 |

表 5（续）

| 名义制冷量<br>W | 室外噪声<br>dB(A) |
|---|---|
| 14 001～28 000 | 65 |
| 28 001～56 000 | 67 |
| 56 001～84 000 | 69 |
| ≥84 001 | 72 |
| 注：T3 气候类型机组的噪声值可增加 2 dB(A)。 | |

5.2.20 性能系数

5.2.20.1 制冷综合性能系数（IPLV(C)）

机组的制冷综合性能系数不应小于表 6 规定的 92%。

5.2.20.2 制热综合性能系数（IPLV(H)）

机组的制热综合性能系数不应小于表 6 规定的 92%。

表 6 机组的综合性能系数

| 名义制冷量<br>W | IPLV(C)<br>W/W | IPLV(H)<br>W/W |
|---|---|---|
| ≤28 000 | 3.00 | 2.20 |
| 28 001～84 000 | 2.95 | |
| ≥84 001 | 2.90 | |

5.3 安全要求

机组的安全要求应符合 GB 25130 的规定。

6 试验

6.1 试验条件

6.1.1 机组制冷量和热泵制热量测试的试验装置按 GB/T 17758—2010 附录 A 的要求。

6.1.2 仪器仪表的型式及准确度

试验用仪器仪表的准确度应符合表 7 的要求。

表 7　仪器仪表的型式及准确度

| 类别 | 型式 | 准确度 |
|---|---|---|
| 温度测量仪表 | 水银玻璃温度计<br>电阻温度计<br>热电偶 | 空气温度　±0.1 ℃<br>水温　±0.1 ℃<br>制冷剂温度　±1.0 ℃ |
| 流量测量仪表 | 记录式、指示式、积算式 | ±1.0% |
| 制冷剂压力测量仪表 | 压力表、变送器 | ±2.0% |
| 空气压力测量仪表 | 气压表、气压变送器 | 风管静压　±2.45 Pa |
| 电量测量仪表 | 指示式 | ±0.5% |
| | 积算式 | ±1.0% |
| 质量测量仪表 | | ±1.0% |
| 转速仪表 | 转速表、闪频仪 | ±1.0% |

注 1：大气压力测量用气压测量仪表，其准确度为±0.1%；

注 2：时间测量仪表的准确度为±0.2%；

注 3：以精度定义的测量仪表，其测量值应在仪表量程的 1/2 以上。

6.1.3　机组进行制冷量和热泵制热量试验时，试验工况参数的读数允差应符合表 8 的规定。

表 8　制冷量和制热量能力试验名义工况参数的读数允差　　单位为摄氏度

| 项目 | 室内侧空气状态 | | 室外侧空气状态 | |
|---|---|---|---|---|
| | 干球温度 | 湿球温度 | 干球温度 | 湿球温度 |
| 最大变动幅 | ±1.0 | ±0.5 | ±1.0 | ±0.5 |
| 平均变动幅 | ±0.3 | ±0.2 | ±0.3 | ±0.2 |

6.1.4　机组进行热泵低温和除霜试验时，试验工况的参数允差应符合表 9 的规定。

表 9　热泵低温和除霜试验工况参数的读数允差　　单位为摄氏度

| 项目 | 室内侧空气状态 | | 室外侧空气状态 | | | |
|---|---|---|---|---|---|---|
| | 干球温度 | | 干球温度 | | 湿球温度 | |
| | 热泵时 | 除霜时 | 热泵时 | 除霜时 | 热泵时 | 除霜时 |
| 最大变动幅 | ±2.0 | ±2.5 | ±2.0 | ±5.0 | ±1.0 | ±2.5 |
| 平均变动幅 | ±0.5 | ±1.5 | ±0.5 | ±1.5 | ±0.3 | ±1.0 |

6.1.5　机组进行风量试验时，试验工况的参数允差应符合表 10 的规定。

表 10 风量试验工况参数的读数允差

单位为摄氏度

| 项目 | 室内侧空气状态 | |
|---|---|---|
| | 干球温度 | 湿球温度 |
| 最大变动幅 | ±3.0 | ±2.0 |
| 平均变动幅 | ±2.0 | ±1.0 |

## 6.2 试验要求

6.2.1 机组应按铭牌标示的气候类型进行性能试验，对于适用两种以上气候类型的机组，应在铭牌标出的每种气候类型工况条件下进行试验。

6.2.2 应按制造厂的安装说明和所提供的附件，将被测机组安装在试验房间内，机组所有试验均按铭牌上的名义电压和名义频率进行，另有规定的不受此限。

6.2.3 除按规定方式，试验需要的装置和仪器的连接外，对机组不得更改。

6.2.4 试验进行时不能改变机组风机转速和系统阻力(变频、变容型机组除外)，其试验结果应按标准大气压修正大气压力。

6.2.5 机组的连接管长度要求按图 1、图 2 的规定。

6.2.6 试验时应连接所有辅助元件(包括进风百叶窗和安装厂安装的管路及附件)且空气回路应保持不变。

6.2.7 对于湿球温度为 0 ℃以下的工况条件，可通过控制相对湿度来获得对湿球温度的控制。

## 6.3 试验方法

### 6.3.1 制冷系统密封性能试验

机组的制冷系统在正常的制冷剂充灌量下，用下列灵敏度的制冷剂检漏仪进行检验：名义制冷量小于等于 28 000 W 的机组，用灵敏度为 $1\times10^{-6}$ Pa·m$^3$/s 的检漏仪进行检验；28 000 W 以上的机组，用灵敏度为 $1\times10^{-5}$ Pa·m$^3$/s 的检漏仪进行检验。

### 6.3.2 运转试验

机组应在接近名义制冷工况的条件下连续运行，分别测量机组的输入功率，运转电流和进、出风温度。检查安全保护装置的灵敏度和可靠性，检验温度的电器等控制元件的动作是否正常。

### 6.3.3 制冷量试验

在表 2 规定的名义制冷工况下，按 GB/T 17758—2010 附录 A 规定的方法进行制冷量试验。试验按图 1 或按图 2 所示的连接方式和要求连接机组的室内机和室外机。打开所有室内机使其处于工作状态，同时开室外机使其处于工作状态；测出室内机制冷量，这些室内机制冷量之和，就是该台被试多联机组的制冷量。

注 1：室内机按图 1 或图 2 与室外机安装，其中分配器前、后的连接管长度为 5 m 或制造厂规定，分配器的形式不限。

注 2：室外、室内机应为被试机，室内机可根据机组名义制冷量的大小，按室外机配置室内机的最少台数配置室内机的数量(但至少 2 台)，同时，这些被试室内机的名义制冷量之和应等于被试机组的名义制冷量(配置率 100%±8%)。

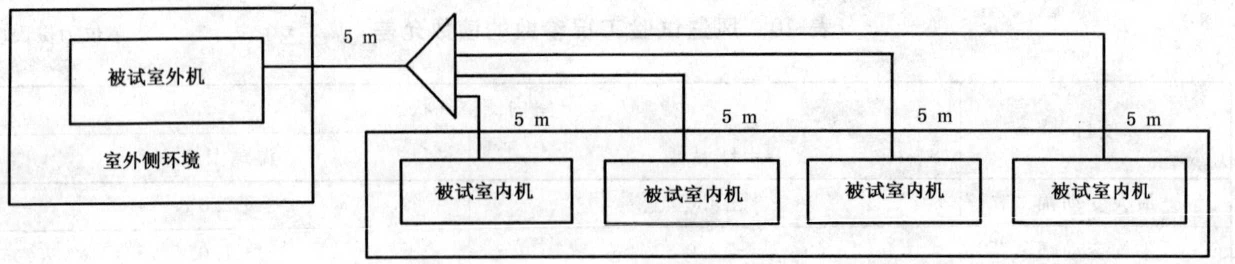


图 1

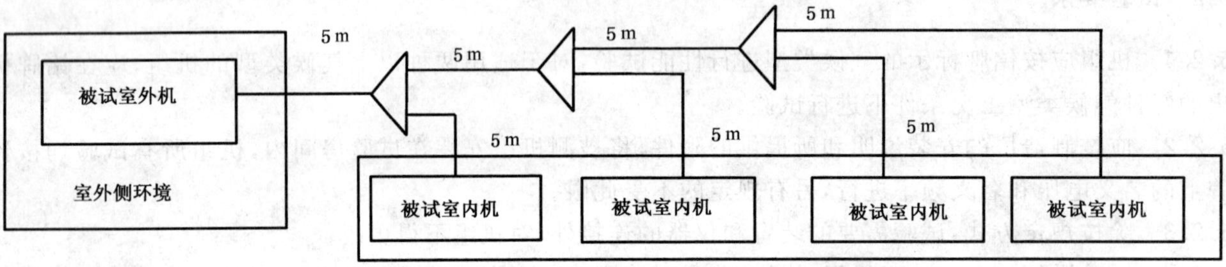


图 2

### 6.3.4 制冷消耗功率试验

在按 6.3.3 方法测定制冷量的同时，测定机组的输入功率、电流。

### 6.3.5 制热量试验

在表 2 规定的热泵名义制热工况下，按 GB/T 17758—2010 附录 A 规定的方法进行制热量试验。试验按图 1 或按图 2 所示的连接方式和要求连接机组的室内机和室外机。打开所有室内机使其处于工作状态，同时开室外机使其处于工作状态，测出室内机制热量，这些室内机制热量之和，就是该台被试多联机组的制热量。

注：同 6.3.3 注 1、注 2。

### 6.3.6 制热消耗功率试验

在按 6.3.5 方法测定制热量的同时，测定机组的输入功率、电流。

### 6.3.7 辅助电热装置制热消耗功率试验

a) 机组在名义制热工况下运行，装有辅助电热装置的热泵以 6.3.5 方法进行试验，待热泵制热量试验稳定后，测定辅助电热装置的输入功率；

b) 在电热装置制热工况下，机组制冷系统不运行，将电热装置开关处于最大耗电状态下，测得其输入功率。

### 6.3.8 室内机制冷量试验

按图 3 所示的连接方式和要求连接室内机和室外机。打开两台室内机使其处于工作状态，同时开室外机使其处于工作状态，在表 2 规定的名义制冷工况下，按 GB/T 17758—2010 附录 A 规定的方法对被试室内机进行试验，测出该台被试室内机制冷量。

注 1：室内机按图 1 与室外要安装，其中分配器前、后的连接管长度为 5 m 或制造厂规定，分配器的形式不限。

注 2：室外机应为被试室外机，室内侧为一台被试室内机和一台室内机(其名义制冷量约是室外机名义制冷量的一半)。

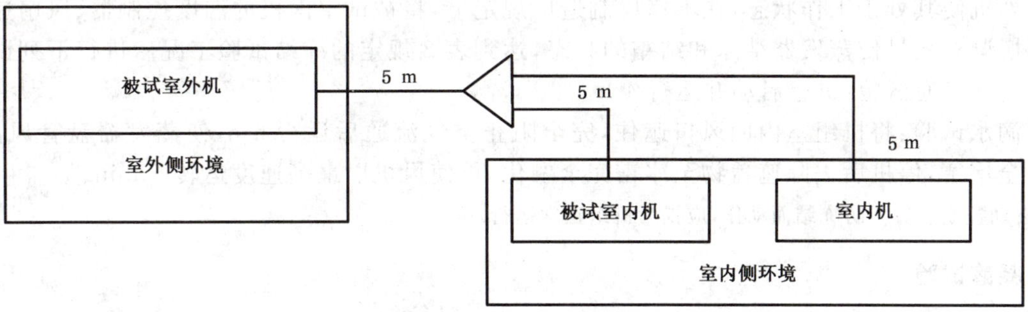


图 3

### 6.3.9 室内机消耗功率试验

按图 3 所示的连接方式和要求连接室内机和室外机。将被试室内机置于通风状态(风速设为最大挡),对被试机进行试验,测出该台被试室内机的消耗功率。

### 6.3.10 室内机制热量试验

按图 3 所示的连接方式和要求连接室内机和室外机。打开两台室内机使其处于工作状态,同时开室外机使其处于工作状态,在表 2 规定的名义制热工况下,按 GB/T 17758—2010 附录 A 规定的方法对被试室内机进行试验,测出该台被试室内机制热量。

注:同 6.3.8 的注 1 和注 2。

### 6.3.11 最大运行制冷试验

按图 1 或图 2 所示连接方式和要求连接室内机和室外机,打开所有室内机和室外机使其处于工作状态,将所有风门关闭,试验电压分别为名义电压的 90% 和 110%,按表 2 规定的最大运行制冷工况运行稳定后,连续运行 1 h(此间电压上升不超过 3%),然后停机 3 min,再启动运行 1 h。

### 6.3.12 最大运行制热试验

多联式机组的试验方法:按图 1 或图 2 所示连接方式和要求连接室内机和室外机,打开所有室内机和室外机处于工作状态,将所有风门关闭,试验电压分别为名义电压的 90% 和 110%,按表 2 规定的最大运行制热工况运行稳定后,连续运行 1 h(此间电压上升不超过 3%),然后停机 3 min,再启动运行 1 h。

### 6.3.13 室内机最小运行制冷试验

按图 1 或图 2 所示连接方式和要求连接室内机和室外机,打开室内机使其处于工作状态,同时开室外机使其处于工作状态,将被试室内机的温度控制器、风扇速度、风门和导向隔栅调到最易结霜状态,按表 2 规定的最小运行制冷工况,使机组启动运行至工况稳定后再运行 4 h。

### 6.3.14 最小运行制热试验

按使用说明书要求,分别开启最大配置和最小配置时的室内机,开启室外机使其处于工作状态,将所有风门关闭,将其温度控制器、风扇速度、风门和导向隔栅调到最大制热状态,按表 2 规定的最小运行制热工况,使机组启动运行至工况稳定后再运行 4 h。

### 6.3.15 冻结试验

按图 1 或图 2 所示连接方式和要求连接室内机和室外机。只开被试室内机使其处于工作状态,同时开启室外机使其处于工作状态,在不违反制造厂规定下,将被试室内机的温度控制器、风扇速度、风门和导向隔栅调到最易使蒸发器结冰和结霜的状态,达到表2规定的冻结试验工况后进行下列试验:

a) 空气流通试验:机组启动并运行4 h。

b) 滴水试验:将机组室内回风口遮住,完全阻止空气流通后运行6 h,使蒸发器盘管风路被霜完全堵塞,停机后去除遮盖物至冰霜完全融化,再使风机以最高速度运转5 min。

注:自动控制装置为防冻结而动作,应视为机组正常运行。

### 6.3.16 凝露试验

按图1或图2所示连接方式和要求连接室内机和室外机。打开所有室内机使其处于工作状态,同时开启室外机使其处于工作状态,在不违反制造厂规定下,将被试室内机的温度控制器、风扇速度、风门和导向隔栅调到最易凝水状态进行制冷运行,达到表2规定的凝露试验工况后,连续运行4 h。

### 6.3.17 凝结水排除能力试验

按图1或图2所示连接方式和要求连接室内机和室外机。打开所有室内机使其处于工作状态,同时开启室外机使其处于工作状态,将被试室内机的温度控制器、风扇速度、风门和导向隔栅调到最易凝水状态,在接水盘注满水即达到排水口流水后,按表2规定的凝露试验工况运行,当接水盘的水位稳定后,再连续运行4 h。

注:非甩水型机组接水盘的水不必注满。

### 6.3.18 自动除霜试验

按图1或按图2所示连接方式和要求连接室内机和室外机。打开所有室内机和室外机使其处于工作状态,将装有自动除霜装置的机组的温度控制器、风扇速度、风门和导向隔栅调到最易使室外侧换热器最易结霜的状态,按表2规定的热泵自动除霜试验工况运行稳定后,连续运行两个完整的除霜周期或连续运行3 h(试验总时间应从首次除霜周期结束时开始),直到3 h后首次出现除霜周期结束为止,应取其长者。除霜周期结束时,室外侧的空气温度升高不应大于5 ℃。

### 6.3.19 噪声试验

按图1或图2所示连接方式和要求连接室内机和室外机。只开启一台被试室内机使其处于工作状态,同时开启室外机使其处于工作状态,按GB/T 17758—2010附录D规定的方法测量室内机噪声;在额定频率或额定容量下测量室外机噪声。

### 6.3.20 制冷综合性能系数试验

按GB/T 18837附录A的规定进行试验和计算,得出机组的制冷综合性能系数。

### 6.3.21 制热综合性能系数试验

按表3规定的制热部分负荷性能工况及相应的开机负荷百分比以及附录A中规定的方法进行试验,并根据附录A规定的方法进行计算得出机组的制热综合性能系数。

### 6.3.22 机组的分流不平衡率试验

在表2规定的名义制冷工况下,按GB/T 18837—2002附录C规定的方法进行试验和计算,其分流不平衡率应符合5.1.16的规定。

### 6.3.23 电镀件盐雾试验

按GB/T 2423.17进行盐雾试验。试验周期为24 h。试验前,试件表面清洗除油,试验后,用清水冲掉残留在表面上的盐份，检查试件腐蚀情况，其结果应符合 5.1.11b)的规定。

### 6.3.24 涂漆件的漆膜附着力试验

在机组外表面任取长 10 mm，宽 10 mm 的面积，用新刀片纵横各划 11 条间隔 1 mm、深达底材的平行切痕。用氧化锌医用胶布贴牢，然后沿垂直方向快速撕下，按划痕范围内漆膜脱落的格数对 100 的比值评定，每小格漆膜保留不足 70% 的视为脱落。试验后，检查漆膜脱落情况，其结果应符合 5.1.12 的规定。

## 7 检验规则

### 7.1 出厂检验

每台机组均应做出厂检验，检验合格后方能出厂，检验项目按表 11 的规定。

### 7.2 抽样检验

7.2.1 机组应从出厂检验合格的产品中抽样，检验项目和试验方法按表 11 的规定。

7.2.2 抽样方法按 GB/T 2828.1 进行，逐批检验的抽检项目、批量、抽样方案、检查水平及合格质量水平等由制造厂质量检验部门自行决定。

### 7.3 型式检验

7.3.1 新产品或定型产品作重大改进，第一台产品应作型式检验，检验项目按表 11 的规定。

7.3.2 型式试验时间不应少于试验方法中规定的时间，运行时如有故障在故障排除后应重新检验。

**表 11 机组检验项目、技术要求和试验方法**

<table>
<tr><th>序号</th><th>项目</th><th>出厂检验</th><th>抽样检验</th><th>型式检验</th><th>要求</th><th>试验方法</th></tr>
<tr><td>1</td><td>一般要求</td><td rowspan="10">√</td><td rowspan="15">√</td><td rowspan="15">√</td><td>5.1</td><td rowspan="3">视检</td></tr>
<tr><td>2</td><td>标志</td><td>8.1</td></tr>
<tr><td>3</td><td>包装</td><td>8.2</td></tr>
<tr><td>4</td><td>绝缘电阻</td><td rowspan="5">5.3</td><td rowspan="5">GB 25130</td></tr>
<tr><td>5</td><td>介电强度</td></tr>
<tr><td>6</td><td>泄漏电流</td></tr>
<tr><td>7</td><td>接地电阻</td></tr>
<tr><td>8</td><td>防触电保护</td></tr>
<tr><td>9</td><td>制冷系统密封性能</td><td>5.2.1</td><td>6.3.1</td></tr>
<tr><td>10</td><td>运转</td><td>5.2.2</td><td>6.3.2</td></tr>
<tr><td>11</td><td>室内机制冷量</td><td rowspan="5">—</td><td>5.2.8</td><td>6.3.8</td></tr>
<tr><td>12</td><td>室内机消耗功率</td><td>5.2.9</td><td>6.3.9</td></tr>
<tr><td>13</td><td>制冷量</td><td>5.2.3</td><td>6.3.3</td></tr>
<tr><td>14</td><td>制冷消耗功率</td><td>5.2.4</td><td>6.3.4</td></tr>
<tr><td>15</td><td>室内机制热量</td><td>5.2.10</td><td>6.3.10</td></tr>
</table>

**表 11（续）**

| 序号 | 项目 | 出厂检验 | 抽样检验 | 型式检验 | 要求 | 试验方法 |
|---|---|---|---|---|---|---|
| 16 | 制热量 | | | | 5.2.5 | 6.3.5 |
| 17 | 制热消耗功率 | | | | 5.2.6 | 6.3.6 |
| 18 | 辅助电热装置制热消耗功率 | | | | 5.2.7 | 6.3.7 |
| 19 | 噪声 | | √ | | 5.2.19 | 6.3.19 |
| 20 | 制冷综合性能系数(IPLV(C)) | — | | √ | 5.2.20.1 | 6.3.20 |
| 21 | 制热综合性能系数(IPLV(H)) | | | | 5.2.20.2 | 6.3.21 |
| 22 | 最大运行制冷 | | | | 5.2.11 | 6.3.11 |
| 23 | 最大运行制热 | | | | 5.2.12 | 6.3.12 |
| 24 | 室内机最小运行制冷 | | | | 5.2.13 | 6.3.13 |
| 25 | 最小运行制热 | | | | 5.2.14 | 6.3.14 |
| 26 | 冻结 | | | | 5.2.15 | 6.3.15 |
| 27 | 凝露 | | | | 5.2.16 | 6.3.16 |
| 28 | 凝结水排除能力 | | | | 5.2.17 | 6.3.17 |
| 29 | 自动除霜 | | — | | 5.2.18 | 6.3.18 |
| 30 | 防水试验 | — | | √ | 5.3 | GB 25130 |
| 31 | 电镀件盐雾试验 | | | | 5.1.11 b) | 6.3.23 |
| 32 | 涂漆件的漆膜附着力 | | | | 5.1.12 | 6.3.24 |
| 33 | 分流不平衡率 | | | | 5.1.16 | 6.3.22 |
| 34 | 正常运转 | | | | 5.1.17 | 视检 |
| 注：“√”为需检项目，“—”为不检项目。 | | | | | | |

## 8 标志、包装、运输和贮存

### 8.1 标志

8.1.1 机组的室内、室外机应在明显的部位设置永久性铭牌。铭牌应符合 GB/T 13306 的规定。铭牌上应标示下列内容：

a) 制造厂的名称；

b) 产品型号和名称；

c) 气候类型(T1 气候类型可不标注)；

d) 主要技术性能参数

——室内机应标示：制冷量、制热量、噪声、循环风量、额定电压、额定电流[1]、额定频率、输入功率[2]、质量；

1) 应分别标示室内风机电机的额定电流和制热最大电流(制热最大电流为“室内风机电机的额定电流＋电热装置的运行电流”)；

2) 应分别标示室内机消耗功率和制热最大消耗功率(制热最大消耗功率为“室内机消耗功率＋电热装置制热消耗功率”)。

——室外机应标示：制冷量、制热量、噪声、制冷剂名称及注入量、额定电压、额定电流、额定频率、输入功率[3]、制冷综合性能系数(IPLV(C))、制热综合性能系数(IPLV(H))、质量)。

注：室外机上标注的性能参数为机组的性能参数。

e) 产品出厂编号；

f) 制造年月。

8.1.2 机组上应有标明运行情况的标志(如控制开关和旋钮等向的标志)、明显的接地标志、简单的电路图。

8.1.3 机组应有注册商标标志。

8.1.4 机组包装箱上应有下列标志：

a) 制造单位名称；

b) 产品型号、名称和商标；

c) 质量(净质量、毛质量)；

d) 外形尺寸；

e) “小心轻放”、“向上”、“怕湿”和“怕压”等。有关包装、储运标志、包装标志应符合 GB/T 6388 和 GB/T 191 的有关规定。

## 8.2 包装

8.2.1 机组在包装前应进行清洁处理。各部件应清洁、干燥，易锈部件应涂防锈剂。

8.2.2 机组应外套塑料袋或防潮纸，并应固定在箱内，以免运输中受潮和发生机械损伤。

8.2.3 包装箱内应附有出厂随机文件。

8.2.3.1 产品合格证，其内容包括：

a) 产品名称和型号；

b) 产品出厂编号；

c) 检验结论；

d) 检验员签字和印章；

e) 检验日期。

8.2.3.2 产品使用说明书，其应符合 GB/T 9969 的要求，内容包括：

a) 产品型号和名称、适用范围、执行标准、名义工况下的技术参数和噪声及其他主要技术参数等；

b) 产品的结构示意图、制冷系统图、电路图及接线图；

c) 备件目录和必要的易损零件图；

d) 安装说明和要求；

e) 使用说明、维修和保养注意事项。

8.2.3.3 装箱单。

8.2.4 出厂随机文件应防潮密封，并放在包装箱内合适的位置。

## 8.3 运输和贮存

8.3.1 机组在运输过程中不应碰撞、倾斜、雨雪淋袭等。

8.3.2 产品应贮存在干燥和通风良好的仓库中。

---

3) 应分别标示制冷消耗功率、制热消耗功率。

# 附 录 A
（规范性附录）
## 低环境温度空气源多联式热泵（空调）机组制热综合性能系数的试验和计算

本附录规定了低环境温度空气源多联式热泵（空调）机组制热综合性能系数的试验和计算方法。

### A.1 机组连接方式

**A.1.1** 机组应按图1或图2所示连接方式和要求连接室内机和室外机。安装时，其中分配器前、后的连接管长度为5 m或按制造厂规定，分配器的形式不限。

**A.1.2** 室外机、室内机均为被试机，室内机可根据机组名义制冷量的大小配置室内机数量。室内机配置原则为：室内机的名义制冷量之和应等于被试机组的名义制冷量（配置率100%±8%）；室内机与室外机配置成的机组必须在其100%负荷、(75±10)%负荷、(50±10)%负荷和(25±10)%负荷下可以正常运行。

### A.2 综合性能系数

**A.2.1** 部分负荷性能

低环境温度空气源多联式热泵（空调）机组属制热量、制冷量可调节系统，机组必须在其100%负荷、(75±10)%负荷、(50±10)%负荷和(25±10)%负荷的卸载级下进行标定，这些标定点应该用于计算综合性能系数。

注：当进行制热综合性能系数IPLV(H)的测试和计算时，“100%负荷”是指机组在表3中规定的100%负荷对应的测试工况下，所配置的室内机全开运行的实测制热量。而(75±10)%负荷则是指前述实测制热量的(75±10)%，测试时室内机的开机容量比例应为室内机总装机容量的(75±10)%。(50±10)%负荷和(25±10)%负荷照此类推。

**A.2.2** 部分负荷性能工况

机组的部分负荷性能工况应按表3的规定。

可以调节卸载装置以得到规定的卸载级，不得对部分负荷性能工况下的室外风量进行手工调整。但是，靠系统功能自动调节是允许的。

**A.2.3** 制热综合性能系数IPLV(H)测试时，室内机的型式为适合IPLV(H)检测、最少数量的最小静压室内机组合。

**A.2.4** 对于制热量非连续可调的机组，制热综合性能系数IPLV(H)需要作－7.5%的修正，以反映开停机的能耗损失。

**A.2.5** 机组能卸载到(25±10)%负荷、(50±10)%负荷和(75±10)%负荷时，则按A.2.1的规定测试机组的部分负荷性能。若机组不能卸载到(25±10)%负荷、(50±10)%负荷或(75±10)%负荷时，能卸载到的负荷点按A.2.1的规定测试，不能卸载到的负荷点按以下规定测试和计算：

a) 若机组无法卸载到(25±10)%负荷，则按表3规定的25%负荷测试工况和A.2.1规定的开机容量比例运行，测试最小能力负荷点的COP，然后按式(A.1)计算25%负荷点的COP。

b) 若机组无法卸载到(50±10)%负荷，则按表3规定的50%负荷测试工况和A.2.1规定的开机容量比例运行，测试最小能力负荷点的COP，然后按式(A.1)计算50%负荷点的COP。

c) 若机组无法卸载到(75±10)%负荷，则按表3规定的75%负荷测试工况和A.2.1规定的开机容量比例运行，测试最小能力负荷点的COP，然后按式(A.1)计算75%负荷点的COP。

$$COP = Q_m / (C_D \cdot P_m) \quad \text{( A. 1 )}$$

式中：

$Q_m$ ——实测制热量，单位为瓦（W）；

$P_m$ ——实测输入总功率，单位为瓦（W）；

$C_D$ ——衰减系数，由式（A. 2）计算。是由于机组无法卸载到最小负荷，压缩机循环停机引起。

$$C_D = (-0.13 \cdot LF) + 1.13 \quad \text{( A. 2 )}$$

$$LF = (LD/100) \cdot Q_{FL}/Q_{PL} \quad \text{( A. 3 )}$$

式中：

$LF$ ——负荷系数；

$LD$ ——需要计算的负荷点；

$Q_{FL}$ ——100%负荷制热量（见 A. 2. 1 的规定），单位为瓦（W）；

$Q_{PL}$ ——部分负荷制热量（实测值），单位为瓦（W）。

**A. 2. 6** 制热综合性能系数（IPLV（H））

**A. 2. 6. 1** 机组的制热综合性能系数 IPLV（H）（以 COP 表示），应按下述规定计算：

a) 在 A. 2. 2 规定的工况下，按 GB/T 17758—2010 附录 A 规定的方法进行试验，确定机组制热量和 COP；

b) 由图 A. 1"部分负荷系数曲线"确定机组在每一标定点的部分负荷系数（PLF）；

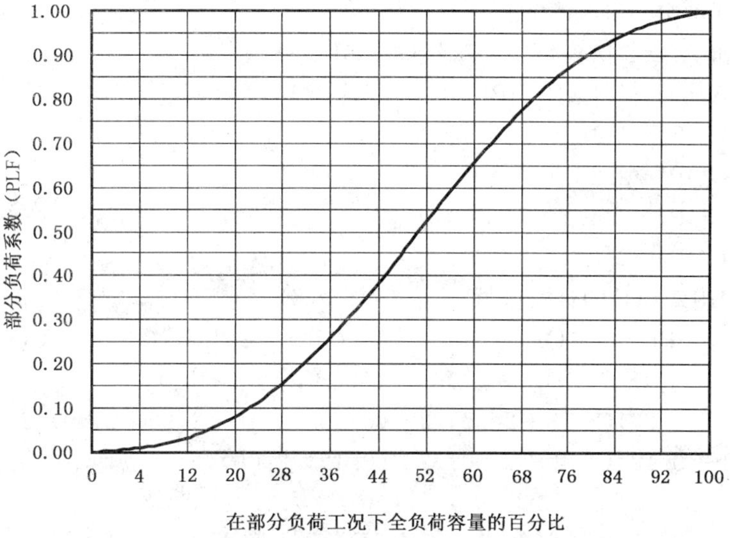


注：曲线基于下列公式

$PLF = A_0 + (A_1 \times Q) + (A_2 \times Q^2) + (A_3 \times Q^3) + (A_4 \times Q^4) + (A_5 \times Q^5) + (A_6 \times Q^6)$

式中：

PLF ——部分负荷系数；

$Q$ ——部分负荷性能工况下全负荷容量的百分比，0～100。

$A_0 = 1.59\ 427 \times 10^{-4}$；

$A_1 = 0.002\ 26$；

$A_2 = -6.135\ 37 \times 10^{-5}$；

$A_3 = 1.006\ 35 \times 10^{-5}$；

$A_4 = -1.496\ 69 \times 10^{-7}$；

$A_5 = 6.835\ 63 \times 10^{-10}$；

$A_6 = -5.437\ 65 \times 10^{-13}$。

**图 A. 1 部分负荷系数曲线**

c) 用式（A. 4）计算机组的综合性能系数 IPLV（H）：

$$IPLV(H)=(PLF_1-PLF_2)(COP_1+COP_2)/2+(PLF_2-PLF_3)(COP_2+COP_3)/2+(PLF_3-PLF_4)(COP_3+COP_4)/2+(PLF_4)(COP_4) \quad \cdots\cdots(A.4)$$

式中：

$PLF_1$、$PLF_2$、$PLF_3$、$PLF_4$ ——由图 A.1 确定部分负荷性能工况下机组在 100%负荷、(75±10)%负荷、(50±10)%负荷和(25±10)%负荷的部分负荷系数；

$COP_1$、$COP_2$、$COP_3$、$COP_4$ ——部分负荷性能工况下，机组 100%负荷、(75±10)%负荷、(50±10)%负荷和(25±10)%负荷时的 COP。

## A.3 4级卸载系统的计算示例

**A.3.1** 假定机组有如下四个卸载级：

a) 100%(全负荷)；

b) 全负荷的 75%；

c) 全负荷的 50%；

d) 全负荷的 25%。

**A.3.2** 由图 A.1 得到部分负荷系数。

**A.3.3** 根据 A.2.1 和 A.2.2 得到每一卸载级的 COP。

**A.3.4** 利用通用式(A.4)计算机组的 IPLV(H)

$PLF_1=1.00$ $COP_1=2.18$

$PLF_2=0.86$ $COP_2=2.25$

$PLF_3=0.49$ $COP_3=2.40$

$PLF_4=0.12$ $COP_4=2.00$

将上面的值代入 IPLV(H)的计算公式：

$$IPLV(H)=(PLF_1-PLF_2)(COP_1+COP_2)/2+(PLF_2-PLF_3)(COP_2+COP_3)/2+(PLF_3-PLF_4)(COP_3+COP_4)/2+(PLF_4)(COP_4)$$

$$IPLV(H)=(1.00-0.86)(2.18+2.25)/2+(0.86-0.49)(2.25+2.40)/2+(0.49-0.12)(2.40+2.00)/2+(0.12\times 2.00)$$

IPLV(H)=2.224 35，圆整为 2.22。

根据 A.3.1、A.3.2、和 A.3.3，计算出 IPLV(H)值，见表 A.1。

**表 A.1 机组 IPLV(H)的计算示例**

| 制热量级 | 机组净制热量 kW | 全负荷制热量的百分比[a] | PLF[b] | 部分负荷 COP | 平均部分负荷 COP | PLF 差 | 平均部分 COP×PLF 差 | 加权平均值 |
|---|---|---|---|---|---|---|---|---|
| 1 | 28.0 | 100% | 1.00 | 2.18 | 2.22 | 1.00−0.86=0.14 | 2.22×0.14= | 0.3108 |
| 2 | 21.0 | 75% | 0.86 | 2.25 | 2.325 | 0.86−0.49=0.37 | 2.325×0.37= | 0.8603 |
| 3 | 14.0 | 50% | 0.49 | 2.40 | 2.20 | 0.49−0.12=0.37 | 2.20×0.37= | 0.814 |
| 4 | 7.0 | 25% | 0.12 | 2.00 | 2.00 | 0.12−0.00=0.12 | 2.00[c]×0.12= | 0.24 |
| | | 0% | 0.00 | 0 | | | 单值 IPLV(C) | 2.22[d] |

[a] 100%制热量和 COP 是指在表 3 中规定的 100%负荷对应的测试工况下，所配置的室内机全开运行的实测制热量。

[b] 由图 A.1 得到的各部分负荷系数。

[c] 对 0%和最后制热量级之间的区域，用最后制热量级的 COP 作为平均 COP；

[d] 圆整至 2.22。

# 附 录 B
（资料性附录）
## 低环境温度空气源多联式热泵（空调）机组的型号编制

低环境温度空气源多联式热泵（空调）机组由其室内机和室外机构成，其室内、室外机的型号由大写汉语拼音字母和阿拉伯数字组成，具体表示方法：

### B.1 室外机组型号

**B.1.1** 型号基本结构

DL-Re □ W □/□

- □（/后）——设计序号（字母表示）
- □（W后）——压缩机数量（数字表示，单压机省略）
- W——室外机代号
- □——制冷量（名义制冷量 $\times 10^{-2}$）
- Re——低环境温度空气源热泵
- DL——多联式热泵（空调）机组基本代号

**B.1.2** 室外机型号含义

| 含义 | 产品代号 | 型式代号 | 制冷量 | 室外机代号 | 压缩机数量 | 设计序号 |
|---|---|---|---|---|---|---|
| 表示方法 | DL | Re—低环境温度空气源热泵 | 名义制冷量 $\times 10^{-2}$ | W | 用数字表示 | 用字母顺序表示 |

**B.1.3** 型号示例：DL-Re150 W2/A 表示：低环境温度空气源多联式热泵（空调）机组室外机，名义制冷量 15 000 W，双压缩机系统。

### B.2 室内机型号

**B.2.1** 型号基本结构

DL-□ □ □/□ □

- □（最后）——其他特殊功能
- □（/后）——设计序号
- □（/前）——结构代号
- □——名义制冷量 $\times 10^{-2}$
- □（DL-后）——功能代号
- DL——多联式热泵（空调）机组基本代号

**B.2.2 室内机型号含义**

| 含义 | 产品代号 | 功能特征 | 制冷量 | 结构代号 | 设计序号 | 其他特殊功能 |
|---|---|---|---|---|---|---|
| 表示方法 | DL | P—变频<br>R—变容<br>J—智能型 | 名义制冷量$\times 10^{-2}$ | G—挂壁式<br>L—落地式<br>D—吊顶式<br>T—天井式<br>P—风管式<br>窗式省略 | 用字母顺序表示 | 7 000 W～10 000 W范围内，电源：三相代号为S，单相省略 |

**B.2.3 型号示例**

DL-R25P表示多联式变容风管型室内机，名义制冷量2 500 W。

ICS 27.200
J 73

# 中华人民共和国国家标准

GB/T 25858—2010

# 精密空调机组性能测试方法

## Performance testing method of precision air conditioning unit

2011-01-10 发布　　2011-10-01 实施

中华人民共和国国家质量监督检验检疫总局
中国国家标准化管理委员会　发布

# 前　言

本标准按 GB/T 1.1—2009 给出的规则起草。

本标准由中国机械工业联合会提出。

本标准由全国冷冻空调设备标准化技术委员会(SAC/TC 238)归口。

本标准负责起草单位：广东力优环境系统股份有限公司、合肥通用机械研究院、广东力优人工环境技术研究院、东莞市广大制冷有限公司。

本标准参加起草单位：广东美的制冷设备有限公司、广东吉荣空调设备公司、珠海格力电器股份有限公司、绍兴市制冷设备厂有限公司。

本标准主要起草人：方沛明、谢淑萍、张秀平、刘怡、殷飞平、赵薰、张龙、陈伟栋。

本标准由全国冷冻空调设备标准化技术委员会负责解释。

# 精密空调机组性能测试方法

## 1 范围

本标准规定了精密空调机组(以下简称"机组")的术语和定义、分类和测试方法。

本标准适用于控制调节温度不大于±1 ℃、相对湿度不大于±5%范围的空调机组。

## 2 规范性引用文件

下列文件对于本文件的应用是必不可少的。凡是注日期的引用文件,仅注日期的版本适用于本文件。凡是不注日期的引用文件,其最新版本(包括所有的修改单)适用于本文件。

GB/T 14294—2008 组合式空调机组

GB/T 16803 采暖、通风、空调、净化设备 术语

GB/T 17758 单元式空气调节机

GB/T 19413—2003 计算机和数据处理机房用单元式空气调节机

JB/T 7249 制冷设备 术语

## 3 术语和定义

GB/T 14294、GB/T 16803、GB/T 17758 和 JB/T 7249 界定的以及下列术语和定义适用于本文件。

3.1

**精密空调机组 precision air conditioning unit**

向封闭空间、房间或区域直接提供处理空气并单独或同时保持温度在±1 ℃范围内和相对湿度在±5%范围内波动的空调机组。

3.2

**控制精度 controlled precision**

机组在向封闭空间、房间或区域直接提供处理空气的同时所能保持温度和相对湿度的波动范围。

3.3

**制冷量 refrigerating capacity**

在制冷试验工况下稳定运行时,机组单位时间内从封闭空间、房间或区域除去的热量的总和,单位:W。

3.4

**制冷消耗功率 refrigerating consumed power**

在规定的制冷试验工况下,机组所消耗的总功率,单位:W。

3.5

**性能系数(COP) coefficient of performance**

在制冷试验工况下,机组以同一单位表示的制冷量与制冷消耗功率之比。

3.6

**综合性能总负荷 integrated load of performance**

从规定的性能测试工况调节至设定工况过程中,机组所承担的测试环境中的总热湿负荷量,单

位:J。

3.7

**综合性能总能耗　integrated power of performance**

从规定的性能测试工况调节至设定工况过程中,机组在承担热湿负荷时制冷系统、加热装置、加湿装置等所消耗的总能耗,单位:J。

3.8

**综合性能系数(ICOP)　integrated coefficient of performance**

在规定的综合性能工况下,按附录A测试出的综合性能总负荷与综合性能总能耗之比。综合性能系数是机组在各部件相互协调运作时性能的表现,反映机组整体运行性能的性能系数值。

3.9

**输入总电量　overall input electricity**

机组在试验工况下的输入总电量等于精密空调机组各运行部件的输入功率乘上相应的运行时间之和,单位:kW·h。

## 4　分类

精密空调按控制精度分为:

a) 精密空调:能同时或单独保持温度±1 ℃～±0.5 ℃和湿度±5%～±2%范围波动的机组。

b) 高精密空调:能同时或单独保持温度±0.5 ℃～±0.3 ℃和湿度小于等于±2%范围波动的机组。

## 5　测试方法

### 5.1　测试形式和安装方法

#### 5.1.1　测试形式

测试分为试验室和现场测试两种测试形式。

##### 5.1.1.1　试验室测试

测试机组在名义制冷工况下的名义制冷量、制冷消耗功、制冷性能系数(COP)、以及在表2规定的试验工况下的综合性能系数(ICOP)和输入总电量和控制精度。

##### 5.1.1.2　现场测试

在使用现场,采用测试设备对机组在实际的环境工况下测试名义制冷量、制冷消耗功、制冷性能系数(COP)、综合性能系数(ICOP)以及输入总电量和控制精度。

#### 5.1.2　安装方法

机组可以全部由制造商组装,或用制造商提供的部件在现场组装,或遵循预先确定的设计图样在现场安装。

### 5.2　测试内容

#### 5.2.1　制冷量

机组的制冷量($Q$)按各自产品标准工况,采用A.4.1的试验方法进行测试。

#### 5.2.2 制冷消耗功率

机组的制冷消耗功率($P$)按各自产品标准工况，采用 A.4.1 的试验方法进行测试。

#### 5.2.3 再加热量

再加热量试验按 GB/T 19413—2003 中 5.4.3 的方法，按表 1 的规定工况条件，在不开启机组制冷和加湿设备的情况下进行。消耗功率包括再加热器、风机电机、电器控制设备及其他运行部件。再加热器的风量应与制冷量试验时相同。实测再加热量不应小于规定值的 95%。

#### 5.2.4 加湿量

加湿量试验按 GB/T 19413—2003 中 5.4.3 的方法，工况应按表 1 的有关规定。加湿器的风量应与制冷量试验时相同。实测加湿量不小于规定值的 95%。

#### 5.2.5 制冷性能系数(COP)

机组制冷性能系数(COP)由 5.2.1 和 5.2.2 求得的制冷量($Q$)和制冷消耗功率($P$)按式(1)计算得出：

$$\mathrm{COP} = Q/P \qquad \cdots\cdots(1)$$

#### 5.2.6 综合性能总负荷

按 A.4.2 方法测试时，室内侧测试间空气处理机调节被试机开机工况所投入的负荷与被试机开启时室内侧测试间空气处理机投入的固定负荷之和，单位:J。

#### 5.2.7 综合性能总能耗

按 A.4.2 方法测试时，机组从开机状态至平衡状态过程中制冷系统、加热装置、加湿等装置消耗的总能耗 $IP$，单位:J。

#### 5.2.8 综合性能系数(ICOP)

在表 2 试验工况下，机组的综合性能系数(ICOP)按式(2)计算：

$$\mathrm{ICOP} = IQ/IP \qquad \cdots\cdots(2)$$

式中：

$IQ$——综合性能总负荷(包括:热负荷、湿负荷)，按式(A.2)计算；

$IP$——综合性能总能耗，按式(A.3)计算。

#### 5.2.9 控制精度

机组在表 2 试验工况下，按 A.4.2 的方法测试，待室内状态平衡 1 h 后，测试室内布置的测点的温度和湿度的波动应在 3.1 规定的范围内。

### 5.3 测试条件

#### 5.3.1 一般要求

试验室测试应符合 GB/T 17758、GB/T 14294 及附录 A 中的相关内容要求。

现场测试应符合附录 B 中的要求。

### 5.3.2 试验工况

试验工况中室内侧空气状态根据各自机组铭牌标示的名义工况确定。具体工况见表1。

### 5.3.3 试验工况和测试时的允许偏差

**表1 机组单独性能试验工况及允许偏差**

单位为摄氏度

<table>
<tr><td colspan="2" rowspan="2">项目</td><td colspan="3">室内侧入口空气状态</td><td colspan="4">室外侧状态</td></tr>
<tr><td>干球温度</td><td>湿球温度</td><td>加热(湿)介质状态</td><td>干球温度</td><td>湿球温度</td><td>进水温度</td><td>出水温度</td></tr>
<tr><td colspan="2">名义制冷</td><td colspan="7">按机组执行标准工况参数进行测试</td></tr>
<tr><td rowspan="3">加热</td><td>水蒸汽</td><td colspan="2" rowspan="5">名义制冷工况</td><td>压力 110 kPa±7 kPa<br>温度 121±1.0</td><td colspan="2" rowspan="3">—</td><td colspan="2" rowspan="5">—</td></tr>
<tr><td>热水</td><td>进口温度 80±0.5<br>出口温度 70±0.5</td></tr>
<tr><td>电加热</td><td>—</td></tr>
<tr><td rowspan="2">加湿</td><td>电加湿</td><td>进加湿器水温<br>21±1.0</td><td rowspan="2">35±1.0</td><td rowspan="2">24±0.5</td></tr>
<tr><td>干蒸气</td><td>压力 19 kPa ± 4.5 kPa<br>温度 105±1.0</td></tr>
</table>

**表2 机组综合性能试验工况及允许偏差**

单位为摄氏度

<table>
<tr><td rowspan="3">项目</td><td colspan="4">室内侧空气状态</td><td colspan="4">室外侧状态</td></tr>
<tr><td colspan="2">起始状态</td><td colspan="2">终止状态</td><td colspan="2">风冷式</td><td colspan="2">水冷式</td></tr>
<tr><td>干球温度</td><td>相对湿度</td><td>干球温度</td><td>相对湿度</td><td>干球温度</td><td>湿球温度</td><td>进水温度</td><td>出水温度</td></tr>
<tr><td rowspan="4">综合性能测试工况</td><td colspan="2">$(T_s+\Delta T, H_s+\Delta H)$</td><td colspan="2" rowspan="4">机组设计工况值<br>$(T_s, H_s)$[b]</td><td rowspan="2">35±1.0</td><td rowspan="2">24±0.5</td><td rowspan="2">30±0.3</td><td rowspan="2">—[a]</td></tr>
<tr><td colspan="2">$(T_s+\Delta T, H_s-\Delta H)$</td></tr>
<tr><td colspan="2">$(T_s-\Delta T, H_s+\Delta H)$</td><td rowspan="2">21±1.0</td><td rowspan="2">15±0.5</td><td rowspan="2">—[a]</td><td rowspan="2">21±0.5</td></tr>
<tr><td colspan="2">$(T_s-\Delta T, H_s-\Delta H)$</td></tr>
<tr><td colspan="9">[a] 采用制冷量试验时的水流量；<br>[b] $T_s$，$H_s$ 分别代表机组设计工况的干球温度和相对湿度。</td></tr>
</table>

## 5.4 测试方法

5.4.1 试验室测试按附录A，现场测试按附录B方法执行。

5.4.2 一般规定

5.4.2.1 制冷量、制冷功率及COP的测试应在机组运行稳定后才能进行测试。

综合性能总负荷应从ICOP空气处理机开启时同时开始记录；综合性能总功率以及ICOP应在被测机开启时同时开始记录。

5.4.2.2 试验时，稳态测试时间间隔不大于20 min记录一次。动态测试，采用实时监测手段，用以积分计算机组能耗。

5.4.2.3 计算数据应取两次以上测试数据的算术平均值。

5.4.3 试验参数

测试技术性能指标的工况条件为:

a) 试验室条件

机组的制冷量、制冷功率以及 COP 按表 1 的试验工况要求进行测试;综合性能 ICOP 按表 2 工况进行测试。

b) 现场测试

应选择被测机组的设计工况状态进行试验,按设计要求开启运行。

5.4.4 测量仪表和精度规定

试验室测试用的仪器仪表应符合 GB/T 17758 及 GB/T 14294 中相应的测试仪表规定。

现场测试用的仪器仪表应符合 B.4 的规定。

5.4.5 试验数据整理

计算用制冷剂、载冷剂和冷却介质的性能数值,应采用参考文献所列文献的数值。

## 5.5 试验报告

5.5.1 格式和内容见附录 D。

5.5.2 试验结果

5.5.2.1 机组的制冷量 $Q$ 和制冷消耗功率 $P$、制冷性能系数 COP 等由制冷设备制造厂提供,应符各自机组对应的标准要求。

5.5.2.2 机组测试所得的参数包括:制冷量 $Q$ 和制冷消耗功率 $P$、制冷性能系数 COP、再加热量、再加湿量及综合性能系数 ICOP、控制精度。

# 附　录　A
# （规范性附录）
# 试验室测试方法

## A.1　目的

本附录旨在规定精密空调机组在表1、表2试验工况下的制冷量和制冷消耗功率、制冷性能系数(COP)、再加热量、再加湿量及综合性能系数(ICOP)、控制精度的试验方法。

## A.2　适用范围

本测试方法适用于各种型式的精密空调机组。

## A.3　一般要求

**A.3.1**　试验室大小应能满足机组离四周墙壁的最小距离不小于1 m，出风口到墙壁最小距离不小于1.8 m。试验装置应能模拟机组实际工作状态。

**A.3.2**　室内空气循环应使距机组1 m处风速不大于0.5 m/s。

**A.3.3**　室内空气温湿度的采样位置，应距机组空气出入口15 cm，并且不受被测机排气或其他热源的影响。

**A.3.4**　测点的温湿度应能代表测试间状态，并与实际使用中所处条件相仿，空气取样器参照GB/T 17758的规定。

**A.3.5**　流经湿球温度计的空气流速应在5 m/s左右。在空气进口和出口的处的温度测量用同样的流速，空气流速高于或低于5 m/s的湿球温度测量应进行修正。

## A.4　测试方法

对于机组各功能部件的性能测试是在表1的试验工况下采用产品对应执行标准下的试验方法进行；

机组综合性能系数(ICOP)及精度测试是在表2的试验工况下，采用动态热平衡法进行。机组的综合性能系数(ICOP)包含有启动值、稳态值、动态值三个不同过程值。

### A.4.1　制冷性能测试方法

根据各自产品的类型，按产品执行标准对制冷量、制冷功耗、再加热量、再加湿量以及COP进行焓差试验测试。

### A.4.2　ICOP动态热平衡法

试验装置如图A.1所示，室内侧配置一套室内侧环境空气处理机组的基础上，另配置ICOP空气处理机，用以模拟现实环境中被测机组需承担的热湿负荷。试验开始时，先通过室内侧环境空气处理机将整个室内侧房间调节稳定至设定工况，然后机组保持稳定；再开启ICOP空气处理机，将室内测试间状态迅速调节至被试机要求的开机工况(投入的热湿负荷需测定)。在达到初始开机工况点时，被试机开启，同时由ICOP空气处理机向室内测试间内增加或减少固定热负荷及固定湿负荷(热湿负荷需测定：以被测机组的额定负荷值的一定百分比例作为增加或减少的负荷量)，由被试机自行调节将环境工况调节至设定点状态并达到稳定，允许温度误差在±1 ℃以内，湿度误差在±5%以内。分别在启动过程、稳态过程以及动态过程的时间段中测试机组能耗及处理的热湿负荷，计算各阶段ICOP。待室内温度保持精度1 h时间稳定后，测试机组控制精度。

**A.4.3 试验装置**

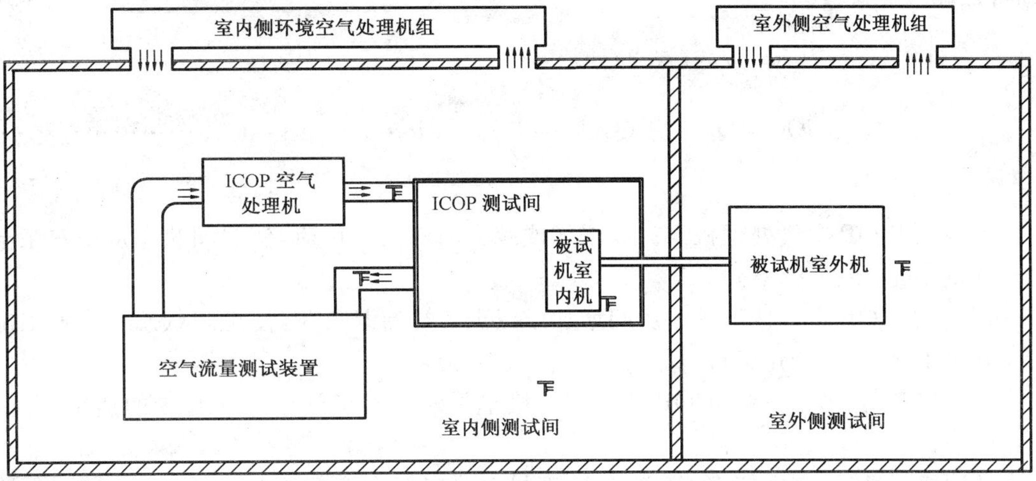


图 A.1

**A.4.4 测点位置**

机组在ICOP测试时，室内侧在测试间布置一个温湿度传感器，监测室内环境间工况。在ICOP测试间的进回风口分别布置一温湿度传感器，将所测值作为ICOP空气处理机的反馈信号值。另在ICOP的被测机室内机出风口布置温湿度传感器，测取被测机的出风状态。

电气测定时，测点选择应对制冷设备、加热、加湿装置参数分别测试和计算。

**A.4.5 测试时间间隔**

稳态测试数据记录是在机组运行稳定10 min后进行记录，时间间隔不大于20 min记录一次。

动态测试，采用实时监测，精度测试需等机组重新平衡至状态点一段时间后进行测试。

**A.5 数据整理**

试验中开机工况、设定工况及室外测试间工况按表2的规定。

**A.5.1 制冷量**

制冷量$Q$按式(A.1)计算：

$$Q=G_a(h_{a1}-h_{a2})/[V_a(1+W_a)] \quad \cdots\cdots(A.1)$$

式中：

$G_a$——室内空气流量测量值，单位为立方米每秒($m^3/s$)；

$h_{a1}$——进入室内侧空气的焓，相对干空气单位为焦每千克(J/kg)；

$h_{a2}$——离开室内侧空气的焓，相对干空气单位为焦每千克(J/kg)；

$V_a$——喷嘴处空气比容，单位为立方米每千克($m^3$/kg)；

$W_a$——喷嘴处的空气含湿量，相对干空气单位为千克每千克(kg/kg)。

**A.5.2 制冷性能系数(COP)**

机组的性能系数(COP)按式(1)计算。

**A.5.3 综合性能总负荷(*IQ*)**

机组的综合性能总负荷(*IQ*)按式(A.2)计算：

$$IQ = |Q_{r0}| + |Q_{s0}| + \int_0^{\tau} |q_{re}| \cdot dt + \int_0^{\tau} |q_{se}| \cdot dt \quad \cdots\cdots (A.2)$$

式中：

$Q_{r0}$——室内侧ICOP空气处理机向房间增加或减少的初始热负荷，使房间状态从设定工况变化至开机工况，单位为焦(J)；

$Q_{s0}$——室内侧ICOP空气处理机向房间增加或减少的初始湿负荷，使房间状态从设定工况变化至开机工况，单位为焦(J)；

$q_{re}$——被测机开机后，室内侧ICOP空气处理机单位时间向房间增加或减少的热负荷，单位为瓦(W)；

$q_{se}$——被测机开机后，室内侧ICOP空气处理机单位时间向房间增加或减少的湿负荷，单位为瓦(W)；

根据开机工况与设定工况湿度差得出的加湿量及蒸汽焓值计算：$q_{se}=wh$

其中，$w$为加入蒸汽质量流量，$h$为目标温度下的水蒸汽汽化潜热。

$\tau$——被测机组从测试开始至停止试验的时间消耗或各部件分别运行的时间，单位为秒(s)。

**A.5.4 综合性能总能耗(*IP*)**

机组的综合性能总能耗(*IP*)按式(A.3)计算：

$$IP = \sum_{i=1}^{n} \int_0^{\tau} p_i \, dt \quad \cdots\cdots (A.3)$$

式中：

$i$——表示机组的运行部件数，1，2……$n$个；

$p_i$——指各功能部件的耗功，单位为瓦(W)。

**A.5.5 综合性能系数(ICOP)**

机组的性能系数按式(2)计算。

启动过程ICOP计算时，式(A.2)中$q_{re}$、$q_{se}$为固定值；

稳定过程ICOP计算时，$Q_{r0}=0$，$Q_{s0}=0$；

动态过程ICOP计算时，$q_{re}$、$q_{se}$为非固定值。

**A.5.6 精度曲线图**

机组精度曲线包括温度和湿度两个值，根据所测数据绘制温湿度范围分布图。温湿度精度偏差点应在95%以内。

# 附 录 B
（规范性附录）
# 现场测试方法

## B.1 目的

本附录旨在现场测试条件下，精密空调机组现场测试应选择被测机组的设计工况(允许误差参照GB/T 14294—2008 表 5 的规定)状态进行试验。实测得到名义制冷量、制冷消耗功率、制冷性能系数(COP)、再加热量、再加湿量及综合性能系数(ICOP)和控制精度。另外，当放热侧条件与标准条件不符时，应按附录 C 要求进行修正。

## B.2 适用范围

本试验方法适用于各种方式的精密空调机组，但现场应提供满足要求的检测仪表。

## B.3 试验方法

本附录的试验测试是在现场环境接近被测机组的设计工况状态进行试验，并且按设计要求开启运行。也称为被测机组的设计工况性能试验。

### B.3.1 设计工况性能测试

精密空调机组的现场制冷量、制热量、COP、ICOP 通过换热计算得出。机组功耗、控制精度通过测试得出。

**B.3.1.1** 房间初始温湿度状态的测量

对房间温湿度测量采用不同高度截面上取房间对角线的等分点的方式测量空气干球温度和湿球温度。室内面积不足 16 $m^2$，在室内活动区域中央布测点 1 个；16 $m^2$ 及以上不足 30 $m^2$ 测 2 点(检测区域对角线三等分，其二个等分点作为测点)；30 $m^2$ 及以上不足 60 $m^2$ 测 3 点(居室对角线四等分，其三个等分点作为测点)；60 $m^2$ 及以上不足 100 $m^2$ 测 5 点(二对角线上梅花设点)；100 $m^2$ 及以上每增加 20 $m^2$～50 $m^2$ 酌情增加 1～2 个测点(均匀布置)。

**B.3.1.2** 回风空气温湿度状态的测量

测量截面是在试验机组回风管上时，可采用空气取样或截面上平均布点的方式测量空气干球温度和湿球温度。空气取样的要求见 GB/T 14294—2008 附录 E 中 E.2.2 规定，截面平均布点的方法是将该截面平均划分为 6～9 个等面积的小矩形，在各小矩形中心测量空气干球温度和湿球温度，取其平均值作为回风温湿度值。

**B.3.1.3** 测试冷、热盘管应测量进、出水温和水量。

**B.3.1.4** 测试喷水加湿段应测量喷嘴前进口水压、回水量、冷冻水供水温度、回水温度。

**B.3.1.5** 测试蒸汽加热器应测量进口蒸汽压力、温度、凝结水量和凝结水温。

## B.4 测试仪表

超声波流量计精度 1 级，综合误差＜±2%；

温度测量仪分辨率 0.1 ℃，二级精度；

电能综合测试仪精度 1 级，综合误差＜±2%；

电工测量仪表精度 1 级(包括：电压、电流、功率、功率因数表)，综合误差＜±2%；

其他测量仪表精度 1 级，综合误差＜±2%。

## B.5 测点位置

房间初始温湿度测试位置是在不同高度截面上取房间对角线的等分点的方式测量空气干球温度和湿球温度，取其平均值作为房间空气初始温湿度状态值。

房间最终设定温湿度测点应选择在精密空调机组的回风口处，采用平均划分为 6～9 个等面积的小矩形，在各小矩形中心测量空气干球温度和湿球温度，取其平均值作为回风温湿度值。

进行电气测定时，测点选择应对制冷设备、加热、加湿和等装置参数分别测试和计算。

## B.6 测试时间间隔

测试数据记录时间间隔不大于 10 min 并均等，计算时取两次以上测试数据的算术平均值。

## B.7 数据整理

综合性能系数 ICOP、控制精度计算按照附录 A 中的方法计算。制冷量、再加热量、再加湿量计算按下列公式计算。

冷却盘管水侧换热量按式(B.1)计算：

$$Q_{W1}=WC_{PW}(t_{W2}-t_{W1}) \qquad \cdots\cdots(B.1)$$

加热盘管水侧换热量按式(B.2)计算：

$$Q_{W2}=WC_{PW}(t_{W1}-t_{W2}) \qquad \cdots\cdots(B.2)$$

蒸汽加热时换热量按式(B.3)计算：

$$Q_{W3}=W(I_{V1}-I_{V2}) \qquad \cdots\cdots(B.3)$$

喷水段冷却性能按式(B.4)计算：

$$Q_{W4}=W_2(t_{W2}-t_L) \qquad \cdots\cdots(B.4)$$

式中：

$Q_W$ ——试验机组水侧或蒸汽侧的换热量，单位为千瓦(kW)；

$W$ ——盘管水流量或蒸汽凝结水量，单位为千克每秒(kg/s)；

$C_{PW}$ ——水的定压比热，单位为千焦每千克开尔文[kJ/(kg·K)]；

$t_{W1}$、$t_{W2}$ ——试验机组水的进出口温度，单位为摄氏度(℃)；

$I_{V1}$、$I_{V2}$ ——试验机组蒸汽的进出口焓值，单位为千焦每千克(kJ/kg)；

$W_2$ ——试验机组喷水段回水量，单位为千克每秒(kg/s)；

$t_L$ ——喷水段冷冻水供水温度，单位为摄氏度(℃)。

# 附 录 C
## (规范性附录)
## 修 正 规 则

本规则仅对放热侧条件与标准条件不符时,作为修正 COP 值之用。

**C.1** 对现场测试放热侧条件不符合表 1 所示数值的修正。

a) 风冷式,环境温度低于(高于)名义制冷工况下的室外侧温度时,按每低(高)于 1 ℃,COP 降低 1%(提高 1% )来修正。

b) 水冷式,冷却水进出水平均温度,每低(高)于 1 ℃ ,COP 降低 1 % (提高 1 %)来修正。

## 附 录 D
## （资料性附录）
## 试验报告格式

________质量测试站

# 检 验 报 告

编 号：________________

产品名称：________________

检验类别：________________

受检单位：________________

委托单位：________________

检测站公章：

报告发送日期：________年________月________日

检验报告

报告编号：　　　　　　　　　　　　　　　　　　　　共　页　第　页

| | | | |
|---|---|---|---|
| 产品名称 | | 规格型号 | |
| 生产单位 | | 商　标 | |
| 检验类别 | | 样品等级 | |
| 委托单位 | | 样品来源 | |
| 通讯地址 | | 抽样人员 | |
| 受检单位 | | 抽样地点 | |
| 抽样时间 | | 抽样依据/抽样方法 | |
| 送样时间 | | 样本数量/样本基数 | |
| 检测时间 | | 样本批号/出厂日期 | |
| 检验设备 | | | |
| 检验内容 | | | |
| 检验依据 | | | |

检验结论：

签发日期：　　　年　　月　　日

检验人：　　　　　　　　　　　　校核人：

质量负责人：　　　　　　　　　　技术负责人：

报告编号：　　　　　　　　　　　　　　　　　　　　　　　　　　　　　共　页　第　页

| 测试内容 | | 单位 | 设计值 | 测试值 | 结论 | 备注 |
|---|---|---|---|---|---|---|
| 1 | 名义制冷量 | | | | | |
| 2 | 输入功率 | | | | | |
| | 制冷系统 | | | | | |
| | 送风风机 | | | | | |
| | 冷凝风机 | | | | | |
| | 加热器 | | | | | |
| | 加湿器 | | | | | |
| | 控制系统 | | | | | |
| | 冷却系统 | | | | | |
| 3 | 性能系数 | | | | | |
| 4 | 运行时间 | | | | | |
| | 制冷系统 | | | | | |
| | 送风风机 | | | | | |
| | 冷凝风机 | | | | | |
| | 加热器 | | | | | |
| | 加湿器 | | | | | |
| | 控制系统 | | | | | |
| | 冷却系统 | | | | | |
| 5 | 消耗电量 | | | | | |
| 6 | 综合性能总负荷 | | | | | |
| 7 | 综合性能总功率 | | | | | |
| 8 | 综合性能系数 | | | | | |

报告编号：　　　　　　　　　　　　　　　　　　　　　　　　　　　　共　页　第　页

| 试验系统介绍 |
| --- |
| （增加环境条件说明） |

# 参 考 文 献

[1] GB/T 19412—2003 蓄冷空调系统的测试和评价方法

[2] ANSI/ASHRAE 127—2007 Method of Testing for Rating Computer and Data Processing Room Unitary Air Conditioners

[3] 制冷工质热物理性质和图(SI 制).机械工业出版社

[4] 新制冷工质热力性质图和表.上海交通大学出版社

ICS 27.200
J 73

# 中华人民共和国国家标准

GB/T 25859—2010

# 蓄冷系统用蓄冰槽　型式与基本参数

## The stand form and basic parameters of ice storage tank in cool storage system

2011-01-10 发布　　2011-10-01 实施

中华人民共和国国家质量监督检验检疫总局
中国国家标准化管理委员会　发布

# 前　言

本标准按 GB/T 1.1—2009 给出的规则起草。

本标准由中国机械工业联合会提出。

本标准由全国冷冻空调设备标准化技术委员会(SAC/TC 238)归口。

本标准负责起草单位:广东力优环境系统股份有限公司、广东力优人工环境技术研究院、东莞市广大制冷有限公司。

本标准参加起草单位:BAC 大连有限公司。

本标准主要起草人:方沛明、谢淑萍、刘怡、刘益才、江磊。

本标准由全国冷冻空调设备标准化技术委员会负责解释。

# 蓄冷系统用蓄冰槽　型式与基本参数

## 1　范围

本标准规定了蓄冷系统用蓄冰槽的型式与基本参数。

本标准适用于蓄冷系统配套使用的蓄冰槽，特定冷源用的蓄冰槽可以参照使用。

本标准不适用于动态制冰的蓄冰槽。

## 2　规范性引用文件

下列文件对于本文件的应用是必不可少的。凡是注日期的引用文件，仅注日期的版本适用于本文件。凡是不注日期的引用文件，其最新版本(包括所有的修改单)适用于本文件。

GB/T 19412　蓄冷空调系统的测试和评价方法

SB/T 10343　蓄冷设备

## 3　术语和定义

GB/T 19412、SB/T 10343 界定的以及下列术语和定义适用于本文件。

3.1

**蓄冷　cool storage**

以显热形式(即降低某一物质的温度)或潜热形式(冻结某一液体或溶液)储存冷量的过程。

3.2

**释冷　cool discharge**

将冷量从蓄冰槽中移走的过程。

3.3

**蓄冷系统　cool storage air-conditioning system**

蓄冷系统由制冷蓄冷系统与供冷系统所组成。

3.4

**蓄冰槽　ice storage tank**

制冷蓄冷系统与供冷系统联合工作时，用于存储发生相变的蓄冷介质的装置。蓄冷系统中用于存储冷量的设备。

3.5

**名义蓄冷量　nominal storage capacity**

制冷蓄冷系统在规定工况下，系统达到完全蓄冷状态后，释冷循环试验中实测得到的总释冷量，单位：kW·h。

3.6

**蓄冷介质　cool storage medium**

向蓄冰槽转移热量的传热流体。

3.7

**蓄冰率(IPF)　ice packing factor**

蓄冰槽中溶液制冰量与制冰前槽内蓄冷介质的体积百分比。

3.8

**制冰容积　volume of ice-making**

蓄冰槽中蓄冷介质制冰后冰的体积。

3.9

**蓄冰槽容积　volume of ice storage tank**

蓄冰槽中蓄冷介质在制冰前的液态体积。

3.10

**封装容器式蓄冰槽　packaged type ice storage tank**

用若干装有蓄冷介质的冰球充填的容器构成的蓄冷装置。

3.11

**盘管式蓄冰槽　coil type ice storage tank**

一个由浸没在槽体中的盘管、平板或其他传热表面构成的蓄冷装置。

3.12

**模块化蓄冷槽　modularization of cool storage tank**

单一的系统即可保持单独使用性，提供相应的蓄冷量，也能作为整体系统的子系统来提供蓄冷量的装置。

## 4　型式

4.1　蓄冰槽按外形分为方形和圆筒形。

4.2　蓄冰槽按结构型式分为封装容器式和冰盘管式。

4.3　蓄冰槽按换热材质分为非金属式和金属式。

4.4　蓄冰槽按壳体材质分为金属式和非金属式。

4.5　蓄冰槽的型号编制方法见附录A。

## 5　基本参数

5.1　蓄冰槽容积参数按表1的规定。

**表1　蓄冰槽容积参数**

单位为立方米

| 项目 | 参数 | | | | | | | | | | | |
|---|---|---|---|---|---|---|---|---|---|---|---|---|
| 蓄冰槽容积 | 1 | 3 | 4 | 5 | 9 | 14 | 19 | 24 | 30 | 36 | 50 | 60 |

5.2　蓄冰槽名义蓄冷量参数按表2的规定。

**表2　蓄冰槽名义蓄冷量参数**

单位为千瓦时

| 项目 | 参数 | | | | | | | | | | | |
|---|---|---|---|---|---|---|---|---|---|---|---|---|
| 名义蓄冷量 | 50 | 150 | 200 | 250 | 450 | 700 | 950 | 1 200 | 1 500 | 1 800 | 2 500 | 3 000 |

5.3　蓄冰槽盘管结构参数按表3规定。

表 3　蓄冰槽盘管结构参数

单位为毫米

| 项　目 | 参　数 |
| --- | --- |
| 塑料盘管外径 | 6.35～27 |
| 金属盘管外径 | 12～32 |
| 冰球外径 | 50～103 |

# 附 录 A
（资料性附录）
# 蓄冰槽的型号编制方法

## A.1 型号表示方法

蓄冰槽的型号由大写汉语拼音字母和阿拉伯数字（以下简称数字）组成，其型号表示方法如下：

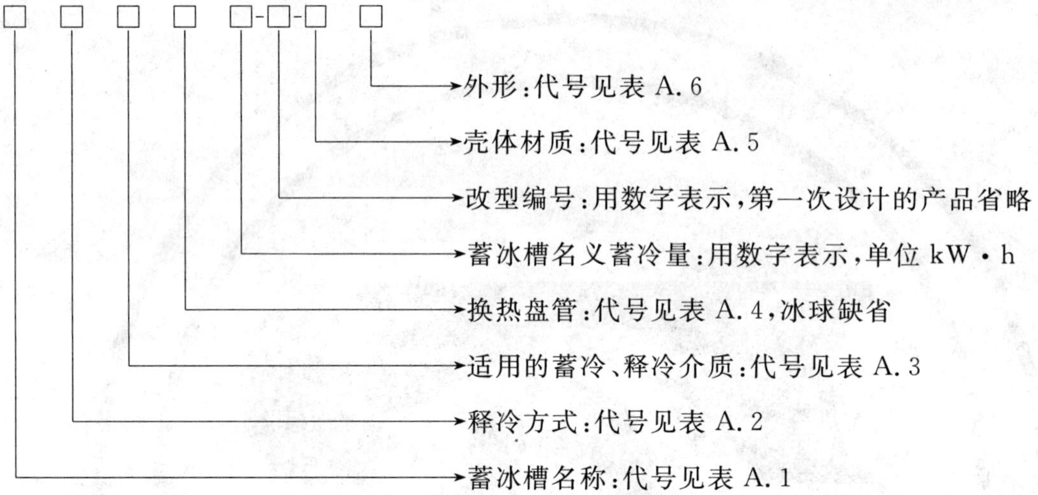


**表 A.1 蓄冰槽代号**

| 名 称 | 代 号 |
|---|---|
| 封装容器式蓄冰槽 | FC |
| 盘管式蓄冰槽 | PC |

**表 A.2 释冷方式代号**

| 名 称 | 代 号 |
|---|---|
| 盘管内部融解 | N |
| 冰球、盘管外部融解 | W |

**表 A.3 适用的蓄冷、释冷介质代号**

| 名 称 | | 代 号 |
|---|---|---|
| 蓄冷介质 | 释冷介质 | |
| 制冷剂 | 水 | ZS |
| 乙二醇载冷剂 | | YS |
| 制冷剂 | 乙二醇载冷剂 | ZY |
| 乙二醇载冷剂 | | YY |

表 A.4 换热盘管代号

| 名 称 | 代 号 |
|---|---|
| 非金属盘管 | S |
| 金属盘管 | J |

表 A.5 壳体材质代号

| 名 称 | 代 号 |
|---|---|
| 金属蓄冰槽外壳 | J |
| 玻璃钢蓄冰槽外壳 | B |
| 钢筋混凝土蓄冰槽外壳 | T |

表 A.6 外形代号

| 名 称 | 代 号 |
|---|---|
| 方形蓄冰槽体 | F |
| 圆筒形蓄冰槽体 | T |

## A.2 型号示例

PCNYYS700-BF：

表示名义蓄冷量为 700 kW·h,第一次设计的蓄、释冷流体均为乙二醇的非金属盘管内融冰式玻璃钢方形壳体蓄冰槽。

ICS 27.200
J 73

# 中华人民共和国国家标准

GB/T 25860—2010

# 蒸发式冷气机

## Evaporative air cooler

2011-01-10 发布　　　　2011-10-01 实施

中华人民共和国国家质量监督检验检疫总局
中国国家标准化管理委员会　发布

# 前　言

本标准按 GB/T 1.1—2009 给出的规则起草。

本标准由中国机械工业联合会提出。

本标准由全国冷冻空调设备标准化技术委员会(SAC/TC 238)归口。

本标准负责起草单位:澳蓝(福建)实业有限公司、合肥通用机械研究院。

本标准参加起草单位:西安工程大学、东莞市科达机电设备有限公司、合肥通用环境控制技术有限责任公司。

本标准主要起草人:黄华铃、张明圣、林利明、黄翔、陈明松、辛军哲、汪超、单磊、贾磊。

本标准由全国冷冻空调设备标准化技术委员会负责解释。

# 蒸发式冷气机

## 1 范围

本标准规定了蒸发式冷气机(以下简称"冷气机")的术语和定义、型式、要求、试验、检验规则、标志、包装、运输和贮存。

本标准适用于工业、商业或其他公共建筑的蒸发式冷气机。

## 2 规范性引用文件

下列文件对于本文件的应用是必不可少的。凡是注日期的引用文件,仅注日期的版本适用于本文件。凡是不注日期的引用文件,其最新版本(包括所有的修改单)适用于本文件。

GB/T 191 包装储运图示标志

GB/T 1236—2000 工业通风机 用标准化风道进行性能试验

GB 4208—2008 外壳防护等级(IP 代码)

GB 5226.1—2008 机械电气安全 机械电气设备 第1部分:通用技术条件

GB 9068 采暖通风与空气调节设备噪声声功率级的测定 工程法

GB/T 9969 工业产品使用说明书 总则

GB/T 13306 标牌

GB/T 13384 机电产品包装通用技术条件

GB/T 17758 单元式空气调节机

JB/T 10359 空调器室外机用塑料环境技术要求

## 3 术语和定义

下列术语和定义适用于本文件。

3.1

**蒸发式冷气机 evaporative air cooler**

一种通过风机使空气与淋水填料层直接接触,把空气的显热传递给水而实现增湿降温,由风机、水循环分布系统、电气控制系统、填料及外壳等部件组成的机组。

3.2

**风量 airflow**

单位时间通过冷气机的空气体积流量,单位:$m^3/h$。

3.3

**输入功率 power input**

风机、水泵和辅助用电设备输入功率之和,单位:kW 或 W。

3.4

**显热制冷量 sensible cooling capacity**

单位时间内通过水分蒸发吸热而使通过的空气显热降低的量值,单位:kW 或 W。

3.5

**蒸发量　evaporative quantity**

单位时间水蒸发所消耗的水量，单位：L/h。

3.6

**蒸发效率　evaporative efficiency**

进、出口空气干球温度差与进口空气干、湿球温度差之比，单位：%。

3.7

**能效比（EER）　energy efficiency ratio（EER）**

显热制冷量与输入功率之比，单位：kW/kW。

3.8

**填料　pads**

提供蒸发介面并增加水与空气接触表面的物质，用以下材料中的一种，如牛皮纸、玻璃纤维、金属材料或陶瓷等经特殊处理制成。

## 4　型式

4.1　冷气机按使用风机类型分为：

a)　离心式；

b)　轴流式。

4.2　冷气机按结构和安装形式分为：

a)　风管型

——上出风型；

——下出风型；

——侧出风型。

b)　直吹型

——吊装型；

——壁挂型；

——移动型。

4.3　冷气机按电源类型分为：

a)　三相；

b)　单相。

4.4　冷气机按电控功能分为：

a)　无级调速；

b)　单速；

c)　多档调速。

### 4.5　型号

冷气机型号编制可由制造商参考附录A自行确定，但型号中应体现名义试验工况下机组的风量。

## 5　要求

### 5.1　一般要求

5.1.1　冷气机应按本标准的规定，并按经规定程序批准的图样和技术文件制造。

5.1.2 冷气机的结构应满足：

a) 壳体应有足够的强度，在运输和启动、运行、停止后不应出现凸凹变形。

b) 冷气机应设排水口，排水应顺畅、无渗漏。

c) 冷气机各零部件应安装牢固可靠。

5.1.3 材料

a) 冷气机选用的板材、型材、管材、配件等应符合国家相关标准的规定。

b) 材料应无毒、无异味、无腐蚀性。

c) 塑料材料防老化性能应符合 JB/T 10359 的要求。

5.1.4 零部件

a) 冷气机金属构件表面应进行除锈和防腐处理。

b) 填料应符合相关标准规定。

c) 配备的风机、水泵以及其他零部件均应符合相关标准的规定。

5.1.5 外观

a) 冷气机表面应无明显划伤、压痕，表面光洁、喷涂层均匀、色调一致，无流痕、气泡和剥落，壳体内应清理干净、无杂物。

b) 冷气机的装饰性、功能性塑料件表面应平整、色泽均匀，不得有裂痕、气泡等缺陷。

5.1.6 使用环境条件

适用于干燥地区和潮湿地区的特殊场所。

## 5.2 性能要求

### 5.2.1 启动与运转

冷气机在额定电压、额定频率下能正常启动和运转，零部件无松动、杂音和发热等异常现象。

### 5.2.2 防漏水性能

冷气机的载水部件应防渗漏。

### 5.2.3 防带水性能

冷气机在最高转速下正常运行，室内应无水滴下，出风口无水珠吹出。

### 5.2.4 风量

冷气机风量的实测值应不低于明示值的 95%。

### 5.2.5 出口静压

a) 直接型：0 Pa；

b) 风管型：风量小于 15 000 $m^3/h$，不小于 80 Pa；风量大于等于 15 000 $m^3/h$，不小于 120 Pa。

### 5.2.6 输入功率

在表 1 的名义试验工况下，冷气机输入功率的实测值应不大于明示值的 110%。

### 5.2.7 蒸发效率

在表 1 的名义试验工况下，冷气机蒸发效率的实测值应不低于明示值且不低于 65%。

5.2.8 显热制冷量

在表1的名义试验工况下，冷气机显热制冷量的实测值应不低于明示值的95%。

5.2.9 蒸发量

在表1的名义试验工况下，冷气机蒸发量的实测值应不低于明示值的95%。

5.2.10 能效比

在表1的名义试验工况下，冷气机能效比实测值不低于明示值的90%。

5.2.11 噪声

冷气机的噪声以A计权声功率级计，实测值应不大于明示值的3 dB(A)。

## 5.3 安全要求

5.3.1 电气安全

a) 冷气机电线穿孔和接插头应采用绝缘套管或其他保护措施，绝缘电阻值应不小于1 MΩ。

b) 耐电压要求：应无击穿和闪络。

c) 冷气机线路的连接应整齐、牢固，并有可靠的接地装置，接地保护导线按GB 5226.1—2008中5.2的要求。

5.3.2 电气防护

a) 冷气机外壳防水应达到GB 4208—2008中IPX4的要求。

b) 冷气机配备电动机防水应达到GB 4208—2008中IPX4的要求。

c) 冷气机配备水泵防水：潜水泵应达到GB 4208—2008中IPX6的要求，高脚泵应达到GB 4208—2008中IPX4的要求。

d) 排水阀防水：应达到GB 4208—2008中的IPX4的要求。

5.3.3 机械安全

a) 冷气机应有足够的机械强度，其结构应能承受正常使用中的各种操作。

b) 冷气机机械应设置适当的防护罩或防护网。

## 5.4 可靠性要求

在常温、常湿下冷气机应能连续无故障运行1 440 h。

# 6 试验

## 6.1 试验条件

6.1.1 冷气机按铭牌上的额定电压和额定频率试验。

6.1.2 冷气机应按表1的名义试验工况进行试验。

**表 1　名义试验工况**

<table>
<tr><th>工况类型</th><th>干球温度</th><th>湿球温度</th><th>额定电压</th><th>额定频率</th></tr>
<tr><td>干燥工况</td><td rowspan="2">38 ℃</td><td>23 ℃</td><td rowspan="2">AC220V 或 AC380V</td><td rowspan="2">50 Hz</td></tr>
<tr><td>高湿工况</td><td>28 ℃</td></tr>
<tr><td colspan="5">注：我国干燥地区和高湿地区典型城市夏季空气调节室外计算湿球温度参考附录 E。</td></tr>
</table>

## 6.2　试验仪器仪表及读数

6.2.1　试验时的各类测量仪器应在计量检定有效期内，其准确度应符合附录 B 的要求。

6.2.2　试验时读数允许偏差应符合表 2 的规定。

**表 2　试验允许误差**

<table>
<tr><th>项　目</th><th>试验工况允差</th><th>试验操作允差</th></tr>
<tr><td>干球温度/<br>℃</td><td>±0.3</td><td>±0.5</td></tr>
<tr><td>湿球温度/<br>℃</td><td>±0.2</td><td>±0.3</td></tr>
<tr><td>出口静压/<br>Pa</td><td>±5</td><td>±12.5</td></tr>
<tr><td>风量/<br>%</td><td>±2</td><td rowspan="3">±2</td></tr>
<tr><td>水流量/<br>%</td><td rowspan="2">±1</td></tr>
<tr><td>电参数/<br>%</td></tr>
</table>

## 6.3　试验方法

### 6.3.1　启动试验

冷气机在额定电压和额定频率下启动，稳定运转 5 min，切断电源，停止运转，反复进行 3 次，检查零部件有无松动、杂音和发热等异常现象。

### 6.3.2　防漏水性能试验

将水箱内的水位加到最高水位，冷气机正常运行 5 min 后，检查载水部件容易发生泄漏的表面是否有水渗出。

### 6.3.3　防带水性能试验

冷气机在最高风速下运行 5 min 后，在距出风口 500 mm 处垂直气流方向放一张绢纸，其每侧尺寸比出风口的尺寸超出 200 mm，观察绢纸是否有可见水渍。

6.3.4 风量

按附录C规定的试验方法，测量冷气机的风量。

6.3.5 出口静压

按附录C规定的试验方法，测量冷气机的出口静压。

6.3.6 蒸发效率

按附录D规定的试验方法，测量冷气机的蒸发效率。

6.3.7 显热制冷量

按附录D规定的试验方法，测量冷气机的显热制冷量。

6.3.8 蒸发量

按附录D规定的试验方法，测量冷气机的蒸发量。

6.3.9 输入功率

按附录D规定的试验方法，测量冷气机的输入功率。

6.3.10 能效比

按附录D规定的试验方法，测量冷气机的能效比。

6.3.11 噪声试验

按GB 9068的规定测定冷气机的噪声。试验时应满足下列条件：

a) 在制冷工作模式下，风机以高转速运转。

b) 如冷气机配有出风口调节阀门，出风口调节阀门应处于对气流的阻碍为最不利的状态。

c) 在额定频率和额定电压下测试。

6.3.12 安全性能

6.3.12.1 绝缘电阻试验

冷气机按GB 5226.1—2008中18.3的要求进行试验。

6.3.12.2 耐电压试验

冷气机按GB 5226.1—2008中18.4的要求进行试验。

6.3.13 电气防护

按GB 4208中的规定，测量冷气机各零部件防水性能。

a) 外壳：按GB 4208—2008中14.2.4的要求进行淋水试验。

b) 电动机：按GB 4208—2008中14.2.4的要求进行淋水试验。

c) 水泵：按GB 4208—2008中14.2.4和14.2.6的要求进行淋水试验。

d) 排水阀：按GB 4208—2008中14.2.4的要求进行淋水试验。

e) 淋水试验后按GB 4208—2008中6.3.12.1进行绝缘电阻试验。

#### 6.3.14 可靠性试验

冷气机在常温、常湿下通电 21 h 再断电 3 h，进行不少于 60 个循环试验。

#### 6.3.15 外观

冷气机的外观用目测法进行检查。

### 6.4 试验结果整理

6.4.1 试验结果应换算成标准空气状态下的数值。

6.4.2 试验结果应给出在最高转速下，冷气机出口静压与对应风量的关系曲线或列表。

## 7 检验规则

### 7.1 检验分类和检验项目

冷气机检验分出厂检验、抽样检验和型式检验。检验项目按表 3 的规定。

表 3 检验项目

<table>
<tr><th>序号</th><th>项 目</th><th>出厂检验</th><th>抽样检验</th><th>型式检验</th><th>要 求</th><th>试验方法</th></tr>
<tr><td>1</td><td>启动与运转</td><td rowspan="6">√</td><td rowspan="14">√</td><td rowspan="17">√</td><td>5.2.1</td><td>6.3.1</td></tr>
<tr><td>2</td><td>防漏水性能</td><td>5.2.2</td><td>6.3.2</td></tr>
<tr><td>3</td><td>绝缘电阻</td><td rowspan="3">5.3.1</td><td rowspan="3">6.3.12</td></tr>
<tr><td>4</td><td>耐电压试验</td></tr>
<tr><td>5</td><td>接地保护</td></tr>
<tr><td>6</td><td>外观</td><td>5.1.5</td><td>6.3.15</td></tr>
<tr><td>7</td><td>防带水性能</td><td rowspan="11">—</td><td>5.2.3</td><td>6.3.3</td></tr>
<tr><td>8</td><td>风量</td><td>5.2.4</td><td>6.3.4</td></tr>
<tr><td>9</td><td>出口静压</td><td>5.2.5</td><td>6.3.5</td></tr>
<tr><td>10</td><td>输入功率</td><td>5.2.6</td><td>6.3.9</td></tr>
<tr><td>11</td><td>蒸发效率</td><td>5.2.7</td><td>6.3.6</td></tr>
<tr><td>12</td><td>显热制冷量</td><td>5.2.8</td><td>6.3.7</td></tr>
<tr><td>13</td><td>噪声</td><td>5.2.11</td><td>6.3.11</td></tr>
<tr><td>14</td><td>电气防护</td><td>5.3.2</td><td>6.3.13</td></tr>
<tr><td>15</td><td>蒸发量</td><td rowspan="3">—</td><td>5.2.9</td><td>6.3.8</td></tr>
<tr><td>16</td><td>能效比</td><td>5.2.10</td><td>6.3.10</td></tr>
<tr><td>17</td><td>可靠性</td><td>5.4</td><td>6.3.14</td></tr>
<tr><td colspan="7">注："√"为必检项目，"—"为不检项目。</td></tr>
</table>

### 7.2 出厂检验

7.2.1 每台冷气机需要经制造厂检验合格后，方可出厂。

7.2.2 出厂检验项目中有不合格项，允许采取一次补救措施，再次检验，若符合要求，判为合格，否则判该样品不合格。

### 7.3 抽样检验

7.3.1 对于成批生产的冷气机，在出厂检验合格产品中应进行例行抽样检验，抽样时间均衡分布在1年中，逐批检验的抽检批量、抽样方案、检查水平及合格质量水平等可由制造厂技术检验部门自行决定。

7.3.2 在抽样检验中，有一台不合格，则应在同一检查批中加倍抽检，符合规定的仍为合格，若检验仍不合格，则该批产品为不合格；返修后应逐台检验合格后方能出厂。

### 7.4 型式检验

冷气机在下列情况之一时，应进行型式检验：

a) 新产品或定型产品的结构、制造工艺、材料等更改对产品性能有影响时，第一台产品应做型式试验；

b) 转厂生产时；

c) 停产1年以上，恢复生产时；

## 8 标志、包装、运输和贮存

### 8.1 标志

8.1.1 每台冷气机应在明显的部位设置永久性铭牌，铭牌应符合GB/T 13306的规定。铭牌上应标示下列内容：

a) 型号和名称；

b) 主要性能参数：风量、出口静压、输入功率、蒸发效率、显热制冷量、蒸发量、能效比、噪声等，并注明性能参数对应的测试工况；

c) 制造厂名称；

d) 执行标准号；

e) 出厂编号；

f) 制造日期。

8.1.2 包装标志应符合GB/T 191的规定。冷气机包装上应有下列标志：

a) 制造厂名称；

b) 型号、名称和商标；

c) 毛质量(kg)；

d) 净质量(kg)；

e) 包装箱外形尺寸：长×宽×高；

f) 注意事项标记：“小心轻放”、“切勿受潮”、“向上”、“堆码层数极限”、“怕火”等文字或符号；

g) 制造日期或批号；

h) 执行标准号。

8.1.3 每台冷气机应有接地标志，安全运行标志，并附有电气线路图。

### 8.2 包装

8.2.1 冷气机的包装应符合GB/T 13384的规定。

8.2.2 冷气机包装应按装箱单的编号、项目及件数进行包装。

8.2.3 冷气机包装前应进行清洁干燥处理。

8.2.4 冷气机包装应有防潮、防尘及防震措施。

8.2.5 冷气机包装中应有产品合格证、装箱单、保修卡、产品说明书等文件。

8.2.6 合格证应包括检验结论、检验员签章和检验日期。

8.2.7 使用说明书的编写应符合 GB/T 9969 的要求，应包括主要性能参数、安装、操作、维修及注意事项。

## 8.3 运输

8.3.1 冷气机在装卸和运输过程中应小心轻放、注意防潮、不得损坏包装装置。

8.3.2 冷气机应严禁与酸碱等腐蚀性物品混放，严禁与火星接触。

## 8.4 贮存

8.4.1 冷气机应贮存放在清洁、干燥、防火和通风良好的场所，周围应无腐蚀性气体存在。

8.4.2 冷气机禁止任何火星接触。

8.4.3 冷气机经拆装后仍须继续贮存时应重新包装。

# 附 录 A
# （资料性附录）
# 冷气机型号编制方法

## A.1 产品型号及含义如下

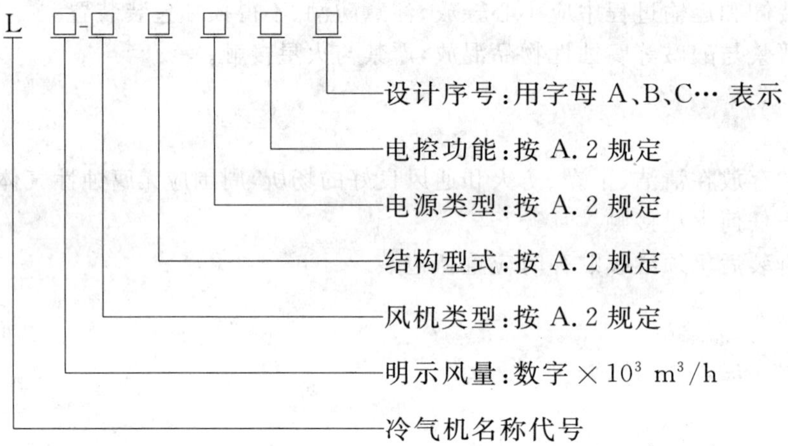


## A.2 分类代号

| 序号 | 分类项目 | | 代 号 |
|---|---|---|---|
| 1 | 使用风机类型 | 离心式<br>轴流式 | L<br>Z |
| 2 | 结构和安装型式 | 风管型： a） 上出风型<br>b） 下出风型<br>c） 侧出风型<br>直接吹出型：<br>a） 吊装型<br>b） 壁挂型<br>c） 移动型 | S<br>X<br>C<br><br>D<br>G<br>Y |
| 3 | 电源类型 | 三相<br>单相 | 3<br>1 |
| 4 | 电控功能 | a） 无级调速<br>b） 单速<br>c） 多档调速 | 0<br>1<br>2、3…… |

## A.3 型号示例

示例 1：L06-ZY13A　表示明示风量为 6 000 $m^3/h$，风机类型为轴流通风机，结构型式为直接吹出移动型，电源类型为单相，电控功能为三速，第1次设计的冷气机。

**示例2**：L18-ZX31B　表示明示风量为18 000 $m^3/h$，风机类型为轴流通风机，结构型式为风管下出风型，电源类型为三相，电控功能为单速，第2次改进设计的冷气机。

**示例3**：L50-LS32A　表示明示风量为50 000 $m^3/h$，风机类型为离心通风机，结构型式为风管上出风型，电源类型为三相，电控功能为双速，第1次设计的冷气机。

# 附　录　B
（规范性附录）
# 测量仪器仪表

## B.1　温度测量仪表

**B.1.1**　温度测量仪表的最小分度值不应超过仪表准确度的2倍。例如：规定仪表准确度为±0.1 ℃，其最小分度值不超过±0.2 ℃。

**B.1.2**　仪表准确度为±0.1 ℃，该仪表应与国家计量单位校验过的温度仪表进行比对校正。

**B.1.3**　湿球温度的测量应保证足够的湿润条件，流过湿球温度计处的气流速度不小于5 m/s；玻璃水银温度计感温包直径不大于6.5 mm。

**B.1.4**　温度测量仪表应对附近热源的辐射有足够的防护。

**B.1.5**　仪表温度阶约不小于7 ℃时，测量仪表的响应时间需达到最后稳态温差63%的时间。

**B.1.6**　液体管道温度应采用直接插入液体内或套管插入液体内的温度测量仪，使用玻璃水银温度计应校核该压力对温度的影响。

## B.2　电气测量仪表

**B.2.1**　电气测量仪表使用指示型或积算型仪表。

**B.2.2**　测量输入的所有电气仪表准确度应达到被测量值的±0.5%。

## B.3　压力测量仪表

**B.3.1**　压力仪表的最大分度值不能大于表B.1所示值。

**表B.1　压力仪表的分度值和准确度**

单位为帕

| 压力范围 | 压力仪表最大分度值 | 微压计的准确度 |
|---|---|---|
| ≥1.25且≤25 | 1.25 | ±0.25 |
| ＞25且≤250 | 2.5 | ±1.0 |
| ＞250且≤500 | 5 | ±2.5 |

**B.3.2**　大气压测量用气压表，其准确度为±0.1%。

## B.4　空气流量测量的最小压差

**B.4.1**　采用斜管压力仪表或微压计时为25 Pa。

**B.4.2**　采用直管压力仪表时为500 Pa。

## B.5　水流量测量仪表

**B.5.1**　水流量测量用液体计量器，其仪表准确度为测量值的±1.0%。

B.5.2 液体计量器应能积聚至少 2 min 的流量。

## B.6 其他仪表

B.6.1 时间测量仪表准确度为测量值的±0.2%。

B.6.2 质量测量应用准确度为测量值的±1.0%。

B.6.3 转速测量仪速仪准确度为测量值的±1.0%。

B.6.4 噪声测量声级计准确度为测量值的±1.0%。

# 附　录　C
（规范性附录）
冷气机风量和出口静压的试验方法

## C.1　试验设备

本标准采用 GB/T 17758 中“风室中多喷嘴测定流量”和 GB/T 1236 中“自由进口和管道出口测定流量”两装置中任一种进行试验。

## C.2　试验方法

C.2.1　在常温常压、无淋水状况下按附录 B 测量仪器仪表要求进行试验。
C.2.2　调整测量设备，控制冷气机达到要求的出口静压到明示值，测量所对应的风量。
C.2.3　根据实际安装要求，被测机的装配应与制造厂家的说明书一致，包括其所有零部件及附件的正确位置装配。
C.2.4　对于风管型，应在出风口接一个与出风口大小相同的直管段，该直管段长度为 1.5 倍出风口当量直径。在离出风口一倍当量直径的位置按 GB/T 1236 的要求开设静压孔，进行冷气机出口静压的测量。
C.2.5　对于下出风和上出风的机组，应在上述直管段之后增加一大小刚好与冷气机出风口相配的 90°弯头，要求弯头内表面较光滑，不可变径，弯头中心曲率半径应为机组出风口当量直径。对离心式冷气机，弯头必须沿叶轮旋转方向弯曲。
C.2.6　除了正常安装所要求的距地或墙之间的尺寸外，被测机的外表面与最近处的障碍物的距离不小于 1 m。

## C.3　参数计算

### C.3.1　风室中多喷嘴测定流量试验装置

C.3.1.1　单个喷嘴的风量按式(C.1)计算：

$$L_g = 3\ 600 \times C \times A_n \times \sqrt{\frac{2\Delta p}{\rho_n}} \quad \cdots\cdots\cdots\cdots (C.1)$$

其中：

$$\rho_n = \frac{p_a - 0.378\ p_v}{287\ T}$$

式中：

$L_g$ ——风量，单位为立方米每小时($m^3/h$)；
$C$ ——喷嘴流量系数，见 GB/T 1236—2000 中的第 23 章表 5；
$A_n$ ——喷嘴面积，单位为平方米($m^2$)；
$\Delta p$ ——喷嘴前后的静压差或喷嘴喉部的动压，单位为帕(Pa)；
$\rho_n$ ——喷嘴处空气密度，单位为千克每立方米($kg/m^3$)；
$p_v$ ——空气中的水蒸气分压，单位为帕(Pa)；
$p_a$ ——大气压力，单位为帕(Pa)；
$T$ ——测量断面处空气热力学温度，单位为开尔文(K)。

C.3.1.2 若采用多个喷嘴测量时，风量等于各单个喷嘴测量的风量之和。

### C.3.2 自由进口和管道出口测定流量试验装置

#### C.3.2.1 动压的测量

用皮托管测量同一截面上的各点动压，皮托管必须垂直管壁，侧头正对着气流方向且与风管轴平行，与风道主轴平行的偏差在±2°，测点布置和风道内壁一侧的距离见 GB/T 1236—2000 中图 30 所示。

按式(C.2)计算平均动压：

$$p_d=\left(\frac{(\sqrt{p_{d1}}+\sqrt{p_{d2}}+\cdots\cdots\sqrt{p_{di}})}{n}\right)^2 \quad\cdots\cdots(C.2)$$

式中：

$p_d$ ——平均动压，单位为帕(Pa)；

$p_{di}$ ——第 $i$ 个测点的动压，单位为帕(Pa)；

$n$ ——测点个数。

#### C.3.2.2 风量测量

冷风机的风量按式(C.3)计算：

$$L_g=3\,600\times A\times\sqrt{\frac{2p_d}{\rho}} \quad\cdots\cdots(C.3)$$

其中：

$$\rho=\frac{p_a-0.378\,p_v}{287\,T}$$

式中：

$L_g$ ——风量，单位为立方米每小时($m^3/h$)；

$A$ ——测量断面面积，单位为平方米($m^2$)；

$\rho$——测量断面处空气密度，单位为千克每立方米($kg/m^3$)。

### C.3.3 出口静压 $p_{SF}$

出口全压减去用马赫数修正的出口动压的差值为出口静压 $p_{SF}$。

## C.4 数据处理

C.4.1 在最高转速下，冷气机出口静压与对应风量的关系曲线或列表。

C.4.2 试验结果换算成为标准空气状态：

a) 标准空气状态风量：$L_0=L_g$，单位：$m^3/h$；

b) 标准空气状态出口静压按式(C.4)计算：

$$p_o=\frac{p\times1.2}{\rho} \quad\cdots\cdots(C.4)$$

式中：

$p_o$ ——标准空气状态出口静压，单位为帕(Pa)；

$p$ ——出口静压，单位为帕(Pa)。

# 附　录　D
（规范性附录）
# 蒸发效率、显热制冷量、蒸发量、输入功率和能效比的试验方法

## D.1　试验装置

试验装置主要由测试环境间、空气处理系统、水系统、数据采集测量系统、控制系统等组成，试验装置示意图如图 D.1 和图 D.2 所示。当图 D.1 和图 D.2 所示的两种试验结果存在争异时，应以图 D.1 所示方法的测试数据为准。

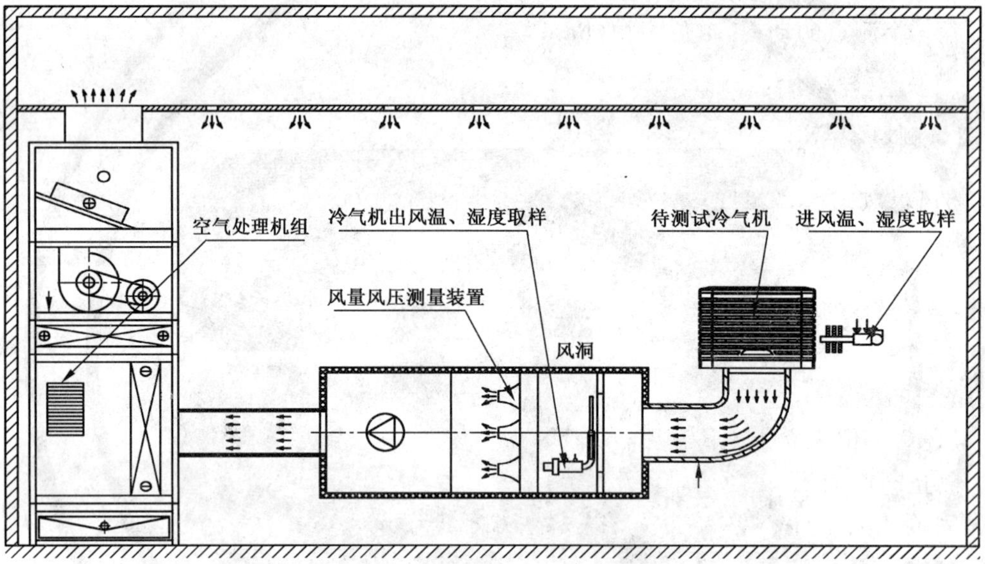


图 D.1　风洞式试验装置

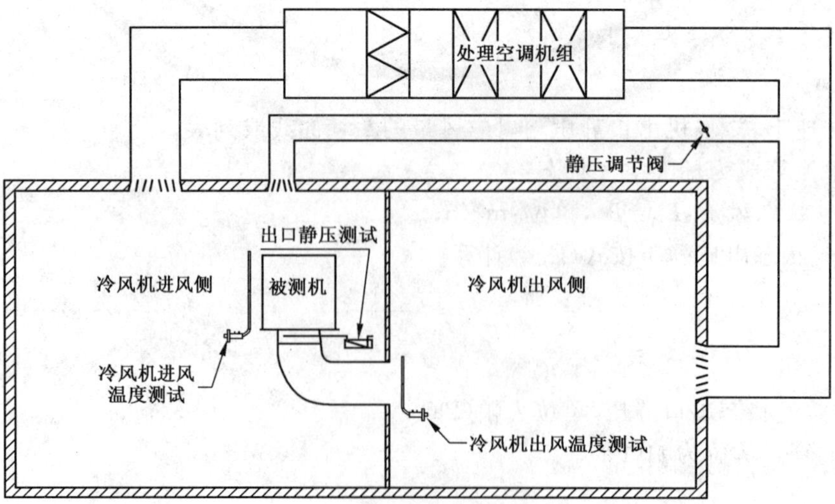


图 D.2　房间式试验装置

## D.2 试验方法

### D.2.1 试验的一般规定

D.2.1.1 按表1规定的名义试验工况和附录B测量仪器仪表要求进行试验。

D.2.1.2 测试蒸发效率、蒸发量和输入功率时冷气机应包含实际使用时所需的所有零部件和附件，并加满水，试验装置应能模拟冷气机实际工作状态。

D.2.1.3 试验冷气机要在连接出口静压测量管道和(或)90°弯头下进行测试，出口静压测量管道和90°弯头与测量风量时的相同。

D.2.1.4 供水采用自来水或硬度不超过450 mg/L的干净水。

D.2.1.5 进水温度为12 ℃～32 ℃。

D.2.1.6 调节装置使冷气机出风口静压调至明示值。

D.2.1.7 测试时应确保排水阀未启动。

D.2.1.8 蒸发效率、蒸发量和输入功率应同时测量。

D.2.1.9 试验室内循环空气应使距冷气机1 m处的风速不超过1.5 m/s。

D.2.1.10 试验室大小应满足冷气机离四周墙壁的最小距离不小于1 m，出风口到墙壁最小距离不小于1.8 m。

D.2.1.11 冷气机采用浮球阀自动补水，浮球阀的进水开关应设置为最高补水位置，测试时应在进水口处安装流量计。

D.2.1.12 干湿球温度的测量方法应与GB/T 17758所列的方法一致。

D.2.1.13 测试时应提供新的填料，按最高转速测量，测量时填料应被水彻底浸透。

D.2.1.14 测试时应在冷气机达到平衡状态5 min后进行，读取数据要间隔5 min，共测7次。

### D.2.2 应记录的数据

a) 空气干球温度，单位：℃；

b) 空气湿球温度，单位：℃；

c) 冷气机出口干球温度，单位：℃；

d) 冷气机出口湿球温度，单位：℃；

e) 储水器水的温度，单位：℃；

f) 输入的电参数，电压、电流和输入功率，单位分别为：V、A和kW；

g) 测试开始时流量计的起始数值，单位：L；

h) 测试结束时流量计的最终数值，单位：L。

## D.3 参数计算

D.3.1 冷气机的蒸发效率按式(D.1)计算：

$$\eta=\frac{t_{wi}-t_{wo}}{t_{wi}-t_{si}}\times 100\% \qquad \text{(D.1)}$$

式中：

$t_{wi}$——7次冷气机进风口的干球温度读数的算术平均值，单位为摄氏度(℃)；

$t_{wo}$——7次冷气机出风口的干球温度读数的算术平均值，单位为摄氏度(℃)；

$t_{si}$——7次冷气机进风口的湿球温度读数的算术平均值，单位为摄氏度(℃)。

**D.3.2** 冷气机的显热制冷量按式(D.2)计算：

$$S=\frac{L_s\times\rho\times C_p\times(t_{wj}-t_{wc})}{3\ 600}\quad\cdots\cdots(D.2)$$

式中：

$S$ ——显热制冷量，单位为千瓦(kW)；

$L_s$——风量，单位为立方米每小时($m^3/h$)；

$\rho$ ——标准大气压下的密度，单位为千克每立方米($kg/m^3$)；

$C_p$——空气热容，单位为千焦每千克摄氏度[kJ/(kg·℃)]；

$t_{wj}$——冷气机进风口的干球温度值，单位为摄氏度(℃)；

$t_{wc}$——冷气机出风口的干球温度值，单位为摄氏度(℃)。

注：a) 式(D.2)中风量 $L_s$ 的测试宜和显热制冷量 $S$ 测试同时进行。

b) 若风量 $L_s$ 和显热制冷量 $S$ 不同时进行测试，则需保证以下条件：

1) 测试风量 $L_s$ 时，机组正常工作，淋水加湿，计算时参数换算成名义工况下的值；

2) 需将该测试条件下的出口静压换算为名义工况下的出口静压到明示值，并控制换算后的出口静压到明示值，同时测量所对应的风量。

出口静压按式(D.3)计算

$$p_{st}=\frac{\rho_{st}\times p_{test}}{\rho_{test}}\quad\cdots\cdots(D.3)$$

式中：

$p_{st}$ ——名义工况下的出风静压，单位为帕(Pa)；

$p_{test}$——试验时实际的出风静压，单位为帕(Pa)；

$\rho_{st}$ ——名义工况下空气密度，单位为千克每立方米($kg/m^3$)；

$\rho_{test}$——试验时实际的空气密度，单位为千克每立方米($kg/m^3$)。

c) 式(D.2)中风量 $L_s$ 结果可采用 a)和 b)两种方法测试，当两种测试方法的结果存在争议时，应以 a)方法的测试数据为准。

**D.3.3** 冷气机的蒸发量按式(D.4)计算：

$$Q=\frac{W_f-W_i}{t}\quad\cdots\cdots(D.4)$$

式中：

$Q$ ——蒸发量，单位为升每小时(L/h)；

$W_i$——测试开始时流量计的起始数值，单位为升(L)；

$W_f$——测试结束时流量计的最终数值，单位为升(L)；

$t$ ——测量所用时间，单位为小时(h)。

**D.3.4** 冷气机的能效比的值按式(D.5)计算：

$$EER=\frac{S}{W}\quad\cdots\cdots(D.5)$$

式中：

EER——能效比，单位为千瓦每千瓦(kW/kW)；

$S$ ——显热制冷量，单位为千瓦(kW)；

$W$ ——输入功率，单位为千瓦(kW)。

# 附 录 E
（资料性附录）
## 我国干燥地区和高湿地区典型城市夏季空气调节室外计算湿球温度

冷气机目前广泛应用于我国西北五省区等干燥地区以及江苏、浙江、福建和广东等沿海高湿地区。根据中国气象局气象信息中心气象资料室与清华大学建筑技术科学系统计的全国地面气象台站1971～2003年的实测气象数据，通过分析、整理获得了各地台站的建筑热环境分析专用气象数据集。采用历年平均不保证50 h的湿球温度，确定为夏季空气调节室外计算湿球温度。表E.1、表E.2分别为我国干燥地区典型城市夏季空气调节室外计算湿球温度和高湿地区典型城市夏季空气调节室外计算湿球温度。

表 E.1 我国干燥地区典型城市夏季空气调节室外计算湿球温度　　单位摄氏度

| 城　　市 | 乌鲁木齐 | 克拉玛依 | 吐鲁番 | 格尔木 | 西宁 |
|---|---|---|---|---|---|
| 夏季空气调节室外计算湿球温度 | 18.3 | 19.8 | 24.2 | 13.5 | 16.6 |
| 城　　市 | 兰州 | 敦煌 | 银川 | 酒泉 | 天水 |
| 夏季空气调节室外计算湿球温度 | 20.1 | 21.1 | 22.2 | 19.5 | 21.8 |
| 城　　市 | 固原 | 盐池 | 大同 | 呼和浩特 | 满洲里 |
| 夏季空气调节室外计算湿球温度 | 19 | 20.2 | 21.1 | 21 | 19.9 |
| 城　　市 | 延安 | 榆林 | 太原 | 西安 | 安康 |
| 夏季空气调节室外计算湿球温度 | 22.8 | 21.6 | 23.8 | 25.8 | 26.8 |

表 E.2 我国高湿地区典型城市夏季空气调节室外计算湿球温度　　单位摄氏度

| 城　　市 | 福州 | 厦门 | 广州 | 汕头 | 海口 |
|---|---|---|---|---|---|
| 夏季空气调节室外计算湿球温度 | 28.1 | 27.6 | 27.8 | 27.7 | 28.1 |
| 城市 | 杭州 | 上海 | 温州 | 南京 | 韶关 |
| 夏季空气调节室外计算湿球温度 | 27.9 | 28.2 | 28.4 | 28.1 | 27.4 |
| 城　　市 | 徐州 | 济南 | 潍坊 | 天津 | |
| 夏季空气调节室外计算湿球温度 | 27.6 | 27 | 27.1 | 26.9 | |

ICS 27.200
J 73

# 中华人民共和国国家标准

GB/T 25861—2010

# 蒸气压缩循环水源高温热泵机组

## Water-source high temperature heat pumps using the vapor compression cycle

2011-01-10 发布 2011-10-01 实施

中华人民共和国国家质量监督检验检疫总局
中国国家标准化管理委员会 发布

# 前　言

本标准按 GB/T 1.1—2009 给出的规则起草。

本标准由中国机械工业联合会提出。

本标准由全国冷冻空调设备标准化技术委员会(SAC/TC 238)归口。

本标准负责起草单位:烟台蓝德空调工业有限责任公司、合肥通用机械研究院、合肥天鹅制冷科技有限公司、山东科灵空调设备有限公司、上海本家空调系统有限公司。

本标准参加起草单位:珠海格力电器股份有限公司、青岛海尔空调电子有限公司、昆山台佳机电有限公司、广东力优环境系统股份有限公司、广东欧科空调制冷有限公司、博浪热能科技有限公司。

本标准主要起草人:陈金花、李芳、俞乔力、沙凤岐、张小力、肖洪波、国德防、杨长武、莫理光、张平、颜世峰。

本标准由全国冷冻空调设备标准化技术委员会负责解释。

# 蒸气压缩循环水源高温热泵机组

## 1 范围

本标准规定了蒸气压缩循环水源高温热泵机组(以下简称"机组")的术语和定义、型式和基本参数、要求、试验方法、检验规则、标志、包装、运输和贮存。

本标准适用于以电动机驱动的蒸气压缩式系统、热源水温度为 12 ℃～58 ℃、热水侧出水温度大于 50 ℃的热泵机组。

## 2 规范性引用文件

下列文件对于本文件的应用是必不可少的。凡是注日期的引用文件,仅注日期的版本适用于本文件。凡是不注日期的引用文件,其最新版本(包括所有的修改单)适用于本文件。

GB/T 191 包装储运图示标志

GB/T 6388 运输包装收发货标志

GB/T 10870—2001 容积式和离心式冷水(热泵)机组 性能试验方法

GB/T 13306 标牌

GB/T 18430.1—2007 蒸汽压缩循环冷水(热泵)机组 第 1 部分:工商业用和类似用途的冷水(热泵)机组

GB/T 19409—2003 水源热泵机组

GB 25131 蒸汽压缩循环冷水(热泵)机组 安全要求

JB/T 4330—1999 制冷和空调设备噪音的测定

JB/T 7249 制冷设备 术语

## 3 术语和定义

JB/T 7249 中界定的及下列术语和定义适用于本文件。

**蒸气压缩循环水源高温热泵机组 water source high temperature heat pumps using the vapor compression cycle**

热水侧出水温度大于 50 ℃的水源热泵机组,热源水温度范围为 12 ℃～58 ℃。

## 4 型式和基本参数

### 4.1 按机组名义工况热水出水温度分为

a) H1 型:名义出水温度为 55 ℃;

b) H2 型:名义出水温度为 60 ℃;

c) H3 型:名义出水温度为 70 ℃;

d) H4 型:名义出水温度为 80 ℃。

### 4.2 型号编制方法

机组的型号编制可由制造商自行编制,但要体现本标准名义工况下机组的制热量。

## 4.3 基本参数

4.3.1 机组水源温度范围见表1。

表1 机组水源温度范围

单位为摄氏度

| 型　式 | 热源水温度范围 |
|---|---|
| H1 | 12～28 |
| H2 | 18～38 |
| H3 | 28～48 |
| H4 | 38～58 |

4.3.2 名义工况

4.3.2.1 机组名义工况见表2。

表2 机组名义工况温度条件

单位为摄氏度

| 项　目 | 使用侧 | | 热源侧 | |
|---|---|---|---|---|
| | 进口水温 | 出口水温 | 进口水温 | 出口水温 |
| H1 | 47 | 55 | 20 | 12 |
| H2 | 52 | 60 | 28 | 20 |
| H3 | 62 | 70 | 38 | 30 |
| H4 | 72 | 80 | 48 | 40 |

4.3.2.2 机组名义工况其他要求

机组名义工况时蒸发器、冷凝器水侧的污垢系数为0 $m^2 \cdot ℃/kW$；同新机组测试时认为蒸发器和冷凝器的水侧是清洁，污垢系数应为0 $m^2 \cdot ℃/kW$。

# 5 要求

## 5.1 一般要求

5.1.1 机组应符合本标准的规定，并按经规定程序批准的图样和技术文件（或按用户和制造厂的协议）制造。

5.1.2 机组的黑色金属制作表面应进行防锈蚀处理。

5.1.3 机组电镀件表面应平整、色泽均匀，不得有剥落、露底、针孔，不应有明显的花斑和划伤等缺陷。

5.1.4 机组涂漆件表面应平整、涂布均匀、色泽一致，不应有明显的气泡、流痕、漏涂、底漆及不应有的皱纹和其他损伤。

5.1.5 机组装饰性塑料件表面应平整、色泽均匀、不应有裂痕、气泡和明显缩孔等缺陷，塑料件应耐老化。

5.1.6 机组各零部件的安装应牢固可靠，管路与零部件不应有相互摩擦和碰撞。

5.1.7 机组的隔热层应有良好的隔热性能，并且无毒、无异味、难燃。

5.1.8 机组应具有电机过载保护、缺相保护（三相电源）、水系统断水保护、防冻保护、制冷系统高低压保护等的保护功能。各种控制功能正常，各种保护器件应符合设计要求并灵敏可靠。

5.1.9 换热设备应具有相应抗腐蚀的能力；使用过程中机组不应污染使用水源。

5.1.10 机组外表面应清洁，涂漆表面应光滑。管路附件安装一般应横平竖直、美观大方。充装制冷剂前，机组内与制冷剂和润滑接触的表面应保持洁净、干燥。

## 5.2 零部件和材料

5.2.1 机组的零部件和材料应符合有关标准的规定，满足使用性能要求，并保证安全。

5.2.2 机组制冷系统零部件的材料应能在循环工质、润滑油及其混合物的作用下，不生产劣化且保证整机正常工作。

## 5.3 性能要求

### 5.3.1 气密、真空、压力试验

5.3.1.1 机组气密性要求应符合 GB/T 18430.1—2007 中 5.2.1 的规定。

5.3.1.2 机组真空要求应符合 GB/T 18430.1—2007 中 5.2.2 的规定。

5.3.1.3 机组压力试验要求应符合 GB/T 18430.1—2007 中 5.2.3 的规定。

### 5.3.2 运转

机组正常运转时，所检测项目应符合设计要求。

### 5.3.3 制热量

机组实测制热量不应小于名义制热量的 95%。

### 5.3.4 制热消耗功率

机组的实测制热消耗功率不应大于名义制热消耗功率的 110%。

### 5.3.5 最大制热运行

机组在最大制热运行时，电动机、电器元件、连接接线以及其他部件应正常工作。

### 5.3.6 最小制热运行

机组在最小制热运行试验过程中，保护装置不允许跳开，机组不能损坏。

### 5.3.7 噪声

机组噪声实测值应不大于明示值 2 dB(A)。

### 5.3.8 机组水侧压力损失

机组水侧的压力损失不应大于机组名义值的 115%。

### 5.3.9 变工况性能

对机组进行变工况性能试验时应绘制性能曲线图或表。

### 5.3.10 部分负荷性能调节

带能量调节的机组，其调节装置应灵敏、可靠。

5.3.11 **电镀件耐盐雾性**

机组电镀件耐盐雾性按 GB/T 19409—2003 的 5.3.20 的规定。

5.3.12 **涂漆件的漆膜附着力**

机组涂漆件的漆膜附着力按 GB/T 19409—2003 的 5.3.21 的规定。

5.3.13 **性能系数(COP)**

机组实测制热量和实测制热消耗功率之比不应小于表 3 中的规定值。

**表 3 机组性能系数(COP)**

| 型　式 | COP |
|---|---|
| H1 | 3.8 |
| H2 | 3.8 |
| H3 | 3.4 |
| H4 | 3.0 |

## 5.4 安全要求

5.4.1 机组的电器元件的选择以及电器安装、布线应符合 GB 25131 的要求。

5.4.2 机组的安全要求应符合 GB 25131 的有关规定。

# 6 试验

## 6.1 试验条件

6.1.1 机组的制热试验工况见表 4。

**表 4 制热试验工况** 单位为摄氏度

| 项目 | | 进水/出水温度 | |
|---|---|---|---|
| | | 使用侧 | 热源侧 |
| H1 | 名义 | 47/55 | 20/12 |
| | 最大运行 | 52/—[a] | 28/—[a] |
| | 最小运行 | 20/—[a] | 12/—[a] |
| | 变工况运行 | 20～52/—[a] | 12～28/—[a] |
| H2 | 名义 | 52/60 | 28/20 |
| | 最大运行 | 57/—[a] | 35/—[a] |
| | 最小运行 | 28/—[a] | 18/—[a] |
| | 变工况运行 | 28～57/—[a] | 18～38/—[a] |
| H3 | 名义 | 62/70 | 38/30 |
| | 最大运行 | 67/—[a] | 48/—[a] |

表 4（续） 单位为摄氏度

| 项目 | | 进水/出水温度 | |
|---|---|---|---|
| | | 使用侧 | 热源侧 |
| H3 | 最小运行 | 38/—[a] | 28/—[a] |
| | 变工况运行 | 38～67/—[a] | 28～48/—[a] |
| H4 | 名义 | 72/80 | 48/40 |
| | 最大运行 | 77/—[a] | 58/—[a] |
| | 最小运行 | 48/—[a] | 38/—[a] |
| | 变工况运行 | 48～77/—[a] | 38～58/—[a] |

[a] 采用名义制热工况确定的水流量。

6.1.2 试验用仪器、仪表按 GB/T 10870—2001 附录 A 的规定。

6.1.3 机组进行制热量试验时，试验工况各参数的读数允差应符合表 5 的规定。

6.1.4 机组进行性能试验时，试验工况各参数的读数允差应符合表 6 的规定。

**表 5 制热量试验允许偏差**

| 项目 | | 平均值对名义工况的偏差 | 各名义工况的最大偏差 |
|---|---|---|---|
| 水温 | 进口 | ±0.3 ℃ | ±0.5 ℃ |
| | 出口 | | |
| 电压 | | ±1.0% | ±2.0% |
| 液体体积流量 | | | |

**表 6 性能试验的允许偏差** 单位为摄氏度

| 试验工况 | 测量值 | 与规定的最大允许偏差 |
|---|---|---|
| 最小运行试验 | 水温 | +0.6 |
| 最大运行试验 | | −0.6 |
| 其他试验 | | ±0.6 |

## 6.2 试验要求

### 6.2.1 制热量

制热量由试验结果确定，在试验工况允许波动的范围之内不作修正。

### 6.2.2 安装要求

6.2.2.1 被测机组应按制造厂的安装规定。

6.2.2.2 除按规定的方式进行试验所需要的装置和仪器的连接外，对机组不能进行更改。

6.2.2.3 必要时，试验机组可以根据制造厂的指导抽真空和充注工质。

6.2.3 试验流体

试验流体为水，试验中必须充分排尽空气，以保证试验结果不受残留空气的影响。

6.3 试验方法

6.3.1 气密性、真空、压力试验

6.3.1.1 机组气密性试验按照 GB/T 18430.1—2007 中 6.3.1 的“气密性试验”的规定执行。
6.3.1.2 真空试验，真空抽至 80 Pa，至少保压 30 min，应符合 5.3.1 的规定。
6.3.1.3 压力试验按照 GB/T 18430.1—2007 中 6.3.1 中的“压力试验”的规定执行。

6.3.2 运转

机组应在接近名义制热工况的条件下运行，检查机组的运转状况、安全保护装置的灵敏度和可靠性，检验温度、电器等控制元件的动作是否正常。

6.3.3 名义制热量

机组名义制热量在表 4 规定的名义制热工况、按 GB/T 10870—2001 中 5.1 载冷剂法进行试验。

6.3.4 制热消耗功率

机组在制热量试验时，测量机组的输入功率和电流。

6.3.5 最大制热运行

机组最大制热运行试验时：

a) 试验电压为额定电压(不超额定电压±10%)，按表 4 规定的最大制热运行工况运行稳定后，整个试验过程，机组须正常运行，没有任何故障；
b) 机组应能连续运行，电机过载保护装置或其他保护装置不应动作；
c) 当机组停机 10 min 后，再启动连续运行 1 h 但在启动运行的最初 5 min 内允许电机过载保护器跳开，其后不允许动作；在运行的最初 5 min 内跳开的电机过载保护器不复位时，在停机超过 30 min 内复位的，应连续运行 1 h。

6.3.6 最小制热运行

机组在额定电压、按表 4 规定的最小运行制热工况连续运行至少 30 min。

6.3.7 噪声

机组在额定电压和额定功率以及接近名义制热工况下，按 JB/T 4330 中矩形六面体测量方法进行测试，并按 JB/T 4330 中表面平均声压级的方法计算声压级。

6.3.8 水系统压力损失

水系统的压力损失测试按照 GB/T 18430.1—2007 附录 B 的要求进行。

6.3.9 变工况试验

按表 4 规定的变工况运行中的某一条件改变，其他条件按名义工况时的流量和温度条件。该试验应包含相应的名义工况、最大运行、最小运行温度条件点。将试验结果绘制成曲线或制成表格，每条曲线或每个表格应不少于四个测量点的值。

6.3.10 电镀件盐雾试验

机组电镀件盐雾试验按 GB/T 19409—2003 中 6.3.17 的规定进行。

### 6.3.11 油漆件漆膜附着力试验

机组油漆件漆膜附着力试验按 GB/T 19409—2003 中 6.3.18 的规定进行。

## 7 检验规则

机组检验分为出厂检验、抽样检验和型式检验。

### 7.1 出厂检验

每台机组均应做出厂检验，检验项目、技术要求和试验方法按表 7 的规定。

### 7.2 抽样检验

7.2.1 机组应从出厂检验合格的产品中抽样，检验项目和试验方法按表 7 的规定。

7.2.2 抽样方法、逐批检验的抽检项目、批量、抽样方案、检查水平及合格质量水平等由制造厂质量检验部门自行决定。

表 7 检验项目

<table>
<tr><th>序号</th><th>项 目</th><th>出厂检验</th><th>抽样检验</th><th>型式检验</th><th>技术要求</th><th>试验方法</th></tr>
<tr><td>1</td><td>一般要求</td><td rowspan="7">√</td><td rowspan="13">√</td><td rowspan="19">√</td><td>5.1</td><td rowspan="3">视检</td></tr>
<tr><td>2</td><td>标志、包装</td><td>8.1、8.2</td></tr>
<tr><td>3</td><td>外观</td><td>5.1.10</td></tr>
<tr><td>4</td><td>气密性、真空、压力试验</td><td>5.3.1</td><td>6.3.1</td></tr>
<tr><td>5</td><td>绝缘电阻</td><td rowspan="2">5.4</td><td rowspan="2">GB 25131</td></tr>
<tr><td>6</td><td>耐电压</td></tr>
<tr><td>7</td><td>运转</td><td>5.3.2</td><td>6.3.2</td></tr>
<tr><td>8</td><td>制热量</td><td rowspan="12">—</td><td>5.3.3</td><td>6.3.3</td></tr>
<tr><td>9</td><td>制热消耗功率</td><td>5.3.4</td><td>6.3.4</td></tr>
<tr><td>10</td><td>性能系数(COP)</td><td>5.3.13</td><td>6.3.3、6.3.4</td></tr>
<tr><td>11</td><td>噪声</td><td>5.3.7</td><td>6.3.7</td></tr>
<tr><td>12</td><td>最大制热运行</td><td>5.3.5</td><td>6.3.5</td></tr>
<tr><td>13</td><td>最小制热运行</td><td>5.3.6</td><td>6.3.6</td></tr>
<tr><td>14</td><td>水系统压力</td><td rowspan="6">—</td><td>5.3.8</td><td>6.3.8</td></tr>
<tr><td>15</td><td>变工况试验</td><td>5.3.9</td><td>6.3.9</td></tr>
<tr><td>16</td><td>电镀件耐盐雾试验</td><td>5.3.11</td><td>6.3.10</td></tr>
<tr><td>17</td><td>涂漆件漆膜附着力</td><td>5.3.12</td><td>6.3.11</td></tr>
<tr><td>18</td><td>耐潮湿性</td><td>5.4</td><td rowspan="2">GB 25131</td></tr>
<tr><td>19</td><td>接地电阻</td><td>5.4</td></tr>
<tr><td colspan="7">注：“√”应作试验，“—”不做试验。</td></tr>
</table>

### 7.3 型式检验

7.3.1 产品或定型产品作重大改进，第一台产品应作型式检验，检验项目按表7的规定。

7.3.2 型式检验时间不应少于试验方法中规定的时间，运行时如有故障，在排除故障后应重新检验。

## 8 标志、包装、运输和贮存

### 8.1 标志

8.1.1 每台机组应有耐久性铭牌固定在明显部位，铭牌的尺寸和技术要求应符合 GB/T 13306 的规定。铭牌上应标示下列内容：

a) 制造厂商名称和商标；

b) 产品名称和型号；

c) 主要技术性能参数(名义制热量、工质类型和充注量、额定电压、频率和相数、总输入功率、机组外型尺寸、质量等)；

d) 产品出厂编号；

e) 制造日期。

8.1.2 机组上应有标明运行状态的标志，转向、水流方向、液位、油位标记等。

8.1.3 每台机组上应随带下列技术文件。

8.1.3.1 产品合格证，其内容包括：

a) 产品型号和名称；

b) 产品出厂编号；

c) 检验结论；

d) 检验员签字或印章；

e) 检验日期。

8.1.3.2 产品使用说明书，其内容包括：

a) 产品型号和名称、适用范围、执行标准、噪声、水系统压力损失；

b) 产品的结构示意图、电气原理图及接线图；

c) 安装说明和要求；

d) 使用说明、维修和保养注意事项。

8.1.3.3 装箱单

### 8.2 包装

8.2.1 机组包装前应进行清洁处理。各部件应清洁、干燥，易锈部件应涂防锈剂。

8.2.2 机组应外套塑料袋或防潮纸并应固定在箱子内，以免运输中受潮和发生机械损伤。

8.2.3 机组包装箱上应有下列标志：

a) 制造厂名称；

b) 产品型号和名称；

c) 净质量、毛质量；

d) 外形尺寸；

e) “向上”、“怕雨”、“禁止翻滚”和“堆码层数极限”等。有关包装、储运标志应符合 GB/T 6388 和 GB/T 191 的有关规定。

## 8.3 运输和贮存

8.3.1 机组在运输和贮存过程中不应碰撞、倾斜、雨雪淋袭。

8.3.2 产品应贮存在干燥和通风良好的仓库中。

ICS 27.200
J 73

# 中华人民共和国国家标准

GB/T 25862—2010

# 制冷与空调用同轴套管式换热器

## Coaxial heat exchanger for refrigeration equipment and air-conditioning

2011-01-10 发布　　2011-10-01 实施

中华人民共和国国家质量监督检验检疫总局
中国国家标准化管理委员会　发布

# 前　言

本文件按 GB/T 1.1—2009 给出的规则起草。

本标准由中国机械工业联合会提出。

本标准由全国冷冻空调设备标准化技术委员会(SAC/TC 238)归口。

本标准负责起草单位:英特换热设备(浙江)有限公司、合肥通用机械研究院、北京奥太华制冷设备有限公司、合肥通用环境控制技术有限责任公司。

本标准参加起草单位:浙江上能锅炉有限公司。

本标准主要起草人:方真健、黄林锋、石竹青、李波、蒲连福、张水金、彭飞、程立权、陈电方。

本标准由全国冷冻空调设备标准化技术委员会负责解释。

# 制冷与空调用同轴套管式换热器

## 1 范围

本标准规定了制冷与空调用同轴套管式换热器(以下简称“换热器”)的术语和定义、基本参数、要求、试验、检验规则、标志、包装、运输和贮存。

本标准适用于以R134a、R22、R407c、R410A等A1类制冷剂,水、盐水和乙二醇溶液等为载冷剂的制冷与空调用换热器。

## 2 规范性引用文件

下列文件对于本文件的应用是必不可少的。凡是注日期的引用文件,仅注日期的版本适用于本文件。凡是不注日期的引用文件,其最新版本(包括所有的修改单)适用于本文件。

GB/T 191 包装储运图示标志

GB/T 1527 铜及铜合金拉制管

GB/T 3625 换热器及冷凝器用钛及钛合金管

GB/T 8163 输送流体用无缝钢管

GB/T 9286—1998 色漆和清漆 漆膜的划格试验

GB/T 10079—2001 活塞式单级制冷压缩机

GB/T 10125 人造气氛腐蚀试验 盐雾试验

GB/T 13306 标牌

GB/T 13384 机电产品包装通用技术条件

GB/T 13793 直缝电焊钢管

GB/T 14976 流体输送用不锈钢无缝管

JB/T 4750—2003 制冷装置用压力容器

JB/T 7249 制冷设备 术语

JB/T 9058 制冷设备清洁度 测定方法

## 3 术语和定义

JB/T 7249中界定的以及下列术语和定义适用于本文件。

3.1

**同轴套管式换热器 coaxial heat exchanger**

内管采用螺旋管,内管与外管紧密套装并且同轴的套管式换热器。

## 4 基本参数

### 4.1 换热面积

未经机械加工或压延成螺形前的管材外表面积为换热器的换热面积,按式(1)计算。

$$S=\pi dl\times 10^{-6} \qquad (1)$$

式中：

$S$——换热面积，单位为平方米（$m^2$）；

$d$——管材外径，单位为毫米（mm）；

$l$——管材长度，单位为毫米（mm）。

## 4.2 设计条件

换热器的设计条件按表1规定。

**表1 设计条件**

<table>
<tr><th>制冷剂编号</th><th>制冷剂侧设计压力<br>MPa</th><th>载冷剂侧设计压力<br>MPa</th><th>最高冷凝温度<br>℃</th></tr>
<tr><td>R134a</td><td rowspan="2">3.0</td><td rowspan="3">1.0</td><td>80</td></tr>
<tr><td>R22、R407c R404A</td><td rowspan="2">65</td></tr>
<tr><td>R410A</td><td>4.2</td></tr>
</table>

## 4.3 名义工况

4.3.1 冷凝器使用名义工况按表2规定。

**表2 冷凝器使用名义工况**

<table>
<tr><th colspan="2">项 目</th><th>名义工况1</th><th>名义工况2[a]</th><th>名义工况3[b]</th></tr>
<tr><td colspan="2">进水温度/℃</td><td>30</td><td>15</td><td>50</td></tr>
<tr><td colspan="2">出水温度/℃</td><td>—</td><td>—</td><td>—</td></tr>
<tr><td colspan="2">水流量/[($m^3$/(h·kW)]</td><td>0.172</td><td>0.021 5</td><td>0.172</td></tr>
<tr><td colspan="2">制冷剂进换热器的饱和温度/℃</td><td>40</td><td>52</td><td>60</td></tr>
<tr><td colspan="2">制冷剂进换热器的过热度/℃</td><td>35</td><td>30</td><td>25</td></tr>
<tr><td colspan="2">制冷剂出换热器的过冷度/℃</td><td>3</td><td>3</td><td>3</td></tr>
<tr><td rowspan="2">污垢系数/($m^2$·℃/kW)</td><td>制冷剂侧</td><td colspan="3">0.00</td></tr>
<tr><td>水侧</td><td colspan="3">铜管0.044</td></tr>
<tr><td colspan="2">水压损失/MPa</td><td colspan="3"><0.060</td></tr>
<tr><td colspan="5">[a] 表示作为一次性加热式热泵热水器用时的名义工况。<br>[b] 表示作为循环加热式热泵热水器用时的名义工况。</td></tr>
</table>

4.3.2 蒸发器使用名义工况按表3规定。

**表3 蒸发器使用名义工况**

| 项 目 | 名义工况1 | 名义工况2 |
|---|---|---|
| 出水温度/℃ | 7 | 45 |
| 水流量/[$m^3$/(h·kW)] | 0.172 | 0.172 |
| 制冷剂出换热器的饱和温度/℃ | 2 | — |
| 制冷剂进换热器的饱和温度/℃ | — | 50 |

表 3（续）

| 项　目 | | 名义工况 1 | 名义工况 2 |
|---|---|---|---|
| 制冷剂液体温度/℃ | | 33[a]/49[b] | — |
| 制冷剂出换热器过热度/℃ | | 5 | — |
| 制冷剂进换热器的过热度/℃ | | — | 30 |
| 制冷剂出换热器过冷度/℃ | | — | 3 |
| 污垢系数 $m^2 \cdot ℃/W$ | 制冷剂侧 | 0.000 | |
| | 水侧 | 铜管 0.018 | |
| 水压损失/MPa | | ＜0.060 | |

[a] 冷凝器侧采用水冷冷凝器时制冷剂液体温度为 33 ℃。

[b] 冷凝器侧采用风冷冷凝器时制冷剂液体温度为 49 ℃。

4.4　换热器的型号编制方法参见附录 A。

## 5　要求

### 5.1　一般要求

换热器应符合本标准的规定，并按经规定程序批准的图样和技术文件制造，也可按用户和制造厂的协议制造。

### 5.2　材料

5.2.1　换热器内管用管材牌号、状态宜按表 4 的规定。

**表 4　内管用管材牌号和状态**

| 材料牌号 | 状态代号 | 标准号 |
|---|---|---|
| T2、T3、TU1、TU2、TP1、TP2 | M | GB/T 1527 |
| BFe10-1-1、BFe30-1-1 | | |
| TA0、TA1、TA2 | | GB/T 3625 |

5.2.2　外管用管材牌号、状态宜按表 5 规定。

**表 5　外管用管材牌号和状态**

| 材料牌号 | 状态代号 | 标准号 |
|---|---|---|
| 10 | 退火状态 1 | GB/T 13793、GB/T 8163 |
| 0Cr18Ni9、00Cr17Ni14Mo2 | | GB/T 14976 |
| TP1、TP2 | M | GB/T 1527 |

注：需方需其他热处理要求，按供需双方技术协议。

## 5.3 外观要求

5.3.1 成套产品表面应清洁,不允许有油污、色斑等现象。

5.3.2 换热器涂层应均匀光滑、色泽一致,无流挂、划痕、漏底等缺陷。

5.3.3 换热器的焊缝应均匀饱满,无气孔、开裂和流挂等缺陷。

5.3.4 换热器的进出口管应圆整、口端无毛刺及氧化现象。

## 5.4 结构尺寸

换热器的结构尺寸应符合图样的要求。

## 5.5 涂层要求

5.5.1 换热器涂层经划格试验,其结果应不低于 GB/T 9286—1998 中表 1 规定的 2 级。

5.5.2 换热器经盐雾试验后,不应有超过总面积 2.5%的基本金属腐蚀,不应出现碎落、起皮、剥落、鼓泡、开裂和龟裂缺陷。

## 5.6 气密性

5.6.1 经水检后,换热器不应有渗漏和异常变形。

5.6.2 经卤检后,换热器单点漏率应低于 2 g/a。

5.6.3 经氦检后,换热器年漏率应低于 5 g/a。

## 5.7 压力试验

经 1.5 倍设计压力检测,换热器应无渗漏和异常变形。

## 5.8 爆破压力

换热器的破裂压力应大于 5 倍的设计压力。

## 5.9 清洁度

5.9.1 换热器与制冷剂接触表面侧的水分含量不应超过 50 $mg/m^2$。

5.9.2 换热器与制冷剂接触表面侧的固体杂质含量不应超过 50 $mg/m^2$。

5.9.3 换热器与制冷剂接触表面侧的有机油分含量不应超过 120 $mg/m^2$。

5.9.4 换热器与水接触表面侧应清洁、干燥,不应有铜屑等杂质。

## 5.10 换热量

换热器的换热量应大于等于明示值或客户协议的要求。

## 5.11 传热系数

换热器的传热系数按表 2、表 3 规定的名义工况进行试验计算,其结果应符合表 6 的规定。

**表 6　名义工况下传热系数**

| 制冷剂 | 传热系数<br>W/(m²·℃) | |
|---|---|---|
| | 冷凝器名义工况 1 | 蒸发器名义工况 1 |
| R134a | ≥1 000 | ≥ 800 |
| R22、R407c、R404A | ≥2 000 | ≥1 200 |
| R410A | | ≥1 600 |

## 5.12　水侧压降

换热器按表 2、表 3 规定的名义工况进行试验，所测得水压降值应不超过 0.060 MPa。

# 6　试验

## 6.1　仪器仪表的一般规定

试验用仪器仪表应经法定计量检验部门检定合格，并在有效期内。

## 6.2　材料要求

应能提供主要零部件材料化学成分和物理性能的材质证明书。

## 6.3　外观

换热器的外观采用目测的方法进行检验。

## 6.4　结构尺寸

根据图样尺寸和公差要求，选用相应的度量工具进行检查。

## 6.5　涂层

### 6.5.1　划格试验

换热器按 GB/T 9286 的规定进行划格试验。

### 6.5.2　耐腐蚀性

按 GB/T 10125 的规定进行 360 h 中性盐雾试验(NSS 试验)。

## 6.6　气密性

换热器的气密性试验按下列方法之一进行。

a)　水检

——试验时，介质应采用洁净、干燥氮气；

——试验压力按图样规定；

——试验方法：给换热器的制冷剂侧加压，气体压力应缓慢上升到试验压力，然后浸入水槽中

(水应清洁透明),保压不少于 3 min,进行检查,换热器表面和连接部位应无渗漏和异常变形。

b) 卤检

——用 R22 或其他试验规定的制冷剂(分压不小于 10%)和洁净、干燥的氮气混合气体,灵敏度为 $1\times10^{-5}$(MPa·cm$^3$)/s 的制冷剂检漏仪进行检漏;

——试验压力按图样规定;

——试验方法:试验时,将换热器制冷剂侧与真空泵连接,抽真空至要求真空度后,关闭真空泵,从制冷剂侧充入混合气体到试验压力,保压不少于 3 min,对换热器表面、焊接接头和水侧连接端口等部位进行检测。

c) 氦检

——用氦气(分压不小于 10%)和洁净、干燥的氮气混合气体进行检漏;

——试验压力按图样规定;

——试验方法:试验时,将换热器进行抽真空处理,然后冲入氦气和氮气的混合气体,放入氦检设备的真空箱中,连接氦质谱仪及辅助真空泵,抽真空至氦质谱仪要求真空度后,关闭辅助真空泵,对换热器整体进行检测。

## 6.7 压力试验

换热器在 1.5 倍设计压力下,按 JB/T 4750—2003 中 9.7.4 的规定进行试验。

## 6.8 爆破试验

6.8.1 爆破试验按液压试验进行。

6.8.2 液压试验规定如下:

a) 试验介质为温度不低于 5 ℃的洁净液体(一般为水);

b) 试验方法及步骤:

——测量并记录试验温度;

——接装被试换热器;

——试验时换热器一端应设排气口,充水时应将换热器内的空气排尽;

——启动水压泵,试验压力升至换热器的设计压力,保压 10 min,检查各连接部位,应无渗漏和异常变形;

——升压,升压时要平缓,注意观察和记录被试换热器受压开始变形的压力值;

——继续升压,直至爆破,记录被试换热器爆破时的压力值;

——试验完毕后,卸下被试换热器,并记录爆破口的特征和尺寸,必要时拍摄照片。

## 6.9 清洁度

### 6.9.1 残留水分

换热器与制冷剂接触表面侧的水分含量按 GB/T 10079—2001 附录 A 规定的方法测定。

### 6.9.2 残留杂质

换热器与制冷剂接触表面侧的固体杂质含量按 JB/T 9058 规定的试验方法进行测定。

### 6.9.3 有机油分含量

换热器与制冷剂接触表面侧的有机油分含量试验规定如下：

a） 试验室应保证通风良好；

b） 要保证所需器具的清洁(用萃取液洗净)；

c） 操作中若手沾上萃取液，应用肥皂及大量清水冲洗；

d） 试验方法及步骤：

——将滤纸放到培养皿中，放在 110 ℃干燥炉烘干 1 h；

——抽取定量萃取液到小容器中，放入油分度计测定、校零；

——取适量校零后的萃取液倒入烧杯，然后将萃取液从换热器制冷剂侧连接口一端注入；

——装上专用治具，用洁净、干燥氮气吹 20 min，将换热器内的萃取液回收到烧杯内，回收量应大于 60%，然后将回收液从过滤瓶投入，集液；

——抽取定量过滤后的萃取液注入到小容器中，放入油分度计进行浓度测定；

——记录测出浓度，计算换热器残留油分量＝测定浓度值×溶剂量；

——按 120 $mg/m^2$ 以下为合格基准，判定被测换热器是否合格；

——试验完毕后，将试验使用过的器皿用萃取液洗净，放入自动干燥箱保存。回收、再生萃取液，如不再生使用，需按危险废弃物分类回收处置。试验后的换热器按金属废弃物处置。

### 6.9.4 水侧清洁度

从换热器水侧端口用不低于 0.6 MPa 的干燥空气吹，目测观察另一水侧端口应无铜屑、水等杂质。

### 6.10 换热量

换热器在表 2、表 3 规定的名义工况条件下，按附录 B 规定的方法进行测试。

### 6.11 传热系数

换热器的传热系数按附录 B 的方法进行试验计算。

### 6.12 水压降

换热器的水压降按附录 B 的方法进行试验计算。

## 7 检验规则

### 7.1 一般要求

换热器应由制造厂的技术检验部门按本标准和技术文件进行检验，合格后方可出厂。

### 7.2 检验类别

换热器检验分为出厂检验、抽样检验、型式检验。

### 7.3 出厂检验

每台换热器制成后均应进行出厂检验，检验项目按表 7 的规定。

表 7　出厂检验、型式检验的检验项目、要求和方法

| 序号 | 检验项目 | 出厂检验 | 抽样检验 | 型式检验 | 技术要求条款 | 试验方法条款 |
|---|---|---|---|---|---|---|
| 1 | 材料要求 | △ | △ | △ | 5.2 | 6.2 |
| 2 | 外观要求 | △ | △ | △ | 5.3 | 6.3 |
| 3 | 结构尺寸 | △ | △ | △ | 5.4 | 6.4 |
| 4 | 气密性试验 | △ | △ | △ | 5.6 | 6.6 |
| 5 | 水侧清洁度 | △ | △ | △ | 5.9.4 | 6.9.4 |
| 6 | 划格试验 | — | △ | △ | 5.5.1 | 6.5.1 |
| 7 | 耐腐蚀试验 | — | △ | △ | 5.5.2 | 6.5.2 |
| 8 | 压力试验 | — | △ | △ | 5.7 | 6.7 |
| 9 | 爆破试验 | — | △ | △ | 5.8 | 6.8 |
| 10 | 残留水分含量 | — | △ | △ | 5.9.1 | 6.9.1 |
| 11 | 残留杂质含量 | — | △ | △ | 5.9.2 | 6.9.2 |
| 12 | 残留有机油含量 | — | △ | △ | 5.9.3 | 6.9.3 |
| 13 | 换热量 | — | — | △ | 5.10 | 6.10 |
| 14 | 传热系数 | — | — | △ | 5.11 | 6.11 |
| 15 | 水侧压降 | — | — | △ | 5.12 | 6.12 |

注：“△”为必检项目，“—”为不检项目。

## 7.4　抽样检验

7.4.1　抽样检验应从成品中抽样，检验项目按表 7 规定。

7.4.2　产品抽样方法按协议书确定，逐批检验的抽样方案由制造厂质检部门确定。

## 7.5　型式检验

7.5.1　换热器在下列情况之一时，应进行型式检验：

a)　新试制的换热器；

b)　产品因结构、原材料、工艺等有较大变动，可能影响性能时；

c)　停产半年以上恢复生产时；

d)　出厂检验结果与上次型式检验有较大差异及客户反馈性能有差异时。

7.5.2　型式检验项目按表 7 规定。

7.5.3　型式检验抽样方法

需要抽样时，抽取数量应不少于 2 件。

## 7.6　合格判定

7.6.1　各项检验结果符合本标准要求时判为合格。

7.6.2　尺寸及外观检验不合格的批次，允许逐台分检，合格者单独组批。

7.6.3　气密性检验不合格时按台判定为不合格。

## 8 标志、包装、运输和贮存

### 8.1 标志

8.1.1 换热器应在明显而平整的部位固定标牌，标牌应符合 GB/T 13306 的规定，标牌上标出的内容应包括：

a) 产品名称；

b) 型号；

c) 图号；

d) 适用制冷剂；

e) 设计工作压力；

f) 质量；

g) 出厂编号；

h) 出厂日期；

i) 制造商。

8.1.2 包装储运图示标志应符合 GB/T 191 的规定。

8.1.3 应在相应的地方(如铭牌、产品说明书等)标注执行标准编号。

### 8.2 包装

8.2.1 一般要求

换热器的制冷剂侧和水侧应有效密封，制冷剂侧应充最大压力不超过 0.1 MPa，最小压力不低于 0.05 MPa 的洁净、干燥氮气保护。

8.2.2 换热器的包装和运输可按 GB/T 13384 的规定。

8.2.3 换热器的出厂文件应包括产品说明书和产品合格证，合格证上的内容应包括：

a) 名称；

b) 型号；

c) 数量；

d) 检验员签章；

e) 检验日期。

### 8.3 运输和贮存

8.3.1 换热器在运输过程中应避免撞击、抛掷、跌落和雨淋。

8.3.2 换热器应贮存在无腐蚀气体、通风良好、干燥的库房中。

# 附 录 A
## （资料性附录）
## 同轴套管式换热器的型号编制方法

### A.1 型号编制方法

A.1.1 型号组成及含义如下：

T □ □-□ □

- 制造商自定义序号
- 制冷剂代号(01 表示 R134a、02 表示 R22、R407c 和 R404A、03 表示 R410A)
- 名义换热量(×100 W)
- 功能代号(C 表示冷凝器,E 表示蒸发器)
- 产品代号(同轴套管式换热器)

A.1.2 型号示例

例 1： T C 018-02 01

适用冷媒 R22,名义换热量 1 800 W,冷凝器用,制造商自定义序号为 01 的同轴套管式换热器。

# 附　录　B
# （规范性附录）
# 同轴套管式换热器的性能试验及计算方法

## B.1　适用范围

本附录适用于同轴套管式换热器换热性能和水侧系统压力损失的确定。

## B.2　试验目的

**B.2.1**　确定同轴套管式换热器的换热性能。
**B.2.2**　确定同轴套管式换热器的水侧系统压力损失情况。
**B.2.3**　试验并计算确定同轴套管式换热器的传热系数。

## B.3　一般规定

**B.3.1**　换热器的试验方法必须由主试验方法和校对试验方法同时进行，主试验为制冷剂排放给水的热量；校对试验为制冷剂质量流量和制冷剂进出口之焓差的乘积组成的排热量。这两种方法测的排热量误差应不超过±6%。
**B.3.2**　制冷剂流量测定可使用下述方法之一：孔板或喷嘴；制冷剂液体流量计；液体制冷剂计量法；量热计法。
**B.3.3**　水量的测定可使用水表或水量容积法。
**B.3.4**　水和制冷剂应按逆流方式排布。
**B.3.5**　被测换热器应用保温棉进行包裹，减少漏热。

## B.4　试验装置

**B.4.1**　按冷凝和蒸发 2 种工况布置试验装置。
**B.4.2**　冷凝试验原理图见图 B.1。

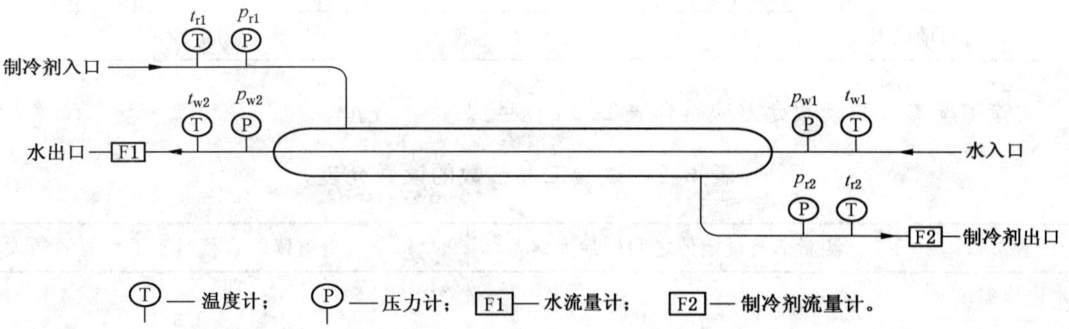


图 B.1　冷凝试验原理图

**B.4.3** 蒸发试验原理图见图 B.2。

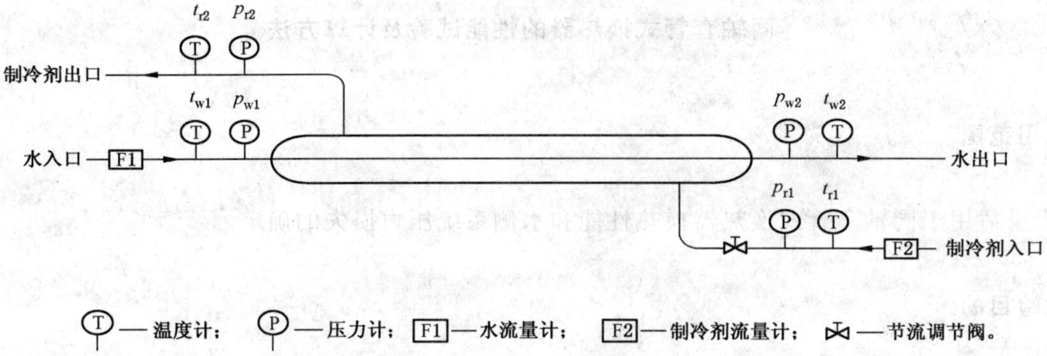


**图 B.2 蒸发试验原理图**

## B.5 测量仪表及测量方法

**B.5.1** 测量仪表

**B.5.1.1** 仪器仪表的一般规定

试验用仪器仪表应经法定计量检验部门检定合格，并在有效期内。

**B.5.1.2** 试验用仪器仪表的型式及准确度应符合表 B.1 的规定。

**表 B.1 仪器仪表的型式及准确度**

| 类别 | 型式 | 准确度 | |
|---|---|---|---|
| 温度测量仪表 | 水银玻璃温度计、电阻温度计、热电偶 | 空气温度 | ±0.1 ℃ |
| | | 水温 | ±0.1 ℃ |
| | | 制冷剂温度 | ±1.0 ℃ |
| 流量测量仪表 | 记录式、指示式、积算式 | 测量流量的±1.0% | |
| 制冷剂压力测量仪表 | 压力表、变送器 | 测量压力的±2.0% | |
| 质量测量仪表 | — | 测定质量的±1.0% | |
| 气压测量仪表(大气压力) | 气压表、气压变送器 | 大气压读数的±0.1% | |
| 时间测量仪表 | 秒表 | 测定经过时间的±0.2% | |

**B.5.2** 试验工况参数的读数允差应符合表 B.2 的规定。

**表 B.2 试验工况参数的读数允差**

| 试验参数 | 测量值与规定值之间的最大偏差 | 每一测量值读取数相对于平均值的最大偏差 |
|---|---|---|
| 水进口温度 | ±0.5 ℃ | ±0.3 ℃ |
| 水出口温度 | | |

表 B.2（续）

| 试验参数 | 测量值与规定值之间的最大偏差 | 每一测量值读取数相对于平均值的最大偏差 |
|---|---|---|
| 制冷剂进换热器温度 | ±3 ℃ | ±2 ℃ |
| 制冷剂出换热器温度 | | |
| 制冷剂进换热器压力 | ±2% | ±1% |
| 制冷剂出换热器压力 | | |
| 制冷剂流量 | ±5% | ±3% |
| 水流量 | ±2% | ±1% |

B.5.3 流量测量

B.5.3.1 制冷剂和冷水的流量计应按其使用说明书的规定进行安装，如果流量是波动的应采用积分式流量计。

B.5.3.2 测定制冷剂流量时如果使用体积流量计，制冷剂必须充分过冷防止产生任何散发气体而导致测量的不准确，因此流量计的前后均应安装一个视镜。

B.5.4 温度测量

B.5.4.1 测量元件的感温点应位于管道中心，其保护管的插入深度应按温度计使用说明书的规定。

B.5.4.2 制冷剂蒸气出口温度测点应尽可能靠近蒸发器出口接管，制冷剂的过冷温度应尽可能靠近膨胀阀的进口，冷水的进出口温度也应尽可能地靠近连接管。

B.5.4.3 在测温点上下各 300 mm 范围内保温层应尽可能加厚，蒸发器与测温点之间的全部管线应保温良好。

B.5.5 压力测量

B.5.5.1 压力测点应位于一段等直径的直管段的中部，这个直径等于蒸发器接管直径并且距蒸发器的距离不小于 10 倍接管直径，在这段长度应没有任何扰动件，静压测管应与管壁面垂直。

B.5.5.2 压力测点位于温度测点和接管之间。

## B.6 试验

B.6.1 被测换热管安装完毕后应进行密封性检查，并进行抽真空等准备工作。

B.6.2 测量段范围（含仪器仪表）内应采取保温措施，以避免漏热影响试验结果。

B.6.3 试验名义工况应按表 2、表 3 的规定。

## B.7 测定数据的计算

B.7.1 主试验测定的排/吸热量（$Q_l$）按式（B.1）计算：

$$Q_l = G\rho C_p(t_{w2} - t_{w1}) \quad \cdots\cdots\cdots\cdots(B.1)$$

式中：

$G$ ——冷（却）水的体积流量，单位为立方米每秒（$m^3/s$）；

$\rho$ ——冷（却）水密度，单位为千克每立方米（$kg/m^3$）；

$C_p$——冷（却）水定压比热容，单位为焦每千克摄氏度[J/（kg·℃）]；

$t_{w1}$——换热器水进口温度，单位为摄氏度（℃）；

$t_{w2}$——换热器水出口温度，单位为摄氏度（℃）。

**B.7.2** 验证试验测定的换热量($Q_k$)按式(B.2)计算：

$$Q_k = M_r(h_1 - h_2) \quad \cdots\cdots(B.2)$$

式中：

$M_r$——制冷剂质量流量，单位为千克每秒(kg/s)；

$h_1$——换热器进口制冷剂比焓，单位为焦每千克(J/kg)；

$h_2$——换热器出口制冷剂比焓，单位为焦每千克(J/kg)。

**B.7.3** 对数平均温差($\Delta t_m$)的计算：

**B.7.3.1** 换热管冷凝性能试验时按式(B.3)计算。

$$\Delta t_m = \frac{(t_{w2} - t_{w1})}{\ln[(t_c - t_{w1})/(t_c - t_{w2})]} \quad \cdots\cdots(B.3)$$

式中：

$t_c$——制冷剂过热蒸汽进换热器压力对应的饱和温度，单位为摄氏度(℃)。

**B.7.3.2** 换热管蒸发性能试验时按式(B.4)计算。

$$\Delta t_m = \frac{(t_{w1} - t_{w2})}{\ln[(t_{w1} - t_e)/(t_{w_2} - t_e)]} \quad \cdots\cdots(B.4)$$

式中：

$t_e$——制冷剂过热蒸汽出换热器压力对应的饱和温度，单位为摄氏度(℃)。

**B.7.4** 传热系数($K$)按式(B.5)计算。

$$K = Q_l/(S \cdot \Delta t_m) \quad \cdots\cdots(B.5)$$

式中：

$Q_l$——主试验测定的排/吸热量，单位为瓦(W)；

$S$——换热面积，单位为平方米($m^2$)；

$\Delta t_m$——对数平均温差，单位为摄氏度(℃)。

**B.7.5** 水侧系统压力损失($\Delta p$)按式(B.6)计算。

$$\Delta p = p_{w1} - p_{w2} \quad \cdots\cdots(B.6)$$

式中：

$p_{w1}$——进水压力，单位为兆帕(MPa)；

$p_{w2}$——出水压力，单位为兆帕(MPa)。

ICS 73.120
A 28

# 中华人民共和国国家标准

GB/T 25863—2010

# 不锈钢烧结金属丝网多孔材料及其元件

**Stainless steel sintered metal mesh materials and components**

2011-01-10 发布　　2011-10-01 实施

中华人民共和国国家质量监督检验检疫总局
中国国家标准化管理委员会　发布

# 前　言

本标准的附录A为资料性附录。

本标准由全国颗粒表征与分检及筛网标准化技术委员会(SAC/TC 168)提出并归口。

本标准起草单位:安泰科技股份有限公司。

本标准主要起草人:王凡、顾临、周勇、况春江、方玉诚、徐显庭、李忠全。

# 不锈钢烧结金属丝网多孔材料及其元件

## 1 范围

本标准规定了不锈钢烧结金属丝网多孔材料及其元件的要求、试验方法、检验规则和标志、包装、运输、贮存。

本标准适用于将编织成形的不锈钢金属丝网多层复合后，采用轧制成形和真空烧结工艺制成的不锈钢烧结金属丝网多孔材料及其元件。

用其他材料制作的多孔材料及其元件产品，亦可参照执行。

## 2 引用标准

下列标准中的条款通过本标准的引用而成为本标准的条款。凡是注日期的引用文件，其随后所有的修改单(不包括勘误的内容)或修订版均不适用于本标准，然而，鼓励根据本标准达成协议的各方研究是否可使用这些文件的最新版本。凡是不注日期的引用文件，其最新版本适用于本标准。

GB/T 223.5 钢铁酸溶硅和全硅含量的测定 还原型硅钼酸盐分光光度法(GB/T 223.5—2008，ISO 4829-1:1986，ISO 4829-2:1988，MOD)

GB/T 223.11 钢铁及合金 铬含量的测定 可视滴定或电位滴定法(GB/T 223.11—2008，ISO 4937:1986，MOD)

GB/T 223.17 钢铁及合金化学分析方法 二安替比啉甲烷光度法测定钛量

GB/T 223.25 钢铁及合金化学分析方法 丁二酮肟重量法测定镍量

GB/T 223.26 钢铁及合金 钼含量的测定 硫氰酸盐分光光度法

GB/T 223.62 钢铁及合金化学分析方法 乙酸丁酯萃取光度法测定磷量

GB/T 223.63 钢铁及合金化学分析方法 高碘酸钠(钾)光度法测定锰量

GB/T 228 金属材料 室温拉伸试验方法(GB/T 228—2002，ISO 6892:1998，EQV)

GB/T 1220 不锈钢棒

GB/T 1804 一般公差 未注公差的线性和角度尺寸的公差(GB/T 1804—2000，eqv ISO 2768-1:1989)

GB/T 5249 可渗透性烧结金属材料 气泡试验 孔径的测定(GB/T 5249—1985，eqv ISO 4003:1977)

GB/T 5250 可渗透性烧结金属材料 流体渗透性的测定(GB/T 5250—1993，idt ISO 4022:1987)

GB/T 14265 金属材料中氢、氧、氮、碳和硫分析方法通则

## 3 术语和定义

3.1

**初始冒泡压力 initial bubble-point pressure**

迫使气体通过液体浸渍的多孔材料产生的第一个气泡所需的最小压力，单位为 Pa。

3.2

**平均孔径 average pore size**

根据气泡法原理测定的平均孔径，单位为 μm。

3.3

**相对渗透系数　relative permeability coefficient**

单位压差下，流体透过过滤元件单位面积的体积流量，单位为 L/(min · $cm^2$ · Pa)。

3.4

**渗透系数　viscous permeability coefficient**

当流体阻力仅由黏性损失形成的，单位压力梯度下，单位动力黏度的流体透过过滤元件单位面积的体积流量，单位为 $m^2$。

## 4　元件分类

4.1　过滤元件材料推荐选用下列不锈钢牌号：

1Cr18Ni9；1Cr18Ni9Ti；0Cr18Ni9；00Cr19Ni10；0Cr17Ni12Mo2；00Cr17Ni14Mo2。

4.2　滤材型号及制成元件的规格

4.2.1　滤材型号

根据滤材的孔径，对标准烧结金属丝网按 SSW××× 系列编号，如：SSW005、SSW020 等，其中 5 和 20 为滤材孔径的微米值。

4.2.2　烧结金属丝网板状元件的标记型式及含义：

| 滤材型号-网板形状-外形尺寸 |
|---|

其中：

网板形状：矩形滤板：B1；

圆形滤板：B2。

外形尺寸：矩形滤板：长度($L$)mm×宽度($B$)mm；

圆形滤板：直径($\phi$)mm。

4.2.3　烧结金属丝网管状元件的标注形式及含义：

| 滤材型号-连接方式-外形尺寸 |
|---|

其中：

连接方式：ZL——锥螺纹，XL——细牙螺纹，Fa——凸缘法兰，Fb——平法兰，T——通管。

外形尺寸：管状元件外圆直径($D$)mm×长度($L$)mm。

4.3　标注示例

示例 1　孔径：40 μm；外形尺寸：1 000 mm×1 000 mm 的方形烧结金属丝网板状元件标记为：

SSW040-B1-1000×1000　GB/T 25863

示例 2　孔径：20 μm；连接形式：凸缘法兰；外形尺寸：$\phi$50 mm×1 000 mm 的管状元件标记为：

SSW020-Fa-50-1000　GB/T 25863

## 5　要求

5.1　化学成分

烧结金属丝网多孔材料及元件的化学成分应符合 GB/T 1220 表 2 中相应牌号的规定，并应有制造单位的合格证明。

5.2　元件形状、尺寸及其允许偏差

各种元件的形状、标准连接形式、尺寸及其允许偏差应符合表 1～表 7 和图 1～图 7 的规定，未注公差应符合 GB/T 1804 中 js16 级的规定。当管状元件的长度大于 500 mm 时，允许对接焊接。

5.2.1 凸缘法兰连接

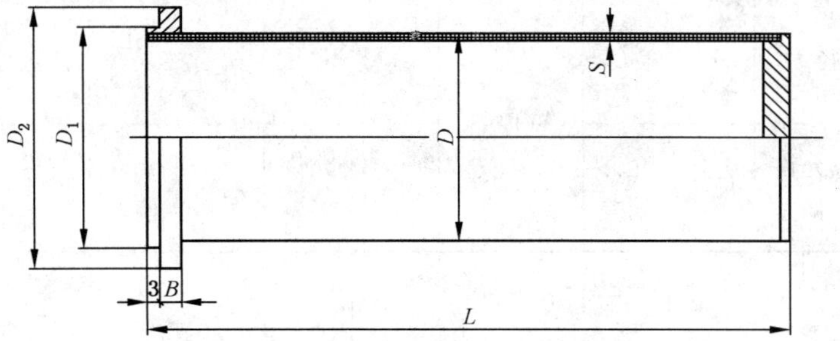


图 1 凸缘法兰连接标注示意图

表 1 凸缘法兰连接元件的规格和尺寸

单位为毫米

| 规格 | 管外径 $D$ | | 管长度 $L$ | | 壁厚 $S$ | 法兰直径 $D_2$ | | 法兰凸台 $D_1$ | | 法兰厚度 $B$ | |
|---|---|---|---|---|---|---|---|---|---|---|---|
| | 尺寸 | 允许偏差 | 尺寸 | 允许偏差 | | 尺寸 | 允许偏差 | 尺寸 | 允许偏差 | 尺寸 | 允许偏差 |
| Fa-30-250<br>Fa-30-500<br>Fa-30-750<br>Fa-30-1000<br>Fa-30-1500 | 30 | ±1.0 | 250<br>500<br>750<br>1 000<br>1 500 | ±2.0<br>±2.0<br>±3.0<br>±3.0<br>±4.0 | 0.6～1.4 | 42 | ±1.0 | 32 | ±1.0 | 4 | ±0.5 |
| Fa-50-250<br>Fa-50-500<br>Fa-50-750<br>Fa-50-1000<br>Fa-50-1500 | 50 | ±1.2 | 250<br>500<br>750<br>1 000<br>1 500 | ±2.0<br>±2.0<br>±3.0<br>±3.0<br>±4.0 | 1.4～2.2 | 62 | ±1.0 | 52 | ±1.0 | 5 | ±0.5 |
| Fa-60-250<br>Fa-60-500<br>Fa-60-750<br>Fa-60-1000<br>Fa-60-1500 | 60 | ±1.2 | 250<br>500<br>750<br>1 000<br>1 500 | ±2.0<br>±2.0<br>±3.0<br>±3.0<br>±4.0 | 1.4～2.2 | 72 | ±1.0 | 62 | ±1.0 | 5 | ±0.5 |
| Fa-70-250<br>Fa-70-500<br>Fa-70-750<br>Fa-70-1000<br>Fa-70-1500 | 70 | ±1.5 | 250<br>500<br>750<br>1 000<br>1 500 | ±2.0<br>±2.0<br>±3.0<br>±3.0<br>±4.0 | 1.4～2.6 | 82 | ±1.0 | 72 | ±1.0 | 5 | ±0.5 |

5.2.2 平法兰连接

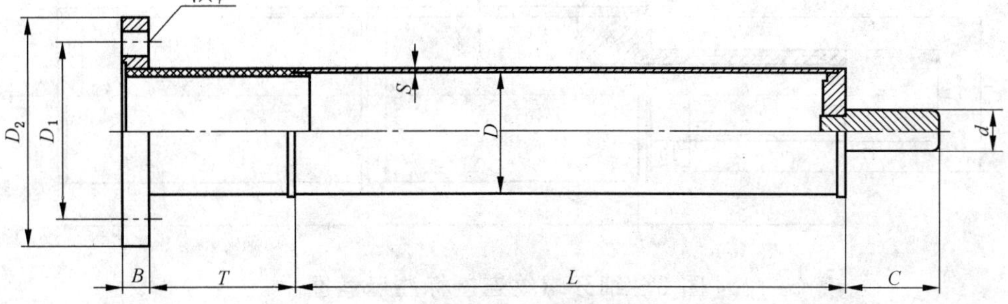


图 2 平法兰连接标注示意图

表 2　平法兰连接元件的规格和尺寸

单位为毫米

| 规　格 | 管外径 $D$ | | 管长度 $L$ | | 壁厚 $S$ | 法兰直径 $D_2$ | | 法兰开孔中心线 $D_1$ | | 法兰厚度 $B$ | | $\phi$ | $C$ | $d$ |
|---|---|---|---|---|---|---|---|---|---|---|---|---|---|---|
| | 尺寸 | 允许偏差 | 尺寸 | 允许偏差 | | 尺寸 | 允许偏差 | 尺寸 | 允许偏差 | 尺寸 | 允许偏差 | | | |
| Fb-30-250 | | | 250 | ±2.0 | | | | | | | | | | |
| Fb-30-500 | | | 500 | ±2.0 | | | | | | | | | | |
| Fb-30-750 | 30 | ±1.0 | 750 | ±3.0 | 0.6～1.4 | 60 | ±1.0 | 45 | ±1.0 | 7 | ±0.5 | 4-ϕ9 | 30 | 8 |
| Fb-30-1000 | | | 1 000 | ±3.0 | | | | | | | | | | |
| Fb-30-1500 | | | 1 500 | ±4.0 | | | | | | | | | | |
| Fb-50-250 | | | 250 | ±2.0 | | | | | | | | | | |
| Fb-50-500 | | | 500 | ±2.0 | | | | | | | | | | |
| Fb-50-750 | 50 | ±1.2 | 750 | ±3.0 | 1.4～2.2 | 90 | ±1.0 | 70 | ±1.0 | 9 | ±0.5 | 4-ϕ11 | 30 | 8 |
| Fb-50-1000 | | | 1 000 | ±3.0 | | | | | | | | | | |
| Fb-50-1500 | | | 1 500 | ±4.0 | | | | | | | | | | |
| Fb-60-250 | | | 250 | ±2.0 | | | | | | | | | | |
| Fb-60-500 | | | 500 | ±2.0 | | | | | | | | | | |
| Fb-60-750 | 60 | ±1.2 | 750 | ±3.0 | 1.4～2.2 | 100 | ±1.0 | 80 | ±1.0 | 10 | ±0.5 | 4-ϕ13 | 30 | 8 |
| Fb-60-1000 | | | 1 000 | ±3.0 | | | | | | | | | | |
| Fb-60-1500 | | | 1 500 | ±4.0 | | | | | | | | | | |
| Fb-70-250 | | | 250 | ±2.0 | | | | | | | | | | |
| Fb-70-500 | | | 500 | ±2.0 | | | | | | | | | | |
| Fb-70-750 | 70 | ±1.5 | 750 | ±3.0 | 1.4～2.6 | 110 | ±1.0 | 90 | ±1.0 | 10 | ±0.5 | 4-ϕ13 | 30 | 8 |
| Fb-70-1000 | | | 1 000 | ±3.0 | | | | | | | | | | |
| Fb-70-1500 | | | 1 500 | ±4.0 | | | | | | | | | | |
| 注：$T$ 根据用户的管板厚度而定。 | | | | | | | | | | | | | | |

### 5.2.3　细牙螺纹连接

单位为毫米

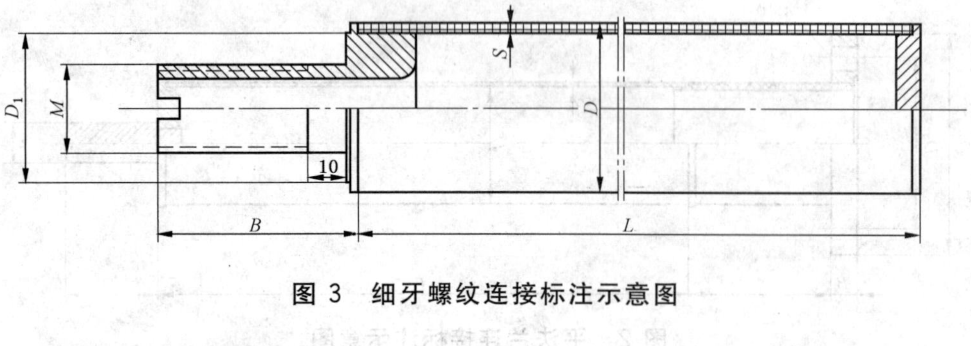


图 3　细牙螺纹连接标注示意图

表 3 细牙螺纹连接元件的规格和尺寸

单位为毫米

| 规格 | 管外径 D 尺寸 | 管外径 D 允许偏差 | 管长度 L 尺寸 | 管长度 L 允许偏差 | 壁厚 S | B | $D_1$ | M |
|---|---|---|---|---|---|---|---|---|
| XL-30-250 | 30 | ±1.0 | 250 | ±2.0 | 0.6～1.4 | 45 | 26 | M18×1.5 |
| XL-30-500 | | | 500 | ±2.0 | | | | |
| XL-30-750 | | | 750 | ±3.0 | | | | |
| XL-30-1000 | | | 1 000 | ±3.0 | | | | |
| XL-30-1500 | | | 1 500 | ±4.0 | | | | |
| XL-50-250 | 50 | ±1.2 | 250 | ±2.0 | 1.4～2.2 | 55 | 46 | M27×1.5 |
| XL-50-500 | | | 500 | ±2.0 | | | | |
| XL-50-750 | | | 750 | ±3.0 | | | | |
| XL-50-1000 | | | 1 000 | ±3.0 | | | | |
| XL-50-1500 | | | 1 500 | ±4.0 | | | | |
| XL-60-250 | 60 | ±1.2 | 250 | ±2.0 | 1.4～2.2 | 55 | 56 | M27×1.5 |
| XL-60-500 | | | 500 | ±2.0 | | | | |
| XL-60-750 | | | 750 | ±3.0 | | | | |
| XL-60-1000 | | | 1 000 | ±3.0 | | | | |
| XL-60-1500 | | | 1 500 | ±4.0 | | | | |
| XL-70-250 | 70 | ±1.5 | 250 | ±2.0 | 1.4～2.6 | 55 | 66 | M33×1.5 |
| XL-70-500 | | | 500 | ±2.0 | | | | |
| XL-70-750 | | | 750 | ±3.0 | | | | |
| XL-70-1000 | | | 1 000 | ±3.0 | | | | |
| XL-70-1500 | | | 1 500 | ±4.0 | | | | |

5.2.4 锥螺纹连接

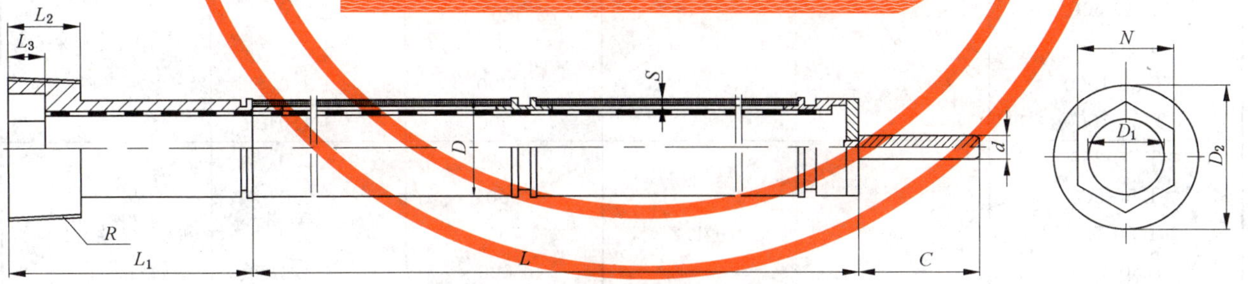


图 4 锥螺纹连接标注示意图

表 4 锥螺纹连接元件的规格和尺寸

单位为毫米

| 规格 | 管外径 D 尺寸 | 管外径 D 允许偏差 | 管长度 L 尺寸 | 管长度 L 允许偏差 | 壁厚 S | 螺纹 | $L_1$ | $L_2$ | $L_3$ | N | $D_1$ | $D_2$ | C | d |
|---|---|---|---|---|---|---|---|---|---|---|---|---|---|---|
| ZLB-25.4-500 | 25.4 | ±1.0 | 500 | ±2.0 | 0.6～1.4 | R1 | 65 | 17.3 | 12.7 | 25 | 19.2 | 36.6 | 30 | 8 |
| ZLB-25.4-750 | | | 750 | ±3.0 | | | | | | | | | | |
| ZLB-25.4-1000 | | | 1 000 | ±3.0 | | | | | | | | | | |
| ZLB-25.4-1500 | | | 1 500 | ±4.0 | | | | | | | | | | |

表 4（续）

单位为毫米

| 规格 | 管外径 D 尺寸 | 管外径 D 允许偏差 | 管长度 L 尺寸 | 管长度 L 允许偏差 | 壁厚 S | 螺纹 | $L_1$ | $L_2$ | $L_3$ | N | $D_1$ | $D_2$ | C | d |
|---|---|---|---|---|---|---|---|---|---|---|---|---|---|---|
| ZLB-30-500 | 30 | ±1.0 | 500 | ±2.0 | 0.6～1.4 | R1¼ | 65 | 22 | 15 | 25 | 23 | 42.2 | 30 | 8 |
| ZLB-30-750 | | | 750 | ±3.0 | | | | | | | | | | |
| ZLB-30-1000 | | | 1 000 | ±3.0 | | | | | | | | | | |
| ZLB-30-1500 | | | 1 500 | ±4.0 | | | | | | | | | | |
| ZLB-50-500 | 50 | ±1.2 | 500 | ±2.0 | 1.4～2.2 | R2 | 65 | 26 | 20 | 42 | 42 | 59.9 | 30 | 8 |
| ZLB-50-750 | | | 750 | ±3.0 | | | | | | | | | | |
| ZLB-50-1000 | | | 1 000 | ±3.0 | | | | | | | | | | |
| ZLB-50-1500 | | | 1 500 | ±4.0 | | | | | | | | | | |

### 5.2.5 通管

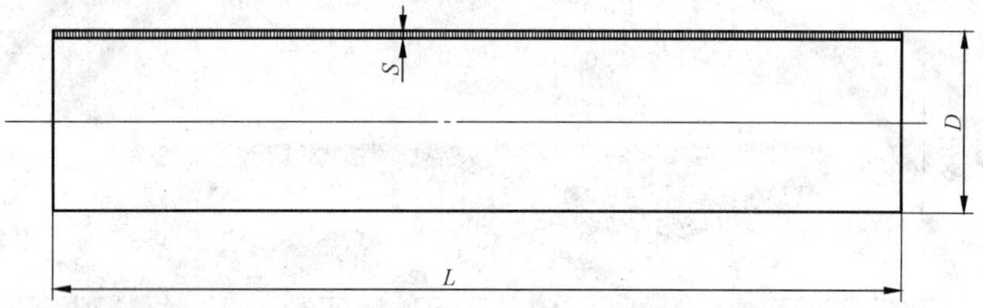


图 5 通管标注示意图

表 5 通管元件的规格和尺寸

单位为毫米

| 规格 | 管外径 D 尺寸 | 管外径 D 允许偏差 | 管长度 L 尺寸 | 管长度 L 允许偏差 | 壁厚 S |
|---|---|---|---|---|---|
| T-30-250 | 30 | ±1.0 | 250 | ±2.0 | 0.6～1.4 |
| T-30-500 | | | 500 | ±2.0 | |
| T-30-750 | | | 750 | ±3.0 | |
| T-30-1000 | | | 1 000 | ±3.0 | |
| T-30-1500 | | | 1 500 | ±4.0 | |
| T-50-250 | 50 | ±1.2 | 250 | ±2.0 | 1.4～2.2 |
| T-50-500 | | | 500 | ±2.0 | |
| T-50-750 | | | 750 | ±3.0 | |
| T-50-1000 | | | 1 000 | ±3.0 | |
| T-50-1500 | | | 1 500 | ±4.0 | |
| T-60-250 | 60 | ±1.2 | 250 | ±2.0 | 1.4～2.2 |
| T-60-500 | | | 500 | ±2.0 | |
| T-60-750 | | | 750 | ±3.0 | |
| T-60-1000 | | | 1 000 | ±3.0 | |
| T-60-1500 | | | 1 500 | ±4.0 | |
| T-70-250 | 70 | ±1.5 | 250 | ±2.0 | 1.4～2.6 |
| T-70-500 | | | 500 | ±2.0 | |
| T-70-750 | | | 750 | ±3.0 | |
| T-70-1000 | | | 1 000 | ±3.0 | |
| T-70-1500 | | | 1 500 | ±4.0 | |

5.2.6 板状:矩形

图6 矩形板状元件标注示意图

表6 矩形板状元件的规格和尺寸

单位为毫米

| 规格 | 宽 B | | 长 L | | 壁厚 S | |
|---|---|---|---|---|---|---|
| | 尺寸 | 允许偏差 | 尺寸 | 允许偏差 | 尺寸 | 允许偏差 |
| B1-500×500 | 500 | ±2.0 | 500 | ±2.0 | 0.6～10.0 | ±0.1 |
| B1-500×1000 | | | 1 000 | ±3.0 | | |
| B1-600×600 | 600 | ±2.0 | 600 | ±2.0 | | |
| B1-600×1200 | | | 1 200 | ±3.0 | | |
| B1-1000×1000 | 1 000 | ±2.0 | 1 000 | ±2.0 | | |
| B1-1000×1200 | | | 1 200 | ±3.0 | | |

5.2.7 板状:圆形

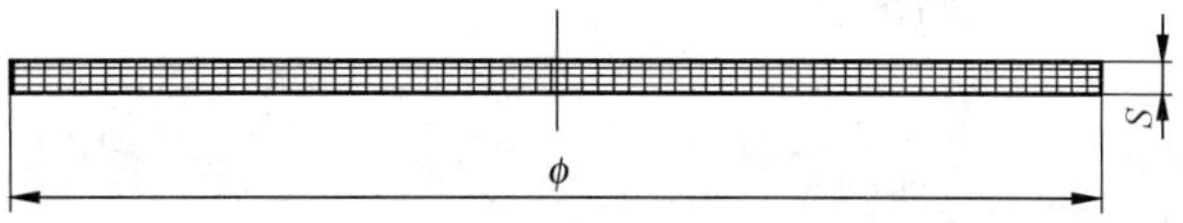


图7 圆形板状元件标注示意图

表7 圆形板状元件的规格和尺寸

单位为毫米

| 规格 | 直径 ϕ | | 壁厚 S | |
|---|---|---|---|---|
| | 尺寸 | 允许偏差 | 尺寸 | 允许偏差 |
| B2-080 | 80 | ±1.0 | 0.6～10.0 | ±0.1 |
| B2-100 | 100 | ±1.0 | | |
| B2-150 | 150 | ±1.5 | | |
| B2-200 | 200 | ±1.5 | | |
| B2-250 | 250 | ±2.0 | | |
| B2-500 | 500 | ±2.0 | | |
| B2-600 | 600 | ±2.0 | | |
| B2-750 | 750 | ±2.0 | | |
| B2-800 | 800 | ±2.0 | | |
| B2-1000 | 1 000 | ±2.0 | | |

5.3 不锈钢烧结金属丝网多孔材料的性能应符合表8的规定。

表8 烧结金属丝网多孔材料的性能

| 型号 | 平均孔径/μm | 初始冒泡压力不小于/Pa | 渗透性不小于 | | 拉伸强度不小于/MPa |
|---|---|---|---|---|---|
| | | | 相对渗透系数/[L/(min·cm²·Pa)] | 渗透系数/m² | |
| SSW005 | 4～6 | 5 450 | $1.1\times10^{-4}$ | $8.0\times10^{-13}$ | 100 |
| SSW010 | 9～12 | 2 700 | $5.2\times10^{-4}$ | $4.8\times10^{-12}$ | 100 |
| SSW020 | 18～23 | 1 360 | $1.5\times10^{-3}$ | $1.5\times10^{-11}$ | 100 |
| SSW030 | 28～35 | 910 | $2.6\times10^{-3}$ | $2.0\times10^{-11}$ | 100 |
| SSW050 | 48～55 | 540 | $5.6\times10^{-3}$ | $5.2\times10^{-11}$ | 110 |
| SSW080 | 75～85 | 340 | $7.9\times10^{-3}$ | $9.1\times10^{-11}$ | 110 |
| SSW100 | 93～108 | 270 | $9.2\times10^{-3}$ | $1.1\times10^{-10}$ | 110 |
| SSW150 | 140～160 | 180 | $2.9\times10^{-2}$ | $3.6\times10^{-10}$ | 110 |
| SSW200 | 187～213 | 140 | $5.0\times10^{-2}$ | $5.8\times10^{-10}$ | 110 |

注1：本表数据针对典型五层网结构的烧结金属丝网多孔材料。

注2：本表中的相对渗透系数在 $\Delta P$=1 000 Pa下测定，如遇特殊样品时应标明其测量时的压差。

5.4 不锈钢烧结金属丝网多孔材料及元件表面要求平整、清洁，具有金属光泽，不应有裂纹、孔洞、凸凹不平、变形及过烧等现象。

5.5 对烧结金属丝网多孔材料及元件的型号、规格、材质、尺寸允许偏差和性能有其他要求时，由供需双方商定。

## 6 试验方法

6.1 不锈钢烧结金属丝网多孔材料及元件化学成分的测定按GB/T 223.5、GB/T 223.11、GB/T 223.17、GB/T 223.25、GB/T 223.26、GB/T 223.62、GB/T 223.63、GB/T 14265的规定进行。

6.2 孔径的测定按附录A的规定进行。

6.3 初始冒泡压力的测定按GB/T 5249的规定进行。

6.4 渗透性的测定按GB/T 5250的规定进行。

6.5 外形尺寸及允许偏差用相应精度的量具测量。

6.6 外观及表面质量在灯检台上目视检查。

6.7 拉伸强度的测定按GB/T 228的规定进行。

## 7 检验规则

### 7.1 组批

产品按批抽样检验，每批由同一零件图号、同一材质、同一规格尺寸，按相同工艺生产的产品组成。进行抽样检验的产品批量最大不超过1 000件，如超出，则超出部分视为另一批重新进行抽样检验。

### 7.2 检验项目

不锈钢烧结金属丝网多孔材料及元件的检验项目、每批取样规则及数量应符合表9的规定。

表 9　烧结金属丝网多孔材料及元件的检验项目及数量

| 检验项目 | 取样规则及数量 | 要求的章条号 | 试验方法的章条号 | 备　注 |
|---|---|---|---|---|
| 化学成分 | 每批抽样 1 个 | 5.1 | 6.1 | 是否提供本项检测数据由供需双方协商确定 |
| 平均孔径 | 每批抽样 1 个 | 5.3 | 6.2 | 是否提供本项检测数据由供需双方协商确定 |
| 初始冒泡压力 | 每批 3%，但不少于 3 个 | 5.3 | 6.3 | |
| 相对渗透系数 | 每批抽样 1 个，每个测 3 点 | 5.3 | 6.4 | 是否提供本项检测数据由供需双方协商确定 |
| 尺寸 | 逐个检验 | 5.2 | 6.5 | |
| 外观表面质量 | 逐个检验 | 5.4 | 6.6 | |
| 拉伸强度 $\sigma_b$ | 每批抽样 1 个，每个测 3 点 | 5.3 | 6.7 | 是否提供本项检测数据由供需双方协商确定 |

### 7.3　检验结果的判定

7.3.1　产品尺寸检验不符合要求，则判所检验的该件产品不合格。

7.3.2　产品表面质量检验不符合要求，则判所检验的该件产品不合格。

7.3.3　化学成分不符合要求，则在该批产品中对该项加倍取样复检，若仍不符合标准要求时，则该批产品为不合格。

7.3.4　平均孔径检验不符合要求，则判所检验的该件产品不合格。

7.3.5　初始冒泡压力检验不符合要求，则判所检验的该件产品不合格。

7.3.6　相对渗透系数 3 点算术平均值不符合要求，则判所检验的该件产品不合格。

7.3.7　拉伸强度 3 点算术平均值不符合要求，则判所检验的该件产品不合格。

## 8　标志、包装、运输、贮存

### 8.1　标志

8.1.1　产品名称、规格和型号。

8.1.2　产品生产批号。

8.1.3　产品标记。

8.1.4　供方技术部门的检印。

### 8.2　包装、运输、贮存

8.2.1　产品用适宜的包装物单独包装，装箱时各产品间隔以充填物。

8.2.2　产品在运输中，注意防潮，避免撞击和滚动。

8.2.3　产品应贮存在干燥通风处。

### 8.3　质量文件

每批合格产品应附有产品质量文件，注明：

a)　供方名称；

b)　产品名称；

c)　型号；

d)　规格；

e)　批号；

f)　件数或净重；

g)　质检人员签章；

h)　本标准编号；

i)　出厂日期。

# 附 录 A
# （资料性附录）
# 烧结金属过滤元件孔径的气泡法测量

## A.1 适用范围

本方法适用于管状和片状烧结金属过滤元件。气泡法所测量的孔为全通孔，这在许多场合与多孔材料的使用条件较为一致。

本方法是气泡法测量的一种简化解析方法，可以简洁、快速、明了地给出最大孔径、平均孔径和最小孔径。

## A.2 方法及原理

气泡法基于测量气体逸出多孔材料所必须的压力差和流量，样品需预先抽空并用已知表面张力的液体浸透。

由毛细现象可知，毛细管中所浸透的液体，由于表面张力作用，产生毛细力。如果将孔的界面考虑为圆形，沿着该圆周长度液体的表面张力系数为 $\sigma$，孔半径为 $r$，液体和固体的接触角为 $\theta$，那么驱使液体流入孔内，而垂直于该界面的力可以写作 $2\pi r\sigma\cos\theta$，与此相反的力，即外界施加的气体压力，在此圆面积上的值是 $\pi r^2\Delta P$，当两个力平衡时，孔中的液体被排除，将有气泡逸出。

$$2\pi r\sigma\cos\theta=\pi r^2\Delta P$$

简化为：

$$r=\frac{2\sigma\cos\theta}{\Delta P} \qquad \text{( A.1 )}$$

式中：

$r$——毛细管的内孔半径，单位为米(m)；

$\sigma$——液体的表面张力系数，单位为牛每米(N/m)；

$\theta$——液体与固体的接触角；

$\Delta P$——毛细管两端的压力差，单位为帕(Pa)。

根据气泡逸出的相应压力值求出毛细管对应的孔径尺寸。

黏性气流在层流条件下通过圆柱形导管（毛细管）的流动服从泊稷叶(*Poiseuille*)定律。

$$q=\frac{\pi}{8}\times\frac{\Delta P}{L\times\eta}\times r^4 \qquad \text{( A.2 )}$$

式中：

$q$——在平均压力下，流体通过毛细管的流量，单位为立方米每秒($m^3/s$)；

$\Delta P$——毛细管两端的压力差，单位为帕(Pa)；

$L$——毛细管的长度，单位为米(m)；

$\eta$——通过毛细管流体介质的黏滞系数，单位为牛秒每平方米($N\cdot S/m^2$)；

$r$——毛细管的内孔半径，单位为米(m)。

对于实际的多孔材料，所有的通孔可以看作是由多根毛细管组成的，其孔径大小并不一样，形状也不相同，但我们可以设想其为等效的毛细管，其孔径由公式(A.1)求出。其长度等于试样的厚度乘上弯曲因子，设平均半径为 $r$ 的毛细管有 $n$ 个，易知流体通过多孔材料的流量为：

$$Q=n\times\frac{\pi}{8}\times\frac{\Delta P'}{b\times l\times\eta'}\times r'^4 \qquad \text{( A.3 )}$$

式中：

$Q$——在平均压力下，流体通过多孔材料的流量，单位为立方米每秒($m^3/s$)；

$\Delta P'$——多孔材料两端的压力差，单位为帕(Pa)；

$l$——多孔材料的厚度，单位为米(m)；

$b$——多孔材料孔道的弯曲因子，它等于流体所走过的实际路程与材料的厚度之比；

$\eta'$——通过多孔材料的流体介质的黏度系数，单位为牛秒每平方米($N \cdot s/m^2$)；

$r'$——多孔材料的孔半径，单位为米(m)。

在雷诺数小于 $Re=10\sim60$ 时，气体流动由层流过渡到湍流，这个过渡是很缓慢的，并且多孔材料孔隙越不相同越是缓慢，可以避免湍流。如图 A.1 所示。样品的 $Q$ 与 $\Delta P$ 的变化完全服从泊稷叶(*Poiseuille*)定律，为一线性关系，即：

$$Q = K \times \Delta P \qquad \cdots\cdots (A.4)$$

式中 $K$ 为常数，由式(A.5)求得：

$$K = n \times \frac{\pi}{8} \times \frac{r^4}{b \cdot l \cdot \eta} \qquad \cdots\cdots (A.5)$$

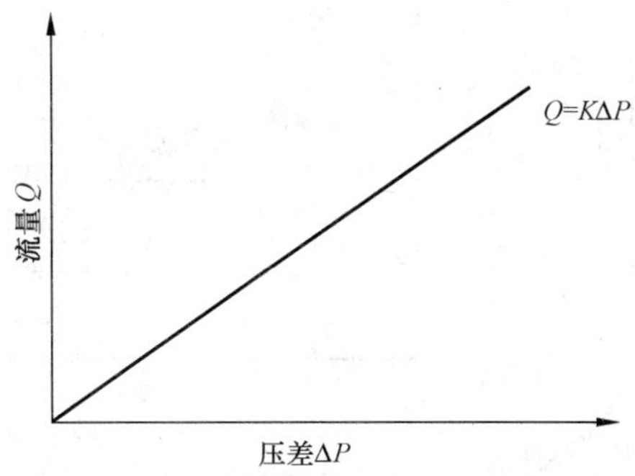


**图 A.1　干样品流量和压差的关系**

当样品被液体浸透后，置于样品室内进行测量时，气体通过的孔是随着压力的增加逐渐被打开的，孔径和压差的对应关系可由式(A.1)求得，此时在各种压差下所测得的流量取决于两个因素：

a)　已打开的孔，流量随着压差的增加而增加，根据式(A.4)它同压差的关系应为线性；

b)　随着压差的增加，有新的较小的孔被打开，从而也会对流量有所贡献。由式(A.3)可知这部分流量的增加同压差是非线性关系。

两个因素的综合结果表明流量随着压差的变化是个曲线关系，但当所有孔全部被打开后，此时孔径为一固定值，所以这时 $Q$ 随着 $\Delta P$ 的变化关系为一直线段，如图 A.2 所示，以后流量的增加只取决于第一个因素了。

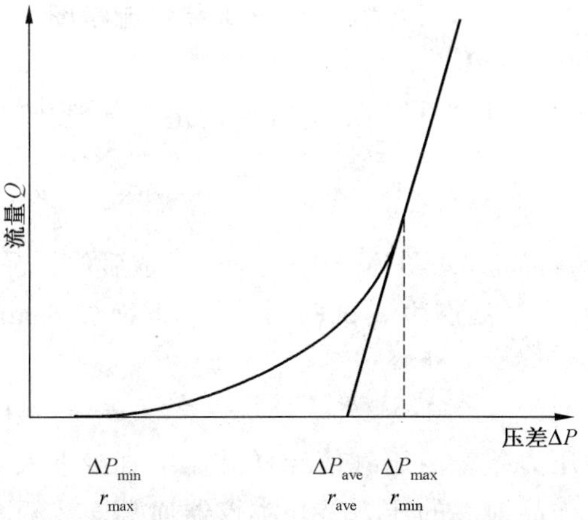


**图 A.2　浸透的样品流量和压差的关系**

把整个样品看作是由 $n$ 个相同孔径 $r_{ave}$ 组成的多孔体，则在 $\Delta P_{ave}$ 点时，所有孔都被打开，此时 $Q$ 随着 $\Delta P$ 的变化为线性关系，沿直线方向走。但实际上，任何一个多孔体，它的孔径及其个数都是不相同的。为此流量与压差的关系为一曲线，只有在 $\Delta P_{max}$ 点后所有孔都被打开了，随后，$Q$ 随 $\Delta P$ 的变化才为线性关系。

综上所述，可以根据曲线上的 $\Delta P_{min}$、$\Delta P_{ave}$ 和 $\Delta P_{max}$ 压差点，分别求出多孔材料的 $r_{min}$、$r_{ave}$ 和 $r_{max}$ 孔径值。

## A.3 试验装置

试验装置主要由流量计、压差计和样品室等主要部件构成，其气路系统如图 A.3 所示。

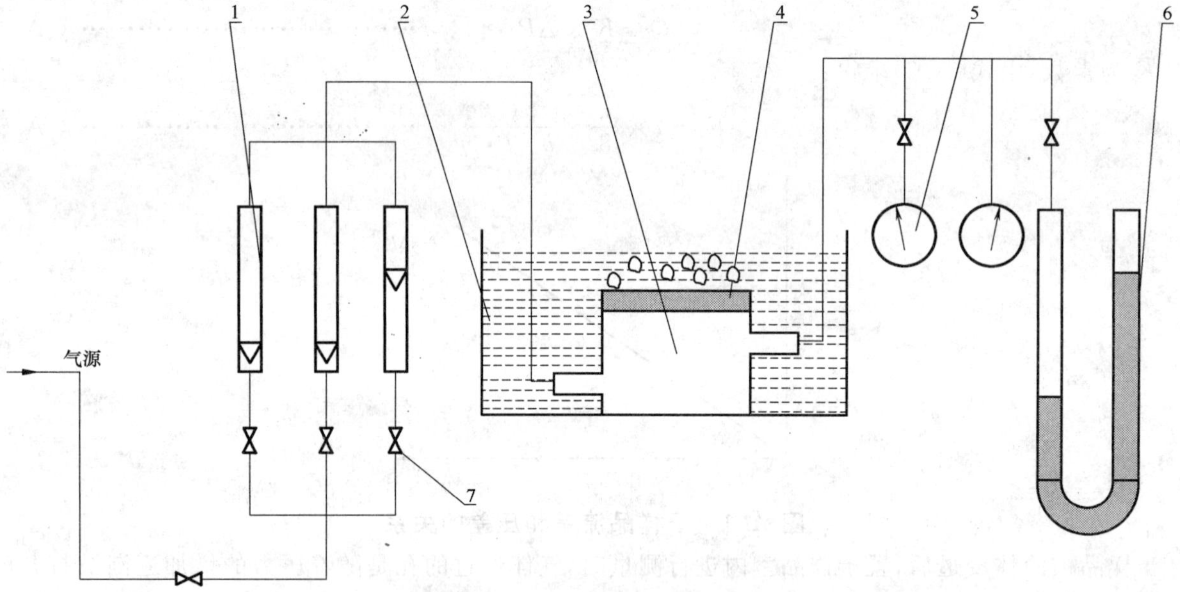


1——流量计；
2——盛液容器；
3——样品室；
4——样品；
5——压力表；
6——U 形管压差计；
7——阀门。

**图 A.3 气泡仪气路装置流程图**

### A.3.1 流量计

通常选用转子流量计，其个数应根据样品的透气性而定。一般情况下，选用三个具有不同量程彼此衔接的流量计，见图 A.3 中的 1。

### A.3.2 样品室

用来盛装样品的小室称为样品室，见图 A.3 中的 3。浸透后的样品置于样品室内，试样两端必须用橡皮垫圈压紧，以防气体通过时有过流产生。试验时，试样上面放 3 mm～6 mm 的试验液体或把整个样品室放入试验液体中。

### A.3.3 压差计

测量气体流经样品前后的压力差。由于气体经样品流出直接进入空气中，即样品出口为大气压，样品前的相对压力也就是气体经样品前后的压力差。本仪器通常安装两个压力计和一个 U 形管压差计，见图 A.3 中的 5 和 6，其量程在 0 MPa～0.4 MPa 范围内。

**A.4 试样**

管状试样为：($\phi$30～50×50～500)mm；

片状试样为：($\phi$30～$\phi$50)mm。

**A.5 试验步骤**

A.5.1 开始试验之前，试样用试验液体浸透，通常使用的液体为蒸馏水(或去离子水)和无水乙醇。根据试样的孔径大小选择适宜的试验液体，表A.1给出了各种液体的表面张力。为了改善液体对试样的浸润性，试样预先置真空容器内抽空，然后注入试验液体，直至液体充满多孔材料的所有通孔。

**表A.1 在20℃时几种液体的表面张力系数**

单位为牛每米

| 试验液体 | 表面张力系数 |
|---|---|
| 水 | 0.072 5 |
| 乙醇 | 0.022 |
| 四氯化碳 | 0.027 |
| 甲醇 | 0.022 5 |
| 正丙醇 | 0.024 |
| 正戊基醋酸盐 | 0.024 |
| 异戊基醋酸盐 | 0.027 |
| 乙醚 | 0.017 |

A.5.2 浸润后的样品置于样品室内，然后放入盛有试验液体的容器中，应使样品上表面离液体表面为3 mm～6 mm。

A.5.3 打开气源，让气体经流量计进入样品室，气体的升压速度由总阀门控制，直到经样品表面出现第一个气泡。在此压力下，气体通过一个或几个尺寸最大的孔。其后压差逐渐增加，每次记下相应的压差和流量值，直到所有孔都被打开，流量与压差呈线性关系时为止。通常在直线段上试验点应多于3个。

**A.6 数据处理**

根据所测得的压差值和相应的流量值，作出$Q$-$\Delta P$曲线。

曲线的起始点为最大孔径对应的压差点；曲线上呈线性关系的直线部分的延长线与横坐标的交点为平均孔径对应的压差点；曲线与直线的切点在横坐标上的投影为最小孔径对应的压差点。由式(A.1)分别求出样品的最大孔径、平均孔径和最小孔径。

**A.7 试验报告**

试验报告应包括以下项目：

a) 注明本标准编号；

b) 必须的详细说明；

c) 测试结果。

ICS 65.100
B 16

GB

# 中华人民共和国国家标准

GB/T 25864—2010

# 球孢白僵菌粉剂

**Powder of *Beauveria bassiana***

2011-01-10 发布　　　　2011-06-01 实施

中华人民共和国国家质量监督检验检疫总局
中国国家标准化管理委员会　发布

# 前　言

本标准的附录A、附录B为规范性附录，附录C为资料性附录。

本标准由国家林业局提出并归口。

本标准起草单位：国家林业局森林病虫害防治总站、安徽农业大学、中国林业科学院、华中农业大学微生物农药国家工程研究中心。

本标准主要起草人：郭志红、李增智、陈昌洁、宋玉双、喻子牛、樊美珍、胡加富、崔永三、苏宏钧、李林、任浩章。

# 引　言

球孢白僵菌粉剂是一种真菌杀虫剂。白僵菌经过发酵获得分生孢子，经萌发侵入目标害虫体内，破坏害虫组织并产生毒素，使害虫致死。

球孢白僵菌的名称及基本参数如下：

菌种中文通用名：球孢白僵菌。

菌种拉丁文学名：*Beauveria bassiana* (Bals.) Vuill.

分类地位：球孢白僵菌在分类上属于真菌门(Eumycota)，半知菌亚门(Deuteromycotina)，丝孢纲(Hyphomycetes)，丛梗孢目(Moniliales)，丛梗孢科(Moniliaceae)，白僵菌属(*Beauveria*)。

鉴定特征：在麦芽浸膏培养基上，菌落的菌丝呈白色绒状，后期呈丛卷毛状至粉状，背面初期无色，菌落产孢后呈淡黄色至粉红色。分生孢子梗常浓密簇生(但有时单生或轮生)，呈瓶状，形成"之"字状弯曲产孢轴。分生孢子球形，透明，薄壁。大小为(2 μm～3 μm)×(2 μm～2.5 μm)。

菌种保藏条件：温度 5 ℃；避光；封装。

有效成分主要存在形式：分生孢子。

生物活性：主要用于防治鳞翅目害虫。

适宜生长条件：麦芽浸粉或 PDA 培养基、适宜温度 25 ℃、pH6。

最适贮存温度：5 ℃。

# 球孢白僵菌粉剂

## 1 范围

本标准规定了球孢白僵菌粉剂的要求、检验方法及标签、包装、贮运等规则。

本标准适用于球孢白僵菌经生物发酵与加工而获得的分生孢子粉剂。

本标准不适用于布氏白僵菌或其他种类白僵菌生产的杀虫剂。

## 2 规范性引用文件

下列文件中的条款通过本标准的引用而成为本标准的条款。凡是注日期的引用文件，其随后所有的修改单(不包括勘误的内容)或修订版均不适用于本标准，然而，鼓励根据本标准达成协议的各方研究是否可使用这些文件的最新版本。凡是不注日期的引用文件，其最新版本适用于本标准。

GB/T 1605—2001 商品农药采样方法

GB 3796—2006 农药包装通则

GB/T 16150—1995 农药粉剂、可湿性粉剂细度测定方法

## 3 术语和定义

下列术语和定义适用于本标准。

3.1

**球孢白僵菌粉剂** ***Beauveria* powder product**

由球孢白僵菌纯菌种经生物发酵生产与加工而获得的分生孢子粉剂。是防治多种害虫的真菌杀虫剂。

3.2

**球孢白僵菌** ***Beauveria bassiana*** **(Bals.)Vuill.**

一种半知菌类的虫生真菌，分类上属于真菌门(Eumycota)，半知菌亚门(Deuteromycotina)，丝孢纲(Hyphomycetes)，丛梗孢目(Moniliales)，丛梗孢科(Moniliaceae)，白僵菌属(*Beauveria*)。

3.3

**分生孢子** **conidia**

一种无性繁殖细胞。着生于分生孢子梗上的瓶状产胞细胞顶端，对昆虫具有致病力。球孢白僵菌的分生孢子大部分呈球形。

3.4

**含孢量** **conidia content**

每克白僵菌粉剂中所含的分生孢子数。

3.5

**孢子萌发率** **germination rate of conidia**

白僵菌粉剂中所萌发的白僵菌孢子数占孢子总数的百分比。

3.6

**毒力测定** **bioassay**

用杀虫剂感染目标害虫或指示昆虫使其感病死亡，是检验杀虫剂毒力的过程。

3.7

**毒力 virulence**

对目标害虫的致死能力，以通过活体生物测定得到的致死中时 $LT_{50}$ 表示。

3.8

**干燥减量 loss in weight**

样品在规定条件下，经加热干燥后质量减少的百分数，即样品中水分及少量低挥发物的量。

3.9

**杂菌率 microbial contaminant**

真菌农药中除有效成分真菌外，其他影响有效成分真菌生长的菌占总菌量的百分比。

## 4 要求

### 4.1 外观

白色或浅灰白色粉末，不可以有团块。

### 4.2 控制项目指标

球孢白僵菌粉剂应符合表1的要求。

**表1 球孢白僵菌粉剂控制项目指标**

| 项目 | 指标 |
|---|---|
| 含孢量 | 高孢粉≥1 000 亿孢子/g |
| | 低孢粉 100(±10)亿孢子/g |
| 孢子萌发率 | 高孢粉≥90% |
| | 低孢粉≥90% |
| 毒力 $LT_{50}$ | 高孢粉 $LT_{50}$≤5 d |
| | 低孢粉 $LT_{50}$≤6 d |
| 杂菌率 | 高孢粉≤5% |
| | 低孢粉≤10% |
| 干燥减量 | 高孢粉≤10% |
| | 低孢粉≤10% |
| 细度 | 高孢粉 全部通过 160 目筛 |
| | 低孢粉 全部通过 35 目筛 |
| 贮存稳定性 | 在 5 ℃条件下贮存 180 d，孢子萌发率大于标明值的 80% |

## 5 检验方法

### 5.1 抽样

按照 GB/T 1605—2001 中 5.1.3“商品农药采样方法”进行，用随机数表法确定抽样的包装件，最终抽样量不少于 100 g。

### 5.2 鉴别试验

#### 5.2.1 菌种鉴别

根据所提供的菌种形态学、生物化学、DNA 分子特征或国际公认机构的鉴定特征，用显微镜观察法从生物形态上进行鉴定或采用其他(如生物化学、DNA 片段序列)方法进行鉴定。

#### 5.2.2 菌种仲裁鉴定

当对鉴别结果有怀疑或争议时，应到有菌种认证资质的单位，与菌种保藏中心保藏的生产菌株进行对照，由2名以上的专家确定后，出具菌种鉴定报告，作为仲裁依据。

5.3 含孢量的测定

5.3.1 方法提要

本试验采用显微记数法。将粉剂稀释至适当倍数，在显微镜下用血球记数板计孢子数，然后计算含孢量。

5.3.2 试剂

吐温80(化学纯)。

5.3.3 仪器及设备

光学显微镜、精度为千分之一的天平、组织捣碎机、血球记数板(16×16)、微量移液器、玻璃器皿等。

5.3.4 检验程序

用精度为千分之一的天平准确称取低孢粉1.00 g或高孢粉0.10 g，装入组织捣碎机的盛液杯中，同时加入0.1 mL的吐温80、200 mL清水，以5 000 r/min的速度搅拌2 min，加清水定容至500 mL，再以5 000 r/min的速度搅拌1 min，使之成为均匀的孢子悬浮液。将孢子浓度控制在每中格20～40个，如果不合适可以稀释样品调节成此浓度。取深度为0.1 mm、血球计数板格为16×16个中格，盖上配套专用盖玻片，用吸管吸取配制好的悬浮液沿盖玻片的边缘滴入，使孢子液恰好充满盖玻片于载玻片之间，以孢子液不入槽为度，多余孢子液用滤纸吸去。放在显微镜载物台上静置1 min～2 min，待浮动的孢子静止后，放大400倍检视计数。

5.3.5 检验结果计算

血球计数板记数格为16个中格，每个中格为16个小格，则计算双线范围内任一斜对角线上的四个中格共64个小格的孢子总数。记数时每中格的四周如有压线的孢子，计上线不计下线，计左线不计右线。按公式(1)计算待测样品的孢子含量：

$$S=\frac{(S_1+S_2+S_3+S_4)\times 4\times 10^6\times T}{64} \quad \cdots\cdots(1)$$

式中：

$S$——含孢量，亿孢子/g；

$S_1\sim S_4$——任意4个中格中孢子的数量；

$T$——稀释倍数。

每个样品设3个重复。允许误差率为10%。

5.4 孢子萌发率的测定

将50 mL麦芽浸粉培养液(麦芽浸粉2%，用蒸馏水配制)注入预先放入20～30个直径5 mm玻璃珠的250 mL三角瓶中，在121 ℃条件下灭菌20 min后，放入待测低孢粉0.2 g(或根据含孢量换算成适合镜检的克数，高孢粉亦然)，置于120 r/min的摇床上，在25 ℃条件下培养8 h～16 h(视菌种特性而定)，取样制片镜检。用血球数板计数，芽管大于孢子半径的孢子计为萌发孢子。按公式(2)计算孢子萌发率：

$$R=\frac{N}{M}\times 100\% \quad \cdots\cdots(2)$$

式中：

$R$——孢子萌发率，%；

$N$——萌发孢子总数；

$M$——检查孢子总数。

每个样品设3个重复。允许误差率为10%。

5.5 干燥减量的测定

5.5.1 仪器及设备

扁形称量瓶(50 mm)；

电热恒温干燥箱(±2 ℃)。

5.5.2 测定步骤

将扁形称量瓶在 110 ℃干燥箱烘 15 min,取出称量、记录。准确称取 5.00 g 样品放入皿内,在(105±2)℃ 电热恒温干燥箱中烘 1 h。取出后将样品和扁形称量瓶一起称重,减去扁形称量瓶的重量。按公式(3)计算干燥减重(含水率):

$$W=\frac{5.00-W_1}{5.00} \quad \cdots\cdots\cdots\cdots (3)$$

式中:

$W$——干燥减重,%;

$W_1$——烘干后样品重量,g。

每个样品设 3 个重复。允许误差率为 2%。

5.6 毒力测定

按附录 A、附录 B 进行。

5.7 杂菌率测定(CFU 法)

5.7.1 采用 2%麦芽浸膏、2%营养琼脂配制培养基,121 ℃高压灭菌 20 min 后凉至 45 ℃左右,倒入培养皿制成 2 mm～4 mm 的平板。

5.7.2 按 5.3.4 中的操作步骤称样、均散、稀释(用无菌水)。稀释倍数依具体情况而定,或同时做几个稀释梯度,使每个培养皿中的菌落保持在 10～20 个。

5.7.3 用微量移液器接种 100 μL 菌液到培养基平板上,用曲玻棒涂布均匀。做 10 次重复。

5.7.4 在 27 ℃条件下培养 48 h,根据菌落特征分辨球孢白僵菌或杂菌,分别计数。计算出杂菌占总菌落数的百分比。

5.8 细度的测定

按照 GB/T 16150—1995 中的 2.1 干筛法(适用于粉剂)执行。高孢粉应全部通过 160 目筛,低孢粉应全部通过 35 目筛。

5.9 贮存稳定性的测定

将产品在 5 ℃条件下贮存 180 d,孢子萌发率应大于标明值的 80%。

## 6 标志、标签、包装和贮运

6.1 标志、标签

球孢白僵菌粉剂的标志及标签应符合 GB 3796—2006 的规定。标签上应注明贮运条件。

6.2 包装

产品包装要求应符合 GB 3796—2006 的相关规定。

6.3 贮运

6.3.1 贮藏地点

球孢白僵菌粉剂的贮藏应选择低于 20 ℃、干燥、通风、蔽光的场所。有条件的应在 5 ℃条件下保存。

6.3.2 运输

球孢白僵菌粉剂在运输中应密封防潮、防晒、防高温、防雨淋。避免与皮肤、眼睛接触,防止由口鼻吸入。

6.4 产品特殊要求

产品应采用塑料袋密封包装,以保证干燥减量在 10%以下。

6.5 保证期

在规定的贮运条件下球孢白僵菌粉剂的保证期为 6 个月。从生产日期算起,至少 6 个月内孢子萌发率不低于标明值的 80%。

# 附　录　A
# （规范性附录）
# 以松毛虫为目标昆虫的毒力测定

## A.1　供试虫种

马尾松毛虫 *Dendrolimus punctatus* Walker

## A.2　试剂和材料

麦芽浸粉（生化试剂）；
葡萄糖（医用）；
吐温 80（化学纯）；
新洁尔灭（医用）。

## A.3　仪器设备

电子秤（千分之一精度）；
加湿器（超声波低温加湿器）；
养虫笼（由 30 cm×30 cm×50 cm 的木制框架构成，上下两面用木板，四个侧面用窗纱，有一个可以开关的侧门）；
三角瓶（250 mL）；
不锈钢镊子（医用）。

## A.4　供试幼虫的饲养

### A.4.1　蛹的采集

在林间用带有橡皮头的镊子轻轻取下成熟的马尾松毛虫蛹，放入养虫笼内。每笼 30 只。保持温度在 25 ℃、相对湿度在 80%以上（必要时用加湿器）。

### A.4.2　成虫的饲养和产卵

待蛹羽化后，同时放入 1 只 250 mL 三角瓶水培的新鲜马尾松枝，作为成虫产卵的场所。一般成虫羽化后，当天或次晚交配，历时 7 h 以上可以完成受精并产卵，7 d～10 d 为产卵高峰期。卵约 7 d 开始孵化。

### A.4.3　幼虫的饲养

在孵化高峰期，每天清除虫粪，用新洁尔灭消毒用过的器具，并换上新鲜松枝饲养幼虫。幼虫生长 7 d～10 d 以 2 龄幼虫为主，10 d～15 d 以 3 龄幼虫为主。应选择虫龄一致、生理状态良好的健康幼虫作为毒力测定的供试幼虫。室内饲养一般不超过 4 代。

## A.5　接种感染

准确称取 2.00 g 低孢粉或 0.20 g 高孢粉，加入 0.1 mL 吐温 80，置于高速搅拌器的盛液杯中，加入 1%的麦芽浸粉液 200 mL。以 5 000 r/min 速度搅拌 2 min，配制成 1 亿孢子/mL 的待测样品悬浮液。

每个养虫笼放入 1 只 250 mL 三角瓶，装入水，插入新鲜松枝。挑选健康马尾松毛虫 3 龄幼虫 30 头，浸入待测样品悬浮液中 2 s，用滤纸吸掉余液，放入已在三角瓶中插好鲜松枝的养虫笼中。每个样品 3 次重复。以含有同样浓度吐温 80 的麦芽浸粉液做对照，3 次重复。置于温度在 25 ℃、相对湿度在 80%以上（必要时用加湿器）的环境中培养观察。每天换一次新鲜松枝。

处理的浓度剂量应不少于5个。每个处理30头试虫，至少重复3次。

### A.6 观察记录

接种48 h后开始检查死亡率，每24 h记录一次。用镊子轻触虫体，无反应者计为死亡数。对照要放在另外的房间中，并用单独的镊子。对照的死亡率应小于10%，如果大于10%应重新测定。

### A.7 测定结果

根据对照与处理的数据，采用Abbott表或按式(A.1)计算校正死亡率$Y$(%)：

$$Y=\frac{(Y_1-Y_2)}{1-Y_2}\times 100\% \qquad \text{(A.1)}$$

式中：

$Y$——校正死亡率，%；

$Y_1$——药剂处理样本的死亡率，%；

$Y_2$——对照样本的死亡率，%。

然后，将处理浓度换算成对数值，校正死亡率转换成死亡几率值，用最小二乘法求出样品致死中时$LT_{50}$。

### A.8 允许误差

每次平行测定结果之差，应不大于20%。样品各剂量引起的死亡率应在10%～90%之间。测$LT_{50}$时，在50%死亡率上下应至少设置2个时间。

# 附 录 B
# （规范性附录）
# 以玉米螟为目标昆虫的毒力测定

## B.1 供试昆虫

亚洲玉米螟 *Ostrinia furnacalis* (Guenee)

## B.2 试剂和材料

吐温 80(化学纯)；
酵母粉(化学纯)；
维生素 C(化学纯)；
玉米粉(饲料用玉米，80 ℃ 烘干，过 80 目筛)；
大豆粉(食用大豆，80 ℃烘干，过 80 目筛)；
葡萄糖(食用)；
氢氧化钾(分析纯)；
氯化钠(分析纯)；
磷酸氢二钾(分析纯)；
磷酸二氢钾(分析纯)；
琼脂条(凝胶强度大于 300 g/$cm^2$，食品用)；
红霉素(医疗注射粉剂)；
山梨酸(分析纯)；
山梨酸钾(分析纯)；
10%甲醛溶液(分析纯，甲醛溶于蒸馏水)；
95%乙醇溶液(分析纯)；
磷酸缓冲液(氯化钠 8.5 g；磷酸氢二钾 6.0 g，磷酸二氢钾 3.0 g，吐温 80 2 mL，蒸馏水 1 000 mL)；
微量移液器(200 mL 微量移液器，对应的灭菌微量移液管)；
搪瓷盘(25 cm×40 cm)；
组织板(24 孔板组织板)。

## B.3 仪器设备

光学显微镜；
血球计数板；
水浴锅；
医用手术刀；
磨口三角瓶(250 mL，具塞)；
振荡器(100 r/min～600 r/min)；
养虫管(9 cm×2.5 cm)；
烧杯(50 mL、500 mL、1 000 mL)；
试管(18 mm×180 mm)；
玻璃珠(直径 5 mm)；
移液管(1 mL、10 mL)；

带塞磨口试管(10 mL);

玻璃培养皿(9 cm);

不锈钢镊子(医用)。

## B.4 玉米螟的饲养

### B.4.1 饲料的配制

饲料配方:玉米粉 60 g、酵母粉 36 g、黄豆粉 60 g、维生素 C 4.0 g、山梨酸 4.0 g、10%甲醛 1.6 mL、琼脂 20 g、蒸馏水 750 mL。

将蔗糖、琼脂粉加入 600 mL 的蒸馏水中调匀,搅拌煮沸,使琼脂完全溶化。玉米粉、黄豆粉、酵母粉用剩余的 150 mL 水润湿浸泡。维生素 C、山梨酸钾用少量水溶解。冷却至 80 ℃加入黄豆粉、玉米粉等的润湿物,搅匀。稍等再将维生素 C 和山梨酸钾的混合液加入,搅匀。以微粒不下沉为标准,最后加入溶化的红霉素和甲醛溶液搅匀,置 65 ℃水浴中,每个养虫管加入 5 mL 饲料。凝固后保存于 4 ℃条件下待用。

### B.4.2 饲养

取玉米螟的卵放入养虫盒中,保持温度在 27 ℃±1 ℃,保持湿度在 100%,约 3 d 时间孵化出初孵幼虫。再将初孵幼虫转入已加入饲料的养虫管中,放置在 27 ℃±1 ℃,湿度在 75%～100%的环境中培养。

### B.4.3 供试昆虫的挑选

培养 5 d 后挑选供试幼虫,选择健康、活跃、个体大小一致的幼虫供试验用。

## B.5 待测样品悬浮液的制备

准确称取 2.00 g 低孢粉或 0.2 g 高孢粉,加入 0.1 mL 吐温 80,置于高速搅拌器的盛液杯中,加入 200 mL 1%的麦芽浸粉液。以 5 000 r/min 速度搅拌 2 min,配制成 1 亿孢子/mL 的溶液。

## B.6 接虫感染

将选好的幼虫 10 头一组,放入待测样品悬浮液的中浸 2 s,迅速取出,用滤纸吸掉多余水滴。放入已放置饲料的养虫管中,每处理做 5 管,塞上棉塞,写好标签。口朝下倾斜放置,27 ℃±1 ℃,保持湿度在 75%～100%,感染饲养 120 h。

## B.7 药效检查

接种 24 h 后开始检查死亡率,每天检查一次。用镊子轻触虫体,无反应者计为死亡数。每天检查一次。记录死亡虫数。应注意先检查对照,并使用单独的镊子。对照的死亡率应小于 10%,如果大于 10%应重新测定。

## B.8 测定结果

根据对照与处理的数据,采用 Abbott 表或按公式(A.1)计算校正死亡率 $Y$(%)。然后,将处理浓度换算成对数值,校正死亡率转换成死亡几率值,用最小二乘法求出样品致死中时 $LT_{50}$。

## B.9 允许误差

每次平行测定结果之差,应不大于 20%。样品各剂量引起的死亡率应在 10%～90%之间。测 $LT_{50}$ 时,在 50%死亡率上下应至少设置 2 个时间。

# 附　录　C
（资料性附录）
白僵菌产品分类

## C.1　球孢白僵菌产品分类

### C.1.1　球孢白僵菌高孢粉

分生孢子含量为1 000亿孢子/g以上、细度是全部通过160目筛的白僵菌菌粉。主要用于防治鳞翅目害虫。适用于对喷洒物细度要求较高的航空喷洒、静电喷洒等。

### C.1.2　球孢白僵菌低孢粉

孢子含量为80亿孢子/g、细度是全部通过35目筛的白僵菌菌粉。主要用于防治鳞翅目害虫。适用于一般喷粉器。

### C.1.3　球孢白僵菌粉炮

通过点燃引捻抛向或发射到空中后点爆扩散的白僵菌粉剂。适用于高山地区和树木较高的林区。

### C.1.4　球孢白僵菌油悬浮剂

以油类为介质的白僵菌液体制剂。适用于飞机喷洒。

### C.1.5　球孢白僵菌挂条

以无纺布或不同质地的纺织品为载体制成的杀虫产品。主要用于防治鞘翅目害虫。

## C.2　布氏白僵菌粉剂

以布氏白僵菌(*Beauveria brongniartii*)为生产菌株，经过发酵和加工制成的，分生孢子含量为50～100亿孢子/g、细度为全部通过35目筛的粉剂。主要用于防治地下害虫。

ICS 65.120
B 46

# 中华人民共和国国家标准

GB/T 25865—2010

# 饲料添加剂　硫酸锌

**Feed additive—Zinc sulphate**

2011-01-10 发布　　2011-06-01 实施

中华人民共和国国家质量监督检验检疫总局
中国国家标准化管理委员会　发布

# 前　言

本标准按照 GB/T 1.1—2009 给出的规则起草。

本标准由全国饲料工业标准化技术委员会(SAC/TC 76)提出并归口。

本标准起草单位：中国饲料工业协会、浙江省饲料监察所、杭州富阳新兴饲料有限公司。

本标准主要起草人：朱聪英、胡广东、张志健、田莉、任玉琴、金海丽、吴望君、吕伟军、冯杰、刘士杰、何建兴。

# 饲料添加剂 硫酸锌

## 1 范围

本标准规定了饲料添加剂硫酸锌的产品分类、技术要求、试验方法、检验规则以及标签、包装、运输和贮存。

本标准适用于以含锌原料与硫酸反应生成的饲料添加剂硫酸锌。

分子式：$ZnSO_4 \cdot nH_2O$。

相对分子质量：179.47($n$=1)，287.56($n$=7)(按 2007 年国际相对原子质量)。

## 2 规范性引用文件

下列文件对于本文件的应用是必不可少的。凡是注日期的引用文件，仅注日期的版本适用于本文件。凡是不注日期的引用文件，其最新版本(包括所有的修改单)适用于本文件。

GB/T 601 化学试剂 标准滴定溶液的制备

GB/T 5917.1 饲料粉碎粒度测定 两层筛筛分法

GB/T 6682 分析实验室用水规格和试验方法

GB 10648 饲料标签

GB/T 13079 饲料中总砷的测定

GB/T 13080 饲料中铅的测定 原子吸收光谱法

GB/T 13082 饲料中镉的测定方法

## 3 产品分类

饲料添加剂硫酸锌根据含锌量分为：一水硫酸锌，含锌量≥34.5%；七水硫酸锌，含锌量≥22.0%。

## 4 技术要求

### 4.1 外观和性状

一水硫酸锌为白色或类白色粉末，在酸溶液中易溶，在水中微溶，在乙醇中不溶；七水硫酸锌为无色透明的棱柱状或细针状结晶或颗粒状结晶性粉末，有风化性，在水中极易溶解，在乙醇中不溶。

### 4.2 技术指标

技术指标应符合表 1 要求。

**表 1 技术指标**

| 项 目 | | 指 标 | |
|---|---|---|---|
| | | $ZnSO_4 \cdot H_2O$ | $ZnSO_4 \cdot 7H_2O$ |
| 硫酸锌含量/% | ≥ | 94.7 | 97.3 |

表 1（续）

| 项目 | | | 指标 | |
|---|---|---|---|---|
| | | | $ZnSO_4 \cdot H_2O$ | $ZnSO_4 \cdot 7H_2O$ |
| 锌含量/% | | ≥ | 34.5 | 22.0 |
| 砷(As)/(mg/kg) | | ≤ | 5 | 5 |
| 铅(Pb)/(mg/kg) | | ≤ | 10 | 10 |
| 镉(Cd)/(mg/kg) | | ≤ | 10 | 10 |
| 粉碎粒度 | $W$=250 μm 试验筛通过率/% | ≥ | 95 | — |
| | $W$=800 μm 试验筛通过率/% | ≥ | — | 95 |

## 5 试验方法

本标准中所用试剂和水，在未注明其要求时，均指分析纯试剂和 GB/T 6682 中规定的三级水。

**安全提示：本试验方法中使用的部分试剂具有毒性或腐蚀性，操作者必须小心谨慎！如溅到皮肤上应立即用水冲洗，严重者应立即治疗。使用易燃品时，严禁使用明火加热。**

### 5.1 鉴别试验

#### 5.1.1 试剂和材料

5.1.1.1 三氯甲烷。

5.1.1.2 盐酸。

5.1.1.3 硝酸。

5.1.1.4 乙酸溶液：1+10(体积比)。

5.1.1.5 硫酸钠溶液：250 g/L。

5.1.1.6 双硫腙四氯化碳溶液：1+100(体积比)。

5.1.1.7 氯化钡溶液：50 g/L。

#### 5.1.2 鉴别方法

##### 5.1.2.1 锌离子的鉴别

称取 0.2 g 试样，溶于 5 mL 水中。移取 1mL 试液，用乙酸溶液(5.1.1.4)调节溶液的 pH 值为 4～5，加 2 滴硫酸钠溶液(5.1.1.5)，再加数滴双硫腙四氯化碳溶液(5.1.1.6)和 1 mL 三氯甲烷(5.1.1.1)，振摇后，有机层显紫红色。

##### 5.1.2.2 硫酸根离子的鉴别

取试样少量，加水溶解，滴加氯化钡溶液(5.1.1.7)，即生成白色沉淀；分离，沉淀在盐酸(5.1.1.2)、硝酸(5.1.1.3)中均不溶解。

### 5.2 硫酸锌含量的测定

#### 5.2.1 方法提要

试样溶解后，通过掩蔽剂掩蔽其他离子干扰，在 pH 值 5～6 的条件下，乙二胺四乙酸二钠(EDTA)

与锌离子络合，用二甲酚橙指示剂指示滴定终点。

### 5.2.2 试剂和材料

5.2.2.1 抗坏血酸。

5.2.2.2 硫酸溶液：1+1（体积比）。

5.2.2.3 氟化氨溶液：200 g/L。

5.2.2.4 硫脲溶液：100 g/L。

5.2.2.5 乙酸-乙酸钠缓冲溶液（pH=5.5）：称取 200g 乙酸钠，加适量水溶解，加 10 mL 乙酸，用水稀释至 1 000 mL。

5.2.2.6 二甲酚橙指示液：2 g/L，有效期为 1 周。

5.2.2.7 乙二胺四乙酸二钠（EDTA）标准滴定溶液：$c$(EDTA)=0.05 mol/L（按 GB/T 601 配制、标定）。

### 5.2.3 分析步骤

称取一水硫酸锌试样约 0.2 g（或七水硫酸锌试样约 0.3 g），精确至 0.000 2 g，置于 250 mL 锥形烧瓶中，加少量水润湿，滴加 2 滴硫酸溶液（5.2.2.2）使试样溶解，加水 50 mL、氟化铵溶液（5.2.2.3）10 mL、硫脲溶液（5.2.2.4）2.5 mL、抗坏血酸（5.2.2.1）0.2 g，摇匀溶解后加入 15 mL 乙酸-乙酸钠缓冲溶液（5.2.2.5）和 3 滴二甲酚橙指示液（5.2.2.6），用乙二胺四乙酸二钠标准滴定溶液（5.2.2.7）滴定至溶液由红色变为亮黄色或黄色即为终点，并同时做空白试验。

### 5.2.4 结果的表示和计算

一水硫酸锌含量 $X_1$，以质量分数（%）表示，按式（1）计算：

$$X_1=\frac{c(V-V_0)\times 0.179\,5}{m}\times 100 \qquad\cdots\cdots(1)$$

式中：

$V_0$ ——滴定空白溶液消耗乙二胺四乙酸二钠标准滴定溶液体积，单位为毫升（mL）；

$V$ ——滴定试样溶液消耗乙二胺四乙酸二钠标准滴定溶液体积，单位为毫升（mL）；

$c$ ——乙二胺四乙酸二钠标准滴定溶液的浓度，单位为摩尔每升（mol/L）；

$m$ ——试样质量，单位为克（g）；

0.179 5——与 1.00 mL 乙二胺四乙酸二钠标准滴定溶液[$c$(EDTA)=1.00 mol/L]相当的、以克表示的一水硫酸锌的质量。

七水硫酸锌含量 $X_2$，以质量分数（%）表示，按式（2）计算：

$$X_2=\frac{c(V-V_0)\times 0.287\,5}{m}\times 100 \qquad\cdots\cdots(2)$$

式中：

$V_0$ ——滴定空白溶液消耗乙二胺四乙酸二钠标准滴定溶液体积，单位为毫升（mL）；

$V$ ——滴定试样溶液消耗乙二胺四乙酸二钠标准滴定溶液体积，单位为毫升（mL）；

$c$ ——乙二胺四乙酸二钠标准滴定溶液的浓度，单位为摩尔每升（mol/L）；

$m$ ——试样质量，单位为克（g）；

0.287 5——与 1.00 mL 乙二胺四乙酸二钠标准滴定溶液[$c$(EDTA)=1.00 mol/L]相当的、以克表示的七水硫酸锌的质量。

锌含量 $X_3$，以质量分数（%）表示，按式（3）计算：

$$X_3=\frac{c(V-V_0)\times 0.065\,38}{m}\times 100 \qquad\cdots\cdots(3)$$

式中：

$V_0$ ——滴定空白溶液消耗乙二胺四乙酸二钠标准滴定溶液体积，单位为毫升(mL)；

$V$ ——滴定试样溶液消耗乙二胺四乙酸二钠标准滴定溶液体积，单位为毫升(mL)；

$c$ ——乙二胺四乙酸二钠标准滴定溶液的浓度，单位为摩尔每升(mol/L)；

$m$ ——试样质量，单位为克(g)；

0.065 38 ——与1.00 mL乙二胺四乙酸二钠标准滴定溶液[$c$(EDTA)=1.00 mol/L]相当的、以克表示的锌的质量。

计算结果保留三位有效数字。

### 5.2.5 重复性

在重复性条件下获得的两次独立测定结果的绝对值之差不得超过0.15%。

### 5.3 砷含量的测定

按GB/T 13079中规定的方法测定。

### 5.4 铅含量的测定

按GB/T 13080中规定的方法测定。

### 5.5 镉含量的测定

按GB/T 13082中规定的方法测定。

### 5.6 粉碎粒度的测定

按GB/T 5917.1中规定的方法测定。

## 6 检验规则

6.1 应由生产企业的质量检验部门进行检验，本标准规定的所有项目为出厂检验项目，生产企业应保证出厂产品均符合本标准的要求。

6.2 在规定期限内具有同一性质和质量，并在同一连续生产周期中生产出来的一定数量的产品为一批。

6.3 使用单位可按照本标准规定的检验规则和试验方法对所收到的产品进行质量检验，检验其是否符合本标准的要求。

6.4 取样方法：抽样需备有清洁、干燥、具有密闭性的样品瓶(袋)，瓶(袋)上贴有标签，注明生产企业名称、产品名称、批号及取样日期。抽样时，用清洁、适用的取样工具伸入包装容器的四分之三深处，将所取样品充分混匀，以四分法缩分，每批样品分2份，每份样品量应不少于检验所需试样的3倍量，装入样品瓶(袋)中，一瓶(袋)供检验用，另一瓶(袋)密封保存备查。

6.5 出厂检验若有一项指标不符合本标准要求时，允许从加倍包装中抽样进行复验，复验结果即使有一项指标不符合本标准要求，则整批产品判为不合格品。

6.6 如供需双方对产品质量发生异议时，可由双方商请仲裁单位按本标准的检验方法和规则进行仲裁。

## 7 标签、包装、运输和贮存

### 7.1 标签

按 GB 10648 中的规定执行。

### 7.2 包装

装于适宜的容器中，采用密封包装，包装材料的卫生标准应符合要求。每件包装的质量可根据客户的要求而定。

### 7.3 运输

在运输过程中应防潮，防止包装破损，严禁与有毒有害物质及酸、碱物质混运。

### 7.4 贮存

应贮存在干燥、无污染的地方。

### 7.5 保质期

在符合本标准包装、运输和贮存的条件下，自生产之日起保质期为十二个月。逾期应重新检验是否符合本标准要求。

ICS 65.120
B 46

# 中华人民共和国国家标准

GB/T 25866—2010

# 玉米干全酒糟（玉米 DDGS）

**Distiller's dried grain with solubles (corn)**

2011-01-10 发布 2011-06-01 实施

中华人民共和国国家质量监督检验检疫总局
中国国家标准化管理委员会 发布

# 前　言

本标准按照 GB/T 1.1—2009 给出的规则起草。

本标准在参考国内外研究成果和对我国饲料用玉米干全酒糟(玉米 DDGS)产品调研的基础上制定。

本标准由全国饲料工业标准化技术委员会(SAC/TC 76)提出并归口。

本标准起草单位:中国农业大学动物科技学院。

本标准主要起草人:袁建敏、呙于明、张天国、马秋刚、张炳坤。

# 玉米干全酒糟(玉米 DDGS)

## 1 范围

本标准规定了饲料用玉米干全酒糟(玉米 DDGS)的术语和定义、要求、试验方法、检验规则以及标签、包装、运输和贮存。

本标准适用于采用玉米为原料通过干法酒精生产、半干法酒精生产和湿法酒精生产得到的干酒精糟及可溶物。

## 2 规范性引用文件

下列文件对于本文件的应用是必不可少的。凡是注日期的引用文件，仅注日期的版本适用于本文件。凡是不注日期的引用文件，其最新版本(包括所有的修改单)适用于本文件。

GB/T 6432 饲料中粗蛋白测定方法
GB/T 6433 饲料中粗脂肪的测定
GB/T 6434 饲料中粗纤维的含量测定 过滤法
GB/T 6435 饲料中水分和其他挥发性物质含量的测定
GB/T 6437 饲料中总磷的测定 分光光度法
GB/T 6438 饲料中粗灰分的测定
GB/T 8381.4 配合饲料中 T-2 毒素的测定 薄层色谱法
GB/T 10647 饲料工业术语
GB 10648 饲料标签
GB 13078 饲料卫生标准
GB/T 13092 饲料中霉菌总数的测定
GB/T 14698 饲料显微镜检查方法
GB/T 14699.1 饲料 采样
GB/T 16764 配合饲料企业卫生规范
GB/T 17480 饲料中黄曲霉毒素 $B_1$ 的测定 酶联免疫吸附法
GB/T 18823 饲料 检测结果判定的允许误差
GB/T 19539 饲料中赭曲霉毒素 A 的测定
GB/T 19540 饲料中玉米赤霉烯酮的测定
GB/T 20806 饲料中中性洗涤纤维(NDF)的测定

## 3 术语和定义

GB/T 10647 界定的以及下列术语和定义适用本文件。

3.1

**玉米干全酒糟 distiller's dried grain with solubles (corn)**

玉米 DDGS

以玉米为原料，由酵母发酵蒸馏提取酒精后，将酒糟和剩余的残液中至少四分之三以上的可溶固形物浓缩干燥后所得的产品。

3.2

**干法酒精生产　dry mill ethanol production**

玉米除杂后直接粉碎进行发酵生产酒精的方法，副产物包括 DDG、DDS 和 DDGS。

3.3

**半干法酒精生产　semi-dry mill ethanol production**

玉米预先用水湿润，水分含量达到 18%～20%，然后破碎筛分，分离部分胚芽和玉米皮，胚芽经过浸提生产玉米油，去胚芽后的玉米单独或连同提油后的胚芽混合后粉碎发酵生产酒精的方法，副产物包括玉米油、DDG、DDS 和 DDGS，甚至还有玉米纤维饲料、玉米胚芽粕等。

3.4

**湿法酒精生产　wet mill ethanol production**

玉米经过浸泡，碾磨分离为淀粉、纤维、胚芽和蛋白质等组分，胚芽经过浸提生产玉米油，淀粉发酵生产酒精的方法，副产物包括玉米油、DDG、DDS 和 DDGS 以及玉米纤维饲料、玉米胚芽粕、玉米蛋白粉等。

## 4　要求

### 4.1　感官要求

浅黄色和黄褐色，粉状或颗粒状，无发霉、结块，具有发酵气味，无异味。

### 4.2　技术指标及质量分级

技术指标及质量分级见表 1。

**表 1　饲料用玉米干全酒糟(玉米 DDGS)技术指标及质量分级**

| 项目 | 高脂型 DDGS | | 低脂型 DDGS | |
|---|---|---|---|---|
| | 一级 | 二级 | 一级 | 二级 |
| 色泽 | 浅黄色 | 黄褐色 | 浅黄色 | 黄褐色 |
| 水分/% | ≤12 | | | |
| 粗蛋白质/% | ≥28 | ≥24 | ≥30 | ≥26 |
| 粗脂肪/% | ≥7 | | ≥2 | |
| 磷/% | ≥0.60 | | | |
| 粗纤维/% | ≤12 | | | |
| 中性洗涤纤维/% | ≤50 | | | |
| 粗灰分/% | ≤7 | | | |

### 4.3　杂质

不得掺入除玉米以外的谷物或杂质。

### 4.4　卫生指标

应符合 GB 13078 的要求，对于 GB 13078 中未限定的霉菌毒素应符合表 2 的要求。

表 2　饲料用玉米干全酒糟(玉米 DDGS)卫生指标

| 项目 | 指标 |
| --- | --- |
| 黄曲霉毒素 $B_1$/(μg/kg) | ≤ 50 |
| 玉米赤霉烯酮/(μg/kg) | ≤500 |
| T-2 毒素/(μg/kg) | ≤100 |
| 赭曲霉毒素 A/(μg/kg) | ≤100 |
| 霉菌总数/(个/g) | ≤$10\times10^3$ |

## 5　试验方法

5.1　感官指标:采用目测及嗅觉检验。
5.2　水分的测定按 GB/T 6435 执行。
5.3　粗蛋白质的测定按 GB/T 6432 执行。
5.4　粗脂肪的测定按 GB/T 6433 执行。
5.5　磷的测定按 GB/T 6437 执行。
5.6　粗纤维的测定按 GB/T 6434 执行。
5.7　中性洗涤纤维的测定按 GB/T 20806 执行。
5.8　粗灰分的测定按 GB/T 6438 执行。
5.9　杂质的检测按 GB/T 14698 执行。
5.10　黄曲霉毒素 $B_1$ 的测定按 GB/T 17480 执行。
5.11　玉米赤霉烯酮的测定按 GB/T 19540 执行。
5.12　T-2 毒素的测定按 GB/T 8381.4 执行。
5.13　赭曲霉毒素 A 的测定按 GB/T 19539 执行。
5.14　霉菌含量的测定按 GB/T 13092 执行。

## 6　检验规则

### 6.1　采样方法

按 GB/T 14699.1 执行。

### 6.2　出厂检验

#### 6.2.1　批

以同班、同原料的产品为一批。

#### 6.2.2　出厂检验项目

感官性状、水分、粗蛋白质和油脂含量。

### 6.3　型式检验

#### 6.3.1　型式检验项目

为本标准第4章规定的全部项目。

6.3.2 有下列情况之一，应进行型式检验：

a) 改变配方或生产工艺；

b) 正常生产每半年或停产半年后恢复生产；

c) 国家饲料质量监督部门提出要求时。

### 6.4 判定方法

以本标准的有关试验方法和要求为依据进行判定。检验结果中如有一项指标不符合本标准要求时，应重新自两倍量的包装中再抽样进行复检，复检结果如仍有一项指标不符合本标准要求，则该批产品判为不合格。各项成分指标判定合格或验收的界限根据 GB/T 18823 执行。

## 7 标签、包装、运输和贮存

7.1 标签应符合 GB 10648 的要求。

7.2 包装、运输和贮存应符合 GB/T 16764 中的要求。

饲料用玉米干全酒糟(玉米 DDGS)在规定的储存条件下，从生产之日起，原包装产品保质期为6个月。

ICS 67.040
X 08

GB

# 中华人民共和国国家标准

GB/T 25867—2010/ISO 9719:1995

# 根菜类 冷藏和冷藏运输

## Root vegetables—Cold storage and refrigerated transport

(ISO 9719:1995,IDT)

2011-01-10 发布 2011-06-01 实施

中华人民共和国国家质量监督检验检疫总局
中国国家标准化管理委员会 发布

# 前　言

本标准按照GB/T 1.1—2009给出的规则起草。

本标准等同采用ISO 9719:1995《根菜类　冷藏和冷藏运输》(英文版)。其技术内容和文本结构与ISO 9719:1995一致。

为便于使用,本标准作了如下编辑性修改:

——删去了ISO 9719:1995的前言和引言;

——用“本标准”代替“本国际标准”;

——对标点符号进行了删改。

本标准由中国商业联合会提出并归口。

本标准起草单位:中国商业联合会商业标准中心、中国蔬菜流通协会、中国人民大学环境学院。

本标准主要起草人:宫占平、李江华、李佳洁、刘振宇、曹建云。

# 根菜类　冷藏和冷藏运输

## 1　范围

本标准规定了新鲜根菜类蔬菜的冷藏与冷藏运输的技术条件。

本标准适用于无茎的根菜类蔬菜在大容量的贮藏库中进行长期冷藏或冷藏运输。不适用于带叶的根菜类蔬菜，其只能做短期贮藏。

本标准适用于萝卜(*Raphanus sativus*)、菊牛蒡(*Scorzonera hispanica*)、胡萝卜(*Daucus carota*)、辣根(*Armoracia rusticana*)、根用香芹(*Petroselinum crispum var. tuberosum*)、根甜菜(*Beta vulgaris var. cruenta*)和类似的根菜类作物。

## 2　规范性引用文件

下列文件对于本文件的应用是必不可少的。凡是注日期的引用文件，仅注日期的版本适用于本文件。凡是不注日期的引用文件，其最新版本(包括所有的修改单)适用于本文件。

ISO 2169:1981　水果和蔬菜　冷库中物理条件　定义和测量

## 3　质量要求

3.1　用于长期冷藏的根菜类蔬菜应是完整、坚实，无机械伤、无冻害、无腐烂、无发霉、无细菌侵染和无其他病虫害，表面不潮湿，无异味。冷藏前应将叶子全部去除，可切去萝卜、胡萝卜、根用香芹和根甜菜根上的叶子。

3.2　用于长期冷藏的根菜类蔬菜可以清洗，也可不清洗，但根部或鳞茎上的土壤质量不宜超过根重的2%。

3.3　参考各种类型根菜类蔬菜的质量标准可有助于减少贮藏中的损失。

## 4　贮藏前准备

4.1　冷藏用根菜类蔬菜可捆扎后放入箱式托盘或单独的木制和塑料箱子内。单独的箱子可放在托盘上以适用于叉车搬运。

4.2　堆码的高度取决于托盘和箱子的结构，但应遵守相关国家标准中对最大承载量的要求。一般情况下，箱子放在托盘上的堆码高度是4 m，箱式托盘的堆码高度是6 m。

4.3　堆垛与库顶、堆垛与墙之间至少应保持25 cm～30 cm的距离。

4.4　为便于叉车的搬运，堆垛与堆垛之间应保持25 cm～30 cm的距离。

4.5　冷藏用根菜类蔬菜也可散装堆放，但应距离库的内墙至少1 m。长根型的根菜类蔬菜不适合散装堆放，因为在机械操作和搬运时会造成机械损伤。

## 5　贮藏方式

5.1　根菜类蔬菜在冷藏和冷藏运输时应放置在木制或塑料箱内。

容器的侧面和底部应有一定数量的通风孔，以便空气在包装箱中流动。

水平方向的通风应更加通畅。

贮藏库的蒸发器应设置在库顶附近，以利于冷空气的循环，即冷空气能从蔬菜的上方沉降，再返回到蒸发器中。

5.2 冷藏中应保证以下条件：

——安置湿度调节器，保证有较高的相对湿度；

——保证空气的交换，要求每小时更换空气的比例为30%；

——与外界空气的交换比率应达到每小时0.5；

——如果机械制冷系统失灵，应停止与外界的通风，尽可能减少冷库内温度的变化。

## 6 贮藏和运输条件

影响冷藏物理因素的定量测定方法按GB/T 9829—2008执行。

6.1 根菜类蔬菜应贮藏在：

a) 温度：0 ℃～2 ℃；

b) 相对湿度：90%～95%。

6.2 入库前产品应预冷至0 ℃～1 ℃；入库操作应在7 d内完成。

6.3 出库时应除去表面的湿气，保持温度在10 ℃～20 ℃，并保证空气的充分流通。

6.4 根菜类蔬菜在冷藏运输时应保持在0 ℃～5 ℃的稳定温度范围。

ICS 67.040
X 08

# 中华人民共和国国家标准

GB/T 25868—2010/ISO 9376:1988

# 早熟马铃薯 预冷和冷藏运输指南

## Early potatoes—Guide to cold cooling and refrigerated transport

(ISO 9376:1988,IDT)

2011-01-10 发布 2011-06-01 实施

中华人民共和国国家质量监督检验检疫总局
中国国家标准化管理委员会 发布

# 前　言

本标准按照 GB/T 1.1—2009 给出的规则起草。

本标准等同采用 ISO 9376:1988《早熟马铃薯　预冷和冷藏运输指南》(英文版),其技术内容和文本结构与 ISO 9376:1988 一致。

为便于使用,本标准作了如下编辑性修改:

——删去了 ISO 9376:1988 的前言和引言;

——用"本标准"代替"本国际标准";

——对标点符号进行了删改。

本标准由中国商业联合会提出并归口。

本标准起草单位:中国商业联合会商业标准中心、中国蔬菜流通协会、中国人民大学环境学院。

本标准主要起草人:宫占平、李江华、刘振宇、匡振旺。

# 早熟马铃薯　预冷和冷藏运输指南

## 1　范围

本标准给出了用于直接食用或用于加工的早熟马铃薯(*Solanum tuberosum Linnaeus*)的预冷和冷藏运输的指南。

本标准适用于采后直接销售的早熟马铃薯,一般是在完全成熟前采收,且外皮易除去。

## 2　预冷

2.1　为了保证早熟马铃薯的质量和外观,应对收获后远距离运输或销售前需要存放 2 d～3 d 以上的早熟马铃薯进行预冷处理。

2.2　预冷或冷藏运输的早熟马铃薯应在收获期间就予以保护,避免在户外的日晒、风吹和雨淋的损害。

2.3　早熟马铃薯收获后,应使用有帆布遮盖的运输车辆直接运送到分级、包装、预冷和配送的站点。分级和包装后的早熟马铃薯应立即用冷藏车送往冷藏和配送站点。

注:为了使早熟马铃薯块茎的外皮能抵抗机械伤害,在热带(或亚热带)气候之下新收获的早熟马铃薯应在 20 ℃和 70%的相对湿度条件下,在田间荫凉处堆放 3 d～5 d。

2.4　预冷适用于具有商业标准规定的最低质量和规格大小并适当包装的早熟马铃薯。

2.5　进行预冷和冷藏运输的早熟马铃薯应使用网兜、麻袋或纸箱包装,单体包装应达到 50 kg,或使用 2 kg 装的打孔塑料袋包装,以便于短期贮藏期间的通风。

2.6　预冷的温度为 10 ℃～14 ℃。此温度有利于使清洗、挑选、分级和包装操作期间受损害的马铃薯外皮愈伤,同时可抑制褐变和生理病害的发生。

注:热带地区的早熟马铃薯宜按 2.3 执行。

## 3　冷藏运输

3.1　运输的适宜温度为 10 ℃～12 ℃,相对湿度为 85%～95%。不应将温度降低到 10 ℃以下或将相对湿度提高到 95%以上。

3.2　麻袋、纸箱或其他包装在运输车辆中的排列应达到满载时能够通风,并在运输期间维持适宜的温度和相对湿度。

3.3　在运输期间,为防止温度和相对湿度波动,应进行连续监控。

## 参 考 文 献

［1］ 国际制冷学会.易腐食品冷却状态下贮藏的推荐条件.1979年

［2］ 国际制冷学会.易腐食品公路运输的推荐条件.1963年

［3］ 经济合作与发展组织.水果与蔬菜的国际标准化——马铃薯(早熟和贮藏).1977年

［4］ 欧洲经济委员会/联合国.欧盟贸易中商业品质“早熟马铃薯”的标准化、商品化和质量控制.新鲜蔬菜.30

［5］ 美国农业部-农业手册.水果和蔬菜的铁路运输保护措施.第195号.1969年

ICS 67.040
X 08

# 中华人民共和国国家标准

GB/T 25869—2010/ISO 1673:1991

## 洋葱　贮藏指南

## Onions—Guide to storage

(ISO 1673:1991,IDT)

2011-01-10 发布　　2011-06-01 实施

中华人民共和国国家质量监督检验检疫总局
中国国家标准化管理委员会　发布

# 前　言

本标准按照 GB/T 1.1—2009 给出的规则起草。

本标准等同采用 ISO 1673:1991《洋葱　贮藏指南》(英文版),其技术内容和文本结构与 ISO 1673:1991 一致。

为便于使用,本标准作了如下编辑性修改:

——删去了 ISO 1673:1991 的前言和引言;

——用“本标准”代替“本国际标准”;

——为便于在我国使用,对“5　其他贮藏方法”的表述进行了修改;

——对标点符号进行了删改。

本标准由中国商业联合会提出并归口。

本标准起草单位:中国商业联合会商业标准中心、中国蔬菜流通协会、中国人民大学环境学院。

本标准主要起草人:宫占平、李江华、刘振宇、陈松。

# 洋葱　贮藏指南

## 1　范围

本标准给出了洋葱(*Allium cepa Linnaeus*)在使用或不使用人工制冷条件下的贮藏指南,目的是使其长期贮藏并在新鲜状态下销售。

本标准适用的范围参见附录A。

## 2　规范性引用文件

下列文件对于本文件的应用是必不可少的。凡是注日期的引用文件,仅注日期的版本适用于本文件。凡是不注日期的引用文件,其最新版本(包括所有的修改单)适用于本文件。

ISO 2169:1981　水果和蔬菜　冷库中的物理条件　定义和测量

## 3　采收和贮藏前处理

### 3.1　品种

应选择适宜贮藏的洋葱品种。

注1:通常选择晚熟的洋葱品种贮藏。

### 3.2　采收

采收应在65%～75%的茎叶由绿变黄,茎开始倒伏,叶子开始凋萎,以及洋葱有明显的外皮包裹(表明洋葱处于生理休眠状态)时进行。

采收时应避免擦伤和其他损伤,应切断茎,茎的长度应在干燥后不超过4 cm(见3.4)。

### 3.3　质量要求

应对洋葱进行质量检验。

应选择质量好的洋葱,应符合同一品种、完整、无机械伤、外皮干燥、包裹完好、成熟的质量要求。

应无外来异味。

应保留一定长度的茎,可有2层～3层外皮包裹,也可没有外皮包裹。太大、太小、形状不规则或未完全成熟的洋葱都不适宜贮藏。

### 3.4　贮藏前处理

为避免洋葱在贮藏期间发芽,如没有严格要求,可使用发芽抑止剂。

洋葱在贮藏前应进行干燥处理,除去外表的潮气以及膜质鳞片、须根和茎盘上的潮气。

如不能进行自然干燥,可采用适当的人工干燥方法。可根据潮湿程度放置在流动的干燥热空气中4 d,最多可到8 d。空气温度最高30 ℃,相对湿度应在60%～70%,气流流经每立方米洋葱的流量是2 $m^3$/min～25 $m^3$/min。可从贮藏库外引入新鲜空气,也可是贮藏库内外的混合气体,但这两种不同类型的通风所要求的空气交换率不同。贮藏库内的空气也可简单地反复循环,空气的循环流量应为每小时库容量的40%～50%。

洋葱外皮的水分含量达到12%～14%时即完成干燥。此时触摸洋葱的外皮会发出沙沙声响。

为避免洋葱在运输过程中的损伤，可在贮藏库内利用特殊的设备进行干燥。

热空气的处理会使洋葱发芽，人工干燥应在采收后直接进行，此时洋葱处于生理休眠期。

### 3.5 入库

贮藏库宜是低温的或具有排气的空气通风系统。贮藏库应是干燥、洁净、无污染的。入库应快速进行，一般不超过 7 d～8 d。

应尽量避免与其他有特殊气味的蔬菜和水果混合贮藏，以防串味。洋葱可以和大蒜一起贮藏。

洋葱的干燥如不在贮藏库进行，干燥后应尽快入库。在大批量贮藏的情况下，如洋葱没有完全干燥，应立即打开通风设备，不要等到完全入库后再通风。

### 3.6 贮藏方法

洋葱可采用托盘包装、箱式托盘、柳条箱、麻袋或其他容器大批量贮藏。用麻袋包装的洋葱只能短期贮藏。

在大批量贮藏的情况下，贮藏堆垛的最大高度应符合下列要求：

a) 自然通风贮藏库，堆垛高度 2 m～2.5 m；

b) 强制通风贮藏库，堆垛高度 3.5 m～4.5 m。

堆垛的高度应根据洋葱的耐压性来决定。

为避免损伤，包装的堆垛应 5 层～7 层高，距墙有 15 cm～20 cm 的空隙，堆垛的层与层之间应有 5 cm～8 cm 的空隙，以确保空气能自由流动。

## 4 贮藏条件[1)]

### 4.1 一般条件

洋葱贮藏的温度和湿度条件变化应根据：

a) 贮藏的阶段；

b) 品种的特性；

c) 贮藏的设备系统；

d) 贮藏库本身，例如是否有空气循环通风系统或者使用人工制冷系统等。

温度和湿度应在贮藏期间保持恒定。最大允许的温度和相对湿度的变化范围分别是±1 ℃和±5%。

每天监控影响贮藏的因素。每 7 d～10 d 对洋葱的质量进行监控，检查产品的病害和新鲜程度。

### 4.2 温度

#### 4.2.1 适宜的温度

洋葱可在不同的温度条件下长期贮藏，应根据使用的贮藏设备和洋葱品种的耐低温特性来确定贮藏温度：

a) 可在没有人工制冷的贮藏库内自然循环温度贮藏（自然通风或强制通风）；

b) 中等耐冷的洋葱品种可在 0 ℃±1 ℃下贮藏；

c) 耐冷性好的洋葱品种可在－1 ℃～－2.5 ℃下贮藏（洋葱接近冻结状态）。

---

1) ISO 2169:1981 水果和蔬菜 冷库中物理条件 定义和测量

#### 4.2.2 温度控制

##### 4.2.2.1 循环冷空气控制

当室外温度低于室内温度时，可从室外引入冷空气。

为避免洋葱受冻害，室外温度低于－3 ℃时，室外空气不得引入室内。通风和隔热设施应能保持贮藏库内要求的恒定温度。

##### 4.2.2.2 人工制冷控制

空气是在密闭的条件下循环，整个贮藏期间应保持定期进行换气。

### 4.3 相对湿度

为阻止洋葱在贮藏期间生长和发芽，相对湿度应保持在70%～75%。

### 4.4 空气循环

为了获得恒定的温度和相对湿度，应严格设定空气循环系统。

两种不同类型的空气循环之间可有区别。

#### 4.4.1 密闭循环

这种循环类型的目的是使洋葱冷却，保持温度恒定，消除包装袋中的气体和洋葱新陈代谢所产生的挥发性物质。

使用冷气循环系统和人工制冷系统空气的交换比率都应在每小时20%～30%。

#### 4.4.2 换气

贮藏密度大的洋葱由于呼吸作用导致了$CO_2$的积累，在贮藏期间应定期引入新鲜空气以消除这种现象。空气循环系统应使空气交换比率在每小时20%～30%。

### 4.5 贮藏期限

使用循环空气冷却，洋葱的贮藏期限因品种、国家或地区的气候条件而不同，贮藏期限在3个月～7个月。

使用人工制冷，贮藏期限可长达9个月。

### 4.6 贮藏后期的操作

出现冰晶的洋葱不应进行处理，避免在处理过程中导致冻害。

为避免洋葱表面结露，出库时应在中间温度保持大约24 h。然后再将符合条件和包装好的洋葱运输。

## 5 其他贮藏方法

化学发芽抑止剂的使用应符合相关国家标准，但贮藏后要出口时，应注意进口国家的化学抑芽剂的限制使用标准。

使用6 000 rad～10 000 rad的辐照方法贮藏效果较好，但在一些国家受到限制，我国按国家的相关规定执行。

## 6 贮藏条件

洋葱的贮藏程序、时间和贮藏的相关条件见表1。

**表1 洋葱的贮藏条件**

| 贮藏程序 | | 时间/d | 温度/℃ | 最大相对湿度/% | 通风率/(h/d) |
|---|---|---|---|---|---|
| 干燥 | | 4～8 | 外部空气或热空气<br>(最高30) | 70 | 18～20 |
| 冷却 | | 10～14 | +2～−2 | 75 | 16～20 |
| 贮藏 | 自然循环 | 90～210 | 循环空气<br>(最低−3) | 75 | 6～8 |
| | 人工制冷 | 180～270 | −1～+1[a]<br>−1～−2.5[b] | | |

[a] 抵抗低温能力中等的洋葱品种。

[b] 抵抗低温能力较强的洋葱品种。

# 附 录 A
（资料性附录）
## 应用的局限性

本标准仅提供了一般性导则。需根据产品的种类及栽培时间、地点和区域等因素进一步确定收获的其他条件或贮藏期间的条件。

本标准不能完全应用于各种气候条件下生长的所有产品，因此本标准可作为专家适当修改的判断标准。

本标准不考虑生态环境因素和贮藏期间的损耗问题。

在保证洋葱是新鲜的状态下，应用本标准可使多数品种在贮藏期间减少损耗，并达到长期贮藏的效果。

ICS 67.040
X 08

# 中华人民共和国国家标准

GB/T 25870—2010/ISO 9833:1993

# 甜瓜　冷藏和冷藏运输

## Melons—Cold storage and refrigerated transport

(ISO 9833:1993,IDT)

2011-01-10 发布　　　　2011-06-01 实施

中华人民共和国国家质量监督检验检疫总局
中国国家标准化管理委员会　发布

# 前　言

本标准按照 GB/T 1.1—2009 给出的规则起草。

本标准等同采用 ISO 9833:1993《甜瓜　冷藏和冷藏运输》(英文版),其技术内容和文本结构与 ISO 9833:1993 一致。

为便于使用,本标准作了如下编辑性修改:

——删去了 ISO 9833:1993 的前言和引言;

——用“本标准”代替“本国际标准”;

——对标点符号进行了删改。

本标准由中国商业联合会提出并归口。

本标准起草单位:中国商业联合会商业标准中心、中国蔬菜流通协会、中国人民大学环境学院。

本标准主要起草人:宫占平、李江华、刘振宇、曹建云。

# 甜瓜 冷藏和冷藏运输

## 1 范围

本标准规定了甜瓜(*Cucumis melo L.*)在冷藏和冷藏运输前的处理,以及冷藏和冷藏运输的技术条件。

本标准适用于早、中、晚熟甜瓜的栽培品种。

## 2 冷藏和冷藏运输前准备

### 2.1 采收

应选择晴天的早晚采收。雨后3 d方可采收,采收前3 d不宜浇水。为使甜瓜在运输和装卸过程中能抗机械损伤,应选择适宜的成熟度采收,果实的成熟度取决于栽培品种和生理生长期。

甜瓜的成熟度取决于栽培品种的生长期,网纹甜瓜成熟时会散发出强烈的香气,表面呈现网纹,果皮变黄且有光泽,瓜梗自然脱落。

用于短期冷藏和直接销售的早熟品种,应当在充分成熟(生理成熟度)时采收,带有瓜蒂或不带有瓜蒂均可。

用于冷藏运输并进行长期冷藏的中、晚熟品种,可在冷藏过程中逐渐成熟,应在采收成熟度采收,即比生理成熟度提前2周~3周采收。采收时宜用剪刀剪下,并保留2 cm~3 cm的瓜蒂。

中、晚熟品种在采收后应摊放在阳光下晾晒4 d~5 d,并定期翻动。

### 2.2 质量

应符合国家标准的质量要求。

应完整、新鲜、洁净;无异味,无病虫害;应具有该品种特有的果皮颜色和果实形状。早熟和中熟品种的果皮和果肉的厚度、密度、汁液的多少和滋味是不同的,但应具有该品种所特有的特征。甜瓜的种子应是成熟的,并且容易脱离。

晚熟品种的果皮和果肉应致密,种子没有成熟,与瓜瓤紧密结合。

### 2.3 包装

包装容器应消毒处理,应洁净、干燥、无异味。

应采用纸板箱、木箱和箱式托盘包装。包装材料应足够坚固以保护果实免受机械损伤,包装材料应无毒性,不会引起果实的外部或内部变化。

包装时甜瓜不应叠加放置,彼此之间不接触,包装表面应平整、无突起。包装箱内除了根据甜瓜的品种大小和利于空气流动而放置的塑料衬垫外,不应再填充任何其他材料。

甜瓜应在干燥、洁净和推荐的温度条件下冷藏或运输。贮藏库在冷藏前应进行消毒处理。

### 2.4 预冷

早熟品种采收与预冷的时间间隔不应超过8 h~10 h,中、晚熟品种不应超过4 d~5 d。

预冷的温度应不低于推荐的冷藏和冷藏运输的最低温度。早熟品种应预冷12 h~15 h。

应保证每吨甜瓜有80 $m^3/h$~100 $m^3/h$的空气流量。

冷却后的甜瓜在冷藏运输装卸过程中应避免温度上升。

## 3 冷藏和冷藏运输条件[1)]

甜瓜不应与具有强烈气味的蔬菜或产生乙烯的水果同时冷藏。

早熟品种的冷藏和冷藏运输的温度应保持在0 ℃～6 ℃,中、晚熟品种应控制在8 ℃～10 ℃。温度波动不应超过±0.5 ℃。

空气相对湿度应控制在85%～90%。相对湿度波动不应超过±3%。

空气循环流动的流量应控制在每吨甜瓜40 $m^3/h$～50 $m^3/h$。

## 4 贮藏管理

冷藏的甜瓜应经常检查,并检出成熟的甜瓜入市销售。有病虫害的甜瓜应立即捡出并出库。

## 5 贮藏期限

甜瓜的冷藏期限取决于品种和成熟度。有如下几种:

——早熟品种为10 d～30 d;

——中熟品种为2个月～4个月;

——晚熟品种可长达7个月。

1) 参见ISO 2169:1981 水果和蔬菜 冷库中物理条件 定义和测量

ICS 67.040
X 08

# 中华人民共和国国家标准

GB/T 25871—2010/ISO 8683:1988

# 结球生菜　预冷和冷藏运输指南

**Lettuce—Guide to precooling and refrigerated transport**

(ISO 8683:1988,IDT)

2011-01-10 发布　　2011-06-01 实施

中华人民共和国国家质量监督检验检疫总局
中国国家标准化管理委员会　发布

# 前　言

本标准按照 GB/T 1.1—2009 给出的规则起草。

本标准等同采用 ISO 8683:1988《结球生菜　预冷和冷藏运输指南》(英文版)。其技术内容和文本结构与 ISO 8683:1988 一致。

为便于使用,本标准作了如下编辑性修改:

——删去了 ISO 8683:1988 的前言和引言;

——用“本标准”代替“本国际标准”;

——对标点符号进行了删改。

本标准由中国商业联合会提出并归口。

本标准起草单位:中国商业联合会商业标准中心、中国蔬菜流通协会、中国人民大学环境学院。

本标准主要起草人:宫占平、李江华、刘振宇、边建华。

# 结球生菜　预冷和冷藏运输指南

## 1　范围

本标准给出了结球生菜(*Lactuca sativa Linnaeus*)预冷和冷藏运输的指南。

本标准适用于结球生菜的预冷和冷藏运输。

## 2　规范性引用文件

下列文件对于本文件的应用是必不可少的。凡是注日期的引用文件，仅注日期的版本适用于本文件。凡是不注日期的引用文件，其最新版本(包括所有的修改单)适用于本文件。

ISO 2169:1981　水果和蔬菜　冷库中物理条件　定义和测量

## 3　采收

3.1　用于冷藏和冷藏运输的结球生菜应在其叶球形状完好并膨大但没有形成花茎前采收。

3.2　应在晴天条件下采收，并在灌溉或降雨后的 2 d 进行。

3.3　采收时应在外层叶片的底部将叶球切断，切口应是完整、平滑的。

## 4　质量要求

4.1　用于冷藏和冷藏运输的结球生菜应选择叶片外形中等或粗大的、叶球发育良好且能够保持其良好质量的品种。

4.2　结球生菜的叶球应是品质良好、完整的，洁净、健全和紧实的，无潮湿、无外来的异味和气味。

用于冷藏和冷藏运输的结球生菜应是完全成熟的，成熟度可由叶球的紧实度判断(叶球硬或重的变劣速度快，软的也不适宜冷藏)。

## 5　包装

应去掉结球生菜上黄色或干枯的叶片，宜采用下列包装方式：

a)　采收后立即将结球生菜包装在厚纸板箱、木箱、聚苯乙烯或硬泡沫塑料箱中；

b)　在田间指定的包装区域将结球生菜单个包装在打孔的聚苯乙烯袋、无收缩性的打孔聚苯乙烯薄膜、有半浸透性的未打孔薄膜或聚苯乙烯“脆性袋”中，可先放在有热收缩性的聚苯乙烯袋中，然后再放在未经处理的、衬垫打孔的聚苯乙烯薄膜或内部封蜡的厚纸板箱中；

c)　采收后立即将结球生菜放入运输工具中，并依据品种不同进行不同的包装处理。可单个包装在打孔的聚苯乙烯袋、无收缩性的打孔聚苯乙烯薄膜、有半浸透性的未打孔薄膜、聚苯乙烯“脆性袋”中，或先放在有热收缩性的聚苯乙烯袋中，然后再放在未经处理、衬垫打孔的聚苯乙烯薄膜或内部封蜡的厚纸板箱中。

## 6 预冷

6.1 应除去结球生菜的田间热。

6.2 预冷应在采收后尽快进行，可采用真空冷却或强制通风预冷，在 0 ℃～2 ℃的条件下预冷 25 min～30 min。

## 7 冷藏和冷藏运输(见 ISO 2169:1981)

7.1 为保持结球生菜采收后的质量，在冷藏和运输中宜遵循下列条件：

a) 温度应保持平稳，温度控制在 0 ℃～1 ℃之间；

b) 相对湿度应大于 95%；

c) 结球生菜不应放置在蒸发器附近；

d) 结球生菜不应与释放乙烯的农产品一起冷藏(即使是低浓度的乙烯也会加速结球生菜的败坏)。

7.2 按照 7.1 中的冷藏条件，根据不同品种的结球生菜，可冷藏 1 周～2 周。

## 8 冷藏和冷藏运输后的操作

由于结球生菜的易腐烂性，应在销售过程中保证冷藏的条件以保证结球生菜的质量。

## 参 考 文 献

[1] 国际制冷学会.易腐食品公路运输的推荐条件.第二版.1979

ICS 67.040
X 08

# 中华人民共和国国家标准

GB/T 25872—2010/ISO 7562:1990

# 马铃薯　通风库贮藏指南

## Potatoes—Guidelines for storage in artificially ventilated stores

(ISO 7562:1990,IDT)

2011-01-10 发布　　2011-06-01 实施

中华人民共和国国家质量监督检验检疫总局
中国国家标准化管理委员会　发布

# 前　言

本标准按照 GB/T 1.1—2009 给出的规则起草。

本标准等同采用 ISO 7562:1990《马铃薯　通风库贮藏指南》(英文版)。其技术内容和文本结构与 ISO 7562:1990 一致。

本标准与 ISO 7562:1990 相比，主要有如下编辑性修改：

——删去了 ISO 7562:1990 的前言和引言；

——用"本标准"代替"本国际标准"；

——对标点符号进行了删改。

本标准由中国商业联合会提出并归口。

本标准起草单位：中国商业联合会商业标准中心、中国蔬菜流通协会、中国人民大学环境学院。

本标准主要起草人：宫占平、李江华、刘振宇、匡振旺。

# 马铃薯 通风库贮藏指南

## 1 范围

本标准给出了种用、食用或加工用马铃薯在通风贮藏库中的贮藏指南。

本标准给出的贮藏方法有利于种用马铃薯的生长潜力和出芽率,以及食用马铃薯的良好烹饪品质(如特有的香味,油炸不变色等)。

本标准的贮藏方法适用于温带地区。

## 2 预处理

### 2.1 收获

用于贮藏的马铃薯应在完全成熟时收获。用手搓外皮,视其脱离的难易程度来决定成熟度。

在收获期间,应特别注意避免马铃薯的机械损伤,对于马铃薯在贮藏期间维持低的呼吸作用非常重要。

不宜将已收获的马铃薯堆放在露天条件下,避免雨淋和日晒。

### 2.2 质量要求

用于贮藏的马铃薯不能有以下缺陷:

——被晚期枯萎病或软腐病菌感染;

——受冻害;

——每堆马铃薯中受损害的超过10%;

——每堆马铃薯中含杂物(如附着或脱落的泥土,已分离的发育嫩芽和其他外来物质)超过5%。

### 2.3 贮藏前的准备

马铃薯入库前,应对贮藏库进行清扫,并用国家批准的化学药物进行消毒。贮藏库的外墙和屋顶应是隔热和密封的,以消除外界空气的影响。防潮层应放在贮藏库(外墙)温度较高的一侧,以减少水蒸气的渗透。

库房宜备有以下设施:

——装载、卸载和运输装置;

——通风、温度和湿度控制装置和通风控制系统;

——电力设施(照明和动力);

——分级设备。

### 2.4 注意事项

直接食用的马铃薯应避免光照,应使用低度的电灯照明。种用马铃薯可贮藏在光照条件下。

为抑制发芽和防止腐烂而采用的化学药剂应符合国家的有关规定。

## 3 贮藏

### 3.1 贮藏方法

马铃薯可直接堆放贮藏,高度为3 m~5 m;也可装筐堆码贮藏,高度不超过6 m。堆垛与库顶间的距离不宜低于 1 m。

马铃薯的装载、卸载和分级操作过程中应注意避免机械损伤。

应注意不要将不同种类的马铃薯混在一起。

## 3.2 贮藏条件

3.2.1 贮藏的5个阶段如下:

a) 干燥

马铃薯需要干燥,应在外界空气温度不低于 0 ℃的条件下,利用外界空气的流通使马铃薯干燥。

b) 成熟和愈伤

马铃薯入库后,要进行大约两周的成熟和愈伤。温度应控制在 12 ℃～18 ℃,相对湿度应控制在 90%～95%。

c) 降温

在成熟和愈伤结束后的2周～3周内应尽快使贮藏库降到适宜的温度(见 d)。相对湿度应控制在 90%～95%。

d) 长期贮藏

根据马铃薯最终的用途不同,贮藏条件如下:

——种用马铃薯:温度应控制在 2 ℃～4 ℃;

——菜用的马铃薯:温度应控制在 4 ℃～6 ℃;

——加工用马铃薯:温度应控制在 6 ℃～10 ℃。

相对湿度应控制在 85%～95%。

e) 出库前的准备

根据马铃薯最终的用途不同,使用前马铃薯应保持以下的条件:

——种用马铃薯:升温到 10 ℃～15 ℃,维持3周～5周以上以刺激发芽;相对湿度应控制在 75%～80%,最小照明 75 lx。

——菜用马铃薯:升温到 12 ℃,维持2周以上;

——加工用马铃薯:如马铃薯的糖分太高或颜色太暗,升温到 15 ℃～18 ℃,维持2周～4周以上。

3.2.2 温度和相对湿度的控制可通过内部和外界空气的流动或混合空气的流通来达到。

只有当外界温度比贮藏库内温度至少低 2 ℃时才可利用外部空气的流动来调节温度和湿度。

内部空气的流通是为了减小堆垛顶部和底部的温度差异,温度差不宜超过 1 ℃。

外界引入空气的变化速度或循环空气的循环率应依据当地的气候条件而定。

# 4 检验

## 4.1 一般检验

包括检查设备和测量工具以及检验马铃薯的外观(潮湿或腐烂)。

## 4.2 详细检验和通风检验

如使用机械通风,应遵守以下规则:

a) 在每次通风操作前,应测量贮藏库内的温度,至少要测量两个点(堆垛的上层和下层)。根据测量结果决定是否需要通风以及采用的空气来源;

b) 在利用外部空气或混合空气通风时应对温度进行监控,并应适当控制外部空气的引入量;

c） 当达到要求的温度时(见 3.2.1)，应停止通风，所有的通风口应完全封闭；

d） 在利用外部或混合空气通风时，直接吹到堆垛前的空气温度应不低于 0 ℃。

## 4.3 检验后的操作

检验后应进行的三种操作：

a） 如顶层的马铃薯是潮湿的，应采用内部空气通风；

b） 如顶层的马铃薯出现腐烂，应立即去除腐烂的马铃薯；

c） 如腐烂发生在堆垛或筐内，应立即处理。

# 5 标识

贮藏的每个堆垛都应单独建立贮藏标识，包括以下信息：

a） 堆垛号；

b） 马铃薯的品质；

c） 种类和用途；

d） 生产者的名字；

e） 马铃薯的入库日期；

f） 检验日期和温度、相对湿度的测量结果；

g） 品质注释；

h） 搬移马铃薯的日期和数量。

ICS 67.040
X 08

GB

# 中华人民共和国国家标准

GB/T 25873—2010/ISO 2167:1991

# 结球甘蓝 冷藏和冷藏运输指南

Round-headed cabbage—Guide to cold storage and refrigerated transport

(ISO 2167:1991,IDT)

2011-01-10 发布 2011-06-01 实施

中华人民共和国国家质量监督检验检疫总局
中国国家标准化管理委员会 发布

# 前　言

本标准按照 GB/T 1.1—2009 给出的规则起草。

本标准等同采用 ISO 2167:1991《结球甘蓝　冷藏和冷藏运输指南》(英文版)。其技术内容和文本结构与 ISO 2167:1991 一致。

为便于使用,本标准作了如下编辑性修改:

——删去了 ISO 2167:1991 的前言和引言;

——用"本标准"代替"本国际标准";

——为便于在中国使用,将"出口国和进口国标准"改为"国家标准";

——对标点符号进行了删改。

本标准由中国商业联合会提出并归口。

本标准起草单位:中国商业联合会商业标准中心、中国蔬菜流通协会、中国人民大学环境学院。

本标准主要起草人:宫占平、李江华、刘振宇、边建华。

# 结球甘蓝　冷藏和冷藏运输指南

## 1　范围

本标准给出了结球甘蓝(*Brassica oleracea L. var. capitata L.*, *and Brassica oleracea L. var. sabauda L.*),在冷藏和冷藏运输前的操作,以及冷藏和冷藏运输的指南。

本标准适用于食用的结球甘蓝。

## 2　采收和冷藏要求

### 2.1　采收

采收宜在干燥的天气下进行,在其成熟并形成紧实的叶球时采收,采收时结球甘蓝的叶球尺寸和形状应符合栽培品种固有的特征。

注 1:过早采收可能会导致叶球的枯萎,过晚采收会引起叶球的开裂。

采收的最佳时期是在清晨、没有露水的条件下。采收应在最后一次灌溉的 10 d～15 d 后进行(为了避免叶球组织的过分膨胀、顶端胀裂和叶片腐烂)。

潮湿天气下采收的结球甘蓝应在冷藏和冷藏运输前进行干燥处理。

应剔除受机械损伤或冻害的结球甘蓝,即使是部分受伤害。

采收时宜从外部叶片的根部轻轻地割下,并保留外部的叶片。切口应处理干净,最大保留 3 cm 的粗茎,以避免结球甘蓝在处理过程中受到机械损伤。

### 2.2　冷藏要求

应选择结球甘蓝的晚熟品种冷藏。

应选择品质完好、无抽薹的结球甘蓝冷藏。根据栽培品种的不同,白色结球甘蓝的叶球重应在 1.6 kg～3 kg 之间,红色结球甘蓝的叶球重应在 1 kg～2 kg 之间。

应选择无病害和生理缺陷的结球甘蓝冷藏。

应选择叶球完整、无寄生虫、无机械损伤和冻害的结球甘蓝冷藏。结球甘蓝的表面应洁净,无泥土或其他外来杂质。结球甘蓝的农药残留应符合国家标准规定的限量值。

冷藏的结球甘蓝的叶球应保持干燥,其外部至少应由一层叶片包裹着。

### 2.3　冷藏场所

结球甘蓝宜贮藏在最大容量为 500 t 的冷藏库中。冷藏库应事先消毒,以消除昆虫和寄生虫的影响,并保证通风和冷却。

应避免将结球甘蓝与能释放乙烯的产品混贮,否则会引起结球甘蓝的叶球胀裂,叶片变黄和脱离,导致质量下降。

入库时间最多不超过 7 d。

### 2.4　冷藏方法

结球甘蓝可散装冷藏或放在标准集装箱中冷藏。

散装冷藏的结球甘蓝应在垂直方向通风,堆码的高度不超过 3 m。

集装箱中冷藏的结球甘蓝应在垂直或水平方向通风，或放在顶部送风的冷藏库中。堆码的高度不超过 6 m，堆垛的顶端与冷藏库顶间的距离应至少保持 80 cm。结球甘蓝应茎端朝上成排摆放。

冷藏库应确保良好的空气流通，堆垛与堆垛间应相距 5 cm～10 cm，墙面与堆垛间应相距 65 cm。

## 3 冷藏条件[1)]

### 3.1 温度

冷藏库中的温度应保持在 0 ℃～1 ℃。

冷藏结球甘蓝的中心温度应保持在 0 ℃～1 ℃。白色结球甘蓝的中心温度可低至－0.8 ℃。

注 2：温度降到－0.8 ℃以下会引起叶片组织的腐烂。

结球甘蓝的呼吸旺盛，如堆码方式不正确或通风不畅，结球甘蓝堆垛的中心温度会很快升高，温度的监控应选择有代表性堆垛的中心温度。

### 3.2 相对湿度

冷藏库的相对湿度应保持在 90%～98%。

### 3.3 空气流通量

在冷藏和冷藏运输过程中，空气的流速应达到 0.25 m/s～0.40 m/s，并保持 3.1 和 3.2 规定的温度和相对湿度。

### 3.4 冷藏期限和质量监控

结球甘蓝的冷藏期限取决于栽培品种、质量和冷藏条件(参见附录 A)。大多数品种的冷藏期限可分为三类：短期贮藏：3 个月～5 个月；中期贮藏：4 个月～6 个月；长期贮藏：5 个月～7 个月。

在冷藏期间应采取常规的产品质量监控措施。

## 4 冷藏后的操作

销售前应对结球甘蓝进行检验。去掉发黄或有病变的外层叶片，必要时应重新修整，去除开裂或腐烂的茎部。

## 5 冷藏运输

为了在冷藏运输过程中保持结球甘蓝的品质，应将其包装在符合国家规定的标准集装箱中。

0 ℃～15 ℃的温度范围内冷藏运输期限为 2 d～3 d；0 ℃～1 ℃的温度范围冷藏运输期限内为 8 d～10 d。

---

1) 参见 ISO 2169:1981 水果和蔬菜 冷库中物理条件 定义和测量

# 附 录 A
# （资料性附录）
# 园艺因素对冷藏期限的影响以及冷藏期间的缺陷

## A.1 园艺因素对贮藏期限的影响

生态或农业技术因素对结球甘蓝的冷藏期限都有影响。这些因素有以下几点：

a) 过早或过晚采收的结球甘蓝（如开裂或抽薹的结球甘蓝）；

b) 结球甘蓝（特别是春、夏、秋季的品种）外有过于卷曲的叶片，且这些叶片不能紧密地和叶球连在一起；

c) 在施用过量氮肥的土壤中生长的结球甘蓝；

d) 在潮湿天气下采收的结球甘蓝；

e) 由于霜冻（参见注3）而引起冻害、叶片脱落和过分去掉茎部的结球甘蓝。

注3：绿色抗寒结球甘蓝的某些品种能够忍受略低于0 ℃的温度而不结冰。

## A.2 冷藏期间产生的缺陷

要区分冷藏期间的生理损伤和生物损伤。

### A.2.1 生理损伤

有以下几个方面：

a) 冷藏过程中的相对湿度不够，造成外层叶片失水；

b) 冷藏的温度太低（达到冰点），叶片显现结冰透明的外观，升温时叶片则变成褐色；

c) 冷藏期间缺少氧气（结球甘蓝或集装箱被塑料薄膜覆盖时会造成缺氧）会出现褐色的斑点；

d) 由于生理代谢紊乱而引起外层叶片脱落或胀裂。

### A.2.2 生物损伤

生物损伤是由细菌侵染而引起的，如叶脉变黑是由假单胞杆菌或真菌引起的变质。

ICS 59.120.30
W 90

# 中华人民共和国国家标准

GB/T 25874.1—2010

# 纺织机械与附件 筘齿用钢片 第1部分:冷轧钢片

Textile machinery and accessories—Strip steel for dents of reeds—Part 1:Cold rolled strip steel

(ISO 9473-1:2006,MOD)

2011-01-10 发布　　2011-06-01 实施

中华人民共和国国家质量监督检验检疫总局
中国国家标准化管理委员会　发布

# 前　言

GB/T 25874《纺织机械与附件　筘齿用钢片》分为2部分：

——第1部分：冷轧钢片；

——第2部分：淬硬钢片。

本部分为GB/T 25874的第1部分。

本部分修改采用国际标准ISO 9473-1:2006《纺织机械与附件　筘齿用钢片　第1部分：冷轧钢片》（英文版）。本部分根据ISO 9473-1:2006重新起草，与ISO 9473-1:2006的技术性差异为：

——删除ISO 9473-1:2006“范围”中的部分内容；

——删除ISO 9473-1:2006的第2章“参考文件”；

——相应的章的编号也做了修改。

上述技术性差异的原因是：这些“参考文件”都被修改采用为国家标准，且都没有在标准正文中引用。

为了便于使用，本部分做了下列编辑性修改：

——“本部分国际标准”一词改为“本部分”；

——删除ISO 9473-1:2006的前言。

本部分由中国纺织工业协会提出。

本部分由全国纺织机械与附件标准化技术委员会归口。

本部分起草单位：浙江鼎丰纺织器材有限公司、蓝箭集团常州钢筘有限公司、绍兴市水富纺织器材有限公司、中国纺织机械器材工业协会。

本部分主要起草人：余定泉、施越浩、诸水夫、黄鸿康、倪克刚、丁国胜、淡培霞。

# 纺织机械与附件　筘齿用钢片
# 第 1 部分:冷轧钢片

## 1　范围

GB/T 25874 的本部分规定了筘齿用冷轧钢片的尺寸、材料、要求和标记。

本部分适用于筘齿用冷轧钢片。

## 2　尺寸

筘齿用冷轧钢片的尺寸见图 1 和表 1。

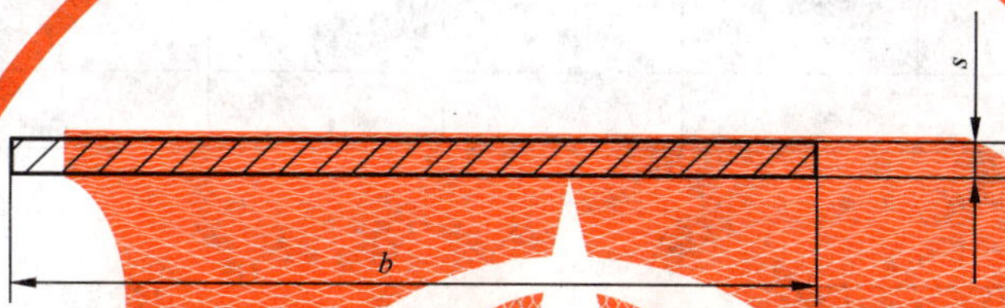


*b*——宽度;

*s*——厚度。

**图 1　冷轧钢片剖面**

**表 1　冷轧钢片尺寸和公差**

单位为毫米

| s | | b | | | | | | |
|---|---|---|---|---|---|---|---|---|
| 尺寸 | 公差 | 3±0.04 | 4±0.04 | (5±0.05) | 6±0.05 | 8±0.06 | (10±0.075) | 12±0.075 |
| 0.1 | ±0.005 | | | | | | | |
| 0.11 | | | | | | | | |
| 0.12 | | | | | | | | |
| 0.13 | | | | | | | | |
| 0.14 | | | | | | | | |
| 0.16 | | | | | | | | |
| 0.18 | | | | | | | | |
| 0.2 | | | | | | | | |
| 0.22 | ±0.007 | | | | | | | |
| 0.23 | | | | | | | | |
| 0.26 | | | | | | | | |
| 0.28 | | | | | | | | |
| 0.31 | | | | | | | | |
| 0.34 | | | | | | | | |

**表 1（续）** 单位为毫米

| s | | b | | | | | | |
|---|---|---|---|---|---|---|---|---|
| 尺寸 | 公差 | 3±0.04 | 4±0.04 | (5±0.05) | 6±0.05 | 8±0.06 | (10±0.075) | 12±0.075 |
| 0.36 | ±0.001 | | | | | | | |
| 0.37 | | | | | | | | |
| 0.4 | | | | | | | | |
| 0.45 | | | | | | | | |
| 0.5 | | | | | | | | |
| 0.6 | | | | | | | | |
| 0.7 | ±0.015 | | | | | | | |
| 0.8 | | | | | | | | |
| 1 | ±0.02 | | | | | | | |
| 1.25 | | | | | | | | |
| 1.6 | | | | | | | | |

尽量避免采用括号内数值。

灰色区域为推荐的尺寸规格。

## 3 材料

材料必须由供、需双方商定。

## 4 要求

箝齿边应为圆角。

## 5 标记

箝齿用钢片的标记应依次包括下列项目：

a) “冷轧钢片”；

b) 钢材类型，如普通钢或不锈钢；

c) 本国家标准编号 GB/T 25874.1；

d) 箝齿宽，$b$；

e) 箝齿厚，$s$。

示例：箝齿宽 $b$=3 mm，厚 $s$=0.18 mm 的不锈钢冷轧钢片标记如下：

不锈钢冷轧钢片 GB/T 25874.1-3×0.18

ICS 59.120.30
W 90

# 中华人民共和国国家标准

GB/T 25874.2—2010

# 纺织机械与附件　筘齿用钢片
# 第2部分:淬硬钢片

**Textile machinery and accessories—Strip steel for dents of reeds—Part 2:Hardened strip steel**

(ISO 9473-2:2006,MOD)

2011-01-10 发布　　2011-06-01 实施

中华人民共和国国家质量监督检验检疫总局
中国国家标准化管理委员会　发布

# 前　言

GB/T 25874《纺织机械与附件　筘齿用钢片》分为2部分：

——第1部分：冷轧钢片；

——第2部分：淬硬钢片。

本部分为GB/T 25874的第2部分。

本部分修改采用国际标准ISO 9473-2:2006《纺织机械与附件　筘齿用钢片　第2部分：淬硬钢片》（英文版）。本部分根据ISO 9473-2:2006重新起草，与ISO 9473-2:2006的技术性差异为：

——删除ISO 9473-2:2006“范围”的部分内容；

——删除ISO 9473-2:2006“参考文件”中的前4项标准。

由于这4项“参考文件”被修改采用为国家标准，并都没有被标准正文引用。

为了便于使用，本部分做了下列编辑性修改：

a）“本部分国际标准”一词改为“本部分”；

b）删除ISO 9473-2:2006的前言。

本部分由中国纺织工业协会提出。

本部分由全国纺织机械与附件标准化技术委员会归口。

本部分起草单位：浙江鼎丰纺织器材有限公司、蓝箭集团常州钢筘有限公司、绍兴市水富纺织器材有限公司、中国纺织机械器材工业协会。

本部分主要起草人：余定泉、施越浩、诸水夫、黄鸿康、倪克刚、丁国胜、淡培霞。

# 纺织机械与附件　筘齿用钢片
# 第 2 部分:淬硬钢片

## 1　范围

GB/T 25874 的本部分规定了筘齿用淬硬钢片的尺寸、材料、要求和标记。

本部分适用于筘齿用淬硬钢片。

## 2　规范性引用文件

下列文件中的条款通过 GB/T 25874 本部分的引用而成为本部分的条款。凡是注日期的引用文件,其随后所有的修改单(不包括勘误的内容)或修订版均不适用于本部分,然而,鼓励根据本部分达成协议的各方研究是否可使用这些文件的最新版本。凡是不注日期的引用文件,其最新版本适用于本部分。

GB/T 24348.5　纺织机械与附件　筘　第 5 部分:槽型梁的尺寸和标记(GB/T 24348.5—2009,ISO 366-5:2006,MOD)

## 3　尺寸

筘齿用淬硬钢片的尺寸见图 1 和表 1。

*b* ——宽度;

*s* ——厚度。

**图 1　淬硬钢片剖面尺寸**

**表 1　淬硬钢片尺寸和公差**

单位为毫米

| *s* | | *b* | | | | |
|---|---|---|---|---|---|---|
| 尺寸 | 公差 | 6 | (7) | 8 | (10) | 12 |
| 0.016 | | | | | | |
| 0.018 | | | | | | |
| 0.020 | | | | | | |
| 0.022 | | | | | | |
| 0.024 | | | | | | |
| 0.026 | ±0.002 | | ±0.01 | ±0.01 | | |
| 0.028 | | | | | | |
| 0.03 | | | | | | |
| 0.033 | | | | | | |
| 0.038 | | | | | | |
| 0.041 | | | | | | |

**表 1（续）**

单位为毫米

<table>
<tr><th colspan="2">s</th><th colspan="5">b</th></tr>
<tr><th>尺寸</th><th>公差</th><th>6</th><th>(7)</th><th>8</th><th>(10)</th><th>12</th></tr>
<tr><td>0.044</td><td rowspan="6">±0.002</td><td></td><td rowspan="17">±0.01</td><td rowspan="17">±0.01</td><td></td><td></td></tr>
<tr><td>0.047</td><td></td><td></td><td></td></tr>
<tr><td>0.05</td><td></td><td></td><td></td></tr>
<tr><td>0.053</td><td></td><td></td><td></td></tr>
<tr><td>0.056</td><td></td><td></td><td></td></tr>
<tr><td>0.062</td><td></td><td></td><td></td></tr>
<tr><td>0.065</td><td rowspan="11">±0.003</td><td></td><td></td><td rowspan="11">±0.01</td></tr>
<tr><td>0.068</td><td></td><td></td></tr>
<tr><td>0.071</td><td></td><td></td></tr>
<tr><td>0.075</td><td></td><td></td></tr>
<tr><td>0.080</td><td></td><td></td></tr>
<tr><td>0.085</td><td></td><td></td></tr>
<tr><td>0.090</td><td></td><td></td></tr>
<tr><td>0.095</td><td></td><td></td></tr>
<tr><td>0.10</td><td></td><td></td></tr>
<tr><td>0.11</td><td></td><td></td></tr>
<tr><td>0.12</td><td></td><td></td></tr>
<tr><td>0.13</td><td rowspan="9">±0.004</td><td></td><td rowspan="9">±0.02</td><td rowspan="9">±0.02</td><td></td><td rowspan="9">±0.02</td></tr>
<tr><td>0.14</td><td></td><td></td></tr>
<tr><td>0.15</td><td></td><td></td></tr>
<tr><td>0.16</td><td rowspan="6">±0.05</td><td></td></tr>
<tr><td>0.17</td><td></td></tr>
<tr><td>0.18</td><td rowspan="4">±0.075</td></tr>
<tr><td>0.19</td></tr>
<tr><td>0.2</td></tr>
<tr><td>0.22</td></tr>
<tr><td>0.25</td><td rowspan="3">±0.005</td><td rowspan="9">±0.05</td><td rowspan="7">±0.03</td><td rowspan="7">±0.03</td><td rowspan="9">±0.075</td><td rowspan="9">±0.03</td></tr>
<tr><td>0.28</td></tr>
<tr><td>0.3</td></tr>
<tr><td>0.32</td><td rowspan="3">±0.006</td></tr>
<tr><td>0.35</td></tr>
<tr><td>0.38</td></tr>
<tr><td>0.4</td><td rowspan="2">±0.009</td></tr>
<tr><td>0.45</td><td rowspan="2">±0.05</td><td rowspan="2">±0.05</td></tr>
<tr><td>0.5</td><td>±0.010</td></tr>
</table>

**表 1（续）**

单位为毫米

<table>
<tr><th colspan="2">s</th><th colspan="5">b</th></tr>
<tr><th>尺寸</th><th>公差</th><th>6</th><th>(7)</th><th>8</th><th>(10)</th><th>12</th></tr>
<tr><td>0.55</td><td rowspan="2">±0.010</td><td rowspan="5">±0.05</td><td rowspan="6">±0.05</td><td rowspan="6">±0.05</td><td rowspan="5">±0.075</td><td rowspan="6">±0.03</td></tr>
<tr><td>0.6</td></tr>
<tr><td>0.65</td><td rowspan="2">±0.012</td></tr>
<tr><td>0.7</td></tr>
<tr><td>0.8</td><td rowspan="2">±0.013</td></tr>
<tr><td>0.9</td><td></td><td></td></tr>
<tr><td>1</td><td rowspan="3">±0.017</td><td></td><td rowspan="11">±0.07</td><td rowspan="11">±0.07</td><td></td><td rowspan="11">±0.07</td></tr>
<tr><td>1.1</td><td></td><td></td></tr>
<tr><td>1.2</td><td></td><td></td></tr>
<tr><td>1.3</td><td rowspan="3">±0.020</td><td></td><td></td></tr>
<tr><td>1.4</td><td></td><td></td></tr>
<tr><td>1.5</td><td></td><td></td></tr>
<tr><td>1.6</td><td rowspan="4">±0.033</td><td></td><td></td></tr>
<tr><td>1.7</td><td></td><td></td></tr>
<tr><td>1.8</td><td></td><td></td></tr>
<tr><td>1.9</td><td></td><td></td></tr>
<tr><td>2.0</td><td>±0.035</td><td></td><td></td></tr>
<tr><td colspan="7">尽量避免采用括号内数值。<br>灰色区域为推荐的尺寸规格。</td></tr>
</table>

筘齿用淬硬钢片的尺寸(高、宽和齿厚)应根据供需双方协商,并与 GB/T 24348.5 中的尺寸相协调。

## 4 材料

筘齿用淬硬钢片的材料建议由供、需双方商定。

## 5 要求

筘齿边应为圆角。

## 6 标记

筘齿用钢片的标记应依次包括下列项目：

a) “淬硬钢片”；

b) 钢材类型,如普通钢或不锈钢；

c) 本国家标准编号 GB/T 25874.2；

d) 筘齿宽,$b$；

e) 筘齿厚,$s$。

示例:筘齿宽 $b$=12 mm,厚 $s$=0.18 mm 的淬硬钢片标记如下：

淬硬钢片 GB/T 25874.2-12×0.18

ICS 65.020.30
B 43

# 中华人民共和国国家标准

GB/T 25875—2010

# 草原蝗虫宜生区划分与监测技术导则

## Guideline for segmentating and monitoring the inhabitable area of locust and grasshopper in grassland

2011-01-10 发布 2011-06-01 实施

中华人民共和国国家质量监督检验检疫总局
中国国家标准化管理委员会 发布

# 前　言

本标准的附录A为规范性附录，附录B和附录C为资料性附录。

本标准由中华人民共和国农业部提出。

本标准由全国畜牧业标准化技术委员会归口。

本标准起草单位：全国畜牧总站、中国农业科学院植物保护研究所。

本标准主要起草人：贠旭疆、高松、董永平、单丽燕、苏红田、张泽华、杜桂林。

# 草原蝗虫宜生区划分与监测技术导则

## 1 范围

本标准规定了草原蝗虫宜生区划分的工作程序、宜生区监测的内容和基本技术要求，确立了宜生区划分的原则和类型划分指标。

本标准适用于草原蝗虫宜生区划分与宜生区监测。

## 2 规范性引用文件

下列文件中的条款通过本标准的引用而成为本标准的条款。凡是注日期的引用文件，其随后所有的修改单(不包括勘误的内容)或修订版均不适用于本标准，然而，鼓励根据本标准达成协议的各方研究是否可使用这些文件的最新版本。凡是不注日期的引用文件，其最新版本适用于本标准。

GB/T 17798 地理空间数据交换格式

NY/T 1233 草原资源与生态监测技术规程

NY/T 1578 草原蝗虫调查规范

## 3 术语和定义

下列术语和定义适用于本标准。

3.1

**草原蝗虫 grassland locust and grasshopper**

在草原上发生、分布的直翅目蝗总科和蚱总科昆虫的总称。

3.2

**宜生区 inhabitable area**

适宜于某种(类)草原蝗虫生长发育的区域。该区域应具有相同或相似的生态环境，草原蝗虫能形成一定种群数量，可能形成为害。

3.3

**宜生指数 inhabitability index; IH**

表示生态因子对某种(类)草原蝗虫生长发育和种群发展的影响程度的量化值。

## 4 宜生区划分

### 4.1 数据准备

#### 4.1.1 地面抽样数据

收集整理多年地面调查数据，包括抽样样点的地理位置、草原蝗虫种类、龄期和数量、海拔高度、坡度、坡向、植被盖度、地上生物量、草原类型、土壤类型、土壤湿度、土壤温度、年平均气温、年平均降水量、≥10 ℃有效积温等信息。地面调查应按附录A的要求选择调查路线和设置样地，应按照NY/T 1578的要求采集草原蝗虫种类、龄期和数量等虫情信息，应按照NY/T 1233的要求采集其他信息。

#### 4.1.2 专题图件

参照附录B，收集行政区划、土壤类型、草原类型、地上生物量、数字高程、温度、降水和土壤温湿度等基础图件。图件格式应符合GB/T 17798的规定。

### 4.2 计算宜生指数

#### 4.2.1 量化地面抽样数据

根据草原蝗虫种群数量和为害次数对草原蝗虫发生程度进行量化，量化值见表1。

依据不同生态因子对草原蝗虫发生的影响程度，对各项生态因子地面抽样数据进行量化，定性数据分属性量化，定量数据分区间量化，量化范围为0～5，数值越大表示草原蝗虫发生程度越严重。

**表1 草原蝗虫发生程度量化值**

| 草原蝗虫发生情况 | 发生程度量化值 |
|---|---|
| 未见 | 0 |
| 有分布，从未形成为害 | 1 |
| 近20年中有1个年份形成为害 | 2 |
| 近10年中有1至2个年份形成为害 | 3 |
| 近10年中有3至4个年份形成为害 | 4 |
| 近10年中有5个年份(含)以上形成为害 | 5 |

#### 4.2.2 建立宜生指数模型

利用地面抽样数据，使用多元回归等方法，建立生态因子和草原蝗虫发生程度量化数据间的宜生指数模型。

#### 4.2.3 计算宜生指数图

按照4.2.1的量化方法生成各生态因子的量化栅格图，应用宜生指数模型进行栅格图空间运算，生成宜生指数图。

### 4.3 宜生区划分

在宜生指数图上依据表2的分级划分宜生区。

**表2 草原蝗虫宜生区分级**

| 宜生区名称 | 宜生区分级标准<br>宜生指数(IH) | 草原蝗虫宜生区特征说明 |
|---|---|---|
| 一级宜生区 | IH≥4 | 非常适合蝗虫生长发育，是蝗虫经常为害的区域 |
| 二级宜生区 | 3≤IH<4 | 适合蝗虫生长发育，是时有蝗虫为害的区域 |
| 三级宜生区 | 2≤IH<3 | 具备蝗虫生长发育的主要条件，是蝗虫潜在为害的区域 |
| 四级宜生区 | IH<2 | 很少有蝗虫分布，不会形成为害 |

### 4.4 验证

选取地面样本对宜生区划分结果进行验证，定性准确率大于或等于90%视为合格。

## 5 宜生区监测

### 5.1 地面监测

#### 5.1.1 定位监测

在用多年数据划分的三级宜生区和四级宜生区中，设置长期定位观测样地，监测草原蝗虫群落及生态因子变化，分析宜生区草原蝗虫和生态变化规律，积累地面资料和基础数据，虫情信息监测应采用NY/T 1578的方法，草原生态信息监测应采用NY/T 1233的方法。

#### 5.1.2 路线监测

按NY/T 1578的要求设定路线，监测草原蝗虫空间分布变化情况，为更新宜生指数图、宏观掌握草原蝗虫分布与生态变化规律积累地面资料和基础数据。虫情信息采集应采用NY/T 1578的方法，其他生态因子信息监测应采用NY/T 1578的方法。

### 5.2 遥感监测

利用遥感技术周期性监测草原地上生物量、植被盖度、土壤湿度、土壤温度等草原蝗虫相关生态因子的动态。监测方法按 NY/T 1233 执行。

### 5.3 更新宜生区

根据地面监测和遥感监测结果更新宜生区数据和图件。

### 5.4 编制报告

报告格式参见附录 C。

# 附　录　A
# （规范性附录）
# 草原蝗虫宜生区地面调查

## A.1　确定调查线路

根据调查区域内草原类型、地形特点和蝗虫历史发生情况规划调查线路。线路应穿越调查区内主要的地貌单元和草原类型，如生物分布垂直变化明显，按垂直分布方向设置调查线路。

## A.2　样地设置原则

根据蝗虫种类、种群密度、草原类型的变化以随机方法确定样地，样地间距离不大于 10 km。对于垂直分布型区域，样地随垂直分布带宽度设置，每一垂直分布带可至少视为一个样地。每个样地调查 3 个～6 个样点，调查蝗虫种类、龄期和密度数据时每样点重复 3 次。

## A.3　样地数量

调查区域内样地数量见表 A.1。

**表 A.1　草原蝗虫地面调查样地数量**

| 区域面积 $S$/$hm^2$ | 样地数量/个 |
|---|---|
| $S \leqslant 3\ 000$ | $\geqslant 10$ |
| $3\ 000 < S \leqslant 7\ 000$ | $\geqslant 15$ |
| $7\ 000 < S \leqslant 13\ 000$ | $\geqslant 20$ |
| $13\ 000 < S \leqslant 33\ 000$ | $\geqslant 30$ |
| $33\ 000 < S \leqslant 66\ 000$ | $\geqslant 50$ |
| $S > 66\ 000$ | $\geqslant 60$ |

# 附 录 B
（资料性附录）
# 草原蝗虫宜生区划分与监测比例尺要求

表 B.1 草原蝗虫宜生区划分与监测比例尺要求

| 区域 | 最小比例尺要求 |
| --- | --- |
| 全国 | 1∶4 000 000 |
| 省级 | 1∶1 000 000 |
| 地级 | 1∶500 000 |
| 重点区域或县级 | 1∶250 000 |

# 附 录 C
# （资料性附录）
# 草原蝗虫宜生区监测报告格式

根据监测内容及本标准的规定编写报告，可综合撰写总报告或分报告，报告主要内容及格式应按以下规格编写。

## C.1 监测目标

根据任务，按照本标准，确定实施工作的目标。

## C.2 监测区域

明确任务实施的区域，给出分布图和地理位置。

## C.3 监测内容

按照规程的主要内容，阐明任务内容的细节。

## C.4 监测结果（针对宜生区划分或监测内容的结果数据和图件）

监测结果包含如下内容：监测数据及其分析；精度验证分析；监测工作中使用的各项原始数据、结果数据和编制的图表、图件；注明监测人及上报时间。

## C.5 现状分析

分析宜生区的现状及其原因。

## C.6 趋势分析

针对监测内容，分析草原蝗虫相关方面的发展趋势。

## C.7 建议

针对监测结果，提出有关草原蝗虫监测与防治工作存在的问题以及建议。

## C.8 报告撰写者

监测报告应署撰写者单位名称和完成人姓名。

ICS 65.020.30
B 43

# 中华人民共和国国家标准

GB/T 25876—2010

# 牛早期胚胎性别的鉴定　巢式 PCR 法

**Method of nested PCR for sex identification of early cattle embryo**

2011-01-10 发布　　2011-06-01 实施

中华人民共和国国家质量监督检验检疫总局
中国国家标准化管理委员会　发布

# 前　言

本标准的附录 B 为规范性附录，附录 A 为资料性附录。

本标准由中华人民共和国农业部提出。

本标准由全国畜牧业标准化技术委员会归口。

本标准起草单位：华中农业大学。

本标准主要起草人：张淑君、杨利国、李翔、刘辉、刘文举、胡修忠。

# 牛早期胚胎性别的鉴定 巢式 PCR 法

## 1 范围

本标准规定了牛早期胚胎性别鉴定的巢式 PCR 方法。

本标准适用于奶牛和肉牛胚胎或胎儿的性别鉴定。

## 2 规范性引用文件

下列文件中的条款通过本标准的引用而成为本标准的条款。凡是注日期的引用文件,其随后所有的修改单(不包括勘误的内容)或修订版均不适用于本标准,然而,鼓励根据本标准达成协议的各方研究是否可使用这些文件的最新版本。凡是不注日期的引用文件,其最新版本适用于本标准。

GB/T 6682 分析实验室用水规格和试验方法

## 3 术语和定义

下列术语和定义适用于本标准。

3.1

**巢式 PCR nested polymerase chain reaction**

利用两套 PCR 引物(巢式 PCR 引物对)进行两轮 PCR 扩增反应,在第一轮扩增中,外引物用以产生扩增产物,此产物在内引物的存在下,作为 DNA 模板,进行第二轮扩增。

3.2

***SRY* 基因 *SRY* gene**

哺乳动物 Y 染色体上决定雄性性别的基因。

3.3

***HBB* 基因 *HBB* gene**

$\beta$ 珠蛋白基因,位于常染色体上。

## 4 原理

利用巢式 PCR 反应的敏感性高和特异性强的特性,对少量胚胎细胞的 *SRY* 基因片段进行扩增,以 *HBB* 基因的扩增作为阳性参照,电泳检测 PCR 扩增产物,根据扩增产物电泳条带鉴定胚胎性别。

## 5 引物

| | |
|---|---|
| *SRY*1 | 5′CTACTCCCCAACCGTCAGAAC 3′ |
| | 5′AGCCCAAACCCATCAACCTA 3′ |
| *SRY*2 | 5′CCAGGGAACTGCTTGGGTA 3′ |
| | 5′TGCTTCTCCACTTAGGCTCAA 3′ |
| *HBB* | 5′TATCCCACTTACAAGGCAGGTT 3′ |

5′GCAGACAACAGAGAACAAGAATGA 3′

## 6 试剂和仪器

### 6.1 主要试剂

水应符合 GB/T 6682 中灭菌双蒸水的要求。

*Taq* DNA 聚合酶及 PCR 缓冲液、100 bp 梯度 DNA 标记物。

TE 缓冲液、TAE 缓冲液、加样缓冲液、溴化乙锭等。具体制备方法参见附录 A。

### 6.2 主要仪器

冷冻离心机、梯度 PCR 仪、电泳仪、凝胶成像系统、pH 计、电子天平、恒温水浴锅、双蒸馏水器、微量移液器。

## 7 检测方法

### 7.1 试样的制备与保存

从待检胚胎中分离 4 个(或 4 个以上)细胞,用无菌超纯水冲洗 3 次后,放入 0.5 mL PCR 管中,加入 10 μL 无菌超纯水,100 ℃煮沸 10 min～15 min,立即置于碎冰中,冷却后 4℃离心(8 228 *g*)5 min,取上清液保存于 4 ℃冰箱中备用。

### 7.2 *SRY* 基因片段 PCR 扩增

第一次扩增体系为 20 μL:0.8 mmol/L 的 dNTP、2U 的 *Taq* DNA 聚合酶、0.2 μmol/L 的 *SRY* 基因外引物 *SRY*1 和内参照引物 *HBB*、10×PCR 缓冲液、2.5 mmol/L 的氯化镁,加适量双蒸水;反应程序为 95 ℃预变性 5 min,94 ℃变性 30 s,60 ℃退火 30 s,72 ℃延伸 30 s,20 个循环结束后,72 ℃再延伸 10 min,4 ℃保温 2 min～10 min。

取第一次 PCR 扩增产物 8 μL,作为第二次扩增模板,同时加入 10×PCR 缓冲液、2.5 mmol/L 的氯化镁、0.8 mmol/L 的 dNTP 1.6 μL, 2U 的 *Taq* DNA 聚合酶、0.2 μmol/L 的 *SRY* 基因内引物 *SRY*2 和内参照引物 *HBB*、适量的双蒸水至 20 μL;反应程序为 95 ℃预变性 5 min,94 ℃变性 30 s,60 ℃退火 30 s,72 ℃延伸 30 s,34 个循环后,72 ℃再延伸 10 min,4 ℃保温 2 min～10 min。

### 7.3 结果判定

取 5 μL PCR 扩增产物,1.0%～1.5%琼脂糖凝胶电泳(3 V/cm～5 V/cm,电泳 20 min～30 min),溴化乙锭染色,凝胶成像系统检查,电泳图谱见附录 B 中的图 B.1。

电泳图谱中出现 558 bp(*HBB* 扩增产物)和 219 bp(*SRY* 扩增产物)条带,判定为雄性胚胎;电泳图谱中只出现 558 bp 条带,判定为雌性胚胎。

# 附　录　A
# （资料性附录）
# 试剂和材料

**表 A.1　试剂和材料**

| 试剂 | 配方 |
|---|---|
| TE 缓冲液 | 10 mmol/L Tris-HCl(pH 8.0),1 mmol/L EDTA(pH 8.0) |
| 10×PCR 缓冲液 | 200 mmol/L Tris-HCl(pH 8.4),200 mmol/L 氯化钾,100 mmol/L 硫酸铵,15 mmol/L 氯化镁 |
| 琼脂糖电泳缓冲液 | 242.28 g Tris 碱,57.1 mL 冰乙酸,100 mL 0.5 mol/L EDTA(pH 8.0),加双蒸水定容至 1 000 mL,使用时 50 倍稀释 |
| 加样缓冲液 | 0.25%溴酚蓝(质量浓度),40%蔗糖(质量浓度)。 |
| 溴化乙锭 | 100 mL 双蒸水中加入 0.1 g 溴化乙锭,搅拌使完全溶解,转入棕色试剂瓶,锡箔包裹、备用 |

# 附　录　B
（规范性附录）
## *SRY*基因和内参基因巢式PCR产物电泳图谱与结果判断示意图

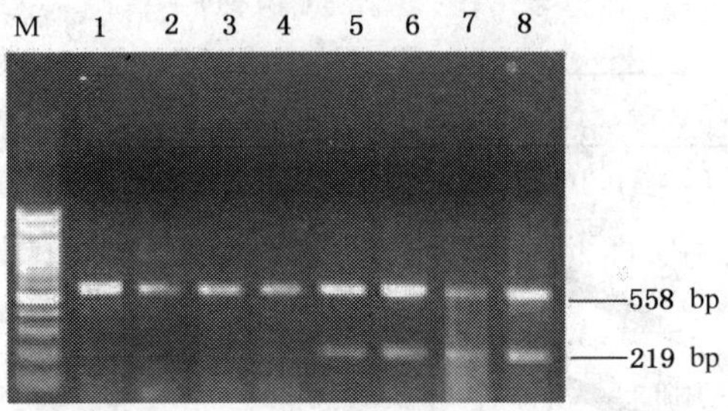


M为100 bp梯度DNA标记物；
泳道1～4均为雌性胚胎样本，检出558 bp条带；
泳道5～8均为雄性胚胎样本，检出558 bp和219 bp两个条带。

**图B.1　*SRY*基因和内参基因巢式PCR产物电泳图谱与结果判读示意图**

ICS 65.150
B 50

# 中华人民共和国国家标准

GB/T 25877—2010

# 淀粉胶电泳同工酶分析

## Starch gel electrophoresis isozyme analysis

2011-01-10 发布　　　　2011-06-01 实施

中华人民共和国国家质量监督检验检疫总局
中国国家标准化管理委员会　发布

# 前　言

本标准的附录 A、附录 B、附录 C、附录 D 和附录 E 均为规范性附录。

本标准由中华人民共和国农业部提出。

本标准由全国水产标准化技术委员会归口。

本标准起草单位:中国海洋大学、黄海水产研究所。

本标准主要起草人:高天翔、张岩、韩志强、肖永双、张辉。

# 淀粉胶电泳同工酶分析

## 1 范围

本标准规定了淀粉胶电泳同工酶分析的试剂和材料、仪器、抽样、分析步骤及结果判定。

本标准适用于常见淡、海水水生生物的水平凝胶电泳常见的同工酶分析。

## 2 规范性引用文件

下列文件中的条款通过本标准的引用而成为本标准的条款。凡是注日期的引用文件,其随后所有的修改单(不包括勘误的内容)或修改版均不适用于本标准,然而,鼓励根据本标准达成协议的各方研究是否可使用这些文件的最新版本。凡是不注日期的引用文件,其最新版本适用于本标准。

GB/T 18654.1—2008　养殖鱼类种质检验　第1部分:检验规则

GB/T 18654.2—2008　养殖鱼类种质检验　第2部分:抽样方法

## 3 原理

利用同工酶所带电荷的不同与分子大小的不同,在电场作用下,凝胶中出现的同工酶迁移率不同,经催化、染色、扫描,获得各同工酶谱带、数目及吸收强度等,经比较分析,判定鱼类的遗传特性。

## 4 试剂和材料

除另有说明外,所有试剂均为分析纯或以上级别,水为蒸馏水或去离子水或相当纯度的水。

4.1　水解马铃薯淀粉。

4.2　柠檬酸。

4.3　乳酸。

4.4　乙二胺四乙酸。

4.5　乙二胺四乙酸二钠。

4.6　苹果酸。

4.7　乳酸锂。

4.8　磷酸氢二钠。

4.9　磷酸二氢钠。

4.10　辅酶Ⅰ。

4.11　辅酶Ⅱ。

4.12　吩嗪甲酯硫酸盐。

4.13　氯化硝基四氮唑蓝。

4.14　异柠檬酸三钠。

4.15　6-磷酸葡萄糖酸钠。

4.16　乙醇。

4.17　丙酮。

4.18　α-萘乙酸。

4.19　α-磷酸甘油。

4.20　6-磷酸葡萄糖。

4.21　山梨糖醇。

4.22 固蓝RR盐。
4.23 冰乙酸。
4.24 盐酸。
4.25 氢氧化钠。
4.26 肝素。
4.27 氯化镁。
4.28 3-氨甲基-吗啡啉。
4.29 TC-7.0制胶缓冲液:配制方法见附录A。
4.30 TC-8.0制胶缓冲液:配制方法见附录A。
4.31 CAPM-6.0制胶缓冲液:配制方法见附录A。
4.32 CAPM-7.0制胶缓冲液:配制方法见附录A。
4.33 TC-7.0电泳缓冲液:配制方法见附录B。
4.34 TC-8.0电泳缓冲液:配制方法见附录B。
4.35 CAPM-6.0电泳缓冲液:配制方法见附录B。
4.36 CAPM-7.0电泳缓冲液:配制方法见附录B。
4.37 淀粉凝胶:配制方法见附录C。
4.38 染色缓冲液:配制方法见附录D。
4.39 染色液:几种常见同工酶染色液配制方法见附录E。

## 5 仪器

5.1 微量匀浆机。
5.2 高速冷冻离心机(转速12 000 r/min)。
5.3 多用电泳仪。
5.4 真空抽气机(泵)。
5.5 电炉或微波炉。
5.6 割胶器。
5.7 多层滤纸。
5.8 激光扫描仪。
5.9 pH计:精度为0.01。
5.10 制胶模具。
5.11 染色盒。
5.12 4 ℃冷藏冰箱。
5.13 低温冰箱:冰室温度在−20 ℃以下。
5.14 恒温培养箱。
5.15 分析天平:精度为0.000 1 g。
5.16 电子天平:精度为0.1 g。
5.17 摄影装置:数码照相机。

## 6 抽样

### 6.1 样品的抽样

按GB/T 18654.2—2008的规定执行。

### 6.2 取样

取样品组织1 g~2 g试样,于低温冰箱中(−25 ℃以下)保存;对于血液试样,加肝素抗凝,于4 ℃

冰箱中保存，备用。

## 7 分析步骤

### 7.1 分析样品的制备

电泳前取 0.3 g 左右样品放入 1.5 mL 离心管，加入等体积的蒸馏水或提取液后置于冰浴中研磨，研磨混合液置于冷冻离心机中，在 4 ℃、12 000 r/min 的条件下离心直至上清液澄清，取上清液冷冻保存备电泳用。

对于血液试样，待分离出血清后上样。

### 7.2 凝胶制备

凝胶制备见附录 C。

### 7.3 电泳步骤

用手术刀在凝胶距离边缘三分之一（约 2.5 cm）处切开，用适当大小的滤纸片蘸取 7.1 制备的样品提取液（或直接用适当大小的滤纸片蘸取冷冻肌肉肉汁）插入切口中。上样完毕后，向电泳槽内加入电泳缓冲液，用滤纸搭盐桥，在 4 ℃条件下以恒定电流（40 mA）进行电泳，电泳时间依酶的种类而不同。

### 7.4 染色、固定

电泳结束后，用割胶弓将凝胶水平切割为 1.3 mm 厚的薄片，置于染色盒中，将配制好的染色液倒入染色盒后置于 37 ℃的恒温箱中进行染色。待显色充分后，用 7%的冰乙酸溶液终止反应。

各种酶的染色液配制方法见附录 D 和附录 E。

### 7.5 制干胶片

取染色后的凝胶放于大小合适的玻璃纸上，压制封膜，风干后编号保存。

### 7.6 摄影、扫描

用照相近视镜头对凝胶及其谱带照相，或用激光扫描仪对风干片电泳谱带进行扫描。

### 7.7 结果分析

#### 7.7.1 酶位点与等位基因分析

根据酶的结构组成和同工酶在组织中所表现的酶谱特征，确定每种同工酶的编码基因位点、多态位点的等位基因频率。

#### 7.7.2 群体遗传特异性

多态位点比例（$P$）、平均杂合度观察值（$H_o$）、平均杂合度期望值（$H_e$）分别按式（1）、式（2）和式（3）计算：

$$P = N_1/n \times 100\% \qquad \cdots\cdots(1)$$

式中：

$P$——多态位点比例；

$N_1$——多态位点数；

$n$——检测位点总数。

$$H_o = \frac{\sum_{i=1}^{n}\left(1 - \sum_{j=1}^{m_i} q_{ij}\right)}{n} \qquad \cdots\cdots(2)$$

式中：

$H_o$——平均杂合度观察值；

$q_{ij}$——第 $i$ 个位点上第 $j$ 个等位基因的纯合基因型的频率；

$m_i$——第 $i$ 个位点上的等位基因总数；

$n$——检测位点总数。

$$H_e = \frac{\sum_{i=1}^{n}\left(1 - \sum_{j=1}^{m_i} q_{ij}^2\right)}{n} \quad \cdots\cdots(3)$$

式中：

$H_e$——平均杂合度期望值；

$q_{ij}$——第 $i$ 个位点上第 $j$ 个等位基因的纯合基因型的频率；

$m_i$——第 $i$ 个位点上的等位基因总数；

$n$——检测位点总数。

## 8 结果判定

### 8.1 个体测定结果的判定

按 GB/T 18654.1—2008 中 6.1 的规定执行。

将所有测定结果逐一与标准对照，凡符合或接近标准规定的，判定为合格；凡不符合标准，或与标准规定有显著差异的，判定为不合格。

### 8.2 样品群体的判定

根据 8.1 的判定结果，计算出被检样品合格品的百分比，用百分数表示。

# 附 录 A
# （规范性附录）
# 制胶缓冲液的配制

## A.1 TC-7.0 制胶缓冲液

三羟甲基氨基甲烷 1.09 g，用蒸馏水溶解并用柠檬酸调至 pH7.0，蒸馏水定容至 1 L。

## A.2 TC-8.0 制胶缓冲液

三羟甲基氨基甲烷 1.21 g，用蒸馏水溶解并用柠檬酸调至 pH8.0，蒸馏水定容至 1 L。

## A.3 CAPM-6.0 制胶缓冲液

柠檬酸 0.42 g，用蒸馏水溶解并用 3-氨甲基-吗啡啉调至 pH6.2，蒸馏水定容至 1 L。

## A.4 CAPM-7.0 制胶缓冲液

柠檬酸 0.42 g，用蒸馏水溶解并用 3-氨甲基-吗啡啉调至 pH7.0，蒸馏水定容至 1 L。

# 附 录 B
（规范性附录）
# 电泳缓冲液配制

## B.1 TC-7.0 电泳缓冲液

三羟甲基氨基甲烷 16.35 g，用蒸馏水溶解并用柠檬酸调至 pH7.0，蒸馏水定容至 1 L。

## B.2 TC-8.0 电泳缓冲液

三羟甲基氨基甲烷 20 g，用蒸馏水溶解并用柠檬酸调至 pH8.0，蒸馏水定容至 1 L。

## B.3 CAPM-6.0 电泳缓冲液

柠檬酸 8.4 g，用蒸馏水溶解并用 3-氨甲基-吗啡啉调至 pH6.2，蒸馏水定容至 1 L。

## B.4 CAPM-7.0 电泳缓冲液

柠檬酸 8.4 g，用蒸馏水溶解并用 3-氨甲基-吗啡啉调至 pH7.0，蒸馏水定容至 1 L。

# 附　录　C
（规范性附录）
## 淀粉凝胶的配制

加淀粉 30 g 和制胶缓冲液 254 mL，在锥形烧瓶内混匀，加水定容至 1 L，加热至沸腾、完全溶解，抽气后注入制胶模具(见图 C.1)中，冷却后，保鲜膜密封保存备用。

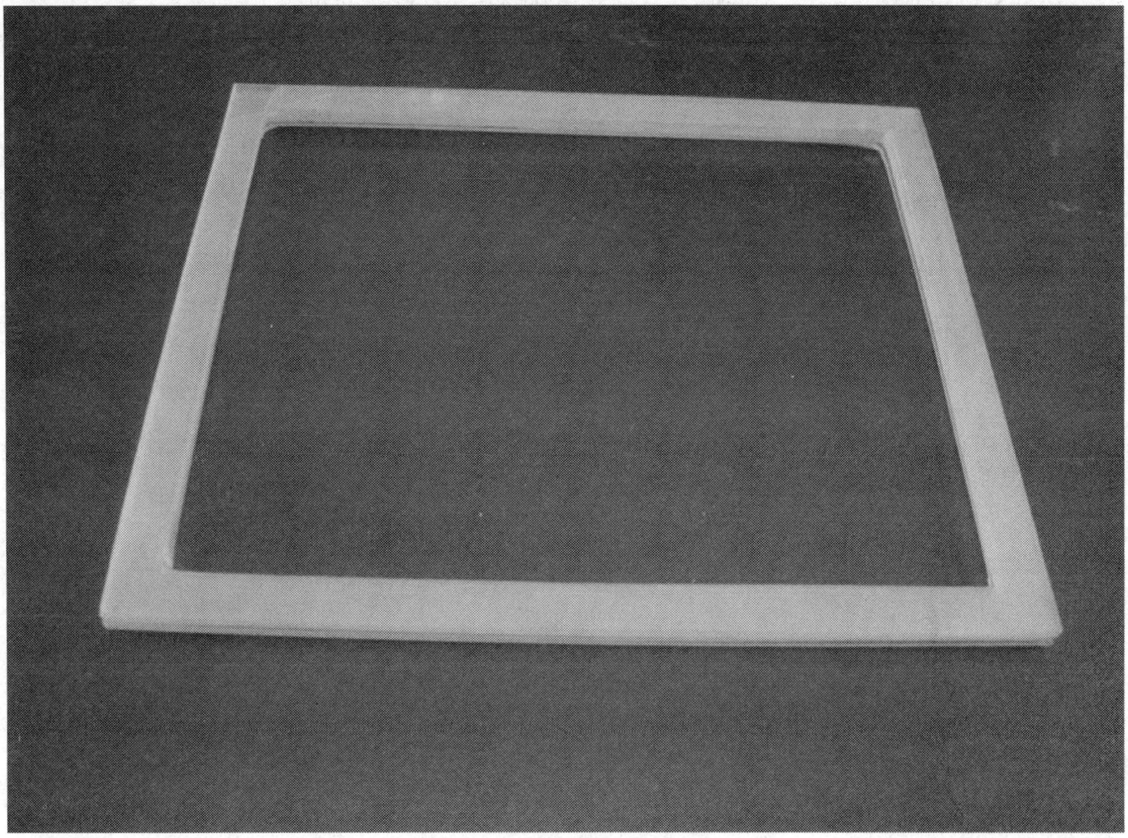

图 C.1　制胶模具示意图

# 附 录 D
（规范性附录）
染色缓冲液配制

**D.1　0.2 mol/L Tris-HCl，pH8.0**

三羟甲基氨基甲烷 24.22 g，用蒸馏水溶解并用盐酸调至 pH8.0，蒸馏水稀释至 1 L。

**D.2　0.2 mol/L Tris-HCl，pH8.5**

三羟甲基氨基甲烷 24.22 g，用蒸馏水溶解并用盐酸调至 pH8.5，蒸馏水稀释至 1 L。

**D.3　0.2 mol/L Tris-HCl，pH9.5**

三羟甲基氨基甲烷 24.22 g，用蒸馏水溶解并用盐酸调至 pH9.5，蒸馏水稀释至 1 L。

**D.4　0.1 mol/L 磷酸缓冲液，pH7.0**

磷酸氢二钠 17.91 g 和磷酸二氢钠 8.05 g，蒸馏水溶解定容至 1 L。

# 附　录　E
## （规范性附录）
## 常见同工酶的染色液配制方法

常见同工酶的染色液配制方法见表 E. 1。

**表 E. 1　常见同工酶的染色液**

| 同工酶 | 英文名和缩写 | 试　剂 | 浓　度 | 用　量 |
|---|---|---|---|---|
| 乙醇脱氢酶 | alcohol dehydroenase；ADH | 乙醇(99%) | 99% | 1 mL～2 mL |
| | | Tris-HCl | 0. 2 mol/L，pH8. 5 | 25 mL |
| | | NAD 基本保存溶液 | 0. 25% | 25 mL |
| | | PMS 基本保存溶液 | 0. 5% | 0. 5 mL |
| 甘油醛-3-磷酸脱氢酶 | glyceraldehyde-3-phosphate dehydrogenase；G3PDH | α-甘油磷酸 | | 200 mg |
| | | Tris-HCl | 0. 2 mol/L，pH8. 5 | 25 mL |
| | | NAD 基本保存溶液 | 0. 25% | 25 mL |
| | | PMS 基本保存溶液 | 0. 5% | 0. 5 mL |
| 苹果酸脱氢酶 | malate dehydrogenate；MDH | 苹果酸 | | 250 mg |
| | | Tris-HCl | 0. 2 mol/L，pH9. 5 | 25 mL |
| | | NAD 基本保存溶液 | 0. 25% | 25 mL |
| | | PMS 基本保存溶液 | 0. 5% | 0. 5 mL |
| 乳酸脱氢酶 | lactate dehydrogenase；LDH | 乳酸锂 | | 0. 6 mg |
| | | Tris-HCl | 0. 2 mol/L，pH8. 5 | 25 mL |
| | | NAD 基本保存溶液 | 0. 25% | 25 mL |
| | | PMS 基本保存溶液 | 0. 5% | 0. 5 mL |
| 异柠檬酸脱氢酶 | isocitrate dehydrogenase；IDHP | 异柠檬酸三钠 | | 25 mg |
| | | Tris-HCl | 0. 2 mol/L，pH8. 0 | 25 mL |
| | | NADP 基本保存溶液 | 0. 25% | 25 mL |
| | | 氯化镁 | 1 mol/L | 1. 2 mL |
| | | PMS 基本保存溶液 | 0. 5% | 0. 5 mL |
| 超氧化物歧化酶 | superoxide dismutase；SOD | 氯化硝基四氮唑蓝 | | 10 mg |
| | | 乙二胺四乙酸二钠盐 | | 100 mg |
| | | Tris-HCl | 0. 2 mol/L，pH9. 5 | 25 mL |
| | | 乙醇 | | 2. 5 mL |
| | | PMS 基本保存溶液 | 0. 5% | 0. 5 mL |
| | | 蒸馏水 | | 20 mL |
| 磷酸葡萄糖变位酶 | phosphoglucomutase；PGM | 6-磷酸葡萄糖酸钠 | | 50 mg |
| | | Tris-HCl | 0. 2 mol/L，pH8. 0 | 25 mL |
| | | 氯化镁 | 1 mol/L | 0. 4 mL |

表 E.1（续）

| 同工酶 | 英文名和缩写 | 试 剂 | 浓 度 | 用 量 |
|---|---|---|---|---|
| 磷酸葡萄糖变位酶 | phosphoglucomutase；PGM | NADP 基本保存溶液 | 0.25% | 25 mL |
| | | 葡萄糖-6-磷酸脱氢酶 | | 25 U |
| | | PMS 基本保存溶液 | 0.5% | 0.5 mL |
| 酯酶 | esterase；EST | 丙酮 | | 1 mL |
| | | 固牢 RR 盐 | | 32 mg |
| | | 磷酸缓冲液 | 0.1 mol/L，pH7.0 | 20 mL |
| | | 乙醇 | | 2 mL |
| | | α-萘乙酸 | 1% | 20 mL |
| 苹果酸酶 | malic enzyme；ME | 苹果酸 | | 250 mg |
| | | Tris-HCl | 0.2 mol/L，pH8.5 | 25 mL |
| | | 氯化镁 | 1 mol/L | 1 mL |
| | | NADP 基本保存溶液 | 0.25% | 25 mL |
| | | PMS 基本保存溶液 | 0.5% | 0.5 mL |
| 山梨醇脱氢酶 | sorbitol dehydrogenase；SDH | 山梨糖醇 | | 125 mg |
| | | Tris-HCl | 0.2 mol/L，pH8.0 | 25 mL |
| | | NAD 基本保存溶液 | 0.25% | 25 mL |
| | | PMS 基本保存溶液 | 0.5% | 0.5 mL |
| 6-磷酸葡萄糖脱氢酶 | glucose-6-phosphate dehydrogenase；G6PDH | 葡萄糖-6-磷酸 | | 25 mg |
| | | Tris-HCl | 0.2 mol/L，pH8.0 | 25 mL |
| | | 氯化镁 | 1 mol/L | 0.6 mL |
| | | PMS 基本保存溶液 | 0.5% | 0.5 mL |

ICS 65.020.30
B 41

# 中华人民共和国国家标准

GB/T 25878—2010

# 对虾传染性皮下及造血组织坏死病毒（IHHNV）检测　PCR 法

Polymerase chain reaction (PCR) method for infectious hypodermal and haematopoietic necrosis virus (IHHNV)

2011-01-10 发布　　2011-06-01 实施

中华人民共和国国家质量监督检验检疫总局
中国国家标准化管理委员会　发布

# 前　言

本标准的附录A和附录B为资料性附录。

本标准由中华人民共和国农业部提出。

本标准由全国水产标准化技术委员会归口。

本标准起草单位：中国水产科学研究院黄海水产研究所、农业部全国水产技术推广总站。

本标准主要起草人：黄倢、杨冰、朱泽闻、宋晓玲、孙喜模、赵红萍、刘莉。

# 对虾传染性皮下及造血组织坏死病毒(IHHNV)检测 PCR 法

**警告:使用本标准的人员应有正规实验室工作的实践经验,本标准并未指出所有可能的安全问题。使用者有责任采取适当的安全和健康措施,并保证符合国家有关法规规定的条件。**

## 1 范围

本标准规定了对虾传染性皮下及造血组织坏死病毒(IHHNV)聚合酶链式反应(PCR)检测方法的原理、所需试剂和材料、仪器和设备、操作步骤和结果判定。

本标准适用于对虾、环境生物、饵料生物和其他各种非生物样品中传染性皮下及造血组织坏死病毒(IHHNV)的定性检测。不适于对病毒量或感染活性的估测以及宿主感染程度的评估。

## 2 规范性引用文件

下列文件中的条款通过本标准的引用而成为本标准的条款。凡是注日期的引用文件,其随后所有的修改单(不包括勘误的内容)或修订版均不适用于本标准,然而,鼓励根据本标准达成协议的各方研究是否可使用这些文件的最新版本。凡是不注日期的引用文件,其最新版本适用于本标准。

SC/T 7202.1—2007 斑节对虾杆状病毒诊断规程 第1部分:压片显微镜检查法

SC/T 7202.2—2007 斑节对虾杆状病毒诊断规程 第2部分:PCR 检测法

## 3 原理

### 3.1 对虾传染性皮下及造血组织坏死病毒及其流行特征

传染性皮下及造血组织坏死病毒(infectious hypodermal and haematopoietic necrosis virus,IHHNV)粒子大小为 20 nm～22 nm,是无囊膜二十面体,在氯化铯中的浮力密度为 1.40 g/mL,含线状单链 DNA,长度为 4.1 kb,衣壳由 4 个分子质量分别为 74 kD、47 kD、39 kD、37.5 kD 的多肽组成。

IHHNV 可感染世界各地的养殖对虾,其感染细角滨对虾(*Litopenaeus stylirostris*)会引起急性传染病和高死亡率(90%),稚虾受到的危害最严重。IHHNV 感染凡纳滨对虾(*Litopenaeus vannamei*)会引起慢性"矮小残缺综合症"(RDS),主要影响是患病对虾生长缓慢,畸形,受感染存活对虾终生带毒,通过垂直和水平传播。

### 3.2 技术原理

IHHNV 的聚合酶链式反应(polymerase chain reaction,PCR)是以 IHHNV 的一段 389 个碱基(b)长度的特异性 DNA 序列作为模板,以与模板两端序列互补的一对特异性寡核苷酸序列作为引物,在四种脱氧核糖核苷三磷酸存在下,利用依赖 DNA 的 DNA 聚合酶的合成作用,经过数十次变性、退火和延伸的反应循环,使模板上介于两个引物之间的 DNA 片段得到特异性地级数扩增,再通过电泳等手段检测到被特异性扩增的片段,从而揭示微量 IHHNV DNA 的存在。

## 4 试剂和材料

4.1 所需试剂除引物、阳性对照和阴性对照以外,按照 SC/T 7202.2—2007 中第 5 章的规定。

4.2 100 ng/μL 引物 F:5′-CGG-AAC-ACA-ACC-CGA-CTT-TA-3′,−20 ℃保存。

4.3 100 ng/μL 引物 R:5′-GGC-CAA-GAC-CAA-AAT-ACG-AA-3′,−20 ℃保存。

4.4 阳性对照为已知 IHHNV 阳性的组织样品的 DNA 模板,−20 ℃保存。

4.5 阴性对照为已知IHHNV阴性的组织样品的DNA模板，−20 ℃保存。

4.6 空白对照以无菌双蒸水为模板。

## 5 仪器和设备

所需仪器设备按照SC/T 7202.2—2007中第6章的规定。

## 6 操作步骤

### 6.1 反应体系的准备

6.1.1 PCR反应体系的准备应在洁净区完成。

6.1.2 PCR反应可选择25 μL、50 μL或100 μL反应体系进行。

6.1.3 在PCR前区按表1的要求，加入除*Taq*酶以外的各项试剂，配制成无酶反应预混物。保存于−20 ℃。在临用前，根据所需的反应份数，取出无酶反应预混物，加入相应体积的*Taq*酶，混匀，即成完全的反应预混物。按1份/支分装到0.2 mL PCR管中。如果PCR仪不具备热盖功能，再向各管内加入50 μL液体石蜡。暂存于4 ℃。

**表1 100份PCR反应预混物所需试剂组成**

| 试剂 | 25 μL体系 | 50 μL体系 | 100 μL体系 | 试剂终浓度 |
|---|---|---|---|---|
| 10×PCR缓冲液(无$Mg^{2+}$) | 250 μL | 500 μL | 1 000 μL | 1× |
| 氯化镁(25 mmol/L) | 200 μL | 400 μL | 800 μL | 2.0 mmol/L |
| dNTP(10 mmol/L) | 100 μL | 200 μL | 400 μL | 400 μmol/L |
| 100 ng/μL引物F | 75 μL | 150 μL | 300 μL | 3 ng/μL |
| 100 ng/μL引物R | 75 μL | 150 μL | 300 μL | 3 ng/μL |
| 灭菌双蒸水 | 1 725 μL | 3 450 μL | 6 900 μL | — |
| *Taq* DNA聚合酶(5 U/μL) | 25 μL | 50 μL | 100 μL | 0.05 U/μL |
| 100份反应总体积 | 2 450 μL | 4 900 μL | 9 800 μL | |

注1：25 μL体系模板量0.5 μL/反应管。

注2：50 μL体系模板量1 μL/反应管。

注3：100 μL体系模板量2 μL/反应管。

### 6.2 样品准备

6.2.1 样品的处理应在样品区完成。

6.2.2 样品采集的要求按SC/T 7202.1—2007中附录B的规定执行。

6.2.3 活体或冰冻幼体、仔虾及体长在3 cm以下稚虾个体样品约5 mg～100 mg(去掉稚虾眼)。活体或冰冻的虾鳃、胃、游泳足或步足样品约5 mg～100 mg。活体或冰冻饵料生物样品约5 mg～100 mg。池底表土样品约500 mg。将上述待检样品放入灭菌1.5 mL微型离心管中，应避免各样品间的交叉污染。所有非一次性使用的样品处理工具要经清洗，然后浸于新配制的有效氯含量为$3.0\times10^{-3}$的含氯消毒剂中5 min，经无PCR产物污染的自来水充分清洗，再经蒸馏水淋洗后方可用于下一个样品。

### 6.3 DNA的提取

按照SC/T 7202.2—2007中7.1.3的规定执行。

### 6.4 PCR扩增

6.4.1 在PCR前区，按照表1对各反应体系所需的模板体积要求，向各支含有1份反应预混物的PCR管内加入相应体积的各样品DNA提取液，并设阳性对照、阴性对照和空白对照。

6.4.2 将上述加有样品模板的PCR管带入PCR后区，置于PCR仪中按以下程序进行扩增：95 ℃

5 min;95 ℃ 30 s、55 ℃ 30 s、72 ℃ 1 min,35 个循环;72 ℃延伸 7 min,最后 4 ℃保温。准备进行产物的电泳。

**6.5 PCR 产物电泳**

按照 SC/T 7202.2—2007 中 7.1.5～7.1.8 的规定执行。

## 7 结果判定

7.1 阳性对照和阳性样品在 389 bp 处应有一条特定条带出现;阴性对照和阴性样品在 389 bp 处应无条带出现,空白对照不出现任何条带。阳性对照在 389 bp 处无特定条带出现或阴性对照在 389 bp 处有条带出现都表明 PCR 失败,应在排除故障和清除污染后,重新取样检测。对虾传染性皮下及造血组织坏死病毒(IHHNV)PCR 检测产物序列参见附录 A。

7.2 条带的亮暗表示扩增产物浓度的多少,但并不对应于模板的量的多少。

7.3 阳性结果表明被检样品中存在 IHHNV DNA。对活虾和敏感宿主而言,提示已受 IHHNV 感染;对冰鲜或冰冻对虾而言,提示曾受到 IHHNV 感染。

7.4 电泳结果的分析和问题排除方法参见附录 B。

## 附 录 A

(资料性附录)

### 对虾传染性皮下及造血组织坏死病毒(IHHNV)聚合酶链式反应(PCR)检测产物序列

```
  1  GAGGAGAGAG  CTGTAGTAGC  GGAACACAAC  CCGACTTTAT  TGAAGGGACT  CCCAACGGAC
                                      F
 61  CGGACGAAAT  GGACGGAAGG  CGACTGGAAG  AGAGTGAGAT  TGATAAACAA  GTGGAAAGTA
121  CAACATGGTA  CACCTTCGTC  ATCAGAGAAA  AACCACAACC  AAGAAGACTC  TCCGGACGAA
181  CGCCAAACTT  CACCATTACA  GATCATGGTG  ACCACTGGCA  CATCACATAC  TCCGGACACC
241  CAACCAATAA  GACCAGACAT  AGAGCTACAA  TCCTCGCCTA  TTTGGGAGTT  ACCTTTGCTG
301  CCAGAGCCGA  AGCTGAAGCG  ACTACGGTAC  TTGTTAGAAA  TATCAAGAGA  TGGATACTCT
361  ATCTTATCAG  ATACGGTATT  GAACGGCTTT  CGTATTTTGG  TCTTGGCCAC  GCCATTTTTA
                                                  R
```

图 A.1 对虾 IHHNV PCR 检测产物序列

# 附 录 B
# （资料性附录）
# 对虾传染性皮下及造血组织坏死病毒(IHHNV)聚合酶链式反应(PCR)检测电泳结果分析和问题排除方法

**表 B.1 对虾 IHHNV PCR 检测电泳结果分析和问题排除方法**

| 试验结果 | 结果判读及原因分析 | 问题排除 |
|---|---|---|
| 对虾样品<br>阳性对照和阳性样品在 389 bp 处有条带，阴性对照和空白对照无 389 bp 条带 | 1. PCR 反应正常，结果有效 | |
| 阳性对照有条带，但分子质量标准没有影像 | 1. 分子质量标准失效或加样量太少 | 更换分子质量标准或增加其加样量 |
| 分子质量标准有影像，但阳性对照无条带 | 1. PCR 反应失败 | 检查并更换 PCR 反应所用试剂以及 PCR 程序是否正确 |
| | 2. 阳性对照失效 | 更换阳性对照，重新实验 |
| 阴性对照或空白对照在 389 bp 处有条带出现 | 1. 微量移液器污染 | 清洗微量移液器，只能用 PCR 后区的微量移液器取反应产物 |
| | 2. 试剂污染 | 更换试剂 |
| | 3. 环境污染 | 清洁实验室及所用仪器设备，见 SC/T 7202.2—2007 中的附录 B |
| | 4. 操作污染 | 禁止从 PCR 后区到 PCR 前区的交流，加强操作隔离 |
| 阳性对照和阴性对照组正常，但已知带毒样品无条带 | 1. DNA 提取失败或降解 | 检查提取 DNA 所用试剂情况，重新试验，确认样品新鲜程度 |
| | 2. DNA 浓度过高 | 将样品稀释 10 倍以上 |
| | 3. PCR 抑制物介入 | 稀释样品 10 倍以上，或重新提取 DNA |
| 分子质量标准正常，但阳性对照、阴性对照和样品出现较多杂带或明显的弥散区 | 1. 未注意热启动操作，使 PCR 出现非特异性扩增 | 做好热启动操作。样品先要加到 PCR 管盖上，反应预混物预热后，短暂离心(1 s～2 s)以混入样品，迅速放回预热 PCR 仪中 |
| | 2. 酶活性、dNTP 浓度或 $Mg^{2+}$ 浓度差异 | 确认预混物制备的准确性、试剂质量，对不同批次的酶重新测定最佳 $Mg^{2+}$ 离子浓度 |
| | 3. 温度控制异常 | 检查 PCR 仪是否复性温度过低 |
| 凝胶上无任何影像，包括 DNA 分子质量标准 | 1. 紫外观察仪故障 | 检查紫外观察仪 |
| | 2. 背景发红太亮 | 减少溴化乙锭(EB)[a] 用量，将琼脂糖凝胶置于清水中 30 min 后再观察结果 |

**表 B.1（续）**

| 试验结果 | 结果判读及原因分析 | 问题排除 |
|---|---|---|
| 凝胶上无任何影像，包括 DNA 分子质量标准 | 3. 凝胶太厚 | 重新制作琼脂糖凝胶片 |
| | 4. 电极颠倒或电泳时间过长 | 改正电极方向，重新加样电泳 |
| | 5. 溴化乙锭(EB)分解失效 | 重新配制溴化乙锭(EB) |
| [a] 溴化乙锭(EB)有毒，试剂的操作和废弃物的处理按 SC/T 7202.2—2007 中附录 B 的规定执行。 | | |

ICS 65.020.30
B 43

# 中华人民共和国国家标准

GB/T 25879—2010

# 鸡蛋蛋清中溶菌酶的测定 分光光度法

**Determination of lysozyme in chicken egg white—Spectrophotometry**

2011-01-10 发布 2011-06-01 实施

中华人民共和国国家质量监督检验检疫总局
中国国家标准化管理委员会 发布

# 前　言

本标准由中华人民共和国农业部提出。

本标准由全国畜牧业标准化技术委员会归口。

本标准起草单位:扬州大学动物科学与技术学院。

本标准主要起草人:王金玉、谢恺舟、戴国俊、侯启瑞、刘大林。

# 鸡蛋蛋清中溶菌酶的测定
# 分光光度法

## 1 范围

本标准规定了鸡蛋蛋清中溶菌酶的分光光度测定方法。

本标准适用于鸡蛋蛋清中溶菌酶含量和活力的测定。

## 2 规范性引用文件

下列文件中的条款通过本标准的引用而成为本标准的条款。凡是注日期的引用文件，其随后所有的修改单(不包括勘误的内容)或修订版均不适用于本标准，然而，鼓励根据本标准达成协议的各方研究是否可使用这些文件的最新版本。凡是不注日期的引用文件，其最新版本适用于本标准。

GB/T 6682 分析实验室用水规格和试验方法

## 3 术语和定义

下列术语和定义适用于本标准。

3.1

**蛋清 egg white**

位于鸡蛋蛋壳内膜和蛋黄膜之间的半流动胶体物质。

3.2

**溶菌酶 lysozyme**

一种专门作用于微生物细胞壁的糖苷水解酶。

## 4 鸡蛋蛋清中溶菌酶含量的测定

### 4.1 原理

溶菌酶在 281 nm 波长处有最大吸收峰。溶菌酶标准品用每升溶液含 9 g 氯化钠的溶液溶解并稀释成不同梯度浓度，在 281 nm 波长处测定吸光度并绘制标准曲线，求出标准曲线回归方程。试样经过处理，按溶菌酶标准品测定方法，测定试样中的吸光度，根据其吸光度值由标准曲线回归方程计算试样中溶菌酶含量。

### 4.2 仪器

4.2.1 紫外-可见分光光度计(波长范围 190 nm～900 nm，波长确定性±0.3 nm，波长重复精度±0.1 nm)。

4.2.2 电子分析天平(感量 0.1 mg、1 mg)。

4.2.3 离心机(最大离心力 2 325$g$，具 10 mL 离心管)。

### 4.3 试剂与材料

4.3.1 溶菌酶标准品，优级纯，活力在 20 000 U/mg 左右。

4.3.2 氯化钠，分析纯。

4.3.3 蒸馏水，按 GB/T 6682 执行。

4.3.4 医用脱脂纱布。

### 4.4 试剂配制

4.4.1 0.9%氯化钠溶液：称取氯化钠(4.3.2)0.9 g，溶解于蒸馏水中，定容至 100 mL。

4.4.2 溶菌酶标准工作液：称取溶菌酶标准品(4.3.1)0.500 g，以0.9%氯化钠溶液(4.4.1)溶解定容至1 000 mL，得到500 μg/mL的溶菌酶标准工作液，于4 ℃密封保存备用，1周内使用。

### 4.5 分析步骤

#### 4.5.1 标准曲线的绘制

分别吸取溶菌酶标准工作液(4.4.2)1 mL、2 mL、3 mL、4 mL、5 mL于25 mL容量瓶中，以0.9%氯化钠溶液(4.4.1)稀释至刻度，混匀。用10 mm石英比色皿比色，以0.9%氯化钠溶液(4.4.1)为参比溶液，在波长281 nm处依次测定各标准工作液的吸光度，以溶菌酶标准工作液浓度为横坐标，吸光度为纵坐标绘制标准曲线，并求出标准曲线回归方程。

#### 4.5.2 试样测定

鸡蛋蛋清用4层纱布过滤，取过滤试样1 mL，用0.9%氯化钠溶液稀释定容至100 mL，混匀，避免起泡沫。吸取5 mL蛋清的氯化钠溶液，1 310g离心5 min，取上清液，按照绘制标准曲线的操作步骤(4.5.1)，在波长281 nm处测定试样溶液的吸光度。平行测定三次，取结果的算术平均值，由标准曲线回归方程计算试样溶液中溶菌酶的浓度。

### 4.6 结果的计算与表述

根据试样溶液吸光度值，用标准曲线回归方程计算试样溶液中溶菌酶的浓度 $c$。鸡蛋蛋清中溶菌酶的含量按式(1)计算：

$$X = c \times \frac{V}{V_1} \qquad \cdots\cdots(1)$$

式中：

$X$——鸡蛋蛋清中溶菌酶的含量，单位为微克每毫升(μg/mL)；

$c$——试样溶液中溶菌酶的浓度，单位为微克每毫升(μg/mL)；

$V$——试样溶液定容的体积，单位为毫升(mL)；

$V_1$——试样的体积，单位为毫升(mL)。

### 4.7 精密度、准确度、灵敏度

#### 4.7.1 精密度

本方法检测鸡蛋蛋清中溶菌酶含量的批内变异系数 $CV \leqslant 3\%$，批间变异系数 $CV \leqslant 5\%$。

#### 4.7.2 准确度

鸡蛋蛋清溶液中添加溶菌酶标准品浓度在20 μg/mL～60 μg/mL范围内，回收率≥95%。

#### 4.7.3 灵敏度

本方法检测鸡蛋蛋清溶液中溶菌酶含量的最低检测限为0.3 μg/mL。

## 5 鸡蛋蛋清中溶菌酶活力的测定

### 5.1 原理

溶菌酶通过溶解 $G^+$ 菌的细胞壁使细菌溶解，菌液在可见光范围内的吸光度降低。酶的活力表示为在特定条件下单位时间内转化底物的速度。本标准根据该原理，以溶壁微球菌为底物，用分光光度法，以450 nm波长处菌液单位时间内吸光度降低程度为依据，测定溶菌酶的活力。

### 5.2 仪器

5.2.1 紫外-可见分光光度计(波长范围190 nm～900 nm，波长确定性±0.3 nm，波长重复精度±0.1 nm)。

5.2.2 电子分析天平(感量0.1 mg、1 mg)。

5.2.3 摇床(控温范围0 ℃～100 ℃，转速振幅：0 r/min～300 r/min)。

5.2.4 pH计(精密度±0.01)。

5.2.5 离心机(最大离心力2 325g，具10 mL离心管)。

5.2.6 高压灭菌锅。

5.2.7 超低温冰箱。

**5.3 试剂与材料**

5.3.1 氯化钠,分析纯。

5.3.2 甘油(丙三醇),分析纯。

5.3.3 磷酸氢二钠,分析纯。

5.3.4 磷酸二氢钠,分析纯。

5.3.5 牛肉膏,生化试剂。

5.3.6 蛋白胨,生化试剂。

5.3.7 酵母提取物,生化试剂。

5.3.8 琼脂,生化试剂。

5.3.9 溶壁微球菌(*Micrococcus lysodeikticus* Fleming)。

**5.4 试剂配制与培养基制备**

5.4.1 0.9%氯化钠溶液:称取氯化钠 0.9 g,溶解于蒸馏水中,定容至 100 mL,121 ℃高压灭菌 30 min。

5.4.2 20%甘油(丙三醇)溶液:称取甘油 20.0 g,溶解于蒸馏水中,定容至 100 mL,121 ℃高压灭菌 30 min。

5.4.3 0.2 mol/L pH6.2 磷酸盐缓冲液:称取磷酸氢二钠($Na_2HPO_4 \cdot 12H_2O$)71.63 g,用蒸馏水溶解定容至 1 000 mL;称取磷酸二氢钠($NaH_2PO_4 \cdot 2H_2O$)33.00 g,蒸馏水溶解并定容至 1 000 mL。取 $Na_2HPO_4$ 溶液 18.5 mL 与 $NaH_2PO_4$ 溶液 81.5 mL 混合,混匀即可。

5.4.4 固体培养基:牛肉膏 0.3 g、蛋白胨 1.0 g、氯化钠 0.5 g 溶解于 100 mL 水中,各组分溶解后,加入琼脂 2.0 g,持续搅拌至琼脂完全溶解,用 1 mol/L 氢氧化钠调整 pH 至 7.2～7.4,并用水定容至 100 mL,分装在试管里,每管液量为 15 mL～20 mL,加棉花塞,121 ℃高压灭菌 30 min 后,倒入培养皿中加盖,冷却至室温。

5.4.5 液体 LB 培养基:蛋白胨 1.0 g、酵母提取物 0.5 g、氯化钠 1.0 g 溶解于 100 mL 水中,用 1 mol/L 氢氧化钠调整 pH 至 7.2～7.4,分装在试管里,121 ℃高压蒸汽灭菌 30 min。

**5.5 分析步骤**

**5.5.1 菌液的制备**

将溶壁微球菌(5.3.9)先接种于灭菌的固体培养基(5.4.4)中活化和扩大培养,再接种于灭菌的液体 LB 培养基(5.4.5)中,37 ℃摇床培养至菌体增殖,培养 9 h～10 h,将培养液 1 310 *g* 离心 10 min,收集沉淀的菌体。该菌体加入 3 倍体积灭菌的 0.9%氯化钠溶液(5.4.1)悬浮,1 310 *g* 离心 10 min,收集沉淀的菌体,重复 4 次～5 次。再用 20%甘油溶液(5.4.2)将菌体制成黏稠状,置于－60 ℃保存,半年内使用。

使用前,用磷酸盐缓冲液(5.4.3)溶解溶壁微球菌,调至 $OD_{450}$ 吸光度值范围在 1.2～1.4,2 ℃～8 ℃放置。

**5.5.2 鸡蛋蛋清溶液的制备**

鸡蛋蛋清用 4 层纱布过滤。取过滤试样 1 mL,用磷酸盐缓冲液(5.4.3)定容至 100 mL,1 310 *g* 离心 5 min 除去不溶物。

**5.5.3 试样测定**

按 4.5 的方法,在 281 nm 波长处测定鸡蛋蛋清溶液的吸光度,并计算蛋清溶液中的溶菌酶浓度 $c$。鸡蛋蛋清溶液、菌液于 25 ℃水浴中保温,在 450 nm 波长处测定酶活力,试样测定反应体系见表 1。

表 1　试样测定反应体系

| 加入物 | 测定液/mL | 空白液/mL |
|---|---|---|
| 鸡蛋蛋清溶液 | 0.2 | 0.0 |
| 菌液 | 1.0 | 0.0 |
| 磷酸盐缓冲液(pH6.2) | 0.0 | 1.2 |

用空白液调零，加 0.2 mL 鸡蛋蛋清溶液到 10 mm 石英比色皿中，从加入 1.0 mL 菌液开始计时，记录在 450 nm 波长处反应 15 s 和 75 s 时的读数为 $A_1$、$A_2$。按每分钟 $OD_{450}$ 值下降 0.001 为一个活力单位(U)的定义，鸡蛋蛋清中溶菌酶的活力按式(2)计算：

$$E_A = \frac{\Delta E_{450}}{0.001 \times E_w} \qquad \cdots\cdots(2)$$

式中：

$E_A$——鸡蛋蛋清中溶菌酶活力，单位为单位每毫克(U/mg)；

$\Delta E_{450}$——在两时间点测定的吸光度 $A_1$、$A_2$ 之差；

$E_w$——0.2 mL 鸡蛋蛋清溶液中含有溶菌酶的质量，单位为毫克(mg)。

0.2 mL 鸡蛋蛋清溶液中溶菌酶的质量 $E_w$ 与试样溶液中溶菌酶的浓度 $c$ 之间的关系按式(3)计算：

$$E_w = \frac{0.2 \times c}{1\ 000} \qquad \cdots\cdots(3)$$

## 5.6　重复性

在相同条件下获得的三次独立测试结果的变异系数 $CV \leqslant 10\%$。

ICS 59.140.20
B 45

# 中华人民共和国国家标准

GB/T 25880—2010

# 毛皮掉毛测试方法　掉毛测试仪法

**Measurement of fallen hair for fur—Method of instrument for fallen hair**

2011-01-10 发布　　2011-06-01 实施

中华人民共和国国家质量监督检验检疫总局
中国国家标准化管理委员会　发布

# 前　言

本标准由中华人民共和国农业部提出。

本标准由全国畜牧业标准化技术委员会归口。

本标准起草单位：农业部动物毛皮及制品质量监督检验测试中心（兰州）、中国农业科学院兰州畜牧与兽药研究所。

本标准主要起草人：高雅琴、常玉兰、席斌、杜天庆、李维红、郭天芬、牛春娥、王宏博、梁丽娜。

# 毛皮掉毛测试方法　掉毛测试仪法

## 1　范围

本标准规定了用掉毛测试仪测定毛皮掉毛量方法的原理、操作规程等。

本标准适用于獭兔皮、狐狸皮和水貂皮，其他毛皮参照执行。

## 2　规范性引用文件

下列文件中的条款通过本标准的引用而成为本标准的条款。凡是注日期的引用文件，其随后所有的修改单(不包括勘误的内容)或修订版均不适用于本标准，然而，鼓励根据本标准达成协议的各方研究是否可使用这些文件的最新版本。凡是不注日期的引用文件，其最新版本适用于本标准。

GB/T 6529　纺织品　调湿和试验用标准大气

GB/T 8170—2008　数值修约规则与极限数值的表示和判定

## 3　术语和定义

下列术语和定义适用于本标准。

3.1

**掉毛量　weights of fallen hair**

在规定条件下，每 100 $cm^2$ 毛皮试样毛被与毛刷摩擦而脱落的毛与绒的总量，单位为 mg/100 $cm^2$。

## 4　原理

在固定面积上，经一定的压力，使毛被和毛刷摩擦，测出毛被毛绒脱落的总量。

## 5　仪器

5.1　毛皮掉毛测试仪。

5.1.1　毛皮掉毛测试仪毛刷为机械传动，作直线单向磨刷运动。

5.1.2　毛皮测试长度：270 mm，210 mm，150 mm。

5.1.3　毛刷往复速度：26 次/min。

5.1.4　毛刷规格：75 cm×60 cm。

5.1.5　计数器范围：1 次～999 次。

5.1.6　毛刷对毛被的压力：8.83×$10^4$ Pa±40 Pa。

5.2　毛刷。

5.3　不锈钢板一块：550 mm×160 mm×1 mm。

5.4　天平一台：精度 0.000 1 g。

## 6　试验用标准大气和调湿

6.1　温度、湿度依照 GB/T 6529 的规定执行。

6.2　调湿：测试前将毛皮试样平铺，毛面裸露在试验用标准大气中，调湿不少于 24 h。

## 7　取样

取样部位宜在毛皮背部中心位置，面积不小于仪器凸漏板的面积。

## 8 测试技术规定

8.1 试验磨刷方向为顺毛方向。

8.2 试验时毛皮如折叠为双层，中间用不锈钢板隔开。

8.3 獭兔皮、狐狸皮、水貂皮刷拭次数为100次。

8.4 更换试样时，应重新更换毛刷。

8.5 测试应在标准大气中进行。

## 9 操作程序

9.1 试验前应校正仪器和毛刷水平。

9.2 将计数器调至规定次数。

9.3 将毛刷臂翻转向上，装上毛刷后，向下翻转复原。

9.4 抬起仪器两侧压板。

9.5 将试样平铺在仪器面板上，毛面朝上，若皮张长度不足270 mm，根据毛皮长度选用适宜的凸漏板放在试样上。使顺毛方向与毛刷运动方向一致，然后放下压板将试样压紧。对于不同厚度毛皮的测试，调整毛刷架上的调整升降螺栓，使毛皮与毛刷接触上为宜。

9.6 按启动开关。

9.7 刷拭至规定次数时，仪器自动停止。

9.8 向上翻转毛刷臂取下毛刷。

9.9 将刷落的毛和绒收集起来与刷子合并称量，减去刷子质量即为实测掉毛量，精确至0.1 mg。

## 10 结果的计算

10.1 掉毛量按式(1)计算。

$$W=\frac{W_1}{S}\times 100 \qquad \cdots\cdots(1)$$

式中：

$W$——掉毛量，单位为毫克每百平方厘米(mg/100 cm$^2$)；

$W_1$——实测掉毛量，单位为毫克(mg)；

$S$——刷拭面积(凸漏板长度与毛刷长度之积)，单位为平方厘米(cm$^2$)。

10.2 计算结果保留一位小数，按GB/T 8170—2008修约。

ICS 65.020.30
B 43

# 中华人民共和国国家标准

GB/T 25881—2010

## 牛胚胎

## Bovine embryo

2011-01-10 发布　　　　2011-06-01 实施

中华人民共和国国家质量监督检验检疫总局
中国国家标准化管理委员会　发布

# 前　言

本标准的附录A为规范性附录，附录B为资料性附录。

本标准由中华人民共和国农业部提出。

本标准由全国畜牧业标准化技术委员会归口。

本标准起草单位：北京锦绣大地农业股份有限公司、农业部种畜品质监督检验测试中心、北京科润维德生物技术有限责任公司。

本标准主要起草人：张红霞、郭丽丽、刘艳军、吴亦芳、刘丑生、孙秀柱、张向利、肖静、安晶、孟昭霞、郭敏、王月、刘佳新、徐敬趁、李继成、王刚、李海洋、沈录智、曹克富、刘颖。

# 牛 胚 胎

## 1 范围

本标准规定了牛胚胎的生产要求、抽样、检测与判定以及包装、标识、贮存和运输等相关内容的技术要求。

本标准适用于奶牛、兼用牛、肉牛的胚胎产品。

## 2 规范性引用文件

下列文件中的条款通过本标准的引用而成为本标准的条款。凡是注日期的引用文件，其随后所有的修改单(不包括勘误的内容)或修订版均不适用于本标准，然而，鼓励根据本标准达成协议的各方研究是否可使用这些文件的最新版本。凡是不注日期的引用文件，其最新版本适用于本标准。

GB/T 2828.1—2003 计数抽样检验程序 第1部分：按接收质量限(AQL)检索的逐批检验抽样计划

GB/T 2828.2—2008 计数抽样检验程序 第2部分：按极限质量(LQ)检索的孤立批检验抽样方案

GB/T 2828.11—2008 计数抽样检验程序 第11部分：小总体声称质量水平的评定程序

GB 4143—2008 牛冷冻精液

GB/T 5458 液氮生物容器

## 3 术语和定义

下列术语和定义适用于本标准。

3.1

**超低温保存 cryopreservation**

经特殊方法处理的胚胎放置于−196 ℃(液氮)的超低温度中，使其新陈代谢暂时停止，从而将胚胎进行长期保存。

3.2

**胚胎解冻 embryo thawing**

将冷冻保存的胚胎按一定的程序和方法在空气和水浴中融化，并脱除或不脱除冷冻保护剂(如乙二醇)，使胚胎恢复正常的形态和新陈代谢的过程。

3.3

**胚胎体外培养 *in vitro* embryo culture**

在模拟体内的环境和条件下，胚胎在体外继续发育的过程。

3.4

**胚胎移植 embryo transfer**

将体内或体外生产的胚胎移植到受体母畜生殖道内，使其继续发育成正常个体的一种繁殖技术。

## 4 生产要求

### 4.1 种母牛

应具有种用价值，体质健康，无遗传病，无传染病。

4.2 种公牛和精液

种公牛应具有种用价值，体质健康，无遗传病，无传染病，其冷冻精液应符合 GB 4143—2008 的规定。

4.3 系谱资料

胚胎应具有完整的系谱资料。

4.4 牛胚胎发育阶段划分及编码标准

4.4.1 牛胚胎发育阶段划分见表 1。

表 1 牛胚胎发育阶段划分

| 发育阶段 | 形态描述 |
| --- | --- |
| 早期桑椹胚(5 d～6 d) | 在 16 细胞～32 细胞之间，形似桑椹，体积占透明带内腔 50%～60% |
| 致密桑椹胚(6 d～7 d) | 在 32 细胞～64 细胞之间，细胞团变小，界限不明显，体积占透明带内腔 60%～70% |
| 早期囊胚(7 d～8 d) | 64 细胞及以上，内细胞团的一部分出现发亮的囊胚腔，体积占透明带内腔 70%～80%，难以分清内细胞团和滋养层 |
| 囊胚(7 d～8 d) | 内细胞团和滋养层界限清晰，囊胚腔明显，细胞团体积充满透明带内腔 |
| 扩张囊胚(8 d～9 d) | 囊胚腔明显扩大，体积增大到原来的 1.2 倍～1.5 倍，与透明带之间无空隙，透明带变薄，相当于正常厚度的 1/3 |
| 孵化囊胚(9 d～11 d) | 由于囊胚腔继续扩大，致使透明带破裂，细胞团脱出 |

4.4.2 胚胎发育阶段编码标准见附录 A。

4.5 牛胚胎分级评定

牛胚胎分级评定标准见表 2，胚胎分级图片参见附录 B。

表 2 牛胚胎分级评定标准

| 质量分级 | 评定标准 |
| --- | --- |
| A 级 | 胚胎形态完整，轮廓清晰，呈球形，卵裂球大小均匀，结构紧凑，色调和透明度适中，胚胎细胞团呈均匀对称的球形，单个卵裂球(或细胞)的大小、颜色、密度一致，胚胎的发育阶段与预期的发育阶段一致。透明带光滑，不规则的细胞相对较少，变性细胞不高于 10% |
| B 级 | 轮廓清晰，色调及细胞密度良好，胚胎细胞团的大小和形状以及细胞的颜色和密度存在一定的不规则，有小部分游离细胞，胚胎的发育阶段与预期的发育阶段基本一致，变性细胞的比例为 10%～20% |
| C 级 | 胚胎细胞团的大小和形状以及细胞的颜色和密度存在严重的不规则。轮廓不清晰，色调发暗，结构较松散，游离的细胞或泡液较多，变性细胞的比例为 30%～40% |
| D 级 | 死亡或退化的胚胎，有碎片、轮廓不清晰、结构松散，变性细胞比例高于 50% |

4.6 胚胎质量要求

胚胎产品冷冻前后的质量均应达到 B 级(含 B 级)以上为合格。

4.7 冷冻胚胎细管外观

细管无变形，无裂痕，两端封口严密，标识完整。

## 5 抽样

5.1 生产方抽样检验

生产方和使用方为质量保证概率把关，按照 GB/T 2828.2—2008 中的第 4 章，采用极限质量(LQ=31.5)，模式 A 抽样方案检索一次抽样方案确定抽检牛胚胎的样本量。

5.2 质量监督抽样检验

质量监督抽样检验按照 GB/T 2828.11—2008 中的第 6 章,该群体母牛胚胎为一核查总体,声称质量水平采用 DQL=4,用第 O 检验水平抽样方案确定抽检母牛(胚胎)的样本量。

5.3 复检和仲裁检验

复检根据原抽样方案确定,仲裁需抽样按照 5.2 规定的方案和 6.6 的判定规则。

## 6 检测与判定

6.1 细管外观

用目测法,其结果应符合 4.7 中的规定。

6.2 新鲜胚胎

胚胎形态、质量分级评定结果应符合 4.5 中的规定。

6.3 冷冻胚胎

6.3.1 冷冻胚胎解冻方法

6.3.1.1 器材

恒温水浴锅、实体显微镜。

6.3.1.2 胚胎解冻液

含 6%甘油,0.1 mol/L 蔗糖 PBS 胚胎解冻液;

含 3%甘油,0.1 mol/L 蔗糖 PBS 胚胎解冻液;

不含甘油,0.1 mol/L 蔗糖 PBS 胚胎解冻液;

PBS 保存液。

6.3.1.3 方法

6.3.1.3.1 甘油冷冻胚胎解冻

将胚胎细管空气浴 10 s 后置于 35 ℃~37 ℃水浴中,浸浴至胚胎冷冻细管彻底溶化。

将胚胎依次移入含 6%甘油、0.1 mol/L 蔗糖 PBS 胚胎解冻液,含 3%甘油、0.1 mol/L 蔗糖胚胎 PBS 解冻液,不含甘油、0.1 mol/L 蔗糖 PBS 胚胎解冻液中,各停留 5 min,最后用 PBS 保存液洗 3 次,即可进行镜检。

6.3.1.3.2 乙二醇冷冻胚胎解冻

将胚胎细管空气浴 10 s 后置于 35 ℃~37 ℃水浴中,浸浴至胚胎冷冻细管彻底溶化,用 PBS 保存液洗 3 次,即可进行镜检。

6.3.2 冷冻胚胎质量评定

胚胎形态、质量分级评定结果应符合 4.4 及 4.5 中的规定。

6.4 型式检验

检验项目及标准见 4.1~4.7,是在生产方抽样检验、质量监督抽样检验和复检、仲裁检验时所选定的检验。样品所检验项目中任何一项检验未达到本标准中技术要求的规定,则判为不合格。

6.5 检验项目及检验周期

每生产批入库、出站检验。

6.6 抽样检验对群体质量水平的判定

6.6.1 生产抽样检验的判定

引用 GB/T 2828.1—2003 第 3 章中 Ac 为接收数,Re 为拒收数,$d$ 为不合格品数。

对抽取样本检验,按 GB/T 2828.2—2008 中 5.2 的规定,当 $d \leqslant Ac$,则判可接收,当 $d \geqslant Re$,则判不可接收。

6.6.2 质量监督抽样的判定

对抽取样本检验,按 GB/T 2828.11—2008 中 6.10 的规定,当 $d < L$(不合格品限定数),则抽检样

本符合要求，判定核查通过，当 $d \geqslant L$，则抽检样本不符合要求，判核查总体不合格。

## 7 包装、标识、贮存和运输

### 7.1 包装与标识

7.1.1 细管材料应无毒、耐低温，细管规格以 0.25 mL 为宜。细管外观应符合 4.7 的规定。

7.1.2 细管应有明确的标记，注明品种、数量、发育阶段、质量级别、父母品种及注册号、生产日期、生产单位等，标志上的字迹清晰、完整、准确，并做好存放记录。胚胎发育阶段以编码表示，见附录 A 的规定。

### 7.2 贮存与运输

7.2.1 贮存冻胚和液氮的生物容器，均不可叠放。用液氮生物容器贮存时，细管应完全浸没到液氮中。液氮容器应符合 GB/T 5458 中的规定。

7.2.2 移动液氮生物容器时，应轻拿轻放，防止冲撞、震动和倾倒。

7.2.3 冻胚运输时，应有专人负责，途中应及时检查和补充冷源(液氮)。运输过程中注意防挤压、防冻、防雨淋、防晒、通风散热。

# 附 录 A
## （规范性附录）
## 胚胎发育阶段编码标准

### A.1 导言

本附录给出了不同发育阶段的数字编码。

### A.2 原则和方法

对不同发育阶段的胚胎，以阿拉伯数字编码。

示例：胚胎发育在1细胞（1 d）时，编码为1。

### A.3 编码

不同发育阶段的胚胎编码见表A.1。

**表 A.1 不同发育阶段的胚胎编码**

| 发育阶段 | 数字编码 |
|---|---|
| 1细胞（1 d） | 1 |
| 2细胞（2 d）；4细胞（3 d）；8细胞（4 d）；16细胞（5 d） | 2 |
| 早期桑椹胚（5 d～6 d） | 3 |
| 致密桑椹胚（6 d～7 d） | 4 |
| 早期囊胚（7 d～8 d） | 5 |
| 囊胚（7 d～8 d） | 6 |
| 扩张囊胚（8 d～9 d） | 7 |
| 孵化囊胚（9 d～11 d） | 8 |

# 附 录 B
（资料性附录）
# 胚 胎 图 片

## B.1 导言

本附录给出了通用的胚胎形态参考图片。

## B.2 胚胎形态图片

### B.2.1 致密桑椹胚

不同质量等级的致密桑椹胚见图 B.1～图 B.3。

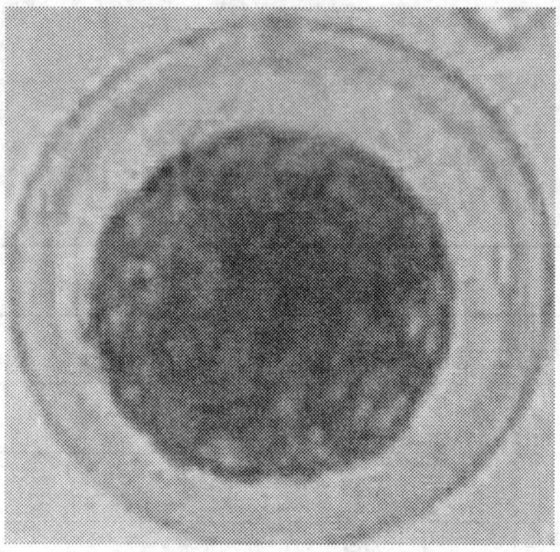

图 B.1 胚胎质量:A

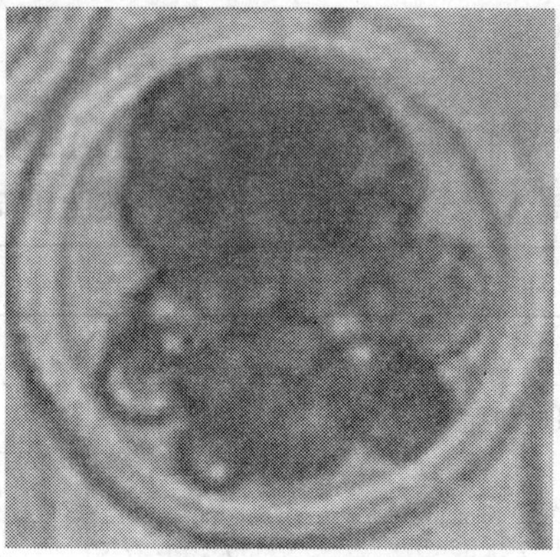

图 B.2 胚胎质量:B

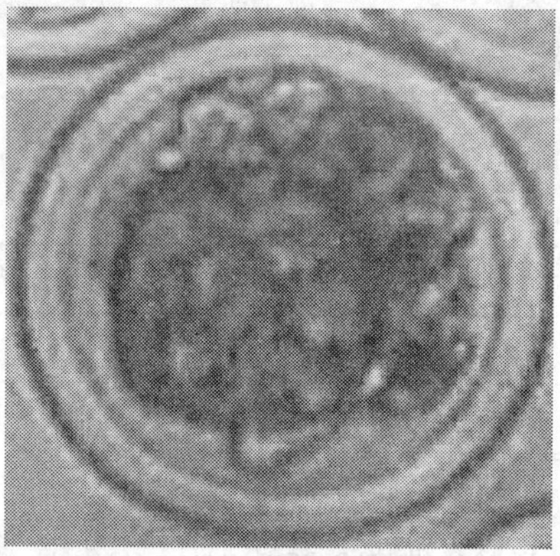

图 B.3 胚胎质量:C

### B.2.2 囊胚

不同质量等级的囊胚见图 B.4～图 B.6。

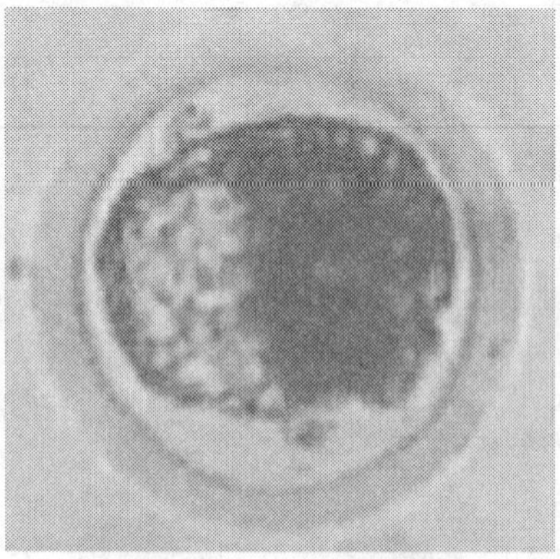

图 B.4 胚胎质量:A

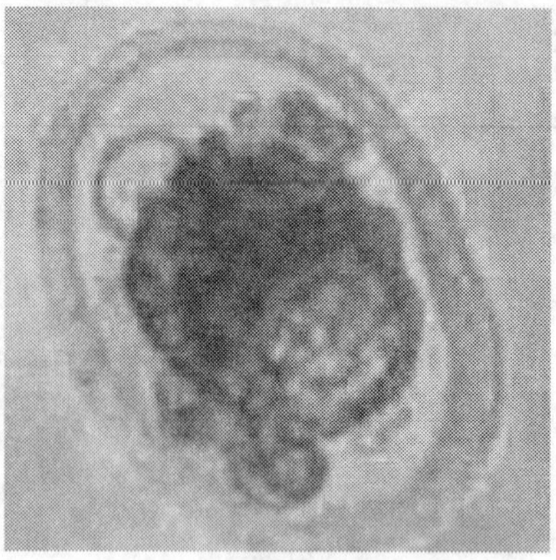

图 B.5 胚胎质量:B

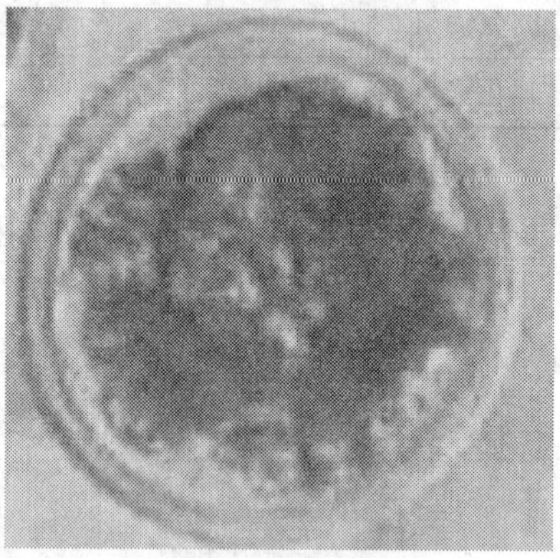

图 B.6 胚胎质量:C

ICS 65.020.20
B 05

# 中华人民共和国国家标准

GB/T 25882—2010

# 青贮玉米品质分级

## Quality grading for silage maize

2011-01-10 发布　　　　2011-06-01 实施

中华人民共和国国家质量监督检验检疫总局
中国国家标准化管理委员会　发布

# 前　言

本标准由中华人民共和国农业部提出。

本标准由全国畜牧业标准化技术委员会归口。

本标准起草单位:全国畜牧总站、农业部全国草业产品质量监督检验测试中心、中国农业大学、北京农学院。

本标准主要起草人:余鸣、李存福、玉柱、潘金豹、石守定、杨清峰、李玉荣、刘芳、尹晓飞。

# 青贮玉米品质分级

## 1 范围

本标准规定了青贮玉米品质指标、品质分级及测定方法。

本标准适用于对青贮玉米品质的评价和分级。

## 2 规范性引用文件

下列文件中的条款通过本标准的引用而成为本标准的条款。凡是注日期的引用文件，其随后所有的修改单(不包括勘误的内容)或修订版均不适用于本标准，然而，鼓励根据本标准达成协议的各方研究是否可使用这些文件的最新版本。凡是不注日期的引用文件，其最新版本适用于本标准。

GB/T 6432 饲料中粗蛋白测定方法

GB/T 20194 饲料中淀粉含量的测定 旋光法

GB/T 20806 饲料中中性洗涤纤维(NDF)的测定

NY/T 1209 农作物品种试验技术规程 玉米

NY/T 1459 饲料中酸性洗涤纤维的测定

## 3 术语和定义

下列术语和定义适用于本标准。

3.1

**青贮玉米 silage maize**

在玉米乳熟后期至腊熟期间，收获包括果穗在内的地上部植株，作为青贮饲料原料的玉米。

## 4 技术要求

### 4.1 感官要求

植株较高，叶量较多，持绿性好，无明显倒伏，无明显大斑病、小斑病、黑粉病、丝黑穗病、锈病等病害症状。

### 4.2 水分含量

水分含量为60％～80％。

### 4.3 品质分级

青贮玉米品质分级及指标应符合表1的规定。

**表1 青贮玉米品质分级及指标**

| 等级 | 中性洗涤纤维/％ | 酸性洗涤纤维/％ | 淀粉/％ | 粗蛋白/％ |
|---|---|---|---|---|
| 一级 | ≤45 | ≤23 | ≥25 | ≥7 |
| 二级 | ≤50 | ≤26 | ≥20 | ≥7 |
| 三级 | ≤55 | ≤29 | ≥15 | ≥7 |
| 注：粗蛋白、淀粉、中性洗涤纤维和酸性洗涤纤维为干物质(60 ℃温度下烘干)中的含量。 | | | | |

## 5 测定方法

### 5.1 取样方法

青贮玉米分析样品取样，按照 NY/T 1209 的规定执行。

### 5.2 水分含量

按照 NY/T 1209 的规定执行。

### 5.3 粗蛋白含量

按照 GB/T 6432 的规定执行。

### 5.4 中性洗涤纤维含量

按照 GB/T 20806 的规定执行。

### 5.5 酸性洗涤纤维含量

按照 NT/T 1459 的规定执行。

### 5.6 淀粉含量

按照 GB/T 20194 的规定执行。

### 5.7 卫生指标

卫生指标按照相关国家标准的规定执行。

## 6 品质综合判定

中性洗涤纤维、酸性洗涤纤维、淀粉和粗蛋白四项指标中单项最低的等级判定为青贮玉米的品质等级。

三级以下的青贮玉米品质判定为等外。

ICS 65.020.30
B 43

GB

# 中华人民共和国国家标准

GB/T 25883—2010

# 瘦肉型种猪生产技术规范

## Technical regulation of lean-type breeding pig production

2011-01-10 发布 2011-06-01 实施

中华人民共和国国家质量监督检验检疫总局
中国国家标准化管理委员会 发布

# 前言

本标准由中华人民共和国农业部提出。

本标准由全国畜牧业标准化技术委员会归口。

本标准起草单位:北京市畜牧兽医总站、北京市通州区动物卫生监督管理局。

本标准主要起草人:韦海涛、云鹏、张春良、蒋益民、吕三福、孟宪祁、金英杰、刘金霞、杨贵英、姜子珍、吴娟。

# 瘦肉型种猪生产技术规范

## 1 范围

本标准规定了瘦肉型种猪的性能测定与选择、引种、生产管理、卫生防疫、饲料兽药使用及废弃物处理的要求。

本标准适用于瘦肉型种猪的生产和监督检测。

## 2 规范性引用文件

下列文件中的条款通过本标准的引用而成为本标准的条款。凡是注日期的引用文件，其随后所有的修订单(不包括勘误的内容)或修订版均不适用于本标准，然而，鼓励根据本标准达成协议的各方研究是否可使用这些文件的最新版本。凡是不注日期的引用文件，其最新版本适用于本标准。

GB 16548 病害动物和病害动物产品生物安全处理规程

GB 16549 畜禽产地检疫规范

GB 16567 种畜禽调运检疫技术规范

GB 18596 畜禽养殖业污染物排放标准

NY/T 65 猪饲养标准

NY/T 820 种猪登记技术规范

NY/T 822 种猪生产性能测定规程

NY 5030 无公害食品 畜禽饲养兽药使用准则

NY 5031 无公害食品 生猪饲养兽医卫生防疫准则

NY/T 5033 无公害食品 生猪饲养管理准则

## 3 性能测定与选择

### 3.1 生产性能测定

#### 3.1.1 测定站测定及现场测定

按照 NY/T 822 执行。

#### 3.1.2 测定基本条件与要求

现场测定应符合以下条件：

——测定猪的营养水平和饲料种类应相对稳定，符合饲料卫生要求；

——测定猪的栏舍、运动场、光照、饮水和卫生等条件应基本一致；

——保证充足的洁净饮水、适宜的温度和湿度；

——测定猪应健康、无重大疾病。

#### 3.1.3 测定猪的选择

测定猪的选择应符合以下条件：

——标识清楚，有 3 代以上的完整系谱档案，品种特征符合品种要求；

——应健康、发育良好、无遗传缺陷，测定前应检疫并免疫、驱虫；

——应采用窝选与个体选择并重的方式选择 60 日龄～70 日龄、体重 20 kg～23 kg 的个体。

#### 3.1.4 测定性状与方法

按照 NY/T 822 执行。

3.2 遗传评定

用动物模型 BLUP 法估计个体育种值(EBV)或综合选择指数进行遗传评定。

3.3 种猪选择

3.3.1 公、母猪性能测定结束后,根据估计育种值或综合选择指数选择优秀个体,淘汰有遗传缺陷的个体。

3.3.2 经产母猪留优去劣,及时补充优良的后备母猪,母猪年更新率应达 25%。

3.3.3 及时建立留种的后备公、母猪系谱档案。

3.4 种猪登记

种猪应按照 NY/T 820 进行登记。

## 4 引种

4.1 凡引进种猪应进行隔离,隔离期不少于 30 d,经检疫确认无疫病后,方可转入。

4.2 凡引进的种猪应具有不少于 3 代的系谱档案和相应的性能测定资料。

4.3 种猪的出场和调运应符合 GB 16549、GB 16567 的规定。

## 5 生产管理

5.1 人员管理

按照 NY/T 5033 的相关规定执行。

5.2 营养水平

按照 NY/T 65 执行。

5.3 饲养管理

5.3.1 种公猪

5.3.1.1 日喂量宜根据体重、体况和配种能力适当调整,体重在 90 kg～150 kg 的种公猪,日饲喂量为 2.0 kg～2.5 kg;体重大于 150 kg 的种公猪,日饲喂量为 2.5 kg～3.0 kg。

5.3.1.2 单栏饲养,自由饮水,每天运动时间为 1 h～2 h;夏季应防暑降温,冬季应防寒保暖。

5.3.1.3 宜定期检查精液品质,并根据精液品质调整运动量和营养水平。

5.3.1.4 按期进行免疫、驱虫和健康检测;及时淘汰和更新。

5.3.2 种母猪

5.3.2.1 后备母猪体重大于 80 kg 开始限饲,日饲喂量一般为 2.0 kg～3.0 kg;配种前 14 d 宜适当优饲。

5.3.2.2 妊娠前期日饲喂量一般为 2.0 kg～2.5 kg,妊娠后期日饲喂量一般为 2.5 kg～3.5 kg。

5.3.2.3 可采用小群或限位饲养,也可根据膘情和体况分群饲养。

5.3.2.4 栏舍应保持干燥卫生,夏季防暑降温,冬季防寒保暖,适宜温度为 10 ℃～27 ℃,相对湿度 40%～80%。

5.3.3 后备猪

5.3.3.1 采用限量饲养,日饲喂量一般为 2.0 kg～2.5 kg。

5.3.3.2 后备母猪按体重大小分栏饲养,头均占地面积 1 $m^2$～1.2 $m^2$;后备公猪单栏饲养;通风良好,自由饮水。

5.3.3.3 夏季防暑降温,冬天防寒保暖,适宜温度为 10 ℃～27 ℃,相对湿度 40%～85%。

5.4 灭蚊、鼠、蝇,定期消毒

5.4.1 选择高效、安全、低毒的灭鼠药定期灭鼠,及时收集死鼠和残余鼠药进行无害化处理。

5.4.2 选择高效、安全的灭蚊蝇药杀灭蚊蝇,清除蚊蝇滋生死角。

### 5.5 生产档案

按照 NY/T 5033 的有关条款执行。

## 6 卫生防疫

卫生防疫应符合相关法律法规的要求。免疫、消毒、疫病监测、疫病控制和扑灭按照 NY 5031 执行;无害化处理按照 GB 16548 执行。

## 7 饲料及兽药的使用

7.1 饲料及兽药的使用应符合国家相关法律法规和标准,按照 NY 5030 和 NY 5031 执行。

7.2 药物残留限量按 NY 5030 执行。

## 8 废弃物

8.1 猪场内应建有封闭式的排粪沟,避免雨水与粪水混合,粪水通过排粪沟流到猪场的粪尿收集池。

8.2 猪场外建有粪肥贮存场和粪尿贮存池,粪尿的贮存要防渗、防漏。

8.3 废弃物排放应达到 GB 18596 的要求。

ICS 65.150
B 52

# 中华人民共和国国家标准

GB/T 25884—2010

# 蛙类形态性状测定

## Measurement of characters for batrachia

2011-01-10 发布　　　　2011-06-01 实施

中华人民共和国国家质量监督检验检疫总局
中国国家标准化管理委员会　发布

# 前　言

本标准由中华人民共和国农业部提出。

本标准由全国水产标准化技术委员会淡水养殖分技术委员会归口。

本标准起草单位：中国水产科学研究院长江水产研究所。

本标准主要起草人：周瑞琼、邹世平、方耀林。

# 蛙类形态性状测定

## 1 范围

本标准确立了蛙类形态性状测定中的术语和定义、所需的测量器材、抽样、操作步骤和结果判定。

本标准适用于蛙类形态构造的常规测定。

## 2 规范性引用文件

下列文件中的条款通过本标准的引用而成为本标准的条款。凡是注日期的引用文件，其随后所有的修改单(不包括勘误的内容)或修订版均不适用于本标准，然而，鼓励根据本标准达成协议的各方研究是否可使用这些文件的最新版本。凡是不注日期的引用文件，其最新版本适用于本标准。

GB/T 18654.2 养殖鱼类种质检验 第2部分：抽样方法

## 3 术语和定义

下列术语和定义适用于本标准。

3.1

**体长 body length**

吻端至尾椎末端的距离(见图1中1)。

3.2

**头长 head length**

吻端至上、下颌关节后缘的距离(见图1中2)。

3.3

**头宽 head width**

头两侧颌关节间的最大距离(见图1中3)。

3.4

**吻长 snout length**

吻端至眼眶前缘的距离(见图1中4)。

3.5

**鼻间距 internasal space**

左右鼻孔内缘之间的距离(见图1中5)。

3.6

**眼间距 interorbital space**

左右上眼睑内侧缘之间的最窄距离(见图1中6)。

3.7

**上眼睑宽 upper eyelid width**

上眼睑的最大宽度(见图1中7)。

3.8

**眼径 eye diameter**

眼眶内缘的直径(见图1中8)。

3.9

**鼓膜径 tympanum diameter**

鼓膜最大的直径(见图1中9)。

3.10

**前臂长 forearm length**

肘关节至最长指末端的距离(见图1中10)。

3.11

**前臂宽 diameter of lower arm**

前臂最粗的直径(见图1中11)。

3.12

**后肢长 hindlimb length**

尾椎末端至最长趾末端的距离(见图1中12)。

3.13

**胫长 tibia length**

胫部两端间的距离(见图1中13)。

3.14

**跗足长 length of foot and tarsus**

胫跗关节至最长趾末端的距离(见图1中17)。

3.15

**足长 foot length**

内蹠突的近端至最长趾末端的距离(见图1中14)。

3.16

**声囊 vocal sac**

蛙大多数种类的雄性在咽喉部有咽部皮肤或肌肉扩展形成的囊状突起。在外表能观察到者为外声囊,反之为内声囊。外声囊可分为单咽下外声囊、咽侧下外声囊和咽侧外声囊(见图1中15)。内声囊分为单咽下内声囊和咽侧下内声囊。

3.17

**指(趾)序 finger (toe) order**

各指(趾)由长到短的顺序。如Ⅲ、Ⅳ、Ⅱ、Ⅰ,即表示第三指最长,依次递减,第一指最短。

3.18

**婚垫 nuptial pad**

雄蛙第一指基部内侧(少数种类的第二指、第三指内侧亦存在)的局部隆起(见图1中18),与生殖活动有关。

3.19

**婚刺 nuptial spines**

婚垫上着生的角质刺。

3.20

**蹼 web**

连接指与指或趾与趾的皮膜(见图1中20)。

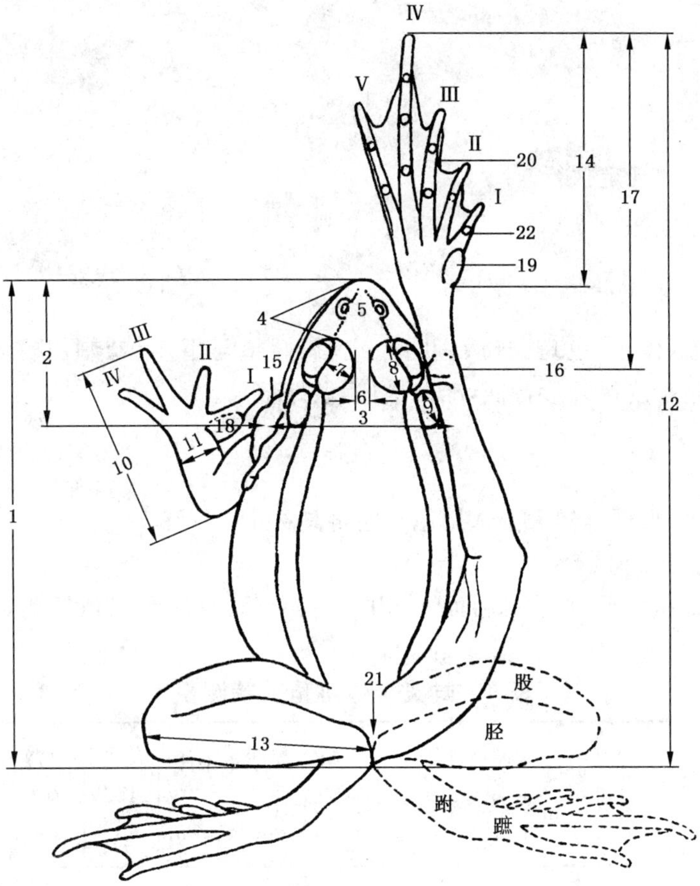


1——体长；
2——头长；
3——头宽；
4——吻长；
5——鼻间距；
6——眼间距；
7——上眼睑宽；
8——眼径；
9——鼓膜；
10——前臂长；
11——前臂宽；
12——后肢长；
13——胫长；
14——足长；
15——咽侧外声囊；
16——胫跗关节；
17——跗足长；
18——婚垫；
19——内蹠突；
20——蹼；
21——尾椎末端。

**图1 蛙体性状测量示意图**

## 4 测量器材

### 4.1 计量器具的检定

所有计量器具应经相关部门检定，并在检定有效期内使用。

### 4.2 长度计量器具

a） 直尺，读数值 1 mm。
b） 三角尺，读数值 1 mm。
c） 卡尺，读数值 0.01 mm。
d） 卡规。

### 4.3 力学计量器具

a） 电子天平，感量为 0.01 g。
b） 药物天平，感量为 0.1 g。
c） 电子秤，感量为 1 g。
d） 电子秤，感量为 10 g。

### 4.4 其他器材

解剖器械。

## 5 抽样

按 GB/T 18654.2 的规定执行。

## 6 操作步骤

### 6.1 外形观察

肉眼观察蛙体形态、体色、色斑、鼓膜、肤褶、疣粒、婚垫与婚刺、棘刺、指(趾)序、指(趾)吸盘和指(趾)间蹼的有无及发达程度等外形特征,准确描述,做好记录。

### 6.2 可量性状测定

#### 6.2.1 体重测量

吸干蛙体表面附水,根据蛙体大小选用适宜的量具称量。

#### 6.2.2 测定量值

蛙体腹面朝下放置在水平、平稳的台面上,用卡规、卡尺、直尺和三角尺测定量值,做好记录。量值记录见表 1。

表 1 蛙类个体可量性状测量表

| 序号 | 体重/g | 体长/mm | 头长/mm | 头宽/mm | 吻长/mm | 眼间距/mm | 眼径/mm | 鼓膜径/mm | 鼻间距/mm | 上眼睑宽/mm | 前臂长/mm | 前臂宽/mm | 后肢长/mm | 胫长/mm | 跗足长/mm | 足长/mm |
|---|---|---|---|---|---|---|---|---|---|---|---|---|---|---|---|---|
| 1 | | | | | | | | | | | | | | | | |
| 2 | | | | | | | | | | | | | | | | |
| …… | | | | | | | | | | | | | | | | |

#### 6.2.3 可量性状比例值统计

根据 6.2.2 测定的数据,计算每一只蛙可量性状的比例值。可量性状比例项目见表 2。

表 2 个体可量性状比例值

| 项 目 | 序 号 | | | | 平均值 | 标准差 |
|---|---|---|---|---|---|---|
| | 1 | 2 | …… | 30 | | |
| 体长/头长 | | | | | | |
| 头长/头宽 | | | | | | |
| 眼间距/鼻间距 | | | | | | |
| 眼间距/上眼睑宽 | | | | | | |
| 鼓膜径/眼径 | | | | | | |
| 前臂长/体长 | | | | | | |
| 前臂宽/体长 | | | | | | |
| 胫长/体长 | | | | | | |
| 后肢长/体长 | | | | | | |
| 足长/前臂长 | | | | | | |
| 跗足长/胫长 | | | | | | |

**6.3 可数性状测定**

按被检蛙类种质标准规定执行，通常有以下项目：

——外声囊类型及数量；

——指(趾)数量；

——指(趾)垫(吸盘)数量。

**6.4 内部构造解剖**

解剖观察脊椎骨的锥体类型和内声囊等。

## 7 结果判定

**7.1 个体测定结果的判断**

判定中有两种情形：

——所有测定指标符合本标准规定，判定为合格；

——测定指标符合本标准规定，而外部形态性状不符合本标准规定或与本标准规定有明显差异时，则应认真分析，结合其他指标综合判定。

**7.2 样品群体的判定**

按7.1的判定结果，计算出被检样品合格品的百分比，用百分数表示。